과학자 360

인물로 엮은 과학의 역사

과학자 360
인물로 엮은 과학의 역사

오 진곤 지음

전파과학사

과학자 360
인물로 엮은 과학의 역사

시작하는 말

　1996년 '과학학과' 신입생의 모집을 기념하고, 그 해 회갑을 맞아 40여 년 동안 모았던 강의 자료들을 정리하여 〈과학사 총설〉(전파과학사, 4/5, 560쪽)을 출간한 바 있다. 벌써 10년이 흘렀다.
　출간 후 학술지나 일간지에 실린 서평을 읽을 때, 동료 선후배들로부터 쓴 소리를 들을 경우, 혹은 무료함을 달래기 위해 스스로 꼼꼼하게 이를 되새겨 볼 때마다, 아쉬운 마음 가득하였다. 이를 개정하고 보강하고 싶었지만 생각처럼 쉽지 않았다.
　그래서 이를 개정하고 보강하는 새로운 길을 찾기로 하였다. 과학계의 인물들, 즉 과학자들을 중심으로 그 탄생 년도를 기준삼아 과학의 역사를 엮어 보기로 하였다. 그것은 과학연구의 주인공이 과학자이기 때문이다. 그러나 통속적인 과학자 전기(?記)의 기술방법과는 형식을 약간 달리하고자 했다.
　무엇보다도 이 책에 실릴 과학자를 선정하는데 어려움이 많았다. 〈과학사 총설〉을 바탕으로 세 가지 선정기준을 정하였다. 우선 창조적인 업적을 남긴 과학자와 대학 강단이나 실험실에서 교육자로서 혹은 연구지도자로서 열성적이고 참되게 강의하고 연구를 지도한 과학자들을 우선 선정하였다. 과학자들은 인간이 지니고 있는 끈질긴 호기심과 창조성을 바탕으로 물질세계에서 새로운 지식을 꾸준히 찾아냈다. 또한 그 성과를 응용하여 인간의 생활을 향상시키고 풍요롭게 하였다. 물론 이것은 부산물에 불과하며 과학자가 걷는 바른 길은 아니다. 그들은 어린아이처럼 순진하고, 결코 명예와 부를 꿈꾸지 않았다. 오로지 그들은 자연을 이해하는데 몸과 마음을 다 바쳤다.

다음으로 전통적인 과학자의 모습에서 벗어나 사회활동을 한 과학자를 선정하였다. 과학자는 여러 보습으로 사회활동에 참여한 과학자를 선정하였다. 시민운동가(사회문제에 관련된 과학적 데이터의 해석), 전문가로서의 증언자(공식적인 기관-법정, 입법기관, 정치 기관의 위원회-에서 과학적 정보의 제공과 조언), 정치적 중재자(과학적 상황과 정치의 연결), 일반 대중을 위한 해설자(과학의 대중화)등이 있다. 또한 과학자의 사회활동의 모습을 연구직 과학자, 교육직 과학자, 관리직 과학자, 관료적 과학자, 정치적 과학자, 기업적 과학자, 국제적 과학자 등으로 분류할 수 있다.

끝으로 과학자라는 직업을 떠나 한 인간으로써 훌륭한 삶을 영위한 사람을 선정하였다. 그들은 과학이라는 직업을 제외하고 인간 전체가 겪는 일들을 경험하였다. 가정과 사회에 얽매였고, 가난과 질병에 시달렸다. 때로는 종교적, 정치적 압박을 받았고, 연구의 터전을 찾아 나서야 했다. 목표를 위해 숫한 역경을 극복하는 노력을 쏟았고, 경우에 따라서는 자신의 삶을 포기할 때도 있었다.

지금 말한 세 가지 선정 기준 이외에, 고대부터 현재까지 그들을 배출한 국가나 연구영역의 형평성, 과학자에 얽힌 에피소드를 폭 넓게 고려하다 보니, 처음 계획했던 대상자 100명이 360명으로 늘어나 벅찼고, 부득이 참고문헌에 지나치게 의존할 수밖에 없었던 점을 밝혀둔다.

과학자 360
인물로 엮은 과학의 역사

  과학연극 "산소"의 원작자인 스탠퍼드대학의 화학과 명예교수가 이 희곡을 쓴 의도는, 과학자들의 행동양식을 통해 관객들로 하여금 과학에 대한 호기심을 불러일으키고, 진정한 과학적 발전의 본질이 무엇인가를 알리는데 있었다. 여하튼 이 책이 과학에 대한 흥미를 유발하고 과학에 가까워져 과학에 대한 마음이 깊어졌다면, 〈과학자 360〉은 〈과학사 총설〉을 개정하고 보강한 '자매서' 구실을 했다고 생각한다. 그뿐이다.

  이번 출판에 많은 분들이 도움을 주었다. 학계 선후배와 동료들, 과학학과 교수와 조교, 과학학과 대학원생들, 과학문화연구 서부지역센터 조교들, 특히 출판을 기꺼이 맡아준 전파과학사 손영일 사장에게 무한히 감사한다.

  이 책을 마무리 하는데 도움을 아끼지 않은 아내를 비롯하여, 가족 모두에게 고희를 맞아 이 책을 선물로 보낸다.

2006년 7월 30일.
원당 마을 東山軒에서, 지은이 오 진곤

차 례 ●●●●

시작하는 말 5

그들이 활동했던 사회
 1. 과학의 시조 탈레스 29
 2. 만물의 근원은 '수'라고 주장한 피타고라스 30
 3. 고대 4원소 설을 주장한 엠페도클레스 31
 4. 고대 원자론을 주장한 데모크리토스 31
 5. 의학을 합리적으로 몰고 간 히포크라테스 32
 6. 수리적 세계관을 펼친 플라톤 34
 7. 지구의 자전을 주장한 헤라클레이토스 35
 8. 고대 최고의 석학 아리스토텔레스 35
 9. 고대에 지동설을 주장한 아리스타르코스 38
10. 측지술을 기하학으로 끌어올린 유클리드 39
11. 고대 최고의 물리학자 아르키메데스 40
12. 세계지도를 처음 만든 에라토스테네스 42
13. 별을 눈으로 관측한 히파르쿠스 42
14. 자연을 깊이 관찰한 플리니우스 43
15. 근대적인 기술 능력의 소유자 헤론 44
16. 지구 중심설을 확립한 프톨레마이오스 44
17. 고대 인체생리학 체계를 수립한 갈레노스 45
18. 고대 연금술을 체계화한 게버 46
19. 아랍 숫자를 도입한 알 크와리즈미 47
20. 아랍의 최고 물리학자인 알 하젠 47
21. 이슬람 특유의 의학을 수립한 아비세나 47
22. 근대 과학의 길잡이 로저 베이컨 49
23. 인쇄기술을 발명한 구텐베르크 49
24. 천재 과학자 레오나르도 다 빈치 51
25 근대 과학혁명의 선구자 코페르니쿠스 54
26. 의약과 광물의 관계를 밝힌 아그리콜라 55
27. 연금술을 비판한 파라켈수스 56

과학자 360
인물로 엮은 과학의 역사

28. 근대 해부학을 수립한 베살리우스 57
29. 박물학을 새롭게 연구한 게스너 59
30. 외과의학을 개척한 이발의사 파레 59
31. 마지막 육안 관측 천문학자 티코 브라헤 60
32. 대수(對)와 소수점을 생각해낸 나피어 62
33. 실험과학을 강조한 철학자 프란시스 베이컨 63
34. 17세기 서유럽 과학혁명의 주역 갈릴레이 64
35. 실험적 방법으로 자석을 연구한 길버트 66
36. 근대 천문학을 수립한 케플러 67
37. 정량적 실험을 시도한 헬몬트 69
38. 혈액 순환운동을 밝힌 하비 70
39. 대수학과 기하학을 융합시킨 데카르트 72
40. 진공의 위력을 실험으로 증명한 게리케 73
41. 진공 부재의 반증실험을 한 토리첼리 74
42. 고도에 따른 대기압의 차이를 측정한 파스칼 75
43. 토성의 네 위성을 발견한 카시니 76
44. 연금술을 화학으로 바꾼 보일 77
45. 현미경으로 모세혈관을 찾아낸 말피기 78
46. 빛의 파동설을 주장한 호이헨스 79
47. 평생을 현미경과 함께한 레벤후크 80
48. 곤충 세계를 열어 놓은 스밤메르담 81
49. 현미경으로 식물 세포를 찾아낸 후크 81
50. 고전물리학을 완성한 큰 과학자 뉴턴 83
51. 큰 항성표를 만든 플램스티드 86
52. 혜성의 정체를 밝힌 핼리 87
53. 플로지스톤 이론을 수립한 슈탈 88
54. 동물의 소화기능을 실험으로 증명한 레오뮈르 89
55. 화씨 온도계를 발명한 파렌하이트 90
56. 빛의 시차를 발견한 브래들리 90
57 항해용 기계시계를 만든 해리슨 93
58. 구리광석에서 코발트를 발견한 브란트 93

차례

59. 유체역학에 수학을 적용한 베르누이 93
60. 지구의 모습을 확실히 보여준 라 콩다민 94
61. 미국 최초의 과학자 프랭클린 95
62. 놀랄만한 암산 능력을 지닌 오일러 96
63. 식물 분류에서 2명법을 도입한 린네 98
64. 신경 근육계의 기구를 연구한 할러 99
65. 자연의 모든 영역을 파악한 뷔퐁 100
66. 러시아 과학계를 건설한 라마노소프 101
67. 지구 지형을 면밀하게 조사한 헛튼 103
68. 기체화학을 수립한 블랙 104
69. 자연발생설 부정실험을 한 스파란차니 105
70. 광합성을 처음 연구한 잉겐호우스 106
71. 수소를 발견한 캐번디시 106
72. 산소를 발견한 프리스틀리 108
73. 원동기 제1호인 증기기관을 발명한 왓트 110
74. 미적분으로 역학을 체계화한 라그랑쥬 111
75. 18세기 최대 천문학자 허쉘 113
76. 산소의 발견에서 선취권을 빼앗긴 실레 115
77. 식물학자로서 탐함에 나선 뱅크스 116
78. 화학혁명을 몰고 온 라부아지에 118
79. 새로움 원소를 여럿 발견한 크라프로트 121
80. 용불용설을 내세운 라마르크 122
81. 전지를 발명한 볼타 123
82. 소행성 발견의 문을 열어 놓은 피아치 124
83. 화법기하학을 처음 선 보인 몽쥬 125
84. 천연두의 공포를 몰아낸 제너 126
85. 천체역학을 완성한 라플라스 128
86. 열 운동설을 주장한 럼퍼드 129
87. 정비례의 법칙을 수립한 프루스트 130
88. 면삭기를 발명한 천재 발명가 휘트니 131
89. 배금을 깊이 연구한 울러스턴 132

90. 원자론을 확고하게 수립한 돌튼 133
91. 천변지이설을 끈질기게 주장한 퀴비에 135
92. 지구를 상세하게 묘사한 훔볼트 137
93. 브라운 운동을 발견한 식물학자 브라운 138
94. 빛의 횡파설을 지지한 영 139
95. 편관현상을 발견한 비오 140
96. 전자기학을 처음 개척한 앙페르 141
97. 분자설을 주장한 아보가드로 143
98. 삼대 수학자의 한 자리를 차지한 가우스 143
99. 기체반응의 법칙을 정리한 게이-뤼삭 145
100. 화합물로부터 칼륨을 분리한 데이비 146
101. 화학계의 독재자 벨리셀리우스 148
102. 전자기학 연구의 실마리를 찾은 외르스테드 149
103. 실험생리학을 확립한 외과의사 마장디 150
104. 항성의 연주시차를 측정한 베셀 152
105. 태양 스팩틀을 연구한 후라운호퍼 153
106. 빛의 횡파설을 주장한 아라고 154
107. 저항, 전위, 전류의 관계를 밝혀낸 옴 155
108. 빛의 횡파설을 확립한 프레넬 156
109. 사진기술을 개발한 다겔 157
110. 위대한 전자기 실험물리학자 페러데이 157
111. 기계계산기의 기초를 뿌리내린 베비지 159
112. 포유류의 난과 배아를 연구한 베어 160
113. 수학 세계의 이단자 로바체프스키 161
114. 열과 일의 관계를 연구한 카르노 163
115. 헛턴의 균일설을 확증한 라이엘 164
116. 대형 전자석을 처음 만든 헨리 165
117. 19세기 프랑스 화학연구의 견인차 뒤마 167
118. 유기합성화학의 길을 열어 놓은 뵐러 169
119. 그리니치 천문대를 근대화한 에어리 169
120. 학생에게 실험실을 개방한 리비히 170

차례

121. 기체의 확산속도를 연구한 그레이엄 172
122. 유기화합물의 치환개념을 주장한 로랑 173
123. 진화론을 확립한 찰스 다윈 174
124. 세포설의 기초를 닦은 슈반 177
125. 빛을 보지 못한 불운한 수학자 갈루아 178
126. 만유인력 이론을 확증한 르베리에 180
127. 참다운 과학교육자 분젠 182
128. 실험생리학을 완성한 베르나르 183
129. 강철시대를 열어 놓은 베서머 185
130. 열과 일의 관계를 실험으로 밝혀낸 줄 186
131. 독일에 염료산업의 뿌리내린 호프만 188
132. 산욕열의 원인을 찾아낸 제멜바이스 188
133. 빛의 정확한 속도를 결정한 후코 190
134. 코로이드화학을 탄생시킨 틴들 190
135. 소리의 연구를 과화화 한 헤름홀츠 191
136. 세포병리학을 수립한 비르호 193
137. 열역학 제2법칙을 제안한 크라우지우스 194
138. 우생학을 수립한 골턴 196
139. 유전법칙을 발견한 수도원장 멘델 196
140. 천체물리학 연구의 선구자 허긴스 197
141. 광견병 왁진을 개발한 파스퇴르 198
142. 독립적으로 진화론을 주장한 월리스 204
143. 태양의 나트륨을 확인한 키르히호프 204
144. 절대온도의 눈금의 사용을 제안한 켈빈 206
145. 전통과 권위에 도전한 헉슬리 207
146. 아보가드로의 분자설을 지지한 칸니차로 208
147. 비유클리드 기하학을 발표한 리만 209
148. 합성화학을 본격 발전시킨 베르테로 210
149. 벤벤 구조를 처음 생각해낸 케쿨레 211
150. 전자기학을 수학으로 정리한 맥스웰 212
151. 전자 발견의 실마리를 찾아낸 크룩스 214

152. 다이너마이트를 발명한 노벨   216
153. 획득형질의 유전설을 부정한 바이즈만   217
154. 원소 주기률표를 만든 멘델레예프   218
155. 고속 엔진을 제작, 실용화한 다이믈러   219
156. 태양에서 헬륨을 발견한 로키어   219
157. 유기합성화학을 꽃 피운 바이어   221
158. 당의 화학을 개척한 뉴런즈   221
159. 아인슈타인의 상대론에 영향을 준 마흐   222
160. 18세에 영국의 염료산업을 일으킨 퍼킨   223
161. 알카리 산업을 발전시킨 솔베이   224
162. 일기예보를 조직적으로 실시한 애비   225
163. 화학열역학을 처음 연구한 깁스   226
164. 극저온에서 물질의 성질을 연구한 듀어   227
165. 결핵균을 정복한 코흐   228
166. 새로운 원소 발견의 터전을 닦은 레일리   229
167. 원자론을 주장한 비극의 투사 볼츠만   230
168. X선을 발견한 뢴트겐   231
169. 백혈구의 저항력을 찾아낸 메치니코프   233
170. 세계 최고의 발명가 에디슨   234
171. 전화기를 발명한 벨   236
172. 집합론의 개척자 칸토어   237
173. 돌연변이를 찾아낸 드 브리스   238
174. 식물재배 기술이 특출한 버뱅크   239
175. 소화의 생리학을 수립한 파브로프   240
176. 통계천문학을 처음 열은 캅테인   241
177. 담배 모자익 병을 연구한 바이에링크   243
178. 석유화학의 개척자 프라슈   243
179. 입체유기화학을 수립한 반트 호프   243
180. 불소를 홀로 분리한 무아상   245
181. 불활성 기체를 발견한 램지   246
182. 단백질과 핵산을 연구한 코셀   247

● ● ● ● 차례

183. 당을 합성한 피셔　247
184. 헬륨을 액화시킨 카메를링 오네스　249
185. 방사능을 발견한 베크렐　250
186. 빛의 속도를 연구한 마이컬슨　251
187. 전자의 존재를 확인한 로렌츠　252
188. 에너지론을 주장한 오스트발트　253
189. 코닥카메라를 상품화한 이스트먼　254
190. 화학요법 시대를 열어 놓은 애르리히　255
191. 순수수학을 연구한 푸앙카레　256
192. 명왕성의 존재를 예언한 로웰　257
193. 전지를 발견한 톰슨　257
194. 전자파의 존재를 확인한 헤르츠　258
195. 쟈바원인의 화석을 발굴한 뒤부아　259
196. 동력원에 새로운 변화를 몰고 온 디젤　260
197. 양자론을 수립한 막스 프랑크　262
198. 각기병의 원인을 찾아낸 에이크만　264
199. 예민한 관찰력과 완벽성을 지닌 버나드　265
200. 희토류 금속을 실용화 한 아우어　265
201. 용액의 이온화 설을 주장한 아레니우스　266
202. 효소와 발효의 현상을 연구한 부흐너　267
203. 비타민의 개념을 수립한 홉킨스　268
204. 유크릿트 기하학을 점검한 힐버트　269
205. 음극선의 본질을 밝힌 레나르트　270
206. X선회절로 결정구조를 연구한 브래그　271
207. 유기규소화합물을 처음 연구한 키핑　273
208. 프라스틱 시대를 열어 놓은 베이클랜드　273
209. 알미늄 제련법을 개발한 홀　274
210. 온도와 빛의 관계를 연구한 빈　275
211. 열역학 제3법칙을 유도한 네른스트　276
212. 박토를 옥토로 일궈낸 흑인 커버　277
213. 핵산을 처음 합성한 콘버그　279

214. 한외현미경을 발명한 지그몬디　279
215. 효소와 발효 작용을 연구한 하든　280
216. 유전학에서 염색체 설을 확립한 모건　281
217. 빛의 압력을 검출하고 측정한 레비디프　282
218. 폴로늄과 라듐을 발견한 큐리 부부　283
219. 혈액형을 연구한 란트슈타이너　285
220. 개소린의 연소률을 연구한 이바티예프　286
221. 전자의 전하를 측정한 밀리컨　287
222. 팔로마산 천문대를 건설한 헬　288
223. 원자량을 다시 측정한 리쳐즈　291
224. 공중질소 고정법을 개발한 하버　290
225. 발생학에서 배아를 완벽하게 연구한 슈페만　292
226. 안개상자를 발명한 윌슨　293
227. 원자의 실재를 입증한 페랭　294
228. 비행기를 발명한 라이트 형제　295
229. 인공 핵변환을 실현한 러더포드　296
230. 식물생태를 조직적으로 연구한 탠슬리　297
231. 수중 음향탐지기를 개발한 랑주뱅　298
232. 식물의 색소를 연구한 윌스텟터　298
233. 여러 유기화학 반응을 연구한 딜스　299
234. 인공심장의 개발을 시도한 카렐　300
235. 화학결합의 이론을 연구한 시지윅　301
236. 3극 진공관을 발명한 디 포리스트　302
237. 무선통신 시대를 열어 놓은 마르코니　303
238. 화합물의 결합 손을 생각해낸 루이스　303
239. 천체의 거리를 측정한 애덤스　304
240. 질량분석기를 개발한 애스턴　305
241. 체내의 미량무기물질을 연구한 맥칼럼　306
242. 방사성 동위원소를 연구한 소디　307
243. 합성고무 네오프렌을 합성한 뉴른드　308
244. 핵분열을 연구한 여성 과학자 마이트너　309

차례

245. 핵에너지의 위험을 경고한 옷토 한 310
246. 상대성 이론을 발표한 아인슈타인 312
247. X선이 전자파임을 증명한 라우에 314
248. 대륙이동설을 주장한 베게너 315
249. 전구에 텅스텐 선을 이용한 랭뮤러 316
250. 항생물질 시대를 열어놓은 플레밍 317
251. 액체연료 로켓트를 쏘아 올린 고더드 318
252. 고분자화학을 개척자 슈타우딩거 319
253. 양자역학 수립에 공을 세운 보른 320
254. 방사능 검출기를 개발한 가이거 321
255. 별의 내부를 이론적으로 밝힌 에딩턴 321
256. 호흡작용을 연구한 바르부르크 322
257. 성층권과 심해를 탐사한 피카르 323
258. 용액의 전리현상을 집중 연구한 디바이 324
259. 초원심분리기를 개발한 스베드베리 325
260. 72번 원소 하프늄을 발견한 헤베시 326
261. 근육활동 대사를 연구한 마이에르호프 327
262. 초기 원자구조를 연구한 보어 328
263. 리만기하학을 정리한 바일 329
264. 은하계 연구의 문을 열어놓은 섀플리 330
265. 호르몬을 전반에 걸쳐 연구한 켄들 331
266. 필수 아미노산을 연구한 로즈 332
267. 원자내 전자의 행동을 연구한 슈뢰딩거 332
268. 원소 주기율표를 정리한 모즐리 333
269. 효소가 단백질임을 확인한 섬너 334
270. 은하계 밖의 우주를 관측한 허블 335
271. X선에 의한 돌연변이를 연구한 뮬러 337
272. 미국 원폭개발 계획을 수립한 부시 338
273. 중성자를 발견한 채드윅 339
274. 당뇨병의 원인을 밝힌 밴딩 340
275. 물질의 이중성을 밝힌 드 브로이 342

276. 하늘의 전리층을 발견한 애플턴   343
277. X선 파장의 변화를 연구한 콤프턴   344
278. 레이더를 개발한 와슨 왓트   345
279. 우주의 크기를 확대시킨 바디   346
280. 중수소를 연구한 유리   347
281. 아스코르빈산을 발견한 센트-디외르디   348
282. 통신, 정보, 제어의 이론을 확립한 비너   349
283. 프라즈마를 연구한 카피차   350
284. 염료를 의약으로 이용한 도마크   350
285. 비타민 K를 발견한 댐   352
286. 초극저온을 연구한 지오크   352
287. 생명의 기원을 처음 제안한 오파린   353
288. 합성섬유 나이론을 개발한 캐러더스   354
289. 그리코겐의 분해과정을 밝힌 코리 부부   355
290. 바이러스 배양기술을 개발한 앤더스   356
291. 안개상자를 개량하여 사용한 블렉킷   356
292. 획득형질의 유전을 주장한 리센코   357
293. 방사성 동위원소를 추적자로 이용한 슈엔하이머   358
294. 군축회담의 씨앗을 뿌린 실라르드   359
295. 체내 에너지 대사를 연구한 리프만   360
296. 항생물질을 생산으로 연결한 플로리   361
297. 살충제 D.D.T.를 합성한 뮬러   362
298. 인체의 면역기능을 밝힌 버닛   363
299. 인공방사성 동위원소를 발견한 졸리오 퀴리   364
300. 동양과학기술의 역사를 체계화 한 니덤   366
301. 원자핵 주위의 전자배열을 밝힌 파울리   368
302. 카로티노이드를 연구한 쿤   368
303. 은하계의 구조를 밝힌 오르트   369
304. 체내 에너지생성의 회로를 밝힌 크레브스   369
305. 화학결합의 본질을 밝힌 폴링   370
306. 니코친산의 기능을 연구한 엘비엠   371

차례

307. 싸이크로트론을 개발한 로렌스　372
308. 원자로를 청음 시험운전 한 페르미　373
309. 중합반응의 메커니즘을 연구한 나타　374
310. 양자역학의 기초를 쌓은 하이젠베르크　375
311. 전자의 파동현상을 밝힌 디랙　376
312. 단백질 분리기술을 개발한 티셀리우스　377
313. 독특한 방법으로 유전기구를 연구한 비들　378
314. 파이 중간자를 발견한 파월　378
315. 게임이론과 계산기를 개발한 노이먼　379
316. 우주의 진화론을 보급한 가모브　380
317. 미국 원폭 개발을 이끈 오펜하이머　381
318. 핵분열을 연구한 프리시　383
319. 바이러스의 정체를 밝힌 스탠리　383
320. 반(伴)양자를 만들어낸 세그레　384
321. 뮤 중간자를 확인한 엔더슨　385
322. 핵산 RNA를 합성한 오초아　386
323. 전파천문학의 문을 열어놓은 잰스키　387
324. 페니실린을 분리하고 정제한 체인　387
325. 소아마비 예방 왁진을 개량한 세빈　388
326. 끈질긴 관측으로 명왕성을 발견한 톰보　389
327. 기호논리학과 수리논리학을 구축한 괴델　390
328. 태양과 항성의 에너지를 연구한 베테　391
329. 비타민 B군을 연구한 폴커즈　392
330. 중간자와 핵의 힘을 예언한 유가와　393
331. 항히스타민제를 개발한 보베　394
332. 93번 원소 네튜늄을 발견한 맥밀런　395
333. 대양의 밑바닥을 그려낸 유잉　396
334. 극저온 물질의 성질을 연구한 란다우　397
335. 미국의 수폭을 개발한 텔러　397
336. 연대 측정법을 개발한 리비　398
337. 고체진공관을 개발한 쇼크리　399

338. 반도체와 초전도도를 연구한 바딘   400
339. 새로운 정밀분서기술을 개발한 마틴   401
340. 바이러스의 전염성을 밝혀낸 프랭켈-콘라드   401
341. 백색왜성의 구조를 관측한 찬드라세카르   402
342. 식물의 광합성 과정을 연구한 캘빈   403
343. 초우라늄 원소를 주로 연구한 시보그   404
344. 암호해독기를 제작한 튜링   405
345. 방사능 띠를 확인한 반 앨런   407
346. 독일 로켓 개발의 선구자 폰 브라운   408
347. 소아마비 왁진을 개발한 솔크   409
348. 소립자 연구를 개척한 호프스태터   410
349. 마이크로파 발생장치를 개발한 타운즈   411
350. 단백질을 분리하고 분석한 리처드 싱   412
351. 정보전달의 기본적 개념을 유도한 섀넌   413
352. 핵산의 나선구조를 밝힌 크릭   414
353. 단백질의 미세구조를 연구한 켄드루   415
354. 엽록소를 인공 합성한 우드워드   416
355. 단백질 구조의 연구방법을 개발한 생어   416
356. 옛 소련의 수폭을 개발한 사하로프   417
357. 우주창조의 정상이론을 정식화한 골드   418
358. 원시상태의 물질을 만들어낸 밀러   420
359. 양자보다 무거운 K-중간자를 발견한 겔만   421
360. 인공위성을 처음 탑승한 가가린   421

그들이 활동했던 사회

 책 제목에서 보았듯이, 이 책은 '인물로 엮은 과학의 역사'이다. 한 인물이 생존했던 시대적 배경을 말하지 않고서는 그 인물을 정확하게 이해할 수 없다. 그러므로 그들이 활동했던 사회적 배경을 본문에 앞서 총괄적으로 기술한다. 또한 역사에서 시대적 구분은 까다롭다. 그것은 연속적으로 흐르는 시간을 인위적으로 나눌 수 없기 때문이다. 하지만 강물이 흐르는데 굽이가 있으며, 홍수가 그친 뒤 지반·지형이 바뀌면 강물 줄기도 크게 바뀌듯이, 역사적 사건을 바탕으로 시대를 구분하는 것은 그렇게 무리는 아닌 듯싶다. 고대부터 현대까지를 다섯 시기로 과학의 역사를 구분한다.

1. 고대 과학 — 과학과 신화 시대

 이 시기는 대략 기원전 599년부터 기원 529년까지로, 일반 역사에서 고대에 해당한다. 다시 말하면 그리스 본토와 그리스 연안 섬들을 장악한 시대부터 로마가 멸망할 때까지의 시기이다.
 이 시기에 그리스 사람은 지중해를 장악하고 번성하면서 오리엔트 여러 국가(이집트, 바빌로니아)의 과학 지식을 선별적으로 받아들이고 거기에 자신들의 과학적 지식을 덧붙여 '그리스의 기적'을 낳았다.
 그리스 사람은 해양 민족이다. 그들의 자연환경은 농경에 적당하지 않고, 인구가 증가하여 일찍이 지중해로 진출을 꾀하였다. 이 해외 진출은 그리스인의 미지에 대한 탐구심과 모험심을 부추기고, 지식욕과 기업욕을 부채질하였다. 그들은 농사 대신 상업이나 무역에 종사하여 신흥 상공업 층을 형성하였으므로, 전통에 얽매이지 않고 자유롭고 풍요로운 풍토를 조성하였다.
 그리스에는 오리엔트와 달리 전제군주 정치가 처음부터 없었다. 물론 초기에 한때 왕정이었지만 그 권력은 절대적인 것도, 세습적인 것도 아니었다. 실권은 선거에 의해 교체되었고 민주적이었다. 또한 신들과 인간의 관계도 오리엔트처럼 절대적이지 않았다. 그들은 도시국가(Polis) 체제를 갖추고 있었다.

그리스 민족은 다른 민족과 비할 수 없는 독특한 성격을 지니고 있었다. 공상적이고 명상을 즐기며, 환희를 구하고 자유를 열망했으며, 개인주의적이고 비판적이었다. 또한 그리스 문화는 밝고 명랑하며 인간적이고 현실적이며, 합리적이고 지적이었다.

한편 알렉산더 대왕의 동방원정은 지중해와 오리엔트 세계를 통일하여 거대한 교역권과 경제권으로 묶어 단일 시장을 형성하였다. 이 같은 시장의 확장은 당연히 제조업의 발달을 부추겼고, 상품 제조에 힘을 쏟게 되었다.

이런 흐름 속에서 이 시기의 과학연구는, 사변에만 치중했던 그리스적인 학풍에서 벗어나 실천과 응용을 중요시함으로써, 연구 풍토가 사변주의에서 경험주의로 바뀌었다. 다시 말해서 순수한 이론적 과학보다는 현실에 적용되는 실용적 학문을 존중하는 방향으로 선회하였다.

더욱이 프톨레마이오스 왕조의 통치자들은 학문 애호가들이었다. 그 좋은 예로 국립연구소 성격의 알렉산드리아의 뮤제이온(Museion)을 꼽을 수 있다. 이 왕조는 학문 진흥정책의 일환으로, 지식의 보존, 지식의 증가, 지식의 보급에 그 목적을 두었다. 국가는 운영비를 지급하고 저명한 과학자를 초빙하여 연구와 교육을 장려하고, 숙박시설과 식사를 무료로 제공하였다. 특히 이곳에는 당시 60만권의 장서를 갖춘 도서관이 있었다. 이것이 유명한 '알렉산드리아 도서관'으로, 연구 분야는 서지학, 천문학, 기하학, 화학 등이다.

알렉산드리아 시대는 로마로 이어진다. 로마제국은 기원전 500년부터 기원 400년 무렵까지 존속하였다. 로마가 국가로서 통일되어 공화국으로 전환된 것은 기원전 6세기 말 무렵이다. 이후 수백 년 동안 군사국가로서 많은 전쟁을 치르면서 영토를 확장하였다.

로마 원로원은 상업에 종사하는 것을 금지하였다. 그러므로 로마에서는 무엇보다도 계량적, 공간적인 사고가 결여되어 있다. 그들은 원래 보수적인 농민으로서 새로운 지식의 획득이나 연구에 대한 의욕이 그리스만큼 강하지 못하였다.

로마는 알렉산드리아의 과학을 이어받았지만, 실용적인 면만을 받아들였고, 자연과학에서 중요한 탐구정신과 연구방법은 부수적인 문제로 취급하였다. 그들은 현실적이고 구체적이며, 실용적이지 못한 것에는 아예 관심조차 갖지 않았다. 그러나 국가 통치 수단으로서의 응용과학이나 기술은 크게 발전시켰다. 그러므로 나열식의 기술과 실용과학에 관한 지식이 대부분이었다. 국가 스스로는 기술 편중주의 정책을 강화하였다.

2. 중세 과학 — 과학과 종교 시대

　서양에서 중세는 대체로 로마제국이 멸망한 약 400년부터 르네상스가 시작하는 1400년 무렵까지 약 1,000년 동안의 시기이다. 고대 말기 로마제국은 내란이 잦았던 데다 게르만 민족의 대이동으로 그리스와 로마에서 번창했던 도시와 문화생활은 다시 촌락 형태의 미개한 생활양식으로 되돌아갔다. 그리고 도시의 화폐와 교환의 감퇴로 자연경제로 후퇴함으로써 서유럽에서는 장원제도가 서서히 싹트고 자급자족의 폐쇄적인 봉건사회 체제가 출현하였다.

　그러므로 전통과 권위가 중히 여겨지고, 비진취적이고 보수적이었다. 이런 상황 속에서 중세 사람은 창의력이나 지적 욕구, 자연에 관한 관심, 그리고 사회적 욕구 등을 점차 잃어갔다.

　더욱이 중세 서유럽은 종교사회였다. 그리스도교가 로마의 국교로 된 것은 4세기 초기 무렵으로 312년이다. 중세 동안 그리스도교는 서유럽에서 문화 형성의 지배적인 힘이었다. 특기할 것은 여러 변화를 거친 후 기독교 사회의 학문 내용이 처음으로 확립되었다. 이것이 소위 '7자유 과목'으로 이후부터 이것이 학문의 표준이 되었다. 7자유 과목은 3과(문법, 수사학, 변증술)와 4과(산술, 기하학, 음악, 천문학)로, 보다 고도의 학문을 익히기 위한 예비교육이다. 이는 중세 지식인의 정신적 질서의 기둥이 되었다.

　신학의 시녀라 일컫는 스콜라 철학자인 토마스 아퀴나스는, 인간 정신이 감각적인 경험을 통해서 자연의 세계에 관한 진리에 도달할 수 있다는 아리스토텔레스의 주장을 전면적으로 받아들이는 반면, 자연 세계의 진리 이외에 초자연적인 진리가 있으며, 그것은 오직 신의 은총으로 인간에게 제시됨으로써, 인간은 이를 인지할 수 있는 것이라 주장하였다.

　이처럼 그리스도교와 교회에 의해 문화가 지배되고 통제되던 중세에서 자연과학은 발달할 여지가 별로 없었다. 따라서 중세에 과학자의 연구 활동이 거의 없었고, 있다 해도 자유롭지 않았다. 그러므로 서유럽 기독교 사회에서는 과학이 잠복하고 말았다.

　한편 이슬람 세계에서는 서유럽 기독교 세계와 달리 과학 문화가 형성되어 발달할 수 있었다. 이슬람 과학 발전의 시기는 약 750년부터 1200년 무렵이다. 서유럽에서 봉건제도가 싹틀 무렵인 631년에 마호메트가 이슬람교의 불꽃으로 아라비아 반도와 그 주변을 장악하였다. 이슬람 세계는 이슬람교(성경 대신 코란)를 주축으로 이룩된 사회이다. 그러므로 과학은 기독교 세계와 본질적으로 다른 모습으로 나타났다. 마호메트는 신도들에게 죽음의 묘지에 들어갈 때까지 지식을 탐구할 것을 소망했으므로, 그들은 지식 탐구를 위한 여행을 천국의 길에 접한다고 생각하였다. 더욱이 마호메트의 후계자인 칼리프는 학문 애호가였다.

800년 무렵 바그다드는 세계 학문의 중심지였다. 4대 칼리프 알 마문은 828년 도서관과 번역기관의 결합체인 '지혜의 집'을 설립하였다(알렉산드리아 시대 설립된 뮤제이온과 비슷하다). 이곳에서 연구하는 학자들은 국내외로부터 초빙되었고, 이들은 번역과 저술로 고대의 지식을 보존하고 서유럽에 전달했을 뿐 아니라, 나아가 새로운 것을 창조하였다. 그 예로 지금 우리가 일상생활이나 학교에서 매일 쓰고 있는 '아라비아 숫자'는 이들의 창작품이다.

그들은 사변에 의해서가 아니라 자연을 세밀히 관찰하였다. 그들은 완전하지는 않았지만 실험을 통해서 자연의 여러 현상을 연구하였다. 그래서 이슬람 세계에서는 저명한 과학자들이 몇몇 업적을 남겼다.

3. 근대 초기 과학 ― 17세기 과학혁명시대

이 시기는 대략 1400년에서 1700년 사이로, 서유럽은 르네상스와 종교개혁, 그리고 발견 항해 시대를 맞이하여 크게 모습이 바뀌었다. 이 시기를 과학사에서는 '17세기 과학혁명기'라 부른다. 대략 14세기에 들어와 중세 봉건사회가 무너지면서 중세 문화도 시들기 시작하였다. 이러한 변화 속에서 르네상스가 시작되어 점차 그 영향이 서유럽에 널리 퍼져나갔다. 이는 처음에 인문주의자로 대표되는 대학 밖의 지식인들이나 예술가들에 의해 주도되었다.

이러한 분위기는 종교의 속박에서 인간을 해방시키고, 인간이 타고난 개성을 마음껏 펼 수 있도록 함으로써 개성적인 인간과 재능을 지닌 천재들이 어느 시대보다 많이 활동하였다. 또한 르네상스의 왕성한 지적 호기심과 탐구 정신이 근대 과학의 기초가 되었다.

한편 르네상스와 함께 일어난 종교개혁을 통해서 신 대신 인간이, 교회 대신 성경이, 중세 스콜라 철학 대신에 고전 연구가 새롭게 등장하였다. 더욱이 스콜라 철학이 퇴색하자 신학에 눌렸던 모든 학문, 특히 자연과학이 그 굴레를 벗어남으로써, 학자들은 아무런 구속 없이 참된 학문 연구를 시작하였다.

 종교개혁에 성공한 칼빈파의 청교주의자들은 근대 초기 과학 발전에 크게 영향을 미쳤다. 당시 상인과 장인, 그리고 항해사 등 많은 사람들이 청교도였다. 그들의 지위가 사회적으로 점차 눈에 띄면서 과학에 깊이 관심을 갖게 되고, 그들과 과학자들은 '그레샴 칼리지'에서 자주 만났다. 그곳은 청교주의의 온상이다. 이곳에서 근대 과학의 연구와 교육이 촉진되었다. 그곳에서는 수사학, 신학, 음악, 물리학, 기하학, 천문학, 법률학 등을 강의했는데, 그 중 기하학과 천문학, 그리고 의학 강의는 유명하였다. 특히 선원을 위한 항해기구와 항해술에 관한 강의도 있었다.

 르네상스와 종교개혁에 이어 대양 항해와 지리적 발견은 세계사의 전환점을 마련하였다. 엔리케 왕자의 서아프리카 항해, 콜럼버스의 대서양 횡단(1492), 바스코 다 가마의 인도양 도착(1498), 마젤란의 세계 일주(1519-22) 등은 사회 체제와 경제 체제를 크게 바꿔놓았다. 이는 봉건제도를 몰락시키고 근대국가와 자본주의를 탄생시켰다. 그리고 자본주의 체제의 번창은 실험과학의 발달을 필연적으로 이끌어내고, 실험과학은 산업과 경제 발전에 크게 영향을 미쳤다. 또한 과학은 사회의 한 생산 요인으로 그 자리를 굳게 확보했는데, 이러한 변혁은 당시의 어떤 사건보다 훨씬 중대한 사건이다.

 이러한 사회 상황 속에서 서유럽에서 17세기 과학혁명이 일어났다. 이 혁명으로 인류는 처음으로 과학을 소유하였다. 이 혁명은 과학 연구 방법의 변혁으로 이제 과학자들은 실험적 방법과 수학적 방법을 마음껏 사용하기에 이르고, 과학 발전의 속도는 무척 빨라졌다.

4. 근대 과학 — 과학과 산업의 시대

 근대 과학은 대략 18, 19세기에 탄생하였다. 이 시기는 과학이 크게 발전하여 번영과 진보의 길을 개척한 때이다. 이 시기에 접어들면서 영국의 산업혁명, 프랑스의 정치혁명, 그리고 계몽운동이 일어나고, 특히 과학의 제도화는 과학을 발전시키는 촉진제 구실을 하였다. 이에 따라 과학자는 곧 이러한 배경에서 연구 활동을 적극 펼쳤다.

 산업혁명은 좁은 의미에서 보면, 제조 부문에서 수공업적 생산 양식이 기계적 생산 양식으로 전환된 것을 말하지만, 넓은 뜻으로 보면 그 전환으로 인한 결과까지를 말한다. 다시 말해 인구의 도시 유입, 농업 부문에서 제조업 부문으로의 인구의 급격한 이동, 개선된 운송 수단에 의한 세계 인류의 새롭고 밀접한 교류, 자본의 양과 그 사용의 거대화, 자본가의 정치권력 참여 등을 들 수 있다.

여기서 짚고 넘어갈 것은 기술의 발전과 혁신을 위해서는 과학적 원리가 선행되어야 하므로, 정부와 자본가들은 과학에 대한 관심이 커지고 과학 발전을 위한 수단을 강력하게 강구하기 시작하였다. 또한 과학은 물질문명에서 불가결한 요소로 변신하였다. 그래서 과학은 직업화, 전문화되어 과학 연구에 종사하는 사람들이 크게 늘어났다. 그리고 과학자의 사회적 지위가 근본적으로 달라졌다. 따라서 과학계에 진출하는 인원이 늘어나고 이를 교육하고 양성하는 전문기관, 즉 대학이나 연구소가 즐비하게 설립되었다. 이것은 새로운 상황이었다. 다시 말해 과학은 전문직업화되고 제도화 되어갔다.

한편 1789년 프랑스에서 역사상 유명한 정치 혁명이 일어났다. 이 혁명으로 국내의 귀족 특권층이 사라지고 국민 국가가 형성되었다. 따라서 이 혁명은 정치적으로나 사회적으로 중대한 의미를 지니고 있다. 특히 혁명정부는 공식적으로 과학의 중요성을 들고 나와 과학 연구에 지원을 아끼지 않았다.

우선 혁명정부는 과학자인 몽주와 카르노와 같은 공화주의자로 하여금 과학정책을 수립케 하고, 그 운영을 직접 맡도록 하였다. 그들은 매우 과감한 정책을 실시하였다. 가까운 예로 혁명정부는 새로운 도량형 제도를 수립하였다. 다시 말해 프랑스 과학 아카데미로 하여금 미터법을 제정하도록 지시하였다. 이 아카데미는 위원회를 구성하여 1793년 '10진 미터법'의 기초를 마련하였다.

또 한 가지 혁명정부는 교육개혁을 과감히 추진하였다. 고등사범학교(École Normale)와 이공대학(École Polytechnique)을 새로 설립하였다. 전자는 교육자 양성소요, 후자는 기술자 및 관리의 양성소였다. 특색은 입학시험제도이다. 우선 문을 개방하였다. 신분과 재산과 관계없이 실력 위주로 선발하고, 졸업시험이 엄격하였다. 많은 인재가 배출되고, 과학자가 쏟아져 나와 프랑스 과학 발전에 크게 기여하였다.

18세기부터 프랑스에서는 유물론 사상이 조직적으로 전개되었다. 유물론의 가장 빛나는 성과는 '백과전서파'의 활동이다. 특히 이 사전에는 과학에 관한 항목이 많이 실려 있다. 종래의 형이상학적 사변을 버리고 모든 인식의 대상을 자연현상만으로 한정하며, 자연을 초월하는 모든 것, 즉 신, 기적, 영혼 등을 모두 부인하였다.

끝으로 18, 19세기는 과학과 기술과 산업이 한데 어우러져 그 관계가 종래에 비해서 크게 바뀌었다. 원래 순수한 지식을 연구하기 위해 수행되어 왔던 과학 연구가 실제적인 일에 응용됨으로써 발명을 촉진시켰고, 또한 그 발명이 이루어졌을 때, 그것은 과학 연구와 산업 발전의 양 부문에 큰 도움을 주었다. 이로써 산업의 존립 그 자체가 과학과 떨어질 수 없게 되어, 과학은 산업에 기술적 변혁을 몰고 와 자본주의 발전에 크게 기여하였다.

5. 현대 과학 ― 과학과 정치 시대

1900년부터 지금까지가 현대 과학의 시기이다. 근대과학의 시기에 비해 정치·경제·사회 분야에서 큰 폭으로 변화를 맞이하였다. 19세기 말에 경제공황의 기미가 엿보이더니, 19세기 말기와 20세기 초부터 자유경쟁을 원칙으로 하는 구 자본주의 체제가 독점을 선호하는 신자본주의 체제로 모습을 바꾸었다. 상품수출이 보편적이었던 체제가 외국 식민지에 자본이 투자되면서 약탈과 착취가 동반하고 이로 인해 열강국들 사이에 전쟁이 벌어져 군비 경쟁까지 뒤따랐다.

여기에다 세계적인 경제공황이 찾아와 자본주의 국가의 위기를 몰고 왔다. 이 위기를 벗어나기 위해 생산구조를 개선하기 시작하였다. 대기업들은 자본을 투자하여 자동화를 서둘고 대량생산 방식의 산업구조로 전환을 서둘렀다.

더욱이 1914년 6월 28일, 발칸반도의 일각에서 발생한 테러는 결국 독일을 중심으로 한 삼국협상과 영국을 중심으로 한 삼국동맹의 대립을 불러왔다. 이 사건은 결국 제1차 세계대전으로 확대되었다. 이 대전으로 유럽 여러 자본주의 국가들은 국가 권력을 동원하여 과학교육과 연구체제 등을 개편하였다. 결국 국가는 과학을 동원하였다.

한편 독일은 베르사유 조약을 일방적으로 파기하고 군비를 재정비하여 동양으로 진출을 꾀하였다. 이는 제2차 세계대전 발발의 직접적인 계기가 되었다. 독일은 1939년 9월 3일 폴란드를 침공하고, 영국과 프랑스는 9월 3일 대독일 선전포고를 하면서 드디어 제2차 세계대전이 시작되었다. 제1차 세계대전 때와 마찬가지로, 제2차 세계재전 역시 전시 동원체제는 과학계에 큰 영향을 미쳤다. 두 번에 걸친 세계대전으로 과학연구는 전시체제로 바뀌면서 사회와 경제에 영향을 미쳤다.

이처럼 어수선한 시기에 1917년 10월, 볼셰비키 혁명 이후, 사회주의 혁명 세력은 과학기술에 특별한 관심을 가졌다. 그들은 과학연구가 사회주의 사회 건설을 위한 역사적 과정으로 여기고, 또한 이념적으로 양대 체제의 우열을 가름하는 기본적 원리로 생각한 나머지 그 가치를 높이 평가하였다. 임시정부는 단기간의 조치였지만 과학계를 지원하고 과학연구를 강화하였다. 그 결과 몇몇 연구기관이 신설되었지만, 그것들은 주로 군사과학을 위해 설립된 것들이었다.

사회주의 혁명 후 옛 소련은 두뇌유출의 위기가 현실로 나타났다. 그러므로 혁명 세대의 과학자의 교육과 양성을 조직적으로 계획하였다. 이를 위해서 새로운 교육시설과 연구시설을 개선하고 대폭 확장하였다. 1922~28년 동안 과학은 놀라운 속도로 발전하였다. 이 시대를 '과학문화 혁명' 시대라 부른다. 눈에 띄는 것은 국제협력관계가 두드러지게 나타난 점이다.

스탈린이 정권을 장악하자 1928년 3월, 소위 '탄광사건'을 시작으로 대대적인 숙청작업이 시작되었다. 물론 과학기술자도 포함되었다. 제1차 세계대전이 발발하자 과학 동원 체제를 강화하고 과학연구소를 적극 지원하였다. 특히 제2차 세계대전 당시, 수용소 안에 특별연구소를 설립하고 외국인 과학자들, 수용소에서 복역 중인 과학자들로 팀을 구성하고, 전쟁 수행에 필요한 군사과학을 연구하도록 하였다. 독일에 비해 군사과학이 열세했던 옛 소련은 국가정책으로 이 분야에 우선권을 부여하였다. 특히 미국의 원폭 실험 성공에 이어 옛 소련 정부는 핵무기 개발에 박차를 가하였다.

제2차 세계대전 당시, 미국의 국방비는 150억불에서 500억불로 증액되었다. 국방성의 연구비가 거액 지출되었으므로 과학자는 군부로부터 연구비를 받았기 때문에 자신의 의지와 관계없이 연구가 자연히 군사적 성격을 띠었다. 이전에는 소규모 연구실에서 소수의 과학자들이 소규모로 연구한데 반해, 30년대부터 실험실에 대규모 설비를 갖추고, 또한 군부나 산업계와 연계되어 군수과학과 응용과학의 사이가 전에 비할 바 없이 가까워졌다. 더욱이 미국의 대기업은 회사 안의 연구소에 많은 투자를 하였다.

제2차 세계대전이 끝나자, 서양 자본주의 국가들은 전쟁을 통하여 얻은 경험을 바탕으로 과학계에 새로운 바람을 불어넣었다. 우선 영국의 경우 과학행정을 전담하는 기구를 신설하였다. 1956년 과학성이 신설되고, 인적자원에 대한 대책을 세웠다. 그리고 교육의 대폭적인 개혁에 착수하였다. 영국이 자랑하는 연구회의(RC)도 1992년 대폭 개편되었다. 또한 산업 경쟁력을 강화하기 위해 정부·학교·산업체가 공동으로 연구하는 체계를 정비하였다.

프랑스는 제2차 세계대전이 끝나자 전쟁으로 파괴된 각종 시설과 경제를 재건하기 위해 과학연구를 강력히 이끌어 갔다. 특히 국방과 민생의 목적을 함께 달성할 수 있는 전략산업 중심의 기업을 국유화하고 연구시설의 건립에 힘을 쏟았다. 특히 드골 정권이 들어서면서 과학체제를 본격적으로 개혁하였다. 그리고 과학정책에 관한 국민들의 의견을 대폭 수렴하였다. 정부는 국가의 대형 프로젝트에 대한 검토를 재고하고, 민간 연구소 개발의 진흥을 위한 대책을 수립하였다. 또한 연구개발을 담당하는 인력을 충분히 양성하기 위한 특별 대책을 강구하였다. 정부는 민간·정부 겸용 기술을 개발하기 위한 전략을 추진하였다. 공공연구소의 자회사 설립도 추진하였다.

한편, 1957년 10월 4일 쏘아 올린 인류 최초의 옛 소련 인공위성 스푸트니크 1호는 미국을 포함하여 서양 여러 나라의 과학정책에 큰 영향을 미쳤고, 더욱이 자기 국가의 과학이 우위라고 믿고 있던 미국 국민들에게 큰 충격을 안겨주었다. 이른바 '스푸트니크 충격'이다. 그리하여 미국은 위신을 회복하고 두 나라 사이의 미사일 갭을 없애기 위해 과학연구를 적극 후원하였다.

옛 소련은 후르시초프의 등장과 함께 스탈린을 비판함으로써 사회적으로 큰 변화가 일어났다. 그는 문화의 개방, 중앙집권화의 약화, 스푸트니크 1호의 발사, 과학자 집단의 반발, 모방노선에서 혁명노선으로의 전환, 정보교환의 강화, 긴장완화정책을 앞세웠다. 여전히 군사우위 정책이 강화되었다. 스푸트니크 발사 성공과 더불어 미국에 이어 수소폭탄 개발에 성공하였다.

1990년 들면서 고르바초프와 과학자 사하로프의 등장과 그들의 활약으로 70년 이상 존속해온 옛 소련 연합이 1991년 12월 말에 무너지고 러시아를 포함한 15개의 독립국가가 탄생하였다. 그 후 러시아 경제 상태는 극도로 악화되었다. 이에 따라 과학계에도 큰 변화가 일어났다. 우선 옐친-가이달의 개혁정책으로 과학자들은 연구조건과 생활조건이 현저하게 악화되었다. 그럼에도 과학자들은 정부의 개혁정책을 지지하였다.

러시아의 두뇌유출은 더욱 심각하였다. 하지만 새로운 교육기관이 설립되고, 연구소가 재편성되었다. 그리고 러시아 기초연구재단이 설립되었다. 러시아 과학계는 혼란 속에서도 점차 질서가 회복되었다.

1990년대에 접어들면서 독일의 과학연구체제와 정책은 중대한 국면을 맞이하였다. 갑작스러운 서독과 동독의 통일은 서로 다른 과학연구체제의 통합이라는 커다란 과제를 낳았다. 따라서 1990년대 독일은 두 체제의 과학이 통합되도록 의견을 모았다. 다시 말해 동독의 과학연구체제를 해체하고 통일 독일의 과학연구체제를 총체적으로 개편하려는 움직임을 보였다.

끝으로 20세기 들어와 과학연구에서 각국의 공통점으로 첫째, 과학연구가 대형화됨으로써 연구체제에 큰 변화를 몰고 왔다. 특히 두 차례의 세계대전은 처음부터 과학전으로 불붙었다. 공중에서는 전투기가, 지상에서는 탱크전과 화학전의 전개, 또한 레이더의 출현은 이를 잘 입증해 주고 있다. 특히 핵무기와 로켓의 개발은 전쟁을 더욱 과학화 하고 있다. 이 때문에 연구비의 증대, 연구인원의 조직화 등으로 연구가 대형화 되었다.

둘째, 연구의 거대화는 연구 조직면에서도 나타났다. 그 원인은 실험장치들이 대형화된 데 있다. 특히 정부나 군부의 무기개발 프로젝트가 수립되면서, 그 계획으로부터 준비, 실행, 성과에 이르는 연구의 전 과정이 조직적으로 추진되는 데도 그 원인이 있다. 미국의 원폭개발계획과 유럽공동체의 입자가속기의 운영이 그 좋은 예가 된다.

셋째, 과학연구의 군사화로 과학자의 사회적 책임문제가 거론되었다. 저명한 과학자들이 핵무기 개발에 반대하고 평화운동이나 반전운동에 나섰다. 그 예로 세계 과학자들이 모여 핵군축문제를 포함한 전쟁과 평화의 여러 문제를 토의하는 퍼그워시회의(Pugwash Conference)가 창설되었다. 핵무기와 운반체인 로켓의 제한은 성공적이었다.

넷째, 각국은 군사화를 대폭 강화하고 있다. 특히 핵무기와 로켓의 개발이다. 최근 이란, 북한에 일어난 일련의 사태가 이를 잘 입증해 준다.

1. 과학의 시조 탈레스
만물의 근원을 물이라 주장

그리스의 철학자 탈레스(Thales, 약 BC 640~BC 546)는 미레토스 (지금의 에게 동쪽 해안)의 유명한 집안에서 태어났다. 전설에 의하면 그는 오리엔트의 과학지식을 얻기 위해 이집트와 바빌로니아 지방을 여행하면서 견문을 넓혔다 한다.

탈레스는 일식을 예언하였다. 당시 메디아 사람과 리디아 사람은 전쟁 중이었다. 두 나라는 일식을 평화의 사자라 믿은 나머지 전쟁을 멈추고 양쪽 모두 군대를 철수시켰다 한다. 그의 예언이 현실적으로 적중했던 것이다. 그는 현인('일곱 현인' 중 한 사람)으로 추대되었다. 현대천문학의 입장에서 보면, 기원전 585년 5월 28일의 일식 예측은 정확하게 기록된 역사상 최초의 사건이다.

탈레스는 우주를 이루고 있는 근본물질(아케)이 무엇이며, 생성, 변화, 운동은 어째서 일어나는가를 스스로 물었다. 그는 만물의 근원은 '물'이며, 물이 생성, 변화, 운동의 원인이라 주장하였다. 지중해에는 물이 가득하고, 나일강이 범람하면 육지를 만든다(나일강 하구의 삼각주). 지구는 물의에 나무토막이나 배처럼 떠 있으며, 지진의 원인은 바다의 신 포세이든이 아니라 물 때문이며, 사막에서 식물이 자랄 수 없는 것은 물이 없기 때문이라 설명하였다. 물을 생명의 근원으로까지 생각하였다. 이처럼 탈레스는 신화나 미신이나 종교에 의존하지 않고 물질인 물을 바탕으로 자연현상을 설명하였다. 또한 그가 제시한 설명들은 모두 일반적이고 객관적이다. 그래서 그를 가리켜 흔히 '과학의 시조' 라 부르지만, 현대과학의 입장에서 보면 그는 현인이다.

한편 대부분 사람들은 탈레스가 지나치게 이론적인 사람이라고 비난하였다. 이 말을 들은 탈레스는 다음 해 올리브가 풍년이 들 것으로 예측한 나머지, 미레토스에 있는 올리브 압축기를 모두 사들였다. 그가 예측한대로 다음 해에 올리브가 풍년이었다. 시민들은 압축기가 없어 올리브기름을 짤 수 없었다. 그는 큰돈을 벌었다고 아리스토텔레스는 기록하고 있다.

탈레스는 과학을 실제로 응용하는 쪽보다 철학적 사색 쪽에 가치를 두었다. 그는 자연의 작용으로 자연현상을 설명하려는 방법에 따라서 그리스 사상가들은 근대과학과 천문학의 선구자이다. 과학의 기원을 여기서 찾을 수 있다.

2. 만물의 근원을 '수'라 주장한 피타고라스
비밀로 가려진 종교단체의 지도자

그리스의 철학자 피타고라스(Pythagoras; BC 약 582~BC 약 497)의 생애는 거의 비밀로 싸여있다. 사모스 섬에서 출생한 그는 당시 남 이탈리아의 크로턴으로 터전을 옮기고, 기원전 529년 무렵 그곳에서 일종의 종교단체를 결성하였다. 이 단체는 사회의 윤리적 개선이나 구제를 목표로 조직되었다. 이 집단은 급속히 성장하고 철학자나 수학자의 집단으로 수학의 발전을 몰고 왔다. 그는 그곳에서 타계했고, 그 학파는 그가 죽은 후에도 1세기 동안 활동하였다.

피타고라스는 만물의 근원은 수(數)라고 주장하였다. 그러므로 인식되어지는 모든 것은 수를 가지고 있으며, 수 없이 아무 것도 인식할 수 없다고 주장하면서, 자연현상 속에서 수가 지니는 의미를 찾아 내려고 노력하였다. 따라서 이 학파는 수학연구를 주요 과제로 삼았다. 좋은 예로, 피타고라스 정리가 남아있다.

수론 연구에서 그들은 항상 도형에서 수를 고찰하였다. 그래서 작은 돌 1개를 단위로 생각하였다. 작은 돌을 배열하여 직선, 삼각형, 정사각형을 만들어 도형적인 구성의 기초가 되는 '도형수'를 나타냈다.

피타고라스는 현악기의 줄의 길이와 소리의 높이가 간단한 상호관계에 있으며, 현의 길이를 반으로 줄이면 소리가 한 옥타브 올라간다. 우주론에서도 수의 비례관계와 조화에 관심을 두었다. 우주는 10이다. 그것은 각 행성을 1, 2, 3, 4로 생각하고, 그 합이 10이기 때문이다. 이 학파는 수를 바탕으로 모든 현상을 조급하게 설명하는 과정에서 신비적이고 종교적인 흐름에 빠져들었다. 2는 여성, 3은 남성, 4는 정의, 5는 결혼(2+3=5), 6은 영혼, 7은 순결이라 설명하였다.

이처럼 피타고라스가 자연현상을 정량적 관계로 생각한 것은 근대 과학 연구방법의 기원을 이룬다. 더욱이 수학을 실용 수학에서 순수 수학으로 끌어올린 점은 불멸의 업적이라 아니할 수 없다. 철학자 버트란드는 "나는 사상 분야에서 이처럼 영향을 크게 미친 사람은 아직 찾아보지 못하였다."고 강조하였다.

3. 고대 4원소 설을 주장한 엠페도클레스
독재자를 무너뜨리고, 지도자 추대를 사절

그리스의 자연철학자 엠페도클레스(Empedocles; BC 490~BC 430)는 젊은 시절부터 정치에 몰두하였다. 고향에서 자행되고 있던 압정을 무너뜨린 중심인물이다. 이에 감격한 동네 사람들은 그 보답으로 그를 자신들의 통치자로 추대했지만, 당시 그리스 사람으로서는 드물게 사욕을 버리고 이를 사절하였다. 철학을 공부하는 쪽이 좋았던 듯 싶다.

엠페도클레스는 소아시아의 여러 학설을 총합하여 큰 사상체계, 즉 고대 4원소설을 수립하였다. 우주를 구성하는 세 가지 근본 물질(탈레스의 물, 자연철학자 아낙시메네스의 공기, 철학자 헤라클레이토스의 불)에다 그는 흙을 추가시켰다.

그러므로 모든 물질의 근원은 흙, 물, 공기, 불 등 네 원소로, 이 네 원소가 여러 형태의 조합(뼈는 불, 물, 흙의 비율이 4:4:2)으로 결합되어 물질을 형성한다고 주장하였다. 또한 물질이 변화하는 것은 이들 원소가 서로 밀치거나(미움), 결합하는(사랑) 까닭이라고 생각하였다.

이 사상은 아리스토텔레스에 의해 지지받고 다듬어져, 그 후 2,000년 동안 줄곧 물질관의 기초를 형성하였다. 그의 주장은 특히 화학의 기초이론으로 인정받아 왔지만, 한편 화학발전의 큰 걸림돌이 되었다. 이 학설이 화학으로부터 떨어져나간 것은 1789년에 이르러서였다.

4. 고대 원자론을 주장한 데모크리토스
초기 그리스의 철저한 기계론자

그리스의 자연철학자 데모크리토스(Democritos; 약 BC 460~BC 370)의 생애는 거의 알려져 있지 않다. 그는 탈레스나 피타고라스처럼 동방 여러 국가를 무전여행 한 뒤, 그리스에 정착하여 철학 연구에 힘을 기울였다. 그는 '웃는 철학자'로 널리 알려져 있다. 이것은 그의 철학이 본질적으로 쾌활하기 때문인지, 아니면 인간의 어리석음을 비웃는 때문인지, 둘 중의 하나일 것이다.

데모크리토스는 고대 원자론을 주장하였다. 모든 물질은 그 이상 쪼갤 수 없는 작은 입자로 되어 있고, 이를 원자(atomos 그 이상 쪼갤 수 없다는 그리스의 말)라 불렀다. "원자는 영원불멸하고 끊임없이 운동하며, 원자 사이에는 공간이 있을 뿐이다."고 주장하고, 원자의 모양은 모두 각기 다르기 때문에 물질의 성질도 제 각각이라고 설명하였다.

물의 원자는 매끄럽고 둥글기 때문에 잘 흐르고 정해진 모양이 없으며, 불의 원자에는 가시가 붙어 있기 때문에 화상을 입으면 따갑다. 또한 물질의 성질이 변하는 것은 원자끼리의 결합이 풀어지거나 재결합하기 때문이라 설명하였다. 원자의 운동은 탄생하면서부터 그에게 주어진 성질로서, 신이나 악마가 변덕을 부려 일어나는 것이 아니라고 주장하였다.

그러나 데모크리토스의 원자론은 관찰이나 실험을 통해 얻어진 것이 아니고 논리에 기초를 두고 있으므로, 그의 사상은 과학이라기보다는 오히려 자연철학에 가깝다.

5. 의학을 합리적으로 몰고 간 히포크라테스
<히포크라테스 전집>을 남김

그리스의 의학자 히포크라테스(Hippocrates; BC 460~BC 370)의 생애는 알려진 것이 거의 없다. 그의 집안은 대대로 코스 섬에서 살았고, 그리스 의학의 신인 아스크레피오스의 자손이라 전해지고 있을 뿐이다. 그는 당시 관례에 따라 젊은 시절에 이집트를 방문하여 임호텝으로부터 의술을 배웠다.

히포크라테스는 코스 섬에 의학교를 세우고 교육과 의술을 실제로 시행하였다. 오늘날까지 그를 '의학의 아버지' 혹은 '성의'(聖醫)라 부르는 것은 세계 최초의 의사여서가 아니라, 의학 관련 학교를 맨 처음 세운 데 그 까닭이 있을 것이다. 그는 최초의 의사가 아니다. 그 이전에 이미 그리스 의학자 알크마이온이 있었다.

히포크라테스는 방대한 저서 <히포크라테스 전집> 87권을 남겼다. 이것은 코스 섬의 의학교에서 몇 세대에 걸쳐 여러 사람이 연구한 결과를 집대성한 책이다. 그리고 인상을 강하게 하고 권위를 돋보이기 위해 '히포크라테스'란 이름을 붙인 듯싶다.(그가 직접 쓴 것은 7편)

이 전집은 방대한 의학 문헌집이다. 길고 짧은 60편의 논문으로 구성되어 있는데, 눈여겨볼 것은 모두가 히포크라테스의 전통에 따라 합리적인 의학으로 가득 차 있다는 점이다. 의학의 기본문제, 해부학, 생리학, 영양학, 일반병리, 외과, 안과, 조산술 등이다.

이 책에는 주의 깊은 관찰과 뛰어난 치료법이 기록되어 있다. 경험에서 이끌어낸 법칙을 기술한 것 중에는 잠언으로 된 것들이 많다. "절망적인 질병에는 거친 치료가 필요하며, 갑에게 약이 을에게는 독이 될 수 있다."란 잠언은 그 좋은 예이다.

히포크라테스는 양질의 식사, 맑은 공기를 중요시하였다. 의사에게 청결은 절대 필요하지만, 병자나 괴인에게는 청결과 휴식이 더욱 효과적이라 믿었다. 질병을 치유하는 데는 자연이 최고 의사이므로 자연의 힘을 가능한 방해하지 않아야 한다는 것을 강조하면서, 자연요법 이를테면 환경 특히 먹는 물, 기후, 계절, 바람 등을 중요시하였다.

히포크라테스는 의학에서 미신, 신화, 종교, 주술적 요소를 배제하고, 질병의 원인은 아폴로의 화살 때문이거나, 악마가 침입한 것이 아니라고 주장하였다. 당시 사람들은 간질병이란 신이나 악마가 침입하여 발작을 일으키므로 신성한 질병이라 생각하였다. 하지만 그는 간질병의 원인도 자연적인 것이므로 기도가 아니라 의학적으로 치유해야 한다고 주장하였다.

히포크라테스는 정신요법으로 절제와 근면, 그리고 음악을 위생학적으로 높이 평가하였다. 나아가 환자의 직업, 혈통, 생활 환경 등이 인체에 미치는 영향을 밝혔다. 또한 그리스적인 자유와 이에 대비되는 동방의 전제정치에 의해서 인체가 받는 영향까지도 생각하였다.

대체적으로 이 학파에서는 질병이란 체내의 생명수(체액)의 조화가 망가뜨려졌을 때 일어난다고 믿었다. 체액이란 혈액, 점액, 흑담즙, 황담즙 등이다. 이것이 그의 4원액설이다.

히포크라테스는 직업윤리를 강조하였다. 이는 '히포크라테스 선서'에 잘 나타나 있다. "나는 전 생애를 통하여 청렴결백하고, 신의를 굳게 지키며 의술을 시행하겠다. 나의 직업적 업무에서 사람들의 생활에서 보고들은 비밀은 무엇이든 누설하지 않겠다." 의사들이 지켜야 할 직업윤리이다.

6. 수리적 세계관을 펼친 플라톤
아테네에 아카데미를 창립

그리스의 철학자 플라톤(Platon; BC 약 427년~BC 347)은 아테네 귀족 출신이다 (그의 집안은 아테네 초기 왕가였다). 그는 학생시절 어깨가 넓었으므로, 어깨가 넓다는 의미로 '플라톤'이라는 속어가 자주 쓰인다. 세계적인 위인이 별명으로 불려지고 있는 사람은 플라톤뿐이다.

소크라테스가 처형되었을 때, 열성적인 제자였던 플라톤은 큰 충격을 받았다. 플라톤은 아테네를 떠나 수년간 아프리카와 이탈리아 여러 도시를 방문하면서 견문(특히 피타고라스 사상)을 넓히고, 아테네에 돌아와 인생의 후반을 철학연구에 몰두하였다. 그는 아테네의 서쪽 교외에 최초의 종합대학이라 할 수 있는 학교를 설립하였다. 이 학교의 부지가 전설적인 아카데마스의 숲에 있었으므로 이를 '아카데미'라 불렀다. 플라톤은 철인정치가의 양성을 기원전 387년 무렵, 아테네의 북서 교외 아카데모스에 세웠다. 이는 900년 동안 지속되다가 기원 529년 유스티니우스 황제에 의해서 폐쇄되었다.

플라톤은 수학이 물질적인 것으로부터 떨어져 있는 이상적인 추상개념이라는 이유로 이를 좋아하였다. 그러므로 그는 아카데미 입구에 "수학을 아는 자만이 내 강의실에 들어오는 것을 허락한다."는 글을 부쳤다. 그것은 수학, 특히 기하학은 수학의 예비 문으로, 철학의 주안점인 관념의 인식에 이르는 필수 단계로, 수학상의 추리가 논리적 사고를 훈련하는 수단 역할을 한다고 생각했기 때문이다.

또한 수학이란 확실성과 정확성을 나타내는 것으로, 신이 어떤 필요성을 느낀 나머지 인간에게 준 특수한 힘으로서 인간지식의 기초라 생각하였다. 따라서 국가의 장래를 맡을 청년에게 필수적으로 수학을 가르쳐야 한다고 강조하였다. 그의 영향은 그가 죽은 후에도 오랫동안 이어져 왔다. 특히 그의 사상은 중세 초기 그리스도 교회의 사상에 강한 영향을 주었다.

플라톤의 마지막 생애는 평온하고 행복하였다. 여든 한 살 때 제자의 결혼식에 참석하고 돌아온 플라톤은 잠자듯 숨을 거두었다.

7. 지구의 자전을 처음 주장한 헤라클레이토스
금성과 수성도 태양을 회전한다고 믿음

그리스의 철학자 헤라클레이토스(Heracleitos; BC 약 388~BC 약 315)는 청년시절에 플라톤의 아카데미에 들어갔다. 학교 성적이 뛰어났으므로 플라톤이 시칠리아를 여행하는 동안, 그는 학교에 남아 학원을 관리하였다. 주변 사람들은 그를 '탄식하는 과학자'라 흔히 불렀다.

헤라클레이토스는 천문학과 기하학을 연구하였다 그러나 그의 저서가 거의 남아있지 않으므로, 같은 시대에 살았던 사람이 쓴 책으로부터 그의 천문학상의 중요 사상을 엿볼 수 있을 정도이다. 그는 지구의 자전을 주장한 최초의 사람이다. 지구는 축을 중심으로 서쪽으로부터 동쪽으로 24시간에 한번 자전한다고 주장하였다.

또한 금성과 수성은 지구가 아닌 태양을 중심으로 그 주위를 회전한다고 믿었다. 그러나 천문학계에서 이 생각이 받아드려진 것은 그로부터 1800년 후인 코페르니쿠스 시대에 이르러서였다.

헤라클레이토스는 만물의 근원은 불이라고 주장하면서, 세계의 본질을 불에서 찾으려 하였다. 불은 만물이 변화하는 원인이다. 불꽃속에는 항상 대립, 갈등, 모순, 투쟁이 존재하므로, 여기서 필연적으로 변화와 운동이 일어난다고 주장하였다. 이는 변증법 사상의 핵심인 변화의 철학이다.

8. 고대 최고의 석학 아리스토텔레스
학계에 빛과 그림자를 남김

그리스의 자연철학자 아리스토텔레스(Aristoteles; BC 384~BC 322)는 그리스의 식민지 마케도니아에서 태어났다. 할아버지나 아버지는 국왕 아민토스 2세의 시의이고, 아리스토텔레스도 소년시절에 아버지로부터 의술을 배웠다. 그러나 그는 양친을 잃고 친구 집에서 어렵게 자랐다.

열일곱 살에 전문교육을 받기 위해 아카데미에 입학하였다. 여기서 점차 두각을 나타내자, 아리스토텔레스를 가리켜 스승인 플라톤은, '아카데미의 책벌레', '학원의 두뇌'

라고 불렀다. 그는 학생에서 연구원으로, 또한 강사로 승진하여 20년 남짓 이곳에서 지내다가, 플라톤의 죽음을 계기로 기원전 347년 아카데미를 떠났다.

그때부터 수년간 그리스의 식물학자인 제자 테오프라스토스와 함께 소아시아를 여행하면서 견문을 넓혔다. 이처럼 자리잡히지 않은 시절에 그는 결혼하였다. 이 무렵 마케도니아 국왕 필립 2세로부터 아리스토텔레스에게 통지가 왔다. 왕자 알렉산드로스의 스승이 되어 달라는 내용이다. 아리스토텔레스는 14세의 왕자 알렉산드로스의 교육에 힘을 기울였다.

기원전 336년 필립 2세가 암살당하자 알렉산드로스는 곧 왕위를 계승하였다. 이 새 왕이 문무를 겸비한 알렉산더 대왕으로, 두 사람 사이에 깊은 인연이 맺어졌다. 그리고 그는 테오프라스토스와 함께 아테네로 돌아왔다.

아테네로 돌아온 아리스토텔레스는 교외에 있는 아폴로 리케이오스 신전 근처에 학원 '리케이온'을 열었다. 그 이름을 듣고 모인 사람들은 셀 수 없었고, 그는 제자들에게 자연철학을 교육하는데 힘을 쏟았다. 알렉산더 대왕으로부터 보내온 많은 후원금으로 학원은 번창하였다. 그는 학생과 함께 산책길을 걸으면서 대화로 수업을 실시했으므로, 사람들은 흔히 '소요 학파'라 불렀다.

아리스토텔레스는 모든 학문의 기원이 될 뛰어난 여러 저작을 남겼다. 그 내용은 당시의 지식을 모두 정리한 백과사전과 같았다. 대부분 그 자신의 독창적인 사상이나 연설이 수록되어 있다. 특히 자연과학뿐만 아니라 정치, 문학평론, 윤리학, 시학 등 다방면에 걸쳐 있다. 그가 저술한 책은 모두 400권에 이르며, 그중 약 50권이 지금 남아있다 (물론 모두 근거가 확실한 것은 아니다). 양에서는 플라톤 다음이다. 그의 이름이 알려지지 않은 분야는 수학이다.

아리스토텔레스의 가장 뛰어난 업적은 생물학이다. 세심하고 주의 깊은 관찰가인 그는 동물을 종별로, 계통적으로 분류하였다. 500종 이상의 동물을 거론하였다. 그의 분류방식은 이론적이고, 어느 경우에는 놀라울 정도로 현대적이었다. 특히 바다의 생물인 돌고래가 새끼를 낳으며, 태아를 태반이라는 특별한 기관에서 성장시킨다는 사실을 발견하였다. 그래서 돌고래를 육지동물 속에 포함시켰다. 그러나 그의 후계자들은 이러한 생각을 받아들이지 않았다. 생물학자들이 이를 받아들인 것은 2,000년이 지난 뒤였다. 특히 그는 동물의 발생과 관련하여 '자연발생설'을 주장하였다.

아리스토텔레스는 엠페도클레스의 4원소설을 인정했지만, 그는 물질을 질적으로 차등을 두는 위계사상을 자연현상에 적용시켰다. 예를 들어 네 원소 중 가장 천한 것은 흙, 가장 고상한 것은 불이다. 그리고 하늘에는 제5원소로 에테르가 있다. 물론 지구상에는 없다. 이는 영원불변하고 가장 신성하다. 그는 지구 중심설을 고집하고, 각 항성에 천사를 각기 배정하였다. 하늘에 있는 제1 기동자가 이들 천사를 지배하고 있다고 설명하였다.

아리스토텔레스는 물리학, 특히 운동 이론에서 잘못을 크게 저질렀다. 그는 천상계와 지상계를 지배하는 법칙이 각기 존재한다고 생각하였다. 하늘에는 원운동만이 존재하며 그 운동은 신성하고 영원불변하다. 지상에는 직선운동만이 존재하며 그 운동은 천하고 일시적이다. 따라서 천상계의 법칙은 지상계에, 지상계의 법칙은 천상계에 적용되지 않는다고 생각했다.

아리스토텔레스는 운동에는 자연운동과 강제운동이 있다고 전제하였다. 지상계의 모든 물체는 그 본성에 알맞은 자연의 장소가 있다. 물체가 그 장소에 있으면 안정하여 정지상태를 계속 유지한다. 그러므로 자연의 장소를 벗어난 물체는 자연의 장소로 되돌아가려고 한다. 이것이 자연운동이다. 그러므로 직선운동은 자연운동이다. 그러나 물체의 본성, 즉 자연의 장소에 거역하여 일어나는 운동을 강제운동이라 하였다. 그러므로 곡선운동은 강제운동이다.

아리스토텔레스는 물체의 속도 이론을 폈다. 물체의 속도는 그 무게에 비례하고, 매질의 밀도에 반비례한다고 생각하였다. 물체의 속도는 물체가 무거울수록, 매질은 진공에 가까울수록 빠르다. 이 이론에 따르면 진공 속에서는 무한대의 속도가 생기므로, 그는 진공은 존재하지 않는다는 진공 부재론을 주장하여 크게 잘못을 저질렀다.

아리스토텔레스의 관찰은 면밀했지만, 분명히 말해서, 그는 실험가는 아니었다. 게다가 그와 고대 학자들은 정밀한 정량적 실험의 중요성보다 정성적인 측면을 중요하게 생각하였다.

알렉산더 대왕이 사망하자, 아테네에서 반 마케도니아 운동이 일어났다. 아리스토텔레스는 신을 모독한 불량배로 고발당하였다. 그는 아테네를 떠나는 쪽이 현명하다고 생각한 나머지, 어머니의 고향인 칼키스섬(에게해 여러 섬 중 하나)으로 피신하였다(사실은 궐석 재판으로 사형이 선고되었다). 그는 언젠가 마케도니아가 승리하면 아테네로 돌아갈 희망을 가졌다. 그러나 다음 해 위장병을 앓다가 예순 두 살에 타계하였다. 아테네의 소요학원은 마케도니아 사람이 아닌 테오프라스토스에게 인계되어 번영을 지속하였다.

　아리스토텔레스의 저서는 12, 13세기에 걸쳐 유럽 그리스도교 여러 국가에서 라틴어로 번역되었다. 이를 계기로 그의 학설은 신의 권위와 동등한 힘을 갖게 되었다. 그러나 16, 17세기에 걸쳐 일어난 서유럽 과학혁명은 아리스토텔레스의 권위를 크게 손상시켜 놓았다.

　아리스토텔레스의 저작은 철학, 논리학, 정치학, 물리학, 생물학, 우주학을 망라한 자신의 생각을 쓰고, 강의 내용을 담은 출판물이 있다.

9. 고대에 지동설을 주장한 아리스타르코스
대중들의 무지로 추방당하고 헤매다가 죽음

　그리스의 천문학자 아리스타르코스(Aristarchos; BC 약 320~BC 약 250)는 젊은 시절에 과학의 메카인 알렉산드리아 시에 왔다는 것 이외에는 알려진 바가 거의 없다.

　아리스타르코스의 연구에서 지금 남아있는 유일한 것은 〈태말사 달의 크기와 거리〉이다. 이 논문은 간단한 삼각법으로 태양이나 달의 크기나 거리를 측정하는 최초의 시도를 기술하고 있다. 여기서 그의 태양 중심설을 착상하였다.

　현대인의 눈으로 볼 때, 그리스 천문학자 중에서 가장 독창적이고 뛰어난 성과인 '태양 중심설'의 문을 열어놓았다. 지구를 포함한 모든 행성(당시 수성, 금성, 달, 지구, 화성, 목성, 토성)은 태양을 중심으로 회전한다고 주장함으로써, 그는 고대 코페르니쿠스로 알려져 있다. 그러나 당시 과학자들은 그의 태양 중심설이 혁명적이었으므로 받아들이지 않고, 이 학설을 소개하지도 않았다.

　만일 아르키메데스의 한 저서에서 아리스타르코스의 태양 중심설이 다루어져 있지 않았더라면, 이 학설은 영원히 사라졌을지도 모른다. 지극히 다행한 일이다. 당시 저명한 철학자들은 그의 불경스러운 태도를 비난하고, 그의 학설을 이유로 그를 괴롭혔다. 그는 추방당하고 헤매다가 고향을 등진 채 숨을 거두었다. 사상과 과학의 첫 충돌이라 생각된다.

10. 측지술을 기하학으로 끌어올린 유클리드
초등 기하학의 토대인 <기하학 원본>을 저술

　그리스의 수학자 유클리드(Euclid; 활동기 BC 약 300)는 당시 과학연구의 중심지를 아테네에서 알렉산드리아 시로 옮긴 두 주역 중 한 사람이다. 또 한 사람은 천문학자이자 수학자인 프톨레마이오스이다.

　알렉산더 대왕이 서거하자, 후계자를 둘러싼 장군들의 피비린내 나는 싸움에서, 결국 장군 프톨레마이오스가 이집트를 장악하고 알렉산드리아 시를 수도로 정하였다. 이렇게 해서 프톨레마이오스 왕조는 그로부터 2세기 반 동안 문화의 꽃을 피웠다(마지막 통치자는 여왕 클레오파트라).

　프톨레마이오스와 그 이후의 왕들은 과학연구를 아낌없이 지원하여 알렉산드리아 시를 세계 학문의 중심지로 꽃피웠다. 그들은 화려한 도서관과 국립과학연구소인 무제이온(Museion; 학문과 예술의 여신인 뮤즈를 제사지내는 신전)을 세웠다. 그리고 유명한 과학자를 이 연구소로 초청하여 연구하도록 하였다. 초청된 과학자 중의 한 사람이 곧 유클리드이다.

　유클리드는 기하학과 끊을 수 없는 관계이다. 그가 저술한 교과서 〈기하학 원본〉(흔히 '원본'이라 부른다) 13권은, 그 뒤 얼마간 수정이 가해졌지만, 기하학의 표준으로 오랫동안 평가받아 왔다.

　인쇄술이 발명된 때부터 이 저서는 1,000판 이상 출판되었다. "나는 기하학을 배운다."라는 말 대신, "나는 유클리드를 배운다."라는 말이 통용될 정도였다. 유클리드는 옛날이나 지금이나 저자로서 가장 성공한 사람이다.

　유클리드 개인에 관해서는 의혹으로 가득하다. 단 한 가지, 그의 성격을 전하는 이야기로, 그가 학생들에게 기하학을 성의껏 가르치고 있을 때, 왕이 그보다 더욱 쉬운 방법으로 가르칠 수 없느냐고 질문하자, 유클리드는 "이 나라에는 두 종류의 길이 있습니다. 하나는 평민들이 다니는 울퉁불퉁한 길이요, 다른 하나는 귀족들이 다니는 편한 길입니다. 그러나 기하학에서는 모든 사람이 같은 길을 걸어야 합니다. 배움에는 왕도가 없습니다."고 거침없이 대답했다고 한다. 또한 한 학생이 "기하학을 배워 어디에다 사용합니까?"라고 묻자, 하인에게 "그 학생에게 몇 푼 주어 보내라. 배우는 데서 무슨 실리를 찾겠다고!"라 말했다 한다. 진정 학자다운 쓴 소리이다.

유클리드의 논리 전개는 뛰어나고 간결하였다. 논리의 전개는 흠집이 없을 정도로 완벽하였다. 그래서 수학적 사고나 표현방법의 기초를 쌓아올렸다. 그의 저서에 대해 아인슈타인은 "젊었을 때 이 책을 읽고 황홀하지 않은 사람은 이론을 탐구할 자격이 없다."고 말하였다. 이 저서는 단순한 기하학의 저서일 뿐 아니라, 연역적 추리방법의 모델이며 고대 기하학의 역사이다.

11. 고대 최고의 물리학자 아르키메데스
물리학과 수학을 연결한 수리물리학을 개발

고대 최고의 과학자, 기술자, 수학자인 아르키메데스(Archimedes; BC 약 287~BC 약 212)의 생애와 업적에 관한 대부분의 이야기는 신빙성이 없어 보인다. 그것은 그의 친구 헤라클레이토스가 쓴 아르키메데스의 전기가 지금 남아있지 않기 때문이다.

아르키메데스는 뮤제이온 시절 유클리드의 문하생이다. 그의 이름을 번득 떠오르게 하는 유명한 이야기를 우리는 잘 기억하고 있다. 시라쿠사의 왕 헤론 2세가 금은 세공사를 시켜 만든 왕관이 진짜인지, 아니면 은을 섞었는지 감식하도록 아르키메데스에게 의뢰한 일이 있었다. 다만 왕관을 해체하지 않고 감식해야 했다. 그것은 한번 제단에 올려놓고 의식을 치른 왕관은 해체할 수 없었던 당시의 관습 때문이다. 그는 이 문제를 해결하였다. 문제 해결 열쇠가 곧 그가 목욕탕에 들어갔을 때 넘쳐 흐른 물의 양이다. ("유레카, 유레카"하고 벌거벗은채 시내를 질주한 일화는 너무 유명하다)

이 발견을 이론화해 보면, 액체 중에 잠긴 물체는 그것이 밀어낸 액체의 무게만큼 가벼워진다는 '부력의 원리'(아르키메데스 원리)이다. 그는 이를 수학적으로 상세히 해명하였다. 그래서 그를 '수리물리학의 창시자'라 부른다. 이 원리를 바탕으로 왕관 속에 은이 혼합되어 있다는 사실이 밝혀지고 세공사가 처형되었다는 이야기이다.

아르키메데스는 지레의 원리를 발견하였다. 지점(지렛대의 받침점)을 중심으로 무게와 거리는 반비례한다는 사실을 밝혀냄으로써 정력학의 기초를 세우고, '중심'(重心)이라는 개념을 형성하였다. 이는 당시 사람보다 2,000년 앞서 있었다.

아르키메데스는 도르래의 원리를 발견하였다. 그는 왕에게 "만일 제가 지구 밖에 설수만 있다면, 지구라도 들어올려 보겠습니다."라고 호언장담하였다. 그리고 그는 복합 도르래를 이용하여 자신은 편안하게 앉은 채로 한 팔을 이용하여 복합 도르래를 조정하여 화물을 가득 실은 배를 항구로부터 해안으로 끌어 올렸다고 한다. 지금으로 말하면 일종의 기중기이다.

아르키메데스는 π값(원주와 직경의 비)을 계산하였다. 이 값을 이용하여 원의 넓이를 빠르고 정확하게 계산해냈다. 만일 수학적인 기초체계가 있었다면, 미적분은 뉴턴의 출현을 기다릴 필요 없이 2,000년 전에 발견되었을지 모른다.

아르키메데스의 발명 중에는 하늘을 횡단하는 태양, 달, 목성 그리고 많은 성좌의 운행을 나타내는 플래니타륨 모형, 관개용 물을 끌어올리기 위해 사용되는 나선형 스크루(양수기)가 있다.

아르키메데스는 위대한 과학자이다. 선배들과 다른 점이 있다면, 그는 창조력에서 선배들을 훨씬 뛰어넘었다. 그는 선배들이 하지 못한 일을 해냈다. 이 점이 훌륭하다. 더욱이 아르키메데스는 과학을 일상생활에 실제로 응용하였다. 그의 업적은 인류의 상속재산의 일부로 되어 있다.

특히 과학적 사고 방법은 일상생활의 문제에도 응용될 수 있다는 사실을 보여 주었다. 지레의 원리처럼 순수과학의 추상적 이론이 인간의 근육의 피로를 덜어줄 수 있다는 사실은 그 좋은 예이다. 또한 이와 반대의 것도 보여주었다. 금에다 다른 금속을 섞었는지 아닌지를 식별하는 실제적인 문제에서 출발하여 그는 부력의 원리(아르키메데스 의 원리)를 발견하였다.

한편 로마의 마르케로스 장군이 이끄는 함대가 시라쿠사에 공격을 가하자, 로마 함대와 일흔 살의 한 남자, 즉 아르키메데스와 3년 동안 기묘한 두뇌 싸움이 벌어졌다. 그는 갖가지 발명품(곡면거울, 렌즈, 투석기, 기중기 등)을 이용하여 로마군을 괴롭혔다.

결국 시라쿠사는 로마병사들에게 짓밟히고 약탈당하였다. 그때 과학자답게 모래 위에 도형을 그려놓고 몰두하던 아르키메데스를 로마군이 연행하려 하자, 그는 "내가 그린 원을 밟지 말게!"라고 호통을 쳤다 한다. 이 사병은 생각할 여유 없이 아르키메데스를 죽였다(아르키메데스를 생포하고 정중하게 대우하라는 마르케로스 장군의 명령체계가 혼선을 빚었다고 한다). 장군은 그의 죽음을 비통하게 여기고 명예스럽게 매장하도록 지시했다고 한다.

역사에는 전쟁으로 희생당한 몇몇 과학자가 있다. 인류의 큰 손실이다.

12. 세계지도를 처음 만든 에라토스테네스
눈먼 생활 속에서 피로와 가난으로 시달리다 죽음

그리스의 수학자 에라토스테네스(Eratosthenes; BC 약 276~BC 약 196)는 아르키메데스와 친구 사이이다. 그의 아버지는 모든 사건에 연대를 붙이는 과학적인 연대학을 수립하려고 노력한 사람으로, 역사상 처음으로 정확한 날짜를 붙이는 문제에 접근하였다. 또한 문예 비평가로서 그리스 희곡에 관한 논문이 있다.

에라토스테네스는 많은 분야에 손을 내밀었다(지리학, 수학, 철학, 연대기, 문학 등). 하지만 어느 한 가지도 손꼽을 정도에는 이르지 못하였다. 그래서 그의 별명은 그리스 문자의 두 번째인 '베타'(β)이다. 그는 알렉산드리아 도서관을 꼼꼼하게 관리한 과학자로서 그의 임무를 다하여 문화사적으로도 큰 업적을 남겼다. 그러나 그의 저서는 대부분 남아 있지 않았다.

에라토스테네스는 세계지도를 처음 만들었다. 브리튼 섬으로부터 시론까지, 카스피해로부터 에티오피아에 이르는 훌륭한 지도를 만들었다. 이것은 다음 2세기 사이에 보다 좋은 지도를 만드는데 보탬이 되었다. 또한 그는 지구 둘레를 45,000km로 계산하였다. 이 수치가 당시 사람들에게 너무 크게 생각되었으므로 받아들여지지 않았다. 그는 눈먼 생활에서 오는 피로 끝에 굶어 죽었다.

13. 그리스 최대 천문학자 히파르코스
별표를 만들고, 밝기에 따라 6등급으로 분류

그리스의 천문학자 히파르코스(Hipparchos; BC 약 190~BC 약 120)는 주의 깊은 연구와 명확한 추론으로 천문학 분야에서 많은 성과를 남겼다. 아르키메데스가 그리스 최고의 수학자인 것처럼, 그는 그리스 최대의 천문학자이다.

히파르코스는 당시까지 기록되지 않은 별들을 발견하였다. 그는, 후세 천문학자들이 새로운 별을 발견했을 때에 당황하지 않도록, 1,000개가 넘는 밝은 별의 위치를 정확하게 관측하여 역사상 처음으로 정확한 별표를 작성하였다. 이 별표에서 별의 위치를 위도와 경도로 나타냈다(지구상의 장소를 나타내는 것과 매우 비슷하다). 또한 그는 밝기에 따라서 별을 처음 분류하였다. 가장 밝은 별 20개를 선정하고 이를 1등성, 밝기가 감소하는데 따라 2, 3, 4, 5등성으로 분류하고, 육안으로 겨우 보일 정도의 별을 6등성으로 삼았다. 이 분류법은 지금도 사용되고 있다.

히파르코스는 그리스의 천문학자이자 수학자인 에우독소스의 천문사상을 대신하는 새로운 우주 체계를 구상하였다. 이것이 그의 주전원설이다(주전원이란 큰 원 위를 운동하는 작은 원). 그의 우주체계는 복잡하다. 지구는 우주의 중심에 정지해 있고, 태양과 달 그리고 다섯 행성이 고유한 궤도를 돌면서(주전운동), 동시에 지구의 주위를 운동한다(지구중심설)는 것이었다. 코페르니쿠스 시대까지 히파르코스를 넘어서는 천문학자는 한 사람도 없었다.

14. 자연을 깊이 관찰한 플리니우스
함대사령관으로 베스비오스 화산 폭발 현장에서 매몰

로마의 박물학자 플리니우스(Plinius; 23~79)는 황제 네로의 소란스러운 시대에 착실하게 직무를 수행한 장군이다. 그는 그 시대에 알려져 있던 자연의 모든 지식을 편집하는데 정열을 불태웠다. 지금도 플리니우스를 '큰 플리니우스'(그의 사위인 전기 작가 '작은 플리니우스'와 구별하여)라 부른다.

플리니우스는 다방면에 걸쳐 관심과 호기심이 많았다. 그는 로마제국이 번성하던 시기에 태어났으므로, 넓은 자연환경 속에서 연구의 대상을 풍부하게 접하였다. 독일에서 기병대를 지휘했으며, 유럽 여러 곳을 돌아다니는 기회를 많이 가졌다. 그리고 고향에 돌아와 저술활동으로 나날을 보냈다.

플리니우스는 나폴리만 북서에 있는 해군기지에 정박 중이던 기원 79년, 베스비오스 화산이 폭발하여 폼페이와 헤르쿨라네움을 매몰시킬때, 그 현장을 조사하기 위해 상륙했다가 화산재로 덮인 채 시체로 발견되었다.

플리니우스는 모범적인 노력가이다. 항상 책을 읽든지, 읽혀 듣든지, 기록을 하든지 하였다. 걸어다니는 것을 시간낭비라고 생각한 그는 마차에 타고 다니면서도 많은 책을 읽고 글을 썼다. 군인으로 재직할 때도 시간을 틈타 전쟁의 역사를 쓰고, 말에 무기를 실어 올리는 방법에 관하여 연구하였다.

플리니우스는 고대의 지식을 모두 요약한 〈박물학〉 37권을 남겼다. 이 책은 약 473명이 쓴 2,000여권의 저서로부터 자료를 뽑아 37권(34,707 항목)으로 요약하고 있다. 그런데 요약하는데 매우 경솔하였다. 자신에게 흥미가 있는 것이면 그 지식의 신빙성과 관계없이 무조건 인용하였다. 따라서 그의 기괴한 이야기가 진실된 과학으로 일반에게 알려져 중세 사람들은 이를 믿었다. 입 없이 살아가는 사람, 인어, 날개 달린 말 등이 기록되어 있다.

15. 근대적인 기술 능력의 소유자 헤론
증기의 힘을 이용한 여러 기계장치를 창안

로마의 기술가 헤론(Heron; 활동기 1세기 무렵)은 프톨레마이오스 왕조가 망할 무렵에 활동한 사람이다. 기원전 30년부터 이집트의 알렉산드리아 시는 로마의 영토가 되면서 알렉산드리아 과학의 영광은 막을 내리기 시작하였다. 그러나 그 사이에 산발적으로 몇몇 천재가 나타났다. 헤론은 그중 한 사람이다.

헤론은 분명히 근대적인 기술적 능력의 소유자이다. 이를 밑받침하는 것으로 증기 분사장치를 생각해냈다. 증기의 힘을 운동으로 바꾸는 최초의 방법으로, 이를 증기기관의 시초라 말하는 사람도 있다. 또한 자동으로 열리는 문, 복잡한 키와 열쇠를 발명하였다. 그러나 이것들은 장난감 수준에서 사용되었을 뿐, 가혹한 노예의 노동력을 대신하는 수준의 것은 아니었다.

16. 지구 중심설을 확립한 프톨레마이오스
천문학과 수학을 담은 〈알마게스트〉 저술

그리스의 천문학자 프톨레마이오스(Ptolemy, 라틴명 Claudius Ptolemaeos; 127~151)는 유클리드와 마찬가지로, 과거의 연구 성과를 집대성한 점에서 돋보인다. 주로 천문학자 히파르코스의 연구성과를 바탕으로 연구하였다. 그의 저서는 지금 남아있지 않지만, 그의 우주 체계를 흔히 '프톨레마이오스 우주 체계'라 부른다.

프톨레마이오스의 우주 체계는 지구가 우주의 중심이고 여러 행성이 그 주위를 돌고 있다. 그 행성들은 지구로부터의 거리의 순서에 따라 달, 수성, 금성, 태양, 화성, 목성, 토성의 차례로 배열되어 있다. 다시 말해서 하늘에 있는 행성의 실제 운동을 설명하기 위해서 히파르코스의 주전원과 자신의 이론을 몇 가지 추가하였다.

프톨레마이오스는 히파르코스의 연구에 바탕을 둔 항성 분류표, 삼각법, 천문관측 기구에 관한 내용을 자신의 저서에 담고 있다. 이 저서를 후세 사람들은 〈알마게스트〉(Almagest-위대한 책)라 부른다. 이 저서는 로마제국 멸망 후에 아랍 사람들에 의해 보존되어 오다가, 1175년에 아랍어 번역판이 라틴어로 번역되어 출간되었다. 그리고 르네상스 시대에 유럽 천문학 사상으로 등장하였다. 이 사상은 그가 죽은 뒤에 적어도 1300년 동안 천문학과 종교계에 영향을 주었다.

프톨레마이오스는 이 책 이외에도 로마군의 정복 과정에서 얻은 지식을 기초로 〈지리학 입문〉을 저술하였다. 특히 어렵게 측정한 위도나 경도를 기입한 지도를 게재하고 있다. 그러나 지구의 크기(지구의 둘레)는 에라토스테네스의 45,000km가 아니고, 그리스의 철학자 포세드니우스의 29,000km을 게재하는 잘못을 저질렀다.

라틴어로 번역된 이 지리책을 이탈리아 의사이자 지도제작자인 토스카내리가 보증함으로써, 콜럼버스가 아시아 탐험여행을 출발하게 된 동기가 주어졌다.

17. 고대 인체생리학 체계를 수립한 갈레노스
인체의 혈액운동을 직선운동이라 주장

로마 시대의 의학자 갈레노스(Galenos; 약 130~약 200)의 아버지는 건축가였다. 꿈에 나타난 의학의 신 아스클레피오스의 권고에 따라 아들의 진로를 결정하였다 한다. 한때 아우렐리우스 황제의 시의로 활동하였다.

갈레노스의 업적은 해부학이다. 당시 사람들은 인체의 해부를 꺼렸으므로 오로지 개, 양, 돼지, 원숭이 등 동물을 해부하여 관찰하고 기록하여 인체의 구조를 미루어 생각하였다. 그의 관찰은 정확하고 세밀하였다. 뼈나 근육에 관한 그의 기록은 대부분이 그가 처음 관찰한 것들이다. 그 예로 오줌은 요관에서 방광으로 흐른다고 기록하고 있다.

갈레노스는 생리학 체계를 수립하였다. 그 대표적인 예로 혈액운동을 들 수 있다. 심장의 왼쪽 절반 부분의 혈액은 오른쪽 절반 부분으로 이동해야 하므로, 양쪽으로 나누어진 중앙의 두툼한 근육질에 구멍이 있을 것이라 가정하고, 혈액은 이 구멍을 통해 흐른다고 설명하였다. 또한 혈액은 심장을 중심으로 직선운동을 한다고 주장했는데(지구상에 살고 있는 인간에게 신성한 원운동을 부여할 수 없다는 아리스토텔레스의 주장 때문에), 큰 잘못을 저질렀다. 그러면서도 그는 맥박을 진단에 이용했다.

갈레노스는 자신의 여러 주장 때문에 다른 의사와 논쟁이 그치는 날이 없었다. 인격적으로 거만하고 자존심이 강하여 미움을 많이 샀다. 또한 철저한 반원자론자였다.

갈레노스가 쓴 저서 중 130여 편이 지금 남아 있다. 이것들은 1400여 년 동안에 걸쳐 의학에 깊은 영향을 주었다.

18. 고대 연금술을 체계화한 게버
황금과 불로장생약의 제조를 시도

아랍의 연금술사 게버(Geber, 아랍 이름 Abu Mosa Jabir Ibn-Hayyan; 약 721~약 815)는 아랍제국의 전성기에 활동하였다.

게버는 아랍 최초의 뛰어난 연금술사로, 그리스의 연금술사 소시모스 시대의 수준을 훨씬 넘어섰다. 그는 연금술에 관한 많은 저서를 남겼다. 그러나 그 모두를 그가 직접 쓴 것인지에 대해서는 의심스럽다. 후세의 연금술사가 자신의 연구를 보다 높이 평가받기 위해 유명한 게버의 이름을 빌린 것으로 생각된다. 말하자면 가짜 게버들이 저서 속에 많이 등장한다.

게버는 고대 4원소설을 약간 수정한 연금술 이론을 수립하였다. 그는 4원소(불, 공기, 물, 흙)가 조합되어 유황과 수은이 생성된다고 믿었다. 유황은 이상적인 가연성 성분이고, 수은은 이상적인 금속성 성분이므로 두 성분을 적절하게 조합시키면 어떤 금속이라도 만들 수 있다고 믿었다.

그러나 이 과정에서 신비적인 '현자의 돌'(philosopher's stone)이나, 그리스어의 건조된 약용 분말이라는 의미의 '엘릭서'(elixier)가 필요하다고 생각하였다. 특히 현자의 돌은 1,000년 동안 계속 탐색되어 왔다.

또한 게버는 금을 만들 수 있는 물질이라면 모든 질병도 고칠 수 있으며, 젊음을 되찾고 죽지 않는 불로장생의 약을 만들 수 있다고 생각하였다. 동양에서는 주로 황제들이 불로장생의 약을 많이 복용하였다. 그 속에는 대부분 수은이 포함되어 있다. 수은은 맹독성을 지니고 있으므로 결국 황제들은 수은 중독사한 셈이다.

물론 연금술 이론은 환상적이고 잘못된 이론이다. 그러나 연금술을 실시하는 과정에서 화학실험기구와 화학약품이 많이 만들어지고, 동시에 실험방법이 발전하여 근대화학 탄생에 큰 구실을 하였다.

19. 아라비아 숫자를 도입한 알 크와리즈미
수학의 민주화는 과학발전의 토대를 구축

아랍 수학자 알 크와리즈미(Al-Khwarizmi; 약 780~약 850)는 아랍 숫자와 영(zero)을 인도 수학으로부터 도입하였다. 그의 저서는 라틴어로 번역되고, 이탈리아 수학자 피보나치에 의해 유럽으로 전해졌다.

새로운 기수법이 서서히 보급되면서 수학에 변혁을 몰고 왔다. 당시 새로운 기수법의 도입으로 특수층(계산사, 상업에 종사하는 사람, 교회의 승려, 대학 교수)만이 사용했던 로마 숫자의 사용이 퇴색하고, 아라비아 숫자가 일반 사람에게 보급되었다. 다시 말해서 수학이 민주화됨으로써 과학발전에 큰 도움을 가져다 주었다고 과학사가 버널이 그의 저서에서 주장하였다.

20. 중세 최고의 물리학자 알하젠
빛의 성질을 연구하고 <광학>을 저술

아랍의 물리학자 알 하젠(Alhazen; 약 965~약 1039)은 나일강의 범람을 조절하는 장치를 만들 수 있다고 국왕에게 과감하게 제안 했는데. 국왕의 주목을 끌어 그 임무를 부여받았다. 국왕 알 하킴은 난폭한 통치자로, 만일 나일강의 범람을 조절하는 기계를 완성하지 못할 경우, 처형될 것이라고 알 하젠에게 알렸다. 자신이 없었던 그는 알 하킴이 죽을 때까지 미친 것처럼 행동하면서 위험을 교묘하게 피했다고 한다.

알 하젠이 제 모습으로 돌아왔을 때, 그는 중세 최고의 물리학자의 자리를 굳히었다. 가장 관심을 기울인 분야는 광학이다. 광학을 처음 연구한 사람은 고대 프톨레마이오스이다. 그는 물체를 볼 수 있는 것은 눈에서 나온 빛이 물체에 닿아 반사하기 때문이라고 생각하였다. 그러나 알 하젠은 그와 반대로, 태양이나 다른 광원에서 나온 빛이 물체에 닿아 반사하여 눈에 들어온다는 올바른 이론을 세웠다. 또한 빛의 반사, 굴절, 렌즈 등을 연구하였다. 16세기에 출간된 알 하젠의 저서 〈광학〉의 라틴어 번역판은 케플러에게 영향을 미쳤다. 광학의 연구 성과가 알 하젠 수준 이상으로 발달한 것은 16세기 케플러 시대 이후였다.

21. 아랍 특유의 의학을 수립한 아비세나
히포크라테스 의학을 바탕으로 〈의학경전〉을 저술

아랍의 의학자인 아비세나(Avicenna-라틴 이름, 아랍 이름은 Ibn Sina; 979~1037)는 세금 징수원의 아들로 태어났다. 열 살 때 코란을 암기할 정도의 신동으로 아랍 최고의 교육을 받았다. 아랍제국은 초창기에 높은 수준의 문명을 자랑했지만 (그 좋은 예로서 '지혜의 집'을 설립, 그리스 원전의 번역, 과학자에 대한 원조 등), 시간이 지나면서 분열과 암투가 심하여 연구 환경이 열악해졌다. 그러나 그러한 소용돌이 속에서도 그는 여러 칼리프(이슬람의 국왕)에 봉사하면서 명예와 재산을 쌓았고 연구의 기회를 얻었다.

아비세나는 100권 이상 책을 저술하였다(감옥에서도 집필했다고 한다). 그는 히포크라테스의 이론과 아랍의 독특한 전통 의학을 접목하여 저술한 〈의학경전〉이 있다. 이 저술은 의학 지식을 체계화한 것으로 일반원리, 단일 약품, 기관의 질병, 복합 약물 등 5권으로 되어 있다. 특히 외과 문제, 해독, 천연두 등을 다루고 있다.

아랍 의학은 이론과 실천을 융합한 점에서 독창적이다. 그들은 기후, 위생, 영양, 요리의 실제적 문제를 광범위하게 연구하여 의학과 약제의 큰 사전들을 출간하였다. 특히 의학의 한 분과인 안과는 상당한 수준에 이르렀다.

당시 의학은 사회적으로 큰 비중을 차지하고 있었으므로 수술실, 진찰실, 연구실, 목욕탕을 구비한 큰 병원과, 의사에게 자격증을 수여하기 위한 시험제도까지 있었다.

이 저서는 13세기에 라틴어로 번역된 후 17세기까지 국내는 물론 유럽에서 손색없는 교과서로 활용되었다. 그를 가리켜 '제2의 히포크라테스'라고 흔히 부른다.

22. 근대 과학의 길잡이 로저 베이컨
과학연구에서 실험과 수학의 중요성을 강조

영국의 고전학자 로저 베이컨(Bacon, Roger; 1214~약 1294)은 13세기 서유럽 학문 연구 전체를 개혁하려고 노력하였다. 그의 박식함 때문에 그를 '경이 박사'라 부르기도 한다.

로저 베이컨은 옥스퍼드대학을 거쳐 파리로 유학하였다. 그는 대담한 착상과 자신감을 지닌 사람이다. 자신을 무시하는 사람들에게는 여지없이 공격을 퍼부어 많은 적들을 만들었다. 그가 15년 동안 옥살이를 치른 것이나, 그의 저서가 출판 금지된 것도 이러한 적들의 방해 때문이었다.

교회는 로저 베이컨을 공식적으로 비난하지 않았다. 그의 숭배자인 교황 크레멘트 4세의 도움으로 그는 백과전서의 편집을 시도하였다. 그 준비작업으로 〈대저작〉을 비롯하여 몇 가지 저술을 하여 교황에게 바쳤다. 그러나 교황이 서거하자 지원이 끊겨 큰 뜻을 실현하지 못하였다.

로저 베이컨의 연구는 매우 독창적이고 진보적이었다. 그는 지구가 둥글어 지구를 한 바퀴 돌 수 있다고 처음 주장하였다. 이 꿈이 실현된 것은 실로 3세기 후 마젤란의 시대에 이르러서였다. 당시 율리우스 달력은 1년 길었다. 1세기마다 춘분이 1일 빠르다는 것을 그가 지적했는데, 이 개정이 실현된 것은 3세기 뒤였다.

로저 베이컨은 과학의 진보는 실험과 수학의 이용으로 이룩된다는 강한 신념을 가지고 있었다. 그러나 불행하게도 저서를 몰수당했기 때문에 학자들에게 거의 접하지 못하고 끝을 맺었다. 과학에서 실험과 수학이 중요시된 것은 3세기 후반, 17세기 서유럽 과학혁명시대에 이르러서였다.

23. 인쇄기술을 발명한 구텐베르크
최초의 인쇄본 〈구텐베르크 성서〉를 출간

독일의 발명가 구텐베르크(Gutenberg, Johann; 약 1398~약 1468)는 어머니 쪽 성을 따르고 있다는 것 이외에 그의 소년시절의 생애를 전혀 알 수 없다. 1435년 당시,

그는 소송사건에 관련되었는데, 소송장에 '인쇄'(도루트겐)란 말이 나온다. 인쇄술을 실용화하는 시도가 그때부터 시작되었음을 암시하고 있다. 당시 손으로 직접 베낀 복사본은 값이 비싸고 구하기 힘들었으므로, 대학이나 수도원 그리고 부자들만 이를 소유할 수 있었다. 게다가 아무리 세심한 주의를 기울인다 해도 글자가 틀리거나 빠지기 마련이었다. 완벽한 도서관은 알렉산드리아 시 도서관뿐이었다(알렉산드리아 도서관은 구텐베르크 이전까지 가장 유명했고, 60만권의 장서를 구비하고 있었다). 문자를 기계적으로 재생하는 것, 즉 나무나 금속에다 글자를 반대로 새기고, 잉크를 묻혀 부드러운 물건이나 종이에 눌러 인쇄하는 방법은 고대부터 알려져 있었다. 또한 사마리아 사람이나 바빌로니아 사람은 글씨나 모양을 점토에 새겨 보관하였다.

구텐베르크가 생각해낸 방법은 한 개의 목적 때문에 한 개의 인장을 만드는 것이 아니라, 작은 글씨로 새긴 인장을 조합하여 한쪽을 인쇄한 다음에 이를 해체한 뒤, 다시 인장을 조합하여 인쇄하고 다시 해체한다. 이런 방법으로 인쇄하면, 한정된 수의 활자로 몇 종류의 책을 인쇄할 수 있다. 게다가 같은 책을 짧은 시간에 몇 권이든지 인쇄할 수 있는 장점이 있다.

1450년에 구텐베르크는 이 착상을 실제와 연결시키려고 했지만, 다른 경우와 마찬가지로, 실질적인 진전을 위해서는 부속물의 개발이 필요했다. 많은 책을 인쇄하는 데는 값싸고 풍부한 종이(다행히 당시 종이가 유럽에 보급되었다)와 알맞은 잉크, 그리고 같은 크기의 활자를 만드는 기술과, 인쇄하는 기계 장치가 개발되어야 했다. 인쇄방법의 착상이 구텐베르크의 머리에 떠오른 것은 거의 순간적이었지만, 실질적으로 20년 후에 그의 착상이 이룩된 것은 이러한 여러 조건 때문이었다.

1454년에 대사업의 준비를 완료한 구텐베르크는 한쪽 42행의 라틴어 성서의 출판을 주문 받았다. 1,282쪽을 각기 300매씩 인쇄하여 300권의 〈구텐베르크 성서〉를 출판하였다. 이것은 최초의 인쇄본으로 많은 사람들로부터 그 무엇과도 비할 수 없다고 칭찬받았다. 인쇄기술은 처음부터 최고 경지에 이르렀다. 지금 남아있는 45권의 구텐베르크 성서는 세계에서 가장 귀중한 책이다.

불행하게도 구텐베르크 성서의 출판에 즈음해서, 그는 채무 관계로 소송당하고 이에 패소하여 인쇄기계를 차압당하였다. 그 이상 사업을 계속할 수 없었다. 발명에는 성공했지만, 사업에는 실패한 좋은 사례이다.

그러나 이 성서는 기록을 깬 세계적인 베스트셀러가 되었다. 어떤 이익이 얻어질지 예측할 수 없었다. 이 성서는 서유럽에서 인쇄된 모든 인쇄본 중에서 최초의 것으로, 값으로 따질 수 없을 정도로 귀중한 보물이다. 하지만 구텐베르크에게는 어떤 보수도 돌아오지 않았다.

구텐베르크는 빚을 남긴 채 인생의 실패자가 되었다. 하지만 인쇄술은 대성공을 거두어 곧 유럽 전체에 보급되고, 전도사들이 그의 가르침을 확대하는 수단으로 이용되었다. 처음에 실패한 종교개혁이 루터에 의해 성공한 것은, 싸움에 임한 루터가 인쇄기를 이용하여 예리한 문장을 실은 인쇄물로 공격을 가했기 때문이다.

인쇄술에 의해 값싼 책이 만들어지고, 값싼 책으로 독서 능력이 향상되었다. 그래서 학문의 기초가 잡히고 교육받은 사람이 늘어났다. 또한 과학자의 발견이나 주장이 급속하게 다른 과학자들에게 전달되었다.

인쇄술은 마치 성난 파도와 같은 힘으로 퍼졌다. 1470년까지 인쇄기는 이탈리아, 스위스, 프랑스에도 보급되었다. 1476년에는 영국에도 최초로 인쇄소가 설립되었다. 1535년에 인쇄술은 바다를 건너 멕시코, 칠레에까지 보급되었다.

성서는 인쇄술의 덕택으로 그 수가 늘어났고, 라틴어뿐만 아니고 각국 언어로 출판되었다. 수많은 사람들이 진심으로 성서를 읽고 감명을 받았다. 성도 수가 늘어나고 교회가 확장되어 그 영향이 매우 컸다. 미국의 독립전쟁도 자극하였다. 인쇄술은 근대적인 민주주의를 육성하는데 큰 몫을 하였다. 한편 인쇄술은 악용되기도 하였다.

인쇄술은 과학혁명으로 곧 연결되지 않았지만, 만약 인쇄기술이 없었다면 17세기 서유럽 과학혁명은 훨씬 뒤에 일어났을지도 모른다.

24. 천재 과학자 레오나르도 다 빈치
과학과 기술과 예술이 융합된 공방에서 수련

이탈리아의 과학자, 기술자, 예술가인 레오나르도 다 빈치(Leonardo da Vinci; 1452~1519)는 이탈리아의 자유 도시인 피렌체 근처의 산골에서 공중인인 아버지의 장남으로 태어났다. 어머니는 농가 출신으로 가난했기 때문에 아버지와 정식결혼을 하지 못하여 다 빈치는 사생아가 되고 말았다. 할아버지 밑에서 그는 비교적 풍요롭게 자라났다.

다 빈치는 어릴 적부터 그림, 수학, 음악에서 뛰어난 재주를 보여주었다. 아버지는 그가 공방(工房)에서 수련할 수 있도록 친구에게 부탁하였다. 당시 베로키오 공방은 피렌체에서도 대표적인 곳으로, 회화, 조각, 금속세공 등 넓은 범위에 걸쳐 철저하게 수련시켰다. 스무 살이 되어 도제로서의 수업을 마친 다 빈치는 화가로서 피렌체의 화가조합에 등록하고, 그 후에도 베로키오 밑에서 조수로서 일하였다. 그는 스승의 작품인 '그리스도의 세례'의 왼쪽 천사를 맡아 그렸다. 이 천사의 그림이 너무 뛰어났기 때문에, 베로키오는 그 이후로는 결코 붓을 손에 들지 않았다고 한다.

스물여섯 살에 독립하여 처음으로 교회 벽화의 주문을 받고, 2년 후에는 수도원의 제단화 제작을 의뢰받았다. 그러나 이들 작품은 항상 미완성으로 끝났다. 그 후에도 미완성의 작품이 많았는데, 그 원인은 그가 재능이 부족해서가 아니고 무엇인가 그가 생각하는 바가 있었을 것으로 보인다. 그는 그림을 흉내내어 그리면 좋은 그림을 그릴 수 없다고 생각한 때문일지도 모른다.

다 빈치는 자연 존중의 생각 속에서 스스로를 '경험의 제자 레오나르도 다 빈치'라 불렀다. 좋은 그림, 좋은 조각을 만들기 위해서는 먼저 대상으로 삼은 물체의 성질을 과학적으로 충분히 파악할 필요가 있다고 생각하였다. 그 때문에 그는 한 가지 일에 전념하지 못하였다. 그림을 그리면서 항상 과학자로서 대상물을 별도의 측면에서 연구하였다. 따라서 작업은 매우 진척이 없고, 때로는 마감 날자가 지켜지지 않아 의뢰한 사람과 불화를 일으키는 일이 많았다.

다 빈치는 밀라노에 발을 들여놓았다. 당시 밀라노의 영주 로드비코는 문화를 이해할 줄 아는 사람으로, 많은 학자나 예술가를 궁정으로 불러들였다. 다 빈치는 이 영주에게 자신의 소개장을 보냈다. 그는 소개장에서 당시의 지식수준을 넘어서는 장치, 특히 군사기술에 관한 천재적 능력을 보여주었다. 그리고 조각이나 회화의 재능도 있다는 사실을 알렸다.

다 빈치는 자신이 단지 조각가나 화가가 아니고, 오히려 군사기술자로서 인정받으려는 의지를 밝히려 하였다. 그는 비행기를 설계하기 위해 새의 비행방법을 연구하고, 잠수함의 설계를 위해 고기의 수영방법을 연구하여 자신의 능력을 크게 선전하고 좋은 결과를 올렸다. 밀라노 영주는 즉시 다 빈치를 자신의 측근 한 사람으로 초청하였다. 그는 밀라노시대에 다방면에 걸쳐 창조적인 작품활동을 하였다. 이 시대의 예술작품으로서 벽화 '최후의 만찬'을 남겼다.

다 빈치는 밀라노에서 17년 동안 생활하였다. 1499년 루이 12세의 프랑스군이 밀라노를 침공하자, 그는 전란을 피하여 밀라노를 떠나 고향인 피렌체로 돌아와 로마 교회군의 보르지아 사령관 밑에서 일하였다. 사령관이 이탈리아 각지를 전전하면서 싸우는 동안, 다 빈치 역시 이에 종군하였다. 이 동안에는 화가로서보다도 건축가, 운하 건설자, 축성가, 기계설계자로서 광범한 일에 종사하였다. 1503년, 보르지아 장군이 로마로 귀환하자 다 빈치는 다시 피렌체로 돌아와 여기서 쉰여섯 살까지 살았다. 유명한 '모나리자'를 완성시킨 것은 이 무렵이다.

1512년, 프랑스군이 밀라노에서 철수하자 다음 해, 그는 교황 레오 10세의 동생 메디치 공에게 봉사하기 위해 잠시 로마에 들렸다. 메디치 공이 사망하자 로마에서 안주할 수 없었으므로 제자들과 함께 알프스를 넘어 프랑스의 프랑소와 1세를 방문하였다. 여기서 왕의 호의로 성에 안주했으나, 연로한 데다가 새로운 작품을 만들기에는 기력이 부족하여 명상의 나날을 보냈다. 1519년 5월 2일, 다 빈치는 왕으로부터 받은 여러 특권에 감사하면서, 고향에서 멀리 떨어진 프랑스 땅에서 예순아홉 살로 타계하였다. 그가 남긴 모나리자는 그의 유언에 따라 프랑소와 1세에게 넘겨졌다.

다 빈치는 놀랄 정도의 과학적 통찰력을 지니고 있다. 자연에 대한 깊은 통찰, 자연과학 전체에 걸친 많은 노트를 남겼다. 그의 연구는 대개가 단편적이고 완성단계에 이르지 못했지만, 지침이 없는 무질서한 단편은 아니고, 체계적인 구상이 그의 노트 곳곳에 나타나 있다.

그 중에서 다 빈치의 광학 연구는 거의 근대적이라 말할 수 있을 정도이다. 광학은 그의 과학의 첫발일 뿐만 아니라, 사실상 그의 인식론의 바탕이다. 또한 그의 해부학 연구는 인간의 수태, 태아의 출산 및 성장에서 출발하여 인체 비례론, 생리학, 골상학 그리고 심리학에까지 미쳤다. 그는 각 연령층의 남녀 인체를 30여구 이상이나 해부하였다. 당시 로마 교황 레오 10세가 시체실에 출입하는 것을 금지하였다.

다 빈치의 역학은 본질적으로 직관적인 과학이다. 예술상의 실제 문제에서 출발한 그는 점차 과학으로 확장하였다. 역학의 경우에도 예술가와 과학자의 두 가지 성격이 분명히 나타난다. 여기서 중요한 것은 그의 기술자적 성격이다. 특히 기계 발명자로서의 능력을 꼽을 수 있다. 그에게서 기계의 제작은 예술적 제작과 불가분의 관계가 있는데, 그의 과학적 해부도나 기계의 설계도가 예술적 소묘와 거의 구별하기 곤란할 정도로 아름다운 이유가 여기에 있다. 우리는 흔히 그가 불가사의하고 기이한 재능을 지녔다고 말하지만, 이것이 다 빈치 사상의 본질이며 방법적 특색이다.

다 빈치의 전 생애를 통한 자연연구의 종합은 우주론이다. 그는 화가로서의 눈에 비친 자연의 세밀함과 자연의 웅대한 형태(산악, 평원, 강, 바다)에서 강한 인상을 받았다. 따라서 그의 우주론은 그의 전 생애를 통한 예술적, 과학적 성찰의 총화이다. '모나리자'에 나타난 것처럼, 그의 회화에는 자연풍경이 삽입되어 있는데, 이것은 자연인식의 성과이다.

다 빈치의 역학 연구와 함께 더욱 중요한 것은 그가 기술자라는 점을 들 수 있다. 그는 많은 분야에 걸쳐 기술적인 발명을 하였다. 그는 군사기술자이다. 대포, 축성술, 기관총, 잠수정, 비행기, 낙하산, 헬리콥터, 공작기계인 압연기와 연마기, 선반 등을 구상하였다. 그 외에 터빈, 인쇄기, 방적기, 시계, 톱니바퀴 등도 구상하였다. 밀라노 사원에서 사용한 엘리베이터는 그가 처음 착상한 것이라 한다.

얼마 전, 영국 왕실에 300년 넘게 비장되어 오던 다 빈치의 드로잉 10점이 엘리자베스 2세 여왕 즉위 50주년을 맞아 처음으로 일반에 공개되었다. 이 때에 공개된 드로잉은 다 빈치가 1400년대 말부터 1500년대 초기에 그린 작품들이었다.

25. 근대 과학혁명의 선구자 코페르니쿠스
태양 중심설에서 지구 중심설로 우주체계를 전환

폴란드의 천문학자 코페르니쿠스(Copernicus, Nicolas; 1473~1543)는 아버지를 일찍 잃었으므로 승정인 숙부 밑에서 자랐다. 그렇지만 최고의 교육을 받았다. 코페르니쿠스는 이탈리아 볼로냐대학에 유학하는 동안 의학과 종교를 전공하면서 천문학에 흥미를 가졌다. 그러나 뛰어난 천문학자는 아니었다. 일생동안 모두 합쳐 100회 정도 관측을 했을 뿐이다. 그는 기존의 관측 자료를 적절하게 활용하였다.

코페르니쿠스는 이탈리아 유학시절, 대학 도서관에서 아르키메데스의 한 저서에서 아리스타르코스의 지동설을 확인하였다. 귀국 도중 마차 안에서 지동설을 깊이 생각해보았다. 이를 바탕으로 지동설에 관해서 조그마한 책으로 정리했지만, 이 학설이 이단으로 취급되지 않을까 생각한 끝에 수년간 출판을 보류하였다. 한편 코페르니쿠스의 생각을 요약한 작은 책자 〈요령〉이 유럽학자들에게 회람되면서 흥분의 도가니로 만들었다.

특히 수학자 레티쿠스의 적극적인 요청으로 그는 그 전체를 출판할 것을 허락하고 이를 그에게 맡겼다.

레티쿠스가 마을을 떠나게 되자, 이 일을 루터파의 오시안더 신부가 맡았다. 그러나 루터파는 코페르니쿠스의 학설을 적극 반대하였음으로, 이 신부는 코페르니쿠스의 안전을 위해서 저자의 허락없이, 이 학설은 실제의 우주체계가 아니라, 행성표 즉 행성의 위치를 쉽게 계산하기 위한 연구에 불과하다는 내용을 서문에 집어넣었다.

1543년 〈천체의 회전에 관하여〉가 세상에 나왔다(이 저서는 1616년에 금서 목록에 등록되었다가 1835년에 풀렸다). 이 저서가 출판된 때는 코페르니쿠스가 죽음에 이른 무렵이지만, 자신의 저서 한 구석에 그가 죽기 4주 전의 메모가 있는 것으로 미루어 보아, 그가 죽기 전에 저서를 손에 넣었을 것으로 추측된다. 이 저서는 곧바로 많은 지지자를 얻고 호응도가 또한 높았다.

코페르니쿠스는 우주의 중심에서 지구를 추방함으로써 지구를 한 개의 행성으로 만들어버렸다. 그는 지구 중심의 우주를 태양 중심의 우주로 바꿔놓았다. 지동설은 인간 중심적인 우주의 견해를 근본적으로 수정하고, 유럽 문명 전체에 큰 충격을 주었다.

그러나 코페르니쿠스의 학설은 어떤 점에서 완전하지 않았다. 고전적인 생각, 즉 원운동에서 벗어나지 못하였다. 그는 모든 행성은 태양을 중심으로 원운동을 한다고 주장하였다. 또한 운동은 물리적 현상인데도 불구하고 수학적인 가설로 시종일관했다는 사실이다. 어쨌든 지동설은 여러 분야에 큰 충격을 던졌다.

코페르니쿠스의 지동설을 강력하게 지지한 이탈리아 철학자 브루노는 이단으로 지탄받고 1594년에 체포되었다가 1600년에 화형당하였다. 그래서 영국의 과학철학자인 화이트헤드는 근대가 시작한 해를 1600년으로 거론하고 있다.

26. 의학과 광물의 관계를 밝힌 아그리콜라
〈광물학〉을 미국 후버 대통령 부부가 영어로 번역

독일의 야금학자인 아그리콜라(Agricola, Georgius; 1490~1555)의 원래 이름은 게오르그 바우어(Georg Bauer)이다. '바우어'는 독일어로 '농부'라는 뜻이다. 아그리콜라는 당시 유행에 따른 라틴어 이름이다.

아그리콜라는 라이프치히 대학을 졸업한 뒤, 이탈리아에서 의학을 전공하였다. 그는 광물이 의학과 관계가 있을 것으로 생각하였다.

사실상 의학과 광물을 연결하고 그 관계를 연구한 의사와 광물학자는 2세기 반 동안 화학 발전에서 특이한 역할을 하였다. 그는 광업의 중심지인 요하임스터에서 병원을 개업하면서 명성을 떨쳐 작센의 마우리스 왕자의 원조를 받았다. 아그리콜라의 저서 〈광물학〉은 그가 죽은 1년 뒤에 출간되었다.

현장에서 습득한 기술적인 지식이 매우 쉽게 요약되어 있다. 더욱이 광산기계의 그림이 많이 실려 있다. 무엇보다 광산에서 미신을 추방한 사실이다. 지금도 과학의 고전으로서 추천되고 있다. 미국 대통령 하버드 후버 부부는 이 책을 영어로 번역하였다. 흔히 아그리콜라를 '광물학의 아버지'라 부른다.

27. 연금술을 비판한 파라켈수스
연금술에 관한 책을 불사르고, 무기물 약제를 강조

스위스의 의사이자 연금술사인 파라켈수스(Paracelsus, Philipus Aureolus, 본명은 Theophrastus Bombastus von Hohenheim; 1493~1541)는 허영심이 강한 사람이다. 그는 라틴어로 번역된 로마의 과학자 켈수스의 저서로부터 큰 감명을 받고, 켈수스보다 자신이 더욱 '뛰어나다(파라)'는 뜻에서 자신의 이름을 스스로 파라켈수스라 불렀다.

파라켈수스는 아버지로부터 의학을 배우고, 바젤대학과 오스트리아 광산에서 의학지식을 접하였다. 원래 성격이 변덕스럽고 논쟁을 좋아하여 시기하는 사람들이 주변에 많았으므로, 그는 한 곳에 오래 머물지 못하고 각지를 떠돌아다니는 신세가 되었다.

파라켈수스는 연금술의 목적이 금을 만드는데 있지 않고, 질병을 치료하는 약제를 만드는 데 있다고 강조하였다. 이러한 견해는 일반적으로 인정받았다. 또한 이전부터 식물성 약제가 많이 이용되었지만, 그는 광물성 약제의 효용을 강조하였다. 하지만 광물성 약제로부터 좋은 효과만을 얻은 것은 아니다. 그는 정신 이상 때문에 독성이 강한 수은화합물을 계속 복용했다고 한다.

파라켈수스가 바젤에서 의사로 있을 당시, 시민들 앞에서 고대 생리학자 갈레누스나 아랍의 과학자 아비세나의 저서를 불사르고, 특히 고대 의학의 핵심인 히포크라테스의 4원액설을 철저히 비판하였다. 또한 정신질환은 악마가 인체에 침입한 결과라는 고대 의학의 이론을 거부하였다. 그는 고전 의학의 목을 움켜쥐고 흔들었다.

파라켈수스는 3원소설을 주장하였다. 3원소는 유황, 수은, 소금이다. 그러나 고대 4원소설 보다 후퇴한 면이 보인다. 그는 라틴어를 사용하지 않고 모국어인 독일어로 강의할 것을 주장하여 바젤대학에서 쫓겨났다. 그는 머리 숙이지 않고 선배들이나 경쟁자들에게 격렬하게 공격을 퍼부었지만. 이 같은 그의 생각과 행동은 당시 후진국인 프러시아를 잠에서 깨어나게 하였다.

28. 근대 해부학을 수립한 베살리우스
예루살렘 순례 후 귀국 길에 폭풍으로 익사

브뤼셀의 해부학자 베살리우스(Vesalius, Andreas; 1514~1564)의 아버지는 황제 칼 5세의 약제사였다. 그는 어릴 때부터 죽은 새나 쥐를 해부하여 가족의 전통을 이어갈 성향을 보였고, 그는 전쟁 동안 군의로 근무하다가 이를 마친 뒤, 이탈리아 파두바 대학에서 의학박사 학위를 받은 뒤, 외과와 해부학 강사로 활동하였다.

당시 대학 교수들은 직접 해부하는 것을 꺼려하였다. 그것은 의사가 이발 외과의와 동등하게 취급되는 것을 싫어했기 때문이다. 그는 선배들의 해부도에 그다지 만족하지 않았다. 그래서 스스로 해부한 뒤에 자기 손으로 직접 만지며 눈으로 보고, 스스로 사실을 파악한 것 이외는 결코 믿지 않았다. 그는 권위와 전통을 싫어하였다.

베살리우스의 강의는 매우 인기가 높았다. 500여명의 수강생이 한번에 몰려들었다. 그는 남성과 여성의 늑골의 수가 같다는 것을 밝히는 전시회를 가져 큰 인기를 얻었다. 왜냐하면 당시 사람들은 창세기에 이브가 아담의 늑골로 만들어졌다고 믿은 나머지, 남자의 늑골은 여자의 늑골 보다 한 개 적다고 믿고 있었기 때문이다.

베살리우스는 연구 성과를 정리하여 1543년 〈인체의 구조〉라는 명저를 출간하였다. 이 책은 역사상 최초의 정확한 인체해부학서이다. 인쇄술 덕분으로 300장의 해부도가 실려 있고, 그 해부도는 매우 아름답게 그려져 있다. 유명한 화가 티지아노의 제자인 얀 스테픈이 대부분 그렸다. 이 책이 누구의 해부학 저서보다 뛰어났던 점은 바로 이 해부도 때문이다. 인체 해부도는 사실적으로 묘사되고, 특히 근육의 묘사는 매우 정확하였다. 그 후에 출판된 것으로 이 보다 뛰어난 것이 없을 정도였다. 특히 갈레노스의 저술에서 잘못 기술된 곳을 200군데나 찾아냈다. 본문은 7장으로 나뉘어지고, 해부학의 연구에서 과학적 방법의 도입의 필요성을 강조하고 있다.

서른 살 때 베살리우스가 쓴 이 책은 혹독한 비난을 받았다. 그것은 갈레노스의 의학을 파국으로 이끌고 간 때문이다. 하지만 이 저서는 근대해부학의 길을 열어 놓았다. 이 책이 코페르니쿠스의 지동설이 발표된 해인 1543년에 출간된 것은 흥미있는 일이다. 해부학자로서 정확하고 비할 바 없는 관찰을 한 베살리우스도, 생리학 분야에서는 고대 사상에서 벗어나지 못하였다. 그는 혈액순환에서 갈레노스의 학설을 지지하였다. 피는 심실과 심실 사이에 있는 눈에 보이지 않는 미세한 구멍을 통해 직접 흐른다고 생각하였다.

베살리우스는 이 책을 발간한 뒤에 연구를 일시 중단하였다. 그 저서 때문에 생긴 대소동으로 곤욕을 치렀다. 그러나 그의 이름이 널리 알려졌기 때문에 칼 5세의 시의로 임명되고, 칼의 아들이며 뒤에 스페인 왕이 된 필립 2세의 시의가 되었다.

베살리우스가 유명해지자 이를 달갑게 보지 않던 사람들로부터 비난을 받아 이단으로 몰려 처형될 뻔했다. 그러나 왕가의 시의라는 지위 때문에 어려운 고비를 넘기고 감형 조치되어 예루살렘 순례를 떠났다. 그러나 결과적으로 이 일은 사형집행과 같았다. 귀가도중 그리스의 사킨토스 섬에서 배가 난파하여 그는 물에 빠져 죽고 말았다.

베살리우스의 연구가 과학의 역사에서 차지하고 있는 가치와 의의는 체계 있는 학문을 수립한 것, 또한 진리를 파악하는 한 가지 방법으로 절대적인 권위에 도전한 것, 자기의 손과 눈으로 직접 행한 관찰과 자기의 두뇌에 의한 판단에 의존한 점이다. 또한 베살리우스는 탁월한 지혜와 예리함을 바탕으로 자신이 확신하는 바를 대중을 향하여 거침없이 주장하는 대담성과 정열을 갖추고 있었다.

베살리우스의 저서는 참된 의미에서 해부학 최초의 교과서였고, 과학으로서 생물학의 시작이었다.

29. 박물학을 새롭게 연구한 게스너
독일의 플리니우스처럼 고산식물을 희귀종으로 채집

스위스의 박물학자 게스너(Gesner, Konrad von; 1516~1565)는 바젤대학에서 학위를 취득하고, 인생 최후의 10년 동안을 취리히의 한 동네 의사로 지내면서 그리스어, 비교인류학, 박물학까지 폭넓게 연구하였다. 그는 스위스 사람들의 대표적인 취미인 등산에 열중하고, 이를 빌미 삼아 고산식물의 희귀종을 채집하였다.

게스너는 화석을 많이 수집하였다. 그러나 그것이 과거 생물의 유물이라는 점에 관심을 두지 않고 이상한 돌덩이로 생각하였다. 자연에 대한 그의 폭넓은 관심, 연구에 대한 열성적인 행위 등이 로마시대의 플리니우스와 비슷하였다. 그러므로 사람들은 게스너를 '독일의 플리니우스'라 흔히 부른다.

게스너는 동물에 관한 방대한 기록을 모두 정리하였다. 이 정리 과정에서 동물의 습성이나 성격, 특성 등을 상세히 연구하였다. 이를 바탕으로 우화문학이 성행하였다. 이를 통해 고대나 발견 항해 시대의 동식물 연구에 대한 유럽 사람들의 관심을 끌어 모았다. 그는 고대 사람이 알지 못했던 식물을 적어도 500종 수집하여 박물학 연구에 활력소를 불어넣었다. 1565년 취리히에 질병이 퍼졌을 때, 열성적으로 환자를 돌보는 가운데 게스너 자신도 흑사병에 걸려 사망하였다.

30. 외과의학을 개척한 이발의사 파레
이발사로 출발, 고통스럽던 지혈법을 개선

프랑스의 외과의사 파레(Pare, Ambroise; 1510/1517~1590)는 이발소에서 일하기 위해 파리로 나왔다. 당시 이론적이고 지적인 전문의사는 외과수술에 참여하지 않았으므로, 그 당시나 그 후 2세기 동안 외과수술은 의학의 기초가 없는 이발사의 몫이고, 그들은 머리카락 자르듯 근육을 가르고 잘랐다.

파레는 이발사 및 외과의사로 군부대에 근무하면서 점차 이름을 떨치고 지위도 높아졌다. 결국 앙리 2세와 그의 세 아들 프랑소아 2세, 샬 4세, 앙리 3세로 이어지는 왕가의 시의로 지냈다. 약간 꾸며진 이야기라 생각되지만, 신교도로 전향한 파레가 성 바르톨로메오 축제의 학살로부터 빠져나올 수 있었던 것은, 왕이 그의 의술을 필요로 했기 때문이었다는 이야기가 있다.

당시 대부분의 외과의사는 큰 수술 후에 근육을 심하게 그을리는 비법을 사용하고, 또한 총탄으로 생긴 상처를 소독할 때, 끓인 기름을 수술 부위에 부었다. 또한 지혈을 하기 위해 동맥을 불로 그을리는 방법을 사용하였다.

파레는 외과수술 시에 실시하는 처리방법을 몇 가지 개선하였다. 상처 부위의 통증을 가볍게 하기 위해 약을 바르고, 지혈을 하기 위해 천으로 동맥을 묶거나 수술 부위를 천으로 감싸 고통을 줄여 치료효과를 높이는 방법을 도입하였다. 그를 흔히 '외과의학의 아버지'라 부른다. 파레는 베살리우스의 저서를 프랑스어로 번역하여 외과의나 이발사가 수술에 앞서 인체의 구조를 인식하는데 큰 도움을 주었다.

31. 마지막 육안 관측천문학자 티코 브라헤
덴마크 후엔섬의 우라니보르크 천문대에서 관측

덴마크의 천문학자 브라헤(Brahe, Tycho; 1546~1601)는 귀족의 쌍둥이로 태어났다.('쌍둥이 Type'라는 이름대신 '복있는 아이'라는 뜻에서 '티코Tycho'라 불렀다) 젊은 시절 그는 철학과 법률학을 공부했지만 집안에서 정치가를 희망하였다. 하지만 그가 일식을 관측하면서부터 이에 매료되어 천문학 연구로 시간을 보냈다. 그는 대학을 그만두고 독일에서 수학과 천문학 연구를 본격적으로 시작하였다.

1572년 11월 11일, 신성을 관측하고 이를 발표하면서부터 브라헤는 유명해졌다. 그러나 그가 관측한 이 별은 신성이 아니라 이미 있었던 별이 폭발하여 광도를 극도로 증가시킨 데 불과하였다. 폭발 이전에는 빛이 약해서 보이지 않았던 것이다. 그러나 망원경이 없던 당시로서는 분명히 새로운 별로 생각되었다. 이 별은 금성보다 더 밝았다가 1년 반 만에 사라졌다.

브라헤는 자신이 발견한 신성('티코 별'이라 불렀음)을 내용으로 〈신성에 관하여〉를 출간하였다. 이 저서는 세 가지 사실을 이끌어냈다. 첫째, 폭발한 모든 별을 새로운(nova) 별이라 불렀고, 둘째, 천문학자로서의 브라헤의 이름을 크게 알렸고, 셋째, 신성까지의 거리를 측정할 수 없었지만, 달보다 멀리 있다는 점을 밝혔다. 따라서 천체는 완전하고 변하지 않는다고 주장한 아리스토텔레스의 위계사상을 흔들어 놓았다.

신성처럼 나타난 젊은 브라헤를 본 덴마크의 왕 프레데릭 2세는 덴마크와 스웨덴의 중간쯤에 있는 후엔 섬(지금은 벤 섬)에 우라니보르크 천문대를 건설하고, 이를 브라헤가 관리하도록 맡겼다. 그가 설계하고 제작한 최고의 천문기구를 구비한 이 천문대는 참된 의미에서 역사상 최초의 천문대였다. 지금 돈으로 약 50억원 소요되었다.

1577년 혜성이 나타났을 때, 브라헤는 주의 깊게 이를 관측하였다. 이것은 달보다도 멀리 있는 것으로 확인되고, 우주가 완전하고 변하지 않는다는 아리스토텔레스의 천체 불변 사상을 약화시켰다. 또한 그 궤도가 원이 아니라 가늘고 긴 타원형이라 주장함으로써, 아리스토텔레스가 주장했던 천계의 완전성(원)을 역시 약화시켰다.

브라헤는 지구 중심설을 고집하고 지동설에 반대한 최후의 천문학자이다. 그는 지구 이외의 행성은 태양의 주위를 회전하지만, 태양은 행성을 모두 거느리고 지구를 돈다고 생각하였다. 이 같은 이론은 천문학 사상의 대립 시대에 절충안과 같은 성격을 띠고 있다. 이탈리아의 천문학자 리초리는 그리스의 천문학을 존중한 나머지, 달의 크레이터(화구) 중에서 제일 크고 잘 생긴 것을 '티코'라 불렀고, 반면에 작고 못생긴 것을 '코페르니쿠스'라 불렀다.

브라헤는 정확한 관측을 지속하였다. 그 정확도는 육안으로 관측할 수 있는 정점에 이르렀다. 그는 당시 천문관측 기록을 대부분 수정하고, 행성 중에서 특히 화성을 정확하게 관측하였다.

브라헤 주변에서는 싸움이 그칠 날이 없었다. 물론 그 자신의 책임이다. 그는 덴마크의 귀족으로 말다툼을 좋아하고 성급한 성격이어서 누구와도 싸움을 잘 걸었다. 열아홉 살 때, 수학의 토론이 결투로까지 이어지고 브라헤의 코가 잘려나갔다. 그 즉시 그는 모조 코를 달고 다녔다 한다.

브라헤의 후원자인 프레데릭 2세는 성인처럼 인내심이 강하여 브라헤의 모든 행동을 이해하고 용서하였다. 하지만 후계자 크리스찬 4세는 외톨박이 천문학자에게 원조를 중단하고 브라헤를 파면하였다.

그러나 귀족적이고 자존심이 강한 브라헤가 농부의 딸과 사랑을 나누고 행복한 생활을 했다는 것은 당시 흔한 일은 아니다. 독일로 이주한 그는 루돌프 2세의 초청으로 프라하에서 살았다. 그곳에서 가장 큰 발견은 젊은 독일인 케플러의 발굴이었다. 발견 중에서 인재의 발굴은 그 어떤 발견과도 비교할 수 없다.

브라헤는 귀중한 관측 자료를 케플러에게 모두 넘겨주었다(케플러를 법정 상속인으로 지명). 케플러는 브라헤의 자료를 정리하고 연구를 계속하면서(특히 화성), 이 자료가 매우 훌륭하다는 사실을 깨달았다. 케플러는 약속대로 브라헤의 우주체계를 바탕으로 연구를 진전시키면서도 브라헤의 우주체계(지구 중심설)만큼은 버렸다.

덴마크의 천문대에 갖추어진 관측기기는 다시 사용되는 일이 없었다. 그가 죽은 30년 후에 갈릴레오의 망원경이 나왔기 때문이다. 영광 속에 묻혔던 이 천문대는 결국 30년 전쟁 첫해에 불타버리고 말았다.

브라헤의 과학에 대한 많은 업적은 후세에 연계되었다. 그는 거의 모든 중요한 천체측정을 개선한 것으로 잘 알려져 있다.

32. 대수(對數)와 소수점을 생각해 낸 나피어
신앙심이 강한 칼빈파 귀족

스코틀랜드의 수학자 나피어(Napier, John; 1550~1617)는 스코틀랜드 영주 집안에서 태어났다. 젊은 시절 종교개혁을 치른 유럽을 여행하면서 그는 칼빈파의 신교 쪽으로 기울고, 고향 스코틀랜드에서 착실한 신교도 생활을 하였다.

나피어는 오로지 가정에서 교육받았지만, 한때 에든버러 대학에서 신학과 철학을 전공하였다. 학교에서 성질 사납기로 이름났던 그는 학위를 받지 않은 채 학교를 떠났다. 그 후 유럽대륙으로 건너가 몇 년 동안 소일하다가 스코틀랜드로 돌아온 그는 맨체스터의 엄청난 영지를 상속받았다. 또한 문학애호가이기도 한 그는 평생 직업을 가져본 적이 없었다. 하지만 '놀랄만한 맨체스타'라 불려질 정도로 널리 알려져 있었다. 생애 마지막에 통풍으로 고생했지만, 쉬는 날 없이 연구를 지속하다가 피로가 겹쳐 세상을 떠났다.

나피어는 새로운 계산법을 개발하였다. 성서에 관한 저서보다도 더욱 실속 있고 뛰어난 업적이다. 모든 숫자를 지수(指數)로 나타내는 생각이 그의 머리에 떠올랐다. 이 지수로 나타내는 방법을 사용하면, 곱하기는 지수의 덧셈으로, 나눗셈은 지수의 뺄셈으로 바꿀 수 있다. 이 방법은 특히 천문계산에 많이 이용되었다. 지수 표시를 대수(對數)라 부르는데 이는 지금도 사용하고 있다.

1614년 나피어의 대수표가 발표되자 사람들은 앞 다투어 이를 사용하였다. 당시 과학계에 던진 이 충격은 오늘날 컴퓨터에 조금도 뒤지지 않는다. 그것은 이 계산방법이 매우 간단하고 빨라서 과학자를 단조로운 지적 노동에서 해방시켰기 때문이다. 결과적으로 천문학자의 수명을 연장시켜 놓은 셈이다. 게다가 영국의 수학자 브리그의 대수계산의 개량, 즉 상용대수의 사용으로 계산이 더욱 간편해졌다.

 나피어는 또 다른 발명을 하였다. 그는 네덜란드의 수학자 스테빈이 발명한 소수(小數)의 표시 방법을 크게 바꾸어 소수점을 사용함으로써 소수의 표시를 지금의 모양으로 바꾸어 놓았다.

33. 실험과학을 강조한 철학자 프랜시스 베이컨
여왕의 측근으로 대법관, 법무장관을 역임

 영국의 철학자 프랜시스 베이컨(Bacon, Francis; 1561~1626)은 영국 왕실의 중신의 아들로 태어났다. 자신도 왕실에 근무하면서 강한자에게는 가까이 하고, 약한자로부터는 재빨리 멀어지는 놀랄만한 능력을 바탕으로 그는 왕실 안에서 성공을 거두었다. 그의 인격은 열악했지만, 철학자로서는 능력이 대단하여 그의 영향력은 컸다. 특히 실증과학을 훌륭한 학문으로 끌어올린 공적은 더욱 크다.

 1605년 프랜시스 베이컨은 〈학문의 진보〉를 저술하였다. 이 저서에서 신비주의를 배격하고 마술을 배우거나 사색에 의해 연구하는 것은 무익하다고 주장하였다. 그리고 과학연구는 인간의 감각을 밝게 느끼게 하는 실제의 사실만을 대상으로 해야 한다고 주장하였다.

 1620년 〈신기관〉(Novan Organon)을 저술하였다. 아리스토텔레스의 〈기관〉(Organon)에 대해 자신의 것이 새롭다는 뜻으로 '신'을 붙였다(여기서 '기관'이란 논리학을 말한다). 아리스토텔레스의 논리학(연역법)에 대해 그는 그 제목에 나타나 있는 것처럼, 새로운 추리방법, 즉 귀납적 추리를 주장하였다. 연역법은 수학에서는 적당할지 모르지만, 물질과학에는 부적절하다고 적극 설명하고, 과학의 법칙은 상세한 여러 관찰 결과로부터 이끌어내어 일반법칙으로 귀납되어야 한다고 주장하였다. 그는 귀납법을 과학연구방법으로 끌어들인 것이다.

베이컨 자신은 실험과학자가 아니지만, 그러나 우스운 일이 있었다. 그것이 원인이 되어 결국 목숨을 잃고 말았다. 1626년 3월, 생물 조직을 눈 속에 냉장시키면 그의 부패를 지연시킬 수 있지 않을까 생각하고 있던 중에, 밖에 쌓인 눈을 보고 갑자기 마차에서 뛰어내린 그는 동네에서 계란을 구입하여 눈으로 이를 덮었다. 이 때문에 그는 감기에 걸렸고 기관지염을 앓다가 타계하였다.

34. 17세기 서유럽 과학혁명의 주역 갈릴레오
실증적인 지동설의 발표로 종교재판에 회부

이탈리아의 천문학자이자 물리학자인 갈릴레오(Galileo, Galilei; 1564~1642)는 세상에 널리 알려진 과학자이다. 정식 이름은 갈릴레이 갈릴레오이다. (성과 이름이 비슷한 이유는 장남에게는 성을 겹쳐쓰는 토스카나 풍습 때문이다). 그의 탄생(세익스피어와 같은 날에 태어났다)은 미켈란젤로가 죽기 3일 전이지만, 미술에서 과학으로 연구의 정점이 옮겨진 듯한 인상적인 날이다.

갈릴레오의 아버지는 음악가이자 수학자이다. 그는 가정과 수도원에서 교육을 받은 후, 의학 공부를 하기 위해 피사로 떠났다. 그의 아버지는 아들에게 의학을 공부시키려고 일부러 수학으로부터 멀리하도록 노력하였다. 그것은 당시 의사의 수입은 수학자의 30배가 보장되었기 때문이다. 만일 갈릴레오가 스스로 희망했다면 훌륭한 의사가 되어 잘 살았을지 모르지만, 근대 과학혁명의 선구자가 되었을 지는 의심스럽다. 그러나 운명의 여신의 뜻은 과학과 수학 분야로 그를 돌려놓았다.

이는 인류에게 매우 다행스러운 일이다. 그것은 갈릴레오가 학계의 분위기를 크게 바꿔놓았기 때문이다. 그는 사물을 단지 관찰하는 것에 만족하지 않고, 측정하고 수량화하며, 현상을 표현하는 데 있어서 간단한 수학적 관계식을 이끌어냈다. 이 방법을 처음 이용한 사람은 아르키메데스였다. 그러나 갈릴레오의 방법은 이전의 그 누구보다도 대규모이고, 게다가 연구결과를 명확하고 아름답게 표현하는 문학적인 재능이 있어, 그의 정량적 방법이 유명해지고 일반적으로 확산되었다. 만일 갈릴레오가 아버지 뜻대로 의사가 되었다면, 개인의 영화에서 일생이 그치고 말았을 것이다.

갈릴레오의 최초 발견은 1581년의 일로, 그가 대학에서 의학 공부를 하고 있던 시절이다. 성당의 천장에 매달린 샹델리아가 흔들리는 것을 주의 깊게 살펴보았다. 흔들리는 시간이 그의 진폭에 관계없이 항상 같아 보였다. 그리고 맥박을 이용하여 이를 측정하였다.

집에 돌아온 갈릴레오는 같은 흔들이를 두 개 준비하고, 한 쪽은 크게, 다른 한쪽은 적게 흔들어 보았다. 그러나 두 흔들이는 진폭에 관계없이 왕복 시간이 같았다. 성당에서의 관찰이 옳았다. 이것이 '흔들이의 등시성'이다.

갈릴레오는 낙체의 운동을 연구하였다. 당시 모든 과학자들은 물체의 낙하속도가 그 물체의 무게에 비례한다는 아리스토텔레스의 이론을 믿고 있었다. 그러나 갈릴레오는 공기의 저항을 무시할 정도라면, 어떤 것이나 같은 속도로 낙하한다고 주장하였다.

갈릴레오는 이를 실증하기 위해 피사탑에 올라갔다. 한 물체와 그 보다 10배 무거운 물체를 동시에 낙하시켰다. 두 물체는 동시에 땅위에 떨어졌다. 물체의 낙하속도는 일정한 비율로 점차 빨라지며(가속도). 낙하거리는 시간의 제곱에 비례한다는 사실을 입증하였다. 네덜란드의 물리학자 스테빈, 영국의 화학자 보일도 실험을 통해 이를 실증해 보였다.

갈릴레오는 총구를 떠난 탄환처럼, 물체는 두 힘을 동시에 받으면서 운동한다고 밝혔다. 수평으로 운동하는 물체는 같은 속도로 운동하고(등속운동), 수직으로 운동하는 물체는 속도가 증가한다(가속운동). 이 두 운동을 동시에 작용시키면, 물체는 포물 운동을 한다는 사실을 밝혔다. 탄도를 밝히는 과학인 동력학을 수립하였다. 그는 1638년에 저술한 〈신과학 대화〉에서 운동이론을 상세하게 밝힘으로써 아리스토텔레스의 운동이론은 무너지고 말았다.

갈릴레오는 1609년에 네덜란드에서 렌즈를 이용한 망원경이 발명되었다는 소문을 듣고, 그로부터 6개월 안에 32배 배율의 망원경을 스스로 만들어, 이를 사용하여 천체관측을 시작하였다. 그는 목성 주위에 있는 4개의 위성을 발견하였다. 이 위성은 목성의 주위를 규칙 바르게 돌고 있었다. 그리고 각각의 주기를 산출하였다(케플러는 이런 별을 '위성'이라 처음 불렀다). 여기서 집고 넘어갈 것은, 위성을 발견한 것이 중요한 것이 아니라, 네 개의 위성을 거느리고 있는 목성의 모습이 코페르니쿠스 지동설의 모델로 된 점이다. 코페르니쿠스가 지동설을 발표한지 반세기만에 처음 실증되었다.

갈릴레오는 관측결과를 자신이 〈별에서 온 소식〉이라 불러왔던 정기잡지의 특별호에 실었다. 이 때에 열광적인 지지와 분노가 동시에 소용돌이쳤다. 더욱이 보수주의자들에게 설득당한 교황(피우스 5세)이 그 학설이 사교라고 극렬하게 비난함으로써 그는 경고를 받았다. 그러나 교황(우르바누스 8세)은 갈릴레오와 우호적이었으므로, 그의 허락을 받아 1632년 〈천문대화〉를 출간하였다.

이 책은 세 사람, 즉 프톨레마이오스의 학설(지구중심설)을 지지하는 심프리치오와 코페르니쿠스의 학설(태양중심설)을 지지하는 살비아티, 또 한 사람은 사회자(사그레도)가 4일간 대화하는 내용으로 꾸며졌다. 물론 이 대화에서 승리자는 코페르니쿠스의 지동설을 지지한 살비아티이고, 패배자는 천동설을 지지한 심프리치오였다. 갈릴레오의 사상에 손을 들어주었다.

결국 갈릴레오는 종교재판에 회부되었다. 이 재판에서 일흔 살에 가까운 그는 종교재판으로 화형당한 브루노의 예가 있었으므로 신중하게 행동하였다. 그것은 그다 브르노의 화형식 장면을 처음부터 보았기 때문이었을 것이다. 그는 "자연 현상의 연구는 성서의 권위에 의한 것이 아니라 타탕성 있는 실험을 통해 실제로 증명되어야 한다"고 생각했다. 자기의 학설을 일단 포기했지만, 그는 "그래도 지구는 돈다."고 중얼거렸다는 이야기는 너무 유명하다.

코페르니쿠스와 함께 시작한 과학혁명은 갈릴레오의 재판에 이르기까지 거의 100년 걸렸다. 그는 승리를 만끽하였다. 하지만 부분적으로는 저항이 남아 있었다. 하버드대학이 개교한 해인 1636년에도 천문학 시간에 프톨레마이오스의 이론을 강의하였다 한다. 갈릴레오가 죽자 교황 앞으로 "교황, 성하, 금세기 최고의 이단자 갈릴레오가 사망했읍니다. 축하드립니다."라는 축전이 도착아였다. 그의 묘비건립은 허용되지 않았다.

35. 실험적 방법으로 자석을 연구한 길버트
엘리자베스 여왕의 시의로 〈자석에 관하여〉 저술

영국의 물리학자인 길버트(Gilbert, William; 1544~1603)는 케임브리지 대학에서 의학 학위를 받은 뒤, 칼리지의 펠로를 거쳐 개업하였다. 그 후 유럽으로 유학의 길을 떠났다. 귀국하여 의과대학 학장으로 취임하고, 엘리자베스 여왕의 시의로 활동하였다.

길버트는 시의로 임명되기 1년 전인 1600년 〈자석에 관하여〉를 출간하여 물리학자로서 명성을 올렸다. 갈릴레오와 마찬가지로, 길버트는 실험을 바탕으로 미신을 타파하였다.

그 예로, 자석에 마늘을 문지르면 자력을 잃는다는 이야기는 전혀 근거가 없다는 사실을 실험으로 입증하였다. 그러므로 자기학 연구의 개척자로서 길버트에게 경의를 표하기 위해, 현재 기자력의 단위로서 '길버트'가 채용되고 있다. 이 책에서 자연의 연구에서 실험적 방법이 가장 중요하며, 권위자의 설명에 맹종해서는 안된다고 강조하였다.

길버트는 호박 이외에 수정이나 보석 종류를 마찰하면 정전기 현상이 일어나는 것을 발견하였다. 또한 영국 사람으로서는 처음으로 코페르니쿠스의 지동설을 지지하였다. 특히 행성을 그의 궤도에서 운동시키는 힘이 무엇인가를 최초로 연구하고, 그것은 자력의 일종이라고 주장하였다. 그는 지구 자체를 거대한 자석으로 생각하고 그 양극은 지리상의 북극과 남극의 근방에 있다고 결론 맺었다(지구상의 '자극'이라 부른 사람은 길버트이다). 엘리자베스 1세가 타계한 후, 제임스 1세의 시의로 임명되었으나 그 해 길버트도 눈을 감았다.

36. 근대 천문학을 수립한 케플러
천문학자 브라헤가 자신의 조수로 케플러를 발탁

독일의 천문학자 케플러(Kepler, Johann; 1517~1630)는 태어날 때부터 몸이 허약하여 고생하였다. 세 살 때 천연두에 걸려 양손이 불편했고, 또한 눈이 나빠 목사 이외의 직업에 종사하는 것이 불가능하다고 생각한 끝에, 그는 신학을 공부하였다.

케플러의 할아버지 제이배크 케플러는 시장이었다. 덕망 있고 아량 있는 노인으로 많은 사람으로부터 존경받았다. 그러나 케플러의 아버지는 방랑과 모험을 즐기는 사람이다. 케플러가 어렸을 때, 그의 아버지는 가족들을 떠나 종교전쟁에 휘말려 종군하였다. 그의 어머니는 한때 마녀로 고발되고, 그는 페스트에 걸려 죽을 고비를 넘겼다. 그야말로 집안이 엉망이었다.

이런 환경 속에서 케플러는 1577년에 나타난 혜성을 보고 깊은 감명을 받은 뒤 천문학에 흥미를 느꼈다. 개인교수인 메스트린은 그에게 지동설 가르쳤지만, 대학강단에서 천동설을 가르쳤다. 그는 튀빙겐대학에서 신학교육을 받았지만 목사 되기를 포기하고 천문학에 전념하였다.

한편 지방청에서 케플러에게 달력의 편찬을 위탁하자 그 자신도 당황하였다. 당시 달력이란 기후나 일기 예보뿐만 아니라 정치상의 예언까지 기록해야 했다. 그는 오랜 고생 끝에 달력을 만들어 지방청에 바쳤다. 그런데 정치상의 예언이 적중하자(여름에 내란의 발발과 겨울에 혹한으로 인명피해가 많았다), 그는 능통한 점성술사로 세상에 널리 알려졌다.

1597년에 그라츠에서 종교분쟁(30년 전쟁)이 일어나자 신교도인 케플러는 프라하로 갔다. 그곳에서 관측천문학자 브라헤의 조수가 되고, 브라헤가 타계하자, 케플러는 브라헤의 평생 관측 자료를 물려받았다. 이 관측 자료를 바탕으로 우주체계를 구상하였다. 더욱이 1604년 9월 30일, 신성('케플러 별')을 발견하였다.

케플러는 브라헤의 뒤를 이어 루돌프 2세의 황실 수학자가 되었다. 죽음 직전에 브라헤는 케플러에게 루돌프 천문표를 완성할 것을 유언했는데, 케플러는 1627년 이 일을 끝마쳤다. 루돌프 2세가 죽자 케플러는 오스트리아의 수석 수학자로 린츠로 옮겼다.

그러나 개인적인 문제가 그 뒤 10년 동안 케플러를 괴롭혔다. 그의 어머니가 마법을 사용했다는 혐의로 체포되어 재판에 회부된 일이 있었다(같은 동네 한 여인이 병들었는데 그 원인이 케플러의 어머니가 마법에 걸려있기 때문이라고 호소하였다 했음). 어머니는 3년 만에 간신히 무죄로 석방되었지만 그때 받은 고문과 박해로 세상을 떠났다. 이때 형제들은 물론 변호사까지 모른 척 하였다. 케플러는 앞에 나섰다. 그는 재판장에서 "나는 크리스찬입니다."라는 간단한 말로 자신의 신앙을 고백하였다. 효자이다. 그는 믿음이 강한 신앙인이다. "우리 주 하나님은 위대하시도다. 그의 지혜는 끝이 없으시다"고 신앙고백을 하였다. 더욱이 전쟁에 나간 아버지의 소식이 끊겼다. 게다가 그는 부인과 아들까지 잃었다. 그리고 종교분쟁으로 프라하에서 추방당하였다. 이런 환경 속에서도 그는 좌절하지 않고 연구를 지속하였다. 시련의 연속이었다. 그는 이를 이겨냈다.

1596년 케플러는 〈우주의 신비〉를 출간하였다. 그는 플라톤의 5개의 정다면체 중심에서 구면까지의 거리는 태양에서 행성까지의 거리로서, 우주의 비밀을 밝혀내는 신의 영상이라 생각하였다. 그것은 코페르니쿠스의 이론에 따라서 기술되고 유럽의 모든 천문학자의 주의를 끌었다.

1609년 케플러는 〈신천문학〉을 출간하였다. 여기에 케플러의 행성 운동에 관한 최초의 두 법칙이 실려 있다. 제1법칙, 화성은 물론 다른 행성들도 태양을 초점으로 타원을 그리면서 운동한다(타원운동의 법칙). 이 법칙의 출현으로 원운동이 말끔히 사라졌다.

제2법칙, 태양과 행성을 연결하는 선은 같은 시간에 같은 면적을 그린다(면적속도 일정의 법칙). 따라서 행성은 태양을 중심으로 장반경 근처에서는 천천히, 단반경 근처에서는 빠르게 운동함으로써, 태양은 명실상부한 행성의 궤도를 지배하는 주된 힘으로 확인되었다.

린츠에서 케플러는 두 가지 큰 과제를 끝맺었다. 그는 1619년 〈우주의 조화〉를 출간하였다. 이것은 신비로 가득한 책으로 마지막 장에 케플러의 제3법칙이 묻혀 있다. 행성의 공전주기의 제곱과 행성으로부터 태양까지의 거리의 세제곱은 비례한다(조화의 법칙). 태양이 행성의 운동을 조종하고 있는 증거가 발견된 것이다. 그는 크게 만족하였다. 린츠에서 코페르니쿠스의 지동설을 소개할 목적으로 〈개요〉(概要)를 출간하였다. 이것은 사실상 케플러의 이론천문학의 마무리 작업으로(7권) 4년에 걸쳐 출간되었다. 17세기에 출판된 어느 천문학 저서보다도 이 책은 큰 영향을 미쳤다.

케플러는 수년 동안 브라헤의 상세한 기록과 자신의 타원궤도 운동을 바탕으로 행성의 운행표를 작성하였다. 그는 계산에서 수학자 나피어가 발명한 대수를 사용했는데, 계산에 사용된 대수의 최초의 실례이다. 이전의 후원자인 루돌프 2세를 위해서 '루돌프'라 이름 붙인 별표가 브라헤의 영정에 바쳐졌다.

케플러는 최초의 공상과학소설 〈케플러의 꿈〉(Solemnium)을 썼다. 달을 여행한 사람의 이야기이다. 그것은 그가 죽은 1년이 되던 1631에 출판되었지만, 실제로는 20년 전에 쓴 것이다. 그의 저서 원고는 그가 죽은 1세기 뒤에 러시아의 예카테리나 2세가 구입하여 지금도 러시아연방 프르코난 천문대에 보관되어 있다.

케플러는 비범한 인물이며 뛰어난 과학자였다. 그는 경제적 불안과 종교적 혼란 속에서 종교적 탄압이나 정치적 압력에 좌우되지 않았다. 그의 연구는 근대천문학의 기초를 다져 놓았다.

37. 정량적 실험을 시도한 헬몬트
5년 동안 버드나무의 성장을 정량적으로 실험

네덜란드의 의사이자 연금술사인 헬몬트(Helmont, Jan Baptiste van; 1577~1635/1644)는 르벤대학에서 의학박사 학위를 받은 그는 현자의 돌에 관심을 두고 연구하면서, 이를 본 적이 있고, 또한 사용한 적이 있다고 자랑하였다.

헬몬트는 이상하리만큼 보수적이었다. 그는 탈레스의 학설까지 소급하여 물이야말로 우주의 기본 원소라고 믿었다. 그러나 헬몬트 시대는 새로운 정량적인 방법이 확산되어 있었으므로, 그 자신도 자신의 이론을 실험으로 증명하려고 하였다. 그의 실험은 과학의 역사 위에서 정량적 실험으로 너무 유명하다.

헬몬트는 무게를 측정한 흙에 한 그루 버드나무 가지를 심었다. 오로지 물만을 주면서 5년 동안 기른 뒤에 무게를 재어보았다. 나무의 무게는 73kg나 증가한 반면에, 흙의 무게는 겨우 1kg 줄었다. 그는 물이 나무에 작용하여 나무에 변화를 가져왔다고 추측하였다. 물론 그의 추측은 틀렸지만, 실험 그 자체는 매우 중요한 의의를 지니고 있다. 생물학 문제를 정량적으로 처음 처리하고, 또한 적어도 식물의 주요한 영양분은 토양으로부터 얻어지는 것만은 아니라고 추측할 수 있는 계기를 마련했기 때문이다.

헬몬트는 공기와 같은 기체가 몇 종류 더 있을 것이라고 처음 주장하였다. 기체는 액체나 고체와 달리 일정한 체적을 갖지 않고 어떤 그릇에도 꽉 채워지므로, 완전히 혼란(chaos)한 상태에 있는 물질이라고 생각하였다. '카오스'라는 말을 네덜란드 식으로 발음하면 '가스'(gas)이다. 또한 그는 나무가 탈 때 나오는 기체를 연구하고, 이를 '나무로부터 나오는 기체'(gas cylvestre)라 불렀다. 이것이 지금의 탄산가스이다.

38. 혈액 순환운동을 밝힌 하비
의학과 생리학에 갈릴레오적 연구방법을 적용

영국의 의사인 하비(Harvey. William; 1578~1657)는 부유한 집안에서 태어났다. 케임브리지대학 콘빌 앤드 킹스 칼리지에서 학사학위를 취득한 뒤, 이탈리아 파두바대학 의학부에 입학하였다. 이 대학 해부학 교실은 유럽에서 가장 오래된 것으로 1594년에 문을 열었다. 의학박사 학위를 취득한 그가 이탈리아에 있을 당시, 갈릴레오는 명성을 떨치고 있을 때였으므로, 하비는 생리학과 의학에 갈릴레오적 연구방법을 적용시키려 생각하였다. 귀국 후, 하비는 개업의로서 수완을 발휘하였다. 그의 환자 중에는 프랜시스 베이컨도 있었다. 그는 의사로서 제임스 1세, 찰스 1세가 타계할 때까지 왕실 시의로 지냈다. 왕립의사회의 회장으로 선임되었지만 이를 사양했는데, 이것이 수리되는데 한 해를 넘겼다 한다.

하비의 사생활은 평온하고 무사했다. 당시 정치적인 내란이 있었지만, 그는 정치에 관심이 없고, 그의 흥미는 오로지 의학을 연구하는 일 뿐이었다. 또한 의사로서의 진찰과 치료를 하는 일 보다도, 의학적인 연구에 더욱 흥미를 느꼈다.

하비는 심장을 집중적으로 연구하였다. 그는 사색가가 아니라 실험가였으므로 실제로 해부를 하였다(약 128종의 동물). 심장 위쪽의 두 방(심방)과 아래쪽의 두 방(심실) 사이에 있는 변(밸브)이 한 쪽 방향으로만 열린다는 중요한 사실을 발견하였다. 혈액은 심방에서 심실로 흘러가지만 반대로 흐르지 않는다. 다시 말해서 혈액은 한 쪽으로만 흐른다는 것이다.

하비가 혈액이 순환한다고 해석한 것은 매우 합리적이다(고대 생리학자 갈레누스는 혈액은 직선운동을 한다고 주장). 피는 심장의 중간 벽을 통과하는 것이 아니라, 심장 우측에서 좌측으로 폐를 통해서 피가 흐르고(폐 순환), 같은 피가 심장에서 동맥으로, 동맥에서 정맥으로, 정맥에서 심장으로 흐른다. 즉 순환한다. 아리스토텔레스가 주장한 원운동 신성사상이 지상계의 인간에도 주어졌다.

1628년 하비는 72쪽의 초라한 책자 〈심장과 혈액의 운동에 관하여〉(흔히 혈액순환이라 부른다)를 네덜란드에서 출간하였다. 여기에 기술된 실험은 명백하고 상세하여 의심할 여지가 없었다. 이 책은 과학의 고전 중에서 뛰어난 것으로 알려져 있다.

처음에 하비는 비웃음을 샀다. 갈레누스의 이론에 도전하는 것은 쉬운 일이 아니었다. 반대자들은 하비의 실험을 검증해 보지도 않고 갈레누스의 학설을 인용하면서, 하비에게 '서큘레이터'라는 별명을 붙였다. 이 말은 매우 잔혹한 것으로, 라틴어 속어로 '돌팔이 의사'를 의미한다. 길거리 시장 바닥에서 약을 팔고 있는 행상인에 사용되는 별명이다. 그는 논쟁에 연연하지 않고 사실이 밝혀질 때까지 묵묵히 기다렸다. 과학의 역사에서 이런 일은 흔히 있었다.

찰스 1세가 의회와 전쟁을 하고 있는 동안, 하비는 찰스 1세에게 봉사하였다. 이 전쟁으로 찰스 1세는 왕위를 빼앗기고 처형되지만, 하비는 이 혼란 중에서도 무사히 런던으로 돌아왔다. 돌아오기 전에 그는 1642년의 전투에서 왕의 부름을 기다리며 전선에서 조용히 독서를 하였다 한다. 생애 마지막 해에 그의 혈액 순환설이 일반 의사로부터 인정받았다. 그러나 모세혈관이 발견되지 않아 완벽한 이론에는 이르지 못하였다. 그가 기증한 저서와 논문은 1666년 런던 대 화재때와 시민전쟁으로 잿더미가 되었다. 1654년에 그는 의과대학학장으로 선출되었지만 이를 사퇴하고 생애 마지막을 조용히 지냈다.

39. 대수학과 기하학을 융합시킨 데카르트
수학상의 이론을 인체에 적용시킨 기계론자

프랑스의 철학자이자 수학자인 데카르트(Descartes, Rene; 1596~1650)는 한 살 때 어머니를 잃었다. 어머니의 병약한 체질이 유전이나 된 듯, 데카르트도 만성감기로 괴로워하여 학교에서도 침대의 사용이 허용될 정도였다. 그 후 줄곧 침대에서 일하는 습관이 남아 있었다 한다. 그는 프랑스 육군에서 수년간 복무한 후, 신교국가인 네덜란드에서 인생의 대부분을 지냈다. 1649년 6월, 스웨덴 궁정의 초청을 거절하지 못하고 허락한 것이 그를 불행으로 밀어 넣었다.

당시 스웨덴의 크리스티나 여왕은 궁정의 권위를 높이기 위해 유명한 철학자를 초청하여 봉사하도록 열망하였다. 유럽 왕가의 지적인 장식에 대한 욕구는 이성의 시대라 말하는 18세기에 특히 심하였다. 그래서 자신들의 권위를 세워보려 하였다.

여왕은 매우 변덕스러워 1주일에 3번, 오전 5시에 데카르트가 철학강의를 하도록 희망하였다. 추운 지방에서 한 주에 세 번씩이나 새벽 강의를 하는 것은 그의 약한 체질로 지탱할 수 없었다. 그는 겨울이 지나가기도 전에 폐렴을 앓다가 죽었다. 그의 유해는 머리를 제외하고 프랑스로 옮겨졌지만, 그의 머리는 스웨덴의 화학자 베리첼리우스가 소유하고 있다가, 프랑스의 생물학자 큐비에게 양도되었고, 결국 고국으로 돌아왔다.

데카르트는 기계론자이다. 그는 분명히 동물적인 신체의 작용을 기계장치로 표현하려 하였다. 그 보다 데카르트의 과학에 대한 공헌은 수학분야이다. 그는 침대에 누워 공중을 돌며 나는 파리를 보면서 연구했다는 이야기가 전해지고 있다. 그가 파리의 위치를 기록하는 데는, 파리가 존재하는 위치에 상호 직각으로 마주치는 3개의 평면을 설치하였다. 이 방법 자체는 독창적인 것이 아니지만, 지구상의 모든 지점은 경도와 위도에 의해 정할 수 있고, 이것은 구면 위이기는 하지만 평면상의 데카르트 좌표와 유사하다.

이 개념의 가치는 대수학과 기하학을 결합시킨 데에 있고, 양자를 매우 강화시킨 점도 있다. 두 분야를 결합시킴으로써 문제를 더 쉽게 풀 수 있다. 뉴턴의 미적분법은 대수학을 기하학에 응용한 데서 탄생하였다. 또한 미적분법은 변화하는 현상(가속도운동과 같은)에 대한 대수학의 응용이다. 이 현상은 기하학적인 여러 곡선으로 나타낼 수 있다. 프랑스의 수학자 비에타 이래, 대수학과 같은 뜻으로 '해석'이라는 말이 사용되었다.

수학의 두 분야를 한 개로 융합시킨 데카르트의 체계를 '해석기하학'이라 부르는 것은 이 때문이다.

40. 진공의 위력을 실험으로 증명한 게리케
마그데부르크 시청 광장에서 공개실험을 실시

독일의 물리학자 게리케(Guericke, Otto von: 1602~1686)집안은 살림이 넉넉하여 그에게 교육의 기회를 충분히 주었다. 몇몇 대학에서 법률학과 수학을 수강한 그는 프랑스와 영국에 유학한 뒤에 동네 기사로, 또한 시 참사원으로 활동하였다.

게리케는 진공의 존재에 관한 철학적 논쟁에 흥미를 가졌다. 진공은 존재하지 않는다는 이론(아리스토텔레스의 진공 부재 이론, "자연은 진공을 싫어한다.")은 보수진영의 과학자들이 오래 동안 지지해왔다. 그는 이 문제를 실험을 통해 부정하였다.

게리케는 진공펌프를 만들었다. 수동식이므로 작동은 완만했지만 성능은 우수하였다. 그리고 정교한 금속제 반구 2개를 만들었다(동네 이름에 따라서 '마그데부르크 반구(半球)'라 불렀다). 1654년 페르디난트 3세 앞에게 진공의 힘을 과시하는 실험을 해보였다. 그는 두 반구의 가장 자리에 기름을 발라 합친 다음, 진공펌프로 두 반구 속으로부터 공기를 뽑아냈다. 그 반구는 진공을 유지하면서 대기의 압력을 받았다. 그리고 양쪽 8마리씩 모두 16마리의 말들은 채찍을 맞으면서 서로 반대방향으로 잡아당겼다. 그러나 그 반구는 떨어지지 않았다. 실험이 끝나고 반구 속에 공기가 들어가 진공이 없어지자 반구는 힘없이 떨어졌다. 대기압의 위력은 이처럼 대단하였다. 과학의 역사에서 모범적인 실험의 예이다.

게리케는 이 실험과, 공기의 탄성에 관한 별도의 관측으로부터 고도에 따른 기압의 감소에 관하여 조사하였다. 여기서 대기압과 날씨의 관계가 밝혀졌다. 그는 일기예보를 시도하고 측후소를 설치할 것을 제안하였다.

게리케는 기계적으로 마찰을 일으켜 전기를 얻는 방법을 연구하였다. 역사상 처음 마찰전기 장치를 발명하였다. 이 기계(기전기)는 전기실험을 풍부하게 할 수 있는 시대를 열어놓았다. 그 후 전기실험은 프랭클린 시대에 최고 절정기를 맞이하였다.

41. 진공 부재의 반증실험을 한 토리첼리
수은주 76cm를 올리는 힘(1기압)을 확인

이탈리아의 물리학자 토리첼리(Torricelli, Evangelista; 1608~1647)는 이름 있는 집안의 아들로 태어났다. 스무 살에 로마에 나와 갈릴레오의 친구인 카스테리의 문하생으로 10년 동안 지냈다. 스승인 카스테리는 그의 수학적 재능을 인정하고, 갈릴레오에게 "자네의 연구 협력자로서 매우 걸맞은 청년이라 생각하네."라 칭찬하면서 토리첼리를 추천하였다.

토리첼리는 갈릴레오가 종교재판을 받은 후 연금 당했을 무렵, 약 3년 동안 그를 스승으로 받들면서 지도를 받았다. 하지만 실제로 갈리레오가 연금되어 있던 알체트리의 집에서 함께 지낸 것은 죽음 직전의 약 2개월 정도이다. 그는 갈릴레오의 후계자로서 '토스카나 대공 전하 전속 수학자 겸 철학자'의 대우를 받았다. 그러나 그의 수명은 매우 짧아 서른아홉 살에 세상을 떠났다.

17세기 초기, 어느 국가에서나 대포와 화폐의 원료인 광석을 채굴하기 위해 광산업자들은 배수 때문에 펌프가 필요하였다. 당시 샘에서 물이 올라오는 이유를 "자연은 진공을 싫어한다."라는 아리스토텔레스의 이론으로 설명하였다. 그렇다면 피스톤이 움직이고 있는 한, 물은 얼마든지 위로 올라와야 하는데, 실제로는 지면에서 10m 정도 깊이에서 밖에 올라오지 않았다.

1643년 토리첼리는 물의 약 14배의 밀도를 지닌 수은을 사용하여 어느 정도까지 올라오는지 조사하였다. 한쪽 끝이 막히고 다른 한쪽 끝이 열려진 길이 120cm 정도의 유리관에 수은을 가득 채운 다음, 열려진 쪽을 수은이 가득 담긴 그릇 속에 세웠다. 그 순간 유리관 내의 수은이 내려오다가, 76cm 정도의 높이에서 더 이상 내려오지 않고 멈추었다. 수은이 담긴 그릇에 대기의 압력이 작용한 것이다. 이 힘이 곧 1기압이다. 또한 이 실험에서 수은주의 맨 끝 부분은 인간이 만든 최초의 진공으로, 지금도 '토리첼리의 진공'이라 부른다. 아리스토텔레스의 진공 부재 이론은 실험으로 부정되었다.

42. 고도에 따른 대기압의 차이를 측정한 파스칼
3개의 주사위를 던졌을 때의 눈의 조합을 연구

프랑스의 수학자이자 철학자인 파스칼(Pascal. Blaise; 1623~1662)은 어릴 적에 어머니를 잃어 형제와 함께 아버지 밑에서 자랐다. 가족과 함께 파리로 이사한 그는 열두 살부터 수학을 공부하였다. 그의 생애는 짧았지만 그의 후반생에 신학 연구와 내면세계에 몰두한 사실을 고려한다면, 그는 신동이다. 그의 아버지는 고대어를 가르치면서 수학책을 읽지 못하도록 했지만, 결국 수학적인 두뇌를 인정하면서 이를 허락하였다.

파스칼은 열여섯 살에 그리스의 수학자 아폴로니우스가 남겨 놓은 원추곡선에 대한 연구를 깊이 하고, 한 편의 책을 저술하였다. 그러나 데카르트는 열여섯 살 나이로 어떻게 책을 쓸 수 있겠는가 하고 믿지 않았다. 또한 열아홉 살에 톱니바퀴를 사용하여 덧셈과 뺄셈을 할 수 있는 계산기를 발명하였다. 이것은 아버지의 조수로서 활동하기 위한 것으로, 이를 바탕으로 개량의 정점에 이른 것이 지금의 현금 등록기이다.

프랑스의 법률가이자 수학자인 페르마와 파스칼은 도박사로부터 승부 여부에 대해 질문을 받았다. 3개의 주사위를 굴렸을 때 나타나는 눈의 조합에 돈을 걸었을 경우이다. 두 사람은 공동으로 연구하였다. 이 문제에 대한 해답을 구하는 도중에 그들은 지금의 '확률론'의 기초를 수립하였다. 그들의 연구로 수학에서(그리고 일반사회에도) 결정론적인 정확함은 필요하지 않다는 사실이 밝혀졌다. 이 연구는 과학연구에 큰 영향을 미쳤다. 2세기 후에 영국의 물리학자 맥스웰은 확률론을 바탕으로 물질의 운동을 예측하는데 큰 힘이 되었다. 또한 도시교통의 수송 시스템의 확립에도 큰 보탬이 되었다.

이로써 사람들은 불확실한 현상으로부터 분명히 유용하고 적절한 정보를 얻을 수 있다는 사실을 인식하기 시작하였다. 동전을 떨어뜨리면, 앞면이 될지 뒷면이 될지 예상할 수 없다. 하지만 몇 번 반복해서 떨어뜨리면, 일반적으로 앞면과 뒷면이 나오는 횟수가 같다는 사실을 알 수 있다.

파스칼은 수압기의 기본원리인 '파스칼의 원리'를 수립하였다. 액체가 담겨진 작은 통 쪽의 피스톤을 누르면, 다른 위치에 있는 액체가 담겨진 큰 통 쪽의 피스톤이 올라간다. 큰 피스톤을 밀어 올리는 힘과 작은 피스톤을 누르는 힘은 피스톤의 양 면적에 비례한다. 파스칼은 토리첼리가 연구한 대기에 흥미를 가졌다. 그는 젊고 용기 있는 의형제에게 2개의 기압계를 들려 산에 오르도록 하였다. 약 1.6km의 높이에서 기압계의 수은주는 3cm 내려갔다. 토리첼리 이론은 더욱 분명해졌다.

이 실험을 마친 뒤, 파스칼은 그의 짧은 여생을 기도와 고행, 종교상의 저술과 심한 불면증과의 싸움으로 보냈다. 이 저작들(유명한 '팡세'를 포함하여)은 여러 사람을 감동시켰다.

43. 토성의 네 위성을 발견한 카시니
지동설을 마지막까지 부정한 고집 센 과학자

이탈리아계 프랑스 천문학자 카시니(Cassini, Giovanni Domenico; 1625~1712)는 천문학과 수학에 비범한 재주를 타고났다. 볼로냐 근처의 천문대에 초청받은 그는 연구를 도와주면서, 그곳에서 천문학자와 사귀었다. 그것이 인연이 되어 그는 스물여섯 살의 나이로 볼로냐대학 천문학 교수가 되어 그곳에서 19년 동안 활동하였다.

뿐만 아니라 행정관으로 건설현장의 감독, 강물을 둘러싼 분쟁의 조정자로 활동하였다. 파리천문대의 초청을 받은 그는 이를 수락하고 그 후 반세기 동안 프랑스에서 활동하였다. 카시니는 토성의 위성 4개를 발견하고, 토성의 고리를 더욱 상세하게 관측하였다. 토성 주의를 둘러싸고 있는 고리는 두 개로 구성되어 있고, 그 고리 가운데에 검은 띠가 있는 것을 발견하였다. 이 검은 부분을 지금도 '카시니 틈'이라 부른다.

카시니는 화성까지의 거리를 측정하였다. 한 행성까지의 거리를 정확하게 알면 다른 행성까지의 거리도 쉽게 계산할 수 있다. 그는 화성까지의 거리를 이용하여 태양은 지구로부터 13,820만km의 거리에 있다고, 계산하였다. 이 거리는 7% 정도 적지만, 거의 정확하게 계산된 최초의 값이다.

카시니의 자손은 그 후 5세대에 걸쳐 1세기 이상 프랑스 천문학계에서 활약하였다. 이것은 반드시 바람직한 것만은 아니다. 카시니는 독단적이고 자존심이 강했지만, 자신이 생각하고 있는 만큼 훌륭한 인물은 아니다. 놀랄 만큼 보수적으로 코페르니쿠스의 지동설을 마지막까지 부정한 천문학자이다. 제2세대는 코페르니쿠스의 지동설을 받아들였지만 케플러를 거부했고, 제3세대는 다른 천문학자가 지구는 적도 부분이 약간 길다고(럭비공을 뉘어놓은 상태) 한데 반해, 극지방이 약간 길다고(럭비공을 세워놓은 상태) 주장하였다.

44. 연금술을 화학으로 끌어올린 보일
원자론을 바탕으로 원소의 개념을 확립

　영국의 물리학자이자 화학자인 보일(Boyle, Robert; 1627~1691)은 귀족출신의 법률가인 코크백작의 열네 아들 중 일곱째로 태어난 신동이다. 어릴적에 프랑스어와 라틴어를 배운 그는 여덟 살 때 이튼학교에 입학하였다.

　보일은 제네바 체류 중에 강한 번개를 만난 뒤부터 깊은 신앙심이 싹텄다. 1645년 귀국한 보일은 과학자들의 정기적인 모임에 참여하여 프랜시스 베이컨이 보급하고 갈릴레오가 적극적으로 실현한 '실험과학'의 연구를 함께 하였다. 이 모임이 '보이지 않는 대학'(Invisible College)이다. 그리고 1662년 찰스 2세가 복위하면서 정식 인가를 받아 '왕립학회'(Royal Society-정식으로는 '자연의 지식을 활용하기 위한 런던 왕립학회')라 불렀다. 이 학회는 '권위는 무력하다'는 정신으로 운영되었다.

　1657년 보일은 스스로 공기펌프의 제작에 몰두하고, 영국의 물리학자 후크의 뛰어난 기술에 힘입어 이를 완성하였다. 이 진공펌프로 만든 진공을 '보일의 진공'이라 부른다. 그는 진공장치를 사용하여 진공 중에서 납덩어리와 새의 깃털이 같은 속도로 떨어진다는 갈릴레오의 이론을 실증하였다.

　이 실험을 시작으로 공기에 관한 실험을 반복하였다. 공기는 압축될 뿐 아니라 그 체적은 압력에 반비례한다는 사실을 발견하였다. 이 압력과 체적의 반비례 관계는 미국과 영국에서는 지금도 '보일 법칙'이라 부른다. 반면 프랑스에서는 프랑스 물리학자의 이름을 붙여 '마리옷 법칙'이라 부른다. 이 실험으로 압축이란 입자와 입자 사이를 강제적으로 좁히는 현상임을 알았다.

　보일은 1661년에 〈회의적인 화학자〉를 출간하였다. 그는 영국의 철학자 갓상디의 영향을 받았지만, 직관에 의해서가 아니라 자신의 실험결과로부터 원자론을 확신하기에 이르렀다. 그는 원소란 같은 원자로 구성된 것으로, 두 원소를 결합시키면 한 개의 화합물이 생기고, 또한 이 화합물로부터 두 원소를 얻을 수 있다고 생각하였다. 그는 연금술을 화학으로 모습을 바꿔 놓았고, 화학을 의학으로부터 분리하여 어엿한 과학의 한 분과로 독립시켰다.

　보일은 일생 동안 변함없는 신앙심으로 살아왔다. 나이가 들면서 종교에 대한 관심이 더욱 깊어지고 그에 관한 평론을 쓰고, 전 재산을 털어 동양에 대한 전도 자금과 뉴턴이 〈프링키피아〉를 출판할 때도 풍부하게 내놓았다. 1680년 왕립학회 회장으로 선출되었으나, 그 선서의 형식이 기분에 맞지 않는다 하여 이를 거부하였다. 또한 자신의 의지로 '보일 강연'을 창립하였다. 이것은 과학에 관한 강연이 아니라, 그리스도교를 믿지 않는 사람으로부터 자신을 지키기 위한 것이었다. 그는 논문을 정리하던 중 숨을 거두었다. 그는 평생동안 식잉법을 철저히 지켰다 한다.

45. 현미경으로 모세혈관을 찾아낸 말피기
모세혈관으로 혈액 순환설을 마무리지음

이탈리아계의 생리학자 말피기(Malpighi, Marcello; 1628~1694)는 볼로냐대학(이 대학은 학생중심의 대학으로, 학생이 교수를 선출하는 권리를 가지며 교수의 생활비는 청강료, 즉 사례에 의존하였다. 학장은 학생 중에서 선출되었다. 또한 학생들은 17살부터 40세까지로 대부분이 성직자였다)에서 의학과 철학 박사학위를 취득하였다. 모교에서 논리학을 강의하기 시작한 그는 피사대학의 이론의학 및 임상의학 교수로 취임하였다. 왕립학회는 그에게 연구결과를 발표하도록 통보하고 그를 회원으로 선출함으로써 이탈리아 사람으로 첫 왕립학회 외국인 회원이 되었다. 퇴임 후 로마 교황 인노켄티우스 12세의 시의가 되었다.

말피기는 현미경을 사용하여 개구리의 폐를 관찰하였다. 폐의 표면에 그물처럼 얽힌 혈관으로 혈액이 흘러가는 것을 발견하고, 폐속의 공기가 혈액 중에 녹아들어 신체의 각 부분에 운반되는 것을 이해함으로써 호흡작용의 주요한 단계를 밝혔다.

말피기는 털처럼 가느다란 혈관을 관찰하였다. 후에 이를 모세혈관이라 불렀다. 이것은 현미경에 의해서만 확실하게 보인다. 그는 모세혈관이 동맥과 정맥을 연결하고 있는 것을 발견함으로써 하비의 혈액순환 이론의 중대한 결함을 보완하였다. 그러나 하비가 타계한 뒤였다.

말피기나 그의 동료들은 현미경 사용에 숙달하여 보다 복잡한 미시적 세계를 관찰한데 반해서, 천문학자들은 망원경을 사용하여 거시적 세계를 관측하였다. 양쪽 모두 인간의 감각을 연장시켜 놓았다.

46. 빛의 파동설을 주장한 호이헨스
기계시계를 발명하여 물리학 연구에 크게 기여

　네덜란드의 물리학자이자 천문학자인 호이헨스(Huygens, Christiaan; 1629~1695)는 국가 통치기관에서 대대로 외교관을 지내고, 교육과 문화에 관심이 깊었던 이름 있는 집안에서 태어났다. 또한 그의 아버지는 네덜란드어 및 라틴어가 뛰어난 시인이자 작곡가였다.

　호이헨스는 가정에서 최고 교육을 받았다. 당시 세계적인 명문이던 화란의 라이덴대학에 진학하면서 외교관의 꿈을 버렸다. 스스로가 선택한 일로서 자연과학 연구에 전념할 것을 아버지로부터 허락받았다. 은둔생활이라 말할 수 있는 12년 동안 그는 내실을 착실하게 다져나갔다. 생애에서 가장 알찬 시기였다.

　1666년 호이헨스는 파리로 초청받았다. 허약한데다가 정치정세 때문에 집에 돌아올 때까지 15년 동안 왕립도서관에서 시간을 보냈다. 또한 실험을 계속하면서 당시 위대한 과학자와 접촉하기도 하였다. 예를 들어, 런던에서 뉴턴과 만난 그는 점차 천문학과 물리학 쪽으로 관심을 기울였다. 만약 수학에 전념했다면 뛰어난 수학자가 되었을지도 모른다.

　1655년 호이헨스는 망원경을 개량하고 있던 형의 도움으로 렌즈를 연마하는 새로운 기법을 익히고, 곧 바로 렌즈를 조합하여 망원경을 조립하였다. 그리고 오리온성운과 같은 거대한 천체와 토성의 위성을 발견하였다. 그 위성을 '타이탄'이라 불렀다. 또한 그는 개량된 망원경으로 토성을 관측하고, 토성 주위의 희미한 테두리를 발견하여, 발견의 우선권을 확보하였다. 토성의 테두리는 지금도 우주 속에서 신비스러운 존재로 남아 있다.

　고대에 시간을 측정하는 최상의 장치는 물시계였다. 그러나 그다지 정확하지 않았다. 중세가 되면서 물 대신에 추를 낙하시켜 시간을 나타내는 장치를 교회 탑에 걸었다. 하지만 물시계처럼 정확하지 않았다. 시계를 작동시키는 데는 톱니바퀴의 회전과 일정한 주기적 운동을 하는 장치가 필요하였다. 호이헨스는 갈릴레오가 발견한 흔들이의 등시성을 발판으로 주기적으로 작동하는 시계를 만들 계획을 세웠다. 갈릴레오가 죽은 지 30년이 지나서야 실현되었다.

호이헨스는 빛이 음파처럼 종파로 나아간다는 파동설을 주장하였다. 그러나 뉴턴의 입자설 때문에 18세기 동안 파동설은 빛을 보지 못하였다. 호이헨스가 영국을 방문했을 때, 왕립학회는 그를 외국인 회원으로 선출하였다.

47. 평생을 현미경과 함께 한 레벤후크
419개의 렌즈를 갈고, 375편의 연구보고서 작성

네덜란드의 생물학자 레벤후크(Leeuwenhoek, Anton van; 1632~1723)의 어린 시절은 잘 알려져 있지 않다. 학교 교육은 거의 받지 못한 것만은 분명하다. 그가 열여섯 살 때 의붓아버지가 사망하자, 처음에는 식품상회 점원으로, 다음엔 암스테르담 의류상회에서 일하였다. 마지막으로 델푸트 시청의 수위라는 한직에 임명되어 죽을 때까지 근무하였다. 직무와 직위는 보잘것없지만, 한가한 시간을 가질 수 있었으므로 렌즈를 갈고 현미경 관찰을 할 수 있었다.

레벤후크는 최고의 현미경학자이지만 최초의 현미경학자는 아니다. 렌즈 몇 개를 조합하여 만든 현미경은 그 자체가 불완전하므로 밝기와 배율이 떨어졌다. 이에 반해 그가 만든 현미경은 단일 렌즈식이다. 렌즈가 완전하고 정교하여 200배로 확대가 가능하였다. 그의 현미경은 구멍이 바늘구멍 정도인 것도 있었다. 하지만 그는 누구도 보지 못했던 미시세계를 개척하였다.

레벤후크는 취미삼아 작은 것이라면 무엇이든 관찰하였다. 물 한 방울까지 관찰한 그는 그 이전의 누구도 보지 못하고, 상상하지 못한 세계를 관찰하였다. 너무 작아 눈으로 볼 수 없는 미세한 동물이 한 방울 물속에서 움직이고, 먹이를 먹고, 또한 살아가고 죽는 것을 보았다. 그에게는 이 한 방울의 물이야말로 전 세계였다. 레벤후크는 수많은 관찰결과를 왕립학회에 알렸을뿐 아니라, 현미경 26대를 학회에 보내어 회원들 자신의 눈으로 미시세계를 확인하도록 하였다. 그가 왕립학회에 보낸 보고서는 375편, 프랑스 과학아카데미에 보낸 보고서는 27편이다.

레벤후크의 정열은 지속되고 현미경에 대한 애착은 긴 생애동안 시들지 않았다. 그는 관찰결과를 그림으로 묘사하는 것을 오로지 즐겼고, 다른 일에는 거의 관심이 없었다. 현미경 사용의 아버지라는 명칭을 둘러싸고 그는 말피기와 겨루게 되는데, 말피기 쪽이 시간적으로는 빨랐다. 하지만 이 분야의 연구 분위기를 살리고, 일반에게 보급한 사람은 레벤후크이다. 그는 콜럼버스가 발견한 미국 대륙보다 더 놀랄만한 새로운 미시세계를 발견한 셈이다. 그의 이름은 세계적으로 유명해졌다. 네덜란드의 동인도회 사는 그에게 아시아의 곤충을 보내와 연구의 편의를 도왔다. 영국 여왕과 러시아의 피터대제도 그를 방문하였다. 그는 영국의 왕립학회와 프랑스 과학아카데미 외국인 회원으로 선출되는 영광을 안았다.

48. 곤충의 세계를 열어놓은 스밤메르담
적혈구를 연구하고 생리학에 크게 공헌

네덜란드의 박물학자인 스밤메르담(Swammerdam, Jan; 1637~1680)은 암스테르담에서 태어났다. 어릴 적부터 박물학에 관심을 가졌던 그는 라이덴대학에서 의학 학위를 받고 졸업했지만, 개업하지 않고 박물학에 관심을 가졌다. 아버지의 희망(성직자)을 거역하고 그는 아랑곳없이 생물학 연구를 지속하였다. 아버지의 경제적 원조가 줄어들자 지독한 빈곤 때문에 육체적으로나 정신적으로 고통을 받아 질병에 시달렸다. 그는 영양실조에다 우울증이 발작하여 서른네 살의 젊은 나이로 타계하였다.

스밤메르담은 곤충의 현미경적 해부학에서 성과를 올렸다. 그가 묘사한 몇몇 그림은 그 후 그 이상의 것이 없을 정도로 훌륭했으므로, 현대곤충학의 창설자로 알려져 있다. 그는 적혈구의 발견자로서 청년시절에 이름을 떨쳤다.

49. 현미경으로 식물 세포를 찾아낸 후크
뉴턴에게 가려 빛을 보지 못한 과학자

영국의 물리학자 후크(Hooke, Robert; 1635~1703)는 젊은 시절부터 허약하여 간신히 옥스퍼드대학에 입학하였다. 보일의 눈에 들어 연구생활에 첫발을 디딘 그는 서로 도우면서 연구의 길을 걸었다.

1663년 왕립학회 회원이 된 후크는 6년 동안 왕립학회의 간사장을 맡았고, 1662년부터 죽을 때까지 계속 실험 주임 자리를 지켰다. 이 때문에 일종의 관료적인 권력을 느꼈는지 자신의 경쟁자로 생각되는 사람에게는 그 자리를 이용하여 거침없이 압력을 가하였다.

거의 모든 영역에 걸쳐 뛰어난 실험을 한 후크는 한편으로 토론하기를 좋아하고, 반사회적인 생각이 깊어 싸움을 자주 걸었다. 그는 다른 사람의 연구가 자신보다 앞서 있고, 보다 철저하다고 생각하면, 토론에서 심술을 부릴 때가 종종 있었다. 당시 뉴턴과 특히 그러했지만, 뉴턴은 이로 인해 신경쇠약에 걸리기까지 하였다.

후크는 이론적인 면에서 미완성이기는 하지만 많은 것을 남겼다. 불충분하기는 하지만, 빛의 파동설을 주장하고(호이헨스보다 먼저이고, 뉴턴의 입자설에 반대하였다), 미완성이기는 하지만 뉴턴에 앞서 만유인력의 이론을 발견하였다. 그는 증기기관에 관해서도 생각하였다(증기기관은 파판이나 세베리, 뉴커맨의 눈부신 연구가 있다).

후크가 스스로 수행하여 완수한 것은 진공펌프의 제작이다. 보일이 어느 책에서 독일의 오토 폰 게리케의 진공펌프를 보았다. 그는 실험기기 제작업자에게 이를 의뢰했지만 실용적이 아니었다. 기계제작에 능통한 후크는 이 펌프에 대해 연구를 거듭한 결과, 게리케의 것을 능가하는 당시 최고의 진공 펌프를 만드는데 성공하였다. 보일이 실시한 대부분의 실험은 후크의 손으로 이루어졌다.

실험주임인 후크의 임무는 매주 열리는 왕립학회에서 3~4차례 실험하고, 또한 회합에서 회원의 화제가 된 실험을 보여주는 일이었다. 그의 훌륭한 실험은 회합의 꽃이었다. 만약 그 실험이 없었다면 왕립학회는 침체했을 것이라 말할 정도였다.

후크가 실험관찰의 재능을 세상에 널리 알린 것은 현미경으로 관찰한 결과를 모아서 저술한 〈마이크로그래피〉이다. 왕립학회의 인가를 얻어 1665년에 출판된 이 책은 동식물 및 광물로부터 바늘에 이르기까지 폭넓은 대상을 현미경으로 관찰한 내용을 싣고 있다.

이 책에서 가장 인상적인 것은 풍부한 그림이다. 인류는 그때까지 미소세계의 구체적인 모습을 오로지 눈으로 밖에 볼 수 없었다. 그러나 후크가 열어놓은 미소세계는, 갈릴레오의 망원경이 해명한 하늘의 모습과 마찬가지로, 사람들에게 커다란 충격을 안겨주었다. 당시 정치가인 새뮤얼 피프스의 일기를 보면, 그가 이 책을 손에 들고 흥분한 나머지, 새벽 2시까지 읽었다는 기록이 있다.

특히 이 책에 수록된 코르크의 단면 관찰에서 후크는 '세포'(cell)라는 용어를 처음으로 사용하고, 세포의 발견자로서의 명예를 그에게 안겨주었다. 그는 세포를 생명의 구성단위로 설명하였다.

후크가 발판을 굳힌 지 10년 가까이 된 1672년, 케임브리지대학의 젊은 과학자 한 사람이 왕립학회 회원으로 선출되었다. 그는 아이적 뉴턴이다. 한 종류의 반사망원경을 발명한 공적이 인정되었기 때문이다. 하지만 왕립학회로부터 뉴턴의 논문 심사를 의뢰받은 후크는 이에 대해 신랄하게 비판하였다. 그는 빛이 색에 따라 다른 굴절성을 지닌다는 뉴턴의 발견을 인정했지만, 뉴턴 이론의 전제인 빛의 입자설에 반대하였다.

그리고 자신도 반사식 망원경을 생각한 적이 있다는 사실과, 어떤 사람이 이전에 반사식 망원경을 조립하여 실패했다는 사실을 증언하였다. 후크는 반사식 망원경의 가능성을 무시하고 굴절식 망원경의 개량을 강력하게 주장하였다.

뉴턴은 후크에 대한 반론을 전개하였다. 이 논쟁은 4년 동안 지속되었다. 후크와 뉴턴의 대립은 그 후 몇 차례 반복되었다. 과학의 역사에서 두 사람과 같은 논쟁은 흔하지 않았다. 후크는 뉴턴의 영광과 그늘에 감추어져 과학사로부터 소외되었다.

1993년 봄, 그를 기리는 작은 기념관이 그의 고향인 프레시워터의 교외에 세워졌다. 후크의 재평가는 이렇게 해서 드디어 실마리를 풀었다. 모든 분야의 '베타'는 한 분야의 '알파'만 못하다는 교훈을 후크로부터 찾을 수 있다.

50. 고전물리학을 완성한 큰 과학자 뉴턴
왕립학회 회장, 하원의원, 조폐국장을 엮임

영국의 물리학자이자 수학자인 뉴턴(Newton, Sir Issac; 1642~1727)은 갈릴레오가 죽던 그 해 크리스마스 날(현재 달력으로는 1643년 1월 4일), 랭커셔의 그란탐 근처 작은 마을 울스소프의 소지주 집안에서 미숙아로(3파운드로 1리터들이 그릇에 들어갈 정도) 태어났다. 아버지는 그가 태어나기 3개월 전에 타계했고, 어머니는 그가 두 살 때 재혼하여 뉴턴은 할머니와 함께 자라났다. 그 후 얼마 안 되어 의붓아버지가 세상을 떠나자 어머니는 다시 울스소프로 돌아왔다.

뉴턴은 열네 살 때 그란탐 고등학교에 입학하면서 어느 약종상 집에 하숙했는데, 하숙집 주인의 영향을 많이 받았다. 그는 여가를 틈타 그림을 그려 즐거움을 찾았고, 한때 하숙집 처녀에게 마음을 두고 결혼을 꿈꾼 것도 이 무렵이었다. 그는 학급에서 성적이

꼴찌나 다름없었다. 지진아 반에서 공부하였다. 뉴턴이 창틀에 새겨놓은 '나는 뉴턴이다(I, Newton)' 두 글자는 이 학교 자랑거리가 되었다.

뉴턴은 고등학교를 졸업한 후, 상급학교로의 진학을 희망했지만, 어머니의 뜻에 따라 학업을 중단하고 고향으로 돌아와 농사일을 도왔다. 주말 장날이 오면, 그는 그란탐에 채소를 팔러 하인과 함께 시장에 나갔다. 하지만 곧바로 전에 하숙했던 약방으로 달려가 몰래 숨어 책읽기를 예사로 하였다. 때로는 시장에 가는 도중에 풀밭에 누워 책을 읽거나 모형 만들기에 열중하였다.

한편 케임브리지의 트리니티 칼리지에 근무하고 있던 외삼촌 윌리엄 아이스코프는 밭에 있어야 할 뉴턴이 담 모퉁이에서 수학책을 읽고 있는 것을 보고 기특하게 여긴 나머지, 뉴턴이 진학하도록 그의 어머니에게 권유하였다. 킹스 스쿨 스토크스 교장도 뉴턴의 진학을 적극 서둘렀다. 1660년에 그는 케임브리지의 트리니티 칼리지에 입학하고 1665년에 졸업하였다. 학생시절 공부에 열중할때, 그는 노트와 책장 여백에 많은 메모를 남겼는데, 후세 사람들은 이를 '생각의 샘'이라 불렀다 한다. 그러나 그 내용을 이해하는 사람은 거의 없었다. 또한 그는 근로장학생으로 입학하여 식당일이나 심부름하였다. 의붓아버지의 죽음으로 유산이 생기자, 그는 친구들에게 돈놀이를 하였다.

졸업한 바로 그 해에 런던에 페스트가 유행하여 부득이 고향에 돌아와 있던 뉴턴은 사과나무에서 사과가 떨어지는 것을 보는 순간, 사과를 밑으로 잡아당기는 힘이 어째서 달을 공중에 그대로 놓아두는지 의문을 갖기 시작하였다(사과의 전설은 대개 소문이라고 말하지만, 뉴턴 자신의 이야기로부터 진실인 것을 알 수 있다). 이 착상이 동기가 되어 이른바 유명한 만유인력의 법칙, 다시 말해 두 질량 사이의 힘은 두 질량의 곱에 비례하고 거리의 제곱에 반비례한다는 역제곱의 법칙을 이론적으로 이끌어냈다.

뉴턴은 빛에 관한 실험을 하였다. 컴컴한 방에서 프리즘을 통해 빛을 스크린에 비쳤을 때, 빛은 각 부분의 굴절률에 따라 스크린 위에 무지개처럼 빨강, 주황, 노랑, 녹색, 청색, 남색, 자색의 순서로 색이 나타났다. 분산된 빛의 띠를 '스펙트럼'이라 한다. 그는 백색광이 일곱 빛으로 조합되어 있고, 또한 이 일곱 빛을 프리즘으로 합치면 백색광으로 바꾸어진다는 사실을 밝혔다. 즉시 후크로부터 공격을 받았다. 그는 빛의 파동설을 믿고 있었기 때문이다. 이로 인해서 뉴턴과 후크는 한평생 사이가 좋지 않았다.

프리즘의 실험으로 뉴턴의 이름이 널리 알려졌다. 1669년 은퇴한 은사 아이작 벨로우를 대신하여 스물일곱의 젊은 나이로 케임브리지대학의 '루카스 강좌'를 담당하고,

1672년 색과 빛에 관한 실험결과를 학회에 보고하여 왕립학회 회원으로 선출되었다.

뉴턴은 당시까지의 연구 결과를 저술하고 왕립학회에 출판을 의뢰하였다. 그러나 후크의 강한 반대에 부딪혔다. 명분은 재정적 이유라지만, 그들 사이의 적대감정 때문으로 생각된다. 다행이 천문학자 핼리가 출판비 일체를 사비로 부담함으로써 1687년 과학의 성서라 일컫는 〈자연철학의 수학적 원리〉가 세상에 나왔다. 흔히 '프린키피아'(principia)라 부른다.

이것은 역사상 최고의 과학 저서이다. 이 제목에 '철학'이란 말이 붙은 것은 거기서 얻어진 결론이 매우 일반적이라는 점을 의미하고, '자연'이란 말이 붙은 것은 대상이 실험과 관측으로 확인되는 것에 한정하고 있는 것을 의미한다, 또한 '원리'란 말이 붙은 것은 일반화되었다는 뜻이다. 이 책의 주된 내용은 역학의 기초원리, 중력의 문제, 천문학의 여러 문제, 조석의 이론 등이다.

뉴턴은 1688~89년에 걸쳐 대학을 대표하는 하원의원으로 런던에 머물고 있었다. 재임 중에 한번도 의사발언을 하지 않았다. 어느 날 그는 갑자기 자리에서 일어났다. 의원 모두는 이제야 말로 위대한 과학자의 연설을 듣는가 하고 잔뜩 기대하였다. 그때 그는 수위를 향하여 "바람이 들어오니 저 창문을 닫아 주시요."라고 부탁하였다.

1692년 무렵, 뉴턴은 극도로 노이로제에 걸려 있었다. 친구들에게 몇 날 밤잠을 이루지 못해 불안하다는 내용의 편지를 보냈다. 그 원인의 하나는 프린키피아가 나올 때까지 정신적 육체적인 피로의 누적을 들 수 있고, 또 하나는 자택의 화학실험실이 부주의로 불이 나서 많은 자료를 잃어버린데 대한 충격을 들 수 있다. 그는 식사 준비 과정에 무의식 중에 주머니에 들어있는 회중시계를 달걀 대신 끓는 물에 넣었다는 일화는 이 무렵에 일어난 것이 아닌가 생각한다.

1696년에 뉴턴은 케임브리지 시대의 친구이자 당시 재무장관이던 몽태규의 추천으로 런던에 있는 왕립조폐국 감사로 취임하였다. 3년 후에는 조폐국장 자리에 오른 그는 평생 그 자리에 머물렀다. 1701년에 루카스 교수직을 그만두고, 1703년에 왕립학회 회장으로 선출되었는데, 그 후 25년 동안 그 자리에 머물렀다.

고금을 통해서 세계 최고 지능의 소유자인 뉴턴도 인간적으로는 불행한 사람이었다. 일생 결혼하지 않고 소년시절 엷은 로맨스를 제외하면 여성에게 무관심하였다. 뉴턴의 영광의 세월은 끝났다. 정신 이상으로 거의 2년 동안 은퇴생활을 하였다. 당시 사람들은 그를 맹목적으로 존경하였다. 프랑스의 사상가 볼테르는 장례식 때 영국을 방문하였다. 그는 모든 국민이 국왕을 섬기듯, 과학자 뉴턴을 섬기는 것을 보고 감탄하였다.

병상에서 신음하면서 뉴턴은 "세상 사람들이 나를 어떻게 볼지 몰라도 나는 바닷가에서 장난하는 어린아이와 마찬가지며, 남보다 좀 나은 곱돌이나 조개껍질을 주우며 노는 아이라고나 할까. 그러나 진리의 대양은 내 눈앞에 무한한 비밀로 남아 있습니다." 또 "내가 데카르트보다 더 멀리 보았다면 그것은 내가 거인들의 어깨 위에 서 있었던 탓이라 하겠지요."라 중얼거렸다 한다.

1705년 앤 여왕이 케임브리지 대학을 방문했을 때, 뉴턴에게 기사 작위를 수여하였다. 이러한 영예를 받은 과학자는 그로부터 1세기 후 화학자 데이비까지 없었다. 젊어서 이름을 올리고 영광 속에 찬란한 인생을 산 뉴턴은 1727년 3월 20일 신장결석으로 여든네 살에 생애를 마감하였다.

뉴턴에 관한 유명한 교황의 2행시가 있다. "자연과 자연의 법칙은 밤의 어두움에 감춰졌다. 신은 말하였다. 뉴턴과 함께 나오느라 했더니, 낮처럼 밝아졌다".

뉴턴만큼 그의 생존 중에 존경받은 과학자는 이후에도(아인슈타인을 제외하고), 이전에도(아르키메데스를 제외하고) 없었다. 그의 유해는 영국의 영웅과 나란히 웨스트민스터 성당에 묻혀있다. 그의 묘비에는 라틴어로 이렇게 쓰여 있다. "사람들이여, 이 만큼 위대한 보물을 얻은 것을 인류는 기뻐하라." 뉴턴은 우리 인류의 크나 큰 자랑이다.

51. 큰 항성표를 만든 플램스티드
영국 그리니치천문대 초대 대장

영국의 천문학자이자 작가인 플램스티드(Flamsted, John; 1646~1719)는 10대에 중병을 앓아 학교를 그만두고, 취미로 천문학 책을 읽은 것이 결과적으로 천문학 연구로 직결되었다. 그는 천문학 기계를 조립하는 데까지 이르렀다. 뉴턴과 알게 되면서 케임브리지대학에 입학하였다.

다른 어느 국가보다도 항해에 적극적인 관심을 가지고 있던 영국은 당시 세계 최대 규모의 상선단을 이끌고 있었다. 따라서 바다 위에서 배의 정확한 위치를 알기 위해서는 항성의 위치와 그의 정확한 측정이 선결문제였다.

그러므로 영국 정부는 플램스티드에게 경도 측정에 관한 의견을 물었지만, 보다 정확한 항성표 없이는 어떤 측정도 의미가 없다고 생각한 나머지, 그는 항성표를 만들기 위한 국립천문대의 설립을 정부에 건의하였다. 이에 찬성한 찰스 2세는 런던 교외의 그리니치에 천문대를 건설하고 그를 천문대장으로 임명하였다.

 정부는 가능한 빨리 그의 연구 성과가 발표되도록 서둘렀다. 그러나 완전함을 추구하는 그의 성격 때문에 완성일이 점차 늦어졌다. 그 사이에 뉴턴의 친구인 영국의 천문학자 핼리가 몇몇 관측결과를 발표해버렸다. 격분한 그는 핼리를 격렬하게 비난하였다.

 이 사건으로 자극을 받은 플램스티드는 완성을 서두르고, 이어서 완벽한 항성표을 출판하였다(일부는 그가 죽은 뒤에 곧 출판되었다). 이 항성표는 티코 브라헤의 항성표보다 3배 크고, 별의 각 위치는 망원경 덕택으로 6배 더 정확하였다. 망원경 천문학 시대에 큰 항성표가 처음 만들어졌다.

 그로부터 2세기 후에 세계 여러 국가가 국제적으로 경도를 측정할 것에 의견을 같이 하였다. 그리고 그리니치를 통과하는 자오선을 기준으로, 이를 0도, 0분, 0초로 할 것을 결의하였다. 그것은 초대 그리니치 천문대장의 기념비로 남아있다.

52. 혜성의 정체를 밝힌 핼리
세인트헬레나 섬에 남반구 최초의 천문대를 건설

 영국의 천문학자 핼리(Halley, Edmund; 1656~1742)는 학생시절부터 천문학에 흥미를 느끼고 스무 살부터 남반구의 별을 관측하였다. 그는 남대서양의 세인트헬레나 섬(1세기 후 나폴레옹의 종식지로 유명하다)에 남반구 최초의 천문대를 세웠다. 그러나 이 섬은 일기가 나쁜 탓으로 관측에 적절하지 않아 관측을 중단하고, 귀국할 때까지 341개의 별을 관측했을 뿐이다.

 핼리는 뉴턴의 만유인력의 법칙을 이용하여 혜성의 정체를 밝혔다. 제멋대로 왔다가 제멋대로 돌아가는 것처럼 보이는 하늘의 무법자 혜성의 운동을 설명하였다. 그는 1706년까지 24개의 혜성 운동을 조사하고, 1682년에 나타난 혜성의 운동이 1456년, 1531년, 1607년 것과 비슷한데 크게 놀랐다. 이 4개의 혜성은 74년 내지 75년마다 나타난 같은 혜성이었기 때문이다.

 핼리는 이 혜성이 태양을 중심으로 가늘고 긴 궤도를 그리면서 운행하고, 지구에 가까워졌을 때만 보이는 것이 아닌가 생각하였다. 또한 이것이 보이지 않을 때는 가장 먼 행성인 토성보다 더욱 멀리 가버린 것이 아닌가 생각고, 다른 행성의 인력의 영향을 받아 혜성의 궤도와 출현 시각도 변할지 모른다고 생각하였다. 특히 그는 이 혜성이 1758년 무렵 다시 나타날 것이라고 예언하였다. 예언한 대로 이 혜성이 다시 돌아왔지만 핼리는 이를 보지 못하였다(그가 이를 보기 위해서는 일백두 살까지 살아야 하는데 여든여덟 살에 세상을 떠났다). 그가 예언한 위치에 혜성이 나타났다.

이 혜성을 이후에 '핼리 혜성'이라 불렀고, 1835년, 1910년, 1986년에도 나타났다. 핼리의 연구로 혜성은 불가사의한 것이 아니고, 지구와 마찬가지로 태양계의 한 가족임이 증명되었다. 혜성 중에는 수천 년에 한번 나타나는 것도 있다.

핸리는 별의 목록을 편집하고, 역사적인 기록을 사용하여 별의 운동을 발견하였다. 그가 죽은 후 매우 정확한 천문 단위의 계산으로 유도되는 일련의 연구를 시작하였다.

그리니치 천문대 초대 대장인 플램스티드가 타계하자, 그 후임으로 핼리가 임명되었다. 그는 곧 사비를 들여 설비를 보수하고 보강하였다.

53. 플로지스톤설을 고집한 슈탈
플로지스톤설은 100년 동안 화학발전의 걸림돌

독일의 화학자 슈탈(Stahl, Georg Ernst; 1660~1734)은 신교 목사의 아들로 태어났다. 이에나 대학에서 의학을 전공하고 학사학위를 취득하였다. 그리고 서른 살 이전에 와이마르공과 프러시아의 빌헬름 1세의 시의를 지냈다.

슈탈의 스승인 독일의 화학자 베허는 이미 연소 이론을 발표하였다. 슈탈은 플로지스톤(phlogiston; 그리스어의 타기 쉽다는 의미)설을 주장하였다. 잘 타는 물질일수록 플로지스톤을 많이 함유하고 있으며, 잘 타지 않는 물질일수록 플로지스톤을 적게 포함하고 있다. 그리고 연소란 플로지스톤이 그 물질로부터 도망하는 과정이라고 설명하였다. 그러므로 타버리고 남은 재는 플로지스톤이 모두 도망쳐버린 빈 꺼풀이다. 슈탈은 금속이 녹스는 것도 플로지스톤설로 설명하였다. 대범하고 위대한 발상이다. 금속이 녹스는 것은(금속회; 지금의 산화물) 플로지스톤이 달아나버린 상태이다. 지금의 산화 개념으로는 이해하기 어렵다. 그렇지만 플로지스톤설은 1700년 무렵에 환영받았다.

그것은 그 이전의 어떤 이론보다도 훌륭하게 연소 현상을 설명할 수 있었기 때문이다. 그러나 플로지스톤설의 큰 약점은 연소나 녹이 슬 때 무게가 증가하는 이유를 설명할 수 없었다. 그래서 그는 이 문제로 고민했던 것이 분명하다.

플로지스톤설은 많은 모순을 지니고 있으면서도, 라부아지에 의해 추방될 때까지 100년 동안 화학계를 지배하면서 화학 발전을 방해하였다.

54. 동물의 소화기능을 증명한 레오뮈르
독수리에 대한 실험으로 증명된 소화작용

프랑스의 물리학자 레오뮈르(Reaumur, Rene Antoine Ferchault de; 1683~1757)는 파리로 나와 친척집에 신세를 지면서 수학 연구에 열중하였다. 그는 프랑스의 기술이나 제품 중에서 국가 경제에 유익한 것에 관한 저술을 의뢰받고 여러 분야에서 연구할 기회를 잡았다.

레오뮈르의 업적은 동물의 소화기능에 관한 연구이다. 1세기 동안 과학자들은, 소화란 생물학자 보렐리가 주장했던 것처럼, 기계적으로 갈아 부순다는 의견과, 실비우스가 생각한 것처럼, 일종의 화학작용에 의해 행하여진다는 두 가지 의견으로 나뉘어져 있었다. 레오뮈르는 이에 얽매이지 않고 새로운 실험방법을 생각해냈다.

1752년 레오뮈르는 독수리를 사용하여 실험하였다. 양끝이 열린 금속 통 속에 고기를 넣은 다음, 양쪽 끝을 금속 망으로 덮어 이를 독수리에 주었다. 원래 독수리는 음식물을 그대로 삼켜 소화된 것만 흡수하고 남은 것은 토해내는 습관이 있다. 그는 독수리가 토해낸 금속통을 조사해 보았다. 고기의 일부가 녹아 있었다. 그는 이에 관심을 가졌다. 통속에 들어있는 고기는 기계적인 작용으로 소화된 것이 아니라, 고기를 녹인 것은 위 속의 소화액이라는 결론을 내렸다. 또한 레오뮈르는 독수리에게 해면을 주어 삼키게 하고, 이를 토하도록 하여 많은 위액을 모았다. 이 위액 중에서 고기가 서서히 녹는 것을 발견하였다. 개를 사용하여 실험해도 마찬가지였다. 소화는 화학작용에 의해 행하여진다는 것이 확실해졌다. 실험적 방법의 승리를 보여준 좋은 본보기이다. 레오뮈르는 프랑스 과학아카데미 회원으로 선출되었다.

55. 화씨온도계를 발명한 파렌하이트
알코올과 물의 혼합액 대신 수은을 사용

독일계 네덜란드의 물리학자 파렌하이트(Fahrenheit, Gabriel Daniel; 1686~1736)는 장사하는 법을 익히기 위해 일찍이 암스테르담으로 이사하였다. 그는 과학 기기, 특히 기상 연구기기의 제작에 흥미를 가지고 유럽 각지를 걸어서 돌아다니며 과학자나 기기 제작업자와 만났다. 그 후 암스테르담에서 기기 제작업을 시작하고 후반생을 네덜란드에서 지냈다.

기상 연구에서 꼭 필요한 기기가 곧 온도계이다. 그러나 17세기 당시 온도계는 기상 연구용으로는 부정확하여 제구실을 다하지 못하였다. 액체 온도계에 알코올이나 알코올과 물의 혼합액이 사용되었다. 알코올은 낮은 온도에서 끓기 때문에 높은 온도를 측정할 수 없고, 알코올과 물의 혼합액은 체적의 변화가 불규칙이었다. 1714년 파렌하이트는 알코올 대신 수은을 사용하였다. 수은은 물이 끓는점보다 높은 온도에서도, 물이 어는점보다 낮은 온도에서 온도의 측정이 가능하였다. 또한 수은의 팽창과 수축이 다른 어느 것보다 규칙 바름으로써 온도의 눈금을 잘게 나눌 수 있었다.

파렌하이트는 순수한 물의 끓는점을 212도, 어는점을 32도로 정하고, 이 사이를 180 등분하였다. 이 온도계가 화씨온도계이다. 이 온도계로 체온은 98.6도이다. 이것이 역사상 최초의 정확한 온도계이다. 그는 이 온도계를 이용하여 보통 상태에서 모든 물질의 끓는 점이 항상 같다는 사실을 확인하고, 또한 끓는점이 압력에 의해 변한다는 것도 발견하였다.

파렌하이트의 온도계는 곧 영국과 네덜란드에서 보급되고, 현재도 미국, 캐나다, 남아프리카, 오스트레일리아, 뉴질랜드에서 일상생활에 쓰이고 있다. 그러나 다른 선진국가에서는 화씨온도계 대신 섭씨온도계를 사용하고 있다.

파렌하이트는 영국의 왕립학회에 온도계 제작법을 보고하여('과학보고') 왕립학회 외국인 회원으로 선출되었다.

한편 스웨덴의 천문학자 셀시우스(Celsius, Anders; 1701~1744)는 과학자 집안에서 태어났다. 그는 북극광을 관측하기 위해 탐험대와 합류하였다. 웁살라대학 천문학교수를 거쳐, 1740년에 신설된 천문대 대장으로 임명되었다. 그러나 그는 마흔네 살의 젊은 나이로 세상을 떠났다.

섭시우스는 새로운 눈금의 온도계를 생각해냈다. 그는 순수한 물의 끓는점을 100도, 어는점을 0도, 그리고 그 사이를 100등분하는 방법을 제안하였다. 이것이 섭씨온도계이다. 이것은 대부분 국가에서 사용하고 있으며 우리와 친숙하다.

56. 빛의 시차를 발견한 브래들리
목성의 크기를 측정하고 항성표를 수정

영국의 천문학자 브래들리(Bradley, James; 1693~1762)는 천문학자인 숙부의 영향으로 천문학에 일찍부터 흥미를 가졌다. 그는 처음에 신학을 공부했지만, 수학적 재능을 인정받아 뉴턴이나 핼리와 친교가 있었다. 그는 천문학자로서 생계를 꾸려갈 수 없었으므로 영국 교회의 교구 목사가 되었지만, 옥스퍼드대학 천문학 교수가 되기 위해 그 자리를 하는 수 없이 그만두었다.

브래들리는 별의 시차를 측정하였다. 그가 배를 타고 테임스강을 항해하고 있을 때, 배가 방향을 바꿀 때마다 돛대의 깃발 방향이 바뀌는 데서 힌트를 얻었다. 또한 비가 위에서 내릴 때는 머리 위로 우산을 곧 바로 세우지만, 빗속을 걸을 때는 우산을 걸어가는 방향 쪽으로 기울이지 않으면 안 된다. 빠르게 걸으면 그 만큼 기우러짐을 크게 해야 한다. 걷는 속도에 따라서 우산을 받는 각도가 달라진다.

지구상에서 빛을 관측하기 위해서는 망원경을 조금 기울일 필요가 있다. 만약 1년 동안 망원경이 기우는 각도가 변하면 별의 위치도 약간 달라진다. 그러므로 그는 각도의 변화(광행차)로부터 빛과 지구운동의 속도의 비를 구하였다. 지구가 정지하고 있으면 광행차 현상은 일어나지 않으므로 광행차로부터 지구가 운동하고 있다는 사실을 실제적으로 증명하였다.

브래들리는 항성의 위치를 면밀하게 측정하는 도중에, 지구의 축이 주기적으로 방향을 바꾸는 장동(章動)현상을 발견하였다. 이것은 지구의 위성인 달이 불규칙적으로 운동하고, 달의 인력의 방향이 변하기 때문에 일어나는 현상으로 밝혀졌다. 1742년 핼리가 타계하자, 브래들리는 제3대 그리니치 천문대 대장으로 임명되었다. 또한 왕립학회 회원으로 선출되었다.

57. 항해용 기계시계 만든 해리슨
이 시계의 발명으로 2만 파운드 상금을 획득

영국의 기계공 해리슨(Harrison, John; 1693~1776)은 목수의 아들로 태어났다. 그는 놀랄 정도로 손재주가 뛰어났지만, 가난하여 정식교육을 받지 못하였다.

경도 측정의 한 가지 방법은 지구상 어느 곳에서나 그리니치의 시간을 정확하게 알면 된다. 그리니치의 시각과, 천문학적으로 관측한 그 지점에서의 지방 시각의 차이를 알면 그곳의 경도를 알 수 있다. 이를 위해서는 배 위에서 사용하는 정확한 시계가 필요하다. 그러나 보통 흔들이 시계는 배 위에서 사용할 수 없다.

1707년 영국 함대가 위치를 잘못 측정하여 콘월 곶에서 좌초하여 침몰한 사건이 일어났다. 영국 정부는 1713년, 2만 파운드의 상금을 내걸고 배에서 사용할 수 있는 정확한 시계를 현상 모집하였다. 해리슨은 이 문제에 도전하였다. 그는 차례로 개량을 거듭한 시계 5개를 선보였다. 이 시계는 배의 요동이나 온도의 영향을 전혀 받지 않으므로 배 위에서 육지에 있는 시계처럼 정확하였다. 그중 하나는 배 위에서 5개월 동안에 1분 이내의 차이가 있을 따름이었다. 처음 만들어진 네 개는 무겁고(그 중 한 개는 66파운드) 복잡하며 값이 비싸기는 했지만 상금의 조건을 모두 갖추었다. 나머지 한 개는 큰 회중시계 정도로 작으면서 성능은 다른 것보다 우수하였다.

그런데 영국 의회는 이 문제에 매우 미지근하고 비겁한 태도를 보였다. 상금의 지불을 조금씩 지연시켰다. 그리고 더욱 좋은 것을 완성하도록 요구하였다. 그때마다 그는 요구에 응했지만, 약간의 금액만을 받았을 뿐이다. 아마도 해리슨은 왕립학회 회원이 아니고, 지방의 한 기술자에 불과하다는 이유 때문이었을지도 모른다. 결국 젊은 왕 조지 3세가 개인적으로 관심을 보이면서 해리슨을 자신의 고문으로 임용하였다. 완고한 전제군주가 하는 행위 중에서도 훌륭한 행동이라 생각된다. 해리슨은 기어코 상금을 모두 받아냈다.

해리슨의 시계로 해상시대가 열렸다. 역사상 획기적인 발견항해 시대를 맞이하였다. 1세기 반 뒤에 라디오가 출현하여 세계가 하나가 될 때까지, 어디서나 누구에게나 해리슨의 시계는 귀중하게 이용되었다.

58. 구리 광석에서 코발트를 발견한 브란트
연금술 시대의 마지막을 선언

스웨덴의 화학자 브란트(Brandt, Georg; 1694~1768)는 연금술을 연구해온 약제사의 아들로 태어났다. 그는 아버지로부터 화학과 야금술을, 또한 네덜란드의 의사 브르하훼로부터 화학과 의학을 배웠다. 학사학위를 취득했지만 개업하지 않았다. 점차 유명해진 그는 야금술을 익힌 것이 인연이 되어 스톡홀름 광산국 장관, 3년 후에는 조폐국 분석주임으로 임명받았다.

브란트는 2세기 동안 짙은 청색 물감으로 사용해온 광물을 연구하였다. 이 광물은 구리와 비슷한 성질을 지니고 있지만, 야금할 수 없었으므로, 당시 독일 광부들은 이 광석이 마법에 걸려 있다고 믿은 나머지, '땅의 정기'(kobolt)라 불렀다. 그는 이 청색 안료로부터 새로운 금속을 뽑아냈다. 이 금속이 코발트이다.

브란트에게는 연금술적 색채가 전혀 없었다. 그는 생애 마지막에 연금술사와 싸움을 벌였고, 몇몇을 제외하고 연금술은 종말을 맞이하였다.

59. 유체역학에 수학을 적용한 베르누이
프랑스 과학아카데미로부터 10차례 상을 받음

네덜란드의 자연철학자이자 수학자인 베르누이(Bernoulli, Daniel; 1700~1782)는 수학자 요한 베르누이의 아들로 태어났다(야코브, 요한, 다니엘은 베르누이 천재 집안). 그는 철학과 논리학을 배우고 열다섯 살에 학사학위를, 열여섯 살에 석사학위를 취득하였다. 같은 무렵 그는 의학을 배우기 위해 스위스로 떠났다. 폐의 활동에 관한 논문으로 박사학위를 받았지만, 그 무렵부터 수학에 대한 흥미에 속도가 붙었다.

베르누이는 러시아 상트페테르부르크 아카데미 수학교수로 활동하다가, 러시아를 떠나 바젤대학 해부학 및 식물학 교수로 임명되었다 그리고 정년퇴임 때까지 그곳에서 활동하였다. 그는 박식한 과학자로 해양기술 및 해양학, 천문학이나 자기학 등에 관한 논문으로 프랑스 과학아카데미로부터 10차례 상을 받았다.

베르누이는 명저 〈유체역학〉을 저술하였다. 이 저서는 유체역학 발전의 역사를 기술하고 있을 뿐만 아니라, 그의 물리학자로서의 면모를 보여주었다. 그는 물리학에서 여러 문제의 연구에 수학을 응용하여 수리물리학 발전에 크게 기여하였다.

60. 지구의 모습을 확실히 보여준 라 콩다민
독약 크라레를 발견하고 처음으로 유럽에 고무를 소개

프랑스의 지리학자 라 콩다민(La Condamine, Charles Marie de; 1701~1774)은 당시 극지방과 태평양의 광대한 지역의 일부를 제외하고, 지구의 대부분의 모습을 우리들에게 보여주지만 당시 많은 지역은 과학적인 조사가 이루어지지 않았다. 라 콩다민은 남아프리카를 탐험하였다. 그의 목표는 지구의 모습을 확실하게 보이는데 있었다. 물론 지구는 대체적으로 둥글지만, 뉴턴은 지구 자전의 빠르기가 극지방에서 0인데 반해, 적도 지방에서는 시속 16,000km이므로, 지구의 모양은 이론적으로 회전 타원체로서, 적도지방이 럭비공처럼 튀어나오고, 극지방은 편평하다고 주장하였다.

프랑스의 천문학자 카시니와 그의 아들은 충분한 조사 없이, 지구는 적도가 편평하고 극지방이 튀어나왔다고 고집스럽게 주장하였다. 만일 카시니의 설이 옳다면 만유인력의 법칙이 부정된다. 이는 반드시 확인되어야 할 문제였다.

라 콩다민은 지구 각지의 표면의 곡률을 구하였다. 가능한 한 곡률의 차이를 크게 하도록 하기 위해, 탐험대는 1735년에 라 콘다민을 대장으로 적도 가까운 페루로, 다른 탐험대는 스웨덴 북쪽의 땅 라프란트로 갔다. 결과는 명백하게 들어났다. 지구는 적도 부근이 튀어나오고, 극지방이 편평하다는 사실을 알았다. 예상한 대로 뉴턴의 설이 옳고, 카시니의 설이 틀렸다.

라 콩다민은 남미 체류 중에 탐험여행에 나섰다. 유럽인으로서는 처음으로 아마존 지방에 발을 들여놓은 그는 카오트추크라는 이름의 불가사의한 나무의 진을 본국에 보냈다. 고무가 처음으로 유럽에 소개되었다. 또한 '크라레'라 하여 탐정소설가가 좋아하는 독약의 원료를 발견하여 이를 가지고 귀국하였다. 이것은 현재 근육 이완제로 사용되고 있다.

페루와 라프란트를 탐험했지만, 국제적으로 인정된 길이의 단위가 없었으므로 혼선을 빚었다. 그는 앞장서서 그와 같은 측정단위를 결정하는 운동을 벌렸다. 이 운동이 바탕이 되어 미터법 제정이 마련되었지만, 이를 알지 못한 채 세상을 떠났다. 라 콩다민은 프랑스 과학아카데미 회원으로 선출되었다.

61. 미국 최초의 과학자 프랭클린
진보적 정치가로 유럽 과학문화를 미국에 이식

미국의 정치가이자 과학자인 프랭클린(Franklin, Benjamin; 1706~1790)은 열일곱 형제 중 열다섯 째로 보스턴에서 태어났다. 그는 인쇄공에서 출발하여 위대한 과학자로서 뿐만 아니라, 미국을 식민지로부터 독립하는 전쟁에 적극 참여한 진보적인 정치가, 사회활동가로서 그 이름을 세계 문화사상에 남겼다.

프랭클린은 순수한 과학적 업적 이외에 또 하나 잘 알려진 과업이 있다. 그것은 피뢰침의 발명이다. 이 발명이 실용화되는 과정은 많은 교훈적인 사실을 담고 있다. 번개의 정체를 밝히자마자 곧 바로 사람들은 전기가 잘 통하는 금속제 막대로 번개 칠 때 생기는 전기를 흘려보내어 번개의 피해를 피하려고 생각하였다.

체코의 작은 도시에서 한 학자 수사가 번개의 전류를 유도하기 위해 프랭클린의 피뢰침과 비슷한 장치를 자기 집 옥상 위에 꽂았는데 의외로 큰 일이 벌어졌다. 동네 사람들은 낙뢰의 공포에 흔들려 이 장치를 철거하고 파괴하여 참혹한 결과로 끝났다.

그러므로 피뢰침이 낙뢰의 피해를 방지하는데 매우 효과적인 수단임을 세상 사람들에게 인식시키는 것이 보다 더 큰 문제였다. 프랭클린은 이를 훌륭하게 완수하였다. 따라서 이 방면에서 그의 활동은 새로운 기술적 아이디어를 어떻게 실용화했는지를 보여주는 모델이다.

프랭클린은 피뢰침에 대한 특허를 얻지 않았다. 희망자에게는 누구라도 이를 무료로 사용토록 하였다. 또한 피뢰침을 보급하기 위해 교묘한 선전활동을 대대적으로 일으켰다. 오늘날 대부분의 건물 옥상에 설치된 구조물이지만, 200년 전의 피뢰침은 여러 형태로 반대에 부딪쳤다. 그것은 번개란 주로 신의 보복수단이므로 이에 거역하는 것은 죄악이라는 생각 때문이었다. 또한 번개 비는 악마가 신에 반항할 때 일어난다는 그럴싸한 이유도 있었다.

그러므로 이를 방어하는 유일하고 올바른 수단은 악마를 쫓아내기 위해 종을 울려지는 방법이다. 오랫동안 천둥 번개가 칠 때 종을 친 것은 이 때문이다. 교회의 종탑이 낙뢰에 매우 약하므로 번개가 칠 때 종을 울리는 것은 매우 위험한 일이다. 피뢰침이 발명된 뒤에도 오랫동안 교회는 이 관습을 버리지 못하고 종을 계속 울렸다. 독일에서는 18세기 말 33년 동안 번개로 종치기가 120명 죽었고 400개의 종탑이 무너졌다. 프랑스에서 피뢰침의 설치와 관련하여 일어난 재판은 유명하다.

 프랑스의 센트 오멜이라는 곳에서 드 비세리가 자신의 집에 피뢰침을 설치했을 때, 그의 이웃 사람들은 이에 놀라 분개하여 법원에 고발하였다. 재판은 큰 파문을 일으키고 1780년부터 84년까지 여러 해에 걸쳐 진행되었다. 이에 관련하여 피뢰침 옹호 측에는 젊은날의 맥시밀리언 로에스피엘이 섰고, 한편 원고 측의 증인은 신문기자 마라였다. 마라는 피뢰침을 위험한 계획의 하나라 증언하고 그 시설에 반대하였다. 긴 재판과 상고 끝에 드 비세리가 승소하였다.

 피뢰침의 보급을 위한 이 싸움에서 프랭클린은 대중 앞에서 연설하지 않았지만, 좌담과 편지로 지도적인 과학자나 사회활동가를 설득하였다. 그 결과 당시 혁신적인 사람들로 이룩된 강력한 후원자를 얻었다. 자신이 발명한 피뢰침의 실용성이 그들을 설득시킨 것이다.

 영국의 피뢰침 반대 투쟁은 정치적인 성격으로 격렬하게 번졌다. 영국의 과학자 윌슨은 피뢰침의 첨단을 둥글게 하여 전류가 흐르는것을 방지함으로써, 피뢰침의 유해한 작용을 막을 수 있다는 사실을 증명하려 하였다. 이 논쟁과 때를 같이하여 프랭클린은 독립운동에 앞장섰으므로, 영국의 전 시민은 끝이 뾰족한 피뢰침은 정치적으로 위험한 존재라고 보았다.

 영국 왕 조지 3세는 왕립학회에 대해 프랭클린식의 끝이 뾰족한 피뢰침을 지지한 결정을 철회할 것을 요구하였다. 국왕의 이러한 요청에 국왕의 시의이자 프랭클린의 개인적인 친구인 왕립학회 회장은 "……자연법칙의 작용을 바꿀 수는 없습니다."고 대답하였다. 이 때문에 그는 시의와 왕립학회 회장을 그만두었다. 대단한 용기였다. 한편 프랭클린은 개인 공격을 무시하고 냉정을 지켰다. 그리고 항상 과학적 진리는 실험에 의해서만 밝혀진다고 설득하였다. 현재 피뢰침은 모든 건물에서 없어서는 안 되는 부분으로, 피뢰침에 의한 파괴나 화재를 피한 건물, 시설, 선박은 셀 수 없다. 이것은 당연히 프랭클린의 창의로 돌려야 한다.

 잊혀지지 않는 것은 프랭클린이 유력한 정치가로서 세계의 과학 발전에 그의 영향력을 행사한 점이다. 그는 과학적 성과가 전 인류의 재산이고, 세계 과학의 발전에 관한 배려는 국가 사이의 정치적 및 군사적 분쟁보다도 한층 위에 놓여야 한다고 생각하였다. 유명한 캡틴 쿡 선장이 세계일주를 마치고 돌아올 때, 미국과 영국의 전쟁이 한창이었지만, 프랭클린은 미국의 모든 군함 및 해적선에 대해서 항해 중 어디서나 쿡 선장을 만나면 경의를 표하도록 지시를 내렸다.

프랭클린이 의회 의장을 지낼 때, 영국산의 모든 상품에 대한 수입금지령을 결정했지만, 연구용 기기류에는 적용시키지 않도록 설득한 것은 지금도 흥미 있는 일이다.

프랭클린의 생애를 보면, 어째서 미국의 모든 국민으로부터 존경받고 있는지 잘 알 수 있다. 각국마다 각기 위대한 과학의 창시자를 떠받들고 있다. 러시아는 로모노소프, 영국은 뉴턴, 이탈리아는 갈릴레이, 네덜란드는 호이언스, 프랑스는 데카르트, 독일은 막스 프랑크이다. 미국은 프랭클린을 지금도 으뜸으로 꼽고 있다. 이러한 위대한 과학자의 공적은 전 인류의 자랑거리이므로, 국가는 이같은 인물을 길러내고 보호해야 한다.

62. 놀랄만한 암산 능력을 지닌 오일러
두 눈을 잃고도 15년 동안 연구와 교육에 헌신

스위스의 수학자 오일러(Euler, Leonard; 1707~1783)는 바젤에서 태어났다. 그는 바젤대학에서 저명한 수학자 일가의 한 사람인 요한 베르누이의 지도를 받았다. 열여섯의 어린 나이에 석사학위를 취득했지만, 너무 어려 대학에 취직할 수 없었다. 4년이 지나서야 당시 그의 친한 친구인 다니엘 베르누이가 러시아의 상트페테르부르크로 그를 초청하였다. 처음 3년 동안 해군학교에서 강의하다가 과학아카데미 물리학 교수로 임명되고 베르누이가 귀국할 무렵에 오일러는 그의 뒤를 이어 수학교수가 되었다.

오일러는 놀랄만한 암산능력을 타고난 사람으로 수학의 계산에 대한 그의 집중력이 크게 뛰어나고 훌륭하였다. 또한 그는 훌륭한 교육자로써 당시 알려진 수학의 모든 분야에 관한 연구를 하여 이를 발전시켰다.

오일러는 태양 관측 때문에 오른쪽 눈의 시력을 잃었다. 프리드리히 대왕의 초청으로 베를린을 방문하고, 베를린에 머물고 있는 동안 러시아의 여황제 예카테리나 2세의 초청을 받아 다시 상트페테르부르크로 갔다. 그는 왼쪽 눈마저 잃었지만, 타계할 때까지

15년 이상에 걸쳐 자신의 직무와 연구를 지속하였다.

오일러는 베를린 과학아카데미와 러시아 왕립과학아카데미 회장을 지냈다.

63. 식물 분류에서 2명법을 도입한 린네
7,900km를 걸어서 스웨덴의 생태계를 조사

스웨덴의 식물학자 린네(Linnaeus, Carl von; 본명은 Carl von Linne; 1707~1778)는 어린 시절 조금 우둔해 보였다 한다. 성직자인 아버지는 아들의 희망을 거의 묵살하고, 의과대학에 진학하도록 타일렀는데 다행히 합격하였다. 학교를 졸업한 후 웁살라대학에서 식물학 강의를 하는 중, 웁살라 과학아카데미의 후원으로 라프란트를 탐험하였다. 그후 네덜란드로 건너가 의학 박사학위를 취득하고 귀국한 그는 개업의로서 성공하였다. 웁살라대학 의학부 교수로 퇴임할 때까지 그 자리를 지켰다.

린네는 식물의 수술과 암술에 관한 논문에서, 식물의 생식기관을 바탕으로 식물을 분류하는 새로운 방법을 모색하였다. 이때 흥미 있는 부산물을 손에 넣었다. 남성(♂), 여성(♀)을 나타내는 기호를 사용하였다. 그는 걸어서 7,900km에 이르는 넓은 지역의 새로운 동식물을 면밀하게 조사하고 관찰하고, 이어서 영국과 유럽을 탐사하였다.

린네는 1735년 〈자연의 체계〉를 출간하였다. 이 저서에서 정연한 생물분류법을 선보여 현대식물학의 개척자가 되었다. 그는 처음으로 종과 종의 다른 점을 명확하게 지적하면서 간결하게 기술하는 형식을 생각하였다. 생물의 명명법으로 소위 2명법을 창안하여 속과 종의 이름을 각각 붙이는 방법을 보급시켰다. 그의 저서는 1735년 초판 15쪽에 불과했지만, 1758년의 10판은 1384쪽에 이르렀다.

린네의 식물분류에 대한 열정은 거의 병적일 정도였다. 단지 종을 모아 속으로 정리하는 데 만족하지 않고, 관련 있는 속을 모아 강으로, 강을 모아 목으로 삼았다. (그 후 프랑스의 생물학자 퀴비에는 이 분류법을 확대하여 관련된 목을 문으로 정리하였다.) 그는 보수적인데도 불구하고 인간도 이 분류법의 대상으로 삼았다. 인간을 '호모 사피엔스'라 부르고, 인간과 오랑우탄을 같은 속으로 묶었다. 또한 고래를 포유류 속에 넣어 2천년 전 아리스토텔레스가 주장한 견해를 처음으로 인정하였다.

린네는 여생을 교육에 봉사하였다. 그는 뛰어난 교육자로서 학생을 정성껏 이끌었고,

학생을 세계탐험으로 나아가게 하였다. 탐험에 나선 사람 중 한 사람은 탐험 도중에 사망하기도 하였다.

린네가 죽은 후 그의 수집 유품과 책들은 영국의 부유한 박물학자에게 팔려 영국으로 옮겨가고, 영국에서 린네협회가 설립되었다. 린네의 책과 수집 유물이 영국으로 운송된다는 정보를 입수한 스웨덴 당국은 이 배를 나포하기 위해 스웨덴 해군 전함을 출동시켰다는 유명한 이야기가 있다. 하지만 진실은 아닌 듯싶다. 그것들이 모두 국보급이라는 뜻으로 받아들여진다. 린네는 뇌일혈로 쓰러진 뒤부터 건강이 악화되어 세상을 떠났다.

64. 신경 근육계의 기구를 연구한 할러
식물채집가로 국토의 식물 모습을 조사

스위스의 생리학자인 할러(Hallar, Albrecht von; 1708~1777)는 베른에서 태어났다. 어린 시절 허약하면서도 글 쓰고, 책 읽으면서 대부분의 시간을 집에서 보냈다. 열 살이 되던 해 그리스어로 된 책 한 권을 통독하고 논문도 섰다. 네덜란드의 라이덴대학을 졸업한 후 개업하고 신설된 괴팅겐대학 의학 관련 교수로 임명되었다. 퇴직할 때까지 그 대학에 머물렀다.

18세기까지 신경이란 액체로 가득한 관이 신체에 분포되어 있는 것으로, 신화적, 미신적 요소가 다분히 들어있었다. 그래서 그 관 속의 액체는 신비적인 힘과 관련되어 있을 것으로 생각하였다. 그러나 할러는 실험적으로 관찰할 수 없다고 해서 그처럼 생각한데 불만을 나타냈다. 신경과 근육의 관련을 실험을 통해 조사한 할러는 근육의 피자극성(자극에 대한 반응능력)을 밝혀냈다. 자극을 받은 근육은 수축하고, 근육에 연결된 신경을 자극하면 더욱 크게 수축한다는 것을 발견하였다. 숙달된 연구로 당시 신화와 미신으로 생각되었던 신경 근육계의 메커니즘을 밝혔다. 그를 '신경학의 아버지'라 부른다.

의학은 할러의 여러 방면에 걸친 흥미의 한가지에 불과하다. 식물학은 그의 관심의 하나이다. 그는 열성적인 식물채집가로, 린네의 분류에 버금가는 식물의 모습을 저서로 남겼다.

65. 자연의 모든 영역을 파악한 뷔퐁
명쾌하고 매력적인 문장으로 〈박물학〉을 저술

프랑스의 박물학자 뷔퐁(Buffon, Georges Louis Leclerc, Counte de; 1707~1788)은 유복한 가정에서 태어나 학문에 열중할 수 있었다. 그는 영국의 과학이 매우 빠른 속도로 발전하는데 관심을 가졌으므로 영어 능력을 쌓기 위해 뉴턴의 저서 미적분학과 영국의 식물학자이자 의사인 헤일스의 식물학 저서를 번역하였다.

뷔퐁은 식물원 관리자로 근무하였다. 1752년부터 50년 동안에 걸쳐 〈박물학〉(혹 자연지)을 출간하였다. 많은 공동 집필자의 힘을 빌려 쓴 이 박물지는 모두 44권, 이외에 마지막 8권은 그가 죽은 후에 출간되었다.

이 책은 일반대중을 위해 명쾌하고 매력적인 문장으로 쓴 것으로 자연의 전 영역을 다루고 있다. 이 박물지가 평판이 좋았던 것은 전문 과학책이 아닌 통속적인 읽을거리가 담겨져 있었던 때문이다. 그는 자연을 전체적으로 구상하여 정리하려 했지만, 세부에 관해서는 잘못을 약간 범하였다. 그의 견해는 피상적인 것으로 지나치게 결론을 빨리 내렸다. 고대 박물학자 플리니우스적인 스타일이다. 이 책은 자연과학에 대해 크게 흥미를 이끌어 냈고, 그것을 19세기 초기에 이어갔다.

뷔퐁은 저서 안에서 생물의 진화사상을 시사하였다. 그는 돼지의 옆 발톱을 지적하고, 이를 미루어 보아 동물의 기관은 퇴화하고 있으며, 이것은 모든 동물에 해당된다고 결론을 내렸다. 유인원은 인간의 미발달 상태이거나 아니면 퇴화한 상태의 것이고, 당나귀는 말의 미완성 상태라 하였다.

뷔퐁은 지구의 연령을 75,000년으로 추정하고 생명이 출현한 시기를 40,000년 전이라 주장하였다. 창세기에 쓰인 6,000년의 한계를 넘어 과거를 언급한 것은 뷔퐁이 처음이다. 당시 인간과 지구가 6,000년 전 동시에 만들어졌다고 생각하던 시대에, 지구나 인간에 대해 이와 같은 견해를 발표한 것은, 조심스럽게 기술했다고 해도 대담한 행위였다. 그러나 기회를 잘 잡는데 민첩한 뷔퐁은 반대 여론이 강하게 대두하자, 이를 곧 포기함으로써 교회와 충돌을 피하였다.

루이 15세로부터 백작 칭호를 받고, 프랑스 과학아카데미 회원으로 선출되었다.

66. 러시아 과학계를 건설한 로모노소프
정부와 외국인 과학자와 싸운 외톨이 과학자

러시아의 화학자 로모노소프(Lomonosov, Mikhail Vasilievichov; 1711~1765)는 부유한 어부의 아들로 태어났다. 그는 열일곱 살에 고향을 떠나 모스크바의 중등학교에 입학하였다. 학비 때문에 무척 고생이 많았지만, 아카데미에서 많은 책을 마음껏 읽을 수 있었다. 그러나 그의 신분(어부 집안 출신)이 노출되어 아카데미에서 학업이 허락되지 않았다. 그러나 그의 근면성은 이를 극복할 수 있을 만큼 모범적이었으므로 법의 테두리를 벗어나 로모노소프가 아카데미를 수료할 때까지 면학할 수 있도록 교무회에서 결정하였다.

졸업할 무렵 로모노소프는 교장선생의 추천으로 페테르부르크의 아카데미에 입학하였다. 이 행운으로 가난했던 생활에 종지부를 찍었다. 그는 대학생이 되고 함부르크로 떠났다. 그곳에서 자연철학자 볼프 교수를 처음 만났다. 그는 졸업 후 페테르부르크대학 물리학 조수로 임명되었다. 하지만 그곳의 분위기는 극도로 긴장되어 있었다. 교수들 사이의 갈등과 반목은 연구활동에 중대한 지장을 초래하였다. 그곳은 두 진영으로 나뉘어져 있었다. 하나는 외국인들 진영으로, 이는 총장 슈마허가 밀어주고, 또 하나는 러시아 사람들의 진영으로 극소수였다. 그곳은 외국인들의 영향을 강하게 받고 있었다. 로모노소프는 선봉에 나서 투쟁하였다.

이러는 동안에 로모노소프의 〈수리화학입문〉이 출간되었다. 잇따라 많은 중상모략과 권모술수가 있었지만, 1745년 8월 그는 학사원 회원으로 선출되었다. 이것은 대학의 화학교수가 되었음을 의미한다.

페테르부르크대학의 화학교수로 임명된 이후, 1740년대와 1750년대에 로모노소프는 플로지스톤설에 반대하는 학설을 발표하고, 또한 질량보존의 법칙을 주장하였다. 근본적인 면에서 라부아지에보다 17년 앞섰다. 또한 원자론적 견해를 지니고 있었지만 너무 혁명적이어서 발표를 보류하였다. 열에 관해서는 열소설 대신 분자운동설을 주장하고, 빛에 관해서는 파동설을 지지하였다. 어떤 경우에도 당시의 수준을 훨씬 넘어섰다.

1748년 수개월에 걸친 어려운 여건 속에서 그의 화학실험실이 당당히 완성되었다. 로모노소프는 그 이상 행복할 수 없었다. 이 자리에서 자연의 위대함을 노래 부르고, 산업

발전에 진력하는 학문지식을 찬양하는 축시를 썼다.

　로모노소프에게 또 하나의 관심사가 있었다. 그것은 다시 그를 분쟁으로 말려들게 하였다. 러시아에는 과학자가 필요했지만 그들을 양성하는 데는 페테르부르크대학 하나로는 역부족이었다. 그는 강연 여행에서 새로운 대학의 필요성을 역설하고, 교육 프로그램도 작성하였다. 이것은 처음 있는 일이지만, 그 안에서 신학은 빠져 있었다. 누구에게도 필요 없으며, 거기로부터는 아무런 이익도 얻을 수 없다는 이유에서였다.

　1755년 로모노소프의 노력과 그의 직접적인 참여로 모스크바에 처음으로 대학 강좌의 문이 열렸다. 모스크바대학 제도는 당시 페테르부르크대학에 비해 훨씬 민주적이었다. 그러나 대학 개설 후에 그의 적대자는 더욱 늘어났다. 그의 명성이 화근이었다.

　로모노소프는 어려운 조건에서도 끊임없이 연구하고 정력을 소모한 탓으로 건강을 많이 해쳐 1756년 4월 4일 세상을 떠났다. 그의 죽음은 러시아 학계에 큰 손실을 가져왔다. 그의 천재적인 재능은 인간 지식의 모든 분야에 과감하게 도전하였다.

　로모노소프는 스웨덴 학사원 명예회원으로 선출되고, 이탈리아 볼로냐학사원의 명예박사로 추천됨으로써 외국 과학계에서 인정받았다. 현재 그는 러시아에서 충분히 보상받고 있다. 그의 출생지는 1948년 지명을 '로모노소프'로 개명했고, 1960년 옛 소련의 인공위성이 달의 뒷면을 촬영했을 때, 한 크레이터를 '로모노소프'라 이름 지었다.

　1865년(로모노소프가 죽은 후 100년째) 러시아 아카데미는 매년 그를 기념하여 부상 1,000루불이 수여되는 '로모노소프 상'을 제정하였다. 이 상은 인문과학과 자연과학 분야에 매년 교대로 수여된다. 또한 '로모노소프 전집'이 최근에 출간되었다.

　러시아의 학자나 사회활동가 중에서 로마노소프 만큼 풍부한 전기적, 역사적 자료를 많이 남기고 있는 사람도 드물다. 그러나 유감스럽게도 로마노소프의 초상화는 남아 있지 않다. 현재 남아있는 초상화는 대개가 복사된 것이다. 이것은 이름도 재능도 없는 화가에 의해서 로마노소프가 죽은 뒤에 그려진 한 장의 원본(판화)으로부터 복사된 반신상이다. 아마도 이 원본은 로마노소프를 개인적으로 알고 있던 친구가 생생한 영감을 통해서 그린 듯 싶다.

　로마노소프의 연구 업적은 외국에 널리 알려져 있지 않으며, 앞서 말한 멘슈토킹의 저서가 나올 때까지 러시아에서도 거의 알려져 있지 않았다. 어째서 이와 같은 일이 생겼는가? 로마노소프 자신은 별견의 선취권을 중요시하지 않았지만 그 보다 더욱 중요한 원인은 그가 국내는 물론 외국의 학계와 거의 연락이 없었던 때문이다.

오늘날 과학자 사이의 개인적인 접촉의 필요성은 당연하지만, 지금은 개인적인 접촉보다도 보통 국제 회의나 학회와 접촉하는 경향이 늘어가고 있다. 그러나 로마노소프를 위시하여 러시아 과학자들의 연구는 세계의 과학계로부터 고립되어 있었다. 그것은 러시아 과학자들이 정치적으로나 경제적인 이유로 자유로이 외국에 여행할 수 없었던 때문이다.

67. 지구 지형을 면밀하게 조사한 허턴
균일설의 발표로 보수주의자들과 충돌

스코틀랜드의 지질학자 허턴(Hutton, James; 1726~1797)은 정식교육을 받은 의사이지만, 여러 농사일에 종사하면서 염화암모늄 제조공장을 운영하였다. 그는 화학에서 광물학으로, 광물학에서 지질학으로 연구 방향을 바꾸었다. 공장을 정리하고 은퇴한 그는 생애 마지막까지 지질학 연구에 힘을 쏟았다.

그 이전의 지질학은 체계적이 아니었다. 가장 큰 장해물은 지구가 6,000년 전에 만들어졌다는 창세기의 내용을 대부분 사람들이 믿고 있었으므로, 이에 반대되는 이론은 모두 불경스러운 일로서 보수주의자들을 화나게 하였다.

허턴은 지질학을 과학으로 확립하였다. 지구의 지형을 면밀하게 조사한 결과, 지구 표면의 구조가 서서히 변화한다는 사실을 발표하였다. 바위 속의 침적물이 압력을 받은 사실, 지구 내부에서 녹은 바위가 화산활동으로 지표면에 흘러나온 사실, 바람과 비에 노출된 바위가 풍화된 사실을 확인하였다.

이러한 사실로부터 허턴은 예리한 직관력을 바탕으로 과거에 가해진 것과 똑같은 힘이 같은 방법, 같은 속도로 지금도 작용하고 있다고 주장하였다. 이것이 균일설이다. 그러나 이 학설은 지구의 역사가 순간적으로 변하여 일어났다는 퀴비에의 천변지이설(격변설)과 예리하게 대립하였다. 이에 대해 허턴은 지구의 역사는 무한히 길며, 지구의 변화는 매우 완만하다고 주장하였다.

1785년 허턴은 자신의 견해를 저서 〈지구의 이론〉에 요약하여 발표하였다. 그의 이론은 라이엘의 지질학 원리를 바탕으로 전개된 것이다. 그래서 허턴을 지질학의 아버지라 부른다. 그의 지질학 이론은 창세기를 믿는 사람들에게 강한 반발을 샀다. 그의 이론이 인정받게 된 것은 반세기 이후부터였다.

68. 기체화학을 수립한 블랙
정량적인 화학연구의 선구자

　스코틀랜드의 화학자 블랙(Black, Joseph; 1728~99)의 아버지는 스코틀랜드 상인으로 프랑스에 거주하고 있었는데, 아들을 교육시키기 위해 영국으로 돌아왔다. 글라스고대학과 에든버러대학에서 의학을 전공한 블랙은 의학박사 학위논문에서 화학 문제를 다루었다. 이는 화학 논문으로서 최상급의 것이었다. 그는 내과의사로 근무하다가 글래스고대학 시절 스승이던 쿨렌의 자리를 이어받고, 아울러 해부학 교수가 되었다가, 얼마 후에 의학교수가 되었다. 또한 내과의로서 임상을 맡아 보았다. 다시 쿨렌의 자리를 이어 받아 에든버러대학의 화학교수가 되었다.

　블랙의 박사학위 논문에 의하면, 탄산칼슘을 강하게 가열하면 산화칼슘과 기체로 변화하며, 공기 중에 노출된 산화칼슘은 다시 탄산칼슘으로 변화한다. 그는 산화칼슘을 고체로 변화시킬 수 있는 한 종류의 성분이 공기 중에 있을 것으로 생각하였다. 이 성분이 이산화탄소로, 이를 '고정공기'라 불렀다.

　블랙은 기체의 신비성을 제거하였다. 기체도 고체나 액체처럼 반응한다. 공기 속에 이산화탄소(당시 이를 '고정공기'라 불렀다.)가 존재하며, 이산화탄소나 밀폐된 그릇 속에서는 촛불이 꺼지고, 남은 공기는 물질을 태우는 힘이 없다고 밝혔다. 그는 화학자 캐븐디시와 라보아지에와 함께 근대과학의 개척자이다.

　블랙은 에너지보존법칙의 발견 직전에 이르렀다. 물이 수증기로 변할 때 잠열을 많이 흡수한다. 하지만 반대로 수증기가 물로 변하거나 물이 얼음으로 변할 때 흡수한 만큼의 열을 방출한다. 이처럼 어느 변화에서 흡수된 양의 열이, 반대로 변화할 때 같은 양의 열을 방출하는 사실을 알아냈다. 이것은 에너지 보존이라는 큰 발견의 일보 직전이었다. 이는 30년 후에 입증되었다.

　와트는 블랙의 열 이론을 증기기관의 개량에 응용하였다. 그는 블랙이 근무하고 있던 글래스고대학에서 자주 만나 토론한 것으로 알려져 있다. 과학은 기술개발에 결정적인 역할을 한다. 이 같은 과학과 기술의 만남은 매우 중요한 의미를 지니고 있다.

69. 자연발생설 부정실험을 한 스팔란차니
야행성 동물의 초감각에 처음으로 관심을 갖임

　영국의 생리학자인 스팔란차니(Spallanzani, Lazzaro; 1729~99)는 유명한 법률가의 아들로 태어나 열다섯 살까지 지방에서 학교를 다녔다. 아버지로부터 예수회의 성직을 권유받았지만, 그는 단호히 거절하고 이탈리아의 볼로냐대학에서 법률학을 전공하였다. 그러나 과학에 흥미를 느낀 그는 수학, 화학, 박물학으로 전공을 바꾸고 박사학위를 취득하였다.

　스팔란차니는 지중해 연안을 거쳐 터키를 방문하였다 그 사이에 박물 표본을 모으고 이를 파피아박물관에 기증하였다. 오스트리아의 마리아 테레사는 그를 박물관장으로 임명하였다. 그는 니덤의 자연발생설을 부정하는 실험을 통해 이 문제를 철저히 연구하였다. 미생물의 배양액을 일단 끓인 다음, 30~45분 정도 방치해 두었지만, 미생물은 발생하지 않았다. 만일 끓인 배양액 중에서 미생물이 생겼다면, 포자 상태로 용액 속이나 플라스크 안쪽 벽, 아니면 공기 속에 미생물이 존재했을 것이라고 결론을 내렸다.

　그러나 이것으로 논쟁이 끝난 것은 아니다. 자연발생설을 지지하는 사람들은 용액을 끓임으로써 공기 중의 생명력과 같은 것이 죽었으므로, 생명력 없이 자연발생적으로 생명이 생길 수 있겠느냐고 반문하였다. 파스퇴르가 이 같은 반대론을 최종적으로 밀어낸 것은 그 때부터 100년이 지난 뒤였다.

　스팔란차니는 생애 마지막 10년 동안, 야행성동물이 어떻게 방향을 판단하는가에 흥미를 가졌다. 박쥐는 분명히 어둠 속에서도 자유롭게 날아다닌다. 박쥐 몇 마리를 장님으로 만들어 실험해 보았지만 결과는 마찬가지였다. 며칠 후 장님으로 만든 박쥐 몇 마리를 잡아 해부했을 때, 그 박쥐의 위 속에 곤충 찌꺼기가 가득 채워져 있었다. 눈 먼 박쥐는 날아다닐 수 있을 뿐만 아니라, 곤충까지 잡을 수 있다는 사실을 확인하였다.

　스파란차니는 박쥐가 특이한 감각기관에 의지하고 있지 않을까 생각한 나머지, 감각기관을 철저히 조사하였다. 결국 귀를 막음으로써 박쥐는 무력하게 되었다. 하지만 이를 설명할 수 없었다. 이에 대한 해답이 나온 것은 그때부터 100년 이상 걸렸고, 초음파에 관한 지식이 얻어진 뒤였다.

　스파란차니는 런던 왕립학회의 회원으로 선출되는 등 학술상 많은 영예를 안았다.

70. 광합성을 연구한 잉겐호우스
오스트리아 왕실에서 천연두 생 왁친을 접종

네덜란드의 생물학자 잉겐호우스(Ingenhousz, Jan; 1730~1799)의 아버지는 약제사였다. 벤대학에서 의학과 화학을 전공하고 졸업한 잉겐호우스는 라이덴대학에 입학하였다. 파리와 에든버러에 잠시 유학한 뒤 귀국한 그는 고향에서 개업하였다. 오스트리아의 계승전쟁 때 그의 가족을 도와준 영국을 위해, 영국으로 건너간 그는 영국 육군 군의관으로 근무하였다.

그 후 영국의 한 병원에서 일자리를 구한 잉겐호우스는 천연두의 접종을 담당하였다. 이 접종은 생 왁친을 사용하는 위험한 수법이다. 이 접종은 인기가 좋았으므로 조지 3세의 명으로 빈에 파견된 잉겐호우스는 오스트리아의 왕실 일가의 접종을 담당하고, 또한 오스트리아 왕실 시의로 빈에 머물다가 귀국하였다.

잉겐호우스는 식물이 광합성을 할 때 방출하는 산소의 양은 동물이 호흡하는 양보다 많다는 사실을 발견하였다. 녹색식물은 이산화탄소를 흡입하고 산소를 방출하는 대신, 동물은 산소를 흡입하고 탄산가스를 방출한다. 양자는 전적으로 상호의존한다고 생각하였다. 이 연구로 광합성 연구의 물꼬가 터졌다.

71. 수소를 발견한 캐번디시
여성 기피증으로 홀로 생애를 마친 과학자

영국의 화학자이자 물리학자인 캐번디시(Cavendish, Henry, 1731~1810)는 프랑스의 찰스 캐번디시 경과 켄트 공작의 딸 앙 그레 부인 사이에서 태어났다. 그의 큰 아버지는 제3대 데본셔 공작이다. 캐번디시는 두 살 때 어머니를 잃었다. 아카데미를 거쳐 케임브리지대학 피터 하우스 칼리지에 입학한 그는 학위를 받지 않고 자퇴하고 런던에서 은둔자처럼 생활하였다. 하지만 과학자로서의 활동은 적극적이어서 왕립학회에 빠짐없이 출석하였다.

캐번디시는 케임브리지대학 시절 4년 동안 부끄러움 때문에 교수의 얼굴을 한번도 마주보지 못하였다 한다. 그는 역사상 최상급의 기인(奇人) 과학자이다. 극도의 수치심을 지니고 항상 홀로 생활하면서 사람과 대화하는 일이 거의 없었다. 아플 때를 빼놓고 단한 사람의 남자 하인과 두세 번 말을 건네는 정도였다. 더욱이 여자 하인과는 결코 입을 열지 않았다. 여성을 극도로 무서워하고 여자 하인과는(예를 들어 저녁 식사를 부탁할 때 메모를 사용하여 연락하였다.) 어쩌다가 집안에서 마주치게 된 여자 하인은 바로 해고되었다.

집에는 자신만의 전용 출입구를 만들어 놓았다. 자기 집에서 시오리 떨어진 런던에 자신의 도서관을 마련해 놓고서도 다른 사람과 만나는 일이 거의 없었다. 죽을 때도 혼자 있겠다고 유언하였다. 캐번디시는 오로지 과학연구에만 매달렸다. 거의 60년 동안 혼자서 과학연구에 열중하였다. 과학 그것만을 순수하게 사랑했을 따름이다. 연구 성과를 발표하는 것이나 발견자로서의 명예를 받는 쪽보다 오로지 자신의 호기심을 만족시키는 것으로 충분하였다.

따라서 캐번디시의 발견은 그가 죽은 몇 년 동안 아무도 알지 못하였다. 1770년대 초기에 있었던 전기 실험은, 다음 반세기 동안에 발표된 거의 대부분의 발견들에 앞선 것들이다. 그의 노트를 면밀하게 조사하여 맥스웰이 발표한 것은 1세기 뒤의 일이다. 비밀로 할 필요가 없는데도, 비밀리 한 연구가 과학의 발전을 어느 정도 지연시켰는지는 측정할 길이 없다. 그러나 그의 전기실험을 보면, 그가 얼마나 과학연구에 헌신적이고 초인적이었던지 엿볼 수 있다. 당시 전기측정기구가 발명되지 않았기 때문에 그는 전류의 세기를 자신이 몸으로 직접 측정하였다. 그는 여든 살 가깝게 살았다.

다행스러운 것은 경제적으로 아무런 어려움이 없었다. 가족 중에는 케임브리지의 캐번디시연구소의 창설자인 데본셔 공작도 끼어있을 정도로 고귀한 신분의 집안 출신이다. 그는 마흔 살 무렵에 100만 파운드 이상의 재산을 상속받았지만 재산에는 관심이 없고 변함없이 연구생활을 지속하였다. 그가 죽은 후 그의 재산은 그의 친척 손으로 거의 넘어갔다.

1766년 캐번디시는 수소를 발견하고, 그 성질을 계통적으로 연구한 사람이다. 20년 후 라부아지에가 이 기체를 수소라 불렀다. 그는 수소를 태우면 물이 생긴다는 것을 실험으로 밝혔다. 물이 수소와 산소로 된 화합물이라는 사실이 분명해짐으로써, 그리스적인 원소의 개념(고대 4원소설)이 무너졌다.

1872년에 케임브리지대학에 한 연구소가 세워졌다. 캐번디시의 명예를 위해 그의 이름을 캐번디시연구소라 불렀다. 이 연구소는 영국 과학계의 얼굴이며, 핵물리학 연구의 메카로서, 이 분야에서 엄청난 연구 성과를 올렸다. 과학발전에서 연구소의 역할이 얼마나 큰가를 일깨워주는 좋은 본보기이다.

72. 산소를 발견한 프리스틀리
목사이자 진보적인 정치가로 미국으로 망명

영국의 화학자 프리스틀리(Priestley, Joseph; 1733~1804)의 어머니는 6년 사이에 여섯 아이를 낳고, 마지막 아이를 낳은 해 겨울에 타계하였다. 아버지는 비국교도 목사였다. 신동이라 불린 그는 일찍부터 철학, 어학, 논리학을 배우고 특히 과학을 좋아하였다. 그는 급진적인 유니테리언파 목사가 되었다. 정치적으로는 과격하고 영국에 항거하는 미국을 공공연하게 지지하며, 노예 매매법에 반대하였다.

프랑스혁명을 지지하여 결국 궁지에 몰렸다. 프리스틀리는 정기적으로 런던을 방문하고 있는 벤저민 프랭클린과 만나면서 강한 영향을 받아 과학연구에 몸담을 것을 결심했지만, 그 후 그는 목사로서 리즈에 부임하였다.

프리스틀리는 소년시절부터 죽을 때까지 일기를 썼다. 이것은 그의 생애에서 일종의 계속적인 저작이며, 그의 사업계획서이다. 그의 생애를 미루어보아 끊임없이 무엇인가 쓰고 남기려 하였다. 그는 속기술에 능숙하고 가장 빨리 쓰는 문필가의 한 사람이었다.

프리스틀리는 동료인 의사 터너의 화학강의를 듣고 화학에 흥미를 느꼈다. 적은 급료에서 공기펌프나 전기기구를 사들여 실험하였다. 당시까지 발표했던 몇몇 논문을 바탕으로 저서 〈전기의 역사와 현황〉을 출간하였다. 이 책은 영국 과학계에 큰 반응을 불러 일으켰고 왕립학회 회원으로 선출되었다.

프리스틀리의 집이 양조장 근처에 있기 때문에 양조통에서 발생하는 이산화탄소(당시는 '고정공기'라 불렸다)에 관심을 가지고 매일 밤 양조장에 가서 양조통 가까이에서 촛불이 꺼지는 것을 관찰하였다. 그는 리즈에 있는 교회 목사였기 때문에 이상한 소문이 나돌았다 한다. 그는 이산화탄소를 만든 다음, 이를 물에 녹였다. 이 물은 상큼한 맛을 지닌 발포음료로서 실용성이 있음을 알았다. 이 소다수의 발명으로 그 후 왕립학회로부터 코플리 메달을 받기도 하였다. 그런데 이 소다수가 괴혈병의 특효약인줄 잘 못 알고 상이 주어진 것이다.

이러한 연구로부터 프리스틀리의 명성이 점차 높아졌다. 1772년에는 정치가 쉐르번 백작의 사서 겸 비서로 초청되어 과학연구에 전념할 충분한 시간과 급료를 받았다. 그의 화학상의 중요한 발견은 거의 이 시기에 이룩되었다.

프리스틀리는 산소를 발견하였다. 1774년 기체 포집 과정에서 발견을 하였다. 그는 수은을 공기 중에서 가열하여 산화수은을 얻고, 이 화합물을 시험관에 넣어 렌즈로 모인 태양광선을 쪼여 가열한 결과, 한 종류의 기체가 발생하였다. 이 기체 중에서 가연성 물질은 급격하게 밝은 빛을 내며 탔다. 그는 산소를 발견하였다. 하지만 그는 플로지스톤설을 믿고 있었으므로 이 기체에 플로지스톤이 매우 부족하다고 생각한 끝에 '탈플로지스톤'이라 불렀다.

사실은 2년 전에 화학자 셸러가 이미 산소를 발견했지만, 출판사의 태만으로 그의 발표가 늦어져 프리스틀리에게 산소 발견의 선취권이 돌아갔다. 캐번디시가 기체 연구를 하기 전에 알려져 있던 기체는 공기와 탄산가스와 수소 등 셋뿐이었다. 프리스틀리는 여기에다 10종류의 새로운 기체를 추가하였다. 그는 작고 취급하기 쉬운 실험장치를 이용하여 소량의 시료로 정밀한 연구를 하였다. 그 장치는 여러 실험을 동시에 할 수 있었으므로 연구 속도가 빨랐다. 과학자들에게 큰 선물을 하였다.

쉐르번 백작은 프리스틀리에게 자신의 유럽 여행에 동행할 것을 부탁하였다. 당시 유럽 과학자들은, 마치 정치가들이 쉐르번 백작을 만나고 싶어 했던 것처럼, 프리스틀리를 만나고 싶어 하였다. 두 사람이 파리에 머물고 있는 동안, 프리스틀리는 화학자 라부아지에와 만나 자신이 발견한 새로운 기체인 산소에 대해 토론하였다.

쉐르번 백작의 밑을 떠나 버밍엄의 유니테리언파 교회의 목사가 된 프리스틀리는 과학자의 모임인 루나학회(Lunar Society) 회원으로 가입하였다. 이 학회는 회원들이 밤에 집으로 돌아가도록 만월인 밤을 택하여 모임을 가졌기 때문에 그렇게 이름이 붙었다. 회원 중에는 유명한 다윈의 조부인 에라스무스 다윈이나 와트 등이 있었다.

쉐르번 백작 밑을 떠난 뒤부터 프리스틀리는 생활이 어려워졌다. 런던에 프리스틀리를 돕는 후원회가 결성되었다. 후원자 중에는 당시 산업계의 지도적 인물인 소호공장의 볼튼, 거부인 골튼 일가가 있다. 이 시기에 그는 벤저민 프랭클린과 가까워졌다.

프리스틀리는 미국의 주장을 지지하였다. 프리스틀리에게 큰 위험이 닥쳤다. 1971년 7월 14일, 버밍엄의 친불 자코뱅당이 바스티유 감옥 함락을 축하하기 위해 호텔에서 축하연을 하고 있을 때, 이에 반대하는 시민의 한 무리가 호텔을 기습하고 건물을 부셨다.

폭도들은 루너협회 회원들의 집으로 몰려갔는데, 그 중 그들이 노렸던 사람은 프리스틀리였다. 그들은 그의 교회를 부시고 집에 불을 질렀다. 그들은 장서와 가구 그리고 실험장치를 창문 밖으로 내던졌다. 다행히 프리스틀리와 그의 가족은 피신하여 위험을 면하였다. 그는 버밍엄에 그 이상 머무를 수 없었다. 왕립학회 회원으로부터 백안시되어 1794년 4월 영국을 떠나 미국으로 망명하였다.

당시 미국은 영국의 식민지였으므로 국민감정도 반영, 친불이었으므로 프리스틀리를 따뜻하게 맞이해 주었다. 펜실베이니아대학은 그를 화학교수로 초빙했지만, 이를 사양하고 펜실베이니아 주의 작은 마을에 정착하여 과학과 신학 연구로 조용히 나날을 보냈다. 10년 후 타향에서 평화롭게 눈을 감았다. 그의 나이 일흔 세 살이었다. 과학계의 유별난 풍운아였다.

73. 원동기 제1호인 증기기관을 발명한 와트
당시 영국의 대기업가 볼턴과 합작

스코틀랜드의 기술자 와트(Watt, James; 1736~1819)는 어린 시절 몸이 허약한데다가, 십대에 어머니를 잃었다. 아버지는 처음에 사업에 성공했지만 실패하여 잉글랜드로 나와 런던에서 살았다. 와트는 1년 동안 기계 수련생으로 근무하면서, 이 기간에 기계의 사용법을 습득하고 기계공으로서의 기술을 몸에 익혔다.

스코틀랜드로 돌아온 와트는 글래스고에서 기계공으로 독립하려 했지만, 수련기간이 모자라 시 당국의 허가를 받지 못하였다. 그러나 시 당국의 권한 밖에 있는 글래스고대학에서 일감을 찾았다. 다행히 대학에서 화학자 블랙과 알게 되어 잠열을 이해하면서 증기기관의 개량을 착상하였다. 기술자로서 과학자의 이론을 받아들인 셈이다.

영국의 기술자인 세이버리와 뉴커먼이 발명한 증기기관은 양수기의 동력원으로 당시 사용되었지만 효율이 매우 낮았다. 우연한 기회에 와트는 대학 당국으로부터 뉴커먼의 증기기관 수리를 위임받았다. 그는 이를 간단히 수리했지만 그것으로 만족하지 않고 그의 개량에 뜻을 세웠다.

어느 일요일, 와트는 산보하던 중에 아이디어가 떠올랐다. 그는 증기실을 냉각하는 대신 제2실(응결실)을 만들고 그곳으로 증기를 보내도록 착상하였다. 이렇게 하면 증기실

(제1실린더)이 가열된 상태 그대로 있고, 응결실은 항상 냉각되어 있으므로 연료의 소모가 적다. 이로써 1769년(영국의 근대사 교수인 카드웰은 이 해를 산업혁명의 첫 해로 주장하고 있다)에 뉴커먼의 개량형보다 큰 효율을 지닌 증기기관이 탄생하였다.

와트는 뉴커먼의 것을 개량했을 뿐 아니라, 양수기 이외에도 이용하는 방법을 열어 놓았다. 1780년대에 피스톤의 왕복운동을 회전운동으로 바꾸는 장치를 연구한 와트는 증기기관을 여러 기계의 동력으로 사용하는 길을 열어 놓았다. 예를 들어 제철공장의 용광로에 공기를 불어넣는 풀무를 작동시키거나, 광석을 분쇄하는 망치를 작동하는데 사용되었다.

이처럼 용도가 넓은 와트의 증기기관은 원동기 제1호이다. 그는 당시 소호공장을 경영하고 루나학회 회원이던 볼턴과 합작하여 증기기관을 생산하여 세계 각지에 공급하였다. 자연계(연료)에 있는 에너지를 기계에 공급하기 위한 최초의 장치이다. 때를 맞추어 영국의 기술자 아크라이트가 방적기를 발명하고, 이것이 섬유산업에 연결되었다. 때를 맞추어 산업혁명이 일어났다.

와트의 명예를 기념하여 봉사율의 측정단위로 그의 이름이 지금도 사용되고 있다. 1마력은 746와트로, 1분간에 33000파운드의 물을 1피트 올리는 일이다. 성공과 영광 속에서 존경을 한 몸에 받던 와트는 현역에게 은퇴하였다.

74. 미적분으로 역학을 체계화 한 라그랑주
프랑스 혁명정부의 신도량형 제도 수립에 앞장

이탈리아계 프랑스 천문학자이자 수학자인 라그랑주(Lagrange, Joseph Louis Lonete; 1736~1813)는 이탈리아에서 태어났다. 그는 열여덟 살에 토리노 포병학교 기하학 교관으로서 과학문제를 토론하는 모임을 조직했는데, 이것이 바탕이 되어 1758년 토리노 과학아카데미가 설립되었다.

우수한 과학자를 후원하는 프리드리히 2세 때, 베를린 과학아카데미 총재인 프랑스 수학자 오일러는 라그랑주가 연구한 변분법에 관한 논문을 읽고 그 내용이 뛰어나 감탄한 나머지 자신의 발표를 미루고 그가 먼저 발표하도록 양보하였다. 과학자 사회에서 그다지 흔한 일은 아니다.

라그랑주는 러시아 황제 예카테리나의 초청(과학자를 많이 초청하는 이성시대의 왕가의 유행)으로 페테르부르크로 갔다. 그 후 당시 세계적인 수학자 오일러와 다랑벨의 추천으로 마흔 살에 베를린 학사원 총재로 임명되었다.

라그랑주는 수학의 재능을 바탕으로 갈릴레오가 연구했던 역학을 체계화하고, 역학의 모든 문제를 풀 수 있는 방정식을 유도하였다. 그리고 이 방법을 저서 〈해석역학〉으로 정리하여 1788년에 파리에서 출간하였다.

프리드리히 대왕이 서거하자 라그랑주는 파리로 돌아 왔다. 그는 프랑스혁명 당시 프랑스를 떠나지 않고 파리에 그대로 눌러 앉았다. 혁명정부에 마지막 봉사할 수 있는 기회를 얻은 그는 1793년 무게, 길이, 시간의 새로운 단위를 측정하는 위원회 위원장으로 선출되었다. 그는 역사가 시작한 이래 처음으로 과학적인 도량형 단위 체계인 '미터법 제정'에 앞장섰다. 미터법은 과학세계의 공통어로서 세계적으로 사용되고 있다. 그러나 미국, 영국을 비롯하여 앵글로색슨계의 몇몇 국가에서는 지금도 비과학적인 영국식(피드, 야드법)이 일상생활에서 사용되고 있다.

나폴레옹은 라그랑주의 공적을 높이 평가하고 백작의 칭호를 주어 그의 생애 마지막을 축복해주었다.

75. 18세기 최대 천문학자 허셜
혜성 연구 중에 천왕성과 그의 두 위성을 발견

독일계 영국의 천문학자 허셜(Herschel, Sir Fredrick William; 1738~1822)은 영국의 제임스 2세의 영지(실제로는 영국령이 아니지만)이던 하노버에서 태어났다. 그는 하노버 육군 군악대 대원이던 아버지의 뒤를 이을 예정이었지만, 제대한 후 가족과 함께 영국으로 건너갔다.

영국을 제2 고향으로 선택한 허셜은 '프리드리히 빌헬름'이라는 이름을 '윌리엄'으로 바꾸고 새 조국에 적응하는데 노력하였다. 음악적인 재능에 힘입어 영국으로 건너온 지 10년이 채 못 된 사이에, 오르간 연주자로서 유명해지고 온천지 베스에서 교사로 근무하였다.

허셜은 천문학에 흥미가 있었지만, 망원경을 구입할 여유가 없었으므로 스스로 렌즈를 깎고 닦아 망원경을 만들었다. 매우 다행스러운 일은 여동생 캐롤라인 허셜이 렌즈를 닦는데 놀랄 만큼 열의를 보이고, 아마추어 천문학자로써 충분하였다. 허셜이 몇 시간 동안 렌즈를 깎는 사이에 여동생은 식사준비를 하고 책을 읽어주면서 그를 도와주었다. 그들은 당시 최고의 망원경을 만들었다. 그녀를 최초의 여성 천문학자라 말하는 사람도 있다.

허셜은 토성의 테두리를 찾아냈다. 그가 우수한 망원경을 사용하여 조직적으로 천체를 꾸준히 관측하고 있을 무렵, 단순한 점이 아닌 둥근 천체를 발견하였다. 혹시 이것이 새로운 혜성이 아닌가 생각한 끝에 관측을 계속했지만, 이 별의 주변이 혜성처럼 흐리지 않고 가장 자리가 행성처럼 뚜렷한 사실에 관심을 모았다. 그리고 충분한 관측과 그 궤도를 계산한 결과, 다른 천문학자의 계산과 마찬가지로, 혜성의 경우처럼 가늘고 긴 원형이 아니라는 점, 거의 원형에 가깝다는 점, 그의 궤도가 토성의 외측에 있는 것으로 확인되었다. 이것이 토성의 테두리이다.

허셜은 새로운 행성인 천왕성을 발견하였다. 태양계의 일곱째 행성이다. 그는 기쁨과 놀라움을 감출 수 없었다. 이 행성은 육안으로 간신히 볼 수 있을 정도였으므로 발견 이전에도 몇 번 관측된 바 있었다. 플램스티드는 1세기 전에 이 별을 항성표에 기록했지만, 이 별이 원형(圓形)이라는 것을 발견한 것은 허셜이고, 이것이 행성임을 최종적으로 밝힌 것도 허셜이다.

허셜은 이 별에 이름을 붙일 무렵, 당시 영국 왕 조지 3세의 이름을 붙여 '조지 별'이라 불렀다. 그러나 몇몇 천문학자들의 제안에 따라 '허셜 별'이라 불렀다가, 다른 행성처럼 그리스 신화의 이름을 붙이도록 결정하였다. 독일의 천문학자 존 오데가 제안한 새턴의 아버지(우라누스)의 이름을 따라 이를 '천왕성'이라 불렀고, 19세기 중엽부터 그 이름이 일반적으로 통용되었다.

천왕성 발견 이후에도 허셜은 망원경을 개량하여 천왕성의 두 위성을 발견하였다. 그리고 '티타니아', '오베론'이라 불렀다(그리스 신화에 나오는 신의 이름 대신 영국의 민속적인 전승에서 나오는 이름을 붙였다). 이 이외에 네 개의 위성을 발견했다고 발표했지만, 그것은 잘못을 범하였다.

천왕성 발견의 소식은 많은 반응을 불러 일으켰다. 프러시아의 프리드리히 2세(과학자에게 없어서는 안 될 후원자)를 감동시켰고, 또 다른 아직 미지의 세계가 있을 지도 모른다는 사실로부터 사람들의 마음을 들뜨게 하였다.

허셜은 연성(이중성)을 발견하였다. 별의 위치가 이동하지만 그 이동 상태를 보면, 두 별이 실제로 서로 회전하고 있음을 확인하였다. 그는 약 800개에 달하는 연성을 발견하였다. 연성에 관한 이 같은 발견은 처음이지만, 이 별의 운동이 뉴턴의 역제곱의 법칙에 따른다는 것을 알았다. 태양계에서만 실증되었던 만유인력의 법칙이 100년 후에는 매우 먼 곳에 있는 별까지 적용됨으로써, 뉴턴의 법칙에 처음으로 '만유'를 붙여 만유인력의 법칙이라 불렀다. 그는 또한 광도가 변화하는 변광성을 철저하게 관측하고 이를 계통적으로 연구하였다. 1801년 나폴레옹 전쟁이 잠잠해지자, 허셜은 파리를 방문하여 파스퇴르와 나폴레옹을 만났다. 나폴레옹에 대해서는 그다지 좋은 인상을 갖지 않았다고 술회하였다.

허셜은 수많은 항성을 관측하여 선배들이 상상도 못한 항성 우주의 전체적인 체계를 조사하였다. 은하는 원반 모양이고, 태양계는 항성 우주 속에 있는 작은 점에 불과하며, 태양은 은하계 중심 부근 가까운 곳에 위치한다고 확신하였다. 또한 은하계 밖에 더욱 큰 우주가 존재한다는 사실을 처음으로 주장하였다. 코페르니쿠스가 지구를 그 지위에서 끌어내렸던 것처럼, 그는 우주의 중심이라 생각해 왔던 태양을 그의 지위에서 끌어내렸다.

허셜은 조지 3세의 원조로 길이 1200cm, 반사경의 직경 120cm인 당시 최신식 망원경을 만들었다. 왕은 방문객들에게 이 망원경을 보여주면서 자랑하였다. 이를 사용하여 허셜은 토성의 위성인 '미마스'와 '엔셀라더스'를 발견하였다(호이헨스가 발견한 1개와 카시니가 발견한 4개를 합쳐 토성의 위성은 모두 7개로 알려짐). 그리고 토성의 자전 주기를 측정하고, 토성의 테두리가 자전한다는 것도 발견하였다.

허셜은 적외선을 발견하였다. 1800년 태양광선 스펙트럼의 각 부분이 방출하는 열량을 실험한 결과, 적색 부분을 벗어난 곳의 온도가 가장 높다는 사실을 발견하고, 태양광선의 빨강 부분 밖에 비가시광선이 있다는 결론을 내렸다. 이것이 열선인 '적외선'이다.

허셜은 왕의 보조금이 줄어들어 한때 망원경을 만들어 팔기도 하였다. 부호인 미망인과 결혼하면서부터 관측에 더욱 열을 올렸다. 여동생 캐롤라인은 미혼인 채로 허셜의 뒷바라지를 정성껏 하였다.

허셜은 무어라 해도 허셜은 비할 바 없는 18세기 최고 천문학자였다. 왕립학회 회원으로 선출되고 코프리 상을 받았다. 그리고 조지 3세의 전속 천문학자로 임명되었다.

그는 1816년 기사 칭호를 받고 명성을 가득 지닌 채 여든네 살에 생애를 마감하였다. 84년이라는 숫자는 천왕성의 공전 주기와 같다. 그의 아들 존 허셜 역시 유명한 천문학자가 되었다. 캐롤라인이 오빠에게 아낌없이 도움을 주었듯이, 조카에게도 큰 도움을 주었다. 그녀는 소리 없이 숨어서 남을 도와주었다.

76. 산소의 발견에서 선취권을 빼앗긴 실레
약종상 심부름꾼에서 큰 화학자로 변신

스웨덴의 화학자 실레(Scheele, Karl Wilhelm; 1742~1786)의 아버지는 상인이었다. 살림이 어려워 실레는 열네 살 때 약종상 밑에서 도제로 일하였다. 당시 약종상은 질병에 효과가 있는 성분을 광석에서 찾아내고 자기 집에서 독자적으로 약을 만들어 팔았다. 사실상 그는 이곳에서 화학의 실제적인 지식을 몸에 익혔다.

더욱이 주인은 매우 친절한 사람으로 화학책을 빌려주거나 화학실험 기술을 가르쳐 주었다. 10년 동안 주인 밑에서 사랑을 받아가면서 화학지식을 몸에 익혔다. 그러나 주인은 경영이 어려워 그 집을 팔아 넘겼다. 실레는 하는 수 없이 고향을 떠났다. 그는 스톡홀름에서 웁살라로 옮겼다. 웁살라는 예로부터 대학촌으로 당시 저명한 광물학자 베리만이 살고 있었다. 실레는 친구의 소개로 베리만으로부터 화학 이론을 배우고 격려도 받았다.

실레는 학계에서 역사상 가장 불행한 사람으로 알려졌다. 어느 경우에는 간발의 차이로, 어느 때는 연구가 약간 미비하여 다른 사람에게 선두를 빼앗긴 경우도 있었다. 염소의 경우, 분리에 성공했지만 그것이 새로운 원소인줄 몰랐고, 산소의 화합물로 착각했기 때문에 30년 이상 늦게 발견한 마라에게 발견의 선취권을 빼앗겼다.

더욱 애석했던 일은 산소 발견의 경우로, 화학사상 가장 유명한 사건이다. 과학연구에서 발견의 선취권 문제와 관련한 좋은 예가 된다. 1772년에 실레는 산소를 얻는데 성공하였다. 산소야말로 분명히 실레가 처음 발견한 것으로, 그 실험방법까지 상세히 기록하였다. 그런데 출판사의 태만으로 그 논문의 출간이 1777년에 이르러 이루어졌다. 이미 프리스틀리가 1774년에 산소의 발견을 발표한 훨씬 뒤였다. 산소 발견자의 명예는 프리스틀리에게 돌아갔다.

실레는 메라 호수 서해안 동네의 한 약종상 관리인으로 일하게 되었다. 태어나서 처음으로 그는 남에게 의지하지 않고 좋아하는 화학연구를 자유롭게 할 수 있었다. 하지만 이 기쁨도 잠시였다. 연구에 열중한 나머지 약국의 경영이 악화되어 그는 빚더미에 올랐다. 주인이 점포를 정리할 수밖에 없게 되자, 그를 존경하고 마을의 자랑거리로 여겼던 사람들은 그를 위해 새로운 점포를 만들자는 운동을 벌였다. 이 사실을 눈치 챈 주인도 점포의 매각을 단념하고, 결국 실레에게 관리를 맡겼다. 결국 그는 죽을 때까지 이 동네에서 살았다.

이 약국이 점차 유명해지면서 실레도 유명해졌다. 그는 스톡홀름이나 웁살라에서 대학교수로서 명성을 올릴 기회가 몇 번 있었지만, 동네 약국에서 일하는 것이 그의 뜻이었다. 만약 교수가 되었더라면 평범하게 일생을 보냈겠지만, 약종상으로서 그는 역사상 크게 이름을 떨쳤다.

실레는 어떤 화합물이라도 자신이 조제한 것을 반드시 한번쯤 맛을 보는 나쁜 버릇이 있었다. 보통 약품은 말할 것 없고 아비산, 승홍, 청산과 같은 독극물도 자주 맛을 보았다. 그 때문에 원래 건강했던 그는 점차 쇠약해져 마흔 살부터 심한 신경통에 시달렸다. 결혼도 못하고 높은 지위도 얻지 못했지만, 그가 일생 동안 추구한 것은 오직 진리뿐이었다. 그는 오로지 과학연구에만 정열을 쏟았고 일체 사회적인 접촉을 피하였다.

결혼을 승낙한 것은 이미 임종이 가까워졌을 때였다. 생애 마지막에 약품 중독이 실레를 괴롭혔다. 1786년 5월 2일 보통 사람이라면 한창 활약할 마흔 세 살의 젊은 나이로 세상을 떠났다. 독일의 과학자 오스트발트는 "실험실에서 일하는 것만이 그의 온 정신을 채우고 있었다. 그 이외의 아무 것도 그의 마음을 움직이지 못하였다."고 지난날을 회상하였다. 여하튼 그는 18세기 최대 과학자이다. 그는 당시 선진국이던 영국이나 프랑스와 관계없이 독립적으로 연구하였다. 그것도 대학아닌 약국에서.

77. 식물학자로서 큰 탐험에 나선 뱅크스
과학의 발전을 위해 사유재산을 쾌척하는 후원자

영국의 식물학자 뱅크스(Banks, Sir Joseph; 1743~1820)는 1766년에 실시한 뉴파운들랜드 탐험에 왕립학회 일원으로 처음 참가하여 새로운 종의 식물과 곤충을 채집하였다. 당시 새로운 동물이나 식물을 연구하기 위한 해외 과학탐험에는 반드시 박물학자를 동행하는 것이 유행하였다. 이것은 그 후 찰스 다윈이 항해를 시도했을 때 절정에 이르렀다.

뱅크스는 쿡 선장이 앞장선 최초의 태평양 탐험에 참가할 수 있는 기회를 얻었다. 그는 탐험에 참가하는데 필요한 장비를 모두 자기부담으로 준비하고, 린네의 제자 한 사람과 네 사람의 화가(사진기가 없었던 시절이므로)와 함께 출발하였다.

오스트레일리아에 상륙한 뱅크스는 다른 어느 지역에서 볼 수 없었던 새로운 모습의 생물을 가까이서 보았다. 일행의 상륙 지점은 지금의 시드니 부근으로 '식물만'이라 불렀다(25년 후 식물만은 죄인의 상륙 지점). 또한 쿡은 뉴질랜드의 크리스트처치 시의 정 남쪽에 위치한 반도를 뱅크스의 명예를 위해 '뱅크스 반도'라 불렀다.

뱅크스는 오스트레일리아 포유류의 대부분은 유대류이고, 또한 다른 대륙의 대부분의 포유류보다 원시적이라고 처음 소개하였다. 1세기 후, 영국의 진화론자 월리스는 이곳에서 진화에 관한 중대한 결론을 유도하였다.

뱅크스는 해외 식민지를 얻는데 관심을 보여 영국이 오스트레일리아를 최초의 식민지로 만드는데 큰 힘을 미쳤다. 때로는 '오스트레일리아의 아버지'라 불린다.

뱅크스는 원산지의 식물을 각지에 이식하는데 노력하였다. 한 예로 빵나무를 프렌들리 제도 부근에서 서인도 제도로 옮겼다. 1788년 빵나무를 운반했던 배는 바운티호로, 쿡의 최후의 태평양 탐험 때 선장이던 윌리엄 프라이가 이 일을 맡았다. 그런데 대우가 지독하게 나쁜데 대한 불만을 폭발시켜 선원들이 출항을 거부하고 반란을 일으켰다('바운티호의 반란'의 저자에게 좋은 이야기 거리를 주었다).

탐험대는 1771년에 귀국하였다. 뱅크스는 많은 양의 식물표본을 가지고 돌아왔다. 그 중 8000 이상의 것은 알려져 있지 않은 것이었다. 그는 항해일기를 붙였기 때문에 타계한 후 일부 출판되었는데, 항해중에 행한 과학상의 발견에 대해서는 기록이 남아있지 않다. 귀국 후 뱅크스는 유명인사가 되고, 조지 3세와 인연을 맺고 그 우정이 깊어졌다.

왕립학회 회장으로 선출된 그는 그 후 41년 동안 죽을 때가지 그 자리를 지켰다. 과학에 대한 직접적인 공헌은 없지만, 준 남작이 된 그는 최후까지 과학에 대한 후원자로서 유능하고 젊은 과학자를 힘껏 도왔다.

78. 화학혁명을 몰고 온 라부아지에
프랑스 혁명정부가 단두대로 처형

프랑스 화학자 라부아지에(Lavoisier, Antoine Laurent ; 1743~1794)는 파리에서 태어났다. 아버지는 법률가로 재판소 근처에서 변호사로 일하였다. 성실하고 부유한 가정에서 자랐지만 그는 다섯 살 때 어머니를 잃었다. 아버지는 라부아지에와 그의 두 누이를 이모 집에 맡겼다.

라부아지에는 열한 살 때 명문교에 입학하였다. 처음에는 문학소년으로 극작가를 꿈꾸었으나 상급학년이 되면서 자연과학에 눈을 돌리고 이에 전념하였다. 그는 라카유의 천문학 강의를 듣고 난 뒤 과학에 더욱 관심을 가졌고, 지질학을 배운 뒤부터 화학으로 방향을 바꾸어 일생 동안 화학을 연구하였다. 그러나 부친이나 숙모의 희망을 따라 법과대학에 진학하여 스물두 살에 법학사가 되었다.

라부아지에는 공명심이 매우 강한 사람으로, 민중의 생활 향상을 위해 설립된 각종 위원회에 이름을 많이 남겼다. 프랑스 왕립과학아카데미가 당시 도시가스등이 거리를 밝게 했지만 기름을 경제적으로 사용하기 위한 방법을 현상 모집했는데, 그는 이에 응모하여 최우수상을 받고 일약 유명해졌다. 그는 스물 세 살의 젊은 나이로 프랑스 왕립과학아카데미 회원으로 선출되었다. 이것은 매우 이례적인 일이었다.

라부아지에는 어머니의 유산과 아버지의 원조로 징세청부인의 주식을 사드렸다. 징세청부인이란 국가를 대신하여 여러 간접세를 징수하는 권리를 가지고 많은 부하를 거느리고 세금을 징수하는 사람이다. 일정한 할당 몫을 국가에 지불하고 나머지는 자신의 수입으로 삼았다. 그러므로 청부인은 비정한 행동을 거침없이 자행하고, 밀수업자를 적발하여 고발함으로써 국민으로부터 미움을 많이 받았다. 그 자신은 물론 징수에 직접 참여하지 않았지만 감독자로서 분주하게 활동하였다. 그는 1년에 10만 프랑의 이익을 올렸다.

당시 프랑스에는 징세청부인에 유사한 화약 감독관 제도가 있었다. 그들은 흑색화약 판매의 권리를 한 손에 쥐고 있었다. 그는 화약감독관 4명 중 한 사람으로 임명되고, 프랑스를 유럽 제일가는 화약제조 국가로 발전시켰다.

라부아지에는 이익금으로 최신 실험설비를 갖춘 큰 실험실을 집 뒤뜰에 마련하였다.

한때 이 실험실은 유럽이나 미국의 저명한 과학자들의 집합장소였다. 미국의 프랭클린이나 제퍼슨(제3대 미국 대통령)이 이곳을 방문하였다. 라부아지에는 징세청부인이자 화약감독관으로서의 본분 이외에, 매일 아침 6시부터 3시간, 밤 7시부터 3시간 화학실험을 계속하고, 매주 하루는 왼 종일 젊은 화학자들과 함께 실험하고 토론하였다.

　스물여덟 살에 라부아지에는 같은 징세청부인 동료의 딸인 미모의 마리와 결혼하였다. 이때 신부의 나이 14살. 마리는 남편을 돕기 위해 라틴어, 영어, 화학, 그리고 그림 공부를 하였다. 오랫동안 그녀는 실험조수로서 화학책의 번역이나 사교 면에서도 남편을 도왔다.

　라부아지에는 산화현상을 발견하였다. 공기 속에서 금속을 가열하면, 금속의 질량이 증가한다는 사실을 정량적 실험을 통하여 증명하였다. 그리고 연소란 물질로부터 플로지스톤이 달아나는 것이 아니라, 반대로 가연성 물질과 산소가 결합하는 현상이라 밝힘으로써, 100년 동안 화학계를 지배해 오던 플로지스톤설이 무너졌다. 그리고 산화설이 등장하여 합리적인 화학발전의 기초가 수립되었다.또한 그는 당시까지 사람들이 믿고 있던 고대 4원소설을 반증하는 실험을 하였다. 그는 물이 수소와 산소의 화합물이라는 사실을 증명함으로써 고대 4원소설이 사라지고, 동시에 아리스토텔레스의 원소전환 사상이 뿌리부터 뒤흔들렸다.

　라부아지에는 단체(單體)의 정의와 구체적인 이름을 정하고, 또한 원소와 화합물의 명확한 표현방법과 화학 단위표를 작성하였다. 그가 작성한 원소표에는 33종의 원소가 수록되어 있으나 몇 가지 산화물과 열소(熱素) 및 광소(光素)가 포함되어 있다.

　라부아지에는 화학변화 전후의 각 물질의 질량을 측정하여, 변화의 본질을 찾는 정량적 방법을 선택하였다. 그가 질량불변의 법칙을 발견한 토대는 바로 그의 정량적 연구였다. 그는 화학실험에서 저울(화학천칭)을 자주 사용하였다. 그를 정량화학의 아버지라 부르는 것은 바로 이 때문이다. 질량불변의 법칙과 관련하여 특기할 사실은 그 개념이 그의 독점물이 아니라는 점이다. 이미 앞선 사람이 있었다. 그 사람은 러시아의 화학자 로모노소프이다.

　라부아지에는 화학명명법의 개혁 필요성과 원칙을 밝힌 논문을 왕립과학아카데미에 제출하였다. 이 화학용어의 새로운 체계는 그의 산화 이론과 함께 근대화학의 기초가 되었다. 그는 1787년 공저 형식으로 〈화학명명법〉을 출간하였다. 이 새로운 체계는 부분적으로 개정되었지만 거의 200년이 지난 지금도 이에 따르고 있다.

프랑스 정치혁명이 일어났던 1789년, 라부아지에는 새로운 근대화학 이론을 바탕으로 저서 〈화학원론〉을 출간하였다. 이 저서는 출간된 다음 해에 영어로 번역되고, 계속해서 독일어, 네덜란드어, 이탈리아어로 번역되어 새로운 화학 교과서로 널리 보급되었다. 한편 1789년에 새로운 화학 잡지 〈화학연보〉가 창간되었다.

1792년 로베스피에르가 이끄는 자코뱅당이 권력을 장악하자 다음 해 8월에 프랑스 왕립과학아카데미가 폐쇄되었다. 라부아지에는 실의에 빠졌다. 혁명정부는 11월에 징세청부인을 체포하기 시작하였다. 라부아지에는 두 가지 잘못으로 자신을 불행의 구덩이로 몰아넣었다. 한 가지는 1768년 징세회사에 50만 프랑을 투자한 일이고, 또 한 가지는 프랑스 왕립과학아카데미에 관여한 일이다. 신문기자 판보르 마라는 자신을 훌륭한 과학자라 믿고서 왕립과학아카데미에 회원 가입을 신청한 일이 있었다. 이때 라부아지에는 이 논문(불의 성질에 관해서 자기 멋대로 연구한 것)을 가치 없다고 판단하고 입회를 강력하게 반대하였다. 그 후 집념이 강했던 마라는 혁명정부의 강력한 지도자로서 라부아지에에게 복수를 다짐하였다.

마라는 대중 앞에서 계속 선동하였다. 라부아지에를 죽음으로 몰아넣은 또 한 사람은 그와 함께 화학을 연구했던 화학자 푸르크로아이다. 그는 비밀리에 프랑스 왕립과학아카데미를 해산시키는 데 주역을 맡았고, 갖가지 수단으로 라부아지에를 모략하여 결국 단두대에까지 올려놓았다. 그럼에도 불구하고 사형 직후, 장례시장에 나타나 슬픔에 잠긴 조사를 읽었다고 한다. 인간 속성의 단면을 보여주는 좋은 예이다.

혁명정부의 재판장에서 라부아지에는 "나는 정치에 관여한 사실이 없으며 징세청부인으로서 얻은 수입은 모두 화학실험에 사용하였다. 나는 과학자이다."라고 주장하였다. 혁명재판부 코피나르는 "프랑스 공화국은 과학자가 필요 없다. 정의만이 필요하다."는 선고를 내렸다. 선고가 내려지기까지 배후에서 조종한 사람은 역시 마라였다. 마라 자신은 1793년 암살되었는데, 그때는 이미 라부아지에의 사형이 결정된 뒤였다.

라부아지에는 사형선고를 받은 28명과 함께 1794년 5월 8일 단두대에서 처형되었다. 그때 나이 쉰한 살. 자코뱅당은 라부아지에가 죽은 두 달 후에 무너지고 당수인 로베스피에르와 코피나르도 단두대에 올랐다. 라부아지에야 말로 혁명의 재난을 가장 혹독하게 받은 사람이다. 과학과 정치의 미묘한 관계가 빚은 역사적 사건의 한 예이다. 수학자 라그랑제는 다음과 같이 탄식하였다. "그의 목을 자르는 것은 한 순간이지만, 그와 같은 두뇌가 출현하는 데는 100년 이상 걸린다." 그의 천재적인 재능은 그에게 영광을 안겨 주었으나, 그의 부와 공명심, 자만심은 그를 죽음으로 끌고 갔다. 그를 애석하게 생각한 프랑스 사람들은 그가 죽은 2년 후에 그의 흉상을 세우고 그의 위업을 기렸다.

79. 새로운 원소 몇 가지를 발견한 클라프로트
67세때 베를린대학 최초의 화학 교수로 임명됨

독일의 화학자 클라프로트(Klaproth, Martin Heinrich; 1741~1817)는 여덟 살 때 집에 불이나 살림살이가 매우 어려웠으므로 열세 살에 약종상의 도제가 되었다. 그 후 독립하여 화학연구를 시작한 그는 베를린 포병학교 화학강사를 거쳐 베를린대학 최초의 화학교수로 임명되었다. 그 때 나이 67세로 타계하기까지 7년 동안 활동하였다.

클라프로트는 몇 가지 새로운 원소를 발견하였다. 1789년 그는 피치블렌드 광석으로부터 황색의 화합물을 얻었다. 화합물이지만 고대연금술사들의 명명법에 따라 행성의 이름을 붙이기로 하고, 천왕성(우라누스)와 관련하여 '우라늄'이라 불렀다. 그 해 클라프로트는 보석인 지르콘에서 새로운 산화물을 추출하고 원소를 분리하여 '지르코늄'이라 불렀다. 또한 다른 산화물로부터 원소를 홀로 분리하고, 그리스 신화에 나오는 타이탄과 관련하여 '티타늄(Ti)'이라 불렀다.

클라프로트는 라부아지에와 달리, 욕심과 공명심이 없었으므로 이들 새로운 원소의 최초 발견자로서의 영예를 영국의 광물학자 그레골에게 양보하였다. 또한 수년 후에 52번 원소인 '텔드륨(Te)'라는 새로운 원소를 확인했을 때도 그 발견자로서의 명예를 오스트리아의 광물학자 뮐러의 이름을 거론하였다. 과학계에서 드문 일이고 아름다운 한 장면이다. 지금 과학자 집단에서는 선취권 때문에 추잡한 일이 많이 벌어지고 있다.

광물이나 새로운 원소에 관한 클라프로트의 모든 연구는 그가 정량적 무기분석화학자로서 탁월한 수법을 지니고 있었기 때문이다. 그는 분석화학자로 최고봉에 앉은 사람으로, 때로는 그를 '분석화학의 아버지'라 부른다. 그는 이 분야를 새로이 탄생시켰다.

80. 용불용설을 내세운 라마르크
진화론을 둘러싸고 퀴비에와 10년 동안 논쟁

프랑스의 박물학자 라마르크(Lamarck, Jean Baptiste Pierre Antoine de Monet, Chevalier de; 1744~1829)는 몰락한 귀족의 열한 번째 아들로 태어났다. 당시 귀족 가문에 태어나면 군부나 교회로 진출하는 것이 상식이었으므로, 그는 진로를 결정하는데 무척 고심하였다. 아버지는 군인이나 신부가 되기를 고집했으므로 라마르크는 자신의 뜻에 맞지 않는 데도 신부가 될 교육을 받았다. 아버지가 타계하자 자신의 뜻대로 군인이 되어 사병으로 공적을 쌓고 장교로 임명되었다. 하지만 건강이 좋지 않아 제대하였다.

라마르크가 지중해 연안에 주둔하고 있을 당시 프랑스 식물에 관해 저술하고, 파리 박물관 무척추 동물학 교수로 임명되었다. 쉰살에 이르러서야 마음껏 연구하게 되었다. 그는 8족의 절지동물(거미, 진드기, 전갈 등)과 6족의 곤충을 구별하고, 또한 갑각류(게, 새우 등)나 극피동물(성게, 불가사리 등)을 새로 분류하였다. 그는 자신이 발견한 것을 저서 〈무척추 동물지〉로 정리하여 현대 무척추동물학의 기초를 세웠다. 그는 '척추동물', '무척추동물', '생물학'이라는 용어를 처음 사용하고 일반화하였다.

라마르크는 1809년에 〈동물철학〉을 출간하였다. 이 저서에서 진화론을 주장하여 프랑스의 고생물학자인 퀴비에의 천변지이설(격변설)에 정면 도전하였다. 그는 생명의 진화론적 발달을 합리화하는 체계를 대담하고 솔직하게 주장하였다. 종은 고정된 것이 아니라 변화하고 발달한다는 것이다. 라마르크설에 의하면 생물에게는 생존 중에 자주 사용하는 기관과 그렇지 않는 기관이 있는데, 자주 쓰는 기관은 발달하고 그렇지 않는 기관은 쇠퇴한다는 소위 '용불용설'을 주장하였다. 이 과정을 통해 얻어진 형질이 자손에게 유전된다는 것이었다.

이에 관련하여 라마르크는 기린을 예로 들었다. 원시적인 영양은 나무의 어린잎을 많이 먹기 위해 있는 힘을 다해 항상 머리를 위로 쳐들어 왔고, 마찬가지로 다리나 혀도 늘려 왔다. 그러므로 영양은 머리도 다리도 혀도 길어지고, 이것이 자손에게 유전되어 점차 기린의 모습으로 변했다는 것이다. 이것이 획득형질 유전설의 예이다.

라마르크의 진화론에 잘못이 있다 하더라도, 그는 진화론을 생물학계의 최전선으로 이끌어냈다. 이 점에서 그의 명예를 높이 살만 하다. 그러나 그는 프랑스의 유명한 생물학자이자 비진화론자인 퀴비에의 세력에 눌려 빈곤 속에서 헤매고, 그의 진가를 심하게 손상당한 상황에서 타계하였다. 권위와 명예, 그리고 정치권력에 짓눌려 빛을 보지 못한 과학자가 간혹 있다. 특히 라마르크와 퀴비에의 진화론을 둘러싼 10년 논쟁은 과학 역사상 너무 유명하다.

81. 전지를 발명한 볼타
전기학 발전의 토대를 마련

이탈리아의 물리학자 볼타(Volta, Alexssandro, Count; 1745~1827)는 코모에서 태어났다. 네 살까지 말을 못해 양친을 걱정시켰다. 일곱 살이 되어서야 보통 아이처럼 말을 하였다. 소년시절 그는 시나 산문을 좋아하는 문학소년이었지만, 점차 전기에 흥미를 지닌 과학소년으로 변신하였다. 영국의 화학자 프리스틀리의 저서 〈전기의 역사와 현황〉이 출간되었을 때, 이 책을 읽은 볼타는 전기에 한층 깊게 흥미를 느꼈다. 한 권의 책이 위대한 과학자를 탄생시킨 좋은 예이다.

교사가 된 볼타는 새로운 기전기를 발명하고 이 사실을 프리스틀리에게 알렸다. 이것으로 유명해진 그는 파비아대학 물리학교수로 초청받았다. 그곳에 부임하면서부터 이전에 만들었던 기전기를 더욱 개량하여 이를 축전기라 불렀다. 그는 독일, 네덜란드, 영국, 프랑스를 방문하면서, 각 국의 유명한 과학자들과 사귀었다. 이 기회에 그는 축전기에 관한 보고서를 영국의 왕립학회에서 발표하였다.

볼타의 업적은 정전기가 아닌 동전기, 즉 전류의 연구이다. 그는 종류가 다른 두 금속을 접촉시킴으로써, 금속에서 전기가 발생한다는 사실을 확인하였다. 이를 바탕으로 1800년 전류를 대량 얻을 수 있는 장치, 즉 전지를 발명하였다. 전지의 발명으로 나폴레옹의 초청을 받아 어전강의를 하였다. 나폴레옹은 그를 위해 금메달을 만들도록 하고, 전기분해 연구에서 최대 공로자로 인정하여 레지옹 드 뇌르 훈장을 수여하였다. 1805년 이탈리아가 공화국에서 왕국으로 통일되자 그는 원로원으로 추대되었다.

볼타의 공적을 기념하기 위해 기전력(전류가 흐르는 힘)의 단위를 '볼트'라 정하고 지금도 사용하고 있다. 또한 축전지의 연구로 영국의 왕립학회로부터 외국인 회원으로 선출되고, 왕립학회의 코프리 상을 받았다.

82. 소행성 발견의 문을 열어놓은 피아치
1801년 1월 1일 최초로 소행성 세레스 발견

이탈리아의 천문학자 피아치(Piazzi, Giuseppe; 1746~1826)는 여러 도시를 전전하면서 기초 학력을 닦은 후, 밀라노 테아치노 수도원에 들어가 수도사로 수년간 생활하였다. 그는 철학과 수학을 연구하고, 두 부문에서 박사학위를 취득하였다. 교사로 활동하다 그 후 아카데미 고등수학 교수가 되었다.

팔레르모 천문대 건설계획을 수립한 나폴리 정부(당시는 독립왕국)는 피아치를 천문대 대장으로 임명하였다. 그는 건설 준비를 위해 프랑스와 영국을 방문하는 사이에 영국에서 허셜을 만났다. 그는 허셜의 대형 반사망원경 주변의 사다리를 오르고 내리는 특별 대우를 받았다. 이 사다리를 오르고 내리다 그는 실족하여 떨어져 팔이 부러졌다. 귀국 후 팔레르모 천문대가 완성되었다.

허셜이 천왕성을 발견한 이후, 천문학계가 행성 찾기로 술렁이고 있는 사이에 천문학자들은 화성과 목성 사이에 행성이 있지 않을가 관심을 모았다. 피아치는 1801년 1월 1일, 화성과 목성 사이의 천체를 계통적으로 관측하는 도중, 며칠 만에 그 위치가 바뀐 별을 발견하였다. 그 진로를 추적한 결과, 화성보다 느리고 목성보다 빨리 운동하고 있었다.

관측과 계산으로 그 별의 위치를 재확인한 결과, 실제로 화성과 목성 사이에 별이 존재한다는 것을 확인하였다. 그는 이 새로운 행성에 로마의 신 이름을 붙여 '세레스'라 불렀다. 이 행성은 어둡고 그 거리로 보아 매우 작은 것으로 밝혀졌다. 그 직경은 776km로 어떻든 행성으로는 작았다.

그 후 수년 사이에 세레스보다 작은 세 개의 행성이 발견되었다. 그것들은 너무 작아 망원경을 사용해도 점 정도로 보였다. 그래서 허셜의 제안에 따라 '별과 같은'(asteroid)이라는 말로 표현되었다. 1803년 피아치는 6748개의 별에 관해서 정확한 위치를 나타낸 그의 최초의 항성표를 발표했다(두번째 발표된 항성표에는 7816개의 별이 기재되어 있다). 현재 이 별들을 미행성 혹은 소행성이라 부른다. 지금은 40,000여 개의 소행성이 있는 것으로 알려져 있다.

83. 화법기하학을 처음 선보인 몽주
프랑스 혁명의 열렬한 지지로 과학담당 고문

프랑스의 수학자 몽주(Monge, Gaspard ; 1746~1818)는 상인의 집안에서 태어나 리옹의 전문학교에서 교육받았다. 기계제작에서 탁월한 재능과 과학적 지식이 풍부하여 그는 전문학교 물리학 교사로 추천되었다. 고향으로 돌아온 그는 고향의 시가지 지도를 제작했는데, 여기서도 그의 재주가 인정되어 왕립사관학교 교관으로 임명되고, 이 학교 제도기사로 활동하였다. 그의 임무는 축성이나 건축물의 도면을 그리는 일이지만, 여가를 틈타 기하학적 방법을 연구하였다. 그의 뛰어난 업적인 화법기하학은 축성 기술에서 매우 중요한 위치를 차지하고 있다. 그는 화법기하학의 발전과 미분기하학에 대한 해석학의 응용으로, 19세기에서 기하학의 개화의 길을 열어 놓았다. 이는 그가 독창적인 수학자의 한 사람인 것을 입증하고 있다.

몽주는 메젤사관학교 수학교수로서 그 후 실험물리학을 강의하였다. 그리고 4편의 논문을 프랑스 왕립 과학아카데미에 제출하여 회원으로 선출되었다. 그는 해군사관 후보생 시험관으로 임명된 것을 비롯하여, 오랫동안 공무원으로 근무하였다. 프랑스 왕립과학아카데미의 업무에다 공무가 더해져 그는 매우 바빴다.

프랑스 혁명이 일어나자, 몽주는 제일급 과학자의 한 사람으로 혁명을 열렬히 지지하고 혁명 집회에 자주 참가하였다. 혁명 후 해군장관에 임명되었으나 혁명이 공포정치로 급히 선회하자, 그는 온건파로 의심을 받아 해군장관을 그만두었다. 그 후 정치와 인연을 끊었지만, 무기에 관계되는 위원회의 일원으로 파리의 군수 공장을 감독하고, 대포의 제조를 비롯하여 여러 일을 맡았다.

몽주는 도량형 제도 개선에 앞장섰다. 그는 국가마다 지역마다 각기 다른 시간, 길이, 무게의 단위를 미터법으로 통일하려는 혁명 정부의 정책에 참여하였다. 또한 새로운 학교 설립을 위한 위원으로 뽑혔다. 1795년에 창립된 이공대학(에콜 폴리테크닉)에서 그는 화법기하학을 가르쳤다.

몽주가 나폴레옹 1세와 친교를 맺게 된 것은 1796년의 일이다. 프랑스 혁명정부는 이탈리아로부터 예술품을 약탈하기 위해, 몽주를 과학 및 예술에 관한 위원회의 일원으로서 이탈리아에 파견하였다. 그는 프랑스로 보낼 전리품을 선정하는 일을 맡았다. 귀국한 몽주는 정부 조사단의 일원으로 다시 이탈리아로 떠났다. 이때 나폴레옹은 이집트 원정계획을 몽주에게 알리고 참가하도록 명령하였다. 그리고 이 해에 카이로에 설립한 이집트학사원의 초대 원장을 맡았고, 나폴레옹을 따라 시리아 원정에도 참가하였다.

쿠데타로 나폴레옹이 제1집정이 되자, 몽주는 이공대학의 일을 그만두고 상원의원(후에 상원의장)으로 임명되고, 과학고문으로서 핵심적 역할을 다 하였다. 그는 공적을 인정받아 레지옹 드 뇌르 훈장과 백작의 작위까지 받았다. 엘바섬을 탈출한 나폴레옹이 다시 몰락하자, 몽주의 권위도 떨어지고 과학아카데미로부터 추방당하였다. 불에 가까이 서 있으면 화상을 입기 쉽다.

84. 천연두의 공포를 몰아낸 제너
세계 지도자로부터 존경과 찬사를 받음

영국의 의사 제너(Jenner, Edward; 1749~1823)는 목사의 아들로 태어났다. 고향에서 교육받은 뒤, 그는 외과의사의 제자로 들어가 해부학과 외과학을 배우고, 고향인 글로스터셔에 돌아온 그는 죽을 때가지 병원을 경영하였다.

제너는 의학뿐만 아니라 음악, 시, 박물학 등에 관심을 가졌다. 특히 박물학에 뛰어난 능력을 지녀 영국의 항해가 쿡 선장이 제1회 태평양 항해로부터 가지고 돌아온 동물의 표본을 만들 정도였다. 제2회 항해 때도 박물학자로서 참가를 희망했지만, 병원 일에 매력을 느껴 포기하였다.

제너는 당시 공포의 질병인 천연두(마마)에 관심을 가졌다. 당시 천연두는 매우 무서운 질병이었다. 이에 감염되면 3사람 중 1사람은 죽었다. 다행이 살아남는다 해도 피부에, 특히 얼굴에 구멍이 생기고 상처가 남아 곰보가 된다. 심한 경우에는 인간의 얼굴로 상상할 수 없을 정도로 이글어진다.

천연두를 가볍게 앓은 경우나 회복된 환자는 면역이 생겨 다시 걸리는 일이 없다. 그러므로 터키나 중국에서는 가볍게 이 질병을 치른 사람이나 질병을 앓고 있는 사람으로부터 일부러 이 질병을 옮겨 받아 질병을 가볍게 앓고 면역을 얻는 경우도 있었다. 하지만 도박 같아서 위험한 일이었다. 그럼에도 불구하고 이 방법이 서유럽에 전해져 일부 실행되었다. 18세기 초기 영국에서도 터키식 감염방법이 전해졌지만 일반적으로 이용되지 않았다.

제너는 이 감염방법에 주목하였다. 글로스터셔에는 예로부터 우두(천연두와 비슷한 소의 가벼운 질병)에 걸린 사람은 면역이 생겨 우두뿐만 아니라 천연두에도 걸리지 않는다는 이야기가 희미하게 전해왔다. 그는 마부간이나 그 근처에서 일하고 있는 사람들의 손에 물집이 생길 경우, 천연두에 거의 걸리지 않는 점에도 주의를 기울였다.

1796년 5월 14일, 제너는 우두에 걸린 젖 짜는 부인의 손에 생긴 물집에서 채취한 액을 한 소년에게 주사하여 질병에 걸리도록 한 다음, 2개월 후에 그 소년에게 천연두를 접종하였다. 만일 그 소년이 죽거나 심하게 천연두를 앓을 경우, 제너는 죄인이 되겠지만, 그 소년은 천연두에도 걸리지도, 죽지도 않았다. 제너는 영웅이 되었다. 같은 실험을 다시 해볼 생각으로 2년 후에 우두에 걸린 사람을 발견하고, 그 사람에게 천연두를 접종시켜 치료에 성공하였다. 천연두에 면역되었으므로 제너는 우두의 접종을 '종두'(種痘)라 하였다.

천연두에 대한 공포가 확산되자 종두는 전 유럽에 널리 보급되었다. 영국의 왕실에서도 실시되고, 인색하기로 유명한 영국 의회도 1만 파운드(1807년에는 2만 파운드)의 상금을 제너에게 지원하였다. 1803년에는 종두 보급을 위해 제너협회(제너가 회장)가 설립되고, 겨우 18개월 사이에 천연두로 인한 사망자는 1/3로 감소하였다. 독일 여러 지방에서는 제너의 탄생일을 축일로 정하고, 1807년 바바리 지방에서는 종두를 의무화하였다. 러시아에서도 이를 도입하여 최초로 종두를 받은 어린이를 '박시노프'(vaccinov)라 부르고 그의 교육비를 국가가 부담하였다. 미국의 대통령 제퍼슨이 제너에게 보낸 편지에 "당신은 인류의 고통을 달력에서 큰 것중 하나를 지워버렸습니다. 우리는 당신과 함께 살았다는 사실을 결코 잊을 수 없습니다. ……"라고. 1977년 천연두가 지구상에서 근절되었다고 세계보건기구가 발표하였다.

제너의 명성은 전시 중의 깊은 감정도 풀어놓았다. 영국과 프랑스가 전쟁을 재개했을 때, 포로가 된 영국 시민이 석방된 일이 있다. 그것은 석방 탄원서에 제너의 이름이 들어있었기 때문에 나폴레옹의 명령에 따른 것이다. 하지만 영국 의학계는 제너의 업적을 인정하는데 인색하였다. 그가 런던 의과대학 교수로 추천되었을 때, 대학 측은 이를 거부하여 탈락되고 말았다. 그 시대의 모순된 교육제도와 권위에 따른 결과라 생각한다.

85. 천체역학을 완성한 라플라스
내무부장관, 궁중 자문관을 지내고 후작을 받음

프랑스의 수학자이자 천문학자인 라플라스(Laplace, Pierre Simon, Marquis de; 1749~1827)의 집안은 가난했지만 이웃의 도움으로 학교 교육을 잘 받았다. 열여덟 살에 소개장을 얻어 프랑스의 수학자 달랑베르를 찾아갔다. 수학 논문을 발표하여 우수성을 인정받고 달랑베르의 도움을 받았다. 그는 어린 나이에 수학 교수로 임명되었다.

라플라스는 태양계 행성의 운동과 그 안정성 문제를 연구하였다. 그는 달의 운동이 조금씩 빨라지는 것을 밝혔다. 그 이유는 다른 행성의 인력으로 지구 공전궤도의 이심률이 매우 느리게 감소하는 까닭이라 설명하였다. 이 설에 의하면 달에 대한 지구의 인력이 조금씩 변화하기 때문에 달에 약간의 속도가 여분으로 생기게 된다는 것이다. 또한 토성이나 목성의 변칙적인 운동 역시 행성 사이의 인력 때문이라는 사실도 밝혔다.

라플라스와 라그랑주는 행성 사이의 인력 문제를 법칙화 하는데 성공하였다. 예를 들어, 태양계의 행성이, 만일 같은 방향으로 공전하고 있다면(사실이 그렇지만), 공전 궤도의 이심률의 총합은 일정해야 한다고 밝혔다. 어떤 행성의 이심률이 증가할 경우에 다른 행성의 이심률이 감소함으로써 전체적으로 변하지 않으므로 안정을 유지한다는 것이다. 이처럼 행성 천문학에서 뉴턴의 연구를 완성시킨 라플라스를 때로는 '프랑스의 뉴턴'이라 부른다.

라플라스는 인력 이론 연구를 1799년부터 1825년에 걸쳐 출간된 5권의 저서 〈천체역학〉으로 정리하였다. 그의 연구는 당시 프랑스를 엄습한 정치혁명에도, 나폴레옹의 흥망에 관계없이 진행되었다. 그것은 그가 주위의 정치상황에 잘 적응하고 태도를 바꾸는 능력을 거침없이 발휘했기 때문이다.

나폴레옹 치하에서는 내무부장관, 궁중 자문관을 역임하고, 루이 18세가 왕위에 오르고 나폴레옹이 실각했음에도 라플라스는 후작으로 임명되었다. 당연한 일이지만 프랑스 과학아카데미 회원으로 선출되고, 또한 프랑스 학사원 회원으로 임명된 다음 해에 총재가 되었다.

86. 열 운동설을 주장한 럼퍼드
영국의 왕립연구소의 설립을 추진

　미국계 영국의 물리학자 럼퍼드(Rumford, Benjamin Thompson, Count; 1753~1814)는 일명 벤자민 톰슨 경이라 부른다. 그는 미국 매사추세츠주 위번에서 태어났다. 그의 선조는 영국으로부터 이민해 왔고, 그의 아버지는 럼퍼트가 탄생하자마자 타계했고, 어머니는 럼퍼드가 세살 때 재혼하였다.

　럼퍼드는 열세 살부터 일을 해야 했으므로 대학에 진학할 수 없었다. 바쁜 나날이지만 친구와 함께 하버드대학에 나가 몰래 강의를 듣는 한편, 친구들과 과학단체를 만들어 서로 문제를 주고받으면서 물리학을 공부하였다.

　럼퍼드는 교사를 거쳐 학교장이 되었다. 당시 학교장의 주된 임무는 교원을 초빙하는 일이다. 열아홉 살에 장인의 친구인 주지사와 인연을 맺음으로써 주병(州兵)의 고급장교로 임명되었다. 럼퍼드가 살고 있는 근처에 인쇄소가 있었다. 그는 이곳을 이용하여 식민지 측의 정보를 영국군에 넘기는 일종의 스파이 행위를 하였다. 점차 의심을 짙게 받던 그는 식민지군 조사위원회에 끌려가 여러 번 조사를 받았지만, 대담하고 치밀했던 그는 항상 위기를 모면하였다.

　럼퍼드는 주위로부터 점차 감시가 심하여 그 이상 견디기 어려운 상황이었으므로 영국 군함에 승선하여 보스턴으로 갔다. 그러나 보스턴에 있던 영국군의 상황은 절망적이었으므로, 그는 영국 본토로 망명하였다. 이 망명 사실은 럼퍼드 가족조차 몰랐다.

　럼퍼드는 생활에 여유가 생기자 과학에 대한 탐구심이 치솟았다. 당시 화약과 대포는 중요한 무기였다. 특히 화약의 습도와 폭발력과 탄환의 비행거리의 관계를 계통적으로 실험하여 종래의 관습을 깨뜨렸다. 그는 이러한 일련의 실험으로 영국 왕립학회 회원으로 추천되고, 이를 통하여 여러 분야의 친구를 사귀었다. 후에 그는 부회장에 이르렀다.

　럼퍼드는 영국을 떠나 프랑스와 뮌헨을 거쳐 빈으로 갔다. 빈에서 일거리를 찾지 못해 뮌헨으로 다시 돌아와 당시 바바리아 통치자의 자문을 맡았다. 그는 바바리아군 조직을 재편하면서 경찰의 임무를 맡았다. 우선 순찰 중에 부랑자, 거지들을 잡아들여 군수공장에서 일하도록 하였다. 3년 사이에 약 1만 명이 수용되었다. 바바리아 인구의 약 1%

이다. 공장에서는 그들에게 방사, 방직, 재봉기술을 가르쳐 군복, 군모, 군화를 만들도록 하였다. 한편 정원도 꾸몄다. 유럽 도시 중에서 뮌헨은 아름다운 도시로 바뀌었다.

럼퍼드는 영양 문제를 처음 과학적으로 다루었다. 그는 군인이나 노동자들에게 어떻게 하면 값싸고 영양가 높은 급식을 할 수 있을까 생각한 나머지 음식물의 영양 문제를 연구하였다. 보리, 완두콩, 감자가 들어간 수프를 5년 동안 계속해서 시험하였다(원래 이곳의 수프는 쇠고기). 특히 감자는 값싼 식품으로 매우 적절하다고 생각하였다(바바리아 사람은 감자 요리를 먹지 않는 습관이 있었다). 그 후 바바리아 요리 중에서 감자는 중요한 품목이 되고, 점차 중앙 유럽으로 보급되었다. 그러므로 서양에는 '카운트 럼포드 수프'가 있다. 지금도 유럽 전지역에서 유명하며 요리책에도 실려 있다.

럼퍼드는 경제적인 취사 방법을 위해 연료, 부엌 등을 연구하였다. 목탄과 석탄의 연소열을 측정하기 위해 열량계를 고안하고, 단체용 취사장을 설계하였다. 또한 조명 문제에도 관심을 가졌다. 당시 조명을 위해 기름으로 만든 양초를 사용하였으므로 악취가 대단하였다. 우선 광도계를 창안하고 실험한 끝에 램프 쪽을 택하였다. 거울을 사용하여 반사의 효과도 고려하였다.

영국으로 건너간 톰슨은 이전부터 생각해 왔던 계획을 런던에서 실현해 보려고 하였다. 그것은 과학이나 공학 혹은 그의 응용을 일반시민에게 공개하는 박물관과 연구소를 설립하는 일이었다. 1801년에 그의 꿈이 실현되었다. 이것이 유명한 '왕립연구소'이다. 이것으로 영국의 과학 저변 확대가 실현되고, 유명한 과학자가 많이 배출되었다. 화학자 데이비와 패러데이는 그 대표적인 과학자이다.

87. 정비례 법칙을 수립한 프루스트
화학자 베르톨레와 길고 격렬한 논쟁에서 승리

프랑스의 화학자 프루스트(Proust, Joseph Louis; 1754~1826)는 약종상의 아들로 태어났으므로 화학연구에 매우 적합한 환경에서 자랐다. 아버지의 일을 도우면서, 한편으로 왕립식물원으로 찾아가 과학을 배웠다. 그는 젊은 시절 파리에서 약제 화학자로서의 지위를 굳혔다.

프랑스 혁명이 일어나기 조금 전, 프루스트는 스페인을 여행하여 혁명의 소용돌이를 피하고, 그 후 카루로스 4세의 원조를 받아 마드리드 왕립실험실에서 20년 동안 연구하였다. 1808년 나폴레옹이 카루로스 4세를 추방하자 그 연구소도 폐쇄되어 그는 하는 수 없이 프랑스로 돌아왔다. 나폴레옹으로부터 연구를 계속하도록 제의를 받았지만 그는 건강이 좋지 않아 이를 포기하였다. 나폴레옹 실각 후에 루이 18세로부터 약간의 연금을 받았다.

프루스트는 같은 시대의 프랑스 화학자 베르톨레와 오랜 기간에 걸쳐 치열한 논쟁을 벌였다. 베르톨레의 설에 의하면, 화학반응의 진행은 반응물질의 양, 반응의 비율이 최종 생성물의 조성을 결정한다고 주장하였다. 그러나 프루스트는 이를 부정하였다. 치열한 논쟁에서 고통을 견디며 주의 깊게 많은 화합물을 분석한 프루스트는, 일반적으로 모든 생성물의 성분 원소의 양의 비율은 일정하며 화합의 방법에 관계가 없다고 발표하였다. 이것이 프루스트 법칙이다. 이 법칙은 30년 후에 베리첼리우스에 의해 인정받았다. 특히 프루스트의 법칙을 기초로 원소가 원자로 되어 있다는 돌턴의 원자론이 출현하고, 원자론 발전의 큰길을 열어 놓았다.

프루스트는 프랑스 왕립과학아카데미 회원으로 선출되었다.

88. 면삭기를 발명한 천재 발명가 휘트니
분업방식으로 라이플총을 만들어 정부에 납품

미국의 발명가 휘트니(Whitney, Eli; 1765-1825)는 천재적인 미국 발명가의 전형적인 한 사람이다. 새로운 장치를 연구하는 재능이 풍부하여 예일대학 재학 중에도 학비가 넉넉하였다. 대학졸업 후, 조지아주의 사바나에서 교사로 활동하였다. 그는 몇 가지 가정용품을 혁명군 장군의 미망인에게 선물하여 자신의 재능을 인정받고, 동시에 남부의 면화업자를 소개받았다.

당시 목화는 남부의 산업을 지탱해주는 중요한 산물이지만, 목화씨에 붙어 있는 솜을 떼어내는 일은 매우 힘든 작업이었다. 이에 주목한 휘트니는 1793년에 간단한 장치를 발명하였다. 엔진의 '진'을 따서 '진'이라 부르는 이 조면기(繰綿機-목화의 씨를 빼고 솜을 타는 기계)는 작은 판에 금속 바늘을 여러 개 꽂아 놓은 것으로, 목화 속에서 이 장치를 회전시키면 솜이 벗겨진다. 하루에 50파운드의 깨끗한 솜을 생산할 수 있었다.

조면기의 출현으로 면화 재배가 크게 번창하여 남부의 목화 재배지에 노예의 수가 늘어나 폐지되었던 노예제도가 부활되는 듯 하였다.

1798년 휘트니는 정부에 납품하는 라이플총의 제작을 청부받았다. 이전부터 라이플총은 손으로 만든 몇 가지 부품을 하나하나 조립하여 만들었다. 하지만 한 종류의 부품이 망가졌을 때, 다른 총의 같은 부품과 교환해야 하지만 잘 맞지 않았다. 여기에는 정밀한 세공이 필요했다.

휘트니는 정밀한 부품을 만들고, 어느 부품이나 서로 교환할 수 있도록 하였다. 그는 정부의 관리 앞에서 라이플총을 분해하여 부속품을 흩어지게 하고, "이것이 정부에 납품할 라이플총입니다."고 하면서, 순서대로 원래의 총으로 조립했다는 이야기가 있다. 이 발명으로 그는 돈방석에 앉았다. 휘트니는 자신의 공장에 분업 방식을 도입하고, 대량생산 체제에 들어갔다. 이 방법의 기초는 1세기 후에 헨리 포드에 의해 다시 적극적으로 도입되었다.

1900년 휘트니는 위대한 미국인의 전당에 들어갔다.

89. 백금을 깊이 연구한 울러스턴
최후까지 규명하는 습관 부족으로 실패를 거듭

영국의 화학자이자 물리학자인 울러스턴(Wollaston, William Hyde; 1766~1828)은 목사의 아들로 케임브리지대학에서 의학학위를 취득한 뒤에 개업하였다. 그러나 7년 후에 폐업하고 연구생활로 들어갔다.

울러스턴은 백금을 연구하였다. 금보다 무겁고 귀하며, 화학적으로 안정한 백금은 18세기 후기에 귀여움을 독차지한 금속이다. 그러나 아름답다는 점에서는 금에 뒤진다. 울러스턴은 방망이로 백금을 두들겨 실험실에서 사용할 수 있도록 섬세하게 만드는 방법을 개발했지만, 그 방법을 비밀로 간직하였다.

이 일로 재정적으로 독립할 수 있을 정도(3,000파운드)의 돈을 축적하였다. 이 방법을 발표한 것은 그가 죽은 후 뒤였다. 백금을 연구하던 중에 울러스턴은 그 광물로부터 백금과 유사한 두 종류의 금속 원소를 따로 분리하였다. 하나는 독일의 천문학자 올버스가 당시 발견한 소행성 팔라스의 이름을 붙인 46번 원소인 '팔라듐(Pd)'이고, 다른 하나는 장미 빛을 띠고 있으므로 그리스어의 장미 빛을 의미하는 '로듐'이다. 이 발견으로 그는 명성을 크게 얻었다. 또한 울러스턴은 화학뿐만이 아니라, 결정면의 각도를 측정하는 각도계를 발명하여 광물학 연구에 크게 이바지하였다. 그는 1,000파운드의 이자를 매년 광물 연구에 노력하는 사람들에게 주는 상금을 만들었다('울러스턴' 메달).

울러스턴은 사물을 끝까지 규명하는 습관이 부족했기 때문에, 중요한 연구에서 아슬아슬하게 실패로 끝나는 일이 종종 있었다. 전류에 의해 자석이 만들어지는 발견(에르스트가 발견)을 했지만 선취권을 빼앗겼고, 또한 자외선과 태양 스펙트럼의 암선(暗線)을 누구보다 먼저 연구했지만, 소홀하게 연구한 탓으로 선취권을 빼앗겼다. 연구에서는 서둘지 않고 끝까지 그 결과를 기다리는 것이 바람직한 반면, 선취권을 지나치게 의식할 때는 실패를 가져올 수도 있다는 좋은 교훈이다.

울러스턴은 영국 왕립학회 회원으로 선출되고, 간사 자리를 맡았다.

90. 원자론을 확고하게 수립한 돌턴
색맹으로 옷을 바꿔 입고 여왕을 찾아뵘

영국의 화학자 돌턴(Dalton, John; 1766~1844)은 잉글랜드 북부 작은 마을에서 태어났다. 아버지는 직물기사로 열렬한 퀘이커교도였으므로, 아들의 탄생일을 호적에 올리지 않았다. 그의 머리는 그다지 뛰어나지 않았지만 끈기는 놀라웠다. 그는 근처에 사는 한 과학 애호가 엘리어 로빈슨 눈에 들어 수학이나 기타 자연과학의 기초를 배웠다. 그 과학 애호가는 기상학에도 조예가 깊어 돌턴에게 기상관측 방법도 가르쳐 주었다. 그 영향으로 돌턴은 기상관측에 열중하고 스스로 관측용 장치를 만들었다. 그 후 화학연구에 빠져들었지만 기상관측만은 쉬는 날이 없었다. 그는 생애를 통해 대략 20만 번의 기상관측 결과를 기록했다고 한다.

열두 살에 돌턴은 이글스필드 초등학교 대리교원이 되었다. 학교라 해도 선생이 자기 집을 이용하여 교육하는 정도였다. 열다섯 살에 형 조나단과 함께 가까운 퀘이커교도 학교에서 그리스어, 라틴어, 프랑스어, 수학 등을 가르쳤다. 스물일곱 살에 돌턴은 맨체스터 뉴칼리지의 교사로 초청되어(이 학교는 그 후 옥스퍼드대학의 맨체스터 칼리지가 되었다), 수학, 과학, 철학강의를 하면서 자신도 물리학과 화학 강의를 들었다. 그는 자유시간이 그리워 교사생활을 일체 중단하고, 가정교사로 생계를 유지하고 나머지 시간은 연구에 전념하였다.

돌턴의 원자설은 혁명적인 학설이었음에도 불구하고 놀랄 정도로 단시일에 인정받았다. 많은 화학자들의 지지를 받았는데, 울러스턴과 베르셀리우스가 더욱 보강하여 원자설은 학계에 깊게 뿌리 내렸다.

돌턴은 색맹을 최초로 연구하였다. 그는 스물여섯 살까지 자신이 색맹인 것을 알지 못하였다. 여러 실험에 실패한 그는 그 원인이 자신의 색맹에 있었음을 알고, 또한 형제 중에도 같은 결함이 있는 것을 알았다. 그래서 그는 과학자로서 색맹에 대해 상세히 연구한 한편의 논문을 발표하였다. 색맹을 '돌터니즘'이라 부르는 것은 이 때문이다.

돌턴은 어린 시절부터 아버지의 영향을 받아 신앙심 깊은 퀘이커 교도로 독신으로 일생을 지냈다. 그렇지만 교양 있는 여성과의 사귐을 좋아하였다. 어느 미망인에 이끌렸을 때 친구에게 이렇게 말하였다. "일주일 동안 나는 아무 일도 할 수 없었다네. 식욕도 떨어지고 신체에 변화도 왔다네. 또한 핵심이 없고 정리되지 않은 강의를 한 적도 있었다네. 그러나 이제 안심이야."

돌턴에게 여러 가지 명예가 주어졌지만 매우 검소한 나날을 보냈다. 복장은 검소하게 보였지만 그 나름대로 멋이 있었다 한다. 외국과학자들은 맨체스터대학 강의실에서 당당하게 강의하고 있는 돌턴의 모습을 연상하였다. 그러나 실제로 뒷골목 초라한 집 방에서 검소한 복장으로 아이들에게 수학을 가르치고 있는 그의 모습을 본 외국 과학자들은 깜짝 놀라면서도 감탄했다고 한다.

돌턴의 언행은 소박하고 조금도 꾸밈이 없었다. 옥스퍼드 학술협회로부터 명예학위를 받을 때, 윌리엄 4세를 알현할 수밖에 없었다. 그러나 궁중에서 알현할 때는 진홍색 예복을 입어야 하는데, 퀘이커 교도임으로 이를 관습상 싫어하였다. 그 알현이 무산되고 말았다.

여왕을 찾아 뵐 때는 반드시 붉은색 예복을 입어야 하는데 퀘이커교도인 그는 붉은색 옷을 입지 않았다. 그래서 그 기회가 무산되었다. 안타깝게 생각한 제자들은 속임수를 썼다. 그가 색맹인 점(붉은색이 회색으로 보인다.)을 노렸다. 그는 붉은 옷인데도 회색으로 보였으므로 궁중 예복을 입고 아무렇지도 않은듯 여왕을 알현하면서 그는 사투리가 섞인 말로 대답하여 주위 사람을 어리둥절하게 하였다 한다.

돌턴은 왕립학회 회원으로 추천되었지만, 무슨 이유 때문인지 이를 사양하였다. 파리 학사원 회원, 12년 후 다시 왕립학회 회원으로 추천되었다. 그는 물리학과 화학에 공적이 많아 왕립학회로부터 국왕이 하사하는 로열 상패 제1호가 회장인 데이비로부터 수여되었다.

일흔여덟 살이 되던 어느 여름날 석양에 집으로 돌아와 습관대로 그 날의 날씨를 기록하는데, 웬일인지 손이 떨려 다른 사람에게 기록을 의뢰하였다. 다음날 아침 의식을 잃고 아무 고통 없이 조용히 잠들었다. 그는 독신이었다. 그러나 4만명을 헤아리는 맨체스터 시민들이 장례식에 참석 하였다. 그를 기념하여 '돌턴의 거리'를 만들었다. 죽은 후 그의 눈은 건조된 채로 맨체스터대학 내의 돌턴 홀에 지금까지 보존되고 있다.

91. 천변지이설을 끈질기게 주장한 퀴비에
정계에서는 문교부장관, 학계에서는 실권자

프랑스의 해부학자 퀴비에(Cuvier, Georges Leopold Chretien Frederic Dagobert, Baron; 1769~1832)는 신앙의 자유를 빼앗겨 스위스로 망명했던 위그노 교도의 후손이다. 집안이 어려운 데다가 퀴비에 자신도 몸이 허약하여 고생이 심하였으나, 어릴 적부터 지적 호기심이 강하였다. 초,중등학교를 수석으로 졸업한 그는 부르덴 공으로부터 장학금을 받아 대학에 진학하고, 졸업 후에는 가정교사로 일하면서 해양동물을 연구하였다. 그는 열성적인 신교도였다. 그러나 천주교 세력이 강한 프랑스의 정치적 상황 속에서도 그는 항상 명예와 출세의 길을 달렸다. 이는 그다지 놀랄 일이 아니다. 그는 유럽에서 가장 뛰어난 과학자로서 생물학계를 석권하고 있었기 때문이다.

젊은 시절, 한때 목사가 되려고 했지만, 신교도인 귀족 밑에서 가정교사로 있는 동안에 과학에 관심이 쏠렸다. 그 무렵 어느 동물학자의 소개로 파리 과학박물관에 고용되었다. 그는 훌륭한 연구 성과를 올려 국립연구소의 물리학과 자연과학 상임이사로 임명되었다.

박물관에서 일하고 있는 동안 퀴비에는 해부학, 특히 종족 사이의 비교연구로부터 훌륭한 연구 성과를 올렸다. 사실 동물체를 구성하는 각 부분 사이에 필연적인 관계가 있는 것을 잘 이해하고 있던 그는, 몇 개의 뼈를 보는 것만으로 다른 부분의 모양을 상상하고, 전체적인 골격의 모양을 복원할 수 있을 정도였다. 이것은 놀랄만한 일이다. 퀴비에를 '비교해부학의 창시자'라 부르는 것은 바로 이 때문이다.

 퀴비에가 동물체 각 부분의 구조가 필연적인 조건에 의해 만들어져 있다는 것을 얼마만큼 잘 이해하고 있는가를 증명해 주는 다음과 같은 이야기가 있다. 어느 비 내리는 날 밤중에 퀴비에를 놀라게 할 생각으로 한 학생이 악마로 가장하고 그의 방으로 들어가 조용하고 묵직한 목소리로, "퀴비에 듣거라! 너를 잡아먹겠다."라고 속삭이면서 퀴비에를 깨웠다. 퀴비에는 한쪽 눈을 살며시 뜨면서, "뿔과 발굽을 지닌 동물은 초식동물이야, 자네는 나를 잡아먹을 수가 없어!"라 말하고, 다시 눈을 감고 잠자기 시작했다 한다. 비교해부학자로서 당연한 말이다.

 퀴비에는 린네의 분류법을 확장하였다. 린네의 가장 큰 분류의 틀을 더 넓혀 동물을 4 '문'으로 분류하였다. 그는 동물계를 척추동물, 연체동물, 관절동물, 방사상층동물 등 4종류로 분류하였다. 이 분류에서 그는 겉모양보다 내부구조에 중점을 두었다. 현대 분류법은 퀴비에의 것보다 복잡하지만(문이 24개), 근본적으로는 퀴비에의 방법을 따르고 있다.

 퀴비에는 화석을 처음 연구하였다. 화석을 통해서 그는 1796년에, 현존한 것과 다르지만, 분명히 코끼리로 생각되는 화석을 처음 복원하였다. 1817년에 더욱 놀랄만한 연구로 날개를 가진 파충류의 화석을 제시하였다. 그 날개 끝에 갈고리처럼 생긴 기관이 붙어 있으므로 이를 익수룡이라 불렀다. 이 발견으로 그는 '고생물학의 창시자'라 불리게 되었다.

 퀴비에에게도 결점이 있다. 창세기의 기록에 집착한 나머지, 그는 진화론을 부정하였다. 그는 화석과 화석의 시대적인 변화를 설명하는데, 천변지이설(혹은 격변설)을 주장하였다. 그는 주기적인 대홍수의 기습으로 새로운 생물이 탄생되고, 화석은 최후의 홍수 이전에 생존한 생물이라 주장하였다. 최후의 천변지이란 창세기에 기술되어 있는 홍수(6000년 전)를 말하고, 신의 배려로 몇몇 생물이 살아남았다고 그는 믿었다.

 그러나 퀴비에의 천변지이설은 그 이상 버틸 수 없었다. 그것은 고생물학이 발달함에 따라 지구상의 전 생명을 절멸시킬 수 있었던 것과 같은 천변지이가 일어난 증거가 점차 희미해졌을 뿐만이 아니라, 지리학자 라이엘과 허턴의 지구 이론이 확립되었기 때문이다.

 나폴레옹은 퀴비에를 문교부 장관으로 임명하였다. 한편 부르봉 왕가가 부활되었을 때, 그의 명성이 높았으므로 죄를 받지 않고 오히려 왕립대학 총장이 되었다. 또한 루이 18세의 내각에 들어가기도 하였다. 루이 18세의 뒤를 이은 샬 10세와 잘 어울리지 않았지만, 샬 10세가 추방되고 루이 필립 시대가 되면서 남작칭호를 받고, 다음 해 내무장관으로 예정되었으나 그의 죽음으로 실현되지 않았다.

92. 우주를 상세히 묘사한 훔볼트
지구물리학의 창시자로 70년 동안 연구활동

 독일의 지리학자 훔볼트(Humboldt, Fridrich Wilhelm Alexander, Baron von; 1769~1859)는 프러시아의 프리드리히 2세에 봉사하던 관리의 아들로 태어났다. 그는 교육을 차분하게 받지 않았는데도, 과학 특히 식물학에 강하게 이끌렸다. 서유럽을 여행하면서 많은 과학자와 만나는 기회를 가진 그는 귀국하면서 프라이부르크 광산학교에 입학하였다.

 훔볼트는 지질학자 겸 광산기사를 지망하여 수년 동안 바바리아의 광산에서 검사관으로 일하였다. 어머니로부터 많은 유산을 상속받아 경제적으로 자유로운 몸이 된 그는 여행의 정열을 충분히 만끽하였다. 영국과 프랑스가 전쟁 중이던 당시, 영국의 군함을 피해가면서 5년에 걸쳐 미국 대륙을 여행하였다. 이 여행은 거의 탐험에 가까웠고 지질 표본을 수집하는 과학연구였다. 미국의 화산을 조사하여 그 위치가 일직선상으로 연결되어 있는 것을 발견하였다.

 남미 서해안의 해류를 조사하고(현재도 그의 명예를 기념하여 '훔볼트 해류'라 부른다), 또한 극으로부터 적도로 향할수록 자기가 감소한다는 것, 고도가 증가할수록 온도가 낮아진다는 사실을 찾아냈다. 페루의 구아노섬의 암석이 비료로서 효과가 있다는 사실을 유럽에 소개하였다. 지구상의 땅 모양이나 생물을 보다 정확하게 이해하기 위해 지도상의 등온선을 사용할 것을 제안하였다. 에콰도르에 있는 약 6,000m의 친보라소 화산에 올라갔다. 이것은 그 후 30년 동안 고산 등반 신기록이 되었다. 그리고 돌아오는 길에 미국에 들러 대통령 토머스 제퍼슨(상당한 아마추어 과학자)을 방문하였다.

 귀국한 훔볼트는 미국과 남미 기행을 저술하였다. 작가로서도 훌륭하고 예술적인 감각이 돋보였다. 그는 유럽에서 나폴레옹 다음으로 평가받은 인물이라 말할 수 있을 정도이다. 훔볼트와 나폴레옹의 생일은 한 달쯤 차이가 있지만, 나폴레옹은 훔볼트의 절반을 살았고 불행한 최후를 맞이하였다. 휴식을 취하지 않고 바쁘게 활동했던 훔볼트는 70대가 되면서, 그때까지 모았던 자료를 하나로 정리하여 〈우주〉(Kosmos)를 저술하였다.

책이름에서 알 수 있듯이, 우주적인 차원에서 지구를 다루고 있다. 그 정도로 지구에 관해 열성을 다해 연구하고, 그 만큼 많은 자료를 남겨놓은 사람도 없다. 시작이 늦었지만 오래 살았기 때문에 이를 완성시킬 수 있었다. 제5권과 최종 권의 발표는 그가 죽은 후에 출간되었다. 이 책은 훔볼트의 노력의 결실로서 과학 역사상 최고 걸작품의 하나로 꼽을 수 있다. 지질학과 지리학에 관한 매우 정밀한 백과사전으로 역할을 하였다. 그는 '지구물리학'을 탄생시킨 셈이다.

93. 브라운 운동을 발견한 식물학자 브라운
오스트레일리아를 탐험, 4,000종의 식물을 채집

스코틀랜드의 식물학자 브라운(Brown, Robert; 1773~1858)은 영국 국교회 목사의 아들로 태어났다. 그는 청년시절 스코틀랜드 보병연대의 외과의사로 군생활을 하면서 여가를 틈타 식물을 채집하였다. 그가 아일랜드에 주둔하고 있을 당시, 식물학자 뱅크스를 알았고 그 후 그의 도움을 많이 받았다. 그는 에든버러대학에서 의학을 전공했지만 학위를 받지 않았다.

1801년 뱅크스의 재정적인 후원을 받은 브라운은 식물학자로서 미지의 대륙인 오스트레일리아 탐험대에 합류하여 약 4,000종의 식물을 채집하였다. 그는 새로 발견된 식물을 분류하는데 린네의 부자연스러운 분류법에 따르지 않고 자연분류법을 따랐다. 성공적이었다.

브라운은 린네협회 도서관 직원으로 채용되고, 뱅크스의 도서관에서도 일을 도왔다. 뱅크스가 죽은 후에 그의 유언에 따라 그는 도서관과 채집식물을 보존하는 책임자가 되었다. 브라운이 식물을 연구하고 있는 중에 식물체를 구성하고 있는 세포 속에서 작은 인(仁)을 발견하고, 이를 핵이라 불렀다.

브라운은 물위에 뜬 화분을 현미경으로 관찰하는 순간, 모든 입자가 각기 불규칙한 운동하고 있는 현상에 관심을 모았다. 처음에 화분 입자가 살아 있는 것으로 생각했지만, 생명이 없는 다른 물질도 같은 불규칙 운동을 하는 것을 발견하였다('브라운 운동'). 하지만 그는 이 운동의 원인을 설명할 수 없었다. 이 운동의 원인이 해명된 것은 30년 뒤, 맥스웰이 기체의 운동이론을 개발한 때부터였다. 특히 아인슈타인과 프랑스의 물리학자 페랭의 연구에 의해, 브라운 운동이란 물이 분자로 되어 있는 것을 눈으로 볼 수 있는 좋은 증거라고 밝혀졌다. 원자론을 입증할 수 있는 최초의 증거를 잡은 셈이다.

94. 빛의 횡파설을 지지한 영
네 살 때 성경을 두 차례 읽은 신동

영국의 물리학자이자 의사인 영(Young, Thomas; 1773~1829)은 두 살 때 글을 읽고, 네 살 때 성서를 두 번이나 읽을 정도의 신동이었다. 어른이 되어서도 그의 총기는 사라지지 않고 케임브리지대학에서 '천재, 영'으로 통하였다. 그는 학교교육을 받았지만 그 대부분이 독학이었다. 젊은 시절 수학, 물리학, 화학 등 다방면에 열중하고, 또한 기계공작에도 뛰어나 스스로 광학장치를 만들었다. 영은 의학을 전공하였다. 에든버러 대학에서 화학자 블랙의 지도를 받고, 그 후 독일로 건너가 괴팅겐대학에서 학사학위를 받고 귀국하였다. 그는 물리학자 럼파드가 설립한 왕립연구소에서 과학 강의를 맡고 왕립학회 이사로 선임되었다.

영은 빛을 연구하였다. 빛이 파동이냐 입자인가를 놓고 1세기 이상 논쟁을 벌여왔는데, 입자설 쪽이 우세하였다. 그러나 영은 빛이 파동이라고 주장하면서 이를 실증하는 데 노력하였다. 그는 매우 작은 구멍으로 빛을 통과시킬 때 생기는 그림자의 가장자리에 회절무늬띠가 형성되는 것을 주의 깊게 관찰하였다. 이 띠는 빛이 회절하기 때문에 생긴 것으로, 입자설은 이를 설명할 수 없지만, 파동설은 이를 충분히 설명할 수 있다.

영은 더욱 확실한 증거를 손에 넣었다. 그는 소리를 연구할 때부터 신음(으르렁거리는)하는 현상에 관심을 두었다. 그것은 높이와 파장의 강약이 다른 두 소리가 주기적으로 합성되는 현상 때문이라고 파동설을 빌어 훌륭하게 설명하였다. 그러나 처음에 영의 연구는 영국에서 냉대를 받았다. 그것은 수식이 어려운 데에 그 원인이 있었겠지만, 빛의 입자설은 뉴턴이 주장한 이론으로 영국의 국가적인 이론이었던 때문이었다.

영은 처음에 빛의 종파설을 지지하였다. 그러나 덴마크의 의사 바르톨린이 발견한 복굴절 현상을 종파로 설명할 수 없다. 복굴절 현상을 설명하는 데는 빛이 횡파이지 않으면 안 된다는 의미의 편지를 영은 아라고에게 보냈다. 이것이 옳았다.

영은 색의 감각을 연구하였다. 열 개의 색을 보는 데는 반드시 열 개의 생리학적인 기관이 필요 없다는 사실을 처음으로 밝혔다. 3개의 색, 즉 빨강, 노랑, 파랑을 식별하는 것으로 충분하다. 이 세 가지 색을 여러 가지 비율로 조합시키면 여러 색을 만들어낼 수 있다. 이 이론은 반세기 후에 독일의 물리학자 헬름홀츠에 의해 정리되었는데, 이를 '영-헬름홀츠 3원색 이론'이라 부른다. 천연색 사진이나 컬러텔레비전은 이 이론을 응용한 것이다.

영은 다재다능하고 통찰력을 지닌 과학자이다. 그는 다른 사람이 그 뒤를 이어 완성에 이르도록 한 중요한 토대를 다지는데 이바지 하였다. 특히 그는 이집트 상형문자 해독에도 참여하였다.

95. 편광현상을 발견한 비오
모험적인 기구탐험을 즐김, 학설때문에 우정이 깨짐

프랑스의 물리학자 비오(Biot, Jean Baptiste; 1774~1862)는 아버지가 희망하는 상업을 포기하고 프랑스 혁명 후 이공대학으로 편입하여 우수한 성적으로 졸업하였다. 라플라스의 추천으로 콜레주 드 프랑스의 물리학 교수가 되면서부터 연구업적을 쌓았다. 그의 이름을 유명하게 한 것은 과학 연구에서가 아니라, 모험적인 탐험에서였다.

1804년 비오는 나폴레옹의 이집트 원정의 유물인 기구(氣球)를 이용하여 대기를 연구하는 다시없는 기회를 잡았다. 물리학자 게이-뤼삭과 공동으로 실험기구와 각종 동물을 싣고 8월 23일 떠올랐다. 그들은 1.6~5km의 높이에서 몇 가지 실험을 하고, 관찰한 것을 기록하였다. 그러나 기구가 하강할 때 위험하여 비오는 공포에 떨었고, 같은 해에 게이-뤼삭이 다시 상승을 시도했지만, 비오는 참가하지 않았다.

1806년 비오는 프랑스의 물리학자 아라고와 함께 경도 측정 탐험 여행을 위해 스페인으로 떠났다. 두 사람의 우정은 매우 두터웠다. 아라고와 비오 두 사람은 처음에 입자설을 지지했지만, 아라고가 점차 파동설 쪽으로 기울어지자, 두 사람은 격론을 폈고 결국 오랜 우정이 깨지고 말았다. 그것은 덴마크의 의사 바루톨린이 발견한 복굴절 현상은 파동설에 의해서만 설명할 수 있었기 때문이다.

1815년 비오는 유기화합물의 액체나 수용액이 편광을 시계방향으로, 아니면 반대 방향으로 선회시키는 편광현상을 발견하였다. 그리고 이 현상은 분자의 비대칭성에 의해서 일어나는 것이 아닌가 하고 제안하였다. 이 현상은 분자구조 연구에서 중요한 역할을 하였다.

96. 전자기학을 처음 개척한 앙페르
아버지의 처형으로 절망 속에서 방황

프랑스의 수학자, 물리학자, 화학자, 철학자인 앙페르(Ampere, Andre Marie; 1775~1836)는 리옹에서 태어났다. 아버지는 상업에 종사했지만 그가 태어나자 곧 그 일을 그만두고 리옹 교외로 이주하였다. 그는 열한 살에 대수나 기하학에 능통하였다. 아버지는 아들의 수학적 재능을 계발하기 위해 가끔 리옹의 도서관에서 수학책을 빌려 왔다. 프랑스혁명의 폭풍은 4년 후 앙페르가 살고 있던 마을에까지 밀어닥쳤다. 프랑스 공화국에 반기를 들었던 리옹은 공화국 군대에 의해 점령되었다. 아버지는 리옹에서 치안재판소 판사로 근무하고 있었으므로 귀족으로 몰려 단두대에서 처형되었다.

앙페르는 이 때의 충격이 너무 커서 거의 1년 동안 절망 속에서 지냈다. 그 절망으로부터 헤어나고 기력을 회복한 그는 린네의 식물학 저서나 시집을 읽고, 식물채집으로 세월을 보내고 있던 어느 날, 소녀 줄리앙을 만났다. 3년 동안의 사랑이 결혼으로 이어지고 리옹에 새로운 보금자리를 만들었다. 그는 가정교사와 물리교사로서 생계를 유지하였다.

앙페르는 수학 논문을 발표하였다. 이것이 인정되어 나폴레옹 치하에서 리옹고등중학교 수학교사로 임명받았다. 그러나 줄리앙은 한 사내아이를 남긴 채 병사하였다(이 아이는 후년 유명한 문학가가 되었다). 그의 슬픔은 일생동안 마음에서 떠나지 않았다. 그는 이공대학의 복습교사로 선발되고, 5년 후에는 같은 대학 수학교수가 되었다.

앙페르가 전자기학 연구를 시작한 계기는 덴마크의 물리학자 테트스텟의 발견이다. 바늘에 전기를 통하면 그 주위에 자장이 형성되고 근방에 놓여진 자침이 흔들린다는 사실을 발견하였다. 그리고 그는 전자기 현상을 정량화하였다. 전류의 강하기와 전류를 흐르게 하는 힘을 처음으로 구별하였다. (전류의 단위 '앙페르')그래서 그를 '전자기학의 뉴턴'이라 부르며 전자기학의 창시자로 알고 있다. 그는 예순 한 살에 병사하였다. 앙페르는 프랑스 학사원 회원으로 선출되었다.

97. 분자설을 주장한 아보가드로
물리학과 화학의 경계선을 무너뜨림

이탈리아의 물리학자 아보가드로(Avogadro Amedeo Count of Quaregna; 1776~1856)서류상의 이름 '로렌조 로마노 아테데오 카를로 아보가드로 디 콰레냐 에 디 체데토'로 과학자중 이름이 가장길다. 그는 법학박사 학위를 취득한 후, 3년 동안 변호사로 활동하였다. 그러나 수학과 물리학을 독학으로 돌파하면서 자연과학 연구에 몸담을 것을 결심하였다.

아보가드로는 토리노아카데미 실험조수, 3년 후 베르셀리대학 자연철학 교수를 거쳤다. 마침 이탈리아에서 처음으로 수리물리학 교수직을 토리노대학이 개설하자, 그는 그 자리로 갔다. 그러나 당시 정치 소동의 소용돌이 속에서 그 자리가 폐쇄되었다. 하지만 소용돌이가 멈추자 1832년에 부활되어 2년 후 다시 그 자리로 돌아갔다.

아보가드로는 논문에서, 같은 온도, 같은 압력 하에서 같은 단위체적 안에는 같은 수의 입자가 포함되어 있다고 발표하였다. 이것이 '아보가드로의 가설'이다(지금은 가설이 아니고 법칙이다). 그리고 입자는 원자가 아니고 원자의 결합체(분자)일 것이라고 주의 깊게 기술하였다. 이것이 곧 그의 '분자설'이다.

아보가드로의 분자설은 그 후 10년 동안 거의 주목을 끌지 못하였다. 돌턴과 당시 최고의 화학자인 스웨덴의 베르셀리우스가 이를 지지하지 않았다. 물론 첫째 이유는, 당시 물리학과 화학 사이의 경계를 인정하지 않고, 그 연구성과 대부분이 수학적 방법에 바탕을 두고 있었기 때문이고 또 한가지 이유는 아보가드로가 과학이 뒤진 지역(이탈리아)에 살고 있었으므로 그의 논문이 당시 권위를 지닌 과학자들에게 주목을 끌지 못했기 때문이다. 결과적으로 원자와 분자의 구별, 원자량과 분자량의 구별은 혼란에 빠졌다. 이 가설이 정식으로 인정된 것은 이탈리아의 화학자 칸니차로가 그를 위해 앞장선

뒤였다. 발표된 지 50년 후(아보가드로가 죽은 뒤)에 유럽 과학자들은 그의 분자설을 인정하고, 그를 진정한 물리화학자로 재평가하였다. 과학자 세계에서만 접할 수 있는 과학자 상호간의 배려이다.

98. 3대 수학자의 한 자리를 차지한 가우스
1001번째 소행성 가우샤를 발견

독일의 수학자이자 천문학자인 가우스(Gauss, Johann Karl Friedrich; 1777~1855)의 아버지는 정원사 겸 계산사로 가정형편이 어려워 가우스는 제대로 교육을 받지 못하였다. 하지만 매우 뛰어났다. 그는 셈하는 방법이나 읽는 방법을 혼자서 터득하고, 세 살때 아버지가 계산한 답이 틀렸음을 지적했다고 한다. 여덟 살 때 초등학교 첫 수업시간에 1에서 100까지의 덧셈을 해낸 그를 지켜본 담임선생은 조숙한 그의 재능을 인정하고 상업에 종사케 하도록 그의 아버지를 설득하였다.

가우스는 열네 살에 페르디난드 공작 앞에서 계산능력을 보여주었다. 크게 감명을 받은 공작은 그때부터 자신이 죽을 때까지 하사금을 내어 학업을 계속하도록 하였다. 괴팅겐대학에 입학한 그는 베를린대학에서 학사학위를 받았다. 그때 이미 자신의 수학상의 기본적인 발견을 거의 하였다.

20대 초기에 가우스는 피아치가 발견한 소행성 세레스를 수학적인 계산방법으로 다시 발견하였다. 그의 명예를 기념하여 1001번째 발견된 소행성을 '가우샤'라 불렀다. 이 업적으로 괴팅겐 천문대장에 임명되었다.

가우스는 대학 재학 중에 자와 컴퍼스만을 사용하여 정17각형을 그렸다. 고대 그리스 사람이 시도하여 모두 실패했던 것을 그는 그려냈다. 나아가 자와 컴퍼스만으로 그려지는 것은 한정된 다각형만이라는 사실도 밝혔다. 자와 캄파스 이 두 종류의 기구를 플라톤은 기하학의 작도에서 제일 적합한 것이라 하였다.

가우스는 열네 살부터 열일곱 살까지 많은 수학이론을 연구했지만 발표하지 않았다. 또한 내성적이어서 이를 다른 사람에게 알리지도 않았으므로, 국내에서는 거의 알려지지 않았다. 그러나 그는 외국에서 점차 인정받기 시작하였다.

사실상 그는 수학 분야에서 아르키메데스, 뉴턴과 어깨를 나란히 할 정도의 수학상 새로운 연구를 하였다. 상트페테르부르크대학(지금의 레닌그라드대학)과 러시아 과학아카데미, 프랑스 과학아카데미로부터 초청을 받고, 런던의 왕립학회의 외국인 회원으로 선출되었다. 그는 예순 두살 나이에 러시아어 공부를 시작할 정도의 활동가였다.

99. 기체반응의 법칙을 정리한 게이-뤼삭
화학자 테나르와 함께 붕소를 분리

프랑스의 화학자 게이-뤼삭(Gay-Lussac, Joseph Louis; 1778~1850)의 아버지는 재판관이었다. 그는 프랑스 중부 작은 마을에서 태어났다. 프랑스 혁명의 절정기와 입학 시기가 공교롭게 맞물려 그는 입학 시기를 놓쳤다. 그러나 열여섯 살에 파리로 나와 입시준비를 거쳐 이공대학에 합격하였다. 그로부터 3년 후에 그에게 행운이 찾아 왔다.

나폴레옹 이집트 원정 당시, 과학 고문단의 일원인 화학자 베르톨레가 귀국하여 유능한 젊은 조수를 찾고 있었다. 그는 게이-뤼삭을 조수로 채용하고 그에게 많은 도움을 주었다. 게이-뤼삭이 실험에 실패했을 때, 베르톨레는 "젊은 친구, 자네는 정진하면 반드시 장래에 큰 발견을 할 걸세. 자아! 지금부터 함께 식사를 하세. 나는 과학 분야에서 자네의 아버지가 될 것으로 생각하고 있네. 이를 자랑스럽게 생각할 날이 반드시 올 걸세."라 하며 격려하였다.

베르톨레의 주변에는 라플라스를 비롯하여 많은 과학자들이 모여(파리에 있는 아르쾨유 집) 토론하였다. 게이-뤼삭의 시야가 화학뿐아니라 자연과학 전반에 걸쳐 있었던 것은, 다양한 인맥 속에서 생활했기 때문이다. 그가 과학자로서, 또 탐험가로서 독일의 저명한 훔볼트와 만난 것도 이런 인연 때문이다. 게이-뤼삭은 이공대학 교수, 소르본대학 물리학 교수, 화학공장 감독관, 조폐국 주임분석관 등을 역임하였다. 그리고 국립자연사박물관 화학교수를 지냈다.

게이-뤼삭은 기구에 탑승하여 지자기를 측정하고 공기의 조성을 연구하였다. 1804년 8월 하순에 비오와 함께 4,000m까지 올라갔고, 이어서 9월 상순에는 혼자서 알프스 최고봉보다도 높은 약 6,400m까지 올라가 지자기와 공기의 성분을 측정하였다. 그 결과 공기의 조성도 지자기의 상태도 지구상과 다름이 없다는 사실을 발견하였다.

게이-뤼삭과 훔볼트가 만난 것은 이 측정 이후였다. 게이-뤼삭이 훔볼트의 실험을 비판했는데, 훔볼트는 이를 알면서도 결코 화내는 일이 없었다. 오히려 게이-뤼삭의 기구에 의한 측정에 상금을 주면서까지 칭찬하였다. 그 이후 두 사람은 공동연구로 산소와 수소가 정확하게 2:1의 부피로 반응한다는 사실을 확인하였다.

게이-뤼삭은 공기를 연구하는 과정에서, 실험기구를 독일에서 수입하여 사용하였다. 그때마다 관세가 붙었다. 그는 주문할 때 시험관에 독일 공기를 넣고 시험관 입구를 열로 녹여 닫도록 부탁하였다. 프랑스 세관에서 독일 공기에 대한 관세부과 여부가 논의되었다. 공기에 대해서 면세하기로 결정한 결과, 시험관이 들어 있는 소포 전체가 관세 없이 통과되어 연구비가 절감되었다는 이야기가 있다.

프랑스는 혁명에 이어 국가주의가 높아져 정부는 국가의 권위를 높이기 위해 과학을 이용하려고 하였다. 나폴레옹은 게이-뤼삭과 그의 친구이자 공동연구자인 루이 자크 테나르에게 연구비를 지원하고, 강력한 전지를 만들어 전류를 얻도록 하였다. 그리고 영국보다 먼저 새로운 원소를 발견하도록 독려하였다.

게이-뤼삭과 테나르는 데이비가 발견한 원소의 하나인 카드뮴을 이용하여 전류를 사용하지 않은 채 산화붕소를 처리하여 처음으로 붕소(B)를 홀로 분리하였다. 그리고 이를 1808년 6월 21일에 발표하였다. 영국의 데이비는 9일 뒤늦은 6월 30일에 같은 사실을 발표하였다. 나폴레옹은 과학에서 승리하여 국가의 권위를 세운 셈이다.

게이-뤼삭은 이 실험 도중에 여러 번 소동을 벌였다. 특히 다량의 칼륨으로 중화상을 입었다. 과학을 둘러싼 국가 간 경쟁의 역사적인 좋은 사례이다. 그는 참을성이 많고 시간을 잘 지키는 사람으로, 냉정하고 내성적이었지만, 한편 정의감이 강하고 대담하게 행동하는 면도 있었다.

게이-뤼삭은 기체에 관한 연구에서, 기체의 팽창의 법칙을 정식화 하였다. 이 법칙은 일정한 온도상승에 대해 모든 기체는 같은 비율로 팽창한다는 것이다. (프랑스 과학자 샬도 이 법칙을 발견했지만 발표하지 않았다. 하지만 샬의 법칙으로 알려졌다.) 또 하나는 기체 반응의 법칙으로, 이것은 기체가 서로 반응할 때, 그의 체력비는 간단한 정수비로 화합한다는 것이다.

이탈리아어, 영어, 독일어에 능통하여 그의 강의 내용 안에는 외국문헌의 지식이 풍성하였다. 루이 필립 왕의 새로운 정권 밑에서 국회의원을 지내면서 법률제정에 적극 참여하였다. 1839년에 귀족 대열에 올랐다.

100. 화합물로부터 칼륨을 분리한 데이비
왕립연구소 강연 중 패러데이를 발굴

영국의 화학자 데이비(Davy, Sir Humphry; 1778~1829)는 부유한 나무 조각가의 아들로 태어났다. 아버지를 잃고 일찍이 약종상의 도제로 생활전선에 뛰어들었다. 그는 철학부터 수학에 이르기까지 다방면에 걸쳐 관심을 가졌으나, 시인으로서의 재능도 뛰어났다. 생애 마지막에 워즈워스나 골리지와 같은 위대한 시인으로부터 존경과 후원을 받기까지 하였다. 그는 화학자 라부아지에의 〈화학요론〉를 읽을 때부터 화학에 흥미가 붙기 시작하였다.

데이비는 열은 운동의 한 종류라고 주장하였다. 와트와 친밀한 사이였는데 그것은 우연이 아니었다. 와트의 증기기관이 최초로 평가된 장소가 데이비가 태어난 콘월이다. 더욱이 와트의 차남인 그레고리가 데이비의 어머니 집에서 하숙한 적이 있었다.

데이비는 산화질소를 발견하고 그의 이상한 성질을 연구하였다. 이를 들어 마시면 눈이 술에 취한 듯 보이고 자제력을 잃으며, 약간 자극을 받아도 울고 웃는다(흔히 '웃는 가스'라 부른다). 곧 일부 사람들 사이에 이 기체를 들어 마시고 즐기는 모임이 대유행하였다. 그보다 이 화합물은 역사상 처음으로 마취제로 사용되었다(지금도 치아의 마취에 이따금 사용된다). 그는 질병을 치료하기 위한 기체를 연구하는 도중 유독가스 때문에 목숨을 잃을 번하였다.

1801년 런던에 왕립연구소를 설립한 럼퍼드가 강사를 찾고 있을 무렵, 시험적으로 데이비에게 부탁하였다. 그의 강의가 마음에 든 럼퍼드는 젊은 데이비를 곧 채용하고, 다음 해에 교수로 승진시켰다. 데이비는 물리학자 럼퍼드와 화학자 캐번디시의 영향을 많이 받았다. 데이비는 왕립연구소에서 강의하는 동안 물리학자이자 화학자인 패러데이를 발굴하였다. 그의 발견 중에서 패러데이의 발굴이야말로 가장 큰 발견이다. 브라헤가 케플러를 발굴한 경우가 생각난다. 패러데이는 그의 스승보다 더욱 위대한 과학자가 되었다.

데이비는 조용하고 매력적이었다. 타고난 흥행사처럼 훌륭한 강의 솜씨를 지니고 있었다. 거기에다 젊고 빼어난 미남이었다. 나폴레옹 전쟁 때문에 억압받고 있던 영국 상류사회의 사람들, 특히 런던의 귀부인들은 라부아지에의 새로운 화학에 관한 데이비의 강의를 듣기 위해 왕립연구소로 구름처럼 몰려들었다. 시민을 위한 생활과학 강좌였다.

데이비는 화합물과 전기의 작용을 연구하였다. 석회, 잿물, 소다 등의 성분은 금속원소를 함유하고 있는 것이 분명하지만, 이를 홀로 분리하지 못하였다. 독자적으로 전기실험을 하고 있던 데이비는 나폴레옹으로부터 전기 연구에 대한 최고 우수상을 받았다. 당시 영국과 프랑스는 전쟁 중이어서 상을 받을 것인지, 거절할 것인지에 대해 일반의 관심이 모아지고 있었다. 그는 정부 사이에 전쟁을 하고 있을지라도, 과학자는 전쟁을 하고 있지 않다고 생각한 끝에 상을 받기로 결심하였다. 옳은 생각이다. 파스퇴르의 "과학에는 국경이 없다. 그러나 과학자에게는 조국이 있다."라는 말이 떠오른다.

이어서 데이비는 250개의 금속판을 준비하고 역사상 최초의 거대한 전지를 만들었다. 여기서 얻은 강한 전류를 사용하여 1807년 10월 6일, 녹아 있는 수산화칼륨에 전류를 통하고 원소를 홀로 분리하는데 성공하였다. 이 금속이 칼륨이다. 그리고 1주 후에 탄산나트륨에서 나트륨을 홀로 분리하였다.

데이비는 독자적으로 개발한 방법으로 바륨, 스트론튬, 칼슘, 마그네슘 등을 홀로 분리하였다. 붕소의 분리에도 성공했지만, 9일 차이로 프랑스의 과학자 게이-뤼삭과 테나르에게 선두를 빼앗겼다.

데이비는 기사 칭호를 받은 직후 곧 결혼하고, 다음해에 조수인 패러데이와 함께 유럽으로 신혼여행을 떠났다. 영국과 프랑스가 교전 중인에도 불구하고, 프랑스의 화학자들로부터 따뜻한 대접을 받았다.

데이비는 실제로 휴식이 필요하였다. 실례처럼 독한 가스를 들어 마시거나 화합물 용액을 맛보는 습관 때문에, 약물 중독으로 몸을 망가트렸고, 화합물의 폭발로 귀가 나빠졌다.

데이비는 불꽃을 금속 망으로 두른 안전한 '데이비 등'을 발명하였다. 연소에 필요한 산소는 금속 망을 통과하지만, 내부의 열은 금속 망으로 흡수되어 외부의 폭발기체에 점화하지 않도록 연구하였다. 이 발명은 탄광 폭발을 방지하고, 산업에 대한 공헌이 컸으므로 준남작에 임명되었다.

뱅크스의 뒤를 이어 왕립학회 회장으로 추대되었다. 그의 뜻에 따라 그 해에 가장 중요한 발명을 한 화학자에게 수여하는 '데이비상'(메달)이 제정되었다. 최초로 이 상을 받은 사람은 독일의 화학자 분젠과 키르히호프였다.

101. 화학계의 독재자 베르셀리우스
원자량을 측정하고, 원소기호를 처음으로 만들어 사용함

스웨덴의 화학자 베르셀리우스(Berzelius, Jon Jacob; 1779~1848)는 어린 시절 아버지를 잃고 젊은 어머니와 둘이서 살다가, 어머니가 재혼하자 의붓아버지 밑에서 자라났다. 그가 아홉 살 때 어머니가 타계하자 외삼촌 집으로 옮겼다. 불운하였다.

베르셀리우스는 고생 끝에 웁살라대학 의학부에 입학하였다. 의학부에서 그는 평범한 학생일 따름이었다. 만일 물리학에서 성적이 좋지 않았더라면 낙제했을 정도였다. 대학 강의는 흥미를 돋우지 못했지만, 한 이복형제가 화학에 대한 흥미를 유발시켜주었다.

베르셀리우스는 온천의 주임의사인 헤딘을 소개받았다. 그는 온천수의 광물 함유량을 분석하는 일을 맡고 있었다. 그는 베르셀리우스를 위해 스톡홀름에 있는 의과대학 의학 및 약학교수의 무급 조교로 추천하였다. 그 교수가 타계하자 베르셀리우스가 그 자리를 이어받고, 그 후 스웨덴 과학아카데미 회장으로 임명되었다.

베르셀리우스는 원자량을 측정하였다. 여러 선배 화학자들이 개발한 일반법칙과 게이-뤼삭의 기체 용적의 법칙을 바탕으로 원자량을 측정하고, 역사상 최초로 매우 정확한 원자량 표를 만드는데 성공하였다.

1828년에 발표된 이 표에 실린 원자량 값은 몇 가지 원소를 제외하고 현재 인정받고 있는 값과 비교해서 조금도 손색이 없었다. 하지만 불행한 일로 베르셀리우스는 아보가드로 가설을 인정하지 않았기 때문에 분자와 원자의 구별이 확실하지 않았다. 그래서 그의 원자량 표의 가치를 얼마쯤 손상시켰다.

베르셀리우스는 원소기호를 창안하였다. 그는 화합물의 이름과 그 조성을 나타내는 기호의 필요성을 절실하게 느꼈다. 돌턴은 이미 원자를 나타내는 기호(그림)를 생각해 냈지만 사용하는데 매우 불편하였다. 하지만 베르셀리우스의 화학기호는 편리하고 간편하여 지금 세계적으로 사용되고 있다.

한편 베르셀리우스는 전기를 연구하였다. 그는 화학물의 수용액에 대한 전류의 작용을 실험하였다. 그는 전기분해를 통해 셀륨, 셀렌, 규소, 토륨을 발견하였다.

베르셀리우스는 화학 분야에서 세계적인 권위자였다. 그가 1801년에 쓴 〈화학 교과서〉는 그가 죽을 때까지 5판을 거듭하였다. 이는 당시 최고의 권위를 자랑하였다. 프랑스를 방문했을 때, 루이 필립 왕을 알현했고, 독일을 방문했을 때는 괴테와 점심을 함께 하였다. 그는 이를 평생 자랑하였다 한다.

베르셀리우스는 화학자들의 연구 결과에 대한 논평을 하는 〈연간화학평론〉을 창간하였다. 이 평론에서 비판받은 실험이나 학설은 거의 묵살 당하였다. 그러나 이것은 결코 좋은 결과만을 가져온 것은 아니었다. 생애 마지막에 그는 자신의 학설을 지나치게 주장하고, 특히 자신의 학설이 공격받을 때는 더욱 격렬하게 반응하였다. 그는 화학계에서 사실상 독재자 노릇을 하였다

베르셀리우스는 생애 마지막에 질병으로 고생하였다. 하지만 쉰다섯 살에 스물두 살의 미녀와 결혼하여 행복한 여생을 보냈다. 결혼식 당일, 스웨덴 왕 찰스 14세로부터 축하 선물로 남작의 작위를 하사받았다. 그는 화학을 현대적인 모습으로 만들어 놓았다.

102. 전자기학 연구의 실마리를 찾은 외르스데드
덴마크 자연과학진흥협회 설립에 앞장

덴마크의 물리학자 외르스테드(Oersted, Hans Christian; 1777~1851)는 소년시절 아버지의 제약사업을 돕느라 학교에 다니지 못했지만, 일을 통해 상당한 화학지식을 몸에 담았다. 코펜하겐대학에서 약학을 전공하고, 졸업하면서 박사학위를 취득하고 곧이어 약제사로 활약하였다.

외르스테드는 단 한 가지 실험으로 유명해졌다. 그에게 결정적인 순간이 찾아왔다. 그는 전류와 자기 사이에 어떤 관계가 있을 것으로 예상하였다. 결과는 예상한 대로였다. 전기와 자기가 밀접한 관계가 있는 것을 실험으로 입증하였다. 전류가 자장을 만들어 내는 '전류의 자기작용'을 발견하여 전자기학 확립의 실마리를 열어놓았다. 자장의 강도 단위 '외르스테드'(Oe)는 그를 기념하기 위해서였다.

외르스테드는 코펜하겐대학 교수를 거쳐 코펜하겐공과대학 초대학장으로 취임하였다. 그는 대중을 위한 과학 공개강좌를 실시하여 성공을 거두었다. 1824년 덴마크 자연과학진흥협회 설립에 앞장섰다. 이를 통해서 덴마크의 과학 인구 저변 확대와 과학 향상에 앞장섰다. 이런 유형의 과학자도 필요하다.

103. 실험생리학을 확립한 외과의사 마장디
마취 없이 동물을 해부하는 잔인한 실험을 거듭

프랑스의 생리학자 마장디(Magendi, Francois; 1783~1855)는 처음에 해부학을 전공하다가 생리학으로 전향하였다. 실험에 지나치게 열중한 나머지 마취 없이 동물을 무자비하게 해부했기 때문에 이상한 소문까지 떠돌았다. 그러나 실험생리학을 처음 수립하고 제자인 베르나르에 의해 더욱 발전하였다.

마장디는 신경계, 특히 뇌 척추액을 상세히 연구하였다. 강아지를 대상으로 실험한 결과, 척추의 전근이 운동신경이라는 것, 후근이 감각중추라는 것, 그리고 자극을 뇌에 가하면 이를 느끼고 판단 한다고 밝혔다.

마장디가 연구에 가장 충실한 시기는 1813~23년 동안이다. 이 시기에 그는 구토할 때의 위의 움직임, 연하작용의 구조, 질소 섭취량이 부족할 때 일어나는 현상, 소화에서 췌장액의 효과나 간장의 해독작용, 소뇌의 신경다발을 절단하면 여러 번 옆으로 뒹구는 선회운동 등에 관해 조사하였다. 이 공적으로 그는 프랑스 왕립과학아카데미 회원으로 선출되었다.

마장디는 '벨-마장디 법칙'을 발표하였다. 이 내용은 영국의 해부학자 벨이 생각한 것인데, 마장디는 이를 실험적으로 정확하게 증명하였다. 그는 벨의 학설이 올바르다는 사실을 증명하기 위해 4,000마리의 개를 죽이고, 벨 학설의 오류를 증명하기 위해 다시 4,000마리의 개를 죽였다.

이처럼 그는 무성한 연구 성과를 위해 많은 동물을 잔혹하게 취급하였다. 그것이 문제가 된 것은 그가 영국을 방문했을 때이다. 그는 동물의 머리 신경의 움직임을 보여주기 위해, 살아있는 개의 뇌를 일부분씩 절개하는 공개실험을 몇 번이고 해보였다. 당연한 일이지만, 개는 고통 때문에 사납게 굴었지만 이를 짓누르며 동정 따위는 필요 없었다. 그는 솔선하여 실험하고 많은 사람들에게 보이며, 그것을 즐기고 있는 것처럼 생각 들게 할 정도였다.

마장디의 공개실험을 본 어느 미국인 의사는 "대개 그의 실험은 필요 이상으로 잔혹하고, 더욱이 그것을 몇 번이고 반복한다."고 말하였다. 이 같은 악취미의 공개실험은 영국에서 비판받고, 생체해부 반대론자들은 소동을 벌렸다. 나아가 공개실험을 금지하자는 운동까지 벌였다.

　마장디의 강의는 독특하였다. 그는 강의준비를 하지 않고 즉흥적이었다. 그래서 실험 결과가 예상한 것과 전혀 반대인 경우도 있었다. 이 경우 그는 마치 즐거운 일이 있었다는 듯이 큰 소리로 웃으며 얼버무려 버렸다. 전통적인 학설을 중요시하지 않고 사실만을 믿고 있는 그는 이러한 일이 일어나면 즐거워서 어찌할 바 몰랐다.

　마장디는 강의 중에 있던 잔혹한 실험 때문에 비판을 받았다. 그는 코커스패니얼 개를 사용하여 실험하였다. 그는 이 개의 긴 귀와 발을 못으로 두들겨 박은 다음, 신경과 등골을 절단하고 두개골을 톱으로 자르며, 시신경을 드러내는 모습을 학생들에게 보여 주었다. 그래도 이 개가 죽지 않으면 다음 날 실험에 사용하기 위해 그대로 방치하였다. 그의 강의를 견학한 어느 의사는 "마장디는 동물의 몸뚱이를 자르고 파내는 일 뿐이지, 어떤 목적도 없으며 단지 어떻게 되는지 보려고 하는 것 같다."라고 말하였다.

　마장디는 마취제의 사용을 강력하게 반대하였다. 환자를 무저항으로 무방비한 상태로 해놓는 것은 좋은 일이 아니라고 주장하였다. 마장디는 다른 의미에서도 무서움을 발휘하였다. 영국에서 유행한 콜레라가 파리에서 유행하자, 그는 그의 박멸에 노력했지만 치명적인 오류를 범하였다. 콜레라는 전염병이 아니라고 단언하였다. 게다가 황열병에 관해서도 똑같은 생각을 하였다. 그런데도 그 후 공중위생자문위원회 위원장이 되었다.

　마장디의 이와 같은 태도는 여러 분야에서 나타났다. 그가 광견병 환자를 치료한 일이 있었다. 난폭한 환자를 억누르고 있는 사이에, 그는 약 0.5리터의 물을 환자의 정맥에 주입하였다. 환자는 조용해졌지만 9일 후에 죽고 말았다. 말할 것 없이 환자가 죽은 원인은 대량으로 주입된 물에 포함된 잡균 때문이었다.

　고기에서 뽑아낸 젤라틴상 물질로부터 영양식을 만드는 위원회의 위원장으로(20년에 걸친 혁명의 소용돌이와 전쟁으로 프랑스의 식량사정은 극도로 악화되었다) 활동하였다. 위원회가 그 일을 맡은 뒤부터 25년 동안 같은 연구를 계속한 그는 생명을 유지하는 데는 질소 함유물질, 예를 들어 단백질이 절대 필요하고, 젤라틴과 같은 단백질만으로는 불충분하다는 것을 밝혔다.

　마장디는 자신과는 매우 다른 훌륭한 제자 한 사람을 길러냈다. 그 제자는 생리학자 베르나르이다. 그는 많은 생리학적 발견을 했고, 실험생리학의 방법론적 기초를 쌓았다. 19세기 유럽 최대의 생리학자의 한 사람으로 프랑스 과학자로서는 처음 국장을 치뤘다.

104. 항성의 연주시차를 측정한 베셀
코페르니쿠스의 지동설을 확증

 독일의 천문학자 베셀(Bessel, Friedrich Wilhelm; 1784~1846)은 정부관리의 아들로 태어났다. 열다섯 살부터 무역회사에서 도제로 일하기 시작한 그는 이 기간에 현실에서 벗어나려고 여행을 자주 꿈꾸었다. 이 뜻을 이루기 위해 그는 언어, 지리학, 항해의 원리를 공부하면서, 특히 독학으로 천문학을 터득하였다.
 젊은 시절에 베셀은 핼리 혜성의 궤도를 계산하였다. 그 결과를 독일 천문학자 올베르스에게 보냈다. 올베르스는 그 결과를 인정하고 베셀을 천문대 직원으로 채용하였다. 그 후 독일 최초의 천문대 건설을 그에게 의뢰하였다. 이후 그는 천문대장으로서 생애를 마쳤다.
 베셀의 연구는 우주의 크기, 별, 은하, 은하의 집단의 크기의 정확한 계산의 기초가 되었다. 위치천문학을 비롯하여 천제역학(별의 운동), 측지학(지구의 크기나 모양의 연구)에 크게 공헌하였다.
 베셀은 별의 시차를 처음 관측하고, 새로운 기준을 정하여 위치천문학을 보다 정확도가 높은 수준으로 올려놓았다. 그리고 약 5만개의 별 위치를 측정하여 별 사이의 거리를 처음으로 정확하게 계산하였다. 나아가 그는 태양계 이외의 별의 거리를 처음 측정하였다. 백조자리 61번 시그너스 별은 약 10.3 광년의 거리에 있다고 계산하였다.
 베셀은 영국의 천문학자 브래들리의 관측결과를 바탕으로 새롭고 뛰어난 항성 목록을 작성하였다. 그 보다 그의 가장 유명한 연구는 3세기 동안 천문학자들의 꿈이었던 항성의 시차의 관측기술을 개발하여 연주시차를 측정한 일이다. 그는 백조좌의 61번 별을 선택하였다. 광도가 낮음에도 불구하고 당시 알려져 있던 별 중에서 가장 격렬하게 운동하고 있는 것으로 보아, 지구와의 거리가 가깝다고 생각하였다. 그리고 바로 그 옆에 있는 광도가 낮은 별과 비교하여 그 별의 위치를 측정하였다. 매우 작지만 시차가 있는 사실을 밝혀냈다. 그가 항성까지의 거리를 측정함으로써 천문학자의 관심은 태양계로부터 항성의 세계로 옮겨졌다.
 베셀은 천왕성의 변칙적인 운동을 들춰냄으로써 미 발견 행성의 영향이 있을 것이라 내다보았다. 그러나 그 이상 연구하지 못하고 타계하였다. 이 문제는 프랑스의 천문학자 르베리에와 영국의 천문학자 애덤스에 의해 해결되었다.

105. 태양 스펙트럼을 연구한 프라운호퍼
그의 묘비에는 "별을 가깝게 하였다"라고

독일의 물리학자이자 광학기기 제작자인 프라운호퍼(Fraunhofer, Joseph von; 1787~1826)는 유리병을 만드는 기술자의 아들로 태어났다. 일찍이 학교를 그만두고 열 살부터 아버지를 도왔다. 안경제작이나 유리절단을 전문으로 하는 공방에서 기술을 연마한 그는 뮌헨의 과학기기 제작회사에서 일하였다. 유리제작의 실제적인 지식을 몸에 익히고 광학의 이론적 지식을 쌓은 그는 여러 재료가 조합된 유리의 성질을 연구하여 유리 제조를 미술공예의 단계로까지 끌어올렸다.

프라운호퍼는 여러 광학기기를 개량하고, 뛰어난 성능의 프리즘을 만들어 회사의 번영에 공헌하여 공장장으로 승진하였다. 그는 색소(色消) 렌즈[굴절률이 서로 다른 유리를 조합시켜 색수차(色收差)가 생기지 않는 렌즈]를 만들었다. 이를 만드는 데는 굴절률이 다른 유리를 적절하게 조합시켜야 한다. 그리고 유리의 굴절률을 알아야 함으로, 그는 각종 유리의 굴절률을 측정하였다.

자신이 만든 프리즘을 시험하고 있는 도중, 태양 스펙트럼 중에서 침침한 선을 많이 발견하였다. 이 침침한 선은 프리즘에 조금이라도 이상이 있으면 선명하게 보이지 않는다. 이 침침한 선을 영국의 화학이자 물리학자인 울러스턴도 발견했는데 겨우 7줄이었다. 프라운호퍼는 600선(현재는 1만개선)을 발견하였다.

프라운호퍼는 관찰에서 그치지 않고 눈에 보이는 것 모두의 위치를 A에서 K까지 기호를 붙이면서(현재도 이 기호를 사용하고 있다)그 파장을 측정하였다. 침침한 선은 언제나 정해진 위치에 나타난다. 태양광선뿐만 아니라 달이나 다른 행성으로부터 나오는 빛에서도 똑같은 현상이 나타난다. 그는 최종적으로 700개의 위치를 정확하게 그림으로 나타냈다. 지금도 이를 '프라운호퍼 선'이라 부른다.

프라운호퍼는 백색광을 회절시켜 스펙트럼을 만들기 위해 처음으로 회절격자(유리나 금속 표면에 가느다란 평행선을 좁은 간격으로 그은 것)를 사용하였다. 그 후부터 스펙트럼 연구에서 프리즘 대신에 정밀한 회절격자가 사용되었다.

이처럼 많은 연구를 했음에도 불구하고, 과학자들은 프라운호퍼를 단순히 기술자로 대하였으므로, 그는 과학자의 회합에 출석하지만 발언은 하지 못하였다. 그러나 그는 직 높은 직인 정신으로 우주 영역이나 원자 영역에 관한 중요한 발견과 발전을 가져왔다. 또한 그가 광학기기를 개량함으로써 결국 독일이 자랑하는 과학기계나 광학기계 제작기술의 바탕을 마련하였다.

프라운호퍼는 마흔 살이 되기 전에 결핵으로 짧은 생애로 마감하였다. 그의 묘비에는 "별을 가깝게 하였다."라고 씌어 있다.

106. 빛의 파동설을 지지한 아라고
과학계에서 정치계로, 정치적 마찰로 추락

프랑스의 물리학자이자 천문학자인 아라고(Arago, Dominique Francois Jean; 1786~1853)는 과학에 대한 능력을 인정받고 이공대학에 입학했지만, 학교를 그만두고 천문대 경도국에서 근무하였다.

아라고는 물리학자 비오와 함께, 남프랑스 및 스페인 조사 여행에 참가하여 지구 자오선의 측량을 시도하였다. 그러나 나폴레옹에 대한 스페인의 격렬한 게릴라전 때문에 위험한 일을 많이 겪었다. 친구인 비오가 귀국한 후 아라고는 배의 침몰, 노예로 팔리는 등 어려움을 겪으면서도 조사를 계속하였다. 귀국하여 이공대학 해석기하학 교수로 취임하였다.

아라고는 광학을 연구하였다. 처음에는 입자설을 주장했지만, 후에 파동설을 지지하였다. 반대로 비오는 입자설을 계속 주장함으로써 두 사람의 우정이 깨졌다. 또한 외르스테드의 전자기 실험이 있었다는 소식을 전해들은 아라고는 전기와 자기 사이의 상호관계를 연구하였다. 전기가 흐르고 있는 전선이 자침에 작용할 뿐 아니라, 자화되지 않은 철분에도 전기가 작용한다는 사실을 발견하였다. 그는 여러 분야에서 업적을 남겼지만, 그 힘이 분산되어 어느 부문에서도 첫째가 되지 못하였다.

아라고는 정치적으로는 급진 좌익으로 1848년 2월 혁명으로 수립된 임시정부의 각료로 입각하였다. 그의 행정 지도로 프랑스 식민지에서의 노예제도가 폐지되었다. 그는 황제 나폴레옹 3세의 대관식에 참관했을 때, 황제에 대한 충성의 거부로 천문대장 지위를 잃었다. 명성과 덕망으로 사형은 면했지만, 실의 속에서 생애를 마감하였다. 그러나 그의 과학 연구에 대한 열의는 마지막까지 지속되었다.

아라고는 프랑스 과학아카데미 회원과 대의원으로 선출되고 종신간사로 활동하였다. 그리고 파리 천문대장을 지냈다. 또한 영국의 왕립학회 외국인 회원으로 선출되고, 전자기학 연구로 코프리 상을 받았다.

107. 저항, 전위, 전류의 상호관계를 연구한 옴
학계의 냉대로 뒤늦게 대학 교수로 활동

독일의 물리학자 옴(Ohm, Georg; 1787~1854)의 아버지는 숙련된 정원사로 과학에 관심이 많았음으로 어려운 생활 속에서도 아들에게 기초교육을 받도록 노력하였다. 그러나 순조롭지 못하였다. 옴은 대학에 입학했지만 생활이 어려워 스위스에서 고등학교 교사와 가정교사로 생계를 이어갔다.

옴은 대학 교수가 되기 위해서는 무엇인가 중요한 업적이 있어야 한다고 생각한 나머지, 볼타의 전기를 연구하기로 결심하였다. 그러나 실험기구를 구입할 수 없었으므로 스스로 만들어 사용하였다. 특히 전기줄을 스스로 만들었는데 아버지의 소질을 이어받아 솜씨가 뛰어났다.

옴은 전기의 흐름을 열의 흐름과 비교하여 연구하였다. 그는 도체를 흐르는 전류의 세기는 전위차에 비례하고, 저항에 반비례하여 변할 것이라 생각하고, 굵기나 길이가 서로 다른 전선을 이용하여 실험한 결과, 전류의 세기는 전선에 흐르는 전위차에 비례하고 저항에 반비례한다는 사실을 알아냈다. 이것이 옴의 법칙이다. 저항과 전위와 전류 사이에 간단한 관계가 있음을 밝혀냈다. 이 법칙은 약 1세기 전에 캐번디시가 발견했는데 발표하지 않았다. 이 법칙은 전기에 관한 이론연구의 출발점이 되었다.

옴은 이것만으로도 당연히 대학교수로 임명될 자격이 있는데도 반대자가 많아 임명되지 않았다. 그것은 옴이 이론적으로 이 법칙을 이끌어냈기 때문에 대중이 이해하지 못하고, 충분한 실험결과마저 믿지 않았다. 그는 대학교수가 되지 못하고, 또한 고교 교사 자리마저 잃었다. 빈곤과 절망 속에서 6년이 지났다.

그 사이에 옴의 연구 성과가 독일이 아닌 외국에서 서서히 인정받기 시작하였다. 자신도 놀랐다. 점차 명성이 올라 국내에서도 인정받아 뮌헨대학 교수로 임명되었다. 생애 마지막에 그의 소망이 이루어졌다.

전기저항의 단위로 '옴'이 지금도 사용되고 있다. 1볼트의 전위차로 1암페어의 전류가 흐를 때, 그 물질의 저항은 1옴이다. 또한 전기 전도도(저항의 역수)의 단위는 옴의 이름을 거꾸로 쓴 '모'(mho)이다.

옴은 영국의 왕립학회 외국인 회원으로 선출되고, 코프리 상을 받았다.

108. 빛의 횡파설을 확립한 프레넬
등대에서 사용하는 새로운 렌즈를 만듬

프랑스의 물리학자 프레넬(Fresnel, Augustin Jean; 1788~1829)은 영국의 물리학자 영처럼 신동은 아니었다. 글을 읽기 시작한 것은 여덟 살에 이르러서였다. 집에서 양친으로부터 교육받고, 열두 살에 학교에 들어가면서부터 과학에 흥미를 가졌다. 해가 지날수록 점차 능력이 나타나 기술자가 되기 위해 이공대학과 교량제방학교에 들어갔다. 이곳 3년 과정에서 기술자로서 실제 경험을 많이 쌓은 그는 정부의 토목기사로 활동하였다. 엘바 섬에서 탈출한 나폴레옹의 복귀를 반대하여 한때 실직했지만, 나폴레옹 천하는 100일로 끝나고 그는 직장에 복귀하였다.

프레넬은 여러 도로공사에 종사하면서도, 빛에 대한 실험을 게을리 하지 않았다. 그는 빛이 파동이라면 회절에 의해서 생기는 명암의 띠의 폭은 그것을 생성한 빛의 파장과 관계가 있다고 생각하고, 이를 수학적으로 증명하였다. 한편 파동론자들은 빛이 파동이라 할지라도, 소리의 진동처럼 진행방향과 같은 방향으로 나아가는 종파라 생각하였다. 그러나 영은 진동이물결처럼 진행방향과 직각인 횡파라 제안하였다. 종파설은 복굴절 현상을 설명할 수 없다. 그러나 프레넬의 횡파설은 이를 완벽하게 설명할 수 있으므로, 그의 이론이 일반 물리학자에게 받아들여졌다.

프레넬은 빛에 관한 자신의 새로운 생각을 등대의 렌즈에 응용하였다. 그는 반사경을 이용하지 않고 밝은 평행광선을 만드는 획기적인 설계를 하였다. 프레넬의 업적이 학계로부터 인정받자 프랑스 과학아카데미는 만장일치로 그를 회원으로 선출하고, 왕립학회는 럼퍼드 메달을 수여하였다. 프레넬은 끊임없이 병마와 싸웠지만 결국 폐결핵으로 서른아홉 살의 이른 나이로 세상을 떠났다.

109. 사진기술을 개발한 다게르
과학의 발전과 인간생활의 즐거움에 크게 공헌

프랑스의 화가이자 발명가인 다게르(Daguerre, Louis, Jacques Mande, 1789~1851)은 극장 무대의 배경 그림을 주로 그리는 화가였다. 그는 영상을 오래도록 보존하면서 볼 수 없을까 생각하였다. 은화물에 빛을 쪼이면 검게 변한다는 것은 이미 알고 있었다.

다게르는 니에프스와 공동으로 동판에 은화물을 칠하여 사용하였다. 빛이 쪼인 부분은 영상이 고정되지만, 빛을 쪼이지 않은 부분은 변하지 않고 그대로 남아 있었다. 그리고 변화하지 않는 부분(은화물)을 티오황산소다를 사용하여 씻어냈다.

이 조작으로 만든 영상은 매우 희미하지만, 태양 빛으로 만든 그림이므로 인기가 대단하였다. 그러나 반세기 동안 이는 장난감의 한계를 넘어서지 못하였다. 남북전쟁 때 사진기술자는 화학약품을 현장에서 조제하여 전투장면을 찍었다.

그 후 미국의 발명가 이스트먼은 건식사진법을 발명하였다. 화학적인 특별한 처리 없이 어느 때나 무엇이든지 찍을 수 있는 건판을 만들어냄으로써 수백만에 이르는 사진애호가를 탄생시켰다.

110. 위대한 전자기 실험물리학자 패러데이
신문배달, 노트 제본공을 거쳐 최고 과학자로

영국의 물리학자이자 화학자인 패러데이(Faraday, Michael; 1791~1867)는 런던 교외의 작은 마을에서 태어났다. 그의 아버지는 대장장이로 일하는 신앙심 깊은 사람이었다. 그의 형제는 열 명, 마구간 2층에 살며 생계가 매우 어려웠지만, 그래도 집안은 신앙심이 두터워 웃음이 끊이지 않았다.

패러데이는 신문배달과 책과 문구를 파는 상점의 점원을 거쳐 열두 살 때부터 제본업소 견습공으로 라보라의 점포에서 일하였다. 그곳에서 그는 제본기술을 닦았을 뿐만 아니라, 제본하는 과정에 책 내용을 꼼꼼하게 읽었다. 그의 흥미를 돋운 것은 마세트 부인이 쓴 〈화학 이야기〉이다. 이 책을 읽고 감동한 그는 적은 돈을 모아 실험도구를 구입하여 여러 실험을 하였다. 또한 그는 〈브리태니카 백과사전〉을 틈틈히 읽었다.

 패러데이에게 다행스러웠던 일은, 주인이 패러데이를 기특하게 생각한 나머지, 테담의 과학강연을 듣도록 주선해 주었다. 여기서 전기나 기계의 새로운 지식을 얻은 그는 단지 이야기를 듣는데 그치지 않고 그림을 삽입하고 제본하여 스스로 책(386쪽 4절판)을 만들었다.

 이 책이 우연한 기회에 주인과 왕립연구소 직원 댄스의 눈에 띠었다. 이에 감탄한 그 직원은 격려하는 뜻으로, 당시 런던에서 인기가 매우 높았던 화학자 데이비 경의 4회짜리 공개 연속강연 입장권을 패러데이에게 선물하였다. 그 강연회에 몇 번 출석하는 사이에 패러데이의 과학에 대한 동경이 한층 깊어지고, 과학연구를 자신의 생애의 일로 결심하였다.

 그 후 패러데이가 왕립연구소 교수로 있을 때, 시민과 청소년을 위해 과학강의를 하였다. 강의에도 스승 데이비처럼 뛰어났다. 당시의 연속강의 내용을 모아 1861년 모범적인 과학계몽서인 〈촛불의 과학〉을 저술하였다.

 스무 살 때 패러데이는 과학이라는 직업에 종사하고 싶다는 뜻을 담은 편지를 왕립학회 회장 앞으로 보냈다. 이에 대한 답장은 없었다. 다음에는 데이비 경에게 직접 편지를 쓰고, 또한 편지 속에 데이비 경의 강연을 정리한 노트를 함께 보냈다. 그로부터 3개월 후, 데이비 경의 조수 자리가 비어 패러데이는 왕립연구소에 채용되었다. 1813년 3월 1일, 스물두 살 때 일이다. 왕립연구소에 근무한지 7개월 뒤 데이비 경이 대륙으로 신혼여행을 떠나면서 패러데이도 동행하였다. 그 사이에 그는 유럽 대부분의 과학자를 만나고 견문을 넓혔다.

 1825년 패러데이는 왕립연구소의 실험실 소장, 33년에는 화학교수로 임명되었다. 드디어 패러데이는 스승 데이비 경을 넘어섰다. 데이비 경은 자신이 가르친 제자가 언젠가 자신보다 뛰어난 사람이 될 것이라 생각한 나머지, 질투하고 화를 내며 가혹하게 대하였다. 특히 자신이 발명한 안전등의 결점을 패러데이가 지적한 뒤부터 더욱 그랬다.

 패러데이는 19세기 최고 실험과학자이다. 그는 전자기학 분야에서 선구적인 업적을 남겨놓았다. 전기 모터, 발전기, 변압기 등을 발명하고, 전자기 유도 현상, 전기분해 법칙을 발견하였다. 특히 그의 전자기 유도의 발견은 전기의 힘을 인간의 동력에 충당하는 전기문명의 시작을 알리는 종소리였다.

 이처럼 뛰어난 업적을 올린 패러데이는 마흔여덟 살을 넘으면서 피로와 류머티즘, 특히 젊은 시절에 취급했던 화학약품 때문에 만성적인 약물중독으로 시달렸다. 그는 연구와 강의(〈촛불이야기〉라는 책으로 정리되어 1861년 출판되었다. 청소년들에게 인기있는 책이다)를 중단하고 왕립연구소에도 나가지 않았다. 빅토리아 여왕으로부터 하사받은 주택에서 나머지 인생을 즐겁게 살다가 세상을 떠났다. 아인슈타인은 그를 존경하여 자신의 방에다 판각 초상화를 걸어 놓았다.

111. 기계계산기의 기초를 뿌리내린 배비지
영국의 시인 바이런의 딸 에이더와 공동연구

영국의 수학자 배비지(Babbage, Charles; 1792~1871)는 은행가의 아들로 많은 재산을 상속받아 일생동안 부족함 없이 자신의 연구에 몰두하였다. 그는 어릴 적부터 수학을 좋아하였다.

케임브리지대학을 졸업한 배비지는 〈함수의 계산에 관하여〉를 비롯한 세 편의 논문을 왕립학회에 제출하였다. 또한 영국의 과학연구가 프랑스에 비해 뒤져 있다는 내용으로 학계를 비난하는 평론을 썼다.

배비지는 틀린 곳이 많은 대수표에 눈을 돌리고, 수학적인 모든 표는 기계에 의해서 계산되어야 한다고 제안하였다. 프랑스로 건너가 당시 정확하게 알려진 대수표를 조사하였다. 대수표를 점검하는 데는 100사람의 수학 전문 관리나 수학자의 협력이 필요했지만 현실적으로 불가능하였다. 귀국한 그는 자신의 아이디어를 바탕으로 기계적인 계산으로 값싸고 정확한 수표를 자동으로 인쇄하는 방법을 개발하였다.

배비지는 오늘날 말하는 작전연구(OR)와 같은 것에 눈을 돌렸다. 예를 들어, 편지 요금은 배달하는 거리의 차이에 따라 책정해야 한다고 주장하였다. 영국 정부는 그의 주장을 이해하고 1840년에 현재 시행하고 있는 우편제도를 확립하였다. 그 이후 이 제도는 전세계로 보급되었다. 또한 그는 신뢰할 수 있는 보험통계표를 처음으로 만들었다.

배비지는 검안경을 발명하여 눈의 망막을 검사할 수 있도록 하고, 친구인 의사에게 테스트를 의뢰하였다. 그런데 그 친구는 이를 잊고서 방치했기 때문에 독일의 물리학자 헬름홀츠에게 발명의 선취권을 빼앗겼다. 그의 생애의 대부분은 실패의 연속이었다.

배비지는 기계계산기를 연구하기 시작하였다. 초창기의 계산기는 이미 파스칼이나 라이프니츠가 만들었지만, 배비지는 영국 정부를 설득하여 연구비를 지원받았다. 성능이 좋은 계산기는 평시나 전시에도 매우 유익하다. 19세기의 영국 정부가 이 같은 사실을 예견한 것은 놀랄 만한 일이다.

배비지는 현대 계산기에 이용되고 있는 것과 같은 원리를 모두 생각해냈다. 그 계산기는 바이런의 딸인 라프레스 백작 부인 에이더의 흥미를 끌었다. 그리고 그녀가 저술한 저서를 통해 계산기의 지식이 후세에 전해졌다.

정부로부터 원조가 끊긴 데도 불구하고 배비지는 그의 전 생애를 바쳐 지혜를 발휘했지만, 계산기의 제작은 미완성 상태로 끝을 맺었다. 이 기계는 지금도 런던 과학박물관에 보존되어 있다. 그는 현대 전자계산기의 기초를 닦아놓았다. 당시 사람은 알지 못했지만, 그는 지금과 같은 계산기가 만들어질 것이라 확실하게 믿었다. 그는 기계계산기의 위대한 개척자이다.

112. 포유류의 난과 배아를 연구한 베어
발생학 교과서를 저술하고 비교발생학을 처음 수립

독일계 러시아의 발생학자 베어(Bare, Karl Ernst von; 1792~1876)는 고등교육을 받기 위해 독일로 유학하였다. 당시 발트해 지방의 지주 대부분이 그러했듯이, 베어의 조상은 독일인이었음으로 독일로 유학하는데 매우 유리하였다.

베어는 포유류의 난을 발견하였다. 포유류의 난소에는 난포라는 조직이 있다. 이후 난포는 알이라고 생각되어 왔으나, 그는 개의 난포 안에 있는 작고 삐죽한 황색 조직을 조사하였다. 이것은 포유류의 알로서 현미경 없이는 볼 수 없을 정도로 매우 작다. 따라서 인간의 경우도 다른 동물과 기본적으로 같다는 사실을 발견하였다.

1828년부터 9년에 걸쳐 베어는 두 권의 발생학 교과서를 발행하여 발생학의 창설자로서 업적을 남겼다. 알이 발육할 때는 각기 분화하지 않지만, 거기에서 특정한 기관이 형성된다는 것, 일정한 기관은 일정한 층에서만 발육한다는 것을 확인하였다. 이러한 층을 배엽이라 한다. 이 학설은 후성설의 입장이다.

베어의 배에 대한 연구는 생명의 진화를 믿고 있던 생물학자에게 힘을 실어주었다. 그에 의하면, 척추동물의 발생 초기의 배의 상태와 마지막 상태는 매우 다른 모양이지만,

초기에는 그 차이를 거의 발견할 수 없음을 알았다. 서로 다른 동물의 배의 초기 상태는 확실히 구별할 수 없지만, 그곳에서 날개, 팔, 발, 때로는 지느러미가 생긴다. 따라서 동물 상호간의 혈연관계를 알기 위해서는 성장한 동물체를 비교하기보다 배를 비교하면 보다 정확한 혈연관계를 밝힐 수 있다. 베어를 흔히 비교발생학의 창시자라 부른다.

113. 수학 세계의 이단자 로바체프스키
비유클리트 기하학의 개척자의 한 사람

러시아의 수학자 로바체프스키(Lobachevsky, Nikolai Ivanovich; 1793~1856)는 농촌에서 태어났다. 그는 미망인이 된 어머니의 노력으로 신설된 카잔대학에 입학하면서 수학 분야에서 천재성을 들어냈다. 스물한 살에 교단에 서고, 그 후 학장이 되어 교육행정관으로서 10년 동안 카잔교육구의 부이사관으로 활동하였다.

로바체프스키는 수학상의 이단자로서 성공하였다. 약 2천년 동안 유클리드와 그의 기하학은 절대적인 존재로 수학계를 지배해 왔으므로, 과학자들은 수학, 특히 기하학은 인간에게 아무런 관련 없이 존재하는 기본적인 진리로 구성되어 있는 것으로 생각해 왔다. 2 더하기 2는 4가 되고, 3각형의 내각의 합은 180°이어야 한다.

그렇지만 유클리드에게 한 가지 작은 결점이 있었다. 그의 제5공리의 표현은 다른 네 공리에 비하여 길다. 이를테면, "두 직선에 제3의 직선이 만나서 이루는 동측 내각의 합이 두 직각의 합보다 작으며 그 쪽에서 두 직선은 만난다."고 했다. 매우 어려운 철학적 문제로, 많은 수학자는 이를 평행선 공리라 부른다. 매우 복잡하므로 간단한 표현방법을 사용하려고 시도했지만 모두 실패하였다. 그래서 네 가지의 공리를 써서 이를 증명하려 했지만 역시 실패하였다.

로바체프스키는 대담하게도 제5공리의 증명을 문제 삼지 않았다. 그것이 도대체 필요한지 어떤지, 그 공리 없이도 기하학(유클리드 기하학이 아닌 별도의 기하학)이 성립하는지 어떤지를 생각하였다. 그는 당시 강의에서 이 문제에 접근하였다. 그는 주어진 직선상에 없는 점을 통하여 그 직선에 평행한 직선은 "적어도 2개 그을 수 있다"는 공리를 설정하였다. 선례의 유클리드 공리를 그대로 적용하면 소위 비유클리드라는 새로운 기하학이 성립될 것이라 생각하였다. 그의 비유클리드 기하학에서는 3각형의 내각의 합은 180°보다 작지 않으면 안 된다. 기이한 기하학이지만 모순은 없다. 그것은 이러한 세계의 우주 공간이 휘어져 있기 때문이다.

로바체프스키가 이 착상을 발표한 것은 1829년이다. 이와 같은 기하학을 강력하게 개발해온 헝가리의 수학자 보요이가 발표한 것은 1832년이다. 또한 독일의 수학자 가우스도 두 사람보다 일찍이 똑같은 기하학을 생각했지만, 신성한 유클리드 기하학에 거역할 용기가 없었으므로 발표를 꺼려하였다.

로바체프스키의 기하학은 무엇인가 구상적인 것을 표현하기 위해 만들어진 것은 아니다. 단지 모순 없는 수학체계에 불과하다. 그러나 이 기하학은 두 나팔의 넓은 쪽을 합치고, 좁은 쪽을 무한히 먼 곳까지 늘린 것과 같은 모양의 공간 위에서 평행선 공리의 성립 여부를 점검하여 볼 수 있따. 비유클리드 기하학에는 독일의 수학자 리만이 개발한 별도의 것도 있다. 이러한 기하학은 구면기하학과 유사하다. 반면에 유클리드 기하학은 평면상에서 성립하는 기하학이다.

비유클리드 기하학이 개발됨으로써 자명의 이치라는 개념을 내세워 가장 안전한 곳이라고 생각해온 수학이 두들겨 맞았다. 그래서 진리는 하나가 아니고 공리의 선택방법에 따라 몇 개 더 있을 수 있다는 사실이 확실하게 들어났다. 그리고 특수한 상황 아래에서는 어느 특별한 진리가 유익하지만, 그것이 다른 진리보다 옳다고 말할 수 없다는 것을 알았다.

그 후 아인슈타인에 의해서 우주의 구조가 비유클리드적이라는 사실이 밝혀짐으로써 비유클리드 기하학이라는 추상적인 개념이 실제응용 면에서 찾을 수 있다는 점이 밝혀졌다. 분명히 우주의 구조는 비유클리드적이지만, 과학자가 흔히 취급하는 좁은 범위에서는 유클리드 기하학이 정확하게 성립한다. 마치 지구가 둥근 것처럼 보이지만, 작은 범위만을 처리할 때는 평면으로 생각하는 것과 같다.

로바체프스키는 수학이나 과학사상에 혁명을 몰고 왔다. 러시아 정부는 그의 능력을 인정하여 세습귀족의 대열에 올려놓았다. 생애 마지막에 백내장으로 거의 앞을 보지 못한 채 타계하였다.

114. 열역학을 수립한 카르노
콜레라로 36세의 젊은 나이에 숨을 거둠

　프랑스의 물리학자 카르노(Carnot, Nicolas Leonard Sadi; 1796~1832)의 아버지는 프랑스 제1공화국과 나폴레옹 2세 때 정부의 핵심인물이었다. 카르노의 형은 자유주의 사상을 지닌 사람으로, 후에 나폴레옹 3세에게 등을 돌렸지만, 형의 아들은 프랑스 제3공화국 대통령이 되었다.

　이처럼 정치가 집안에서 과학자 카르노가 태어났다. 이공대학과 메스공병학교에서 교육을 받은 그는 육군기술자로서 활약했지만, 다방면에 관심을 가졌다(산업발전, 세제개혁, 수학, 미술 등). 특히 증기기관의 문제에 깊은 관심을 가졌다. 그러나 나폴레옹의 실각으로 아버지가 추방되자 카르노의 장래는 불투명해졌다.

　1824년 카르노는 한 권의 책을 출간하였다. 그 제목의 일부는 〈열원 동력에 관해서〉이다. 이로 인해서 훌륭한 과학자로서 그의 이름이 과학사에 올랐다. 그의 관심은 열기관에서 어느 정도의 일을 얻을 수 있는가에 쏠려 있다. 그는 열역학의 창시자로써 일과 열 사이의 정량적 관계를 처음으로 연구 하였다.

　와트가 발명한 증기기관은 효율이 좋은 편은 아니었다. 카르노 시대의 효율은 최대한으로 보아도 5~7% 정도였다. 카르노는 이를 어느 정도까지 개선할 수 있을 것인가에 관심을 가졌다. 카르노의 실험에 의하면, 효율의 최대 값은 기관의 온도차에 관련된다. 증기기관에서 증기의 최고온도를 T_1, 물의 최저온도를 T_2라 한다면, 일로 변할 수 있는 열에너지의 최대값은, $T_1 - T_2/T_2$이다(T_1, T_2는 절대온도).

　카르노의 공식에 의해서, 일을 최대로 하는 데는 최고와 최저의 온도만이 문제가 된다는 것, 온도의 변화가 빠르든가 늦든가, 단계적인가 아닌가에는 관계가 없다고 주장하였다. 열역학의 함수에는 처음과 마지막의 양극 값만이 문제가 되고, 도중의 경로는 관계가 없다는 특징이 있다.

　카르노는 열과 일이 서로 교환될 수 있다는 점을 최초로 생각해냈다. 그래서 그를 열역학의 창시자라 부른다. 그러나 열의 흐름에 관해서는 틀린 개념을 지니고 있었다. 그는 열소설(熱素說)을 믿고 있었다.

　물리학자 켈빈은 카르노의 이론을 확증하였다. 카르노는 클라우지우스의 열역학 제2

법칙을 수립할 수 있었는데, 불행히도 콜레라에 걸려 서른여섯 살의 젊은 나이로 타계하였다. 당시 습관에 따라서 그의 개인 소지품은 노트류를 비롯하여 모두 불태워졌다. 한 권의 저서와 두세 편의 원고만이 남았다. 그리고 카르노의 연구는 사실상 기억으로부터 사라졌다.

카르노에 의해 토대가 잡힌 열역학의 응용은 동력의 생산과, 또한 산업의 과정에 큰 가치를 부여하였다. 한 예를 들면 화학반응이 일어나는가, 일어나지 않는가, 그 반응에서 열이 흡수되는가, 방출되는가를 예측하는데 큰 도움이 된다.

115. 허턴의 균일설을 확증한 라이엘
<지질학 원리>는 열두 판을 거듭

스코틀랜드의 지질학자 라이엘(Lyell, Sir Charles; 1797~1875)은 옥스퍼드대학에서 법률을 전공하고 변호사 자격을 얻었다. 하지만 지질학 강의를 듣고 난 뒤부터 그 매력에 빠져 지질학 연구에 힘을 기울였다. 유럽대륙을 여행한 뒤부터 그는 화산활동에 관심을 가졌고, 지질학자 허턴이 주장했던 균일설로 기울어졌다.

라이엘은 허턴의 저서를 읽고 그의 학설이 자신의 생각과 비슷하다는 사실을 깨달았다. 프랑스와 이탈리아 여행 중에 그는 지구상의 변화는, 퀴비에가 주장했던 천변지이가 아니더라도, 열과 침식작용만으로 끊임없이, 그리고 서서히 일어난다는 허턴의 학설을 뒷받침할 수 있는 방대한 자료를 수집하는데 성공하였다. 사실상 그는 허턴의 균일설을 적극 지지하였다.

라이엘은 저서 <지질학 원리>를 출간하여 허턴의 학설을 널리 보급시켰다. 이 책은 그의 생존 중에 12판을 거듭하였다. 하지만 보수적인 학자들은 그의 이론이 진화론에 접근한다고 생각한 나머지, 처음에는 거부반응을 보였다. 그의 학설은 보수주의자들에게는 무서운 존재가 되었다. 반면에 라이엘의 학설을 가장 먼저 이해한 사람은 찰스 다윈이다. 그는 비글호의 항해 중 이 책을 책꽂이에 꽂고 출항하였다(다른 한 권은 항해 도중 받아보았다).

라이엘의 이 저서는 이론이 명백하고 문장이 매력적이어서 잘 읽혀졌다. 이로써 퀴비에의 천변지이설은 점차 빛을 잃어갔지만, 프랑스에서는 1850년까지 통용되었다.

라이엘은 기사 칭호를 받고 준 남작에 이르렀다. 왕립학회 회원으로 선출되고, 웨스트민스터 성당에 묻혔다.

116. 대형 전자석을 처음 만든 헨리
미국 스미소니언 연구소 초대 소장

미국의 물리학자 헨리(Henry, Joseph; 1797~1878)는 패러데이의 생애와 매우 닮고 있다. 패러데이처럼 가난한 집에서 태어나 정규 학교교육을 거의 받지 못하고, 어릴 때부터 일을 하지 않으면 안 되었다. 패러데이가 제본소에서 일한데 반해, 헨리는 책을 가까이할 기회조차 없었고, 만약 어떤 사건이 일어나지 않았더라면, 일생동안 책을 한 번도 접할 기회가 없었을 것이다. 다행이 우연히 생긴 한 사건이 그에게 행운을 가져다 주었다.

열여섯 살 무렵, 헨리가 친척집 농장에서 휴가를 보내고 있을 때, 야생 토기를 쫓다가 어느 교회 건물 마루 밑으로 기어 들어간 일이 있었다. 마루 밑에서 책 상자를 발견한 그는 그 상자 안에서 〈실험철학 강의〉라는 책을 찾았다. 곧 바로 읽었다. 이 책 덕분으로 그에게는 호기심이 생겼고 희망을 품게 하여 학교에 들어갔다.

헨리는 올버니 아카데미에 입학하고, 시골학교 교사와 가정교사로 학비를 마련하면서 졸업하였다. 의학을 전공할 기회가 있었지만 측량기사로 전향하였다. 모교에서 수학과 과학을 가르쳤다. 패러데이와 마찬가지로, 덴마크의 물리학자 외르스테드의 실험에 흥미를 가진 그는 미국인으로서는 프랭클린 이래 처음으로 의의 깊은 최초의 실험을 하였다. 영국의 물리학자 스타존은 외르스테드의 연구결과를 이미 전자석에 이용하였다. 이를 전해들은 헨리는 더욱 좋은 전자석을 제작하려고 생각하였다.

철심에 도선을 많이 감으면 감을수록 강력한 전자석을 만들 수 있지만, 도선을 감으면 감을수록 서로 접촉하고 합선되어 도선이 끊어졌다. 따라서 도선을 절연시킬 필요가 있었다. 그러나 당시 전기연구가 시작에 불과했던 시대여서, 절연하는 방법이 매우 서툴렀다. 그는 부인의 스커트를 찢어서 사용하려고 생각하였다. 물론 그의 부인은 과학 연구를 위해 값비싼 실크 스커트를 제공할 리 없었다. 그는 절연을 위해 도선에 명주실을 감는 싫증나는 일을 매일 계속하였다.

결국 헨리는 강력한 전자석을 만들었다. 그리고 점차 크기를 키워 1831년에는 4kg의 물체를 들어올릴 수 있는 전자석을 만들었다. 또한 같은 해에 1톤의 쇳덩이를 들어올림으로써 1832년 이 업적을 인정받아 프린스턴대학으로 초빙되었다. 전자석이 큰 것만으로 업적을 인정받은 것은 아니다. 그는 작고 정교한 제어장치를 만들었다. 1.6km 떨어진 곳에 작은 전자석을 설치하고 전류를 통하였다. 그곳의 전자석이 작은 쇳조각을 끌어당겼다. 다음에 전류를 멈추면, 전자석은 힘을 잃고 쇳조각을 원래의 위치로 되돌려 놓았다. 어느 일정한 부호에 따라서 스위치를 누르면, 1.6km 떨어진 곳의 쇳조각이 이에 따라 움직였다.

　그러나 도선을 길게 하면 길게 할수록, 옴의 법칙에 따라 저항이 커지고 전류가 적어지기 때문에, 이러한 방법으로 부호를 보내는 데는 거리 때문에 한계가 있었다. 그는 이 결점을 없애기 위해 1835년에 계전기(繼電器)를 발명하였다. 이를 이용하여 계전기에서 계전기로 전류를 흐르게 함으로써 전류의 강도를 유지한 채 먼거리까지 흐를 수 있게 하였다.

　요컨대 헨리는 전신법을 발명하였다. 그러나 이를 특허로 신청하지 않았다. 그것은 과학의 발명이 전 인류에게 이익이 되어야 한다는 생각 때문이었다. 과학자로서 이런 행위를 실천한 사람은 드물다. 그 결과 미국의 화가이자 발명가인 모스가 1844년 최초로 이를 실용화함으로써 전신의 발명자는 모스에게 돌아갔다. 그러나 모스는 과학지식이 거의 없었으므로 이 문제의 기술적인 해결을 하는데 헨리의 도움을 받았다. 헨리는 1837년에 전신기를 만들어냈지만 선취권을 빼앗겼다.

　이상주의자인 헨리는 전신기의 발명에서도 보수를 받지 않으려 했다. 그러나 그의 도움을 받은 사람들은 누구를 막론하고 헨리의 도움을 받지 않았다고 공식적으로 선언하였다. 헨리는 매우 섭섭해 하였다.

　헨리는 큰 발명에서도 선취권을 빼앗겼다. 오버닐 아카데미에서의 교수 생활은 매우 분주했다. 8월의 휴가를 이용하여 1830년에 전자유도를 발견하였다. 또한 한 개의 코일에 전류가 흐르면 자계가 변화하여 다른 코일에 전류가 흐르는 것을 발견하였다 그러나 8월말까지 연구가 완성되지 않아 다음 해 8월까지 연기하였다. 그런데 다음 해 8월이 되기 전에 패러데이가 전자유도를 발견한 사실을 그가 알았다. 당황한 그는 연구를 급히 마무리했지만, 발표가 늦어 선취권을 빼앗겼다.

　1846년에 신설된 스미소니언 연구소 초대 소장으로 선임된 헨리는 제1급 과학행정관으로서 힘을 발휘하였다. 그는 연구소를 과학지식의 교환 장소로, 과학정보의 세계적인 중심지로 발전시켜 나아갔다. 또한 미합중국에 새로운 과학 분야를 개척하는데 노력하였다.

한 가지 예로서, 연구소의 자금을 사용하여 전신기를 처음으로 과학연구에 이용하여 전국 각지로부터 기상상황을 보고받아 일기예보를 작성할 수 있도록 조직하였다. 미국 기상국은 헨리가 세운 구상 위에서 탄생하였다. 미국 남북전쟁 당시에 헨리는 국가적인 과학 동원체제를 수립하고 이를 수행하였다.

헨리가 타계하자 그의 명성은 최고점에 이르렀다. 그의 장례식장에는 대통령을 위시해서 많은 고위 관계자들의 모습이 보였다. 또한 1893년 국제전기회의가 열렸을 때, 전자유도계수(인덕턴스)의 단위로 '헨리'가 채용되었다.

117. 19세기 프랑스 화학연구의 견인차 뒤마
나폴레옹 3세 때, 네 부서의 장관을 지냄

프랑스의 화학자 뒤마(Dumas, Jean Baptiste Andre; 1800~1884)는 해군이 되는 것이 소망이었지만, 나폴레옹이 물러나자 그 생각을 바꾸어 약종상의 도제가 되었다. 그러나 얼마 후 스위스로 이사하여 그 지역 약학자의 실험실에서 식물성 추출물을 연구하던 중, 훔볼트(언어학자로 베를린 대학설립 추진자, 과학자 훔볼트의 형)의 초청으로 파리로 갔다.

뒤마는 앙페르의 뒤를 이어 리세움의 화학교사, 이공대학 화학자 테나르의 강의 조수, 테나르의 뒤를 이어 화학교수가 되었다. 뒤마는 정치나 공공 분야의 일을 많이 맡아 과학연구 시간을 대부분 헛되이 보냈다. 나폴레옹 3세 밑에서 농업, 상업, 교육부서와 조폐국에서 장관을 역임하다가, 나폴레옹 3세의 몰락으로 정치로부터 손을 떼었다.

유기화합물의 치환의 이론에 관한 뒤마의 더욱 중요한 연구는 한 궁정의 파티에서 양촛불이 불쾌한 냄새를 낼때 힌트를 얻었다. 양촛불의 밀랍은 염소로 표백되고, 그 염소의 일부가 남고 연소 중에는 염화수소로 변한다. 그는 염소로 처리한 유기물질이 그 염소와 결합하고 있는 것을 실험으로 확인하였다. 염소는 수소와 치환한다고 주장하였다.

뒤마는 증기 밀도를 측정하여 많은 화합물의 분자량을 측정하였다. 특히 유기화합물 중의 질소량을 측정하는 방법을 개발했는데, 이 방법은 지금도 분석화학의 기초로 되었다.

118. 유기합성화학의 길을 열어 놓은 뵐러
화학계의 독재자 베르셀리우스에 도전

독일의 화학자 뵐러(Wöhler, Friedrich; 1800~1882)는 카셀 황태자 부속 수의사의 아들로 태어났다. 그는 내과와 외과를 수련하고 의학학위를 취득했지만, 하이델베르크로 옮긴 뒤에 독일 화학자 그메린에게 설득되어 화학으로 전공을 바꾸었다.

뵐러는 스웨덴의 화학자 베르셀리우스와 공동연구를 하기 위해 그곳으로 건너가 친교를 맺었다. 귀국 후 베를린의 직업학교 교사가 된 그는 그 후 괴팅겐대학 의학부 교수로서 그곳을 유럽 실험교육의 터전으로 만들었다.

뵐러는 무기화학에 관심을 가졌다. 알루미늄을, 다음 해에는 베릴륨(Be)을, 그리고 바나듐(V)을 홀로 분리하는데 성공하였다. 또한 물과 반응시켜 가연성 물질인 아세틸렌을 발생하는 탄화칼슘을 만들었다.

뵐러는 베르셀리우스가 주장한 이론을 반격하였다. 베르셀리우스는 물질을 무기물과 유기물로 분류하고, 유기물을 실험실에서 얻는 데는 반드시 '생명력'이 필요하다고 주장하였다. 따라서 생물조직의 힘을 빌리지 않고서는 무기화합물로부터 유기화합물을 합성할 수 없다고 모두 믿었다. 그러나 뵐러는 이에 반론을 제기하고, 무기물과 유기물의 구별은 그 정도로 엄밀한 것이 아니라고 주장하였다.

1828년 뵐러는 무기물인 시안산암모늄을 가열하여 유기물인 요소의 결정을 만들어냈다. 분석해 본 결과 요소가 분명하였다. 요소는 포유류의 신체로부터 배출되는 주요한 함질소 화합물로서, 주로 동물의 소변 속에 함유되어 있다. 그러므로 그가 만들어낸 것은 분명히 유기화합물이다. 그는 실험에서 생명력의 개입 없이 무기화합물에서 유기화합물을 최초로 만들어낸 것이다.

뵐러는 발견 즉시 베르셀리우스에게 알렸다. 토론으로 설득될 사람이 아닌 화학자였지만 결국 그는 그 핵심을 인정하였다. 요소의 인공합성 성공을 계기로 다른 과학자들도 무기물에서 유기물을 합성하는 문제로 눈을 돌렸다.

뷜러는 기센대학의 리비히처럼, 괴팅겐대학에서 많은 학생으로부터 존경받는 훌륭한 교수로 활동하였다.

119. 그리니치 천문대를 근대화한 에어리
연구에서 실패를 거듭한 불운한 과학자

영국의 천문학자이자 수학자인 에어리(Airy, Sir George Biddell; 1801~1892)는 케임브리지대학 수학과를 수석으로 졸업하고, 대학에 남아 수학과 천문학교수 자리에 앉았다. 그는 그리니치 천문대 대장으로 여든 살까지 45년 동안 그 자리를 지켰다.

에어리는 천문대의 근대화에 힘을 기울였다. 우수한 장비를 구비하여 독일 천문대에 지지 않는 수준으로 끌어올렸고, 그때까지 방치되어온 자료를 정리하였다. 그것은 독일 천문학계가, 가우스와 베셀과 같은 지도자를 앞세워 줄곧 영국을 앞지르고 있었기 때문이다. 그는 자만심이 강하고 질투심이 많은 속 좁은 사람으로 전제군주처럼 행동했지만, 그러나 천문대에 활기를 불어넣었다.

에어리는 임무 이외의 일을 할때도, 천문대에서의 일을 소홀히 하지 않았다. 그는 정열과 근면으로 그리니치 천문대는 국내는 물론 국제적으로 중요한 자리에 섰다.

에어리에게는 이상스럽게 실패를 거듭하는 일이 종종 생겼다. 예를 들어, 패러데이가 주장한 역선(力線)에 관해서 자신 있게 반대했지만, 이 문제에 대해 맥스웰은 수학적인 기초를 수립하였다. 또한 애덤스의 해왕성 발견에 즈음해서 에어리는 해왕성 발견을 부인했지만 애덤스는 해왕성을 발견하였다.

또 다른 실패는 1870년대와 80년대에 일어났다. 1874년과 82년의 금성의 태양면 통과에 즈음해서, 에어리는 관측을 실시할 대규모 관측대를 편성하였다. 독일의 천문학자 엥케가 측정한 것보다도 더정확하게 태양계의 크기를 계산하는데 그 목적이 있었다. 그 때문에 피나는 노력과 강한 집념으로 철저하게 준비하였다. 관측자를 대상으로 모의훈련까지 실시하는 등 모든 준비를 순조롭게 마쳤다. 그러나 관측은 실패로 끝났다. 금성의 대기 때문에 태양면 통과 시간이 부정확하여 관측시간을 놓쳐버리고 말았다.

에어리의 유일한 성공은 건강에 관한 것으로 난시를 교정하는 안경(그 자신도 난시였다)을 처음으로 생각해냈다.

120. 학생에게 자신의 실험실을 개방한 리비히
제자 중에서 30여명이 노벨화학상 수상자

독일의 화학자 리비히(Liebig, Justus; 1803~1873)의 아버지는 의약품이나 염료, 안료나 기타 화학물질을 제조하고 판매하여 생계를 꾸려나갔지만, 기회가 있을 때마다 화학실험을 하였다. 이것이 리비히를 화학자로 만든 동기를 제공하였다.

아버지의 친구가 궁정도서관에 근무하고 있었으므로, 리비히는 화학책을 빌려 보고, 그 책에 나오는 실험을 직접 해보기도 하였다. 그러나 지나치게 화학에 열중한 나머지 다른 학과가 뒤져 성적은 맨 끝을 맴돌았다. 성적이 뒤진 그에게 화가 난 선생이 "자네는 장차 무엇이 되겠는가?"라고 질책하자, 그는 서슴없이 "화학자가 되겠습니다."라고 대답하여 교실을 웃음바다로 만들었다.

화학을 좋아하는 리비히의 학구열이 주정부에 알려져 장학생으로 선발되어 열일곱 살에 독일 본대학으로 유학길에 올랐다. 그러나 본대학이나 그 후에 옮긴 에를랑겐대학도 그를 만족시키지 못하였다. 당시 이러한 대학은 독일 자연철학의 영향을 크게 받고 있었다. 자연철학에서는 실험연구를 하지 않고 추상적인 말만으로 자연현상을 설명하는 데 그쳤다. 그러므로 실험이 무시되는 풍조가 짙었다. 게다가 그 대학에서 리비히에게 좋지 않은 사건이 일어났다. 그는 학생신문을 만들고 있었는데, 어느 날, 우연히 시민과 학생 사이에 싸움이 벌어졌다. 그는 이에 말려들어 치안을 문란하게 한 주모자의 한 사람으로 체포되었다.

이러한 일로 대학에 실망한 리비히는 일단 고향으로 돌아와 정신을 가다듬었다. 이번에는 프랑스의 소르본느 대학에 유학하였다. 과연 이곳은 독일 화학연구 풍토와 달리 게이-뤼삭이나 뒤머 등 뛰어난 화학교수의 이론 정연한 강의를 들을 수 있고, 풍성하게 실험을 할 수 있었다.

리비히는 이곳에서 처음으로 사실과 이론이 일치하는 화학강의를 듣고 파리에 온 것을 기쁘게 생각하였다. 이곳에 와 있던 독일의 언어학자 훔볼트로부터 인정받고, 그의 소개로 뒤머의 연구실로 들어갔다. 당시 그는 열아홉 살의 젊은 나이로 박사학위를 받았다.

리비히는 독일 화학자 뵐러와 공동으로 연구하였다. 그들 사이의 우정은 처음 만난 이

후 45년 동안 변함이 없었다. 리비히는 후년 이렇게 회상하였다. "나는 같은 취미와 같은 목적을 지닌 친구를 가지는 행운을 얻었다. 오랜 세월 두 사람은 따뜻한 우정으로 이어졌다. 나의 장점은 물질이나 그 화합물의 성질의 유사점을 발견하는 데 있지만, 친구인 뵐러는 틀린 점을 찾아내는 특이한 재능이 있다. 그에게는 관찰의 예민함이 있고, 누구에게도 지지 않는 성격의 소유자이다.… 우리들은 손을 마주 잡고 우리들의 길을 헤쳐 나갔다."

 두 사람은 서로 많은 편지를 주고받았다. 그 수는 모두 1,500통에 이르렀다 한다. 두 사람이 얼마나 친했는가를 말해주고 있다. 그중 한 통은 결혼하자마자 부인을 잃은 뵐러를 위로하기 위해 써 보낸 편지였다.

 리비히는 뛰어난 연구자임과 동시에 훌륭한 교육자였다. 스물한 살에 기센대학 교수가 되었다. 그는 학생들이 많은 실험을 하도록 힘을 쓰고 그들에게 자주독립의 정신을 심어주었다. 특히 교수전용 실험실을 과감하게 개방하여 학생들이 사용하도록 하였다. 이는 과학교육의 일대 전환으로 다른 대학의 모범이 되었다. 또한 1840년에 리비히는 전문잡지 〈화학연보〉를 창간하였다. 과학계에서 반드시 있어야 할 학술정보의 매체이다. 기센대학의 리비히 화학교실의 평판은 곧 국내뿐 아니라 외국에까지 알려졌다. 그리고 영국, 러시아, 멀리서는 미국, 멕시코 등지에서 많은 학생들이 몰려 왔다.

 리비히는 27년 동안 기센대학에서 연구하였다. 그 사이에 다른 대학으로부터 화려한 조건을 내걸고 초청하려 했지만, 헤슨 정부의 호의에 항상 감사하고 있었으므로 쉽게 받아들이지 않았다. 그러나 1852년 바이에른 국왕의 후한 초대를 거절하지 못하고 곧 뮌헨대학으로 옮겼다.

 리비히는 대중을 상대로 특별강의를 하였다. 그것은 농예과학의 원리와 농업의 이론과 실제 등 농업과 관련된 것들이었다. 강의내용은 저서로 출간되었다.

 리비히는 19세기 과학계에 큰 영향을 미쳤다. 그의 연구와 제자들의 연구를 통해서, 거의 100년간 과학에 깊은 영향을 주었다. 오늘날 학생에게 '리비히'라는 이름은 그가 만든 화학기구(리비히 냉각관)의 이름으로 잘 알려져 있다. 그의 학생, 조수, 공동연구자 중에는 게이-뤼삭, 호프만, 케큘레, 뵈엘러, 그리고 우르츠가 있다는 사실이 그의 과학상의 위상을 측정하는 척도가 된다.

 리비히는 영국의 화학계에도 큰 영향을 미쳤다. 영국 정부의 초청으로 영국에 건너가 지주들을 대상으로 화학과 농업에 관한 강의를 하였다. 감명 받은 지주들과 정부 당국은 화학의 중요성을 깨닫고, 화학 관련 교육기관을 설립할 대책을 세웠다. 그 결과 영국에 왕립화학학교가 설립되었다. 이 학교의 교장으로 리비히의 제자인 호프만이 취임하였다. 호프만의 제자로는 영국의 화학자 퍼킨이 있다. 리비히는 화학비료의 사용을 적극 권장함으로써 과학영농을 하는 국가에서는 식량의 증산뿐 아니라, 퇴비의 사용이 폐지됨으로써 전염병의 발병이 줄어들었다.

리비히는 건강 때문에 힘든 실험은 하지 못하고 강의와 저술에 전념하였다. 1873년 4월초 따스한 봄날 오후, 정원의 안락의자에서 잠자다 감기에 걸리고, 기관지염이 심해져 폐렴이 악화되면서 10여일 후 영원히 잠들었다. 리비히는 남작의 칭호를 받았다.

121. 기체의 확산속도를 연구한 그레이엄
이론화학과 콜로이드화학을 처음 열어 놓음

스코틀랜드의 이론화학자 그레이엄(Graham, Thomas; 1805~1869)은 아버지의 희망에 따라 장로파 교회의 목사가 되려고 노력했지만, 점차 과학에 흥미를 느꼈다. 글래스고대학을 졸업한 뒤, 모교의 교수를 거쳐 런던대학 화학교수로 임명된 그는 런던화학회 초대 회장을 지냈다. 또한 왕립조폐국 장관을 지냈다.

그레이엄은 기체의 확산 현상에 흥미를 가졌다. 그릇 위쪽에 수소를, 아래쪽에 산소를 채웠을 때, 산소가 무겁기 때문에 아래쪽에 그대로 머물러 있어야 하지만, 순간 양쪽이 완전히 뒤섞여버린다. 그것은 기체의 분자가 모든 방향으로 빠른 속도로 운동하고 있으므로 중력에 관계없이 섞여버리기 때문이다. 그는 기체의 확산 속도는 그 분자량의 제곱근에 비례하는 것을 알았다. 예를 들어, 수소원자는 산소원자의 16분의 1의 무게이므로, 수소는 산소보다도 4배 빠르게 확산한다. 이를 그레이엄의 법칙이라 부른다. 이 발견으로 그는 이론화학의 개척자의 한 사람이 되었다.

이 연구로부터 그레이엄은 용액 중의 분자의 확산에도 흥미를 가졌다. 물이 담긴 그릇 바닥에 황산구리의 결정을 놓았을 때, 황산구리의 푸른색이 그릇 위쪽으로 확산하는 현상을 관찰하였다. 그리고 물질에 따라 확산 속도가 다르지 않을까 생각하였다. 그는 확산하는 물질의 운동을 방해하기 위해 실험장치 도안에 장애물을 설치하였다. 소금, 사탕, 황산구리처럼 확산속도가 빠른 것은 양피지를 통과하지만, 아라비아고무, 아교, 젤라틴과 같은 확산속도가 느린 것은 양피지를 통과하지 못한다는 사실을 알았다. 여기서 그레이엄은 물질을 두 종류로 크게 나누었다. 양피지를 통과하는 물질은 쉽게 결정이 되므로 결정질이라 부른데 반해, 아교, 아리비아고무, 아교질 등 전형적인 비정질의 성질을 나타내는 것을 콜로이드라 불렀다.

그레이엄은 정질액을 혼합한 콜로이드상 액체를 다공성 박막 주머니에 넣고, 흘러가는 물에 이 주머니를 집어넣었다. 정질은 박막을 통해 흘러나왔지만, 순수한 콜로이드는 주머니 속에 그대로 남아있는 것을 알았다. 이 현상을 투석이라 한다. 이후 투석은 탈염 설비로 부터 인공심장에 이르기까지 넓게 응용되고 있다.

우리는 정질과 콜로이드의 차이가 주로 입자의 크기에 따라 생기는 것으로 알고 있다. 확산하는 정질의 분자는 비교적 작고, 콜로이드 분자는 크든지, 아니면 분자가 작지만 큰 덩어리로 엉켜 있다. 이것은 생화학자들에게 매우 중요한 문제이다. 그것은 단백질이나 핵산 등 생물조직 성분은 콜로이드에 상당하는 큰 분자로 되어 있기 때문이다. 원형질을 연구하는 것은 곧 콜로이드화학을 연구하는 것과 같다. 그러므로 그레이엄을 콜로이드화학의 창시자라 부를 수 있다.

122. 유기화합물의 치환개념을 주장한 로랑
권위와 전통에 대한 도전은 때로는 성공의 길

프랑스의 화학자 로랑(Laurent, Auguste; 1807~1853)은 원래 광산기사로 근무하다가 볼드대학 화학 교수가 되었다. 로랑은 유기화합물에서 베르셀리우스의 2원전기설에 반대하였다. 베르셀리우스는 이미 원자나 원자단이 본질적으로 플러스와 마니너스로 대전하고 있다고 주장하고, 유기화학반응도 플러스와 마니너스 전하의 결합으로 일어난다고 주장하였다.

그러나 로랑은 플러스 전하를 지닌다고 생각되는 수소 원자와 마이너스 전하를 지닌다고 생각되는 염소 원자를 교환해도, 그 물질 전체의 성질에 본질적인 변화가 일어나지 않는다고 주장하였다. 같은 의견을 프랑스 화학자 뒤마도 함께 했지만, 화학계의 독재자 베르셀리우스의 이론 때문에 뒤마와 로랑의 학설은 후퇴하였다.

결국 로랑이 주장한 이론은 베르셀리우스설의 이론을 뒤엎었다. 리비히가 그의 새로운 학설을 받아들이고, 화학자 그멜린은 로랑의 학설을 자신의 교과서에 실었다.

로랑의 핵심 이론은 지금까지 존속하고 있다. 권위와 전통에 대한 도전은 때로는 성공으로 이어진다는 역사적 교훈이다. 로랑은 의지를 굽히지 않고 계속 증거를 모았다. 이를 위해 난방시설, 환기장치, 실험기구가 열악한 시골의 초라한 연구실에서 연구를 지속한 까닭에 폐결핵으로 중년에 타계하였다.

123. 진화론을 확립한 찰스 다윈
<종의 기원>에서 자연선택의 사상을 주장

영국의 박물학자 찰스 로버트 다윈(Darwin, Charles Robert; 1809~1882)의 탄생일(2월 12일)은 아브라함 링컨과 같지만, 다윈은 통나무집에서 태어나지 않았다. 할아버지 에라스무스 다윈은 의사이자 시인, 아버지 역시 의사로서 명성이 높았다. 다윈은 여덟 살 때 어머니를 잃었다.

다윈의 수집벽은 남달랐다. 선생들이 지능이 떨어지는 소년이 아닌가 의심할 정도였지만, 자연에 대한 호기심만은 깊어 식물이나 곤충을 열성적으로 채집하며 돌아다녔다. 이를 지켜본 그의 아버지는 다윈을 자퇴시키고 형과 함께 에든버러대학 의학부에 입학시켰지만, 이곳에도 적응하지 못하였다. 당시 마취제가 없었으므로 고통으로 신음하는 환자를 피해 다윈은 수술실에서 도망쳐 나왔다고 한다. 아버지는 이를 알았다. 아버지와 다윈 자신도 목사를 희망하여 케임브리지대학 신학부에 입학했지만, 역시 적응하지 못하였다.

하지만 식물학을 강의하는 헨슬로 교수의 경우만은 예외였다. 그 교수는 식물, 곤충, 지질에 조예가 깊고 인격도 훌륭하였다. 교수와 함께라면 야외채집에 항상 동반하였다. 또한 이 시기에 훔볼트의 <남미 여행기>나 허셜의 <물리학 입문>을 읽은 다윈은 큰 감명을 받았다. 또한 케임브리지대학의 최종학년 무렵, 세지윅 지질학 교수로부터 지질조사 여행을 함께 할 기회를 얻어 지질도를 만들거나 암석이나 화석을 구별하는 것을 실제로 배웠다.

이 지질 여행 중에 헨슬로 교수로부터 편지가 왔다. 비글호가 관측과 탐사를 위해 남미와 서인도제도로 출항하는데, 젊은 과학자를 구하고 있으므로 응모하지 않겠느냐는 내용이었다. 다윈은 곧 바로 동행을 결심했지만, 아버지는 장래 목사가 될 몸으로서 적당치 않다는 이유로 적극 반대하였다. 숙부의 도움으로 겨우 아버지의 허락을 받고, 1831년 11월 27일, 세계일주의 길에 올랐다. 스물두 살 때였다. 이 항해는 5년 동안에 걸친 긴 여정이었다. 그는 심한 뱃멀미로 고통을 받았지만, 이 항해 자체는 훌륭한 것이었다. 평탄하고 수목이 없는 남미의 팜파스, 그리고 그 지하에 매장된 큰 동물의 화석, 갈라파고스군도의 동물들, 이것은 다윈에게 큰 영향을 미쳤다.

이 항해 덕택으로 생물학 역사상 가장 중요한 진화론이 수립되었다. 1835년 3월, 안데스산맥을 탐사한 다윈은 이 산맥 양측의 동물이나 식물의 종류가 크게 다르다는 점에 놀랐다. 안데스산맥이 양 지역을 갈라놓은 듯 하였다. 그의 이 같은 생각은, 동물의 지리적 분포는 지질의 변화에 의해 영향을 받았다는 라이엘의 학설과 같았다. 다윈이 비글호에 승선할 때, 헨슬로 교수는 라이엘의 저서 〈지질학 원리〉를 그에게 빌려주었다. 그는 배에 타면서부터 이 책을 읽었다. 그리고 이 책에서 읽은 것을 남미의 자연에서 눈으로 직접 확인하였다.

비글호가 남미 해안을 남하하면서 다윈은 같은 동물이 조금씩 변해가는 모습을 관찰하였다. 무엇보다도 그를 놀라게 한 것은 갈라파고스 군도(지금은 관광지로 원래의 모습을 잃어가고 있다)의 동물이나 식물이었다. 1835년 10월, 그는 갈라파고스 군도의 제임스 섬에서 5주간 머물렀다. 이때의 모습을 그는 항해기 중에 다음과 같이 기술하였다. "이 갈라파고스 섬들의 생물은 매우 진기한 것으로 주목할 가치가 있다. 생물의 대부분은 특별한 것으로 다른 곳에서는 볼 수 없다. 각 섬 사이에도 차이가 있다. 하지만 어느 생물이나 미국의 생물과 유연성을 나타내고 있다." 특히 그의 흥미를 끈 것은 오늘날 '다윈핀치'라 부르는 새이다. 이 군도에는 14종의 핀치가 살고 있는데 섬에 따라 모습이 조금씩 달랐다. 그러나 이 군도 이외에는 세계 어디서도 볼 수 없는 새였다.

비글호는 1836년 10월 2일 영국으로 돌아왔다. 귀국 후 다윈은 항해일기를 정리하여 〈비글호에서의 박물학자의 항해〉와 〈비글호 항해기〉를 간행하였다. 대성공을 거두었다 (훔볼트에게 강한 감명을 주었다). 이 항해기의 출판으로 그는 일약 세상에 크게 알려졌다. 그는 왕립학회 회원으로 추천되고 사촌누이 동생인 엠머와 결혼하였다.

다윈은 여론을 두려워하여 자신의 논문 발표를 오래 동안 미루었다. 1856년 마흔일곱 살에 라이엘로부터 진화에 관한 학설을 조속히 발표하도록 권유받고, 많은 자료를 취합하여 예정한 분량의 반절만을 써나갔다. 그런데 1858년 6월, 동인도제도 테르나테 섬에서 한 통의 편지와 연구논문이 도착하였다. 보낸 사람은 윌리스로 자신의 논문을 다윈을 통해서 발표하고 싶다는 뜻이 적혀 있었다. 이를 읽고 난 다윈은 충격을 받았다. 윌리스의 논문이 자신의 이론이나 사상과 거의 같았다. 이 사실을 안 라이엘은 1858년 7월 린네학회의 정기회의에서 지금까지 정리한 다윈의 새로운 이론의 개요와 윌리스의 논문을 동시에 발표하도록 결정하였다. 그리고 윌리스에게 이런 사실을 편지로 알렸다. 윌리스는 모든 사정을 이해하고 진화론 수립의 공적이 다윈에 있다는 것을 솔직하게 인정하였다.

다윈은 조금도 지체하지 않고 다음 해인 1859년 최초의 계획을 5분의 1로 축소하여 〈종의 기원〉을 출판하였다. 초판은 판매를 고려하여 1,250부만 인쇄했지만 출판된 날에 품절되고, 제2판 3,000부도 즉시 판매되었다. 이 책의 중심 테마는 자연선택 사상이다.

다윈의 설을 요약하면 다음과 같다. 자연계에서는 치열한 생존경쟁이 벌어지고 있다. 종끼리의 투쟁은 더욱 치열하고(생존경쟁). 이 생존경쟁에 이겨 살아남기 위해서 유리한 변이를 지닌 개체가 되며(최적자 생존). 한 방향으로 도태가 진행되어 종의 변화가 일어난다(자연선택).

이 같은 다윈의 진화론은 윌리스의 출현이라는 해프닝 때문에 급히 세상에 나오기는 했지만, 그가 예상한대로 찬반이 엇갈려 몇 세대에 걸쳐 치열한 논쟁이 지속되었다. 반대자의 대부분은 그의 사상이 성서의 내용에 어긋나고 신앙을 파괴하는 것이라 공격하였다. 그 때문에 다윈은 진화의 이론을 적극적으로 인간에 적용하는 것을 처음부터 삼가하였다. 오히려 인류의 진화에 관해서 대담하게 다룬 것은 라이엘이었다.

젊은 시절의 큰 모험과는 대조적으로, 다윈은 건강이 좋지 않아 다운이라는 시골에서 후반생을 조용히 지냈다. 그의 주요한 즐거움은 일이었다. 생애를 통해서 그가 열중한 그 일이야말로 진화론과 관계되는 자연사 위의 폭넓은 연구였다.

다윈은 부친의 재산을 많이 상속받아 스스로 생계를 보살필 필요가 없었으므로 연구에 몰두할 시간이 충분하였다. 비교적 사회를 멀리하고 친구와의 만남도 없는 속에서 일로 시간을 보냈다. 그러나 만년이 되면서 표면적으로 크게 알려진 사건(자신의 이론에 대한 무명인사의 비판)은 아니지만, 그 사건은 그와 그의 가족을 우울하게 만들었다. "세상 사람들이 진화론을 이해하려면, 생물이 진화한 것 만큼이나 오랜 세월이 필요할 것이다."고 말한 것으로 그의 느긋한 심정을 엿볼 수 있다.

다윈은 산보를 즐겼다. 산보에도 규칙이 있었다. 다윈의 산보는 관찰과 즐거움을 위해서이지만 대개는 건강 때문이었다. 가정에서 다윈은 꾸짖는 일이 한번도 없는 인자한 아버지로서, 친구나 동네 사람들에 대해서 친절하였다.

일흔 살을 넘으면서 다윈의 몸은 급히 쇠약해졌다. 그는 가끔 심장발작증을 일으켰다. 1882년 4월 18일, 격렬한 발작이 일어났다. 의식이 돌아왔을 때, "죽는 것은 조금도 두렵지 않네."라고 중얼거렸다 한다. 19일 오후 부인과 아이들이 지켜보는 가운데 영원히 눈을 감았다. 일흔 세 살이었다. 유해는 과학상의 업적으로 웨스트민스터 성당에 안치되었다. 그 자리는 그를 가장 이해했던 라이엘의 묘 바로 옆이다.

124. 세포설의 기초를 닦은 슈반
소화작용을 돕는 효소인 펩신을 발견

독일의 생리학자 슈반(Schwann, Theodor; 1810~1882)은 여러 학교를 거쳐 의학 공부를 마친 뒤, 독일 생리학자 뮐러의 조수가 되었다. 그의 인생에서 가장 충실한 과학적 업적을 남긴 시기가 바로 이때였다.

프랑스의 생리학자 레오뮐러나 이탈리아의 생물학자 스팔란차니 이래, 소화작용은 화학변화라고 모두 알고 있었다. 또한 영국의 화학자이자 생리학자인 프라웃이 위 속에 염산이 존재한다는 사실을 발견함으로써, 음식물을 분해하는 것은 염산이라고 생각하였다.

1834년 슈반은 위 속의 분비선으로부터 추출한 위액을 염산과 혼합했을 때, 염산의 경우보다 육류가 훨씬 잘 분해하는 사실을 발견하였다. 그리고 육류를 분해하는데 근본적인 역할을 하는 결정체를 찾아냈다. 이를 그리스어의 '소화하다'는 의미로 '펩신'이라 불렀다. 이 물질은 효소이다. 동물의 조직으로부터 뽑아낸 것으로는 펩신이 처음이다. 이 발견으로 초기 생화학의 성격이 크게 달라졌다.

슈반은 1839년 세포설을 발표하였다. 모든 생물은 세포, 또는 세포로 되어 있는 물질로 구성되어 있고, 각 세포에는 핵이나 세포막이있다고 밝혔다. 물론 그 이전부터 세포설이 유행하고 있었지만, 가장 명확하고 핵심을 요약한 것은 바로 슈반이다. 그와 슐라이덴을 세포설의 창시자라 부른다. 이 이외의 발효, 조직학에 대해서도 크게 이바지 하였다.

그 후 여러 과학자들에 의해 확대된 세포설은 독일의 병리학자 비르효에 의해서 완성되었다. 이는 생물학 역사에서, 화학에서 원자론처럼 획기적인 사건이다.

125. 빛을 보지 못한 불운한 수학자 갈루아
숱한 시련을 겪고, 스무 살에 결투로 생애를 마감

프랑스의 수학자 갈루아(Galois, Evaliste; 1811~1832)는 파리에서 태어났다. 그의 아버지는 나폴레옹 지지자로서 동네 자유당을 이끌고 있었다. 나폴레옹의 백일천하 당시, 아버지는 시장을 지냈다. 그의 어머니는 어린 갈루아가 일상적인 산술 이상의 수학을 배울 수 있을지 의심스러워하였다. 그것은 부모 누구나 수학에서 뛰어났다는 기록이 없기 때문이었다.

갈루아의 정규교육은 문호 유고의 모교이기도 한 파리의 예비학교에 입학한 때부터 시작하였다(이 학교는 지금도 건재하다). 그는 이 학교에 입학하면서부터 정치의식이 싹텄다. 양친의 영향을 받아 군주에 저항하고, 대부분의 학생도 그러했지만, 갈루아가 입학하자 학생들과 새로 부임한 목사의 관계가 뒤틀리기 시작하였다. 학생들은 교회에서 찬송가를 부르지 않았다. 학교 식당에서 식사 때, 루이 18세에 대한 건배를 거부하였다. 목사는 주모자로 생각되는 학생 40명을 퇴학시켰다. 그는 퇴학처분까지 받지는 않았지만(항거에 참여했지만 어째서인지는 알 수 없다), 이를 지켜본 그는 권력에 대한 깊은 회의에 빠졌다.

갈루아를 모자라는 학생이라고 말하고 있지만, 정말인지 어떤지 그 증거는 찾을 수 없다. 그가 수학 강의를 처음 받은 것은 열다섯 살때부터였다. 수학 강의를 받으면서 그의 천재성이 나타났다. 드디어 그의 재능이 높이 평가받기에 이르렀다. 그는 수학과 만남으로써 많이 달라졌지만, 수학 이외에 관심을 갖지 않아 인문과학 교수들로부터 미움을 받았다. 수사학 교사는 통지표에 '버르장머리가 없는', '변덕스러운'이란 말로 그를 평가하였다. 다른 교수들은 체계적으로 더욱 공부하도록 그를 타일렀지만, 그 충고를 받아들이지 않았다. 예비준비 코스를 밟지 않고 1년 빨리 이공대학 입학시험을 치렀지만, 기초과학이 부족한 탓으로 불합격의 패배를 맛보았다.

갈루아는 자신의 낙방이 불공정하기 때문이라 생각하고, 권력에 대한 반항적 태도가 더욱 굳어졌다. 그럼에도 불구하고 수학에서는 계속 향상하여 상급 코스로 진학하였다. 이 코스는 훌륭한 교수들이 강의했는데, 그들은 뛰어난 갈루아의 재능을 인정하고 이공대학에 무시험으로 입학하도록 주선하였다. 그러나 실현되지 않았다.

1829년 3월, 학생신분인 갈루아는 '순수, 응용수학 연보'에 논문을 처음 발표하였다. 그는 이미 방정식론으로 연구의 방향을 잡았다. 그것은 라그랑제의 논문 영향 때문이다. 그는 열일곱 살에 가장 풀기 어렵고 100년 이상 수학자들을 괴롭혔던 문제에 맞섰다. 당시 방정식론의 중심과제는 "어떤 조건 하에서 방정식이 풀리는가?"라는 것이다. 해법은 모든 방정식에 적용되도록 일반적인 것이어야 한다. 그런데 갈루아 시대까지 약 33년간에 걸친 계속된 노력에도 불구하고 5차 이상의 방정식은 해법이 나오지 않았다.

이공대학 입학 두 번째 시험을 2개월 앞둔 갈루아에게 불운이 닥쳤다. 시험 날까지 보름 남짓 남은 7월 2일, 아버지가 파리의 아파트에서 자살하였다. 시장이던 아버지는 예수회의 수사들에 의해 악의로 가득 찬 모함을 받았다. 늙은 아버지는 이 추문에 정신적으로 견딜 수 없었던 것이다. 그는 최악의 상황 속에서 입학시험을 치렀다. 그러나 시험관의 지시에 따르지 않는다는 이유로 두번째 시험도 실패로 끝났다. 이것이 마지막 시험이 되었다.

이 두 가지 실의 속에서 갈루아는 당시 프랑스를 지배하고 있던 계급제도나 권위에 대해 증오심으로 가득하였다. 그는 할 수 없이 이공대학보다 한 단계 낮은 고등사범학교(에콜·노르마)에 입학하기 위해 입시에 필요한 모든 시험을 거쳤다. 특히 수학에서 뛰어난 점수를 받아 합격하였다. 이 무렵 군론(群論)에 관한 처음 논문을 프랑스 과학아카데미에 제출했지만 빛을 보지 못하였다.

갈루아는 점차 정치에 발을 들여놓기 시작하였다. 1830년 7월, 군주제에 반대하는 공화주의자들이 혁명을 일으키고, 부르봉가의 루이10세를 국외로 추방하였다. 이공대학의 좌익 학생들이 이 싸움에서 활약하는 사이에, 갈루아의 친구들은 교장 명령으로 교내에 감금되었다.

혁명 후 수개월이 지나 갈루아는 공화당에 관여하고, 지도자들과 만나 파리 데모에 합세하였다. 그리고 대부분 공화당원만으로 구성된 국민방위군에 참여하였다. 7월 혁명 당시 그는 교장의 행동을 비난하고 반역자란 내용의 편지를 썼다는 이유로 퇴학처분을 받았다.

1831년 공화당 집회에서 19명의 국민방위대원의 석방을 축하하는 행사에서, 갈루아는 '루이 필립'이라 부르짖으며 컵과 단검을 동시에 올리면서 건배를 들었다. 이 반역적 행동 때문에 그는 다음날 체포되고 1개월 이상 감옥살이를 하였다. 그는 열아홉 살이었으므로 무죄로 풀려났다. 갈루아가 무죄로 석방된 지 1개월도 채 지나지 않은 1831년 7월 14일, 혁명기념일에 그는 다시 체포되었다. 이번에는 법률로 금지된 국민방위군의 제복을 입었기 때문이다. 국민방위군은 왕정에 대한 위협적 존재로 해산되었는데, 그가 취한 행동이 반역행위로 취급되었기 때문이다. 이번에는 8개월 동안 감옥살이를 하였다.

이러한 소동 속에서도, 가로아에게 가장 큰 충격을 던진 것은 1831년에 제출한 논문이 반려된 일이다. 이에 대해 그는 투옥 중에 쓴 논문의 서문 중에서, "나의 연구가 그 누구의 충고나 격려 덕분으로 쓰여진 것은 결코 아니다. 그것은 헛소문이다."라고 통렬하게 비판하였다. 이번에는 그가 정상적이 아닌 사람으로 취급되어 출옥하였다.

갈루아는 친구와 결투까지 벌렸다. 이에 대해 여러 추측이 분분하지만, 여성 문제 쪽으로 비중을 크게 두고 있다. 결투방식은 권총 실탄 한발만 장진하여, 서로 자신을 향하여 방아쇠를 당기는 결투(러시아 룰렛으로 추측됨)에서 죽었다.

가로아의 수학자로서의 지위는 조금도 흔들림이 없었다. 남아 있는 많은 단편적인 원고를 보더라도, 그의 연구는 투옥되어 있을 때는 물론, 분명히 죽는 순간까지 계속되었던 것을 알 수 있다. 그는 동란 속에서도 누구의 창조력보다 앞선 연구를 하였다. 그러나 그는 자신의 생활을 통제하지 못하였다. 안타까울 뿐이다.

126. 만유인력 이론을 확증한 르베리에
여러 번 실패를 딛고, 계산만으로 해왕성 발견

프랑스 천문학자 르베리에(Leverrier, Urbain Jean Joseph; 1811~1877)의 아버지는 신분이 낮은 관리였지만, 자식의 교육을 위해 집을 팔 정도였다. 그 보답이 왔다. 르베리에는 화학자 게이-뤼삭의 연구소에서 화학을 연구하다가, 이공대학 천문학교수가 되는 기회를 얻었다. 그곳에 근무하는 동안 천문학자로서 능력을 발휘하였다.

르베리에는 태양계가 안정한 까닭을 보다 정확하게 밝혔다. 그는 수성의 운동을 상세히 분석하고, 정확한 계산으로 행성의 근일점이 다른 행성의 영향을 받는다고 생각하였다. 그는 수성의 어딘가에 또 다른 행성이 있을 것으로 생각하고, 그것은 직경 1,600km, 태양까지의 거리 3040만km인 미 발견 행성(벌컨)이라 주장하였다.

르베리에는 수성의 궤도가 이상을 일으키는 것은 벌컨 때문이라 생각한 나머지 태양 근처를 철저하게 탐색해 보았지만, 벌컨과 같은 행성은 발견되지 않았다. 그러나 이 탐색 작업이 헛되지 않았다. 별의 발견보다도 중요한 의의를 지닌 태양 흑점의 주기를 발견하였다. 과학에서는 가끔 생각지도 않은 부산물을 얻는 경우가 있다.

큰 명예가 르베리에를 기다리고 있었다. 허셜은 이미 천왕성을 발견되었다. 그러나 이 행성 운동 역시 이상하였다. 만유인력의 법칙에 의해서 계산된 추정 위치와 실측 위치가 약간 떨어져 있었다. 그는 천왕성의 궤도를 이상하게 만드는 미 발견된 행성이 존재하지 않을까 생각한 나머지, 천왕성의 궤도를 이상하게 만드는 행성의 크기와 위치를 계산하였다. 이때 르베리에는 알지 못했지만, 영국의 젊은 천문학자 애덤스도 그보다 수개월 전에 같은 계산을 하고 같은 결론을 끌어냈다. 그러나 르베리에 쪽이 행운을 차지하였다. 애덤스의 논문이 케임브리지대학에서 검토되고 있는 사이에, 르베리에가 먼저 이를 발표하였다.

1846년 9월 23일, 탐색 첫날밤에 예언된 위치로부터 아주 가까운 곳에서 새로운 행성이 발견되었다. 이 새로운 행성의 명명에 관해서, 프랑스 천문학자 사이에 '르베리에'라 부르자는 제안이 나왔지만, 국쇄주의적이 아닌 르베리에 자신은 대양의 신을 의미하는 '해왕성'(Neptune)이라 불렀다. 그가 행운을 차지하였다. 과학의 역사에서는 이런 일이 간혹 있다.

또한 1개월 후 영국의 천문학자 러셀은 해왕성의 위성을 발견하였다. 이를 해왕성의 아들이라는 의미에서 '트리톤'이라 불렀다. 르베리에는 태양계의 모든 행성의 운동을 만유인력 이론으로 정확하게 계산하였다. 그가 존재한다고 장담했던 벌컨은 결국 발견되지 않았다. 그가 저지른 한 가지 큰 실수였다. 그러나 이 실수는 해왕성을 발견하고, 또한 해왕성의 발견으로 뉴턴의 만유인력의 법칙이 확실하게 증명됨으로써 벌컨에 대한 실수가 만회되었다.

르베리에는 수성의 연구로 왕립과학아카데미 회원으로 선출되었다. 그는 유럽 전체에 걸친 기상 네트워크의 설립에 힘썼다.

127. 뛰어난 과학자, 참다운 과학교육자 분젠
분젠 버너는 화학 실험실의 꽃

　독일의 화학자 분젠(Bunsen, Robert Wilhelm von; 1811~1899)은 괴팅겐에서 태어났다. 아버지는 괴팅겐대학 미학 및 문명사 교수로 도서관장을 지냈다. 그의 집은 대학과 도서관 건물로 둘러싸여 학풍이 물씬하고, 조용한 곳에 위치하고 있었으므로, 그 지없이 좋은 교육환경 속에서 자라났다. 아버지는 유머가 풍성한 밝은 성격의 인물이고, 어머니는 정숙함이 깊었다. 소년시절의 분젠은 화를 잘 냈지만 의지가 강하였다.

　당시 괴팅겐대학의 화학교수는 카드뮴 발견자인 스트로마이어였다. 화학교육에서 실험의 중요성을 강조하고, 그 신념으로 학생에게 많은 실험을 실시하였다. 또한 그의 강의는 활기에 차 있고 논리가 매우 명쾌하였다. 분젠은 이 교수의 영향을 강하게 받아 "나는 카드뮴의 발견자인 스트로마이어의 제자임을 자랑한다."고 자부심을 갖고, 화학연구를 일생의 과업으로 삼았다. 한편 분젠은 기상학에도 깊은 관심을 지니고, 열아홉 살에 습도계에 관한 현상과제에 응모하여 장원을 하였다.

　분젠은 베를린, 프랑스, 오스트리아 등 각지를 돌면서 많은 화학자와 친숙해지고, 또한 각지의 화학공장 시설을 견학하였다. 귀국 후 그는 스물세 살에 괴팅겐대학 화학 강사, 2년 후 은사 스트로마이어가 타계하자 그 후임으로 교수, 그 후 뵐러의 후임으로 카셀공업대학의 교수로 자리를 옮겼다.

　분젠은 스펙트럼 분석법을 개발하여 화합물을 분석하였다. 이 기술을 응용하여 두 가지 새로운 원소 루비듐(Ru)과 세슘(Ce)을 발견하였다. 그가 화학 연구 이외에 그의 이름을 오래 남긴 것은, 실험기구, 특히 그가 발명한 분젠 버너이다. 당시 하이델베르크 거리에도 석탄가스 등불이 보급되었다. 그러나 대학 실험실에서 사용하기 편리한 버너는 당시 발명되지 않았다. 그는 버너의 아래쪽에 공기 구멍을 설치하고, 그곳에서 공기를 빨아들이고 조절하는 버너를 설계하였다. 이 버너는 간편하고 높은 온도의 긴 불꽃으로 화학실험에 매우 적절하였다. 어느날 분젠으로부터 세공 유리기구를 만들어 받은 한 학생이, 부주의로 떨어뜨려 그 기구가 깨졌다. 분젠은 지체 없이 다시 만들어 주었다. 그 학생은 너무 긴장한 나머지 또 깨버리고 말았다. 분젠은 아무렇지도 않다는 표정으로 다시 만들어 학생에게 주었다. 분젠은 큰 체격에 손가락이 매우 두꺼웠지만 손놀림을 잘 하여 유리세공이 뛰어났다.

분젠은 1889년 일흔여덟 살로 퇴직할 때까지 37년 동안 하이델베르크대학에서 연구하며 가르쳤다. 그 동안 그 밑에서 지도를 받아 업적을 쌓아 올린 젊은 화학자로 후에 유명하게 된 사람이 많다. 그는 우수한 연구자인 동시에 뛰어난 교육자였다. 마음이 따뜻하고 인간미가 넘치는 사람으로, 학생들은 '파파 분젠'이라 거침없이 불렀다.

분젠의 강의는 항상 활기로 가득 차 있었다. 그의 인기는 대학 안에서 뿐만이 아니라 하이델베르크 전 시내에 걸쳐 있었다. 어느 날 백금속 화합물을 연구하는 도중 잘못하여 큰 폭발이 일어났다. 그때 그에게 남아 있던 왼쪽 눈마저 실명되었다는 소문이 시내 전역에 퍼지고, 염려했던 시민들이 차츰 화학교실 앞에 몰려들어 분젠이 실험실에서 나오길 기다리고 있었다. 무사함을 알고서 우레와 같은 박수와 함께 환호의 소리가 터져 나왔다. 모두 껴안고 기뻐했다고 한다. 그는 죽을 때까지 독신으로 지냈다.

128. 실험생리학을 완성한 베르나르
일산화탄소와 헤모글로빈의 관계를 연구

프랑스의 생리학자 베르나르(Bernard, Claude; 1813~1878)는 포도재배 농가의 아들로 태어났다. 어린 시절에 아버지를 잃고 집안이 어려웠지만, 가톨릭 사제의 도움으로 공부를 계속하였다. 그는 작가를 꿈꾸고 원고를 쓸 여가를 얻기 위해 약종상의 도제로 일하였다. 5막의 극본을 쓴 그는 유명한 평론가의 의견을 듣기 위해 파리로 나갔다. 그러나 그 평론가로부터 혹독한 충고를 받은 뒤, 뜻을 바꾸어 의학을 공부하기로 결심하였다. 이 평론가는 그런 의미에서 은인이다.

베르나르는 그 평론가의 조언대로 고난을 이겨내면서 파리 의과대학을 졸업하고 내근 조수로 합격했지만, 교수 자격시험에 낙방하여 임상의가 되기로 결심하였다. 실험생리학의 선구자인 마장디의 조수가 된 그는 마장디가 죽은 뒤 그 자리를 이어 받아 교수가 되었다. 베르나르가 소르본느대학 생리학 교수로 근무하던 시절, 나폴레옹 3세는 베르나르의 실험시설을 확충하도록 후원하였다.

베르나르는 마장디의 실험생리학 정신을 이어 받았지만, 스승과는 달리 실험을 주의 깊게 계획하고 통합하여 실험생리학을 수립하였다. 그의 큰 업적은 소화에 관한 연구이다. 그는 당시까지 생각하고 있던 소화의 통념, 즉 소화는 모두 위에서만 행하여진다는 잘못된 생각을 바로 잡았다. 물론 위에서 소화가 행하여지지만, 그것은 전 과정의 일부이다. 그는 췌장에서 나온 소화액이 음식물과 섞여 소장의 모든 곳에서 소화시킨다는 것, 췌장의 분비액은 특히 지방을 잘 분해하는 중요한 소화액임을 밝혔다.

베르나르는 어떤 신경은 혈관을 팽창시키고, 또 다른 신경은 이를 수축시키는 기능이 있다는 사실을 밝혀냈다. 신체에서 열을 효과적으로 방출할 수 있는 것은 이 때문이다. 더운 낮에 체내의 열을 다량 방출할 필요가 있을 때는 피부의 혈관이 팽창되고, 추운 날에 열을 유지할 필요가 있을 때는 피부의 혈관이 수축된다. 더울 때 신체가 붉은 빛을 더해가고, 추울 때 청색으로 되는 것은 이 때문이다. 이와 같은 사실에서 베르나르는 신체란 외계의 환경에 적응하여 내부 상태를 항상 일정하게 유지하는 기구로 되었다고 생각하였다.

베르나르는 포유류의 간장 안에 글리코겐이 있는 것을, 그리고 필요할 때는 다시 당으로 분해된다는 사실을 밝혔다. 글리코겐의 합성과 분해는 신체의 적절한 상태, 각 조직에 필요한 에너지, 장내 음식물의 양 등에 의해 이루어진다. 그러므로 글리코겐의 양을 증감시킴으로써 혈액 중의 당분 양이 일정하게 유지된다. 이로써 동물체는 단지 복잡한 화합물을 분해할 뿐 만 아니라(분해작용), 식물체와 마찬가지로, 당과 같은 단순한 화합물을 글리코겐과 같은 복잡한 것으로 만드는 일(동화작용)을 한다는 것이 처음으로 알려졌다.

베르나르는 산소를 폐로부터 조직으로 운반하는 것이 적혈구라고 주장했다. 일산화탄소가 인간에게 유독한 것은 헤모글로빈 중의 산소와 치환하는 때문이라고 주장했다. 신체는 이에 급격히 대처할 수 없으므로 산소 결핍으로 사람이 죽는다.

베르나르는 〈실험의학서설〉을 저술하였다. 실험적 방법이 관찰, 구상, 실험, 이론의 네 단계로 되었고, 그들 상호관계를 확정함으로써 기초가 수립되었다. 이로써 실험생리학을 확고한 것으로 만들었고, 20세기 초기의 동적 생화학의 길을 열어 놓았다.

19세기 유럽 최대 생리학자의 한 사람으로 꼽히고, 프랑스 최고의 레지움 드 뇌르 훈장을 받았다. 프랑스 과학자로서는 처음으로 국장이 치루어졌다. 영국에서 기사칭호를 받았다.

129. 강철시대를 열어 놓은 베서머
종래의 강철 값의 10분의 1 값으로 매출

영국의 야금학자 베서머(Bessemer, Sir Henry; 1813~1898)는 어린 시절부터 발명의 재주가 돋보였다. 스무 살이 되기 전에 새로운 우표 소인법을 발명하여 영국 정부에서 채용했지만, 정부는 그에게 아무런 보수도 주지 않았다. 그래서 그 후부터 베서머는 자신의 발명을 반드시 특허로 보호받았다.

1850년대 초기 크리미아 전쟁(영국과 프랑스가 동맹하여 러시아에 대항) 중, 각 국 정부는 총신 내부에 나선형 강선(라이플 총)을 만들어 탄환을 발사할 경우, 탄환이 빠른 속도로 회전하여 보다 안전한 탄도를 유지하고, 목표물에 치명상을 입히는 새로운 총과 대포의 개발에 온 힘을 기울였다. 그러나 보수적인 영국 육군성은 이 발명에 관심이 없었다. 그러므로 베서머는 동맹국 프랑스에 이 계획을 알렸다. 그때 나폴레옹 3세는 이에 관심을 갖고 실험을 추진하였다. 그러나 대포의 포신에 탄환을 밀착시키지 않으면 화약의 폭발 기체가 새어나와 탄환을 회전시키는 힘이 약해졌다. 반면에 기체가 새어나오지 않도록 밀착시키면, 포신 내부의 압력이 너무 높아져(프랑스의 포술 전문가들이 비웃으면서 지적했듯이), 포신이 폭발하여 포병들이 죽을 가능성이 있었다.

이 비판을 올바르게 받아들인 베서머는 높은 압력에 견딜만한 단단한 쇠, 즉 강철의 필요성을 깊게 느꼈다. 하지만 당시 강철은 귀금속으로 생각할 정도였다. 그는 값싼 강철을 만들려고 시도하였다. 용광로에서 얻은 쇠를 무쇠(cast iron)라 부른다. 이 쇠는 탄소를 많이 함유하고 있으므로 단단하지만 부서지기 쉽다. 이 쇠에서 탄소를 제거하면 거의 순수한 연한 무쇠(malleable iron)을 만들 수 있다. 이는 느글느글하여 부서지지 않고 어떤 모양으로도 만들 수 있지만 약하다. 그러므로 탄소의 함유량이 주철과 단철의 중간인 쇠, 즉 강철은 단단하고 부서지지 않는다. 이를 만드는 데는 탄소의 함유량을 조절하는 과정이 반드시 필요하다.

베서머가 생각해낸 것은 주철을 단철로 변화시키는 과정이다. 주철 중의 탄소를 연소시키는데 철광석(주로 산화철)을 가하는 이외에 뛰어난 방법이 없는지, 왜 공기를 불어넣어 직접 탄소와 화합시키지 않는지. 베서머는 공기를 불어넣어 탄소를 태우면, 외부로부터 연료를 가하지 않아도 좋을 만큼 온도가 상승한다고 생각하였다. 그리고 적절한 때를 계산하여 공정을 정지시키면 연료 비용을 들이지 않고 강철을 만들 수 있다는 것을 실험으로 확인하였다. 구식방법으로 만드는 것보다 값싸게 강철을 만들 수 있었다.

베서머는 이 방법을 1856년에 발표하였다. 제철업자들은 열광적으로 용광로의 건설에 자본을 투자했지만 불행히도 모두 실패하였다. 얻어진 강철의 품질이 저질이었다. 그는 낙담하지 않고 다시 실험을 시작하였다. 인을 함유하지 않는 광석을 사용해 보았다(제철업자들은 인을 함유한 철광석을 사용하였다). 인을 함유할 경우 베서머법은 별로 효과가 없다. 베서머는 이를 발표했지만, 한번 실패를 경험한 업자들은 의심하고 이를 받아들이지 않았다. 그래서 그는 돈을 빌려 1860년에 셰필드에 자신의 제철소를 건설하였다. 그리고 인을 포함하지 않는 철광석을 스웨덴으로부터 수입하여 제련하였다. 양질의 강철이 생산되고, 경쟁품의 10분의 1값으로 팔았다. 몇 년 안으로 부자가 되었다. 제철업자들은 그의 이론이 옳다는 사실을 비로소 시인하였다.

베서머와 베서머법의 덕분으로 인류는 값싼 강철시대를 맞이하였다. 거대한 배가 만들어지고, 강철을 골조로 한 마천루와 파리 에펠탑이 세워졌다. 그리고 큰 다리가 놓였다. 그는 강철을 만드는 방법을 개발했을 뿐만 아니라, 강철을 누구에게나 사용할 수 있도록 문을 열어 놓았다. 베서머는 기사칭호를 받았다.

130. 열과 일의 관계를 실험으로 밝혀 낸 줄
양조업자였으므로 대학 강단을 밟지 못함

영국의 물리학자 줄(Joule, James Prescott; 1818~1889)은 랭커셔 지방의 유명한 양조장 집 아들로 태어났으므로 부유한 환경 속에서 자랐다. 소년시절부터 허약했던 그는 집안에 들어박혀 독서나 과학실험에 열중하는 일이 많았고, 그의 스승인 화학자 돌턴 집에 다니면서 과학지식을 익혔다. 그 후에도 계속 독학으로 일관하였다.

십대에 이미 전동기에서 발생하는 열량에 관심을 가졌고, 스물두 살 때 전류에 의해 발생하는 열량은, 전류 세기의 제곱과 전기저항의 곱에 비례한다는 '줄의 법칙'을 발견하였다(이 열량을 '줄 열'이라 부른다).

줄은 열의 일당량의 정확한 값을 실험으로 결정하는데 처음 성공하였다. 그는 측정될 수 있는 대상물이 있으면 미친 듯이 측정하였다. 신혼여행 때도 폭포 앞에서 자신이 만든 온도계로 폭포 위와 아래의 온도를 측정하였다. 그의 실험가로서의 수완은 놀라웠다. 그의 온도측정 정확도는 매우 뛰어났다. 그래서 다른 과학자들은 이를 믿지 않았다. 그러나 켈빈 경이 그를 지지하고, 격려하자 다른 과학자들의 태도가 달라졌다. 켈빈은 줄의 실험기술을 높이 평가하고 크게 활용하였다.

줄은 그때까지의 연구결과를 논문으로 발표하려고 생각하였다. 그러나 어느 학회에서나 이를 거절하였다. 그것은 그가 과학자가 아니고 한낱 양조업자였기 때문이다. 그는 할 수 없이 맨체스터에서 열린 학회에서 강연형식으로 발표하였다. 이때 한 청년이 그의 이야기를 열심히 듣고 있었다. 이 사람은 후년 켈빈 경, 즉 톰슨으로 글래스고대학 교수로 있을 때였다. 줄은 행운을 잡은 셈이다. 이런 행운은 과학사에서 가끔 접한다. 강한 의지로 자신 있게 최선을 다할 뿐이라 생각된다.

1850년 무렵부터 줄은 톰슨과 공동으로 진공 중에서 기체를 팽창시킬 때, 온도가 내려가는 현상을 발견하였다(줄-톰슨 효과). 이 효과를 이용하여 후에 물리학자 듀어는 산소와 수소의 액화에 성공하였다.

줄은 열과 일의 개념을 과학계에 보급시켰다. 따라서 열의 일 당량을 측정하는 사람들은 줄의 이름을 이야기한다. 에너지의 국제표시 단위는 줄(J)로 나타낸다. 그는 물체가 운동 에너지를 잃으면 동시에 위치에너지가 증가하며, 운동 에너지가 영이 되어도, 그 물체는 위치에너지를 대량 보유한다고 밝혔다. 물체가 낙하를 시작하면 위치에너지는 운동에너지로 모습을 바꾸지만, 지면에 닿기 직전에 원래 소유했던 같은 양의 운동에너지를 갖는다고 밝혔다.

줄은 에너지보존 법칙의 존재를 인정하였다. 물론 줄 이전에 마이어도 그 원리를 인정했지만, 이 법칙을 명확하게 기술한 것은 독일의 물리학자 헬름홀츠이다. 따라서 발견자의 명예는 헬름홀츠에게 돌아갔으나 최근에는 마이어, 줄의 선취권도 인정한다.

줄은 드디어 왕립학회 회원으로 추대되고, 코프리상을 받았다. 영국과학진흥협회(BAAS)회장이 되었다. 그러나 대학교수 자리에는 이르지 못하고 일생을 양조업자로 지냈다. 만년에는 파산 상태에 이르렀다. 빅토리아 여왕으로부터 연금을 받았지만 결국 병상에 누워 신음하다가 타계하였다. 그러나 그는 양조업자로서 일류과학자 대열에 올랐다.

131. 독일에 염료산업을 뿌리내린 호프만
영국 왕립화학학교에서 28년 동안 학생을 지도

독일의 화학자 호프만(Hofmann, Auguste Wilhelm von; 1818~1892)은 기센대학에 입학하여 법률과 철학을 전공하였다. 그러나 화학자 리비히의 매력적인 강의에 빠져들어 화학의 길을 선택하였다. 그는 박사학위를 얻은 뒤에 리비히의 조수가 되었다. 리비히의 조카와 결혼했으나, 이후 세 번에 걸쳐 재혼하였다.

한편 빅토리아 여왕의 부군인 앨버트공의 요청으로 런던에 왕립화학학교가 설립되었을때, 호프만은 이 대학 교수로 파견되어 28년 동안 줄곧 학생을 지도하여 영국의 화학공업, 특히 염료공업의 뿌리를 내리게 하였다. 그는 귀국하여 본대학에 자리잡고 있다가 1년 후에 베를린대학으로 옮겼다. 호프만은 새로운 합성법을 개발하여 새로운 염료(호프만 바이올렛)를 만들어냈다. 그는 영국이나 프랑스보다 훨씬 앞선 거대한 염료산업을 독일에 안겨주었다. 독일의 화학자 집단은 제1차 세계대전을 계기로 유기화학계를 완전히 지배하였다.

호프만은 1868년에 독일화학회의 창립에 앞장섰고, 그 후 화학회 회장으로 활동하였다. 학위논문 심사에 참여하고 귀가한 뒤, 여러 사람과 저녁식사를 함께 하다가 돌연 호흡곤란으로 세상을 떠났다. 그는 네번 결혼하여 열한명의 자녀를 거느렸고, 그 중 여덟 자녀는 그가 일흔 넷에 죽을 때까지 건재하였다. 그는 19세기 최대 유기화학자 중 한 사람이었다.

132. 산욕열의 원인을 찾아낸 제멜바이스
출산을 도울 때 의사들이 손 씻는 습관을 보급

헝가리의 의사 제멜바이스(Semmelweis, Ignaz Philipp; 1818~1865)는 부다페스트에서 독일계 상인의 아들로 태어났다. 그의 출생지는 그에게 헝가리어나 독일어에 자신이 없는 열등의식을 심어주었다. 이 언어 장벽 때문에 평생 동안 구두발표를 기피하는 성격으로 이어지고, 생애 마지막에 비극을 맞이했다. 그는 빈대학에 입학하였다. 그것은 정계에 아들을 보내고 싶어 하는 아버지의 희망에서였다. 그러나 제멜바이스의 관심은 의학 쪽이었고, 약용식물에 관한 논문으로 학사학위를 취득하였다.

제멜바이스는 당시 서유럽 의학 중심지의 하나인 빈 시대를 대표하는 두 의사로부터 교육을 받았다. 한 사람은 병리해부학 교수로 그 생애에 3만을 넘는 시체를 해부하였다. 또 한 사람은 타진법의 연구로 유명한 임상의였다. 두 사람은 젊은 제멜바이스에게 깊은 영향을 주었다. 그들로부터 의학적 수련을 쌓은 제멜바이스가 처음으로 잡은 직업은 산부인과 조수였다.

제멜바이스는 여성이 출산 후 고열로 죽어가는 산욕열에 주목하였다. 당시 귀족이나 유복한 사람들은 자택에서 출산하였다. 그러나 아버지가 누구인지 확실히 알 수 없는 불의의 아기를 갖는 산모는 주로 병원이나 길에서, 아니면 공원에서 아이를 낳았다.

흥미로운 것은 출산할 때, 출혈 때문에 일어난다고 믿던 산욕열에 걸려 죽는 사람은 병원에서 출산하는 경우에만 있다는 점이었다. 그러나 길모퉁이에서 출산하는 임산부는 이 산욕열로 죽는 경우가 없었다. 그는 어째서 병원에서만 산욕열이 만연하는지 그 원인을 밝히기 위해 산욕열로 죽은 부인을 상세하게 기록하고 관찰하면서 이를 통계적으로 분석하였다. 그 결과 이상한 경향이 밝혀졌다. 어느 달의 사망률을 보면, 제1산부인과에서는 13.1%인데 비해 제2산부인과에서는 불과 2.0%에 지나지 않았다.

제멜바이스는 여러 해를 소급하여 조사한 결과, 이 경향이 보편적이라는 사실로 정리되었다. 환자 측도 이 사실에 관심을 점차 갖게 되었다. 하지만 산기가 있는 임산부는 산부인과를 자유로이 선택할 수 없다. 요일에 따라 1,2산부인과가 교대로 열리기 때문이다. 제1산부인과가 열려있는 날에 출산 일을 정한 임산부 중에는 만원으로 그 날 입원을 거절당하고 자택에서 출산하거나, 위생상태가 좋은 병동 밖에서 출산하게 된다. 그 경우에 임산부는 산욕열 증세가 거의 없다.

제멜바이스는 제1산부인과에는 산욕열 산모가 있지만, 제2산부인과에는 산욕열 산모가 없다는 사실을 집중 조사하였다. 제1산부인과는 의사를 양성하는 학교를, 제2산부인과는 조산원을 양성하는 학교를 각기 운영하고 있었다. 그러므로 산부인과 의사와 조사원의 상위에도 주목하였다. 문제의 핵심은 환자를 수술한 의사가 곧바로 제1산부인과에 입원한 산모의 출산에 참여했다는 데 있었다. 그 의사는 수술 후 손을 씻지 않아 세균이 가득 묻은 손으로 산모와 접촉했던 것이다. 수술실에서 나온 의사에게 손을 소독하게 함으로써 문제는 해결되었다. 그리고 이것이 점차 의료계에 확산되었다.

제멜바이스의 연구방법과 결과는 과학연구 방법론에서 자주 거론된다. 제멜바이스는 생애 마지막에 우울증에 걸려 방황하다 타계하였다.

133. 빛의 속도를 정확히 결정한 후코
자이로스코프를 발명함

프랑스의 물리학자 푸코(Foucault, Jean Bernard Leon; 1819~1868)는 허약하여 학교에 다니지 못하고 오로지 집에서 교육받았다. 외과의를 지망한 그는 프랑스의 물리학자 피조를 알게 되면서 의학을 포기하고 결국 물리학 쪽으로 학문의 길을 바꾸었다. 그는 과학 교과서를 저술하고, 신문에 과학기사를 실어 살림을 꾸려나갔다. 그리고 파리 천문대로부터 초청받아 물리학자로서 연구생활을 시작하였다.

푸코는 피조와 공동으로 톱니바퀴를 사용하여 광속도를 측정하였다. 거울 A에 닿은 빛이 반사하여 거울 B에 닿고, 거울 B로부터 반사한 빛이 다시 거울 A에 닿았을 경우, 거울 A와 B가 정지해 있으면, 빛은 A와 B 사이를 영구히 왕복한다. 그러나 만일 거울 A가 회전하면, 거울 B에 닿아 반사한 빛이 거울 A에 도달했을 때, 거울 A가 약간 기우러져 있기 때문에 빛은 다른 방향으로 반사해버린다.

이러한 방법으로 푸코는 거울 A의 회전속도, 빛이 나간 거리, 반사광선이 이동한 각도 등을 바탕으로, 정확한 빛의 속도를 계산하였다. 또한 연구를 계속한 그는 같은 방법으로 물속이나 투명 물체 중에서의 빛의 속도를 측정하였다. 그는 물 속의 광속도가 공기 속의 광속도보다 느리다는 사실을 밝혀냈다.

푸코는 런던 왕립학회로부터 코프리 메달을 받고, 프랑스 왕립과학아카데미 회원으로 선출되었다.

134. 콜로이드 화학을 탄생시킨 틴들
과학의 보급을 위해 과학 해설자로 활약

아일랜드의 물리학자 틴들(Tyndall, John; 1820~93)은 시청 직원을 거쳐 철도기사로 일하였다. 그러나 학구열이 높아 폭넓게 독서를 하고, 들을 수 있는 강연은 빠짐없이 들었다. 그는 독일 마그데부르크대학에 입학하여 화학자 분젠에게 배우고 학사학위를 취득하였다. 그 후 패러데이의 뒤를 이어 왕립연구소 소장으로 활약하였다.

틴들은 이 연구소의 강연자, 과학 저널리스트, 작가로서 영국과 미국에서 과학 보급을 위해 노력하였다. 그는 어려운 처지에 놓여있는 사람들을 도왔는데, 에너지보존법칙에 대한 마이어의 선구적 연구를 인정하는데 노력하였다.

틴들은 콜로이드 화학을 탄생시켰다. 그는 용액 속을 통과하는 빛의 상태를 연구하였다. 빛이 순수한 물이나 용액 속을 통과할 때는 방해받는 일이 없지만 빛이 콜로이드 용액을 통과할 때는 콜로이드 입자가 크므로 빛을 산란시킨다. 빛의 일부는 입자에 의해 모든 방향으로 비치며, 측면에서 보면 희미한 광선으로 보인다. 이 현상을 '틴들 효과'라 부른다.

틴들은 하늘이 푸른 이유를 설명하였다. 분산이 가장 격렬하게 일어나는 곳은 스펙트럼의 푸른 띠이므로 맑은 날 하늘은 이 산란광에 의해 푸르게 보인다. 응달에서도 책을 읽을 수 있는 것은 이 때문이다. 대기가 존재하지 않는 달세계에서의 그늘은 분명히 어둡다.

태양광선이 해질 무렵, 두꺼운 대기층을 통과하면, 화산이 폭발한 뒤처럼 보인다. 특히 대기 오염이 심할 때, 해당되는 파장의 빛이 산란되어 하늘이 녹색으로 보인다. 태양으로부터 눈에 들어오는 빛은 스펙트럼의 빨강 띠에 있는 산란되지 않는 빛이므로 태양의 색은 오렌지색이나 빨강색으로 보인다.

틴들은 과학 보급을 위한 해설자로서도 유명하다. 영국의 물리학자 맥스웰이 개발한 분자운동으로서의 열의 새로운 이론을 일반에게 보급한 사람은 틴들이 처음이다. 1863년에 출간된 그의 저서 〈운동의 일반 형태로서의 열〉은 여러 판을 거듭하였다. 독일의 물리학자 헬름홀츠의 에너지보존의 원리를 보급시킨 사람도 틴들이다. 그 외에도 물, 빛, 공기 중의 먼지에 관한 많은 과학 교양서를 저술하였다. 1872년부터 2년 동안 미국으로 여행한 그는 강연에서 대성공을 거두고 그 수입을 미국의 과학발전을 위해 아낌없이 기부하였다. 그는 과학의 생활화를 위해 연구하고 활동한 과학자이다.

135. 소리 연구를 과학화한 헬름홀츠
에너지보존법칙 발견의 선취권을 획득

독일의 생리학자이자 물리학자인 헬름홀츠(Helmholtz, Hermann Ludwig Ferdinand von; 1821~94)의 아버지는 포츠담의 김나지움 철학교사, 어머니는 미국

펜실베이니아 주의 창립자인 윌리엄 펜의 후손이다. 그는 교양이 풍부한 가정에서 자랐다. 그곳 김나지움에 들어간 그는 물리학에서 능력을 보였지만, 대학에 갈 여유가 없어 의학공부를 시작하였다. 그것은 이 분야에서 8년 동안 군의관으로 근무할 것을 약속하면 재정적 원조를 받을 수 있었기 때문이다. 헬름홀츠는 베를린 프리드리히 빌헬름 의과대학 외과에 입학하였다. 졸업 후 곧 프러시아군 군의관으로 근무하였다. 그 사이에 독일의 지질학자 훔볼트의 지도로 교수 자격을 취득하고, 쾨니히스베르크대학 생리학 교수로 첫 강의를 하였다. 그 후 하이델베르크대학에서 해부학, 베를린대학에서 물리학을 강의하였다.

헬름홀츠는 눈의 작용에 관해 연구하였다. 1851년 현재 안과의사에게 없어서는 안 되는 검안경을 발명하여 눈의 내부를 볼 수 있게 하였다(같은 장치를 영국의 수학자 배비지도 발명했지만, 헤름홀츠의 발명은 그것과는 전혀 다른 것이다). 또한 검안계도 발명하여 눈의 곡률을 측정하여 영의 3원색 이론을 부활시키고 확장하였다. 현재 이 이론을 '영-헬름홀츠 3원색 이론'이라 부른다.

헬름홀츠는 감각기관, 특히 귀에 관해서도 연구하였다. 귀가 소리의 높이를 판단하는 것은 용수철처럼 생긴 달팽이관이 귀 안쪽에 있기 때문이다. 그의 설명에 의하면 달팽이관 중에는 공명기가 있는데, 이것은 소리의 높이에 따라 단계적으로 반응하도록 되어 있다. 또한 이 공명기의 진동으로 소리를 식별할 수 있다. 이는 종류가 다른 악기에서 나오는 같은 높이의 소리일지라도 음질이 다른 것을 식별할 수 있다고 주장하였다. 또한 그는 높이가 다른 소리가 화음이 되어 명쾌하게 들리고, 불협화음으로 불쾌하게 들리는 까닭은 혼합음의 파장으로 생긴 진동수 때문이라고 해석하였다. 그는 과학의 원리를 음악이라는 예술에 응용하였다.

헬름홀츠는 전달되는 자극의 빠르기를 처음 측정하였다. 그는 개구리 근육에 붙어 있는 신경을 처음에 근육 가까이에서, 다음에 멀리서 자극해 보았다. 먼 곳에서 자극한 근육이 반응하는 시간이 늦는 것을 겨우 측정하였다.

헬름홀츠는 근육운동의 연구로부터 에너지보존의 원리를 끌어냈다. 에너지보존에 관해서는 1842년 이미 독일의 물리학자 마이어가 발표했지만, 헬름홀츠는 1847년에 혼자 독특한 방법으로 이를 연구하여 발표하였다. 그러므로 이 원리의 발견에 대한 명예는 보통 헬름홀츠에게 주어진다. 그러나 지금은 그 명예를 마이어, 헬름홀츠, 줄 세 사람에게 나누어주는 경우도 있다.

136. 세포병리학을 수립한 피르호
자유주의 사상가로서 비스마르크에 도전

독일의 병리학자 피르호(Virchow, Rudolph; 1821~1902)는 젊은 외과의사로 실레지아 지역에 유행한 디프테리아를 연구하는 도중, 사회현황을 강렬하게 비판하여 대학에서 쫓겨났다. 그러나 이것이 오히려 행운을 잡는 기회를 주었다. 그는 거의 은퇴한 상황에서도 질병이 침입한 조직의 현미경적인 구조를 깊이 관찰할 기회를 잡았다. 그는 이 연구를 조직적으로 정리하여 발표하였다.

피르호는 질병이 조직에 미치는 영향을 세포설로 설명할 수 있는 결정적인 증거를 찾았다. 질병의 조직세포는 정상적인 세포가 변한 것이므로 질병의 조직세포를 더욱 기본적인 단계로부터 연구하는 병리세포학을 착상하였다. 그의 세포설을 요약하면, "모든 세포는 세포에서 발생한다."는 의미의 간결한 라틴어 표제이다. 이것은 생물학자 슈반과 슐라이덴의 세포설을 최종적으로 결합시켜 놓았다.

그에 의하면 질병이란 세포의 물리화학적 세포 장애이다. 단일 세포, 예를 들어 박테리아만으로는 질병에 걸리지 않고, 질병은 '사회적 조건'에서 생기므로 사회의 변환에 의해서 치료된다고 주장하였다.

의사로서 경험을 쌓는 사이에, 피르호는 젊은 시절의 자유주의 사상을 다시 되살렸다. 빈민지역을 조사하는 동안, 사회의 후진성이 건강에 어떤 영향을 미치는가를 알고서 크게 놀랐다. 정치에 발을 들여놓은 그는 독일 연방 하원의원으로 당선, 독일 자유당 당수로 비스마르크에의 재군비와 독일 통일에 정면으로 도전하였다. 물론 그는 사회주의자는 아니었지만 다윈의 진화론에 적극 반대하고, 독일 학교에서 이를 교육해서는 안 된다는 법률제정에 적극 찬성하였다.

피르호는 베를린 사람들의 생활의 질적 향상을 위해 앞장섰다. 그는 상수도나 하수도의 개선을 추진하는데 중요한 역할을 하였다. 이러한 개선사업은 가끔 유럽을 기습하는 전염병의 유행을 최소화하였다. 과학자는 정치에 너무 접근해서는 안 된다. 본래의 모습을 잃게 된다.

137. 열역학 제2법칙을 제안한 클라우지우스
다른 과학자의 결론을 수학적으로 해석

독일의 물리학자 클라우지우스(Clausius, Rudolf Julius Emmanuel; 1822~1888)는 베를린대학을 거쳐 하레대학에서 박사학위를 받았다. 그 후 베를린 왕립포병학교와 공업학교에서 교편을 잡다가, 취리히공과대학 교수, 그 후 귀국하여 뷔르츠부르크대학 물리학 교수로 연구활동을 하였다.

1870년 보불전쟁이 일어나자 이에 충격을 받은 클라우지우스는 학생들이 운영하는 부상병 수송을 위한 모임을 조직하였다. 그는 활동 중에 부상을 입었다. 이런 일과 부인의 죽음이 겹쳐, 생애 마지막에 그의 과학적 생산성은 떨어졌다.

클라우지우스는 이론물리학자이다. 그는 실험을 통해서가 아니고, 다른 사람의 관찰이나 실험결과를 설명하는 수학적 이론을 수립함으로써 유명해졌다. 그는 카르노 이론을 뒤이어 계 내의 열량과 절대온도의 비는, 그 폐쇄계(폐쇄계란 외계에 대해서 열의 출입이 없는 계이다)에 어떤 변화가 있을지라도 항상 증가한다는 사실을 알아냈다.

클라우지우스는 이 비를 '엔트로피'(혼돈의 상태)라 불렀다. 엔트로피는 항상 증가하며 감소하는 일은 없다는 취지의 내용을 담은 편지를 베를린 과학아카데미에 보냈다. 엔트로피는 에너지가 얼마만큼 일로 바뀌는지를 결정하는 척도로서, 엔트로피가 클수록 일로 변하는 에너지는 적다. 엔트로피의 증가가 있어야 된다는 일반법칙은 에너지 보존법칙인 제1법칙 다음으로 에너지 상호 변환 분야에서 중요하다. 결국 모든 것이 엔트로피가 최대의 상태가 되고 드디어 일은 하지 않게 된다. 이 생각은 "우주의 열적 죽음"이라 부르고 있다. 이것은 열역학 제2법칙으로부터의 논리적인 귀결이라 생각된다.

클라우지우스의 과학적 업적을 인정하여 왕립학회는 코프리 상을 주었다.

138. 우생학을 수립한 골턴
지문 검증법을 철저히 연구

영국의 인류학자인 골턴(Golton, Sir Francis; 1822~1911)은 영국 버밍엄의 부유한 은행가의 아들로 태어났다. 찰스 다윈의 사촌동생이다. 그 때문에 항상 다윈과 비교되어 불리한 입장에 서있어 불편하였다. 그는 뛰어난 과학자이고, 다윈은 위대한 과학자였다.

골턴은 능력이 뛰어나 어린 시절부터 주위 사람들을 놀라게 하였다. 세 살이 되기 전에 이미 글을 읽고, 네 살부터 라틴어를 공부하였다. 그러나 고등학교 시절에는 이에 미치지 못하였다. 아버지의 희망에 따라 의학을 공부했지만, 그는 수학을 공부하기 위해 잠시 의학 공부를 중단했다가, 다시 의학 공부를 시작하였다. 결국 아버지의 재산을 상속받는 기회에 의학을 포기하고, 흥미 위주의 연구생활을 하였다.

골턴은 저서 〈기상학〉을 출간하였다. 지금 사용하고 있는 일기도 작성법의 기초를 기술하고 있다. 그는 기압이 높아지고 일기가 좋아지는 것을 의미하는 '고기압권'이라는 말을 처음 사용하였다.

골턴은 인류학, 기상학, 사회학, 통계학 등 여러 분야에 공헌했지만, 우생학(eugenitics-그 자신이 만든 말)의 창시자로 유명하다. 그는 반평생을 인류학, 특히 유전 연구에 몰두하였다. 당시 멘델의 법칙이 아직 과학적으로 널리 인정되지 않았으므로 유전학의 기초 이론이 매우 빈약하였다. 그러나 골턴은, 멘델의 업적이 드 프리즈에 의해 빛을 본 당시에 생존하고 있었으므로, 유전 연구를 발전시켜나갔다. 그것은 그가 건강하게 오래 산 때문이었다.

골턴은 우생학을 수립하였다. 가족 중에 능력이 뛰어난 사람이 탄생하는 것을 연구하여 인간의 지적 능력이 유전한다는 학설을 밑받침하는 증거를 찾아냈다. 이로써 오랫동안 논의해 왔던 유전이냐, 환경이냐의 논쟁에 대해 유전 측에 유리한 증거를 제시하였다. 그는 인간의 지능을 당시의 기술로 정확하게 측정할 수 있을 것이라 생각하였다. 그 측정법을 확신한 나머지 영국의 미인 분포도를 만들려고 노력하였다. 또한 인간이 선호하는 성격을 적절한 결혼으로 얻을 수 있을 것으로 믿었다. 이 같은 연구를 '우생학'이라 불렀다. 그는 우생학연구소를 설립할 것을 강력하게 요청하였다.

골턴은 인간의 지문이 개인마다 각기 다르고 한평생 변화하지 않다는 점을 밝혔다. 지문을 연구한 것은 골턴이 처음은 아니지만, 지문검증법을 철저하게 연구하기 시작한 과학자는 골턴이다. 그리고 1911년에 영국과 미국에서 지문을 이용하여 범죄사건을 해결하는 방법이 확립되었다.

골턴은 기사칭호를 받고 곧 세상을 떠났다.

139. 유전법칙을 발견한 수도원장 멘델
발표 후 30년 만에 학계로부터 인정받음

오스트리아의 식물학자 멘델(Mendel, Gregor Johann; 1822~1884)의 아버지는 과수재배나 접목 등으로 살림을 꾸려간 소작농이었다. 어려운 생활이지만 교육에 열성적이어서 멘델을 읍내 학교에 입학시켰다. 그가 김나지움 재학시절, 6년 동안 그의 아버지는 빵과 버터를 읍내까지 약 30km의 산길을 걸어 매일 날아다 주었다.

멘델은 김나지움을 졸업한 뒤, 아우구스티누스 교단에서 1년 동안 교육받고 '그레고리'라는 이름을 받고, 브륀에 있는 수도원 성직자가 되었다. 그리고 빈대학에 유학하여 수학과 자연과학을 전공하였다. 3년 동안 유학을 마치고 브륀에 돌아온 그는 수도원 사제로 근무하면서, 동시에 실업중학교 물리학 교사로서 학생을 가르쳤다. 그는 가르치는데 열성적이고 교육방법이 뛰어난 교사였다. 그의 열성적인 수업이 인정되어 문교부장관으로부터 표창을 받았다.

이 무렵 수도원의 좁은 빈터를 이용하여 완두콩 교배실험을 하였다. 그는 관상식물이 교배에 의해서 새로운 색이 다음 세대에 나타나는 점에 관심을 가졌다. 즉 완두콩의 형(둥근 것과 각진 것), 잎의 색깔(황과 녹), 종자껍질의 색(회색과 흰색), 콩깍지의 모양(불룩한 것과 납작한 것), 콩깍지의 색(녹색과 황색), 꽃이 붙는 모양(흩어진 것과 정상적인 것), 줄기의 높이(높은 것과 낮은 것)등 7종의 형질을 서로 교배시키고, 그 다음 세대에 어떤 형질이 나타나는가를 조사하였다.

1대 잡종은 우성의 것과 열성의 것이 3:1의 비율로, 2대 잡종은 1대에서 열성인 것은 제2대에도 열성인 것을 알았다. 한편 우성의 것은 그의 3분의 1이 우성으로 보존되고 나머지 3분의 2는 우성의 것과 열성의 것이 3:1의 비율로 나타난다고 보고하였다. 다시 말해서 2대에서의 우성과 열성이 나타나는 비율은 9:3:3:1로 나타났다.

멘델은 수 세대에 걸쳐 이를 관찰하였다. 그리고 거기서 얻은 복잡한 결과를 수학적 표현(전개정수)으로 나타내는데 이르렀다. 그는 브륀의 학회에서 이 연구결과를 발표했지만 거의 관심을 끌지 못하였다. 그 후 2년이 지나 브륀의 식물학회지에 〈식물 잡종에 관한 실험〉이라는 제목으로 발표했으나, 역시 반응이 없었다. 그는 유명한 식물학자 네겔리에게 논문을 보냈다. 논문을 읽어본 네겔리는 그의 수학적인 표현을 못마땅하게 생각하였다. 거기에다 이름도 알 수 없는 사제가 보내온 이론 아닌 계산과 비율이 눈에 들지 않았다. 그는 간단하고 냉담한 비평을 붙여 이를 돌려보냈다. 멘델은 크게 낙담하였다. 권위와 전통에 밀려난 셈이다.

멘델은 신장병으로 예순세 살에 자신의 연구결과가 언젠가 인정받는 날이 올 것을 확신하면서 눈을 감았다. 세상에서 멀어진 이 논문을 발굴한 사람은 네덜란드의 생물학자 드 브리스였다. 그것은 1900년의 일이었다. 멘델의 유전법칙이 과학계의 주목을 끌게 된 것은, 발표 된지 30년 후였다.

140. 천체물리학 연구의 선구자 허긴스
스펙트럼 촬영법을 개발하여 큰 성과를 올림

영국의 천문학자 허긴스(Huggins, Sir William; 1824~1910)는 대학에 갈 나이가 되었는데도 가족은 그가 사업을 하도록 설득하였다. 그의 가족이 런던 남쪽으로 이사했는데, 그곳은 천문관측을 하기에 매우 불편한 곳이었다. 그럼에도 불구하고 그는 장사를 하는 한편 망원경을 구입하고 사설천문대를 만들어 관측을 게을리 하지 않았다. 특히 독일의 물리학자 키르히호프가 수립한 분광학을 일찍부터 천문학에 이용해 보려고 노력하였다.

허긴스는 분광기를 통해서 성운, 항성, 행성, 혜성, 태양 등을 관측한 결과 지구에 존재하는 원소가 항성에도 존재한다고 발표함으로써, 2100년 동안의 아리스토텔레스의 주장(위계사상)이 완전히 무너졌다. 허긴스는 천체물리학의 개척자였다. 그는 분광기가 완전하지 않아서 그의 생각대로 연구가 진행되지 않았다. 보다 좋은 강력한 장치가 사용되었더라면, 더욱 정확한 관측이나 측정이 이룩될 것임을 알았다. 그는 허술한 분광기를 사용하여 수소, 칼륨, 나트륨, 철과 같은 원소를 별에서 찾아내고, 우주는 잘 알려진 원소로 되었음을 입증하였다.

허긴스는 왕립학회 회원으로 선출되고, 그 후 왕립학회 회장을 지냈다. 또한 영국학술진흥협회와 왕립천문학회 회장도 맡았다. 그리고 기사칭호와 메리트 훈장을 받았다.

141. 광견병 왁친을 개발한 파스퇴르
근면 성실하고 집중력이 강한 과학자

프랑스의 화학자 파스퇴르(Pasteur, Louis; 1822~95)는 유럽 동부 주라 산맥 속의 전원도시에서 태어났다. 아버지는 가죽무두질로 생계를 이어가는 사병으로, 나폴레옹 시대에 활약하였다. 아버지는 나이가 들어서도 근면 성실하고, 어머니는 성품이 좋은 주부였다. 그는 부모를 그대로 닮았지만 뛰어난 학생은 아니었다. 그림 그리기를 좋아하고 특히 초상화를 잘 그렸다. 미술교사를 꿈꾸었다. 실제로 소년시절에 부모님을 그린 파스텔화가 지금도 남아 있다.

소년 파스퇴르에게 처음 영향을 크게 미친 사람은 중학교 교장선생이다. 교장선생은 파스퇴르의 신중함과 근면성을 눈여겨보았다. 그리고 장래 고등사범학교에 진학하도록 장려하였다. 열여섯 살 되던 가을, 그는 그 목표를 달성하기 위해 파리로 나와, 같은 고향 사람이 경영하고 있던 하숙집에 들어갔다. 그러나 지독한 향수병에 걸린 그는 한 달이 채 못 되어 고향에 되돌아갔다. 그는 동네 중학교에 다니면서 좋아하는 초상화를 그렸지만 이 무렵부터 성적이 올라가고, 졸업 무렵에는 모든 상을 휩쓸었다. 그는 교장선생으로부터 다시 진학을 권고받고 결심을 굳혔다. 이 준비를 위해 브장송의 왕립중학교에 들어갔다.

열여덟 살에 파스퇴르는 대학 문과 입학자격시험에 합격하였다. 썩 좋은 성적은 아니었지만 브장송중학교 교장선생은 그를 보조교사로 채용해 주었다. 그는 그 학교에서 수학 특별강의를 들으면서, 한편으로 자율 학습시간에 여러 학과를 지도하고 급료도 받았다. "보조교사는 식사와 집이 주어지고 거기에 300프랑의 봉급도 받습니다. 나에게는 과분하다고 생각합니다."라고 자신의 즐거움을 아버지에게 편지로 전하였다.

파스퇴르는 대학 수학과의 입학자격시험과 고등사범학교 시험에도 합격하였다. 그의 성적은 22명 중 15등. 다시 재도전을 결심하고 그해 가을 파리에 나가 전에 생활했던 하숙집을 찾아갔다. 이 집에서 하숙생의 복습을 돌보아주고 기숙사비를 3분의 1로 감액받았다. 그는 강의에 나가면서 소르본느대학에서 듀머의 강의를 들었다.

1843년이 되던 가을, 파스퇴르는 4등으로 고등사범학교에 들어갔다. 그는 친구들로부터 실험실의 책벌레라는 놀림을 받는 때도 있었다. 물리학 교수 자격시험에도 합격하였다. 문부성은 중학교 물리교사로 발령을 내렸다. 그때 그를 이해한 바랄 교수는, "지금 학위논문 때문에 아침부터 밤까지 연구하고 있는 젊은이를 멀리 떨어진 곳으로 보내는 것은 바람직하지 않다."고 문교부장관에게 항의하고, 발령을 철회시켜 주기를 바라는 내용의 편지를 보냈다.

1848년 2월 혁명은 청년 파스퇴르에게 애국심을 불어넣어줌으로써 국민방위군으로 참전하였다. 전란이 가라앉자 바랄 교수의 연구실로 돌아온 그는 주석산을 연구하였다. 그러나 고등사범학교 졸업생이었으므로 할 수 없이 중학교 교사로 임명되었다. 그는 풀죽지 않고 성실하게 근무하였다. 다음 해 여름 학위논문이 통과되었다. 그 사이에 몇몇 교수는 그를 대학으로 초빙하려는 운동을 벌였고, 결국 그것이 성공하여 3개월 후에 스트라스부르크대학 화학과 조교수로 임명되었다. 제자 사랑의 한 단면이다.

1885년 10월 어느 날, 목장에서 양을 치던 한 아이가 미친개에게 물렸다. 그리고 엿새 후 그 아이는 파리에 있는 파스퇴르를 찾아왔다. 파스퇴르는 왁친 주사 후에도 마음을 놓을 수 없었으므로 여러 날 잠을 이루지 못하였다. 그러나 다행스럽게 완쾌되었다. 이렇게 해서 그는 지구상에서 광견병의 공포를 완전히 씻어냈다. 이때 파스퇴르가 사용한 치료법은 왁친 요법이다. 그의 왁친 예방접종은 그 후 '면역요법'에 확고한 기초를 제공하였다.

광견병 예방 접종에 성공한 것은 파스퇴르가 예순두 살 때의 일이다. 그래서 많은 사람들이 파스퇴르가 의사라고 대부분 생각한다. 그는 전문의가 아니고 원래 화학을 전공하였다. 이 분야에서도 몇 가지 커다란 업적을 남겼다.

파스퇴르의 화학연구 중 유명한 것으로, 그는 파라 주석산을 연구하는 과정에서 두 종류의 주석산을 발견하였다. 한쪽은 우선성, 다른 한쪽은 좌선성이다. 이 두 종류의 결정이 같은 양으로 혼합되어 있기 때문에, 전체로서 파라 주석산이 선광성을 가지고 있지 않다는 사실을 밝혀냈다. 또한 우선성과 좌선성의 결정은 입체적인 구조(오른손과 왼손과의 관계)가 다르다는 것을 밝혔다. 이렇게 해서 파스퇴르는 '입체화학'의 길을 열어 놓았다.

파스퇴르는 미생물의 세계에 깊이 뛰어들었다. 그는 마을의 알코올 제조업자로부터 많은 상담을 받았다. 발효에 관한 문제이다. 그는 술 담그는 도가니를 현미경으로 관찰한 결과, 발효를 일으키는 도가니와 일으키지 못하는 도가니에 각기 다른 미생물이 살고 있는 점에 관심을 가졌다. 효모균은 알코올을 만들고, 유산균은 젖산을 만들었다.

그러므로 효모균 대신 유산균이 들어 있는 도가니 속에서는 알코올 발효가 일어나지 않으므로, 결국 알코올이 생성되지 않는다. 이같은 그의 새로운 지식을 바탕으로 올바른 알코올 발효방법을 제시함으로써 프랑스의 포도주, 맥주 및 식초 공업계에 큰 이익을 던져주었다.

파스퇴르는 영국의 외과의사인 리스터가 개발한 소독살균법을 개선하였다. 파스퇴르의 논문을 읽고 감격한 리스터는 외과수술 뒤에 석탄산을 사용하여 상처부위를 살균하여 외과수술의 안전성을 한층 높이는 데 성공하였다. 살균법과 관련하여 파스퇴르는 오늘날의 저온살균법을 개발하였다. 예를 들면, 포도주가 시어지는 것을 방지하는 데는 이를 섭씨 50°~55° 정도로 잠시 가열하여 포도주를 부패시키는 미생물을 살균함으로써 포도주를 오래동안 저장할 수 있고, 또한 그 맛도 변하지 않는다. 이 방법은 현재 널리 사용되고 있다. 이를 '파스퇴라리제이션'이라 한다.

1865년부터 파스퇴르는 누에병과 싸움을 시작하였다. 당시 프랑스에서는 견직물의 생산이 성행하고 있었다. 그런데 누에가 병에 걸려 죽어갔다. 그가 존경하는 뒤마 교수는 견직물의 생산지인 남 프랑스 출신이었다. 고향의 참상을 염려한 뒤마는 눈물을 흘리면서 파스퇴르에게 도움을 청하였다. 그때까지 누에를 본적이 없었던 파스퇴르가 누에병과 싸우려고 마음먹은 것은, 뒤마의 진실한 부탁 때문이었다. 뒤마와 파스퇴르는 과학자 이전에 한 인간이었다. 남 프랑스로 달려간 파스퇴르에게 누에에 관한 기초지식을 제공해준 사람은 〈곤충기〉의 저자로 유명한 파브르이다. 누에 병을 퇴치하러 온 학자가 누에에 관해서 아무런 지식을 가지고 있지 않는 사실을 알고 파브르는 놀랐다. 그러나 파스퇴르는 자신의 무지함을 솔직하게 고백하고 파브르에게 가르침을 요청하고 도움도 함께 부탁하였다. 현미경으로 누에를 관찰한 파스퇴르는 누에병(미립자병 혹은 연화병)의 병원체를 발견하고, 예방법을 창안하여 뒤마의 기대에 보답하였다. 권위를 버려야 할 때도 있다.

한편 1876년에 독일의 세균학자 코흐가 탄저균의 순수배양에 성공하여 세계를 깜짝 놀라게 하였다. 탄저병이란 아프리카나 유럽의 가축에게 전염되는 치명적인 질병이었다. 그러나 당시 그 원인이 세균에 의해 일어나는 사실을 전혀 몰랐다. 그는 탄저균의 순수 배양 보다는 오히려 직접 탄저병을 죽이는 데에 노력을 기울였다.

1881년 5월부터 6개월에 걸쳐 파스퇴르는 한 농장에서 탄저병 예방접종의 대규모 실험을 실시하였다. 약 50마리의 양을 준비하고 그 반수에 왁친을 주사하였다. 그런데 왁친을 주사받은 양은 살아남았지만, 나머지 반은 탄저병으로 죽고 말았다. 예상한 대로였으므로 사람들은 다시 한번 파스퇴르의 위대함에 놀랐다.

1860년부터 파스퇴르는 자연발생설과의 싸움을 시작하였다. 당시 사람들은 부패한 것 속에서 미생물 및 구더기는 자연적으로 발생한다고 생각하고 있었다. 그러나 그는 이러한 생각에 반대하고, 생물은 자연적으로 발생하는 것이 아니라고 주장하였다. 이를 증명하기 위한 파스퇴르의 실험은 과학사상 너무 유명하다. 그것은 과학적 방법을 구사한 모범 사례로서, 실험적 사실과 이론적 추리가 멋지게 맞아떨어진 실례이다. 과학론이나 과학철학에서는 반복해서 이야기하고 있다.

이러한 성공에도 불구하고 파스퇴르는 결코 편안하지 않았다. 어머니에 이어 곧 아버지마저 타계하였다. 또한 두 딸을 잃은 데다, 1868년에 파스퇴르 자신도 뇌출혈을 일으켜 왼쪽 반신이 부자유스러웠다. 그러나 그러한 고통 속에서도 연구에 대한 정열은 결코 식지 않았다.

1872년 보불전쟁은 고등사범학교의 학생들을 전선으로 향하게 했고, 학교는 야전병원으로 변하였다. 파스퇴르는 쉰 살의 몸으로 국민방위군에 입대 신청을 했지만 불합격되었고(마비증세), 전쟁의 화를 피해 잠시 고향으로 내려갔다. 그러나 아들의 입대신청이 받아드려졌다. 얼마 후 전사 통지서가 집에 배달되었다. 파스퇴르는 온 전선을 찾아 헤맸다. 부상병 대열에서 아들을 찾아냈다. 과학자 이전에 그는 한 집안의 아버지였다.

보불전쟁이 일어나자, 이전에 프러시아 정부로부터 받은 프러시아 의학박사의 학위기를 적국의 본대학에 발송하면서 다음과 같은 글을 의학부장에게 보냈다. "과학에는 국경이 없다. 그러나 과학자에게는 조국이 있다." 이 무렵 그가 맥주를 다시 연구하기 시작했는데, 그것은 프랑스 맥주를 독일 맥주보다 이름을 올리려는 의도에서였다.

1870년부터 71년에 걸쳐 프러시아와 프랑스 사이의 전쟁(보불전쟁)은 프랑스의 패배로 끝났다. 파스퇴르는 마음 아파하였다. 의사가 아닌 그가 의학 분야에 남긴 공헌은 크며, 특히 병원균을 발견하여 면역 접종에 의한 예방법을 확립하였다. 어느 영국 학자는 "이 발견이 프랑스에 가져온 이익은 보불전쟁의 배상금 50억 프랑을 변상하고도 남는다."고 칭찬할 정도이다. 보불전쟁에서 프랑스의 패배는 자존심이 강한 프랑스의 과학자들에게 충격을 주었다. 당시 프랑스 과학계의 거성인 파스퇴르도 그중 한 사람이다. 그는 1871년에 〈프랑스 과학에서의 성찰〉이라 제목을 붙인 팸플릿을 발간하여 프랑스 과학의 쇠퇴를 우려하는 경종을 울렸다.

파스퇴르는 이 논문에서, 프랑스의 과학연구가 얼마나 빈약한 조건과 설비 속에서 진행되고 있는가를 폭로하고, 상황의 개선을 호소함과 동시에 과학자들이 열악한 조건에서 건강을 해쳐가면서도 뛰어난 연구 성과를 올리고 있다고 칭찬하였다. 지도적인 과학자 파스퇴르는 이를 발표함으로써, 프랑스 과학정책과 문교정책의 빈곤함에 대해 일종의 내부 고발을 한 셈이다. 그 배경은 공교육상과 당시 최고 권력자인 나폴레옹 3세에 의한 과학정책의 적극적인 개입을 촉구한데 있었다. 사실 이 무렵에 나폴레옹 3세는 고등사범학교나 소르본느대학의 실험실을 방문하고, 과학연구에 대한 지원을 표명하였다. 그는 이러한 움직임에 강한 기대를 걸었다.

나폴레옹 3세는 파스퇴르를 포함한 몇몇 지도적인 과학자를 불러 고등교육 정책에 관한 의견을 교환하였다. 이 회합에서 파스퇴르가 발언한 것을 문장화한 것이 〈프랑스 과학에서의 성찰〉에 수록된 제2의 논문 〈자연과학 교육에서 겸직의 금지〉이다. 특히 파스퇴르는 겸직의 금지를 호소하였다. 겸직이란 말할 것 없이 한 사람의 인물이 몇 개의 자리를 차지하는 것인데, 그 결과 다른 많은 연구자, 특히 젊은 연구자의 진출이 방해받았다, 이것이야말로 파스퇴르가 교육자로서 또한 행정관으로서 가장 마음 아팠던 문제였다.

파스퇴르의 애교심은 고등사범학교 연구잡지의 창간에 진력했다는 사실에서도 엿보인다. 그는 이공대학이나 자연사박물관 등의 유력한 과학기관이 연구진이나 졸업생의 연구 성과를 발표하는 광장으로서 독자적인 연구 잡지를 발행하고 있는데 반하여, 고등사범학교에는 이에 해당되는 것이 없는 것을 개탄하고, 〈고등사범학교연보〉의 창간을 제안하여 이를 실현시켰다. 그는 7년 동안 이 잡지의 편집에 직접 참여하였다.

파스퇴르는 학생의 지도에서 엄격하였다. 학생을 면학하도록 하는 것은 학위(licence) 시험이나 교원자격 시험을 말하는 것으로, 매우 비정했지만 시련을 이겨낸 우수한 젊은 연구자들에게 자유로운 연구의 광장을 확보해 주기 위한 노력을 아끼지 않았다.

당시 프랑스에서 지방의 연구와 교육조건은 파리 교육기관의 그것에 비해 매우 열악하였다. 그 때문에 연구자들은 파리를 떠나지 않으려 하였다. 그러나 이러한 상황은 지방문화의 진흥이라는 점에서는 물론, 프랑스 전체의 적정한 인적 자원이라는 이유에서도 우려할 사태라고 파스퇴르는 생각하였다. 그 때문에 파스퇴르는 학교 교수로서 자신의 경험을 살려 각 지방 학교와 도시와의 관계를 깊게 함으로써 상황이 개선될 것이라고 논하였다. 19세기를 통하여 프랑스 과학의 제도화를 전체적으로 생각할 경우 지방 학교의 발전은 중요한 요소로, 이 점에서 파스퇴르의 경고는 높이 평가된다.

이러한 현상을 우려하면서 사태의 개선에 희망을 걸고 있던 파스퇴르에게 불행이 닥쳤다. 그는 갑자기 마비에 걸려 죽을 때까지 평생 반신불수가 되었다. 이 사건은 실험 연구자에게는 가혹한 시련이었지만, 우수한 조수들의 협력으로 그는 그 이후에도 연구 활동을 계속할 수 있었다. 또 하나 불행은 그의 사랑하는 조국 프랑스가 보불전쟁에서 패배한 일이다.

1886년 3월, 파스퇴르는 파리 과학아카데미에서 "나는 지금까지 치료를 해온 350명의 결과로 보아 나의 치료법이 유효하다는 것을 알았다. 광견병의 예방은 이것으로 확립되었다. 곧 광견병 예방왁친연구소를 세우려 한다."고 보고하였다. 곧 위원회가 발족되고 광견병 치료를 위한 병원을 설립하여 '파스퇴르 연구소'라고 이름 붙일 것을 결의하였다.

조국을 위해 한평생 힘을 쏟은 파스퇴르에게 프랑스 사람들은 마음으로부터 감사하였다. 프랑스 하원이 이를 위해 20만 프랑의 기부를 결의하자, 멀리는 러시아나 브라질 그리고 터키의 황제로부터 기부금이 보내졌다. 그뿐 아니라 부자나 가난한 사람 모두가 기부금을 내어 총액은 250만 프랑에 이르렀다. 그중 150만 프랑은 연구소의 건설에 사용되고, 나머지 100만 프랑은 연구소의 기금으로 적립되었다.

1888년 11월, 파스퇴르 연구소의 개소식이 있었다. 1892년 12월에는 소르본느대학 대강당에서 파스퇴르의 일흔 살 생일 축하식이 열렸다. 탄생 축하연회장에서는 대통령이 자리를 같이 하였다. 파스퇴르는 감사의 말을 하려 했지만 감격에 넘쳐 말을 하지 못하고, 할 수 없이 근처에 있던 아들이 대독하였다고 한다. 이 두 식전에 참석하기 위해 세계 곳곳으로부터 사람들이 많이 모였다. 그러나 그 무렵 파스퇴르의 건강은 더욱 악화되었다.

1895년 9월 하순, 파스퇴르는 한 모금의 우유도 넘길 수 없었다. 9월 28일 한쪽 손은 부인의 손을, 또 한쪽 손은 십자가를 잡은 채 최후의 숨을 쉬었다. 일흔 세 살이었다. 그는 항상 "내가 할 수 있는 일은 모두 해냈다."고 말하였다. 마음에 새겨둘 명언이다.

파스퇴르는 1882년 프랑스 과학아카데미 회원으로 선출되고, 레지웅 드 뇌르를 받았다.

142. 독립적으로 진화론을 주장한 윌리스
적자생존의 사상을 다윈에게 편지로 알림

영국의 박물학자 윌리스(Wallace, Alfred Russel; 1823~1913)는 열네 살에 학교를 그만두고 형과 함께 측량하는 일을 도왔다. 그들은 채집을 위해 남미로 떠났다. 윌리스는 귀국하는 길에 배가 침몰했지만 겨우 살아났고, 그의 표본 중 다른 배로 먼저 붙인 것 이외는 모두 잃어버렸다.

윌리스는 남미의 여행 경험을 기술한 〈아마존의 리오 니그로의 여행기〉를 출간하였다. 또한 호주와 말레이시아 반도를 탐험하면서 12만 5천 이상의 표본을 수집하고, 호주와 아시아의 동물 모습이 크게 다른 점을 발견하였다. 여기서 다윈의 진화론을 지지할 수 있는 많은 자료를 얻었다. 그는 다윈 앞으로 자신이 수집한 자료와 함께 적자생존의 법칙이 자연 속에 있다는 점을 강조하면서 진화론을 주장하였다. 그리고 함께 발표해줄 것을 부탁하였다. 하지만 다윈을 난처하게 만들었다. 그것은 다윈이 자신의 논문을 린네학회에서 발표할 준비를 하고 있는 중이었기 때문이다. 그러나 한발 양보하여 윌리스의 논문을 함께 발표해주는 대신, 윌리스는 발견의 선취권을 양보하였다. 학계에서 아름다운 장면이라 아니할 수 없다.

생애 마지막에 진화론에 대한 윌리스의 공헌이 일반에게 알려져 왕립학회 회원으로 선출되고, 메리트 훈장을 받았다.

143. 분광분석법을 개발한 키르히호프
태양에서 나트륨 원소를 처음 찾아냄

독일의 물리학자 키르히호프(Kirchhoff, Gustav Robert, 1824~1887)는 쾨니히스베르크대학을 졸업하고, 베를린대학 강사, 브레슬라우대학 물리학 원외교수를 지냈다. 분젠과 알게 되면서 실속 있는 공동연구를 하였다. 분젠이 하이델베르크로 옮기자 키르히호프도 뒤따라 그 대학 교수, 그 후 베를린대학 교수로 취임했지만 건강이 좋지 않아 퇴임하였다.

키르히호프는 분광기를 개발하였다. 그는 분젠과 함께 프리즘에 들어온 빛을 가느다란 틈새를 통과하도록 한 분광기를 개발하였다. 백열 상태로 가열된 원소는 원소 독자의 특성 있는 밝은 빛을 내쏜다. 그리고 그 빛을 분광기에 걸면 어떤 원소라도 식별할 수 있다. 예를 들면, 나트륨의 증기는 고온일 때 황색 분광선을 내쏜다. 바꾸어 말하면, 원소는 각기 특유한 빛의 지문을 지니고 있으므로, 분광기에 걸면 어떤 원소라도 식별할 수 있다.

키르히호프는 이미 알고 있는 원소 중에서 찾아볼 수 없는 분광선을 내쏘는 원소 세슘(Ce)을 발견하였다(분광선이 청색이라는 라틴어). 그리고 1년이 채 못 되어 같은 방법으로 루비듐(Ru)을 발견하였다(분광선이 빨강이라는 라틴어). 또한 나트륨 분광선 중의 밝은 황색의 2중선은 태양광선 분광선에 명명한 D선과 같은 위치에 있는 것을 발견하였다. 그는 태양광선 스펙트럼 중에 D선이 있는 것은, 태양광선이 지구에 도달하는 도중에 나트륨 증기 속을 통과한 것을 뜻한다. 그러므로 나트륨 증기가 있는 유일한 장소는 태양 주변의 대기라 생각하였다. 결국 태양에 나트륨이 존재한다는 증거를 잡았다. 같은 방법으로 그는 태양에서 6개 원소의 존재를 확인하였다. 태양에서 원소를 발견하는 연구에 전혀 흥미가 없었던 키르히호프의 한 후원자는 "만일 태양에 금이 있다 하더라도 지구에 가져올 수 없으므로 쓸데없는 일이 아닌가?"하고 키르히호프에게 묻자, 키르히호프는 상금으로 받은 메달과 금화를 후원자에게 내보이면서, "태양에서 금을 채취하여 가져왔네."라고 말하였다 한다. 그러나 이 발견에서 오는 가치는 돈으로 환산할 수 없다. 그것은 결국 스펙트럼 선이 우주의 구조와, 원자 내부 세계를 알아내는 데도 이용되었기 때문이다.

키르히호프는 완전한 흑체(모든 빛을 완전히 흡수해버리는 물체)는 백열 상태에서 모든 파장의 빛을 내쏜다는 것을 밝혀냈다(흑체복사). 완전한 흑체는 실제로 존재하지 않지만, 그가 말한 것처럼, 내부를 검게 칠한 밀폐된 상자에 작은 구멍을 뚫어 놓은 것이 이 목적에 알맞다. 어떤 파장의 방사선일지라도 이 상자 안으로 들어오면, 다시 원래의 구멍을 통해 밖으로 거의 나갈 수 없고, 모든 빛은 흡수되어 버린다. 따라서 이 상자를 백열 상태로 하면 모든 파장의 빛이 구멍으로부터 방출된다. 모든 물체의 빛의 방사능과 흡수능의 비는, 일정온도, 일정 파장에서 같다고 하는 한 가지 중요한 법칙을 발견하였다. 이 흑체 복사의 연구는 매우 중요하다. 그것은 독일의 물리학자 막스 프랑크가 양자론을 이끌어내는 기초가 되었기 때문이다.

145. 절대온도의 눈금의 사용을 제안한 켈빈
11세에 글래스고대학에 입학, 차석으로 졸업

스코틀랜드의 수학자이자 물리학자인 켈빈(Kelvin, Lord-William Thomson; 1824~1909)은 윌리엄 톰슨경이라 불리기 한다. 그의 아버지는 저명한 수학교수였다. 켈빈은 가정에서 교육받고 여덟 살에 아버지의 강의를 즐겁게 들을 정도의 신동이었다.

켈빈은 10대에 처음 논문을 썼다. 이 논문은 에든버러 왕립학회에서 발표되었는데, 진지한 청중에 대해 소년이 발표하는 것이 청중의 권위를 떨어뜨릴지 몰라 연배의 교수가 대신 발표하였다. 차석으로 대학을 졸업 후 그는 파리로 유학하였다.

아버지와 아들 모두 그의 일생을 글래스고대학 교수로 지냈다. 아버지는 수학을, 아들은 자연철학(자연과학의 옛 명칭)을 가르치면서 50년 이상 교수 자리에 머물렀다. 그는 영국 대학에 처음 물리학 실험실을 창설하였다. 교수가 되던 해, 켈빈은 물리학의 기초 법칙을 응용하여 지구의 연령을 발표하였다. 지구가 태양에서 생겼다는 것, 처음 온도는 태양과 같았지만 서서히 계속해서 냉각했다고 가정하고, 현재의 온도에 이르기까지는 2천만년 내지 4억 년, 대체적으로 약 1억 년이 걸린다고 밝혔다.

켈빈은 열 현상에 관심이 많았다. 그는 줄의 열성적인 지지자의 한 사람이다. 줄의 학설에 많은 사람이 귀를 기울이게 된 것은, 실제로 켈빈 덕택이다. 뒤에 두 사람은 기체를 진공 중에 팽창시키면 온도가 내려가는 줄-톰슨 효과를 공동으로 발견하였다. 이 효과를 원리로 30년 후 스코틀랜드의 화학자이자 물리학자인 듀어는 영구기체를 액화하고 초저온을 얻는데 성공하였다.

켈빈은 프랑스 화학자 샤르의 법칙(기체의 체적은 온도가 1℃ 내려감에 따라서, 0℃ 때 체적의 1/273씩 축소된다.)을 보다 깊이 연구하였다. 나아가 체적뿐 아니라 기체를 구성하는 분자의 운동에너지가 -273℃에서 영이 된다고 주장하였다. 이것은 모든 물질의 분자에 대해 성립하는 것으로, 켈빈은 -273℃를 '절대영도'라 부르고, 그 이하의 온도는 존재하지 않는다고 생각하였다(현재 절대영도 값은 -273.18℃). 그는 절대영도를 기준 삼아 섭씨온도의 눈금에 해당되는 온도의 눈금을 제안하였다. 이를 절대온도 눈금, 혹은 켈빈을 기념하여 '켈빈 눈금(K)'이라 부른다.

당시 미국이 대서양에 해저 케이블을 부설하고 있을 때, 켈빈은 전기부호를 보내는 전선의 용량을 연구하고, 케이블과 전류계를 개량하였다. 만일 이 연구가 없었다면 대서양 케이블은 무용지물이 되었을 것이 분명하다. 스코틀랜드계 미국의 발명가 벨의 전화를 영국에 소개한 것도 켈빈이다.

켈빈에게 후계자가 없었으므로 한 세대로 끝났다. 과학자는 반드시 자신의 연구를 이어갈 후계자를 양성해야 한다. 켈빈에게 기사작위가 주어졌을 때, 글래스고 켈빈 남작의 칭호가 주어졌다. 왕립학회로부터 코플리 메달을 받고, 왕립학회 회장을 지냈다.

켈빈의 유해는 웨스트민스터 성당 뉴턴 옆에 안장되었다.

145. 전통과 권위에 도전한 헉슬리
다윈의 진화론을 적극 지지, 그 보급에 앞장

영국의 생물학자 헉슬리(Huxley, Thomas Henry; 1825~1895)가 학교에 다닌 것은 겨우 2년 동안, 공식적으로 교육을 받은 적이 없었다. 하지만 의형으로부터 의학을 배운 다음, 런던의 한 개업의의 제자로 들어갔다.

헉슬리는 여가를 틈타 식물학 강의를 듣고, 국가시험에 합격하여 장학금을 얻어 차링크로스병원에서 의학을 배웠다. 졸업 후 4년 동안 외과 조수로 남태평양을 항해하고 돌아온 그는 3년 후에 왕립광산학교(후에 왕립이과대학) 박물학 교수로 임명되었다. 다윈의 친구인 헉슬리와 라이엘은 앞장서서 진화론을 적극 지지하였다. 1860년 옥스포드의 주교 새무엘 위비포스가 들은 지식을 바탕으로 헉슬리를 비꼬는 말로 그의 혈통에는 아버지 쪽이든 어머니 쪽이든 원숭이의 피가 흐르고 있다고 들은 적이 있다고 하였다. 이때 헉슬리는 교육있고 품위있는 인간보다 오히려 원숭이쪽을 택하겠다고 응수하였다.

19세기 무렵의 과학 발전에 큰 장애물이었던 전통의 저항을 배제하는데 힘을 발휘하고, 또한 과학의 보급에 많은 공헌을 하였다. 그의 후손 중에는 노벨상 수상자인 생리학자 앤드류 헉슬리, 생물학자 줄리안 헉슬리, 작가 올더스 헉슬리가 있다.

헉슬리는 왕립학회 회원으로 선출되고, 생애 마지막에 왕립학회 회장을 지냈다. 정년 후에도 헉슬리는 계속 연구했지만 기관지염으로 세상을 떠났다.

146. 아보가드로의 분자설을 지지한 칸니차로
상원의원, 부통령 등 정치활동에도 적극 참여

이탈리아의 화학자 칸니차로(Cannizzaro, Stanislao; 1826~1910)는 학문 분야에서 행운아이다. 그러나 성급한 탓으로 논쟁을 좋아하고 격렬한 싸움을 자주 벌였다. 이 때문에 젊은 시절부터 정치적인 소용돌이에 자주 말려들었다. 1848년 유럽에서 계속된 혁명은 당시 무능하고 부패한 나폴리 왕국에 영향을 미쳤다. 그는 이 혁명에 포병대원으로 참여했지만, 패전으로 생포되어 사형을 선고받았다. 하지만 마르세유를 극적으로 탈출하여 파리로 돌아왔다.

파리에서 칸니차로는 백세 살의 화학자 슈브르와 함께 연구하였다. 1851년 알렉산드리아 공과대학 물리화학 교수, 그 후 여러 대학을 거쳐 그는 로마대학에 초빙되고 신설된 화학강좌 교수가 되었다. 처음에는 실험실이 없었으므로 낡은 수도원 안에 실험실을 마련하였다. 한편 그는 상원의원, 부통령을 역임하였다. 특히 과학교육에 대한 그의 공헌은 대단하였다.

칸니차로는 아보가드로의 분자 가설의 정당성을 앞장서 지지하였다. 1860년 9월에 독일 카르슬루에서 과학사상 유명한 제1회 국제화학회의가 열렸다. 그것은 당시 혼란에 빠져있던 원자, 분자, 당량, 화합물의 명명법 등에 관해 통일적인 견해를 얻을 목적에서였다. 케쿨레를 비롯한 여러 원로 화학자의 제의로 열렸다. 칸니차로는 그 운영위원의 한 사람이었다. 각 국에서 140명의 유명한 화학자가 모였다. 러시아의 멘델레예프도 유학생으로 참석하였다.

칸니차로는 이 회의에서 아보가드로의 분자 가설을 바탕으로 원자량이나 분자량을 채용하자고 주장하였다. 그러나 찬성하는 화학자가 적고 분위기는 이에 반대하거나 이를 의문시하였다. 회의 마지막 날에 칸니차로를 지지하던 한 친구가, 칸니차로가 쓴 〈제노바왕립대학에서 화학철학의 개요〉라는 논문의 별쇄본을 출석자 전원에게 배포하였다. 이를 읽은 화학자 마이어는 그 감상을 후년에 다음과 같이 쓰고 있다. "나도 칸니차로의 논문 별쇄본을 가지고 돌아와 여러 번 읽었다. 그 별쇄본이 논쟁의 핵심인 중요한 점을 명쾌하게 설명하고 있는 데 놀랐다. 나는 수수께끼에서 깨어난 심정이었다. 이 별쇄본은 나처럼 회의에 출석한 사람에게 커다란 영향을 준 것이 분명하다." 칸니자로는 분자설을 수립하는데 일등공신이다. 팔레르모대학에 재직 중 그때까지 거의 생각하지 못했던 여성 고등교육을 추진하고, 노동자를 위한 야학을 실시할 것을 주장하였다.

칸니차로는 콜레라가 크게 유행했던 해에 공중위생원으로 앞장서 지휘하였다. 이때 간호사로 활동했던 그의 누이동생은 콜레라에 감염되어 죽었다.

칸니차로의 일흔 살 축하연에는 세계 과학계로부터 많은 축하 메시지가 날아왔고, 왕립학회로부터 코플리 메달을 받았다.

147. 비유클리트 기하학을 펼친 리만
우주의 모습을 유클리드 보다 더욱 잘 묘사

독일의 수학자 리만(Riemann, Georg Friedrich Bernhard; 1826~1866)의 아버지는 루터파 목사였다. 아버지의 뒤를 잇기를 희망했던 그는 헤브라이어를 배워 창세기의 내용이 진실임을 수학적 추론으로 증명하려고 했지만 실패하였다. 그러나 이 일로 수학적 재능을 인정받아 아버지의 허락을 받고 수학을 전공하기로 결심하였다.

리만은 괴팅겐대학으로 진학했으나 1848년 2월, 혁명이 일어나자 혁명군에 대항하였다. 왕이 승리하자 그는 복교하고 수학자 가우스로부터 수학을 배웠다. 그는 가우스의 지도로 유클리드 기하학의 기본적 요구에 관한 논문을 썼다. 이 논문은 러시아의 기하학자 로바체프스키나 보요이를 비롯한 다른 비유클리드 기하학을 종합적으로 정리한 것으로 수학사상 고전으로 유명하다. 가우스로부터 대단한 칭찬을 받았다.

리만은 다른 사람의 연구를 총합한 것과, 혁신적인 자신의 연구 결과를 통합함으로써 이 분야를 크게 발전시켰다. 비유클리트 기하나 위상공간에 관한 그의 생각은 물리학에 진보를 가져다 주었다. 그는 평행선에 관한 유클리드 기하학의 공리를 대신해서, 주어진 점을 통과하고 주어진 직선에 평행하는 직선을 그을 수 없다는 공리를 세웠다. 당연한 것으로, 유클리드 기하학의 제1번에서 제4번까지의 공리는 그대로 놓아두었다. 또한 삼각형의 내각의 합은 180도보다 크다고 제안하였다. 실제로 이러한 설명은 유클리드 기하학에 길들여진 사람에게는 이상하게 생각될 지 모르지만 이론적으로는 옳다.

당시 이 같은 연구는 순수 수학상의 불가사의한 연습문제처럼 보였지만, 실제로 현실 문제로부터 나왔다. 공간에 관한 그의 생각은 물리학 발전에 크게 기여하였다. 그로부터 50년 후에 아인슈타인의 상대론에서 리만 기하학은 유클리드 기하학보다도 우주 전체의 모습을 더욱 잘 나타낸다는 사실을 밝혀주었다.

리만은 폐결핵으로 애석하게도 서른아홉 살의 젊은 나이로 타계하였다. 아쉬움이 남는다.

148. 합성화학을 본격 발전시킨 베르텔로
국가 행정에 적극 참여하여 과학정책을 수행

프랑스의 화학자 베르텔로(Berthelot, Pierre Eugene Maceline; 1827~1907)는 콜레주 드 프랑스에서 의학을 전공하고, 졸업한 후 화학 연구를 시작하여 화학자 뒤마의 지도로 박사학위를 받았다. 박사학위 논문은 천연지방의 합성에 관한 것으로, 유기화학 합성에 큰 바람을 일으켰다.

베르텔로는 유기화합물의 합성을 계획적으로 실현하였다. 메틸알코올, 에틸알코올, 메탄, 벤젠, 아세틸렌 등을 차례로 합성하였다. 물론 생명력의 사상은 이미 뵐러에 의해서 한발 물러났지만, 베르텔로에 의해 산산조각났다. 그는 글리세린과 천연지방 중에 존재하지 않는 지방산을 합성하였다. 이 순간부터 유기화합물은 생명력 없이도 합성할 수 있는 것으로 깊이 인식되고, 유기화학은 점차 탄소화합물을 취급하는 화학으로 인식되기에 이르렀다. 또한 그의 연구는 매우 넓었지만 가장 뚜렷한 것은 화학반응과 반응 생성물의 조성에 관한 연구였다.

베르텔로는 어느 면에서 매우 보수적이었다. 원소 기호의 사용을 꺼려하고, 칸니차로의 원자와 분자의 구별이 많은 화학자들에게 환영받고 있을 때, 그는 선두에 서서 이에 반대하였다.

베르텔로는 같은 시대의 라보아지에의 옹호자로서 과학을 인류의 실제적인 요구에 따르도록 소망하였다. 1870년에 시작한 보불전쟁 당시, 베르텔로는 파리 포위 문제와 수도방위에 관한 자문을 담당하는 국방과학자회의 위원장으로서 총포와 화약을 관리하였다. 이후부터 정치에 발을 들여놓을 기회가 늘어났다. 고등교육감독관, 화약위원회 위원장, 공공교육장관, 상원의원 등으로 활동하고, 1년 동안 외무부 장관도 지냈다. 특히 과학행정 수완이 뛰어난 그는 파스퇴르의 뒤를 이어 프랑스 과학아카데미 종신 간사로서 활동하였다. 그는 부인과 같은 날 조용히 잠들었다.

149. 벤젠 구조를 처음 생각해낸 케쿨레
두번의 꿈을 통해 벤젠 구조를 착상

　독일의 화학자 케쿨레(Kekule, Friedrich August; 1829~96)는 화학자 리비히의 고향인 다름슈타트에서 태어났다. 그의 아버지는 헤슨 대공의 고등군사 참모였다. 케쿨레는 김나지움 시절에 수학과 제도에 뛰어났으므로 그의 아버지는 기센대학 건축과에 입학시켰다. 그는 리비히의 강의와 인격에 이끌려 화학으로 전공을 바꾸었다. 이 일을 알게 된 아버지나 친지들은 크게 실망하고 그를 혼냈다. 이 일로 한 학기 휴학했으나 그의 화학에 대한 정열은 변함없었다. 결국 주위 사람들의 양해를 얻어 화학으로 진로를 결정하였다.

　리비히는 대학을 졸업한 케쿨레에게 조수 자리를 권했지만, 친지의 도움으로 파리에 유학하였다. 그곳에서 프랑스 화학계의 일인자인 뒤마의 강의를 받고, 그 주변의 많은 연구자들과 어울리면서 생활하였다. 특히 화학자 제럴과 가까웠다. 제럴의 유기화학에 관한 원고를 읽은 그는 훗날 연구에 큰 도움이 되었다. 귀국 후에 기센대학에서 박사학위를 취득하였다.

　스위스에서 잠시 활동하다가 런던으로 건너간 케쿨레는 당시 유명한 화학자와 가깝게 지냈다. 그곳에서 화학자 윌리엄슨과 독일인 화학자 호프만을 만났다. 이처럼 청년시절에 여러 곳을 돌아다니는 사이에 그는 많은 일류 화학자들과 만났고 큰 영향을 받았다. 귀국한 그는 부엌이 딸린 사설 실험실을 마련하고, 그곳에서 강의를 위한 실험준비로부터 연구실험까지 하였다. 화학자 바이어의 지도로 하이델베르크대학 무급강사, 헨트대학 교수, 본대학 교수로 활동하였다. 죽을 때까지 그 자리를 지켰다. 헨트 시절에 결혼했던 그는 출산시에 부인을 잃었다.

　케쿨레는 1858년에 〈화합물의 구조와 변태 및 탄소의 화학적 본성〉이라는 논문을 발표하였다. 이 논문에는 화학의 개념상 두 가지 중요한 내용이 포함되어 있다. 하나는 탄소 원자 1개는 다른 1가 원자 4개와 결합할 수 있다는 점, 또 하나는 탄소 원자끼리 사슬모양으로 결합할 수 있다는 점이다. 그러나 이 논문은 많은 화학자들로부터 환영받지 못하고, 화학자 콜베는 이를 맹렬하게 비판하였다.

　케쿨레는 유기화학물의 구조식을 연구하였다. 원래 건축학을 지망했던 그는 벤젠의 구조를 결정하는 데 정열을 쏟았다. 런던에 있을 당시 그는 어느 여름날 밤, 마지막 승합 마차로 하숙집으로 돌아오는 도중, 하루의 실험에 시달려 잠시 눈을 붙였다. 그때 탄소원자가 일렬로 연결되어 사슬처럼 길게 늘어진 꿈을 꾸었다. 또한 1864년 칸대학에 있을 당시, 하숙집에서 교과서를 집필하기 위해 난로 가에 자리를 잡았다. 잠이 드는 순간 꿈속에서 탄소원자의 무리가 나타나고, 탄소 사슬의 끝과 끝이 연결되어 육각형의 테로 바뀌었다.

케쿨레는 이 꿈으로부터 힌트를 얻어 〈방향족 화합물에 관한 연구〉라는 논문을 발표하고, 2년 후 거북 등과 같은 벤젠의 육각형 구조식을 착상하였다. 이 꿈 이야기는 과학연수에서 상상력의 힘이 얼마나 좋은가를 그대로 대변해주고 있다.

1867년 케쿨레는 본대학의 화학교수가 되면서 호프만이 세운 훌륭한 연구실의 주인이 되었다. 그의 벤젠 구조는 100년 동안에 걸쳐 합성화학을 발전시키는데 큰 역할을 하였다. 지금도 유기화합물을 표기하는데 상징적으로 사용되고 있다.

그 후 30년에 걸쳐 케쿨레는 여러 제자들의 협력으로 많은 논문을 발표하였다. 국내외에서 그를 추앙하는 물결이 점차 높아졌다. 그는 뛰어난 연구자이면서도 뛰어난 교육자였다. 그의 강의는 항상 신선한 내용으로 준비되고 매우 명확하였다.

케쿨레는 영국왕립학회 외국인 회원으로 선출되고, 프로이센의 빌헬름 2세로부터 작위를 받았다. 그러나 갑자기 건강이 악화되면서 난청과 노이로제로 학회에 모습을 드러내지 않았다. 심장병으로 예순일곱 살에 생애를 마감하였다.

150. 전자기학을 수학으로 정리한 맥스웰
영국의 캐번디시연구소 초대 소장

스코틀랜드의 수학자이자 물리학자인 맥스웰(Maxwell, James Clerk; 1831~79)은 스코틀랜드의 이름 있는 집안에서 태어났다. 일찍부터 수학적 재능이 돋보였지만, 보통 사람들에게는 바보처럼 보여 소년시절 학우들은 '바보'라 불렀다. 그러나 열다섯 살에 타원을 묘사하는 방법에 관한 독창적인 연구결과를 에든버러 왕립학회에 제출하였다. 그 내용이 너무 뛰어나, 소년이 이 정도 수준의 논문을 쓸 수 있을까 하고 의심받을 정도였다. 그는 케임브리지대학에 입학하였다. 영국의 물리학자 켈빈처럼 수학과를 차석으로 졸업하였다. 그는 애버딘대학 교수로 첫발을 내딛었다.

맥스웰은 토성의 고리를 연구하였다. 만일 토성의 테두리가 외견상 편편하고 가운데가 텅 비어 있는 고체라면, 자전할 때 가해진 인력과 물리적 힘 때문에 부서져 버릴 것이지만, 만일 수많은 고체입자로 되어 있다면, 역학적으로 안정하다고 결론을 내렸다. 맥스웰의 이 같은 학설이 나온 이래 오늘날까지 모아진 모든 증거로 보아 그의 생각이 옳다고 믿고 있다. 실제로 이 테두리는 수백만 개의 작은 입자의 집합체이다.

1860년 무렵 맥스웰은 기체분자 운동론을 연구하였다. 그는 자신의 수학적 지식을 응용하여 모든 기체는 큰 속도로 모든 방향으로 운동하는 분자로 되어 있으며, 모든 분자는 그 속도나 방향이 일정하지 않고 분자끼리 혹은 그릇의 벽에 충돌하면서 완전 탄성체처럼 운동한다고 주장하였다. 그리고 이 문제를 통계적으로 처리하였다. 한편 같은 시기에 같은 문제를 연구해온 독일의 물리학자 볼츠만과 공동으로 기체의 운동에 관한 '맥스웰-볼츠만 이론'을 내놓았다.

맥스웰은 일정 온도 하에서 기체 분자의 속도 분포를 명확하게 표현하는 방정식을 유도하였다. 분자 중에는 매우 빠르게 움직이는 것과 천천히 움직이는 것이 있는데, 대부분의 분자는 거의 중간의 평균 속도로 운동한다. 또한 온도가 올라가면 평균속도가 빨라지고, 온도가 내려가면 느려진다고 주장하였다. 그러므로 사실 온도와 열은 분자운동에 관계되는 것 이외의 아무 것도 아니라는 것이 분명해졌다. 이로써 열이 무게가 없는 유체라는 학설은 마지막으로 일격을 받고, 열은 운동의 한 형태라는 럼퍼드의 학설이 확증되었다. 그는 이 이론을 〈열의 이론〉으로 정리하였다. 이 책에서 재미있는 글이 나오는데 사람들은 그 글의 내용을 '맥스웰의 도깨비'라 부른다. 이것은 엔트로피를 줄일 수 있다는데, 만일 그렇다면 빈틈없이 영원히 에너지를 발생하는 기계가 가능한 말이 된다.

맥스웰은 최초의 케임브리지대학 실험물리학 교수로 임명되었다. 그의 업적 중에서 빼놓을 수 없는 것은 케임브리지 재임 중에 캐번디시 연구소의 설립과, 그로부터 30년 후에 이 연구소가 핵물리학 연구의 세계적인 센터가 되었다는 사실이다. 그는 1864년부터 10년 동안, 패러데이의 자력선 이론에 수학적인 배경을 만들어 주었다. 그는 여러 전기적, 자기적 현상을 나타낼 수 있는 몇 가지 간단한 형태의 방정식을 발표하였다. 이 식은 전기와 자기가 서로 뗄 수 없는 관계라는 사실을 표현하고 있다. 전기와 자기는 각각 존재할 수 없으며, 전기가 있다면 반드시 자기가 있든지, 아니면 그 반대의 경우가 있다. 따라서 이 이론을 흔히 '맥스웰의 전자기론'이라 부른다.

맥스웰은 전하의 진동으로 전자장을 만들고, 그것이 일정한 속도로 밖으로 방사된다는 사실을 알았다. 그 속도는 매초 300,000만km로 (현재 가장 정확한 빛의 속도는 매초 299,792.5km이다). 그는 이 속도는 빛의 속도와 같다고 생각해도 좋다고 말하였다. 이것은 전하의 진동으로 일어나므로 이 빛을 '전자파'라 불렀다. 만일 그가 현재의 평균수명까지만 살았더라도 전자파의 예언이 독일 물리학자 헤르츠에 의해서 증명된 사실을 보았을 지도 모른다.

맥스웰은 전자파는 여러 종류가 있으며, 빛은 그의 일부에 지나지 않는다고 생각하였다. 그는 전자파는 에테르에 의해 운반될 뿐만이 아니라, 자력선은 실제로 에테르의 동요라고 믿었다. 그는 원격작용의 개념을 부정하였다.

맥스웰의 마지막 공적은 파묻혔던 캐번디시의 연구를 발굴하여 재조명한 일이다. 캐번디시의 연구는 당시로서 50년 앞서 있었음을 이를 통해 밝혀졌다.

그의 연구는 자신이 생각한 것보다 훌륭하였다. 그가 타계한 지 30년이 지나, 아인슈타인의 출현으로 고전물리학 시대의 막이 내려졌지만, 그의 방정식만큼은 그 가치를 지니고 있다.

맥스웰은 암으로 48세로 타계하였다. 그는 아인슈타인을 발굴하였다. 아인슈타인은 그의 초상화를 항상 벽에 걸어 두었다.

151. 전자 발견의 실마리를 찾은 크룩스
X선과 방사화학과 핵물리학을 상호 연결

영국의 물리학자 크룩스(Crookes, Sir William; 1832~1919)는 런던에서 상업하는 아버지의 열여섯 형제 중 장남으로 태어났다. 초등교육을 전혀 받지 못한 채, 왕립화학학교 화학과정에 입학하였다. 졸업 후 조수로 채용되었다.

크룩스의 아카데믹한 유일한 직위는 옥스퍼드 천문대 기상 부문의 부장, 체스터 훈련학교의 화학 강사가 고작이다. 일생동안 경제적으로 어려웠던 그는, 겨우 1년 동안 근무한 체스터 화학 강사 마저도 그만두었다.

크룩스는 런던에서 사진협회 간사, 그 기관지의 편집장으로 활동하고, 혼자서 주간지 〈화학 뉴스〉를 창간하였다. 이 주간지는 이론적이면서 실제적인 화학의 모든 분야를 다루고 있다.

크룩스는 분광학 연구에 온 힘을 쏟았다. 그는 스펙드럼 중에서 아름다운 녹색의 밝은 선을 발견하였다. 물론 이미 알고 있는 원소에서 볼 수 없는 선이다. 그는 새로운 원소를 발견한 것이다. 그리스어로 '녹색의 작은 가지'라는 의미에서 탈륨(Tl)이라 불렸다.

크룩스는 라디오미터를 발명하였다. 진공관 속에 깃털이 붙은 작은 바퀴를 설치하여 만든 장치이다. 깃털의 한쪽 단면은 열이 흡수되도록 검게 칠한 반면, 다른 한쪽 단면은 열을 반사하도록 번쩍 번쩍 닦아 놓았다. 태양 광선이나 방사선이 이 깃털에 닿으면 바퀴가 천천히 회전한다. 라디오미터는 간단한 장난감처럼 보이지만, 기체분자 운동의 연구에 새로운 실험장치로 등장하였다. 맥스웰은 라디오미터로 기체분자 운동이론을 설명하였다. 이와 관련하여 크룩스는 방사선을 관찰할 수 있는 개량된 진공관을 발명하였다. 이를 '크룩스관'이라고 부른다.

크룩스는 이 관에서 일어나는 현상을 관찰하여 음극으로부터의 방사선(독일의 물리학자 골드슈타인이 처음 관찰한 음극선)이 직진한다는 점, 방사선의 통로에 작은 물체를 놓으면 선명한 그림자가 관 끝 형광판 위에 생긴다는 점, 그 방사선이 진공관 속의 작은 바퀴를 회전시킨다는 점 등을 발표하였다.

이를 통해서 크룩스는 음극선이 전자기적인 것이라는 사실을 알았다. 그는 연구를 계속하여 방사선이 자석에 의해서 굽는 현상을 관찰하였다. 이로부터 음극선은 전자파가 아니라 직진하는 대전 입자의 흐름이라 믿었고, 이 같은 대전입자는 물질의 네 번째 형태라 생각하였다. 당시 이러한 학설은 과학자의 관심을 끌지 못하고, 그 중에는 반대하는 사람도 있었다. 그러나 J. J. 톰슨에 의해 크룩스의 학설이 옳다는 사실이 증명되었다. 이로써 '전자'(아일랜드의 물리학자 스토니가 명명)라는 말이 과학계에 새로 등장하였다.

크룩스에게 큰 발견의 기회가 가끔 주어졌는데도 잘못하여 선취권을 내준 예가 있다. 크룩스관을 실험하는 도중에 상자에 넣어둔 사진 건판이 여러 번 감광되었는데, 그 원인이 크룩스관에 있다고 생각하지 못하였다. 또한 뢴트겐은 크룩스관을 이용하여 X선을 발견하였으므로 선취권은 그에게 돌아갔다. 또한 동위원소에 관해서도 그는 영국의 화학자 소디에게 영광을 넘겨주었다. 행운이 뒤따르지 않있다. 크룩스는 아카데믹한 자리에서 연구한게 아니고, 연구의 대부분을 자신의 사설 실험실에서 하였다.

크룩스는 기사 칭호와 메리트 훈장을 받고, 런던 왕립학회 회원으로 선출되었다.

152. 다이너마이트를 발명한 노벨
노벨재단 설립을 유언, 1901년 첫 시상

스웨덴의 공업화학자이자 자선사업가인 노벨(Nobel, Alfred Bernhard; 1833~1896)의 아버지는 건설업자, 발명가(노벨의 할아버지는 17세기 스웨덴의 유명한 과학자)로 자식들의 창의력을 기르는데 노력하였다. 그는 독일, 프랑스, 이탈리아, 미국 등을 돌면서 화학을 배우고 언어를 익혔다.

크리미아 전쟁 동안, 노벨은 페테르부르크의 아버지 회사에서 일하였다. 이 회사는 많은 양의 화약을 생산하고 있었다. 전후 아버지는 파산하여 가족은 스웨덴으로 돌아왔다. 그는 영국의 소브레로가 발견한 니트로글리세린에 특별한 관심을 가졌다. 그가 미국에 있을 당시, 미국 대륙의 개발이 시작할 무렵으로 산을 깎고 길을 넓히며, 운하를 파고 길을 뚫기 위해 많은 인원이 동원되었다. 이때 니트로글리세린과 같은 분쇄폭약이 사용되었다.

스웨덴으로 돌아온 노벨은 니트로글리세린의 제조에 전력투구하였다. 이 폭약은 폭발 기능은 있지만, 올바른 취급방법이 없었으므로 여러 번 사고가 발생하였다. 자신의 공장도 1866년 어느 날 폭발하여 형이 죽었다. 스웨덴 정부는 공장의 재건을 금지하고 노벨을 '죽음을 부르는 미치광이 과학자'로 취급하였다.

이에 굴복하지 않고 노벨은 니트로글리세린의 안전한 취급방법을 찾는데 노력을 아끼지 않았다. 위험을 방지하기 위해 호수 위의 배에서 실험하였다. 1866년 어느 날, 그는 니트로글리세린이 담긴 통으로부터 내용물이 조금씩 흘러나와 땅에 떨어지면서 규조토에 흡수되고, 완전히 건조되어 굳는 현상을 우연히 보았다. 과학연구에서는 '우연'이 찾아온다. 그러나 이를 잡아야 한다. 놓쳤어는 안된다. 항상 준비하고 있어야 한다.

니트로글리세린을 흡수한 규조토를 실험하는 동안, 노벨은 뇌관을 붙이지 않을 경우 폭발하지 않는다는 사실을 알았다. 그러므로 뇌관만 붙이지 않으면 이 혼합물의 취급이 실질적으로 안전하면서도 그 폭발력에는 변함이 없었다. 그는 이 폭발물을 '다이너마이트'라 부르고, 위험한 니트로글리세린 대신 이를 폭약으로 사용하였다.

다이너마이트 이외에 폭발성 젤라틴도 발견한 노벨은 폭약의 제조와 러시아 바쿠 유전의 경영으로 거부가 되었다. 그러나 다이너마이트는 미국 서부개척 공사와 전쟁에 이용됨으로써 인간답고 이상주의자인 노벨 자신을 흉기를 든 사람으로 보이게 했다.

　노벨은 죽음에 즈음해서 숱한 어려움을 딛고 노벨재단을 만들어 매년 노벨상을 수여하도록 유언하였다. 그 기금으로 9백2십만 달러를 내놓았다. 인류를 위해서 무엇과도 바꿀 수 없는 값지고 훌륭한 일을 하였다.

153. 획득형질의 유전설을 부정한 바이스만
쥐 1,595마리를 대상으로 22세대에 걸친 실험

　독일의 생물학자 바이스만(Weismann, August Friedrich Leopold; 1834~1914)은 독일 고전어 교수의 아들로 태어났다. 바이스만은 의학공부를 했지만, 동물학에 매력을 느끼고 그 방면에 정력을 기울였다. 프라이부르크 임 프레시가우대학 동물학 교수가 된 그는 대학에 동물학 연구실과 박물관을 설립하고, 초대 연구실 주임 및 초대 소장으로 활동하였다. 그는 퇴직할 때까지 그 대학에서 근무하였다. 바이스만은 중년에 이르러 현미경을 볼 수 없었으므로 이론 쪽으로 연구의 초점을 돌렸다. 불행 중 다행한 일이다.

　바이스만은 생명이 태어난 때를 제외하고, 단절이나 무생물에서 새로운 생명이 탄생하는 일은 절대로 없다고 주장하였다. 이를 '생식질의 연속성'이라 부르고, 난자나 정자를 만드는 생식질이야말로 생명체의 본질이라고 생각하였다. 그는 생식질이란 자신을 지키기 위해 새로운 정자나 난자를 만들기 위한 도구로서, 주기적으로 생물 개체를 생육시킨다고 생각하였다. 생물체가 죽는다는 것은, 그것은 마치 나무에 피는 꽃이나 과일처럼, 비본질적인 현상이다. 환경의 영향은 비본질적이고 일시적인 것으로 오래된 내구성 생식질은 영향을 받지 않는다. 유전을 책임지고 있는 것은 오직 생식질뿐이다.

　바이즈만은 라마르크가 설명한 획득형질의 유전설을 부정하였다. 이 때문에 그는 라마르크설을 지지한 사회학자와 격렬한 논쟁을 벌였다. 그는 자신의 이론이 옳다는 점을 증명하려고 22세대에 걸쳐 1,592마리의 쥐꼬리를 계속 자르면서 실험하였다. 그 모두가 한결같이 보통 꼬리를 지닌 새끼를 낳았다는 사실을 바탕으로 이를 실증하였다. 바이즈만의 생식질설은 기본적으로 옳다. 현재로써 그의 생식질이라 부르는 유전 물질은 염색체, 유전자, DNA등으로 불려지고 있다.

생애 마지막에 바이즈만은 여행을 즐기고 유전과 진화에 관한 강연으로 유명해졌다. 그는 극단적인 애국자로서 제1차 세계대전이 일어나자 영국으로부터 받은 모든 명예를 포기하였다.

154. 원소 주기율표를 만든 멘델레예프
저서 <일반화학의 원리>는 세계적인 명저

러시아의 화학자 멘델레예프(Mendeleyev, Dmitri Ivanovich; 1834~1907)는 고등학교 교장의 열일곱 아들 중 막내로 태어났다. 그의 아버지는 그가 어릴 적에 장님이 되었으므로 가족은 어머니가 돌보았다. 어머니는 그를 위해 러시아 대륙횡단이라는 고난을 무릅쓰고 모스크바로 갔다. 그러나 어느 대학에도 입학이 허락되지 않았다. 시골에서 교육받은 사람은 학업이 뒤진다는 이유 때문이었다. 그러나 어머니의 끈질긴 노력으로 결국 그는 페테르부르크 교육대학에 입학하고 교원 자격을 취득하였다. 그리고 화학을 전공하여 대학으로 자리를 옮겼다. 그는 정부의 후원으로 하이델베르크대학에 유학하였다. 제1회 화학자회의에서 이탈리아의 화학자 카니차로를 만나 원자량과 분자량이 정확하게 구별되어야 한다는 카니차로의 주장에 그는 큰 영향을 받았다. 페테르부르크로 돌아온 그는 공과대학 일반화학 교수가 되었다.

당시 학생용의 화학교과서가 없었으므로 자신이 집필할 것을 다짐한 멘델레예프는 저서 <일반화학의 원리>를 출간하였다. 이는 세계적으로 유명한 교과서로 평가받고, 각국은 앞을 다투어 번역하기에 이르렀다. 특히 그는 원소의 주기율을 연구하여 세계적으로 인정받았다. 원소를 원자량 순으로 나열해 놓고 그 성질을 조사해 보면, 여덟 번 째마다 같은 성질을 지닌 원소가 주기적으로 나타난다. 이를 '원소의 주기율'이라 하고 같은 성질의 원소끼리 한데 묶어 표로 정리한 것이 '원소 주기율표'이다.

멘델레예프는 자유주의자였다. 정부 당국으로부터 몇 차례 경고를 받았지만 두려워하지 않고 학교당국의 불공평한 처사에 항의하는 학생들의 대변자 역할을 하였다. 결국 대학에서 쫓겨났다. 또한 여행할 때 그는 항상 3등석의 평민들 사이에 끼어 앉았다. 하지만 1904년 노일전쟁 때는 정부에 적극 협력하였다.

멘델레예프는 러시아가 무너지기 10년 전에 세상을 떠났다. 애석한 일은 노벨상 수상 후보 경쟁에서 프랑스의 화학자 모아상에게 한 표 차로 쓴맛을 본 사실이다. 1955년 초 우란 원소에 그의 이름을 붙여 그를 기리었다(101번 멘델레븀). 그는 러시아의 과학계를 세계적으로 빛낸 과학자이다.

155. 고속 엔진을 제작, 실용화한 다임러
'메르세데스' 제1호를 도로 위에서 주행시킴

독일의 발명가 다임러(Daimler, Gottlieb; 1834~1900)는 당시 독립국이던 윌덴버 그의 수도에서 교육받은 후, 발명가 오토(4행정 내연기관의 발명자)의 조수로 10년 동안 기술을 닦았다. 오토의 밑을 떠난 그는 자신의 생각대로 엔진을 설계하고, 종래의 것보다 가볍고 효율이 높은 고속엔진의 제작에 성공하였다. 그리고 1883년에 실용화를 위해 보트에 엔진을 처음 장착하였다.

다임러는 가축 대신에 화석 에너지를 사용한 교통수단을 선보였다. 자동차의 발명자로서 특정한 사람을 거론하는 것은 쉽지 않지만, 19세기 마지막 30년 무렵, 발명자 중 가장 큰 공로자로 다임러를 꼽을 수 있다.

다임러는 1885년에 개량된 엔진을 자전거에 장착하였다. 이것이 세계 최초의 두 바퀴 자동차이고, 1887년에 네 바퀴 자동차를 움직이는데 성공하였다. 세계 최초의 자동차가 탄생하였다. 1890년 그는 자동차회사를 설립하고, '메르세데스'(그의 누나 이름) 제1호를 제작하여 도로 위를 달리게 하였다.

다임러는 자동차를 실용화하고 동시에 대중화함으로써 육상교통에 큰 변혁을 몰고와 사회 전반에 큰 변화를 가져다 주었다. 살기 편한 세상이 되었지만, 그 이상의 심각한 문제도 던져주고 있다.

156. 태양에서 헬륨을 발견한 로키어
과학 전문지 <자연>을 창간하고 이를 편집

영국의 천문학자 로키어(Lockyer, Sir Joseph Norman; 1836~1920)는 육군성의 사무관을 지내면서 취미삼아 천문학을 연구했지만, 아마추어로서는 높은 평가를 받았다. 결국 천문학이 본직이 되었다. 한때 데본셔 공작의 과학교육위원회의 서기로 일했기 때문에 과학부와 예술부에 자리잡았다. 또한 남 켄팅턴 태양물리관측소 소장이 된 그는 천문대의 이전과 함께 케임브리지에 돌아와 연구하다 퇴직하였다. 특히 1869년 세계적으로 권위가 있는 과학 전문잡지 〈자연〉(Nature)를 창간하고 50년에 걸쳐 편집을 맡아보았다.

로키어는 태양 스펙트럼을 연구하였다. 특히 태양흑점의 분광 연구에 처음으로 손을 내민 그는 홍염이라 부르는 태양의 표면(록키어는 채층이라 불렀다)에서 분출되는 커다란 불꽃에도 관심을 모았다. 홍염은 일식 때만 보이지만, 태양의 광구가 달의 뒤로 감추어질 때에 달의 가장 자리에서 붉은 빛이 보인다. 그는 태양 광구의 가장자리에서 나오는 빛을 프리즘을 통하여 홍염의 스펙트럼을 관측하였다. 이것이 발표되자 인도 천문대에서 계기일식을 관측하고 있던 프랑스의 천문학자 장센도 이같은 사실을 발표하였다. 이때 이미 두 사람은 공동으로 훌륭한 발견을 하였다. 약 10년후 프랑스 정부는 두 사람의 초상이 새겨진 큰 메달을 만들었다.

일식중의 태양 스펙트럼을 연구해온 장센은, 그 안에서 보지 못했던 밝은선을 발견하고 태양 스펙트럼의 전문가인 로키어에게 이를 알렸다. 이 보고를 받은 로키어는 그 밝은 선을 이미 알고 있는 원소의 밝은 선과 비교해 본 결과, 지구상에 존재하지 않은 원소의 스펙트럼이라는 사실을 알았다. 그리고 이 선을 내쏘는 물질을 그리스어의 '태양' 이라는 의미로 '헬륨'이라 불렀다. 로키어가 태양에 헬륨이 존재한다는 사실을 발표한 약 40년 후, 지구상에서도 이 원소가 영국의 화학자 램지에 의해 발견되었다. 로키어는 당시까지 살아있었으므로 매우 기뻐하였다.

로키어가 스펙트럼을 연구하는 도중, 원소를 강하게 가열하면 밝은 선의 폭이 넓어진다는 사실을 발견하였다. 그것은 고온이 되면 원소가 보다 간단한 물질로 분해하기 때문이라고 설명하였다. 이로써 데모크리토스가 원자는 그 이상 분해할 수 없다는 이론이 부정되었다. 그의 학설은 지나치게 단순한 것 같지만, 20년 후 원자는 내부 구조를 가지고 있으므로 열을 가하면 전자를 방출하여 대전한다는 사실이 증명되었다.

로키어는 영국 왕립학회 회원으로 선출되고, 럼퍼드 메달과 기사 칭호를 받았다.

157. 유기합성의 꽃을 활짝 피운 바이어
수면제와 청색염료를 합성

독일의 화학자 바이어(Baeyer, Johann Friedrich Wilhelm Adolf von; 1835~1917)는 프로시아 장군인 아버지와 유태인 어머니 사이에서 태어났다. 아버지는 평소에 과학에 관심이 깊었고, 한때 베를린 측지학연구소 소장을 지냈다. 바이어의 화학자로서의 출발은 하이델베르크대학에서 분젠과 케쿨레의 화학강의를 받는 데서 시작한다. 그는 화학자 호프만의 연구실을 거쳐 베를린대학에서 박사학위를 받고, 슈트라스부르크대학 화학교수가 되었다. 바이어는 이미 세상을 떠난 리비히의 뒤를 이어 뮌헨대학으로부터 초청받았다. 그 대학의 화학실험실은 리비히의 실험실만큼 유명해졌다.

바이어는 퍼킨의 아들과 공동으로 탄소 원자 고리를 형성하는 새로운 이론을 연구하고, 이같은 고리가 만들어지는 원인으로 장력설을 주장하였다. 이를 바탕으로 탄소원자 5개 아니면 6개가 어째서 고리를 만드는가를 설명함으로써, 유기화합물 형성의 이론을 수립하였다.

1905년 그는 유기합성, 특히 쪽빛 염료의 인공합성(인디고)의 업적을 인정받아 노벨화학상을 받았다.

158. 당의 화학을 개척한 뉴런즈
원소의 성질의 주기성을 지적

영국의 화학자 뉴런즈(Newlands, John Alexander; 1837~1898)는 장로회파 목사의 아들로 태어났다. 아버지로부터 교육을 받은 그는 런던 왕립화학학교에 입학하여 호프만의 지도를 받았다. 그는 당의 화학에 특별히 관심을 가지고 설탕 정제공장 주임화학자로서 정제방법과 공정을 새롭게 개발하였다. 그러나 외국과의 경쟁에서 밀려나 공장이 기울어지고 경제성도 나빠져 공장을 그만두었다.

이를 계기로 뉴런즈는 형과 함께 분석화학자로서 다시 일을 시작하였다. 그는 원소를 원자량 순으로 정렬한 표를 만들었다. 그는 원소를 7개의 그룹으로 각기 분류되고, 각 그룹은 주기적으로 성질이 바뀐다고 생각한 끝에, 음계를 참고로 옥타브법칙을 화학회에서 발표하자 모두가 웃어 넘겨버렸다. 오래 동안 잊혀져 있다가 멘델레예프의 원소 주기율표가 발표되자 뉴런즈의 기억이 겨우 되살아나, 그의 명예가 회복되었다.

159. 아인슈타인 상대론에 영향을 준 마흐
초음속 속도의 단위는 '마흐'

오스트리아의 물리학자이자 과학철학자인 마흐(Mach, Ernst; 1838~1916)는 가정교육 과정을 거쳐, 열다섯 살에 김나지움에 입학하였다. 그 후 빈대학에서 물리학 학위를 취득했지만, 독일의 물리학자 페히너의 정신물리학에 강한 인상을 받았다. 그래서 정신물리학에 없어서는 안 되는 감각의 물리학적 연구를 시작하고, 모든 인식은 감각의 문제로 되돌아간다는 이론을 세웠다. 그는 대학에서의 강의 외에, 과학상의 화제에 대한 통속강의를 담당하여 수입을 올렸다. 특히 의과대학생을 위한 물리학 교과서와 심리물리학 2권을 출간하였다.

마흐는 프라하에서 28년 동안 다방면에 걸쳐 학생들의 연구를 지도하고, 많은 종류의 저서와 강연집을 출간하였다. 대학 총장을 지냈던 그는 빈대학 교수로서 귀납과학의 역사와 이론을 강의하였다. 그는 자연법칙이란 단지 인간이 귀납한 것에 불과하고, 무수한 관찰결과에 적합하도록 만든 편의적인 것으로, 실재하는 것은 감각이 인정되는 한도 내에서 무수히 관찰된 결과일 뿐이라고 주장하였다.

마흐는 눈으로 볼 수 없는, 느낄 수 없는 물체를 이용하여 자연현상을 설명하는데 대해 격렬하게 반대하고, 원자론을 부정하였다. 열의 흐름은 관찰된 사실이고, 열역학법칙은 그의 관찰 결과의 설명으로서 훌륭함으로 그 이상의 것은 필요 없다고 주장하였다. 그러므로 기체의 성질이나 열의 흐름이라는 관찰된 사실을 설명하기 위해, 맥스웰처럼 당구의 알을 이용하는 것은, 실제로 감지되지 않은 물질을 도입하는 것이므로, 초자연적인 행위가 된다고 믿었다.

마흐의 철학은 당시 큰 지지를 받지 못하였다. 원자론이 우세했던 까닭이다. 20세기가 되면서 아인슈타인이나 펠랑의 연구로 점차 원자론이 확고하게 자리 잡으면서 원자가 실재물로 생각되었다. 또한 마흐의 충실한 신봉자이던 오스트발트마저도 원자가 실재한다는 것을 인정하지 않을 아무런 까닭이 없다고 주장하였다. 그럼에도 불구하고 마흐 철학, 특히 마흐의 원리는 아인슈타인 상대성론의 기초에 영향을 주었다.

마흐는 공기의 흐름을 실험하였다. 그는 공기 속을 운동하는 물체의 속도가 음속을 넘었을 때, 그 물체에 대한 공기의 성질이 급격하게 변화하는 것에 관심을 가졌다. 지금 우리는 주어진 온도에서 공기 중의 소리의 속도는 마하 1, 음속의 2배는 마하 2라 부른다. 지금처럼 초음속 비행기가 나는 시대에, '마흐'라는 말이 출판물에 수없이 나오고 있지만, 그 뜻을 알고 있는 사람은 그다지 많지 않다.

대학에서 물러난 마흐는 오스트리아 상원의원으로 12년 동안 활동하였다. 그는 불행하게도 뇌일혈로 쓰러져 반신불수가 되어 고생하다 눈을 감았다.

160. 18세에 영국 염료산업을 일으킨 퍼킨
23세에 염료계의 왕자로, 다시 연구소로 돌아감

영국의 화학자 퍼킨(Perkin, Sir William Henry; 1838~1907)은 건설업자의 아들로 태어났다. 아버지는 아들이 건축가가 되기를 희망했지만 그는 화학 공부에 열중하였다. 아버지를 설득하여 런던의 왕립화학학교에 입학한 그는 화학 교수 호프만의 조수가 되었다.

패러데이가 데이비의 강의에 빠진 것처럼, 퍼킨은 호프만의 강의에 마음을 빼앗겼다. 퍼킨은 열일곱 살부터 학교 강의 이외에 자기 집 뒤뜰 실험실에서 연구하였다. 어느 날 그는 콜타르에서 얻은 값싼 원료를 사용하여 키니네(말라리아 치료에 필요한 값비싼 약품)의 합성 가능성을 호프만 교수로부터 암시받았다. 만일 그것이 가능하다면, 유럽에서 멀리 떨어진 적도 지방에서 키니네를 수입할 필요가 없지 않을까 생각한 끝에, 그는 집에 돌아와 실험하였다. 결과는 실패로 끝났다. 그는 1856년의 부활절 휴가 중에 이 문제와 맞붙었다. 그는 아닐린(콜타르계 약품)과 중크롬산칼륨을 혼합한 뒤, 이 혼합액을 비커에 부으려 하는 순간, 자주색을 띤 반짝이는 화합물을 발견하였다. 그리고 이 혼합액에 알코올을 가했을 때, 이 물질이 녹아 아름다운 자주색으로 변하였다.

퍼킨은 곧 이를 염료로 사용할 수 없을까 생각한 나머지 자주색 염료의 견본을 스코틀랜드의 염료회사로 보냈는데, 회사측은 비단 염료로서 뛰어나지만 값이 비싸다는 답장을 보내왔다. 그는 용기와 신념을 잃지 않고 새롭게 결심하고, 그 염료의 제조법 특허를 신청하였다(18세의 소년이 특허를 받은 것이 가능한지 어떤지에 관해서는 의문이 있지만). 그는 호프만의 반대를 무릅쓰고 조수자리로부터 물러났다. 처음에 화학을 전공할 때 반대했던 아버지와 형은 재정적 원조를 아끼지 않았다. 1857년 퍼킨의 가족은 염료공장을 설립했지만 실제로 최악의 상태에 이르렀다. 원료인 아닐린을 자유로이 손에 넣을 수 없었으므로 벤젠으로 대체해야 하고, 강한 질산 역시 스스로 만들지 않으면 안 되었다. 모든 단계에서 특수한 장치가 필요한데, 이를 모두 퍼킨 스스로 설계하였다. 그럼에도 불구하고 그는 6개월 안으로 '아닐린 퍼플'이라는 이름으로 제품을 생산하는데 성공하였다. 영국의 염색업자는 이를 상품으로 시장에 내놓았다. 국제적으로 일약 유명해지고 부자가 된 젊은 화학자 퍼킨은 스물세 살에 세계 염료계의 왕자 자리에 올랐다.

퍼킨은 런던 화학협회에서 염료에 대해 강의하였다. 청중 속에는 그에게 영감을 준 호프만 교수의 얼굴이 보였다. 합성염료 시대가 찾아왔다. 천연에서 나오는 화합물일지라도 실험실에서 합성하면, 천연화합물에서 추출하는 것 보다 값이 저렴하다.

1874년 서른다섯 살의 젊은 나이로 평생 쓸 만큼 큰 재산을 얻은 퍼킨은 경쟁상대인 독일의 염료공업이 영국보다 훨씬 앞서 있는 것을 인식한 나머지, 공장을 팔아넘기고 화학연구실로 돌아갔다. 그는 '퍼킨 반응'이라는 새로운 화학반응을 알아내고, 이를 응용하여 바나나 향기를 합성하는데 성공하였다. 합성향료 시대가 찾아 왔다.

조용하고 내성적인 성격 때문에 퍼킨은 당연히 받아야 할 명예와 영광을 사양하였다. 그러나 왕립학회의 데이비 메달과, 그가 죽기 1년 전에 기사 칭호를 받았다. 한편 아닐린 퍼플 발견 15주년 축제가 열렸다. 미국이나 유럽 등지에서 많은 사람들이 참석하여 퍼킨에게 아낌없는 박수를 보냈다. 퍼킨의 생애에서 가장 좋은 날이었다.

161. 알칼리 산업을 발전시킨 솔베이
개인재산을 털어 사회사업과 교육사업에 투자

벨기에의 화학자 솔베이(Solvay, Ernest; 1838~1922)는 어린 시절부터 허약하여 거의 학교에 다니지 못해했지만, 식염 정제업자인 아버지의 주변 환경 때문에 그와 관련된 많은 책을 읽었다. 화학과 전기에 관한 실험을 마음껏 즐기면서 아버지의 경리사무도 도왔다.

  솔베이는 숙부가 경영하던 가스회사의 원조를 받아 가스를 정제하는 효율적인 방법을 몇 가지 생각해내고, 1년도 되지 않아 솔베이법의 기초반응을 개발하여 특허를 얻었다. 그는 탄산나트륨(소다)을 만드는 암모니아 소다법을 개발하였다. 이 방법을 '솔베이 법'이라 부른다. 탄산나트륨은 화학공업에서 귀중한 원료로 사용한다. 이 화합물에 물을 가하면 알칼리가 생성된다. 그는 작은 공장에서 소규모 시험생산을 시작했지만 그다지 신통치 않았다.

  솔베이 방법은 화학적으로는 옳았지만, 공업화학적인 문제를 해결하지 못하였다. 그러나 동생의 협력으로 그는 필요한 자금을 마련하고 대규모 공장을 건설하여 생산을 개시하였다. 생산이 본 궤도에 오르자 제2공장까지 건설하였다. 그는 화학자이면서 사업가의 재능도 타고났다. 자신이 소다를 만드는 것보다, 다른 제조업체에 특허를 대여하고 돈을 벌었다.

  거부가 된 솔베이는 상원의원, 국무총리 자리에 앉았다. 특히 벨기에 교육기관에 많은 돈을 기부하고, 제1차 세계대전 중에는 식량을 조직적으로 배급하여 시민을 구제하였다. 과학자로서 조국을 위해 숨어서 활동했던 솔베이는 여든네 살에 눈을 감았다.

162. 일기예보를 조직적으로 실시한 애비
미국 기상국을 설치하고 지역마다 시간대를 설정

  미국의 기상학자 애비(Abbe, Cleveland; 1838~1916)는 뉴욕시립대학을 졸업하고, 미시간대학에서 수년 동안 교수로 활동하였다. 그뒤 미국 정부의 요청으로 경도 측정에 나섰다가 러시아에 유학하였다. 그는 독일의 프르코보 천문대장을 지낸 사람에게 천문학을 배우고, 귀국하여 신시내티 천문대장이 되었다.

  애비는 장마나 태풍과 같은 기상상태의 정보를 전보로 얻어 매일 일기예보를 발표하였다. 이 같은 기발한 생각에 정부가 민감한 반응을 보였다. 정부는 국립사무소를 세워 그를 과학기술 직원으로 채용할 것을 제의하였다. 이를 수락한 그는 하루에 세 차례 일기예보를 발표할 계획을 세웠다. 정부는 1891년 이 사무소를 합중국 기상국으로 승격시켰다. 그를 흔히 '기상국의 아버지'라 부른다. 그는 존스 홉킨스대학에서 기상학을 강의하면서 많은 연구 성과를 올렸다.

애비는 표준시간대의 설정을 제안하였다. 19세기 후반까지, 각 지역마다 그 지역에서 태양을 기준으로 지방시간을 채용하였다. 물론 여행의 속도가 느릴 때는 별 문제가 없었다. 그런데 철도의 출현과 함께 정확한 시간표의 작성이 불가피하였다. 그의 보고서에 따라 정부는 철도가 이미 채용하고 있던 시간을 전국에 걸쳐 전체적으로 조정할 것을 허가하였다. 1883년 그는 미국을 4개의 표준시간대로 나누고, 각 지대에 속하는 시간을 평준화하였다. 더욱이 항공여행의 절정기를 맞으면서 시간대는 세계적으로 설정되어 있다.

163. 화학 열역학을 처음 연구한 깁스
논문 발표의 조건이 나빠 뒤늦게 인정받음

미국의 물리학자 깁스(Gibbs, Josiah Willard; 1839~1903)의 아버지는 예일대학 신학부 성서문학 교수였으므로 깁스는 고전에 뛰어났다. 예일대학에 입학한 그는 라틴어와 수학에서도 뛰어나 열아홉 살에 우등으로 졸업하였다. 그후 5년 동안 공학을 전공하고, 기어의 설계에 관한 논문으로 예일대학 공학부에서 처음 공학박사 학위를 받았다. 그는 파리, 베를린, 하이델베르크의 대학에서 강의(주로 물리학)를 듣고 귀국한 후, 예일대학 수리물리학 교수로 임명되었다. 다른 대학으로부터 초청받았지만 죽을 때까지 그 자리에 머물렀다. 그는 독신으로 누나 가족과 함께 살았다.

깁스는 코네티컷 과학아카데미 잡지에 400쪽에 이르는 논문을 실었다. 이 논문에서 그는 카르노, 줄, 헬름홀츠, 켈빈이 유도한 열역학의 원리에 대해 논하고, 열기관의 원리를 수학적인 방법으로 화학반응에 적용하였다. 그리고 화학반응을 추진시키는 힘으로 자유에너지 및 화학적 포텐셜의 개념을 도입하였다. 또한 깁스는 이 논문에서 상율(相律)을 거론하였다. 그의 업적 중에서 최고의 것이다.

불행하게도 깁스의 연구결과는 불리한 조건 속에서 발표되었다. 유럽의 유명한 과학자는 미국 잡지, 특히 깁스의 논문에 별반 관심이 없었고, 또한 논문이 수학적으로 처리되었으므로 논문을 읽는 화학자들도 이해하기 어려웠다. 그러나 깁스가 창설한 수학적

화학열역학은 완벽했으므로, 후계자들은 거의 추가할 필요가 없을 정도였다.

깁스의 연구 내용을 이해하고 그 중요성을 인정한 과학자는 맥스웰이었다. 그는 이 논문을 유럽 여러 화학자에게 소개했지만 별효과가 없었다. 불행스럽게도 이 논문이 발표되고 얼마 안 되어 맥스웰이 세상을 떠났다.

깁스의 연구의 진가가 밝혀진 것은 1890년대가 되어서였다. 1892년에는 오스트발트가 독일어로, 1899년에는 르 샤틀리가 프랑스어로 번역하였다. 이때 이미 반트호프가 독자적으로 화학열역학을 개발했지만, 그래도 깁스가 창시자라는 것과, 그의 진가가 세계적으로 인정받았다.

깁스는 1901년에 왕립학회로부터 코플리 메달을 받고, 1950년에는 미국 위인의 전당에 들어갔다.

164. 극저온에서 물질의 성질을 연구한 듀어
마호 병은 듀어의 진공병

스코틀랜드의 화학자이자 물리학자인 듀어(Dewar, Sir James; 1842~1923)는 류머티스에 걸려 오랜 동안 집에서 요양하였다. 어려움을 딛고 에든버러대학에 입학한 그는 물리학을 전공하고 실험조교로 모교에 남았다. 그는 에든버러 왕립학회 전시실에 많은 화학구조 모델을 진열했는데, 케쿨레의 주의를 끌어 졸업 후 독일로 건너가 그의 지도를 받았다. 그는 귀국하여 여러 곳을 거쳐 왕립연구소 화학교수로 취임하였다. 또한 화약 관련 정부자문위원으로 임명되어 화학자 아벨과 공동으로 콜다이드 화약을 발명하였다.

듀어는 극저온을 연구하였다. 1870년대에 많은 사람이 거의 동시에 개별적으로 산소, 질소, 이산화탄소 등의 액화에 성공하였다. 그는 절대온도 80도의 저온에까지 이르렀다는 발표에 자극을 받아 이에 관심을 가졌다.

듀어는 이중 그릇의 중간을 진공으로 만들어 공기의 전도와 대류에 의한 열의 발산을 막고, 더욱이 유리벽을 은으로 도금하여 발산을 최대한으로 막을 수 있는 장치를 개발하였다. 이 병 속에 물질을 넣어두면 외부로부터 들어오는 열량이 극히 적어 극저온의 액체를 오랜 동안 보존할 수 있다. 이 병을 '듀어 병'이라고 부른다. 여행 도중 뜨거운 커피를 마시든지, 찬 밀크를 그대로 보존할 수 있는 이른바 '보온병'을 만들었다.

듀어는 수소의 액화실험과 맞섰다. 그는 줄과 켈빈이 발견한 줄-톰슨 효과를 이용하여 수소를 액화하고, 다음으로 수소의 응고에 성공하였다. 이 온도는 절대온도 14도였다. 이 온도에서 모든 물질은 고체가 되지만, 헬륨만은 10년 동안 액화할 수 없었다. 네덜란드의 물리학자 카멜르링-오네스가 헬륨을 액화하는데 성공하였다.

한편 듀어는 영국의 화학자 아벨과 공동으로 역사상 최초로 연기 나지 않는 무연화약을 발명하였다. 그러나 노벨은 듀어와 아벨이 신청한 특허에 이의를 신청하고 소송을 제기하였다. 노벨이 승소하였다.

듀어는 기사 칭호와 럼퍼드 매달을 받고, 왕립학회 회원으로 선출되었다.

165. 결핵균을 정복한 코흐
세균의 염색 및 배양 방법을 개발

독일의 세균학자 코흐(Koch, Robert; 1843-1910)의 아버지는 광산 관리인이고, 형제는 모두 열 셋이었다. 코흐는 괴팅겐대학에서 화학자 뷜러의 지도를 받고 가장 우수한 성적으로 학사학위를 받았다. 보불전쟁 당시 군의관으로 종군한 후에 한 지방의 위생원으로 근무하면서 탄저병을 연구하였다.

코흐는 드디어 베를린 제국위생관으로 임명되었다. 영국에서 개최된 제7회 국제의학회에 초청받아 그 동안의 연구결과를 발표하고, 이어서 베를린 생리학회에서 결핵균의 발견도 발표하였다. 또한 그는 나일강 하구에서 유행한 콜레라를 조사하고 그 병원균을 찾아냈다. 이런 연구 성과로 베를린대학 위생학 교수 및 위생학 연구소장으로 임명되었다.

1890년 제10회 국제의학회가 베를린에서 열렸다. 코흐는 항결핵 왁친에 관한 연구결과를 발표하라는 권유를 받았지만, 그 연구가 미비했으므로 발표를 사양하였다. 다음해에 베를린에 새로운 전염병연구소가 설립되었다. 그는 소장으로 자리를 옮겼지만 곧 사퇴하고, 여생의 대부분을 전염병과 그 예방에 대한 지식을 외국에 보급하는데 봉사하였다.

또한 이런 연구 과정에서 혈청을 이용하여 생물체 밖에서 병원균을 배양하는 방법을 발견하였다. 이 방법으로 탄저균의 생활주기를 추적하고 저항포자를 구성하는 순서를 상세히 조사였다.

코흐는 두 가지 기술을 개발하였다. 하나는 세균의 연구를 쉽게 하기 위해 이를 염색하는 기술이고(염색되지 않은 세균은 반투명이므로 관찰하기 힘들다). 또 하나는 생체 밖에서 한천과 고기즙을 섞은 배양액으로 세균을 배양하는 기술이다. 이 방법은 세균학과 면역학에 크게 공헌하였다.

코흐는 전염병을 일으키는 원인을 캐내는 적절한 방법을 확립하였다. 우선 질병에 걸린 동물체에서 미생물을 발견하고, 이를 배양한 뒤에 건강한 동물체에 접종시키면 같은 질병에 걸린다. 그리고 이 동물체 중에는 최초의 동물체 중에서 발견된 세균과 똑같은 세균을 발견하는 순서이다. 그는 이러한 기술로 많은 병원균을 발견하였다. 그 대표적인 예로 한 지방에서 가축에 탄저병이 유행했을 때, 코흐는 고생스럽게 연구한 끝에 이 질병에 감염된 가축의 비장에서 병원균을 찾아냈다. 이를 쥐에게 접종하고 다시 다른 쥐에 감염시켰다. 마지막에 같은 병원균을 찾아냈다. 또한 그는 결핵균의 발견으로 당시 2만5천 달라 상당의 상금을 받았다. 1897년부터 1906년에 걸쳐 선페스트를 매개하는 균이 쥐에 붙어있는 이와, 수면병이 체체파리에 의해 매개된다는 사실을 발견하였다. 그는 병원균 매개 곤충에 대해 선전포고를 함으로써, 모든 사람이 매개 곤충을 박멸하는 작전을 전개하게 하였다.

166. 새 원소 발견의 터전을 닦은 레일리
레일리는 노벨물리학상을 램지는 노벨화학상을 수상

영국의 물리학자 레일리(Rayleigh, Julin William Strutt, 3rd Baron; 1842~1919)는 서른한 살에 아버지의 작위를 물려받아 흔히 레일리 경이라 부른다. 그는 케임브리지대학 수학과를 수석으로 졸업한 뒤, 미국으로 건너갔다.

귀국한 레일리는 맥스웰의 뒤를 이어 케임브리지대학 캐번디시연구소 소장과 영국 과학진흥협회 회장을 맡았고 케임브리지대학 명예총장에 임명되었다.

레일리는 물리학 분야보다 화학 분야에서 잘 알려져 있다. 그는 산소와 수소의 원자량 비가 16대 1이 아니고, 15.882대 1이라는 사실을 발견하고, 이 기묘한 현상에 관심을 가졌다. 산소는 어떤 경우에도 비중이 같지만 질소의 경우는 달랐다. 공기로부터 채취한 질소는 화합물로부터 얻은 질소보다 약간 무겁다는 사실을 알았다.

레일리는 공기로부터 얻은 질소에 불순물이 혼합되어 있지 않나 생각한 나머지, 이 사실을 과학 전문지 〈자연〉에 실었다. 그는 대기 중에서 채취한 질소에서 새로운 원소를 발견하였다. 이 원소가 곧 아르곤(Ar)이다. 이렇게 해서 특이한 성질을 가진 비활성가스 원소 제1호가 발견되었다.

레일리 경은 왕립학회 회원으로 선출되고 그 후 간사를 거쳐 회장에 이르렀다. 그는 럼퍼드 메달과 코플리 상을 받았다. 또한 1904년도 노벨물리학상을 수상했다.

167. 원자론을 주장한 비극의 투사 볼츠만
학문상의 의무감에 시달리다 우울증으로 자살

오스트리아의 이론물리학자 볼츠만(Boltzmann, Ludwig ; 1844~1906)은 빈대학에서 박사학위를 취득하고, 빈의 물리학연구소 조수가 되었다. 그라츠대학에서 이론물리학을, 빈대학에서 수학을 강의한 그는, 물리학연구소 소장, 뮌헨대학 교수를 거쳐 라이프니츠대학 이론물리학 교수로 자리를 잡았다.

이러는 사이에 볼츠만을 앞세우는 원자론자와 오스트발트를 앞세우는 에너지론자 사이에 치열한 논쟁이 벌어졌다. 물론 에너지론자의 한 사람인 마흐는 격렬한 논쟁을 거듭하는 두 학파를 화해시키려고 노력하였다. 볼츠만은 원자구조의 이론이 수립되어 원자론이 확대되는 데도 불구하고, 자신의 주장을 여전히 반대하는 과학자가 있는데 실망했고 결국 그는 우울증에 걸리고 말았다.

1906년 9월 6일 새벽, 볼츠만은 가족들과 함께 휴가를 즐기고 있던 중, 가족들이 외출한 사이에 호텔에서 목매어 자살하였다. 이 비극은 같은 날 빈의 저녁신문에 보도되고, 다음 날 7일자 신문은 이 사건을 두 면에 걸쳐 상세히 보도하였다. 이에 따르면 자살 전후의 사정은 이러하다.

볼츠만은 자살 약 3주일 전, 우울증을 치료하기 위해 가족과 함께 해변의 피서지로 떠났다. 해수욕은 우울증 치료에 좋은 결과를 가져왔다. 며칠 후 출발을 앞두고 짐까지 꾸려 보냈는데, 치료를 위해 출발 일을 연기하자는 가족들의 권유에 화를 낸 볼츠만은 다시 우울증이 악화되었다. 자살 전날인 석양 무렵, 가족들이 해수욕을 하러 나간 사이에 그는 창틀에 목매어 자살하였다. 다음 날 아침 아버지의 상황을 살피기 위해 딸이 방에 들어갔다가 목매인 아버지를 발견하였다.

20세기 원자론자들은 볼츠만의 이론을 입증하였다. 원자론의 화려한 열매를 보지 못한 채 세상을 떠난 그에게는 비극이라 말하지 않을 수 없다. 동기야 어쨌든 자살하거나 전쟁터에서 목숨을 잃은 과학자가 몇몇 있다. 인류로서는 크나 큰 손실이라 아니할 수 없다.

168. X선을 발견한 뢴트겐
과학계와 인류에게 무한한 복음을 선사

독일의 물리학자 뢴트겐(Roentgen, Wilhelm Konrad; 1845-1923)은 라인 지방에서 태어났다. 아버지는 직물공장을 경영했는데, 뢴트겐이 세 살 되던 해 네덜란드로 이사하였다. 그는 상인이 되기 위한 수업을 받았다. 그러나 어릴 적부터 기계에 관심이 많아 상인이 될 수 없음을 깨달은 그는 기계기사가 되기 위해 열일곱 살에 학교생활을 시작하였다.

뢴트겐은 학교생활에 적응하지 못하여 학교를 그만두었다. 김나지움 졸업장이 없었으므로 대학에 입학할 수 없었다. 그래서 스무살에 유트레히트대학 전과생으로 들어갔다. 그때 친구로부터 스위스의 취리히공업대학 정도라면 김나지움 졸업장이 없어도 정식으로 입학할 수 있다는 말을 듣고, 그는 곧 스위스로 가기로 결심하였다. 다행히 입학 성적이 좋아 무사히 그 대학에 들어갔다. 그리고 좋아하는 수학과 화학을 전공하였다.

뢴트겐은 그 대학에서 물리학 교수 클라우지우스의 강의를 듣는 기회를 가졌다. 그 후임으로 부임한 젊은 물리학 교수 쿤트는 뢴트겐을 조수로 채용하였다. 뢴트겐은 행운을 잡았다. 쿤트가 없었다면 뢴트겐의 이름은 거의 세상에 알려지지 않았을 지도 모른다.

쿤트가 뷔르츠부르크대학으로 옮길 때, 뢴트겐도 함께 따라가려 했지만, 김나지움을 졸업하지 않았다는 이유로 거절당하였다. 그러나 신설된 슈트라스부르크대학에 쿤트가 초청되었을 때, 뢴트겐도 따라 갔다. 이 대학은 낡은 전통에 얽매이지 않고 새로운 기풍으로 가득 차 있었으므로, 그는 그제야 학위와 강사 자리를 얻었다.

뢴트겐이 물리학연구소 소장으로 재직하고 있을 때이다. 그는 7주간에 걸쳐 격렬하고 정열적인 실험을 계속하였다. 그리고 이 실험결과에 관한 최초의 논문 '복사선의 새로운 종류에 관하여'를 발표하였다. 이 논문에서 그는 미지의 방사선(X선)의 기본적인 성질을 거의 밝혔다. 그는 이 방사선의 본성이 아직 밝혀지지 않았다는 의미에서 'X선'이라 불렀지만, 이 방사선의 정체가 알려진 현재에도 그대로 부르고 있다.

X선은 가시광선이나 자외선이 통과할 수 없는 두꺼운 검은 종이를 통과할 수 있으므로, 목재, 금속 박막, 인체의 연골조직 등을 투과할 수 있다. X선이 통과하는 곳에 강력한 자석을 놓아도 X선의 진행 방향은 아무런 영향을 받지 않는다. 또한 렌즈에 의해서 굴절을 일으키지 않는다.

뢴트겐은 1896년 1월 23일에 이 연구결과를 강연형식으로 발표하였다. 그 장소에서 실험대에 오른 여든 살의 생물학자 케리커가 심하게 주름진 자신의 손을 찍은 X선 사진을 청중에게 보였다. 뼈가 아름답게 찍힌 이 X선 사진을 보는 순간, 청중석으로부터 우레와 같은 박수가 터져 나왔다. 또한 영국의 과학잡지 〈네이처〉에 그의 논문이 실렸다. 그리고 2월에는 미국, 프랑스의 과학잡지에 게재되어 뢴트겐의 이름이 일약 세계로 퍼졌다.

물리학자들은 X선의 실험을 추가로 실시하고 많은 논쟁을 거쳐, X선은 자외선보다 파장이 짧은 전자파라는 사실로 결론을 내렸다. 또한 실용 면에서도 X선은 크게 활용되었다. X선 촬영으로 환자의 발에 박힌 탄환의 위치를 알아내는 데 성공하였다. 그러나 처음에는 X선이 인체에 미치는 영향에 관해서 아무도 알지 못한 채 사용되었으므로 백혈병 환자가 많이 생겼다.

어쨌든 X선의 발견은 그 후 자연과학, 특히 방사선 과학의 발전에 영향을 미쳤다. 그 예로서, 프랑스의 물리학자 베크렐은 형광물질 중에서 X선과 같은 방사선을 발견하고, 이어서 마리 퀴리도 방사성원소 라듐을 발견하였다. 또한 영국의 물리학자 브래그 부자에 의해서 X선 회절현상을 이용한 X선 결정학이 탄생되었다.

이처럼 X선은 그때까지의 과학 개념을 뒤집어 놓았으므로, X선의 발견을 '제2차 과학혁명'의 출발점으로 생각하는 사람들도 있다(제1차 과학혁명은 갈릴레이의 낙체 실험으로 17세기에 일어났다). 뢴트겐의 위대한 업적에 대해 많은 영광이 주어졌다. 영국 왕립학회로부터 럼퍼드 상이, 바바리아 국왕으로부터 폰 칭호가 내려졌지만 이를 사양함으로써 그의 명예를 더욱 높였다.

뢴트겐은 자신이 발견한 X선에 대해 어떤 특허신청이나 금전적인 이익도 취하지 않았다. 그는 청빈하게 생애를 보냈다. 제1차 세계대전의 여파로 생긴 인플레이션에 밀려, 그는 가난 속을 헤매다가 뮌헨에서 일흔여덟 살에 암으로 그 생애를 마쳤다.

1901년 뢴트겐은 노벨 물리학상을 받았다.

169. 백혈구의 저항력을 찾아낸 메치니코프
인간 수명은 본래 150년, 유산균 복용을 장려

러시아계 프랑스 세균학자 메치니코프(Mechinikov, Hya Ilich; 1845~1916)는 근위대 사관의 아들로 태어났으므로 러시아제국의 최고 교육을 받았다. 그는 이에 만족하지 않고 하리코프대학을 졸업한 후, 독일에 유학하였다.

귀국하여 오데사대학 교수가 된 메치니코프는 재산을 상속받아 경제적으로 넉넉하였다. 그러나 시력이 약하고 성격이 급해 제정 러시아에서의 연구생활에 적응하지 못하고 연구활동을 마음껏 펼 수 없었다. 부인이 사망한 후 자살을 시도했지만, 복용한 약이 너무 많아 토하는 바람에 목숨을 건졌다.

오데사의 세균학연구소 소장으로 임명된 메치니코프는 그 자리에 오래 머물지 못하였다. 그것은 파리의 파스퇴르연구소 소장인 파스퇴르의 초청을 받았기 때문이었다. 프랑스로 건너가 오랜 동안 연구 끝에 파스퇴르가 타계하자 파스퇴르연구소 소장이 되었다.

메치니코프가 연구생활에 몰두하기 위해 직장을 그만 두고 소화현상에 관심을 가지고 연구하는 도중, 단순한 동물(매우 단순하여 투명할 정도)에는 반 독립적인 세포가 있는데, 직접 소화작용을 하지 않더라도 이물질을 섭취하는 사실을 발견하였다. 그는 이처럼 활동하는 세포를 복잡한 동물에서 발견하려고 노력하였다. 그는 동물(인간도 마찬가지로)의 혈액 중에 있는 백혈구도 세균을 먹어치우는 활동을 한다는 사실을 발견하였다. 백혈구는 질병에 감염된 장소로 몰려가 세균과 싸운다. 그리고 싸움에서 죽은 식세포의 무덤이 고름 주머니이다. 이것이 그가 말하는 식세포이다. 이로써 메치니코프는 백혈구가 질병이나 전염병에 대해 저항력이 있다는 학설을 주장하였다. 피르호는 이 학설에 반대했지만 메치니코프는 낙담하지 않았다.

메치니코프는 그 후 대장균과 인간 수명의 관계를 조사하였다. 인간의 수명은 본래 150년이며, 유산균을 마시면 이를 이룩할 수 있다고 믿은 그는 자신부터 이를 실행하였다. 그러나 장수에 관한 연구는 악덕 식료업자나 유행을 잘 따르는 사람들에게 이용되었을 뿐이다. 그는 일흔한 살에 일생을 마감하였다. 자신이 주장했던 인간수명의 반도 살지 못하였다.

1908년 메치니코프는 에르리히와 공동으로 노벨생리의학상을 받았다.

170. 세계 최고의 발명가 에디슨
학력은 없지만 근면과 노력으로 명성과 돈을 쌓음

미국의 발명가 에디슨(Edison, Alva; 1847~1831)의 아버지는 미국 독립전쟁 당시 영국파에 속해 있었기 때문에 전쟁이 끝난 뒤에 캐나다로 망명하였다. 그러나 에디슨은 미국 사람이 가장 좋아하는 입지전적 인물 중 한 사람이다. 가난하여 소년시절에 학교에 가지 못하고, 그렇다고 특정한 사람의 지도를 받아본 적도 없지만, 오로지 근면과 노력으로 명성과 부를 쌓았다.

소년시절부터 부모가 마음대로 할 수 없었던 에디슨은 독특한 질문을 던져 주변 사람들로부터 기분 나쁜 아이로 생각되었다. 교사는 그를 저능아로 생각하고 어머니와 상담했는데, 화가 난 어머니는 학교를 그만두게 하고 독서로 지식을 습득하도록 하였다. 이때부터 그의 비범한 능력이 나타나 읽은 것 모두를 암기하고, 책장을 넘기는 속도와 책을 읽는 속도가 같을 정도였다고 한다.

과학 관계의 책을 읽기 시작하면서부터, 에디슨은 집에서 실험실을 꾸며 실험하고, 화학약품이나 기구를 구입하기 위해 일을 하였다. 열두 살에 열차 안에서 신문을 판매하면서 열차가 디트로이트에 정차하는 동안에 도서관에서 독서를 했다고 한다.

신문을 판매하는 것으로는 충분한 수입을 올리지 못하자, 중고품 인쇄기를 구입하여 주간지를 만들어 팔았다. 열차 안에서 인쇄된 신문으로는 처음이다. 여기서 얻은 수입금으로 화물차 안에 실험실을 꾸몄지만 화재를 일으켜 쫓겨났다. 또한 열차사고로 귀가 나빠졌다.

1862년 어느 날, 철로 위에서 한 소년을 극적으로 구해냄으로써 그 소년의 아버지는 답례로 에디슨에게 전신기술을 가르쳐 주었다. 그는 미국에서 첫째가는 우수한 전신기사가 되었다. 그는 일을 찾아 뉴욕으로 떠났다. 주식 중매인 사무실에서 면접을 받기 위해 기다리고 있는 동안, 사무소의 전신기가 고장을 일으켜 소동이 벌어졌다. 누구도 그 고장을 고칠 수 없었다. 에디슨은 이를 당장 고쳐냈다. 그 때문에 희망했던 것보다도 좋은 급료로 취직하였다.

　에디슨은 겨우 스물 세 살의 젊은 나이로 기사고문회사를 설립하였다. 6년 동안 하루 24시간 근무하면서 많은 발명품을 만들어내는 한편, 유능한 조수를 양성하였다. 바쁜 중에 그는 결혼하였다. 또한 그는 뉴저지주에 처음 응용과학연구소를 설립하였다. 이것이 유명한 발명공장이다. 그는 10일에 한 건의 새로운 발명을 계획하고 1,100건을 발명하여 거의 목표를 달성하였다. 어느 때는 4년 동안에 300여건, 또한 5일에 한 건의 비율로 발명품을 만들었다. 사람들은 그를 '메론버그의 마법사'라 불렀다.

　에디슨은 5만불의 돈과 1년 걸려 목면실(탄소선) 필라멘트를 이용하여 전구를 만들었다. 1879년 10월 1일, 40시간 동안 연속 전기불이 켜졌다. 백열전등을 메론버그 공원 큰 길가에 걸었다. 이를 보기 위해 세계 각지로부터 몰려든 관중들은 모두 감탄하였다. 그의 생애 최고의 해였다. 또한 그는 빠른 속도로 연속 사진을 찍고 이를 스크린에 비춰 움직이도록 한 사진기, 즉 영사기를 발명하여 움직이는 사진을 스크린 위에 비추었다. 또한 그는 축음기를 발명하였다.

　에디슨은 해석적인 사고를 하는 사람은 아니다. 어느 문제에 관해 모든 각도에서, 모든 방법을 사용하여 조합하는 방법을 쓰는 사람이다. 직관에 의뢰하는 사람을 질책하면서, "천재의 길이란 99%의 노력과 1%의 착상에 의해서 도달한다."는 말을 남겼다. 사실 그는 이를 실행했는데, 에디슨만큼 노력한 사람은 찾아 볼 수 없다.

　에디슨은 일반적인 의미에서의 과학자는 아니다. 하지만 과학의 진보를 대중의 실생활에 유익하게 하기 위해 부산물을 대량으로 만들어내는 데는 그 누구보다 뛰어났다. 또한 그는 과학과 발명의 상호관계에 혼란(특히 미국에서)이 조장되어, 이 혼란 때문에 과학에 대한 일반시민의 지지나 이해가 20세기 중엽까지 억제되어 왔다고 비난하였다.

　근면과 성실, 그리고 명예와 돈을 한 몸에 지니고 살았던 에디슨은 1960년 미국의 위인의 전당에 들어갔다.

171. 전화기를 발명한 벨
과학전문지 <과학>을 창간

스코틀랜드계 미국의 발명가 벨(Bell, Alexander Graham; 1847~1922)은 인간의 언어능력에 관심을 가졌던 가정에서 태어났다. 할아버지나 아버지는 발성 기술을 터득했고, 특히 아버지는 벙어리의 발성법을 개척하였다. 벨도 발성 기술에 흥미를 가지고 농아소년을 가르쳤다. 보스턴대학의 발성생리학 교수가 된 벨은 농아 제자를 사랑하면서 발성학 연구에 힘을 더욱 기울였다. 그는 헬름홀츠의 음성 이론을 바탕으로 기계적인 발성법을 연구하였다.

벨은 전화기를 발명하였다. 그는, 만일 음파의 진동을 전류로 바꿀 수 있다면, 전류를 회로에 통함으로써 다른 한 쪽 회로에서 처음과 같은 소리를 재생할 수 있으며, 소리를 빛과 같은 속도로 전달할 수 있을 것이라 생각하였다. 어느 날, 소리를 전달하는 기계를 실험하는 도중에 그의 바지에 전지액이 엎질러졌다. 그는 반사적으로 조수의 도움을 청하면서, "왓슨, 빨리 오게!"라 소리치면서 조수의 도움을 청하였다. 마침 2층 다른 쪽 회로 끝에 앉아 있던 조수 왓슨은 기계로부터 음성이 들려오는 소리를 듣고 기뻐하면서 아래층으로 뛰어내려가 벨 가까이 섰다. 이것이 최초의 전화통신이다.

1876년 전화기의 특허를 얻은 벨은 농아 소녀와 결혼하고, 미국 시민권을 취득하였다. 인류 최초의 전화기는 미국 독립 100주년을 기념하기 위해 1876년 필라델피아에서 열린 100년축제에 출품되어 인기를 독차지하였다. 시기적절하여, 방문 중인 브라질 황제 페드로 2세가 감동한 나머지 그 기계를 가리키면서, "이 기계는 말을 하는군." 하고 말하는 장면이 신문에 크게 실렸다. 이어 물리학자 캘빈 경도 기계에 손을 대는 순간 같은 감명을 받았다 한다. 거의 순간적으로 전화기는 미국 전역에 보급되고, 벨은 서른 살에 재벌이 되었다.

벨은 암살자의 기습으로 사경을 헤매고 있던 미국 가필드 대통령의 몸속에 박힌 탄환의 위치를 찾아내는 금속탐지기를 발명하였다. 그런데 대통령은 강철 용수철이 붙은 침대에 누워 있었으므로 탄환을 찾아내는 데는 실패하였다.

벨은 노바스코시아에 별장을 짓고, 1887년에 <과학>(Science)이라는 전문 과학잡지를 창간하였다. 매우 큰 일을 한 것이다. 이 잡지는 지금도 과학 전문지로서 권위를 지탱하고 있다.

1915년에 대륙 횡단 전화가 완성되었을 때, 벨은 서부에 있는 이전의 조수 왓슨과 통화하면서, 40년 전처럼, "왓슨, 빨리 오게!"라 하였다 한다. 이때 이 소리는 1층에서 2층이 아니라 대서양 연안에서 태평양 연안으로 전해졌다.

1950년 벨은 미국 위인의 전당에 들어갔다.

172. 집합론의 개척자 칸토어
독일 수학회를 창립, 일생동안 논쟁과 우울증으로 시달림

독일의 수학자 칸토어(Cantor, Georg Fernan Ludwig Philip ; 1843~1918)의 국적을 명확하게 말하는 것은 어렵다. 그것은 덴마크에서 러시아로 이민갔던 아버지가 칸토어가 열한 살에 독일로 돌아왔기 때문이다. 집안에는 유태인 피가 흐르고 있지만, 어머니는 로마 구교의 가정에서 태어났다.

칸토어는 학생 적부터 수학적 재능이 뛰어났음으로 아버지의 반대를 뿌리치고 수학에 몸담았다. 그는 취리히대학과 베를린대학을 거치고, 가우스 이론의 약점에 대한 논문으로 학위를 받았다. 그 후 하레대학 교수가 되었다. 그는 독일 수학회를 창립하고 초대회장으로 활약하였다. 1897년 취리히에서 개최된 제1회 국제수학회 책임자로 일하였다.

칸토어는 수학에 특별한 공헌을 하였다. 그는 현대 집합론의 개척자로 무한대의 개념을 가능하게 하는 수학체계를 수립하였다. 같은 시대의 동료들은 칸토어의 이론을 받아들이지 않고, 오히려 그의 이론을 공격하였다. 그는 논쟁으로 계속 시달리면서 정신 건강을 해쳤고, 그의 인생의 대부분을 우울하게 지내다가 생애 마지막에는 정신병원에서 세상을 마감하였다. 칸토어의 이론은 20세기가 되어서야 비로소 인정받았다. 그는 어쨋든 수리과학에 특이한 공헌을 하였다. 수학의 기초에 없어서는 안되는 것을 포함하고 있는 완전하고 새로운 연구 분야를 개척하였다.

칸토어는 형이상학이나 점성술도 과학에 속하는 것으로 생각하였다. 그 속에는 수학이나 특히 집합론이 집약된 과학으로 생각하였다.

칸토어는 일생을 통해 몇 가지 명예를 안고 상도 받았지만, 그의 이름은 잘 알려져 있지 않다.

173. 돌연변이를 찾아낸 드 브리스
멘델의 유전법칙을 30년 만에 확인

　네덜란드의 식물학자 드 브리스(De Vries, Hugo Marie;, 1848~1935)는 하이델베르크대학과 라이덴대학에서 의학을 전공하고 졸업 후, 교단에 섰다가 윌츠부르크 프로세인 공학부로 옮겨 연구하였다. 암스테르담대학 조교수로 임명된 그는 정년까지 줄곧 그 대학에 머물러 연구하였다.

　드 브리스는 개체가 변화하는 모습에 관한 이론이 부진한데 관심을 가졌다. 1886년 드 브리스는 우연히 큰 발견을 하였다. 그의 주변에는 수 년 전부터 달맞이꽃이 자라고 있었다. 어느 날 산보를 나온 그는 목장에 자라고 있는 달맞이꽃의 군락을 발견하였다. 군락 속에서 모습이 크게 바뀐 달맞이꽃 몇 송이를 찾아냈다. 이를 개별적으로 재배하거나, 함께 섞어 재배해본 결과, 멘델이 발견한 법칙에 따르고 있지만, 때로는 모습이 크게 다른 변종이 나오고, 다음 세대까지 계속 이어지는 것을 발견하였다. 그는 온갖 형질이 서로 아무런 관계없이 변화하여 갖가지 다른 형질로 변화는 새로운 이론을 수립하였다. 이 이론이 그의 '돌연변이설'이다.

　드 브리스는 자신이 이끌어낸 법칙을 발표할 때까지 충분히 검토하고, 같은 문제에 관한 과거의 문헌을 조사하는 과정에서, 이미 30년 전에 멘델이 발표한 법칙에 관심을 집중하였다. 다시 말해서 1900년 그는 멘델의 법칙을 재발견한 것이다. 그리고 그 법칙과 자신의 연구를 연결시켰다.

　과학 역사상 가장 아름다운 사건에 해당하는 광경이 벌어졌다. 멘델의 법칙이 재발견되는 과정에서, 세 사람 중 한 사람이 명성을 손에 넣을 기회였는데도 멘델의 유전법칙을 자신이 유도했다고 주장하는 사람은 한 사람도 없었다. 세 사람 모두 과학자답게 정직하였다. 그들은, 모두 자신들의 연구는 멘델법칙의 재확인에 불과하다고 한 소리로 발표하였다. 따라서 유전법칙은 지금도 멘델의 유전법칙으로 알려져 있다. 본받을 점이다. 세상에는 이런 일이 흔하지 않다.

　드 브리스는 이를 바탕으로 신품종의 개발과 진화론에 관한 새로운 희망을 가졌다. 그는 급격한 변화, 다시 말해 돌연변이를 바탕으로 새로운 진화론을 전개하였다. 실제로 목장 관계자나 농부들은 이미 오래 전부터 변종의 탄생을 가끔 보았다. 그러나 불행한 일로서, 농부들이나 목장 주인은 그 변종을 이론화할 능력이 없는데다 과학자에게 알리지도 않았다. 돌연변이를 찾아낸 드 브리스가 이론을 수립한 것은 1901년에 이르러서였다.

174. 식물재배 기술이 특출한 버뱅크
과일과 꽃의 품종개량에 크게 공헌

미국의 박물학자 버뱅크(Burbank, Luther; 1849-1926)는 고등학교 정도의 교육을 받았을 뿐이다. 그러나 그의 뛰어난 식물재배 재능과 정열은 그 이상의 교육이 그에게 필요 없었다. 그는 소년시절부터 원예와 식물재배에 관심을 가졌다. 식물이 지니고 있는 작은 차이점을 가려내고, 능숙한 특수기술로 이를 교배하여 여러 신품종을 개발하고 기르며 보급하였다.

다윈의 저서를 읽고 난 뒤부터 버뱅크는 개체변이의 중요성에 관심을 가졌다. 종묘업을 시작한 버뱅크는 작은 토지를 매입하고, 1년이 채 못 되어 '버뱅크 감자'를 개발하였다. 그는 감자의 재배권리를 팔아서 에덴동산과 같은 농장(신티로스)을 꾸미고, 그곳에 50년 간 머물면서 농장의 이름을 세계적으로 유명하게 만들었다. 한편 버뱅크 감자는 다른 곳으로 보급되었다. 아일랜드에서 이 감자 씨를 수입함으로써 입고병 위험을 많이 감소시켰다(1840년대 감자역병으로 주민의 목숨을 앗아갔거나 이민간 사람이 전체 인구의 반절).

과일의 천국인 캘리포니아 주에 살았기 때문에 당연한 일이겠지만, 버뱅크는 많은 과일의 품종을 개량하였다. 40년 동안 60종 이상의 복숭아 품종을 개량하고, 또한 시장용 딸기를 10종 이상 개량하였다. 그 외에 파인애플과 아몬드의 품종을 개량하였다. 특히 식용식물뿐만 아니라 사람의 눈을 즐겁게 하는 신품종 꽃을 수없이 개발하였다. 생애 마지막에 이르러 스탠포드대학에서 강의하였다.

미개척 분야를 개척하는 일은 무척 어렵고 괴로운 일이지만, 한편으로 매우 보람있는 일이다. 원대한 뜻과 용기있는 사람은 신천지를 개발한다.

175. 소화의 생리학을 수립한 파블로프
소화액 분비와 관련하여 조건반사를 실험

러시아의 생리학자 파블로프(Pavlov, Ivanovich Petrovich; 1849~1936)는 조용하고 따뜻한 목사 가정에서 태어났다. 그는 가계를 잇는데 어울리는 교육을 받기 위해 신학교에 입학했지만, 그가 택한 길은 목사가 아니었다. 자연과학 연구야말로 자신이 나아갈 길이라 생각한 그는 신학교를 그만두고 페테르부르크대학에 들어가 화학자 멘델레예프에게 화학을 배웠다. 황실의과학교에서 의학학위를 받은 그는 페테르부르크 육군 군의학교에서 박사학위를 받았다.

그 뒤 독일에 유학하고 귀국한 파블로프는 포트킨실험소에서 연구를 계속하다가 육군 군의학교 생리학 교수로 임명되었다. 그는 군의학교에 근무하면서부터 소화의 생리에 관심을 가졌다. 특히 위액의 분비를 억제하는 신경기구를 밝히려 하였다.

파블로프는 개의 식도를 절단하여 음식물이 위에 들어가지 않도록 했는데도 위액이 계속 넘쳐 나왔다. 입 부분에서 받은 신경의 자극이 뇌에 전달되고, 별도의 신경을 통해서 위액의 분비를 촉구한 것이 분명했다. 음식물 때문에 입안의 신경이 자극되어 위의 반응이 일어나는 작용은 '무조건 반사' 현상으로, 탄생하면서 생물체가 구비하는 신경구조에 의해서 유도되어 일어난다고 생각하였다.

파블로프는 이 현상이 탄생하면서부터 작동하는 것인지, 아닌지 시도해 보았다. 위가 텅 빈 개가 음식물을 보고 타액을 흘리는 것은 무조건반사이다, 개 앞에서 음식물을 보이면서 늘 종을 치다가, 음식물 없이 종소리만 들려도 타액이 나온다. 종소리와 음식물을 연상한 개는 종소리를 듣고 음식물에 대한 반응을 일으킨 것이다. 이것이 '조건반사' 이다.

러시아혁명이 일어났지만, 반공산주의자인 파블로프는 그대로 옛 소련에서 살았다. 옛 소련 정부는 그의 반공사상을 눈감아주고 연구실까지 마련해주었다. 그것은 파블로프가 러시아 과학의 자랑거리였기 때문이었다. 그는 숙청을 피하고 수명을 다할 수 있었다. 정치이념과 학문은 별개의 것이라는 좋은 본보기이다.

1904년 파블로프는 노벨생리의학상을 받았다.

176. 통계천문학의 창시자 캅테인
주로 남반구의 별을 대량 관측

네덜란드의 천문학자 캅테인(Kapteyn, Jacobus Cornelius; 1851~1922)은 재주 있고 넉넉한 집안에서 태어났다. 그는 어릴적에 학문에 남달리 뛰어나 열일곱 살에 유트레히트대학에 입학하기 1년 전에 입학자격증을 이미 취득하였다. 그리고 진동에 관한 졸업 논문으로 박사학위를 취득하였다.

캅테인의 천문학자로서의 첫 경력은 레이덴에서 천체관측을 하기 위해 고용될 때부터 시작한다. 그로닝겐대학에 천문학과 이론역학교수로 처음 임명되었다.

캅테인은 남반구의 항성의 밝기와 위치를 관측하였다. 스코틀랜드의 천문학자 길경과 공동으로 사진을 이용하여 적도 19도 이남 남극권 항성을 45,400개 기재한 항성표를 만들었다. 이 관측으로 은하계에 대한 연구가 한층 활발해졌다.

캅테인은 별의 수를 세어 은하계의 모습을 구상해 보았다. 1906년 그는 무작위로 구역을 설정하고, 그 구역 내의 별을 세는 방법을 택하였다. 그는 천체의 여론조사라 할 수 있는 통계적 방법으로 연구했으므로 통계천문학의 창시자라 볼 수 있다. 이 조사에는 세계 여러 천문대가 협력하였다.

캅테인은 은하계의 전체 모습은 볼록렌즈의 모양과 비슷하고, 태양계는 그의 중심 가까운 곳에 위치하고 있다고 발표하였다. 또한 그는 항성의 고유운동을 관측하였다. 일반적으로 각 항성의 고유운동은 불규칙적이고 힘차게 날아다니는 꿀벌의 한 무리처럼 생각하였다. 그가 조사한 별 중에는 '버나드 별' 다음으로 빠른 속도로 운동하는 '캅테인 별'이 있다.

캅테인은 북두칠성 속의 몇몇 별과, 하늘에 널리 분포되어 있는 많은 별이 같은 방향, 같은 속도로 운동하고 있음을 관측하였다. 그는 이미 1904년에 항성에는 서로 반대방향으로 향하는 두 개의 큰 흐름이 있으며, 5분의 3이 한 방향으로, 나머지 5분의 2는 다른 방향으로 운동하고 있는 것을 관측하였다.

생애 마지막에 국제천문학연합의 창설에 앞장섰다. 그는 국제협력을 호소하였다. 캅테인은 프랑스 왕립아카데미 회원과 영국 왕립학회 회원으로 선출되었다.

177. 담배 모자이크병을 연구한 바이에링크
'여과성 바이러스'라는 용어를 처음 사용

 네덜란드의 식물학자 바이에링크(Beijrinck, Martinus Willem; 1851-1931)는 처음에 식물학에 흥미를 가졌지만, 델푸트공예학교에서 화학을 전공하면서 네덜란드의 화학자 반트호프와 친교를 맺었다. 졸업 후 생계를 위해 식물학을 가르치면서 박사학위를 취득하였다.
 직장을 그만두고 학구생활로 돌아온 바이에링크는 모교인 공예학교 교수로서 담배모자이크병 연구를 시작하였다. 이것은 담배 잎을 위축시키고, 그 잎을 모자 모양으로 만드는 병이다. 이 병에 걸린 잎으로부터 액즙을 추출하여 조사했지만 병원균을 발견하지 못하고 또한 배양기에서 배양했지만 아무 것도 발견하지 못하였다. 그러나 그 액즙은 건강한 식물을 감염시키는 힘을 지니고 있었다. 그 병원체를 알 수 없었지만 증식시키는 것만은 분명하였다.
 바이에링크는 액즙 그 자체를 질병의 원인이라 생각하고, 그 병원체를 여과성 바이러스라 불렀다. 바이러스란 라틴어로 '독'을 의미한다. 나아가 그는 담배 모자이크병 뿐만 아니라 소아마비, 유행성 이하선염, 수두, 인플루엔자 등 인간에게 질병을 일으키는 많은 병원체 무리를 발견하였다. 그리고 30년 후, 그가 죽은 수년 후에 바이러스는 액체가 아니라 입자라는 사실을 미국의 생화학자 스탠리가 밝혀냄으로써 이 분야의 연구가 정점에 이르렀다.
 담배 모자이크병을 연구한 그는 한 가지 수확을 올렸다. 콩과식물 뿌리 중에 서식하면서 공중 질소로부터 토양을 비옥하게 하는 한 종류의 세균을 발견하였다.

178. 석유화학의 개척자 프라슈
새로운 유황 채취방법도 개발

 독일계 미국의 화학자 프라슈(Frasch, Herman; 1851~1914)의 아버지는 지방자치단체 시장으로 경제적으로 여유가 있었으므로 수준 높은 화학교육을 받았다. 그는 미국의 남북전쟁 후, 번영하고 있던 미국으로 건너갔다. 그로부터 수년 후, 펜실베이니어에서 처음 유전이 발굴될 때부터 석유사업과 관계를 맺으면서 석유화학을 연구하였다. 초창기 석유산업의 큰 장애물은 석유에 질이 나쁜 유황이 포함된 점이다. 정제한 후에도 악취가 심하여 판매가 부진하였다. 그는 금속산화물을 이용하여 유황 성분을 제거하는 방법을 개발한 즉시 특허를 따냈다. 따라서 불편 없이 사용할 수 있는 석유가 대량 공급되어 자동차 보급을 크게 촉진시켰다.

　그 후 프라슈는 화학공업에서 가장 수요가 많은 황산을 만드는 원료인 유황에 관심을 쏟았다. 당시 유황의 생산을 독점하고 있던 곳은 시칠리아 섬이다. 유황광상이 지표면 가까이 있고, 노동임금이 저렴하며, 가혹한 노동조건을 바탕으로 채굴을 독점하고 있었다. 한편 미국의 루이지애나주와 텍사스주에도 양질의 유황광상이 있었지만, 노동임금이 높아 채굴할 수 없었다.

　프라슈는 값싸게 유황을 채굴하였다. 유황은 고체이고 끓는 물에 녹지 않아 석유처럼 펌프로 끌어올릴 수 없다. 하지만 높은 압력의 과열된 물을 주입하면 유황을 녹여 끌어올릴 수 있을 것으로 생각하였다. 그는 1894년 루이지애나주의 습지에서 실지 실험을 한 다음, 발생하는 문제점(실제로 많이 생겼다)을 화학기술을 바탕으로 해결하고, 실제 조업으로 연결시켰다. 그러나 물을 가열하는 연료 문제가 남았다. 연료를 먼 곳으로부터 운반하면 연료비가 상승하고 따라서 유황 값도 높아진다.

　다행히 그 무렵 텍사스 유전이 개발되어 값싼 연료를 얻을 수 있었다. 1902년에는 완전히 실용화되었다. 미국 내에 무진장한 유황 원료를 바탕으로 저렴한 황산을 대량 생산하였다. 그가 죽은 3개월 후, 제1차 세계대전이 일어나고, 당시 유황과 황산의 생산은 절정에 이르러 미국내 경제 발전과 전쟁 수행에 큰 몫을 하였다.

179. 입체화학을 개척한 반트 호프
제1회 노벨 화학상을 받음

　네덜란드의 이론화학자 반트 호프(Van't Hoff, Jacobus Henricus; 1852~1911)는 로테르담에서 의사의 아들로 태어났다. 소년시절 로테르담 건너편 작은 섬 지주였던 조부모의 덕분으로 어려움 없이 자랐다. 어릴 적부터 뛰어난 두뇌를 지닌 그는 수학을 좋아하고, 한편 음악 재능도 뛰어났다.

반트호프는 화학을 전공했던 교장의 영향을 크게 받아 화학을 동경하였다. 교육의 힘은 이처럼 영향력이 크다. 당시 화학자는 생계를 꾸려가기 힘들었으므로 부모는 그가 관리가 되기를 바라고 있었다. 하는 수 없이 절충하여 양친에게 기사가 될 것을 약속하고, 1869년 델후트 공과대학에 입학하였다. 그러나 수업과목이 너무 기술과목에 편중되어 있는데 불만을 품고, 3년의 과정을 2년에 마친 뒤 레이튼대학에 입학하였다.

반트 호프는 본대학으로 옮겨 케쿨레의 문하생으로 들어갔다. 그는 매우 만족스러워 했지만, 케쿨레 교수의 특별한 관심을 끌지 못하였다. 실망한 그는 파리대학으로 옮겨 당시 화학자 우르츠 교수의 지도를 받고 반년 만에 귀국하였다.

학위를 취득한 뒤에도 일이 잘 풀리지 않아, 반트 호프는 하는 수 없이 유트레히트대학 수의학교에서 물리학 강의를 하였다. 그 후 암스테르담대학 교수로 임명받았다.

반트 호프는 유기화합물의 입체구조의 연구결과를 네덜란드어로 발표하였다. 아무런 반응이 없었으므로, 다음 해는 프랑스어로 〈공간의 화학〉으로 이름을 바꾸어 발표하였다. 두 번째 논문은 처음에 반응을 보이지 않다가 점차 학계에 알려지면서 그의 이름이 한 세대를 울릴 정도에 이르렀다. 그의 유기화합물의 입체 구조론은 학계로부터 완전히 인정받고, 반세기 이상 각광을 받았다. 그의 탄소원자의 입체화학은 지금도 유기화학 교과서에 실려 있다. 이 외에 그는 화학열역학과 화학 친화력에 관한 연구도 하였다.

반트 호프는 암스테르담대학에서 약 18년 동안 재직는 사이에 몇몇 대학으로부터 초청을 받았지만, 자신이 네덜란드 과학계의 자랑인 것을 명예로 삼고 초청을 수락하지 않았다. 그러나 마흔네 살에 베를린대학에서 그를 위한 전용 연구소를 만드는 등 좋은 조건을 내놓아 거절하지 못하고 하는 수 없이 베를린대학으로 옮겼다. 그리고 프러시아 과학아카데미 교수와 베를린대학 명예교수를 겸하였다.

베를린으로 옮기면서 비교적 자유스러운 시간이 생겨 유럽 각지와 미국을 여행하면서 조용한 나날을 보냈다. 그러나 태어날 때부터 몸이 허약한데다가 젊은 시절에 너무 무리하였다. 마지막에는 폐병을 앓아 쉰아홉 살에 생애를 마감하였다.

1901년 노벨상 수여 첫해에 반트 호프는 제1회 노벨화학상을 받았다. 매우 영광스럽고 뜻깊은 일이다. '맨 처음의 차례'는 결코 우연이 아니다. 준비된 사람에게 주어지는 행운이다.

180. 불소를 홀로 분리한 무아상
다이아몬드의 인공제조를 시도했지만 실패

프랑스의 화학자 무아상(Moissan, Ferdinand Frederic Henri; 1852~1907)은 너무 가난했으므로 학교교육을 제대로 받지 못했다. 열여덟 살이 되어서야 약종상 밑에서 수련을 받으면서 화학에 정진하였다. 그는 지독한 노력 끝에 약종상 자격을 취득하고, 약종상인 장인의 경제적 도움으로 연구에 전념하였다.

무아상은 불소를 홀로 분리하였다. 당시 화학자들은 불소를 홀로 분리하는데 모두 실패하였다. 그 뿐만 아니라 강한 독성 때문에 피해를 입거나 죽는 일도 있었다. 그는 불소에 강한 저항력을 지닌 백금으로 실험장치를 만들었다. 그리고 1886년 6월 26일, 이 장치로 불화수소산에 녹은 불화칼륨에 전류를 통하였다. 그리고 불소의 활성을 약하게 하기 위해 장치의 온도를 -50℃로 유지하였다. 그는 불소를 홀로 분리하는데 성공하였다. 불소는 옅은 황색의 기체로 백금 이외의 모든 것을 침식하며, 원소 중에서 가장 격렬하게 화합한다. 이 극적인 실험이 있은 뒤 곧 파리대학 교수가 되었다.

무아상은 1892년 전기로를 연구 개발하였다. 그리고 망간, 크롬, 텅그스텐, 티탄, 지르코늄 등의 금속 규소화물, 탄화물, 봉소화물을 처음 만들었다. 이어서 그는 가장 아름답고 값있는 다이아몬드를 값싼 탄소로 만들 수 없을까 생각하였다. 높은 압력을 가하여 고달픈 실험을 오래 동안 계속하였다. 오늘날 과학 수준에서 보면 그가 시도한 압력이나 온도에서는 다이아몬드의 제조가 불가능하다. 그래서 반세기가 지나도록 목적을 달성하지 못하였다.

한때 무아상은 성공했다고 착각하였다. 0.5mm 이상의 무색 다이아몬드의 작은 조각이 눈에 띄었다. 그러나 그 뒤에는 다음과 같은 사연이 숨어 있다. 고달프고 쓸데없는 실험을 계속하는 무아상의 안타까운 모습을 본 조수가 실험재료 속에 다이아몬드 조각 몇 개를 뒤섞어 놓았던 것이다.

다이아몬드 제조의 환상 속에 묻힌 그는 쉰다섯 살의 나이로 타계하였다. 그 대신 1906년 무아상은 노벨화학상이라는 영광을 안았다. 이 수상 결정에 즈음해서 러시아의 멘델레예프와 치열한 경쟁 끝에 한 표 차이로 승리하였다. 과학계에서도 흔히 행운이라는 선물이 뒤따른다. 행운은 준비된 사람에게만 찾아온다.

181. 불활성 기체를 발견한 램지
희류가스(아르곤, 네온, 크세논, 크립톤)의 발견

　스코틀랜드의 화학자 램지(Ramsay, Sir William; 1852~1916)의 할아버지는 글라스고 화학회의 창립자였다. 이처럼 과학적, 기술적 배경을 가진 가정에서 자랐음에도 불구하고, 그는 글라스고 대학 문과 과정으로 들어가 고전교육을 받았다. 어린 시절부터 음악, 어학, 수학, 과학, 특히 운동경기에 특출했던 그는 무엇이든 마음만 먹으면 모두 뜻대로 몰고 가는 의지가 강한 사람이었다. 상급학교 진학을 둘러싸고 부모와 갈등을 빚었다.

　램지는 유리 세공기술자로서 최고봉의 자리를 지켰다. 그는 자신이 만든 유리기구를 사용하여 실험하였다. 글라스고 시청 분석과에서 연구를 시작했지만, 과학교육의 부족함을 보충하기 위해 독일로 건너가 유기화학을 전공하고, 박사학위를 취득하였다. 여러 대학을 거친뒤 런던대학 유니버시티 칼리지 교수로 정년퇴임 때까지 그곳에서 연구하였다.

　램지는 화합물로부터 얻은 질소보다 공기 중에서 얻은 질소가 약간 무겁다는 사실에 주목하였다. 공기 중에는 질소보다 무거운 기체로 산소와 결합하지 않는 어떤 기체가 분명히 포함되어 있을 것으로 예상하였다. 그는 더욱 세밀한 방법을 계획하였다. 공기 중에서 얻은 질소를 마그네슘과 화합시켰다. 역시 약간의 기체가 남아있는 것을 알았다. 그는 분광기를 사용하여 이 기체가 내쏘는 스펙트럼선을 조사하였다. 가장 강한 분광은 이미 발견된 원소의 분광이 아니었다.

　이 기체가 내쏘는 분광은 분명히 새로운 원소를 예상하게 하였다. 질소보다 무겁고 공기 중에 1% 정도 포함되어 있는 새로운 원소였다. 그리고 활성이 없으므로 다른 원소와 화합하지 않는 원소임이 밝혀졌다. 그리고 그리스어의 '게으르다'는 의미로 아르곤(Ar)이라 명명하였다.

　램지는 헬륨을 발견하였다. 그는 스웨덴의 화학자이자 지질학자인 그레베가 발견한 크레바이트라는 광물의 실험을 반복하였다. 거기서 얻은 기체를 분광기로 조사하였다. 질소나 아르곤의 분광이 아니었다. 놀라운 일로서 이 분광은 로키어가 태양에서 발견한 헬륨의 분광과 같았으므로, 헬륨이 지구상에도 존재한다는 사실이 밝혀졌다. 아리스토텔레스가 주장했던 위계사상에 충격을 주었다.

램지와 그의 조수들은 1898년에 액체 공기로부터 얻은 아르곤을 주의 깊게 분리하였다. 최초로 분리한 기체에서 새로운 분광을 발견하였다. 이를 '새로운'이라는 의미로 네온(Ne)이라 불렀다. 마지막 남아 있던 액체공기로부터 두 기체를 발견하였다. 그리고 각기 그리스어의 '감추어졌다'는 의미로 크립튼(Kr), '새 손님'이라는 의미로 크세논(Xe))이라 불렀다.

램지는 기사 칭호를 얻었고, 1904년 노벨화학상을 받았다.

182. 단백질과 핵산을 연구한 코셀
분자생물학의 기초를 다짐

독일의 생화학자 코셀(Kossel, Albrecht; 1853-1927)은 식물학을 연구하고 싶었지만, 장래성을 고려한 아버지의 권유로 의학을 전공하였다. 슈트라스부르크대학 조수로 있을 당시부터 단백질과 핵산을 연구하였다. 결국 그는 생화학자가 되었다. 마르부르크대학 생리학 교수를 거쳐 하이델베르크대학으로 옮겼다.

코셀은 뉴클레인(핵단백질)의 연구에 합류하였다. 뉴클레인은 단백질 부분과 비단백질 부분으로 나누어지는데, 비단백질 속에 있는 보결 분자단이 핵산으로 밝혀냈다. 이 단백질은 다른 단백질과 같지만, 핵산은 당시 알려져 있던 어떤 물질과도 닮지 않았다. 정자에도 핵산이 많이 포함되어 있다. 코셀은 이 정자 세포 중의 단백질을 연구하였다. 히스티딘이라는 아미노산이 이 단백질 속에 많이 포함되어 있는 것을 발견하였다.

183. 당을 합성한 피셔
약품중독과 두 아들의 전사로 고통받다 자살

독일의 화학자 에밀 피셔(Fischer, Emil; 1852~1919)는 독일 본 근처의 조그마한 동네에서 태어났다. 아버지는 뛰어난 실업가로 숙부와 함께 식민지 수입품을 폭넓게 거래하는 피셔상회와 모직물 공장 및 염색시험소을 경영하였다.

피셔는 아버지의 희망에 따라 가업에 종사하려 했지만, 본대학에 입학하여 케쿨레 밑에서 화학을, 스트라스브르크 대학으로 옮겨 바이어의 지도를 받고 박사학위를 취득하였다. 그리고 바이어의 추천으로 뮌헨대학 교수로 임명되었다.

피셔에게 한 가지 에피소드가 있다. 그는 스카톨이라는 화합물을 만들었다. 그 참기 어려운 악취 때문에 연구실 동료들과 여러 번 시비가 벌어졌다. 그는 한 겨울 동안 실험실에서 입었던 옷 한 벌을 트렁크에 넣고 여행을 떠났다. 프랑스 국경 세관에서 화물검사가 실시되었을 때, 검사관은 얼굴을 찌푸리며 "빨리 트렁크를 열어 보시오!"하고 다그쳤다. 그들은 대변이 묻은 옷가지가 들어 있는 것으로 착각한 것이다.

1890년 피셔는 포도당의 전 합성이라는 쾌거를 올렸다. 그 보고를 받은 뮌헨대학의 바이어는 학생들 앞에서 "여러분, 나는 지금 에밀피셔로부터 편지를 받았습니다. 그는 포도당 합성에 성공했다고 전해왔습니다. 유기화학에서 개척할 분야가 조금 줄어들었습니다."라고 읽었다. 피셔는 그 후 당류의 입체구조의 결정이라는 연구에 힘을 쏟았다.

피셔는 오랜 동안 연구했던 페닐히드라진의 만성중독으로 건강이 매우 나빠졌다. 그 무렵 베를린대학 화학자 호프만이 타계하자, 케쿨레, 바이어, 피셔 등이 교수 후보자로 올랐다. 결국 행운의 열쇠는 마흔 살의 젊은 화학자 피셔에게 돌아갔다. 울츠부르크대학에 아무런 불만도 없었지만, 숙고한 끝에 베를린대학으로 옮겼다.

베를린대학에서 피셔는 단백질을 연구 테마로 삼았다. 10년에 걸친 연구 끝에 18개의 아미노산을 결합시켜 천연단백질과 거의 닮은 폴리펩티드를 합성하는데 성공하였다. 당시 세계 각국으로부터 많은 찬사와 함께 문하생들이 그의 밑으로 몰려들었다. 피셔는 무엇보다도 탁월한 통찰력을 지니고 있다. 그는 자신이 이론가가 아님을 잘 알았다. 그는 실험유기화학의 합성적 수단을 믿고, 그것을 마음껏 다루었다.

1914년 제1차 세계대전이 일어나자, 마지막 생애의 피셔에게 커다란 고통이 들어 닥쳤다. 차남과 삼남이 견습사관으로 전선에 나갔다가 1916년 11월에 차남이, 다음 해 3월에 삼남이 전사하였다. 부인은 중이염으로 이미 타계했고, 자신은 수은과 페닐히드라진 중독으로 고통에 시달리다가 암에 걸렸다.

이러한 불행 속에서도 전쟁이 끝나자 피셔는 전선에서 돌아온 청년 학생을 상대로 다시 화학연구에 몰두하였다. 결국 그는 자살하였다. 피셔는 유산의 일부를 '에밀 피셔 기금'으로 기부하고, 젊은 연구자를 위해 효과 있게 쓰도록 유언하였다. 재산은 값있고 의미 있게 쓰여야 한다.

1902년 피셔는 노벨화학상을 받았다. 또한 베를린 학사회원으로 선출되었다.

184. 헬륨을 액화시킨 카메를링-오네스
극저온에서의 물질의 성질을 연구, 냉동산업에 관심

네덜란드의 물리학자 카메를링-오네스(Kamerling-Onnes, Heike; 1853~1926)는 물리학과 수학을 전공하기 위해 프로닝겐대학에 입학하였다. 하이델베르크대학에서 분젠과 키르히호프의 지도를 받은 그는 모교에 돌아와 박사논문을 제출하였다. 그는 레이든대학 실험물리학 교수로 임명되고 그곳에 42년 동안 머물면서 유명한 저온실험연구소를 설립하고, 레이든대학을 세계적인 저온연구의 중심지로 만들었다.

카메를링-오네스는 저온연구에 관심을 가졌다. 그의 흥미는 점차 기체의 액화, 특히 헬륨 액화 쪽으로 쏠리었다. 그는 정교한 장치를 만들어 액체수소를 증발시키고, 우선 헬륨의 온도를 내린 다음, 듀워와 마찬가지로 줄-톰슨 효과를 이용하여 1908년 처음 헬륨의 액화에 성공하였다. 액체 헬륨의 온도는 절대온도로 4도로서, 그 일부를 증발시키면 남은 액체헬륨의 절대온도는 0.8도였다. 그리고 헬륨의 고체화에 노력했지만 실패하였다.

켈빈경은 온도가 절대온도에 가까워지면 전기저항이 증대한다고 가정하였다. 그러나 카레를링-오네스는 이와 반대라는 사실을 발견하였다. 온도를 절대온도에 가까이하면 도체의 전기저항은 감소하고, 절대온도에 이르면 소멸한다고 주장하였다. 이를 초전도 현상이라 부른다.

헬륨의 액화온도에서 진기한 현상을 많이 발견하였다. 모든 물질과는 분명히 다른 성질을 지닌 액체헬륨(헬륨-II)이 존재하는 것을 알아냄으로써 극저온의 새로운 세계가 열렸다. 예를 들어 낮은 온도에서 자장을 걸면 초전도가 없어지는 것을 발견하였다. 또한 저온물리학의 기술적 응용에 흥미를 지니고 냉동 산업과 그 사업에 관심을 보였다.

전자계산기에는 거대한 회로망을 가능한 작게 하기 위해서 초전도 현상을 이용한 초소형 개폐기가 사용되고 있다. 이 개폐기는 액체헬륨으로 냉각한다.

185. 우라늄 화합물에서 방사능을 발견한 베크렐
19세기의 원자 개념을 한번에 무너뜨림

프랑스의 물리학자 베크렐(Becquerel, Antoine Henri; 1852~1908)의 할아버지와 아버지 모두 물리학자였다. 그는 이공대학과 국립토목학교를 거치면서 기사 훈련을 받고, 할아버지와 아버지의 연구를 이어 받아 형광물질을 연구하였다. 박물관장을 거쳐 1895년 이공대학 교수가 되었다.

1895년 뢴트겐이 X선을 발견하자 이에 자극을 받은 베크렐은 형광물질의 방사선을 연구하였다. 그는 형광물질 중에 X선을 방출하는 물질이 있지 않을까 생각하였다. 1896년 2월 어느 날, 사진 건판을 검은 종이로 포장한 후, 그 위에 형광물질(그의 아버지가 관심을 가졌던 황산우라닐칼륨)을 올려놓고 햇볕을 쪼였다. 태양광선의 작용으로 형광물질이 형광을 방사했는데, 만일 그 형광물질에 X선과 같은 것이 포함되어 있다면, 그것은 포장지를 통과할 것으로 추측하였다. X선의 성질 중 가장 특이한 것은 그 투과력이다. 사진 건판을 현상한 결과, 뚜렷하게 감광되었으므로, 검은 종이를 통과한 방사선의 존재가 실증되었다. 그는 X선과 같은 방사선이 형광물질 중에서 만들어진다고 결론을 내렸다.

그 후 구름 낀 날이 계속되어 실험을 중단하고, 완벽하게 포장된 사진 건판 위에 그 형광물질을 올려놓은 상태로 서랍 속에 넣고 쾌청한 날씨를 며칠 기다렸다. 몇 날 후에 사진 건판을 현상해 보았다. 그 형광물질은 날씨가 흐려 태양광선을 쪼이지 않았음에도 불구하고 사진 건판을 감광시켰다. 건판이 감광된 것은 태양광선 때문도, 형광 때문도 아니었다. 분명히 X선과 같은 빛을 내는 물질이 그 형광물질 속에 들어있는 것이 분명해졌다.

곧 우라늄이 내쏘는 방사선이라는 사실을 알았다. 1898년 마리 퀴리는 이 같은 현상을 '방사능'이라 불렀고, 우라늄이 내쏘는 방사선을 한 때 '베크렐 선'이라 불었다. 베크렐의 방사능의 발견과, 그와 퀴리부처의 방사능 연구는 물리학의 혁명을 불러 일으켰다. 원자가 보다 작은 입자로 되어져 있다고 한 것은 원자물리학의 실마리를 열어 놓았다.

베크렐은 프랑스 과학아카데미 회원으로 선출되고, 그 후 과학아카데미 부회장, 회장에 이르렀다. 그는 피엘 퀴리와 1903년 노벨물리학상을 공동으로 수상하였다.

186. 빛의 속도를 연구한 마이컬슨
광속은 매초 299,853km(현재는 299,792.5km)

   독일계 미국의 물리학자 마이컬슨(Michelson, Albert Abraham; 1852~1931)의 일가는 당시 황금 붐이 일어났던 미국 서부에 정착하여 채광업에 종사하지 않고 장사를 시작하였다. 그는 열 살에 해군학교에 지원했지만 동점자가 있어서 낙방하였다. 그러나 당시 미국 대통령 그랜트에게 청원서를 내어 간신히 합격하였다.

   마이컬슨은 과학에서 뛰어난 성적을 올렸지만, 선박 조종술은 평균 이하였다. 해군학교를 졸업한 그는 2년 동안 바다에서 근무하다가 독일의 헬름홀츠와 파리에서 함께 연구하였다. 귀국 후 그는 시카고대학 물리학 부장이 되었다.

   1878년 마이컬슨은 빛의 속도를 정확하게 측정하였다. 그는 푸코의 방법을 조금 개량한 장치를 이용하여 측정 결과를 발표하였다. 매초 299,853km으로 그 후 30년 동안 가장 정밀한 값이다.

   또한 1881년 그는 간섭계를 제작하였다. 빛을 서로 직각 방향으로 각기 나아가게 하고 빛의 성질을 조사하였다. 당시 빛은 파동이라 생각했기 때문에 파동을 전달해주는 것이(바다의 파도를 물이 전달해주듯이) 있어야 한다고 생각한 그는, 모든 공간에는 빛을 전달하는 에테르가 충만되어 있다고 전제하였다.

   1881년 베를린 헬름홀츠연구소는 마이컬슨의 실험이 실패했다고 발표하였다. 과학사에서 실패한 실험으로 유명하다. 그러나 이 실험으로 에테르 부재 이론과 광속도 불변의 법칙이 확증되었다. 아리스토텔레스가 천계의 신성한 원소라 주장했던 에테르의 존재가 부정되어 그의 권위가 크게 손상되었다.

   마이컬슨은 왕립학회 코플리 상을 받고, 미국 물리학회 회장과 미국 국립과학아카데미(NAS) 회장을 지냈다. NAS는 1863년 미국 연방회의에 의해서 설립되었다. 이는 정부의 요청에 따라서 여러 과학분야의 연구를 수행하는 과학자들의 자치기관이다. 미국 남북전쟁 당시, 북군의 승리로 과학은 크게 자극을 받았다.

187. 전자의 존재를 확인한 로렌츠
국제회의에서도 뛰어난 능력을 발휘

네덜란드의 물리학자 로렌츠(Lorentz, Hendric Antoon; 1853~1928)는 일찍부터 물리학에 흥미를 가졌다. 그리고 특히 외국어 습득이 매우 빨랐다. 그는 레이든대학을 최우수 성적으로 졸업하고 그 해에 박사학위를 취득하였다. 3년 후에 같은 대학에 신설된 이론물리학 교수가 되었다. 스물다섯 살의 젊은 교수였다.

당시 이론물리학은 물리학에서 독립한지 얼마 되지 않았으므로 로렌츠 자신도 이 강의를 꺼려하였다. 이 대학의 이론물리학 교수직은 네덜란드와 유럽에서도 처음이었다. 그는 타계할 때까지 그 자리에 줄곧 머물러 있었다.

로렌츠는 전자론을 독창적으로 전개하는 한편, 학생들을 위한 교과서를 많이 집필하였다. 그는 네덜란드 과학협회 간사직을 맡고, 정년퇴임 후 원외교수로서 물리학의 최신 문제를 내용으로 한 유명한 월요 강좌를 맡았다.

로렌츠는 레이든대학 근처에서 평생 살았지만 코스모폴리탄적인 물리학자이다. 20년 동안 외국의 물리학자와 접촉한 일이 단 한번도 없었지만, 퇴직 후 그는 국제회의 참가, 연설 등 국제적인 활동으로 분주하였다. 1911년에 시작한 솔베이 회의 의장을 비롯하여 여러 회의를 주재하여 국제회합에서 능력을 보여주었다. 그의 지식, 기개, 문제를 명쾌하게 결론 짓는 능력, 특히 영어, 독어, 불어를 자유롭게 구사하는 능력으로 모두를 감동시켰다.

제1차 세계대전 후, 로렌츠는 국제과학조직으로부터 독일과 오스트리아의 과학자를 배제하자는 운동을 저지하는데 적극 노력하였다. 또한 1923년 국제연맹의 지적협력 국제위원회의 일곱 위원의 한 사람으로, 철학자 베르그송의 사퇴 후에 회장을 수락한 것은 그가 진심으로 국제평화를 원했기 때문이다.

로렌츠는 노벨물리학상(1902년도)을 위시하여 왕립학회의 럼퍼드 메달, 코플리 메달, 그리고 파리대학과 케임브리지대학의 명예박사 등 많은 명예를 안았다. 일흔일곱 살에 눈을 감았다. 장례식장에 참석한 아인슈타인은 추도사에서 "우리들 시대의 위대하고 고결한 사람이다."고 읽었다. 장례식장은 너무 엄숙했다고 한다. 국제 감각에 뛰어난 과학자의 양성과 활동 또한 중요하다. 지금은 과학외교관이 필요할 때이다.

188. 에너지론을 주장한 오스트발트
원자론자 볼츠만과 치열한 논쟁

러시아계 독일의 물리화학자 오스트발트(Ostwald, Friedrich Wilhelm; 1853~1932)는 러시아 제국의 발트해 지방 지배계급의 집안에서 태어났다. 그는 돌바트(현재의 에스토니아)대학 재학 중, 덴마크의 화학자 톰센의 열화학에 흥미를 느끼고 화학물질의 물리적 성질을 연구하였다. 박사학위를 취득하고, 리가대학 교수를 거쳐 라이프치히대학 교수가 되었다. 그리고 줄곧 그 자리에 머물렀다.

당시 아레니우스의 이론은 그다지 널리 보급되지 않았지만, 오스트발트는 아레니우스를 도우면서 우정을 굳게 다졌다. 또한 깁스의 연구가 중요하다고 생각한 그는 깁스의 논문을 독일어로 번역하여 유럽 사람의 눈에 띠도록 도와주었다. 미국의 연구 수준을 알게 된 그는 1905년부터 시작한 독미 교환교수로 1년 동안 하버드대학에서 연구하였다.

1887년 친구인 반트 호프와 공동으로 물리화학 부문의 전문학술지 〈물리화학연보〉를 1902년에 창간하였다. 그는 물리화학 각 부문, 특히 촉매의 연구에서 많은 성과를 올렸다. 촉매에 관한 그의 이론은 지금도 인정받고 있으며 공업생산에서 많이 응용되어 생산성을 높이고 있다. 그는 촉매 이외에 용액화학과 색채과학, 화학평형과 반응속도에 관한 여러 원칙을 연구하였다.

오스트발트는 에너지 변화와 같은 측정 가능한 것만을 연구 대상이 될 수 있다고 강하게 믿은 나머지(마흐의 후계자이고 신봉자로서), 측정 불가능한 대상에 관한 이론(원자론)을 적극 반대하였다. 그 때문에 매우 오랜 동안 원자론은 가설에 불과하다고 주장하고 이를 인정하지 않았다. 원자론자인 볼츠만과의 격론은 그 좋은 예이다. 그러나 프랑스 물리학자 페랭에 의해 브라운 운동이 분석되고, 원자가 눈에 보이는 현상으로 인정됨으로써, 결국 오스트발트도 이를 인정하고 페랭과 친구가 되었다. 과학계에서 정정당당하게 승부를 겨루는 정신이 필요하다.

1909년 오스트발트는 노벨화학상을 받았다.

189. 코닥 카메라를 만들어낸 이스트먼
축적한 거액의 재산(1억 달라)을 교육사업에 희사

미국의 발명가 이스트먼(Eastman, George; 1854~1932)은 에디슨처럼 가난한 집안에서 태어나 교육을 받을 기회가 없고, 열네 살부터 스스로 생계를 꾸려나갔다.

사진에 흥미가 있었던 이스트먼은 과거를 기억해내는 사진을 간단하면서도 취급하기 쉬운 장치로 찍을 수 있다면, 사람들로부터 많은 사랑을 받을 것이라 생각하였다. 당시 원판은 사진을 찍기 직전에 유리에 화학유제를 칠하여 만들어야 했고, 유제 역시 현장에서 만들어야 하므로 매우 불편하였다. 그러므로 사진은 전문가이어야만 제대로 찍을 수 있었다.

이스트먼은 유제를 젤라틴과 혼합하여 미리 원판에 칠하고 건조시켜 굳게 하는 방법을 발명하였다. 이렇게 하면 장시간 보존할 수 있을 뿐 아니라 필요한 때에 즉시 사용할 수 있다. 그러나 유리는 무겁고 깨지기 쉬워 종이 위에 유제를 바른 필름의 특허를 따냈다. 그리고 코닥 카메라(아무런 뜻이 없지만 친밀감이 있다)를 시판하였다. 이 카메라를 구입한 사람들은 단추만 눌러도 사진을 찍을 수 있다.

이스트먼은 종이 필름 대신 화학자 하이어트가 발명한 셀룰로이드를 사용하였다. 이로써 사진술은 일반대중에게 뿌리내리기 시작하고, 에디슨은 이스트먼 필름을 사용하여 영화 필름을 만들었다. 큰 회사 사장이 된 이스트먼은 의료보험, 퇴직연금, 생명보험 등 진보적인 제도를 누구보다 먼저 도입하고, 또한 1억 달라 이상의 자금을 육영사업에 기부하여 자신이 받지 못했던 학교교육을 많은 사람들이 받도록 하였다. 많은 명예를 안고 장수를 누렸던 이스트먼은 생애 마지막에 고독하게 지내다가 눈을 감았다.

190. 화학요법 시대를 열어 놓은 에를리히
성병인 매독의 특효약인 살바르산을 개발

독일의 세균학자 에를리히(Ehrlich, Paul; 1854-1915)는 실레지아 지방의 유태계 사람이다. 학생시절부터 일찍이 화학과 생물학에 흥미를 가지고 학생시절부터 두 분야를 연결시키려고 노력하였다. 라이프치히대학에서 의학학위를 받고 졸업한 그는 베를린 샤리테병원 주임 임상의, 같은 병원의 교수로 승진하였다. 그는 코흐로부터 초청받아 공동연구를 했지만, 결핵에 걸려 이집트로 전지요양을 떠났다.

이집트에서 돌아온 에를리히는 사설연구실을 설립하여 연구하는 중에 베를린대학 교수로 임명되었다. 또한 베를린 전염병연구소 연구원, 베를린에 새로 설립된 혈청연구관리연구소 소장으로 그를 임명하였다. 독일 정부가 그 연구의 중요성을 인식한 나머지 연구소를 베를린에 설립하였다.

코흐는 세균학자 베링과 협력체제를 갖추고 곧 디프테리아 치료법 연구에 노력을 기울였다. 베링의 제안으로 그들은 디프테리아균 접종으로 면역된 동물 체내의 항체를 이용하였다. 통찰력이 뛰어난 실험가 에를리히는 그 적정 양과 투여 방법을 연구하여 디프테리아에 뛰어난 효과가 있는 치료법을 개발하는데 성공하여 이를 퇴치하였다. 에를리히는 베링과 사이가 나빠지면서 헤어졌다. 그는 싸움을 흔히 거는 사람이다. 일생을 통해서 연구방법에 대해 독자적인 견해를 줄곧 주장해 왔던 그는 자신의 의견에 따르지 않는 사람과 싸움을 자주 걸었다. 사실상 그의 학설이 항상 옳았으므로 항상 독재자 노릇을 하였다.

에를리히는 세포의 염색법 연구를 부활시켰다. 만일 세균만을 염색하고 다른 세포를 염색하지 않는 염료가 있다면, 그 염료야말로 인체에 무해하면서 세균만을 죽이는 약이 될 수 있다. 그러므로 만일 이러한 염료만 찾아낸다면 체내로 들어온 병원균을 잡아 격퇴시키는 마법의 탄환을 얻게 되는 셈이다. 그는 수백에 이르는 화합물을 시험하였다. 그 결과 1907년 소위 606호를 시판하였다.

1909년 새로 들어온 조수는 비소제가 트리파노소마(잠자는 병)에 효력이 있을 것으로 생각한 나머지 606호를 사용해 보았지만(이때 에를리히는 이미 900번째의 것을 만들어 냈다), 역시 트리파노소마에 대해 효력이 없었다. 그러나 성병인 매독의 병원체에는 놀라울 정도로 효과가 있는 사실을 알았다.

매독은 트리파노소마보다 훨씬 무서운 질병이다. 그는 조수의 발견을 바로 확인한 뒤에 1910년 전 세계에 발표하였다. 이 약제가 곧 살바르산이다(정식 명칭은 아르스페나민). 그는 이 약제가 의사에 의해서 올바르게 사용되는지 꼼꼼하게 지켜보았다. 때로는 그 사용법이 서툴러 에를리히나 의사들이 살인마로 비난받는 일도 있었다. 그러나 결국 그의 공적이 인정되어 인류의 구원자, 치료자로서 오래도록 칭송을 받았다. 살바르산으로 현대 화학요법(에를리히가 명명) 시대의 막이 열렸다.

에를리히는 메치니코프와 함께 1908년 노벨생리의학상을 받았다.

191. 순수수학을 연구한 수학의 거인 푸앵카레
30권의 저서, 500편의 논문을 발표

프랑스의 수학자 푸앵카레(Poincare, Jules Henri; 1854~1912)는 의사 집안에서 태어난 우수한 학생으로, 전국 프랑스 리세학생 공개대회에서 장원을 하였다. 파리의 이공대학을 졸업한 후, 광산대학에서 공학을 연구했지만 학위논문은 수학이었다. 그 후 곧 칸대학 교수, 2년 후 파리대학 교수가 되었다.

푸앵카레는 순수수학과 전자를 연구하였다. 그의 연구성과 속에는 그 후 아인슈타인이 생각했던 상대론적인 결과가 이미 포함되어 있었다. 하지만 그와 아인슈타인의 연구는 분명히 독립적이었다. 그의 주장은 전면적으로 전자기론에 입각한 전자현상에 한하였다.

푸앵카레의 수리물리학 연구는 그를 필연적으로 천체역학 연구로 향하게 하였다. 그는 3권의 천문학 저서를 새로운 수학적 방법을 바탕으로 기술하였다.

어릴 적부터 그를 '수학의 거인'이라고 불렀다. 그의 저서 양은 많다. 30권 이상의 책, 500편 이상의 논문이 있다. 그는 분명히 수학의 거인임이 틀림없다. 그의 저서의 특징은 과학자로서 뿐만 아니라, 여러 인생길을 걸었던 지식인들처럼 호소력이 있다. 1908년 그는 타계한 시인 푸류덤의 빈자리를 메꾸기 위해 아카데미회원으로 선출되었지만, 그것은 과학자로서가 아니라 문학자로서였다.

192. 화성을 관측하고 명왕성을 예언한 로웰
명문 집안의 사업가가 천문학자로 변신

미국의 천문학자 로웰(Lowell, Percival; 1855~1916)은 보스턴의 명문 태생으로, 여동생은 유명한 시인 에밀 로웰, 형은 하버드대학 총장을 지냈다. 퍼시벌 로웰 역시 하버드대학을 졸업하고 사업을 하면서 극동을 10여 년 동안 여행하였다. 이 여행은 외교적인 성격도 포함하고 있었다.

로웰은 귀국하여 풍성한 재력을 이용하여 공기가 건조하고 밤에 도시의 조명 영향을 받지 않는 애리조나에 사설 천문대를 건설하였다. 이곳은 해발 2,000m이다. 그는 화성에서 운하가 발견되었다는 이야기를 듣고 이에 대단한 흥미를 가졌다. 1894년 당시 마침 화성이 지구에 접근하고 있었음으로, 밤에는 화성, 낮에는 수성과 금성을 관측하였다. 그는 칠레의 안데스에 원정대를 이끌고 가서 처음으로 고품질의 화성 사진을 촬영하였다.

로웰은 14년 동안 화성 연구에 온 힘을 바쳤다. 수 천 매의 화성 사진을 촬영하고, 180개의 운하를 상세히 기록하였다. 운하와 운하의 합류점에는 오아시스가 있다는 것, 한 개의 운하가 때로는 두개로 갈라진다는 것, 계절에 따라 변화가 있다는 것, 경작을 한 까닭에 물이 가득할 때와 빠질 때가 있다는 것 등을 상세하게 보고하였다. 한편 미국의 천문학자 피커링은 로웰의 의견과 전혀 달랐다. 훗날 천문학자들은 피커링의 기록을 지지하고, 로웰의 기록을 불신하게 되었다.

로웰의 관측은 화성뿐만이 아니었다. 그는 해왕성(르 베리에와 애덤스가 발견)이 궤도를 약간 벗어나 운동하고 있는 사실을 확인하고, 그 원인이 해왕성 밖에 또 다른 행성이 존재하고 있지 않을까 생각하고 그 위치를 계산하였다. 그리고 이 미지의 행성을 X라 불렀다. 그는 계속 관측하였다. 그는 X를 발견하지 못하였다. 그가 죽은 지 14년이 지나면서 더욱 성능이 뛰어난 망원경으로 미국의 천문학자 톰보가 이를 발견하였다. 이 새로운 행성을 명왕성(Pluto)이라 불렀다. 하지만 최근 명왕성은 행성기준보다 작다는 이유로 태양계의 행성 자격을 상실하였다.

193. 전자를 발견한 톰슨
스물일곱 살에 캐번디시 연구소 소장으로 활약

영국의 물리학자 톰슨(Thomson, Sir Joseph John, 1856~1940)은 열네 살에 맨체스터대학에 들어가 공학을 전공했지만, 그 후 물리학으로 방향을 바꾸었다. 장학금을 얻어 케임브리지대학에 입학하고 일생을 그곳에서 마쳤다.

졸업할 당시 톰슨은 수학과에서 차석을 차지하고, 겨우 스물일곱 살에 영국 물리학자 레리의 뒤를 이어 물리학 교수, 핵물리학의 본거지인 캐번디시연구소 3대 소장이 되었다. 그의 뛰어난 지도력과 교육의 힘으로 20세기 초기 30년 동안 원자핵물리학 분야에서 영국은 주도적인 입장을 유지하였다. 트리니티 칼리지의 학장으로 취임하면서 연구

소장 자리는 제자인 러더포드에게 물려주었다.

톰슨은 고도의 진공관을 사용하여 음극선이 전기장에서 구부러지는 것을 실증하고, 음극선이 대전 입자라는 사실을 확인하였다. 그리고 음극선 입자의 전하와 질량을 측정하였다. 만일 그 전하의 크기가 이온의 최소 전하 값과 같다면, 그 입자의 질량은 수소 원자의 질량보다 훨씬 가볍다는(현재 1/1837) 사실을 밝혀냈다. 음극선 입자는 원자와 비교해서 매우 작으므로 원자보다 작은 입자의 세계가 톰슨에 의해 선보였다. 그러므로 톰슨은 전자의 진정한 발견자이다.

톰슨은 전자가 물질을 구성하는 일반적인 요소라 생각하고 원자의 내부구조에 관한 이론을 제시하였다. 원자는 플러스로 대전한 입자의 내부에 마이너스로 대전한 입자가 함께 있기 때문에 같은 양의 플러스, 마이너스의 전하가 상쇄되어 원자는 중성이라고 생각하였다. 이 이론의 출발점은 옳았다.

톰슨 밑에서 연구 조수로 연구했던 7명 모두가 노벨상을 받았다. 톰슨 자신도 1906년 노벨물리학상을, 기사 칭호와 메리트 훈장을 받았다. 그의 유해는 웨스트민스터 성당의 뉴턴 유해 바로 옆에 묻혀 있다.

194. 예언된 전자파의 존재를 확인한 헤르츠
패혈증으로 설은 일곱 살에 애석하게 타계

독일의 물리학자 헤르츠(Hertz, Heinrich Rudolf; 1857~1894)는 어린 시절부터 스스로 작업실을 운영하였다. 열다섯 살에 김나지움을 거쳐, 기술자의 길을 걷는데 필요한 초보적인 훈련을 쌓기 위해 프랑크푸르트대학에, 또한 국가기술자격시험 준비를 위해 드레스덴공과대학에 들어갔다. 그런데 1년 동안 병역을 치르는 사이에 마음을 바꾸어 기사보다 과학자가 되기로 결심하였다. 제대 후 뮌헨대학에서 곧 바로 실험물리학을 전공하였다.

헤르츠는 물리학자 헬름홀츠와 키르히호프의 지도를 받았다. 가깝게 지냈던 헬름홀츠는 헤르츠의 능력을 높이 평가하고 격려를 아끼지 않았다. 학위를 받은 뒤 헬름홀츠의 연구조수로 베를린에 머물다가, 물리학을 강의하기 위해 킬대학으로 옮겼다. 그러나 그곳에 적당한 실험실이 없었으므로 카를스루에공과대학의 물리학 교수로 취임하였다.

1888년 헤르츠는 맥스웰이 예언했던 전자파를 확인하였다. 치통으로 건강이 나빠진 그는 클라우지우스의 뒤를 이어 본대학 물리학 교수로 취임했지만, 질병이 더욱 악화되어 패혈증으로 사망하였다. 단명했던 헤르츠보다 헬름홀츠는 1년 더 살았는데, 두 사람은 일생동안 우정을 굳게 다졌다.

진동수의 단위인 '헤르츠'는 그를 기념하기 위한 것으로, 1헤르츠는 1초 사이에 1회의 진동, 아니면 1회전하는 것을 말한다.

195. 자바 원인을 발견한 뒤부아
군의관 신분으로 발굴작업에 참가

네덜란드의 해부학자이자 인류학자인 뒤부아(Dubois, Marie Eugene Francois Thomas; 1858~1940)는 암스테르담대학에서 의학과 박물학을 전공하였다. 그는 네덜란드 육군 군의관으로 정부로부터 화석의 조사를 의뢰받고 자바에 파견되었다(자바는 당시 네덜란드령). 이 섬에서 화석을 발견하여 세계적으로 이름을 크게 떨친 그는 귀국하여 암스테르담대학 교수로 임명되었다.

뒤부아는 잃어버린 사슬(missing link)의 문제에 일찍 관심을 가졌다. 다윈의 이론이 발표된 뒤로부터 30년이 지났지만 인류 진화의 증거로는 원시석기나, 인체 내 퇴화기관의 존재가 거론되었을 뿐, 화석을 말한 일은 거의 없었다.

1850년대에 네안데르탈인의 골격이 발견되었다. 프랑스의 외과의사이자 인류학자인 브로카는 이 골격이 원시인의 것이라 생각했지만, 피르호는 원시인의 뼈라기보다 보통 사람이 질병이나 사고로 죽었기 때문에 그와 같은 모습으로 바뀐 것이라고 주장하였다.

뒤부아는 만약 인간보다 훨씬 원시적이지만, 원숭이보다 진화한 동물의 화석이 발견된다면, 인간과 그의 선조인 원숭이에 유사한 동물이 있지 않을까 생각하였다. 그러나 이 사슬은 발견되지 않았다. 뒤부아는 이 고리를 발견하기 위해 온 힘을 쏟았다. 그는 남아시아에 관심을 돌렸다.

뒤부아가 군인 신분으로 자바에 파견되어 화석을 조사하는 도중, 믿지 못할 정도의 행운을 잡았다. 의심 없이 원시인의 것으로 생각되는 대퇴골, 두개골, 두 개의 이빨을 발견하였다. 그는 이 뼈의 주인인 원시인을 피테칸트로푸스 에렉투스(직립원인)이라 불렀다. 순간 대단한 논쟁이 벌어졌다. 그것은 인간의 진화문제와 관련되어 있기는 하지만, 의심스러운 뼈 몇 조각으로 증명한다는 것도 문제였기 때문이다. 그러나 그 후 같은 발견이 중국과 아프리카에서 잇달았다. 늦기는 했지만 잃어버린 사슬이 발견된 것이 확실시됨으로써 인간의 진화는 단지 이론이 아닌 실증으로 막을 내렸다.

196. 동력원에 큰 변혁을 몰고 온 디젤
도버해협 항해 중 의문의 죽음

독일의 발명가 디젤(Diesel, Rudolf; 1858~1913)은 파리에서 작은 가죽제품 공장을 경영하던 사업가의 아들로 태어났다. 그가 열두 살 되던 해에 보불전쟁이 일어나자, 원래 게르만 민족을 싫어했던 그의 아버지는 영국으로 건너갔다. 영국에 도착한지 두 달도 채 못 되어 가정불화 때문에 디젤은 독일에 있는 삼촌 집으로 돌아와 왕실무역학교에 입학하였다. 그는 남다른 재능을 발휘하여 장학금을 받기까지 하였다.

디젤은 입학 첫날부터 공기를 강력하게 압축하여 불을 일으키는 공기압 부싯돌에 깊은 관심을 가졌다. 이는 디젤엔진 발명의 핵심이다. 거기에다 열일곱 살에 뮌헨에 있는 산업기술대학에 장학생으로 입학한 그는 당시 공장의 주 동력원이던 증기엔진은 에너지 낭비가 많아 비효율적이었으므로, 그는 에너지 낭비가 없는 효율적인 엔진을 발명하기 위해 열역학에 심취하였다. 디젤엔진 발명의 문이 서서히 열리기 시작한 것이다.

디젤은 건강을 돌보지 않고 연구하다가 심한 열병에 걸려 생명을 잃을 번한 때도 있었다. 이때부터 그는 정신착란의 초기를 걷게 되고, 그의 두뇌는 더욱 예민해지고 날카로워졌다.

최우수 학점으로 대학을 졸업한 디젤은 스위스의 제빙기 제조회사에 들어가고, 1년 만에 그가 태어난 파리의 제2공장 책임자가 되었다. 그 해 9월 그는 레스토랑이나 가정에서 먹을 수 있는 식용제빙기술을 발명하여 특허를 따냈다. 이 특허로 돈이 쏟아져 들어오고, 그는 곧 발명가의 명성과 함께 젊은 백만장자로서 파리 사교계의 별이 되었다. 6척 장신의 건강한 미남에다 유창한 불어, 영어, 그리고 영국 신사 풍의 매너와 그의 음악 지식은 파리의 여인들을 매혹시키고도 남았다.

디젤은 그 동안 계획해 오던 엔진연구에 몰두하였다. 7년 동안 연구했지만 실패를 거급한 그는 베를린으로 이사하였다. 그는 높은 공기 압력으로 생기는 열로 연료를 점화시키고, 엔진을 작동시키는 새로운 연구를 시작하였다. 연구 4년만인 1894년 2월 17일, 엔진의 실린더 안에 생긴 높은 열이 연료에 점화되어 폭발하는 열 엔진을 발명하였다. (지금도 호주 근처 관광지에서 원주민이 공기의 압력을 이용하여 점화시키는 볼거리를 실연하고 있다.)

　처음에 엔진에 붙일 적당한 이름이 없어 '열 엔진', '고압 엔진', '검은 여왕'이라고 불러보았다. 이름 때문에 고민하는 남편을 본 디젤 부인은 "이왕이면 당신이 발명했으니 당신 이름을 붙여 디젤 엔진이라 부르면 어때요." 하는 순간, 그는 "그것 괜찮군!" 하고 무릎을 쳤다고 한다.

　곧 전 세계 산업계는 에너지 절약형 고효율의 디젤엔진에 관심을 모았다. 미국, 영국, 프랑스, 스웨덴 등지의 업자들이 몰려오고, 특히 광산, 공장, 선박, 기차, 건설장비, 농기계용의 엔진으로 날개 돋친 듯 팔려나갔다. 디젤은 또 한번 돈방석에 앉아 마흔 살에 억만장자가 되었다.

　그러나 디젤의 성공은 평탄하지 못하였다. 가솔린 엔진 및 증기 엔진 제조업자들의 시기와 질투, 그리고 중상모략에서 오는 신경과민과, 회사 내 간부들의 재산을 둘러싼 부정부패와 갈등으로 그의 건강은 날이 갈수록 악화되었다.

　1913년 9월 어느 날, 영국에 세워진 디젤엔진 공장의 준공식에 참석하기 위해 친구들, 회사 주임 기사들과 함께 증기선 드레스덴호로 도버해협을 건너고 있었다. 밤늦게까지 놀았던 그가 아침 식탁에 나타나지 않자, 사람들은 배 안을 샅샅이 뒤졌다. 뱃머리에 그가 즐겨 입던 외투가 곱게 접어진 채 놓여있고, 그 위에 모자와 안경이, 옆에는 구두와 지팡이가 놓인 채 주인은 간 데 없이 사라졌다.

　그로부터 2주 후, 핀란드의 작은 증기 어선이 북해에 떠있는 디젤의 시체를 발견하였다. 정신분열증 발작으로 인한 자살인지, 아니면 그를 괴롭히던 경쟁자들의 타살인지 미스터리로 남아있다.

　디젤엔진은 자동차 엔진으로는 문제점이 있어 사용하지 못하다가, 1922년 벤츠 트럭에 처음 사용되었다. 디젤엔진 승용차는 그때부터 14년 후인 1936년 역시 벤츠에서 처음 내놓았다. 디젤 승용차는 휘발유차보다 연료비를 3분의 2로 줄일 수 있고, 엔진수명이 길며 힘이 강하다는 매력 때문에 전 세계적으로 크게 보급되었다.

197. 양자론을 확립한 막스 프랑크
독일 과학계를 지키고 부흥시킨 공로자

독일의 물리학자 막스 프랑크(Planck, Max Karl Ernst Ludwig; 1858~1947)는 베를린대학에서 헬름홀츠와 키르히호프의 지도를 받았다. 열역학에 관한 학위논문으로 뮌헨대학에서 박사학위를 받고, 5년 후 킬대학의 물리학 원외교수로 임명되었다. 키르히호프가 타계하자 그 뒤를 이어 베를린대학 물리학 조교수, 새로 창설된 이론물리학연구소 소장이 되었다. 그는 베를린대학 교수로 승진하고, 줄곧 그곳에 머물러 있다가, 1930년 카이저빌헬름연구소 소장으로 임명되었다. (종전 후 이 연구소는 막스 프랑크연구소로 이름을 바꾸고 괴팅겐으로 옮겼다) 그러나 1937년 나치의 유태인 과학자에 대한 처우에 항의하고 사직하였다. 전후 그는 막스 프랑크연구소 소장으로 임명되고 타계할 때까지 그 자리에 있었다.

막스 프랑크는 여성과학자 마이트너를 화학연구소에 초청하고 자신의 조수로 채용하였다. 그는 여성의 대학교육을 장려해야 한다고 적극 주장하였다. 몇몇 여학생은 그의 강의에 출석하였다. 그가 베를린대학 총장직을 맡은 1913~14년에 독일 대학의 여학생 수가 점유하는 비율은 6% 정도에 이르렀다.

막스 프랑크는 베를린 물리학회(1898년에 독일물리학회로 개칭)의 대표로 선출되었다. 이 학회가 발행하는 유력한 학술지 〈물리·화학연보〉를 물리학 전문지에 어울리도록 〈물리학 연보〉로 개명(실은 초기의 명칭으로 환원)하고, 편집 책임자의 일을 맡았다. 물론 그는 공정한 편집자로서 쓸데없는 논쟁을 가능한 한 피하려고 노력하였다.

막스 프랑크의 요직은 프러시아 과학아카데미 수학·물리학 부문의 상임 간사로서 독일 과학계에 막대한 영향력을 행사하였다. 이 간사 자리의 선거에 즈음해서 20표 중 19표가 그에게 던져졌다. 나머지 한 표는 프랑크 자신이 네른스트에 던졌던지, 아니면 네른스트가 자신에게 표를 던졌다는 말도 있다. 간사가 된 막스 프랑크는 아인슈타인을 아카데미 회원으로 가입시키는 운동에 앞장서 성공을 거두는 등 순조로운 출발을 하였다.

그는 집회·기획·재무 등에 관해 관계자를 순방하면서 지도를 받았다. 타이프라이터도 사용하지 않으면서 지체 없이 일을 처리하였다. 전시체제로 접어들면서 막스 프랑크는 대학총장으로 병역의무를 지닌 두 아들의 아버지였다. 그는 공인으로서 절도있는 행동을 취하였다. 이러는 사이에 자신도 모르게 정치·외교의 장에 몸을 던졌다. 그는 독일과학의 스폰서이고, 당연하지만 정치·외교 장에서 너무 강직했기 때문에 많은 역경을 겪어야만 하였다.

막스 프랑크는 최초의 부인 메르크가 병마에 시달려 세상을 떠나자, 남은 다섯 가족에게 비극이 몰아 닥쳐왔다. 전쟁 당시에 두 아들이 전선에 나갔고 쌍둥이 딸은 적십자에서 일하였다. 차남 에르빈은 프랑스의 포로가 되어 오랜 동안 고통을 겪었고, 장남 칼은 부상의 악화로 목숨을 잃었다. 불행은 다시 계속되었다. 딸 가레테는 전쟁 말기에 출산하고 일주일 후에 죽었고 쌍둥이 자매인 에마가 유아를 데려다 길렀다. 전후에 가레테의 남편과 결혼했지만 에마도 아이를 낳은 후에 죽었다. 할아버지가 된 막스 프랑크는 손녀들(각기 어머니의 이름을 따서 가레테, 에마라 불렀다)을 키우는 데서 위안을 받았다. 후에 에마는 음악을 전공하고, 가레테는 여의사가 되었다.

과학계의 대변자이고 가장인 막스 프랑크가 많은 불행을 마주하고 있을 무렵, 친구들은 그의 업적을 기리는 준비를 하였다. 1918년 독일 물리학회는 회장 아인슈타인의 도움으로 〈막스 프랑크 탄신 60주년 기념〉 책자를 만들었다. 이 행사가 노벨상 수상 축하 행사로 잘 못 전해져 한바탕 소동이 벌어졌다. 그 보상으로 노벨상위원회는 미결정된 1918년의 노벨물리학상을 막스 프랑크에게 주었다. 수상 이유는 에너지가 양자라는 기본적 단위로 되어 있다는 사실을 시사한 양자이론 때문이었다.

프랑크는 양자란 에너지의 기본 단위로서 $h\nu$(h 프랑크 상수, ν 진동수)라 주장하였다. 1900년대 초기에 양자론은 물리학에 혁명을 몰고 왔다. 그러나 아인슈타인은 양자론을 문제 삼았다.

베를린대학 이론물리연구실을 이끌어온 막스 프랑크는 수제자 라우에에게 물려주었다. 학부에서의 후임자 슈뢰딩거의 부임이 늦어져 막스 프랑크의 강의는 1930년까지 지속되고, 대학 행정에 대한 참여는 1932년까지 계속되었다. 그는 물리학회의 일이나 연보 편집 이외에 독일 박물관(뮌헨)의 창설준비를 맡았다. 1929년에 막스 프랑크의 학위취득 50년 기념행사가 치러졌다. 물론 그는 피아노나 등산의 즐거움은 여전했지만, 빈번한 여러 공적 회합에 참석하고, 대학과 국립연구소의 연구회에 참가하고, 내외의 강연 등 그의 일상생활은 분주하였다.

198. 각기병의 원인을 밝힌 에이크만
그의 성공의 열쇠는 예리한 관찰력

네덜란드의 의사 에이크만(Eijkman, Christiaan; 1858~1930)은 암스테르담대학에서 의학을 전공하였다. 그는 네덜란드령인 동인도에서 군복무 중 부상으로 고국에 돌아온 뒤부터 세균학 연구와 맞섰다. 건강을 되찾아 다시 동인도로 돌아갔는데, 이때는 각기병 연구자로서 참여하였다. 이 질병의 연구를 의뢰받은 코흐가 연구에 분주하다는 이유로, 옛날 제자였던 에이크만을 추천한 것이다. 행운을 잡은 셈이다.

1880년대부터 모든 질병이 미생물에 의해 일어난다는 생각은 당연시되었다. 따라서 에이크만의 연구도 각기병 병원체의 발견에 목표를 두고 있었지만, 조사대원들은 성과 없이 귀국하였다. 그러나 그는 신설된 원주민 의사 양성 세균실험학교 교장으로 파타비아(현재의 자카르타)에 남았다. 그리고 1896년 우연한 기회에 각기병 문제를 해결하였다.

각기병은 세균연구소에서 사육하던 닭 사이에 유행하였다. 에이크만은 닭의 질병 증상이 각기병과 닮았기 때문에 이 닭을 연구대상으로 삼았다. 그리고 질병에 걸린 닭으로부터 건강한 닭에게 질병을 옮기는 병원체의 발견에 온 힘을 다했지만 실패하였다. 한편 그 사이에 갑자기 닭의 질병이 사라지고, 따라서 실험대상도 살아지고 말았다. 이상한 일이 생겼다.

에이크만은 다른 각도에서 연구를 시작하였다. 그는 닭의 질병이 유행했던 기간 중, 한 요리사가 창고의 쌀을 먹이로 주었다는 점, 교체된 요리사가 창고의 환자용 쌀 대신 시판의 사료를 닭에게 줄 때부터 닭의 질병이 치료되었다는 점에 관심을 가졌다.

에이크만은 도정된 최고 품질의 쌀을 먹이로 줄 경우, 항상 질병이 생기는데 반해, 도정하지 않은 쌀을 줄 경우 질병이 곧 치료된다는 점에 주의를 기울였다. 그 결과 음식물 중에 질병을 예방하는 필수성분이 포함되어 있으며, 이 성분이 결핍되었을 때 질병이 생긴다는 사실을 잡았다. 그러나 처음에는 자신의 발견에 대한 진정한 의미를 이해할 수 없었다. 그러나 그 후 10년 안에 몇몇 사람들에 의해 에이크만의 이론이 확인되었다. 이 성분을 비타민 A라 불렀다.

1900년대가 되면서 모든 질병은 세균에 의해서만 발생한다는 병원체설로 설명할 수 없게 되고, 순수한 생화학적인 질병도 있다는 사실이 드러났다. 파타비아에서 성공한 그는 모국으로 돌아와 위트레흐트대학 교수로 지냈다.

에이크만은 비타민A의 발견으로 1929년 노벨생리의학상을 받았다.

199. 예민한 관찰력과 완벽성을 지닌 버나드
목성의 제5 위성과 새로운 혜성을 발견

미국의 천문학자 바너드(Barnard, Edward Emerson; 1857~1923)는 집안이 너무 가난해서 아홉 살부터 사진관 조수로 일하였다. 여기서 배웠던 사진기술이 그 후 그에게 큰 보탬이 될 줄은 아무도 몰랐다. 그는 밴더빌트대학 졸업 이전부터 대학 천문대의 책임자가 될 정도의 사진기술을 지니고 있었다. 이론적으로는 부족했지만 관측가로서는 제일인자였다. 그는 해밀턴산 리크천문대와 여키스천문대에서 천문학자로, 또 시카고대학의 실지천문학 교수로 활동하였다. 그는 일식을 관측하기 위해 스마트라 원정대에도 참가하였다.

버나드는 1881년 5월 5일, 새로운 혜성을 발견했을 뿐 아니라, 1892년까지 16개의 혜성을 추가로 발견하였다. 또한 1892년 9월 9일, 목성의 다섯 번째 위성을 발견하였다. 이것은 갈릴레오가 4개의 위성을 발견한 이래 추가로 처음 발견한 위성이다. 이 위성은 사진기술의 도움 없이 발견한 최후의 위성으로 당시까지 발견된 20개의 위성 중에서 가장 안쪽에 있는 위성이다. 그는 예민한 관찰력과 완벽함으로 소문나 있던 전설상의 인물이다. 버나드는 천문학상의 많은 발견 때문에 세계적으로 존경과 영광을 한몸에 안았다.

200. 희토류 금속을 실용화 한 아우어
가스 맨틀과 라이터를 발명

오스트리아의 화학자 아우어(Auer, Karl Baron von Welsbach;1858~1929)의 아버지는 신문사 중역으로 집안이 넉넉하여 교육을 마음껏 받았다. 아우어는 하이델베르크대학에서 분젠의 지도를 받으면서 희토류, 특히 디디뮴(Di)에 관심이 많았다. 그리고 디디뮴(그리스어로 '쌍둥이'라는 뜻)이 실제로 두 원소로 되었음을 발견하였다. 각기 59번 원소인 프라세오디뮴(Pr)(스펙트럼선 중에 녹색이 강한 부분이 있는데 이를 '녹색 쌍둥이'), 41번 원소인 니오븀(Nb)('새로운 쌍둥이')이라 불렀다.

아우어는 희토류 원소의 실용화를 처음 이룩한 사람이다. 만일 불꽃으로 가열했을 때, 밝게 빛나는 금속이 있다면 좋지 않을가 생각한 나머지, 고온에서 녹지 않고 밝게 빛나는 금속을 찾았다. 희토류 화합물인 초산세륨을 약간 혼합한 초산토륨을 적신 천이 가스 불꽃 중에서 가열했을때 흰빛을 내는 것을 발견한 그는 1885년 '가스맨틀'(불꽃 덮개)에 대한 특허를 신청하였다. 만일 전등이 발명되지 않았더라면, 이 가스등은 도시의 조명에 많이 사용되었을 것이다. 가스맨틀은 지금도 등산용을 비롯하여 야외에서 조명용으로 조금 사용되고 있다.

아우어는 에디슨의 조명 연구에 공헌하였다. 1898년 전구 속의 탄화된 목면실 대신에 희토류 원소인 오스뮴(Os)선으로 망을 만들어 사용해 보았다. 이 망은 탄소선 망에 비해 장점을 지니고 있지만, 희귀했으므로 실용적이 아니었다. 10년 후에 화학자 랭뮤어가 텅스텐 선을 사용하기에 이르렀다.

밝기에 대한 흥미로부터, 아우어는 점화기를 발명하였다. 그는 희토류 금속의 혼합물(미쉬 메탈이라 부르고 세륨이 주성분)에 철을 조금 섞은 물질이 발화성이 풍부하여 타격 즉시 불꽃을 튀기는 현상을 발견하였다. 그리고 이 불꽃을 이용하여 가스에 불을 붙이는 자동 점화기를 발명하였다. 그는 유사 이래 사용되었던 부싯돌을 개량한 셈이다. 미쉬 메탈이 가장 많이 사용되고 있는 곳이 담배 불을 붙이는 라이터이다.

1901년 아우어는 벨스바흐 남작 칭호를 받았다.

201. 용액의 이온화설을 주장한 아레니우스
스승도 이 학설에 반대할 정도의 혁신적 이론

스웨덴의 화학자 아레니우스(Arrhenius, Svante August; 1859~1927)의 아버지는 측량기사로 귀족의 토지를 관리하면서 웁살라대학의 모금을 부업으로 삼아 생계를 꾸려 나갔다. 아레니우스는 세살부터 책을 읽기 시작하고 독학으로 여덟 살에 초등학교 5학년에 편입하였다. 이 학교 교장은 그가 신동임을 알고서 특별히 지켜보았다. 열일곱 살에 웁살라대학에 입학하고, 열아홉 살에 박사학위 예비시험에 합격하였다.

아레니우스의 이론은 혁명적이었음으로 당시 화학자에게 충격을 주었다. 전기는 왜 생기는가? 염화나트륨과 같은 안전한 물질이 물에 녹으면 어떻게 분해하는가? 그가 용액의 이온화 학설을 발표했을 때 지도 교수인 그레베는 전면 부정하였다.

아레니우스는 박사학위를 얻기 위해 용액의 성질과 관련된 논문을 별도로 정리하여 웁살라대학에 제출하였다. 심사원들은 4시간에 걸쳐 심사한 끝에 최하위의 성적으로 통과시켰다. 그러나 심사원인 은사 그레베 교수는 끝까지 반대하였다.

아레니우스는 전해질 수용액이 전기를 띈 이온으로 해리하고 있으며, 그 이온이 용액 속을 이동함으로써 전기를 유발한다고 주장하였다. 또한 용액 중의 전기 전도도에 관한 그의 이론은 많은 시련을 겪었지만, 그에게 노벨상이 수여됨으로써 최종적으로 인정받았다. 그는 물리화학에 중요한 공헌을 하였다.

독일의 물리학자 오스트발트가 아레니우스를 방문하였다. 오스트발트는 그의 논문을 높이 평가하고, 아레니우스를 리가공업대학의 자기 연구실로 초청하여 공동연구를 제의하였다. 그는 뜻은 있었지만 부친의 발병과, 그 후 사망으로 리가 행을 포기하였다. 또한 그는 독일 기센대학 화학교수로 초청되었지만 이를 사양하고 스톡홀름대학 물리학연구실 주임, 그 후 교수로 승진하였다.

아레니우스는 왕립학회로부터 데이비 상을 받고, 1909년 그를 위해 창립된 물리화학 노벨연구소 초대 소장으로 추대되었다. 1903년 그는 노벨물리학상을 받았다. 예순여덟 살에 타계하였다.

202. 효소와 발효 현상을 연구한 부흐너
제1차 세계대전 당시 루마니아 전선에서 전사

독일의 화학자 부흐너(Buchner, Eduard; 1860~1917)는 바이에른의 학자 집안에서 태어났다. 아버지는 법의학과 산분인과 교수, 의학잡지 편집장이었다. 부흐너는 고등학교를 졸업한 뒤 잠시 학업을 중단하고 포병부대에서 근무하였다. 열 살 위의 형인 세균학자 한스 부흐너의 영향으로 뮌헨공과대학에서 화학을 전공했지만, 경제적인 이유로 학업을 다시 중단하고 4년 동안 뮌헨에 있는 통조림공장에서 일하였다.

에드워드 부흐너는 형의 도움으로 학문적 훈련을 쌓고, 뮌헨의 바이에른 과학아카데미 화학연구소 유기화학 부문에서 화학자 바이어의 지도를 받았다. 박사학위를 취득한 그는 킬대학 분석화학 부문의 책임자로 있다가, 2년 후에 준교수가 되었다.

부흐너는 형의 영향으로 발효에 흥미가 많았다. 과일즙을 발효시켜 술을 만들거나, 빵을 만들기 위해 밀가루를 반죽한 채로 놓아두는 것 등은 오랜 역사를 지니고 있다. 그러나 화학자들이 유기물질에 변화를 일으키는 화학물질인 효소를 분리하는데 성공한 것은 얼마 되지 않았다.

부흐너는 알코올 발효가 생명과 불가분의 것인지 아닌지를 알아내는 실험을 하였다. 그는 모래로 마찰한 효모세포가 자당을 알코올로 변화시키는지 조사하였다. 선배들은 이 실험에 찬성하지 않고 중지하도록 권고했지만, 그는 굽히지 않고 실행하였다.

부흐너는 세포로부터 분리한 발효액을 여과하고, 세균에 오염되지 않도록 보관한 다음, 이를 진한 설탕물과 섞는 순간, 마치 효모액이 살아있는 것처럼, 설탕물은 발효되어 알코올과 탄산가스를 발생하였다. 그러므로 발효와 생명과는 아무런 관계가 없는 것으로 인식되었다. 그의 실험은 독일 생리학자들의 강한 반발을 샀지만, 그는 자신의 주장을 굽히지 않고 결국 승리하였다.

부흐너는 제1차 세계대전 중 참호 안에서 전사하였다. 독일 육군 소령으로서 루마니아 전선에서 복무 중이었다(영국의 과학자 모즐리도 참호 안에서 전사하였다). 그래서 각 국 정부는 제2차 세계대전을 계기로 과학자의 안전에 최선을 다하였다.

203. 비타민의 개념을 확립한 홉킨스
우리 몸에 꼭 필요한 필수 아미노산을 발견

영국의 생화학자 홉킨스(Hopkins, Sir Frederic Gowland; 1861~1947)는 학생시절 별다른 특징이 없었지만 화학만은 예외였다. 그는 런던의 분석전문가 밑에서 3년 동안 근무하다가 런던 가이병원 분석 조수, 런던대학 청강생으로 전전하다 마침내 가이병원 의학교를 졸업하였다. 어렵게 학업을 마쳤다. 케임브리지대학 생리학 교수로 임명된 그는 이제 여유를 가지고 연구에 전념할 수 있었다. 퇴직할 때까지 그 자리에 있었다.

19세기 말기 홉킨스는, 젤라틴이 단백질이긴 하지만, 단백질로서 그것만을 쥐에게 주면 쥐가 생장하지 않는다는 사실을 알았다. 그는 단백질을 구성하는 아미노산의 일종인 트리프토판을 발견했는데, 젤라틴 속에는 이 성분이 전혀 없음을 밝혀냈다.

이때부터 홉킨스는 어떤 종류의 아미노산은 체내에서는 생성되지 않으므로 음식물로부터 반드시 섭취해야 한다는 사실을 알았다. 이렇게 해서 그는 필수 아미노산이라는 개념을 탄생시켰다. 30년 후에 미국의 생화학자 로즈가 이어서 연구하였다.

홉킨스는 두 종류의 단백질을 발견하였다. 분명히 같은 단백질인데도, 한쪽은 생명을 유지하는 단백질을, 또 한쪽은 생명을 유지할 수 없는 단백질을 발견하였다. 한 쪽에는 생명에 필수적인 물질이 미량이나마 포함되어 있다고 생각한 나머지, 한 강연에서 구루병이나 괴혈병은 이 같은 미량의 필수 물질의 결핍에서 일어나는 것이라고 발표하였다.

홉킨스는 에이크먼과 함께 1929년 노벨생리의학상을 받았다. 그는 기사 칭호를 받고, 1930년부터 5년 동안 왕립학회 회장으로 활동하였다.

204. 유클리드 기하학을 점검한 힐베르트
기하학의 기초를 직관에서 논리로

독일의 수학자 힐베르트(Hilbert, David; 1862-1943)는 지금의 러시아 연방공화국 카리닝그라드에서 태어났다. 전통과 격식 있는 일류대학인 쾨니히스베르크대학에서 박사학위를 받은 후, 독일 라이프치히와 파리에서 연구생활을 계속하였다. 모교로 돌아온 그는 무급강사를 거쳐 괴팅겐대학 수학교수로 임명되었다. 정년 때까지 그 자리에 있었지만, 악성빈혈증이 심하여 고생하였다.

19세기를 통해, 수학의 대가인 로바체프스키나 보요이, 리먼 등에 의해 비유클리드 기하학이 발전되면서, 수학자 유클리드의 공리체계를 점검하는데 모두 힘을 기울였다. 이로써 유클리드 기하학은 자명의 개념만을 기초로 하고 있을 뿐이고, 실제적으로 명확한 설명도 없으며, 많은 가정이 붙어있다는 사실이 서서히 지적되었다.

따라서 기본적인 정의와 정체 불명한 술어를 최소한으로 밀어내고, 이를 발판으로 완전한 수학체계를 구성하려는 시도가 당시 정점을 이루었다. 이를 형식주의 혹은 공리주의라 하는데, 힐베르트는 이를 확립하였다. 그는 훌륭한 교수로 서술의 명확성이 뛰어났다.

1899년 〈기하학의 기초〉를 저술한 힐베르트는 처음으로 기하학에서 충분 만족되는 공리를 설정하였다. 그는 정의를 주고 있지 않은 개념으로서의 점이나 선이나 면을 그 출발점으로 삼았다. 유클리드는 이것들에 대해 충분한 정의를 주려고 했지만 실제로 그렇지 않았다. 그가 정의하려 한 것에 대해 독자가 직관적인 지식을 지니고 있기 때문에 그의 정의가 충분하게 보였을 뿐이다. 그러나 힐베르트는 이것들을 정의하는 대신, 단지 그러한 대상물의 확실한 성질을 말하는 것만으로 만족하였다. 확실한 성질이 기술되어 있으면 정의는 필요 없게 된다.

힐베르는 시종일관 공리체계를 확립하였다. 공리는 이제 자명의 진리가 아니고, 일관된 수학체계를 만들어내기 위한 출발점에 불과하다. 이 체계는 현실로부터 유리되어 있지만, 그것이 유효하기 위해서는 우리들이 이를 실재의 세계라고 생각해야 한다. 그의 업적은 참으로 혁신적이고 기본적인 것으로 이후 수학 분야의 발전에 중대한 영향을 미쳤다.

205. 음극선의 본질을 밝힌 레나르트
유태인 과학자를 괴롭힌 친 나치파

헝거리계 독일의 물리학자 레나르트(Lenard, Philipp Eduard Anton von; 1862~1947)는 하이델베르크대학에서 분젠의 지도를 받고 학위를 받았다. 여러 대학의 조수로부터 연구생활을 시작한 그는 교수로 승진한 후에 모교의 이론물리학 교수로 추대되었다.

레나르트는 열 살부터 크룩스의 음극선에 대해 흥미가 많았다. 그는 방전관 밖으로 음극선을 끌어내는 장치를 만들어(공기 중에 방출된 음극선을 한때는 '레나르트선'이라 불렀다) 공기 속을 날아가는 음극선의 성질을 연구하였다.

레나르트는 광전효과를 연구하였다. 광전효과란 어떤 종류의 금속에 빛을 쪼일 때, 그 금속으로부터 전자가 방출되어 전기가 발생하는 현상이다. 그는 금속에서 전자가 방출되는 것은 금속 원자 중에 전자가 포함되어 있다는 확실한 증거라 주장하였다. 또한 광전효과에서 보여주듯이 모든 물질로부터 방출되는 전자는 모두 같다는 사실도 알아냈다. 그는 어떤 일정한 파장을 지닌 빛이 광전효과를 일으킨다는 것, 특정한 빛에 의해서 특정한 에너지를 지닌 전자가 방출하고, 강한 빛을 비추면 방출되는 전자의 수가 증가한다는 사실도 밝혔다.

생애 마지막에 레나르트는 유명한 과학자로서는 흔하지 않게 나치 사상을 열렬히 지지하고, 유태인 스승인 헤르츠의 은혜를 저버렸다. 또한 아인슈타인과 그의 상대성 이론을 인종적인 편견에서 비난하였다. 그는 히틀러와 나치주의의 최후를 똑똑히 보았다. 어려운 일이겠지만 과학자는 권력의 노예가 되어서는 안 된다.

1905년 레나르트는 노벨물리학상을 받았다.

206. X선 회절로 결정구조를 밝힌 브래그
아버지와 아들이 공동으로 노벨물리학상을 수상

영국의 물리학자 브래그(Bragg, Sir William Henry; 1862~1942)는 벤섬의 킹윌리엄스대학을 거쳐 케임브리지대학 수학과에 들어가 수석으로 졸업하였다. 그 후 오스트레일리아의 드레드대학 교수가 되었다. 그는 오스트레일리아 과학진흥회의 강연을 계기로 그의 연구방향을 바꾸었다. 그는 당시 베크렐이나 퀴리 부부가 발견했던 방사능과 원자구조를 강연제목으로 택하였다. 리스대학 교수로 임명되면서 귀국하였다.

귀국한 브래그는 리스대학에 재직하고 있을 때, 결정에 의한 X선 회절에 관한 라우에의 강연을 듣고 강한 흥미를 느꼈다. 또한 아들인 윌리엄 로렌스 브래그는 케임브리지대학 학생시절, 역시 이 분야에 흥미를 가지고 아버지와 함께 실험하였다. 그들은 결정의 회절에 의한 X선의 파장을 측정하는 방법을 개발하였다.

브래그는 일류 과학자였지만, 동시에 일반대중을 위한 저서 〈물질의 본성에 관하여〉를 출간하고, 왕립연구소 소장으로 있을 당시 유명한 '크리스마스 강좌'를 맡았다.

제1차 세계대전 중, 브래그는 연구위원회 위원장으로서 잠수함 발견용 청음기를 발명하고, 제2차 세계대전 중에 영국 식료과학위원장으로 임명되었으나, 대전의 승리를 보지 못한 채 눈을 감았다.

브래그 부자는 1915년 노벨물리학상을 함께 받았다. 부자가 공동으로 노벨상을 받은 것은 그들뿐이다. 아버지는 기사 칭호를 받고 왕립학회 회원을 거쳐 회장으로 활동하였다.

207. 유기규소화합물을 처음 연구한 키핑
일생 동안 51편의 많은 논문을 발표

영국의 화학자 키핑(Kipping, Frederic Stanley; 1863~1949)의 아버지는 은행원이었다. 키핑은 맨체스터 그래머스쿨과 맨체스터대학 화학과를 거쳐 런던대학을 졸업한 후, 화학기술 공무원이 되었다. 친구들의 권유로 독일에 유학한 그는 독일의 화학자 바이어 밑에서 연구하고, 우수한 성적으로 박사학위를 취득하였다.

키핑은 화학자 퍼킨의 조수로 연구에 참여하였다. 두 화학자는 지금은 고전이 되어버렸지만, 교과서 〈유기화학〉을 집필하였다. 이 저서는 유기화학만을 대상으로 쓴 최초의 것으로, 그 후 50년 동안 표준적 교과서로 이용되었다. 1890년 그는 런던 시청 관계의 연구소 수석 조수를 거쳐 노팅엄대학 교수가 되었다.

키핑은 40년 동안 규소의 유기물 유도체를 연구하였다. 반트 호프와 프랑스의 화학자 르벨의 탄소 원자의 입체 이성체에 흥미를 느낀 키핑은 탄소 이외의 원자의 입체 이성체를 연구하였다. 그는 프랑스의 화학자 그리냐가 발견한 새롭고 응용범위가 넓은 시약에 힘입어 한 두 개의 규소 원자를 포함한 유기화합물의 합성에 성공하였다. 특히 이 문제에 관한 논문 51편(최후의 것은 제2차 세계대전 중에)을 발표하여 과학계를 감동시키고 화제꺼리를 만들었다.

제2차 세계대전과 그 후, 유기규소화합물인 실리콘은 기름이나 윤활유의 대용품으로 이용되었다. 실리콘은 그의 화학적 불활성이나 고온에서 이상한 정도의 내열성 때문에 윤활유, 수압펌프유, 합성고무, 방수제, 때로는 탄화수소의 대용품으로 사용된다. 또한 실리콘처럼 천연에서 발견되지 않은 유기화합물의 화학적 성질은 화학자에게 흥미를 불러일으켰다. 그 뿐만 아니라 일반인에게도 유용하다는 사실이 점차 널리 알려져 이 분야의 연구를 더욱 촉진시켰다.

키핑은 유기규소화합물 화학의 개척자였다. 그는 현재 일반적으로 부르고 있는 '실리콘(Silicon)'이란 말을 처음 제안하였다.

208. 플라스틱 시대를 열어 놓은 베이클랜드
코닥회사에 특수 감광지를 100만 달러에 넘김

벨기에계 미국의 화학자 베이클랜드(Baekland, Lee Hendrik; 1863~1944)는 겨우 열여섯 살의 어린 나이로 고등학교를 졸업하고, 장학금을 받아 켄트대학에 입학하였다. 그는 스물한 살의 나이로 최우수 성적으로 박사학위를 취득하고 스물네 살에 교수 자리에 올랐다. 또한 순회연구생 시험(3년 간)에 합격하여 미국을 순방하였다. 사진 찍는 취미를 가지고 있었으므로 일거리를 얻는데 성공한 그는 그대로 미국에 주저앉았다. 그는 사진화학자로써 자신의 연구소를 열고 콘설턴트업을 시작하였다.

베이클랜드는 인공광선으로 현상되는 감광지를 발명하여 100만 달러로 이스트먼 코닥회사에 팔아 넘겼다(2만5천 달러만 받을 생각이었지만, 이스트먼 쪽으로부터 먼저 값을 정하였다).

독일에 잠시 머문 베이클랜드는 셸락과 같은 도료의 대용품을 합성할 계획을 세웠다. 그는 페놀과 포름알데히드를 반응시켜 쓸모없고 끈적끈적한 비수용성 물질을 합성하였다. 만약 그와 같은 화합물을 녹일 수 있는 용매를 찾는다면, 도료인 셸락의 대용품으로 바로 사용할 수 있을 것으로 생각하였다. 그러나 용매를 찾지 못하였다.

베이클랜드는 처음 계획을 반대쪽으로 생각하였다. 오히려 찌꺼기가 굳어서 녹지 않는 점을 장점으로 생각하였다. 그는 수지 모양의 단단하고 질긴 화합물을 만들고, 이를 적당한 온도와 압력을 가하여 성형한 다음, 이를 굳게 만드는데 성공하였다. 한번 굳어지면 물이나 용매에 녹지 않고 전기를 절연하는 재료로 이용할 수 있다.

수년간 실험을 거친 후, 1909년에 자신의 이름을 붙인 '베이클라이트'를 상품으로 시판하였다. 이것은 합성수지(플라스틱)로는 두 번째이다. 제1호는 미국의 발명가 하이엇이 발명한 셀룰로이드이지만, 열 고화 플라스틱(한번 굳어지면 열을 가해도 누그러지지 않는)으로는 베이클라이트가 처음이며, 이것은 지금도 사용되고 있다. 오늘날 합성수지 제조의 도화선은 바로 그의 연구결과이다.

제너럴베이크레이트회사는 1922년에 다른 두 회사와 합병하고, 다시 7년 후에 유니언 카바이트 그룹 밑으로 들어갔다. 베이클랜드는 왕립학회 회원으로 선출되고, 1924년에 미국화학아카데미 회장을 지냈다.

209. 알루미늄 제련법을 개발한 홀
교사의 우연한 도움말에 자극받아 성공

미국의 화학자 홀(Hall, Charles Martin; 1863~1914)은 영국의 화학자 퍼킨과 마찬가지로, 소년시절부터 화학에 흥미를 느끼고, 또한 역시 퍼킨처럼 교사의 우연한 이야기, 즉 값싼 알루미늄의 제련법을 발견하면 부자가 되고 유명해질 수 있다는 교사의 우연한 도움말에 이끌려 실제로 이를 성공시켰다.

알루미늄은 지각 성분으로 흔히 존재하는 금속으로, 가볍고 견고하며 전기의 양도체이므로 그 용도가 매우 넓다. 하지만 단 한 가지 결점은 알루미늄이 발견된 지 반세기 이상 지났는데도 값싸게 정제하는 실용적인 방법을 찾지 못하였다. 1855년 한 가지 방법이 개발되었지만 알루미늄은 여전히 귀금속 부류에 속해 있었다. 프랑스의 나폴레옹 3세는 칼 종류나 어린이 장난감 딸랑이 등을 알루미늄으로 만들어 사용할 것을 장려하였다. 워싱턴 기념탑(1885년 건설)의 꼭지점에 두꺼운 알루미늄 판이 깔려 있다.

스물두 살의 홀은 사설 실험실에서 자신이 만든 전지를 사용하여 알루미늄 제련법을 연구하였다. 그는 빙정석 안에서 산화알루미늄을 녹이고 탄소전극을 사용하여 전기분해하는 방법을 완성하였다. 같은 해에 프랑스의 야금학자 에루도 이런 방법으로 알루미늄을 제련하였다. 지금도 이 방법을 '홀-에루 방법'이라 부른다.

홀은 자신이 만든 몇 가지 알루미늄 소도구를 그의 은사에게 보였다. 이 소도구는 지금도 미국의 알루미늄회사에 귀중하게 보관되어있다. 지금의 거대한 알루미늄 산업의 기초는 홀-에루 방법의 바탕 위에 세워졌다.

알루미늄은 건축자재로서 철강 다음으로 많이 사용되고 있다. 특히 현대 항공기 산업에서는 꼭 필요한 핵심재료이다. 그는 알루미늄 산업을 철강산업 수준으로 끌어올려 놓았다.

홀은 퍼킨 메달을 받았다.

210. 온도와 빛의 관계를 연구한 빈
방사선의 파장과 온도의 관계를 밝힘

독일의 물리학자 빈(Wien, Wilhelm; 1864~1928)은 지주의 아들로 태어나 베를린에서 교육을 충분히 받았다. 회절에 따른 흡수현상에 관한 논문으로 박사학위를 취득했지만, 아버지의 병환으로 집안 농장을 돌보기 위해 연구를 중단하였다. 곧 연구생활로 돌아온 그는 헬름홀츠의 조수로 연구하는 행운을 안았다. 빈대학 조수를 거쳐 위르츠부르그대학 물리학 교수, 뢴트겐의 뒤를 이어 뮌헨대학 물리학 교수가 되었다.

빈은 복사의 본질과 그 방출 열에 관심을 가지고 연구하였다. 그는 열역학적 추리를 바탕으로 방출되는 방사선의 에너지는 중간단계 파장의 것이 가장 크다는 것과, 이 최대 에너지를 지닌 방사선의 파장은 온도에 반비례한다는 것을 발견하였다. 그러므로 온도가 상승하면 가장 강한 에너지를 지닌 방사선은 스펙트럼 중 파랑 쪽으로 이동하며 조금 따뜻해진 물체는 주로 적외선을 방출한다. 눈에 보이지 않지만, 온도가 올라가면 최대 에너지의 방사선은 붉은 쪽으로 이동한다. 강하게 열을 받은 물체는 온도가 상승하면 그 밝기는 어두운 적색으로부터 밝은 적색으로, 황색을 띤 흰색을 거쳐 점차 청백색으로 이동한다. 가장 고온의 별에서는 자외선을 방사하고, 초고온의 물체에서는 X선을 방출하므로 인간의 눈에는 보이지 않는다.

이처럼 최대 에너지를 가진 방사선의 파장은 온도와 함께 변화하는 현상에 관한 법칙을 '빈의 변위 법칙'이라 부른다. 이 법칙은 파장이 짧은 부분(높은 진동수)에 잘 맞지만, 파장이 긴 부분(낮은 진동수)에는 잘 맞지 않았다. 이에 대해 레일리가 유도한 공식은 파장의 긴 부분에 잘 맞았다.

빈은 열 방사에 관한 연구로 양자론 수립에 직접 공헌하였다. 이 공적으로 1911년 노벨물리학상을 받았다.

211. 열역학 제3법칙을 유도한 네른스트
나치 정책에 동조하지 않음

독일의 물리화학자 네른스트(Nernst, Walther Hermann; 1864~1941)는 시청 공무원 겸 재판관의 아들로 태어나 글라스코대학에 진학하였다. 라이프치히대학의 오스트발트의 영향으로 그는 물리화학 쪽으로 연구의 방향을 잡았다. 우수한 성적으로 박사학위를 취득한 그는 괴팅겐대학 물리학 강사, 3년 후에 새로운 실험실이 세워져 물리화학 분야 최초의 교수로 승진하였다. 2년 동안 도량형검사소 소장, 베를린대학 물리학 교수, 물리학연구소 소장을 지냈다.

네른스트의 최초의 논문은 에딩하우젠-네른스트 효과로 알려져 있는 것으로, 열류가 흐르고 있는 금속판에 열류의 방향에 대해 수직 방향으로 자장을 작용시키면, 양자에 수직한 방향으로 전위차를 생기게 하는 현상이다. 이 실험은 열전도나 전기전도 역시 전자의 운동에 의해서 일어난다는 금속의 전자론의 발전에서 중요하다.

네른스트는 물속에서 화합물이 곧바로 전리한다는 아레니우스의 이론을 지지하고, 같은 이론을 톰슨도 주장하였다(네른스트-톰슨 법칙). 그 결과 전기화학에 기본적인 공헌을 하였다.

네른스트는 열역학 제3법칙을 수립하였다. 이는 절대영도에서 엔트로피의 변화는 0에 가깝다는 법칙이다. 하지만 절대영도에 도달하는 것이 불가능하다는 것을 알았다. 아무리 뛰어난 장치와 천재적인 능력을 지니고 노력한다 해도 사실상 절대온도에 도달하는 것은 불가능하다.

네른스트는 수소와 염소의 혼합 기체를 햇볕에 쪼일 때 폭발하는 현상을 설명하였다. 빛 에너지에 의해 염소 분자가 두 개의 염소원자로 분해하고, 염소 원자가 수소 분자와 반응하여 염화수소와 수소 원자로 된다. 그리고 같은 반응이 연쇄적으로 일어남으로 이 현상을 '빛에 의한 연쇄반응'이라 부른다.

네른스트는 나치 정책에 동조하지 않았다(그의 두 딸은 유태인과 결혼). 그는 폴란드 국경 가까운 시골에서 농장을 경영하면서 삶의 마지막을 보내다 갑자기 심장마비를 일으켜 세상을 떠났다. 그의 유해는 괴팅겐에 묻혔다.

1920년 네른스트는 열역학 제3법칙의 발견으로 노벨화학상을 받았다.

212. 거친 땅을 비옥한 땅으로 바꾼 카버
신의 안내를 겸허하게 받아들인 과학자

　미국의 농예화학자 카버(Carver, George Washington; 1864~1943)는 노예제도가 폐지되기 전 흑인으로 태어났다. 노예제도가 폐지될 때까지 흑인의 후손은 노예로서, 노예는 인구통계에서 제외되었다.

　카버가 태어나서 수개월이 지났을 무렵, 그는 어머니와 함께 노예가 되어 아칸서스주로 끌려갔다. 어머니는 행방불명되고, 노예 주인 모제스 카버는 경주 말과 교환하여 카버를 데려왔다. 그리고 노예제도가 폐지되면서 주인은 그를 집안 양자로 삼았음으로, 그 노예는 양부의 이름을 따라 카버라 불려졌다.

　카버의 집안에서는 이 현명한 젊은이에게 교육을 받도록 허락했지만 상황이 매우 어려웠다. 다른 동네에 있는 흑인 초등학교에 들어간 카버는 북부 아이오와주에 있는 심프슨대학에 입학하였다. 이 학교 최초의 흑인 학생이었다. 우수한 성적으로 졸업한 그는 아이오와주 주립농과대학에 입학하여 학사학위를 취득하고 그곳의 교사진에 합류하였다.

　그러나 카버에게는 더욱 중요한 일이 기다리고 있었다. 앨러배머주에는 흑인 전용 대학인 다스키지대학이 있었다. 그곳 교수로 초빙된 카버는 자신이 소년시절에 받지 못했던 수준 높은 교육을 흑인 후예들이 받도록 초청을 수락하고 남부로 돌아갔다.

　카버가 농업연구소 지부장이 된 뒤부터, 학생들의 호응을 얻어 거친 땅을 옥토로 만들기 위해 가까운 습지의 진흙으로 토지를 개량하였다. 그는 남부의 모든 농토를 옥토로 만들 계획을 세웠다.

　남부는 오래 전부터 면화와 담배를 재배해 왔기 때문에 토양 중의 광물질이 소모되어, 남부 농부들은 적은 수확과 부채로 고민하면서 악순환을 겪었다. 그는 그곳에 땅콩과 감자를 심어 토지를 비옥하게 하는 계획을 진행하는데 성공하였다.

　한편 낙화생과 감자가 과잉 생산되자, 카버는 부산물의 개발을 서둘렀다. 그는 새로운 품종을 만드는 대신에 새로운 제품을 만들었다. 땅콩으로부터 염료, 비누, 밀크, 치즈 등 수 백 종의 대용품과, 감자로부터는 118종의 부산물을 만들어냈다. 그리고 이러한 제품을 누구에게나 자유로이 만들 수 있도록 하고 자신만의 이익을 추구하지 않았다.

대단한 일을 하였다.

남부 전체 흑인의 노력으로 거대한 이익이 생겼으므로, 1939년 커버는 루스벨트 메달을 받았다. "신의 지도를 겸허하게 받아들인 과학자로, 흑인으로서 여러 백인을 구한 사람"이기 때문이라고 메달 수여 이유를 밝혔다. 1953년 커버가 죽은 지 10년이 지나면서 그가 태어난 농장은 국가 기념물로 지정되었다.

커버가 남긴 가장 큰 업적은, 어떤 인종일지라도 교육을 받는 것은 매우 가치 있는 일이라는 사실을 자신을 통해서 환하게 보여주었다.

213. 핵산을 처음 인공 합성한 콘버그
유전자 치료와 암을 억제하는 길을 개척

미국의 생화학자 콘버그(Conberg, Arthur; 1866~1947)는 주 정부 장학금을 받아 로체스터대학 의학부 과정에서 학사학위를 취득하고, 병원 수련의를 거쳐 단기간 미국 연안경비대 군의장교로 근무하였다. 국립위생연구소 생리학부 효소 대사 부문의 주임이 된 그는 워싱턴대학 의학부 교수를 거쳐, 스탠포드대학 생화학부장이 되었다.

콘버그는 여러 효소의 간단한 구조와 그의 기능에 관심이 많았다. 세포가 어느 특정한 효소만을 합성하는 능력을 지니고 있다는 사실은 오랜 동안 수수께끼로 남아 있었다. 그러나 생물학자 비들과 니덤은 유전자가 화학적인 수단으로 생명과정을 억제하고 있다는 사실을 밝히고, 유전자의 화학적인 실체가 DNA임을 제시하였다. 그리고 미국의 왓슨과 크릭이 그 구조를 밝혀냈다.

핵산은 당과 염기와 인산으로 되어 있다. 그중 염기가 특정한 단백질의 생성을 제어하는 특정 유전형질의 처방전을 작성한다. 이를 바탕으로 콘버그는 워싱턴대학에서 거대한 DNA분자를 합성하는 연구에 착수하였다. 물리적·화학적 성질은 같았지만 유전적 활성이 없었으나, 그 후 자연상태의 것과 같은 DNA를 합성하였다. 그는 이 연구로 미래의 연구의 길, 특히 유전적 결함을 치료하고, 바이러스 감염이나 암을 억제하기 위한 길을 개척하였다.

1959년 콘버그는 이 업적으로 노벨생리의학상을 받았다.

214. 한외현미경을 발명한 지그몬디
괴팅겐대학에 콜로이드 연구소를 설립

오스트리아계 독일의 화학자 지그몬디(Zsigmondy, Richard Adolf; 1865~1929)는 치과의사의 아들로 태어났다. 뮌헨대학에서 유기화학 연구로 박사학위를 취득한 뒤, 수년 동안 독일의 물리학자 쿤트와 연구실에 함께 있을 때, 도자기에 사용되는 금의 유기용액과 콜로이드 화학에 관심을 크게 가졌다.

콜로이드를 연구하는데 화학자에게 어려운 일은, 콜로이드 입자가 너무 작으므로 보통 현미경으로는 볼 수 없다는 점이다. 현미경을 개량하더라도 빛의 성질 때문에 한계가 드러난다. 다시 말해서 가시광선의 파장보다 작은 물체는 렌즈를 통해 선명하게 볼 수 없다.

하지만 콜로이드 입자는 틴들효과를 일으켜 빛을 산란시키므로, 지그몬디는 이 성질을 응용하였다. 콜로이드 용액에 빛을 쪼이고 광선에 직각으로 현미경을 설치하면, 산란광이 현미경으로 들어온다. 이때 코로이드 입자의 수를 빛의 점으로 셀 수 있고, 그 움직임까지도 조사할 수 있으므로 각 입자의 크기와 모양까지 추측할 수 있다. 당시 대부분의 화학자는 지그몬디의 콜로이드 이론을 인정하지 않았지만, 그가 발명한 한외현미경을 사용함으로써 그 이론이 입증되었다.

지그몬디는 유리공장을 그만두고 물리학자와 공동으로 한외현미경의 제작을 시도하여 1902년에 완성하였다. 그는 3밀리미크롱(10^{-9}m)의 입자를 검지하였다. 한외현미경은 지금도 콜로이드 연구에서 위력을 발휘하고 있다. 그런데 많은 연구 분야에서 배율이 더 큰 현미경이 요구되자, 러시아계 미국의 물리학자 즈보리킨이 전자현미경을 발명함으로써 한외현미경의 사용이 점차 수그러졌다.

괴팅겐대학 교수가 된 지그몬디는 그곳에 콜로이드 화학연구소를 세웠다. 그의 업적은 이 이외에 모든 용액, 연기, 안개, 방울 및 막의 이해에 중요한 연구를 시작하는 계기가 되었다. 결국 생물화학, 미생물학, 토양물리학에서 문제를 해결하고, 후에 전자현미경에 자리를 양보하였다. 한외현미경은 콜로이드 연구에서 중요한 역할을 하였다.

1925년 지그몬디는 콜로이드 연구로 노벨화학상을 받았다.

215. 발효에서 효소의 작용을 연구한 하든
<생화학 잡지>의 창간과 편집에 노력

영국의 생화학자 하든(Harden, Sir Arthur; 1865~1940)은 맨체스터의 지방사업가 아들로 태어나 비국교도 가정에서 자랐다. 정규교육을 받고 화학을 전공하기 위해 맨체스터 오웬스대학에 입학한 그는 졸업 후 독일에 유학하였다. 에를랑겐대학에서 박사학위를 취득한 그는 10년 동안 오웬스대학 교수로 재직하면서 교과서 저술에 전념하였다. 그는 영국 예방의학연구소(후에 제너연구소, 다시 리스터연구소로 이름을 바꿈)의 화학부장, 그 후 런던대학 리스터연구소 생화학 교수로 활동하였다.

하든은 알코올 발효를 연구하였다. 그는 효모의 추출물을 반투막 주머니에 넣고 이를 물에 잠갔다. 이 방법으로 추출물 속의 작은 분자는 반투막을 통해서 주머니 밖으로 나오고 큰 분자만 주머니 속에 남게 하였다. 이를 '투석'이라 한다. 그는 투석으로 효모의 효소작용이 없어진 것으로 생각하였다. 주머니에 남아있는 효모는 자당을 발효시키지 못하지만, 주머니 밖으로 나온 물을 포대 속에 다시 넣으면 발효 작용이 되살아났다.

따라서 효모 효소는 원래 작은 분자의 것과 큰 분자의 것 두 종류로 구성되어 있음을 알았다. 큰 분자의 물질은 대부분 단백질이고, 작은 분자의 물질은 비단백질이다. 이 비단백질 물질은 보효소(co-ferment)로서 단백질인 효소의 기능을 살리는데 반드시 필요하다.

하든은 흥미 있는 사실을 발견하였다. 효모 추출물은 처음에는 급속하게 포도당을 분해하여 이산화탄소를 발생시키지만, 시간이 지날수록 활성이 약해진다. 하지만 그 용액에 무기인산염을 첨가하면 효소의 작용이 되살아나는 것도 알았다.

하든은 생물체 안에서 일어나는 화학반응 도중에 무수히 생성되는 중간생성물 연구에 첫발을 내딛었다. 이 부문은 생화학에서 매우 중요하다. 그의 연구가 실마리가 되어 생화학의 모든 분야에서 무기인산염의 연구가 시작되었다. 하든의 연구방법은 정확, 객관적이고 냉정하였다. 실제로 억측을 싫어하고 연구방법을 한정하는 그의 성격은 연구의 진행에도 영향을 주었다. 그의 후반 생은 대부분 <생화학 잡지>의 창간과 발표에 주력하여 오랜 동안 편집장을 맡았다.

1929년 하든은 노벨화학상을 공동으로 수상하였다. 또한 기사 칭호도 받았다.

216. 유전학에서 염색체 설을 확립한 모건
초파리 유전학 연구에서 선구적 역할

  미국의 유전학자 모건(Morgan, Thomas Hunt; 1866~1945)의 아버지는 외교관이었다. 모건은 켄터키대학을 거쳐 존 홉킨스대학에서 박사학위를 취득하였다. 1년 후 필라델피아 근교의 프린모대학 준교수, 컬럼비아대학 실험동물학 교수를 거쳐, 그 후 캘리포니아 공과대학 생물연구실 실장으로 임명되었다.

  모건이 프린모대학에 있을 무렵에 유전학이 탄생하였다. 인체세포 안에는 겨우 23개 정도의 염색체가 있을 따름이다. 그러므로 각 염색체가 막대한 수의 유전인자를 포함하고 있어야만 인간의 무수한 형질유전을 설명할 수 있다. 각 유전인자를 그리스어의 '생명을 탄생시킨다'는 의미로 유전자(gene)라 부른다.

  모건은 초파리 유전학에서 선구적인 연구를 하였다. 초파리의 번식은 들불처럼 무섭게 진행되지만, 단지 4쌍의 염색체를 가진데 불과하므로 편리하게 실험할 수 있다. 다시 말해 간단한 조건 하에서 돌연변이를 많이 일으켜 연구함으로써, 유전자군이 같은 염색체 위에서 유전하는 것을 발견할 수 있었다.

  이 실험으로 염색체가 유전 담당 물질이라는 사실이 분명해지고(염색체설), 유전자의 개념도 지지를 받았다. 그리고 특정한 유전자가 염색체 상의 어디에 존재하는가를 알게 되어 1911년에 처음으로 초파리 염색체 지도가 만들어졌다.

  유전자설을 발표한 모건은 멘델의 이론을 확장하고, 또한 입증하여 이를 완성시켰다. 그의 한 제자인 미국의 생물학자 뮐러는 X선을 사용하여 돌연변이를 일으켜 연구함으로써 모건의 연구 성과를 크게 웃돌았다. 그리고 크릭과 왓슨에 의해 25년 후에 분자생물학이 탄생하였다.

  모건은 만년에 다시 발생학 연구로 다시 돌아와 발생학과 유전학설의 이론적 관련을 실험적으로 확인하려고 했다. 그가 이룩한 중요한 업적은 현대 유전학 이론에 기초가 된 초기의 연구이다.

  모건은 1927년부터 31년까지 미국의 국립과학아카데미(NAS)의 회장을 지냈다. 1933년 모건은 노벨생리의학상을 받았다.

217. 빛의 압력을 검출하고 측정한 레비디프
레비디프 물리학 연구 센터 책임자로 활약

　러시아의 물리학자 레비디프(Lebedev, Pyotr Nikolayevich; 1866~1912)는 모스크바에서 태어났다. 그는 실업계 학교를 졸업 후, 슈트라스부르크대학에 입학하여 물리학을 전공하였다. 쿤트의 지도를 받은 그는 모스크바대학 물리학과 주임교수의 초청으로 그 대학 교수가 되었다. 박사학위의 취득은 늦었다.

　1911년 대학 분쟁 때 정부의 개입으로 소용돌이가 일어나 많은 대학인이 직장을 떠났는데, 레비디프도 그 중 한 사람이다. 국내외의 몇몇 대학에서 초청을 받았지만, 분쟁의 소용돌이에서 탈출하지 못한 채 건강이 나빠져 타계하였다.

　레비디프가 빛의 압력(방사압)을 처음 연구하기 시작한 것은 1890년대 말엽이고, 그 완성은 1910년이다. 그는 처음에 고체를, 후에는 기체를 이용하여 빛이 물체에 닿을 때 매우 작은 압력의 물리적 효과를 관찰하였다. 나아가 진공 내에 설치한 가벼운 장치를 이용하여 광압의 크기를 측정함으로써 전자방사에 관한 맥스웰의 이론(광압현상의 이론적인 예언)을 입증하였다.

　레비디프는 태양의 광압 크기는 우주의 먼지를 잡아둘 정도의 중력 크기와 맞먹을 정도라는 것, 혜성이 태양의 반대쪽으로 꼬리를 내는 것은 태양의 광압에 의한 것이라고 시사하였다. 그러나 혜성 꼬리의 방향에 관해서는, 태양풍(태양으로부터 방출되는 플라스마의 흐름)에 의한 것이라는 사실이 후에 밝혀졌다.

　레비디프는 러시아 과학계의 보물이다. 그를 기념하기 위해 현재 러시아에는 '레비티프 물리학 연구소'(LPI)가 러시아 과학아카데미에 소속되어 있다. 1988년 이는 전체 종사원 3,000명(그중 연구자는 900명)인 대형 연구였는데, 민주화 뒤에는 대형에서 소형으로 그 체제를 정비하고 있다. 이 과정에서 1992년 레비디프 물리학 연구센터(LRCP)가 새로이 조직되었다. 현제 8개 분야로 나뉘어 활동하고 있다. 양자역학, 핵물리학, 통계역학, 생물학에 이르기까지 다양하다.

218. 폴로늄과 라듐을 발견한 퀴리 부부
퀴리 집안에서 네 번에 걸쳐 노벨상을 받음

　폴란드계 프랑스의 화학자 마리 퀴리(Curie, Marie Sklodowska; 1867~1934)는 폴란드의 수도 바르샤바에서 태어났다. 아버지는 수학과 물리학 교사이고, 어머니는 여학교 교장선생이었다. 당시 폴란드는 러시아 지배 하에 있었으므로 교육에 대한 탄압이 혹독하였다. 모국어는 금지되고 러시아어만 허용되었다.

　열여섯 살에 중학교를 졸업한 마리 퀴리는, 그 무렵 아버지가 투자에 실패하여 가정교사로 자신의 생활비뿐만 아니라, 의사를 희망하는 언니의 학자금까지 마련하였다. 이렇게 일하면서 독서하고 시립의 작은 실험실에 다니면서 물리학과 화학을 배웠다. 그녀는 최소한의 학비를 마련하여 소르본대학에 유학하였다. 스물 세 살 때 일이다. 대학에 들어간 그녀는 대학 가까운 곳에 작고 허름한 방을 얻어 어려운 생활을 계속하였다. 이러한 고생 끝에 스물다섯 살에, 물리학 학사 시험을 수석으로, 수학 학사시험을 차석으로 통과하였다.

　마리 퀴리는 프랑스의 화학자 피에르 퀴리(Curie, Pierre; 1859~1906)와 만났다. 피에르 퀴리는 소르본대학에서 공부하고, 모교의 실험실 조수였다. 그녀는 청혼을 받고 결혼하여 같은 길을 걸었다.

　퀴리 부인은 1896년에 베크렐이 발견한 우라늄 화합물이 내쏘는 방사선의 연구를 학위논문으로 제출하였다. 방사선은 알파선, 베타선, 감마선 등 세 종류로 되어 있고, 우라늄처럼 방사선을 내쏘는 성질을 '방사능'이라 처음 불렀다. 또한 1898년에 토륨 화합물에도 방사능이 있는 것을 발견하고, 같은 해 계속해서 부부 공동실험으로 우라늄보다 수백 배 방사능이 강한 원소를 광석으로부터 매우 조금 채취하였다. 퀴리 부인의 고국과 관련해서 이 원소를 폴로늄(Po)이라 불렀다.

　그러나 방사능이 너무 강하여 그 광석 중에 폴로늄뿐만 아니라 또 다른 방사성 원소가 포함되어 있지 않을까 생각한 두 사람은, 계속해서 연구한 결과, 강력한 방사능을 지닌 원소를 발견하고, 이를 라듐(Ra)이라 불렀다.

　1903년 퀴리 부인은 소르본대학에 학위논문으로 〈방사성 물질에 관하여〉를 제출하였다. 부군은 레지옹 드 뇌르 상이 결정되었지만, 이를 사절하고 대신 실험실 정비를 요구하였다. 이에 대해 대학당국은 그를 위해 일반물리학과 방사능 강좌를 설강하고, 부인은 그 실험실 주임이 되었다.

1897년 장녀 이렌이, 1904년에는 차녀 에버스가 태어났다. 1905년 말엽에 대학에 이학부 분실이 신설되자 퀴리 부인은 곧 그곳으로 옮겼다. 1906년 부군 피에르는 아카데미회원으로 선출되고, 그 첫 회의에 참석하는 도중, 비 오는 날, 파리 거리에서 마차에 치여 죽음에 이르렀다. 4월 19일의 일이다.

남편 피에르가 죽은 뒤, 퀴리 부인은 피에르의 강의를 이어받고 정교수가 되었다. 소르본대학 개교 이래 최초의 여성교수가 탄생하였다. 1911년에 아카데미회원으로 추천되었으나 결선 투표에서 2표 차로 패배하였다. 그 후부터 그녀는 상대방이 자발적으로 수여하는 것 이외에는 절대로 상을 받지 않기로 결심하였다.

피에르가 죽은 뒤, 대학 당국은 파스퇴르연구소 옆에 라듐연구소 설립을 계획하였다. 1914년에 완성되고 퀴리 부인이 소장으로 취임하였다. 그러나 그 해 제1차 세계대전이 발발하자, 그녀는 X선 진단팀을 조직하고 X선 장치와 치료 요원을 화물차에 싣고 병원이나 전선에서 치료에 직접 참여하였다. 전후 퀴리 부인은 과학상의 연구는 물론이고, 세계적인 명성에서 오는 여러 활동으로 한층 분주한 나날을 보냈지만, 그보다 장녀 이렌이 물리화학 연구 분야에서 재능을 발휘하여 크게 위로를 받았다.

생애 마지막 무렵에 퀴리 부인은 파리의 라듐연구소장으로서 활동을 계속했는데, 그 사이에 100여 개 가까운 세계학회로부터 표창을 받고, 프랑스에서는 파리의 의학아카데미 최초의 여성회원으로 추천되었다. 방사선을 의학에 응용하는 연구에 재정적 원조를 하기 위해 그녀는 1920년에 '퀴리 재단'을 만들고, 1923년에 라듐발견 25주년 기념식을 갖는 자리에서 베크렐과 피에르 퀴리를 추도하였다. 그 해 말엽, 프랑스 정부는 퀴리 부인에게 연금 4만 프랑을 주는 법률을 국회에서 결의하였다. 이 법률은 퀴리 부인의 사후에도 두 딸에게 지급되도록 의결하였다.

1932년 어느 날, 바르샤바의 라듐연구소 개소식에 참가하기 위해 폴란드로 갔다. 퀴리 부인은 정부 요인, 학자, 의사, 기타 각계의 유명인 등이 다수 참가한 가운데에서 폴란드공화국 대통령 우측에 앉았다. 1891년에 장래가 불안하고 빈곤한 학생으로 모국을 멀리한 그녀는 조국의 수도 바르샤바에 영광을 안고 돌아왔다.

그러나 퀴리 부인은 오랜 동안 방사능을 많이 쪼인 탓으로 입원하였다. 스위스 국경 가까운 진료소에 옮겨졌을 때, 그녀는 몽불랑이 보인다고 무척 기뻐했다고 한다. 마지막 수주일 동안 급격하게 체력이 떨어지고 고열이 지속되더니 장녀, 차녀, 사위가 지켜보는 가운데 1934년 7월 4일 백혈병으로 66세에 세상을 떠났다.

마리의 오빠와 언니는 조국 폴란드에서 급히 가져온 흙을 프랑스 흙과 섞어 관 주위를 덮었다 한다. 마리 퀴리와 피에르 퀴리는 왕립학회로부터 외국인 회원으로, 파리 과학아카데미 회원으로 선출되었다. 마리 퀴리는 1911년 라듐 발견으로 노벨화학상을, 또한 마리 퀴리, 피엘 퀴리, 베크렐 세 사람은 노벨물리학상을 공동으로 받았다. 그녀의 딸 이렌 퀴리가 노벨물리학상을 받음으로써, 또한 1965년에 마리 퀴리의 둘째 사위인 라뷔스가 활동하고 있는 국제연합 어린이 기금(UNICEF)이 노벨 평화상을 받음으로써 퀴리 가문에는 직·간접적으로 관련된 노벨상은 모두 4개라고 볼 수 있다.

219. 혈액형을 분류한 란트슈타이너
소아마비 바이러스를 발견

오스트리아계 미국의 병리학자 란트슈타이너(Landsteiner, Karl;1868~1943)는 빈대학에서 의학박사 학위를 취득한 뒤, 화학자 에밀 피셔 밑에서 연구하면서 화학에 관한 기초훈련을 충분히 받았다.

란트슈타이너는 혈액형을 발견하였다. 인간의 오랜 역사 속에서 의사가 동물의 피나 건강한 사람의 피를 환자에게 수혈하여 효과를 거둔 때도 있었지만, 오히려 죽음을 빨리 부른 때도 있었으므로 대부분의 유럽 나라는 19세기 말기까지 수혈을 금지해 왔다.

란트슈타이너는 수혈을 안전한 것으로 만들어 놓았다. 그는 인간 혈액 중의 혈청이 적혈구를 응고시키는 작용에 차이가 있다는 점을 발견하였다. 어느 혈청은 혈액형 A인 사람의 적혈구를 응고시키지만, 혈액형 B인 사람의 것은 응고시키지 못한다. 또한 다른 혈청은 혈액형 B인 사람의 적혈구를 응고시키지만, 혈액형 A인 사람의 것은 응고시키지 못한다. 또한 어떤 혈청은 양쪽 모두를 응고시키지만, 반대로 양쪽 모두를 응고시키지 못한 것도 있다. 그래서 1902년 그와 그의 연구팀은 인간의 혈액형을 A, B, AB, O 등 넷으로 분류하였다.

이 분류법(A, B, O, AB)에 따라 수혈하면, 어느 조합이라도 안전하게 수혈을 할 수 있다. 그러므로 혈액을 공급하는 사람과 혈액을 받는 사람의 혈액형을 미리 조사해 두면, 수혈을 안심하고 할 수 있으므로 수술할 때 매우 효과적이다.

제1차 세계대전 후, 란트슈타이너는 빈을 떠나 네덜란드로 건너갔다가, 미국의 록펠러의학연구소의 초청을 수락하여 미국 시민권을 얻고, 평생 그 연구소에 머물렀다. 1927년 그는 동료들과 공동으로 또 다른 혈액형(M, N, MN)을 발견하였다. 이 혈액형은 수혈의 경우에 그다지 중요하지 않지만, 인류학 연구에서는 효과가 있는 혈액형이다. 그리고 1940년에 Rh형(태아성 적아세포증이라는 신생아 질병의 원인)의 발견에도 관여하였다.

란트슈타이너는 소아마비 바이러스를 처음 발견하였다. 그는 이 연구에서 원숭이를 실험동물로 처음 이용하였다. 소아마비에 대해 효과적인 대책이 강화된 것은, 폴란드계 미국의 미생물학자 세빈이나 솔크의 연구가 성공하면서부터였다.

란트슈타이너는 척추회백질엽을 연구하였다. 그는 환자의 뇌나 척추 추출물을 원숭이에 주사하고 그 원숭이가 마비증상을 일으키는 것을 확인하였다. 그는 원숭이의 신경계에서 세균을 볼 수 없었지만, 바이러스가 병의 원인이라고 결론 내렸다. 그 후 그는 척추회백질염의 치료법을 개발하였다.

1930년 혈액형의 연구로 란트슈타이너는 노벨생리의학상을 받았다. 그는 연구실 의자에 앉아 있다가 돌연 심장마비를 일으켜 쓰러졌다.

220. 촉매와 가솔린을 연구한 이파티예프
공산주의에 동화하지 못하고 미국으로 망명

러시아계 미국의 화학자 이파티예프(Ipatieff, Vladimir Nikolaevich; 1867~1952)의 아버지는 건축가로 아들을 군인으로 키우려 하였다. 멘델레예프의 교과서를 완벽하게 이해한 그는 경쟁시험에 합격하여 포병학교에 입학하였다. 화학교육을 받은 후, 모교에 남아 화학을 가르쳤다.

정부로부터 독일 유학을 허락받고 뮌헨대학에서 화학자 바이어의 지도를 받았다(러시아계 미국의 화학자 콘버그는 이파티예프에게는 매우 위로가 되었다). 뮌헨대학에서 고무 분자의 기초인 탄화수소(이소프렌)의 구조를 연구한 그는 탄화수소를 평생 연구 대상으로 삼았다. 또한 프랑스에서 폭발물을 연구한 그는(포병장교이기 때문에) 1899년에 모교인 포병학교의 화학과 폭발물 교수가 되었다.

이파티예프는 페테르부르크대학에서 박사학위를 받았다. 제1차 세계대전과 러시아혁명으로 연구가 일시 중단되었지만, 전시에 그는 관리로서 중요한 지위에서 러시아 화학공업을 통합하였다. 혁명정부는 그를 필요로 했기 때문에 연구를 독려하고, 전쟁의 폐허로부터 산업이 부흥하도록 독려하였다. 그러나 공산주의에 동화하지 못한 그는 자신에게 닥칠 위험을 예감하였다. 1930년 베를린 화학회의에 참석했을 때, 그는 미국으로부터의 초청을 수락하고 러시아로 돌아가지 않았다.

시카고에서 새로운 인생의 국면을 맞이한 이파치예프는 유기반응, 특히 탄화수소의 반응에 사용하는 촉매의 개발에 나섰다. 유니버설회사에 근무하면서, 그는 고온 촉매의 처리법을 응용하여 새로운 탄화수소를 만드는 방법을 개발하였다. 이것은 분명히 중대한 의의를 지니고 있었다. 그것은 탄화수소의 혼합물인 가솔린이 자동차의 연료로 사용되었기 때문이다. 엔진 안에서 가솔린의 효력을 최고로 높이기 위해서는 매끄럽고 평탄하게 연료를 연소시켜야 한다. 왜냐하면 연소가 급속하게 진행되면 엔진을 망가뜨리거나 가솔린을 낭비하는 노킹 현상이 일어나기 때문이다. 그러므로 그는 질이 나쁜 가솔린을 옥탄가가 높은 가솔린으로 변환시키는 방법을 개발하였다(미국의 화학자 미즐리는 4에틸납을 발견하여 노킹을 방지였다). 특히 제2차 세계대전 중, 이파티예프는 항공기용 가솔린 개발에서 큰 역할을 하였다.

221. 전자의 전기량을 측정한 밀리컨
과학과 종교의 조화를 시도

미국의 물리학자 밀리컨(Millikan, Robert Andrew; 1868~1953)은 어릴 적부터 과학에 관심이 많았다. 오베린칼리지에 입학하면서 물리학을 전공하고, 같은 대학에서 학사, 석사 학위를, 컬럼비아대학에서 박사학위를 획득하였다. 독일로 건너가 베를린대학에서 막스 플랑크, 괴팅겐대학에서 네른스트와 함께 연구하다가, 귀국하여 시카고대학 물리학 조수로 연구생활을 시작하였다. 그는 시카고대학에서 강의에 중심을 두었지만, 조교수가 되면서 연구에 힘을 쏟았다. 제1차 세계대전 중, 밀리컨은 방위 관계의 연방조사위원회회 위원장으로 활약하였다. 그 후 캘리포니아공과대학 노만 브리지연구소의 소장으로 퇴직할 때까지 그곳에서 활동하였다.

밀리컨은 전자의 전기량을 측정하였다. 그는 전기를 띤 물방울을 떨어뜨려 물방울에 작용하는 전기력과 중력으로부터 전하를 계산하는 방법을 선택하였다. 그러나 물방울이 증발하여 그 후 기름방울로 바꾸었다. 또한 프랑크 상수를 측정하였다.

오스트리아 계 미국의 물리학자 헤스가 우주공간에서 날아오는 방사능선을 발견했을 때, 밀리컨은 이를 '우주선'이라 불렀다. 그는 비행기나 기구로 상공의 방사선 강도를, 호수 밑바닥에 측정기구를 설치하여 물속의 방사선 강도를 각각 측정하였다. 그리고 이 연구는 밀리컨의 제자인 미국의 물리학자 앤더슨에게 인계되어 더욱 훌륭한 성과를 올렸다.

밀리컨은 과학과 종교의 조화를 시도한 소수 과학자 중 한 사람이다. 신앙심이 깊고, 지금도 물질이 창조되고 있다는 사상을 믿었다 그리고 창조주는 지금도 활약 중이라고 주장하였다.

밀리컨은 아인슈타인의 광전방정식의 검정과 프랑크 상수의 측정으로 1923년 노벨물리학상을 받았다. 왕립학회의 휴즈 메달을 받고, 미국 물리학회 회장도 역임하였다.

222. 팔로마산 천문대를 건설한 헤일
웅대한 포부와 뛰어난 설득력으로 자금을 동원한 과학사업가

미국의 천문학자 헤일(Hale, George Ellery; 1868~1938)은 재벌가의 아들로 태어났다. 매사추세츠공과대학을 졸업한 후 유럽에 유학하고, 귀국 후 시카고대학 천문학 교수가 된 그는 시카고의 실업가인 여키스를 설득하여 직경 1m의 여키스 굴절망원경 제작에 필요한 자금을 얻어냈다.

자신의 원대한 꿈을 이룩할 시간적 여유를 찾기 위해서 박사학위 취득을 포기한 헤일은 윌슨산천문대 대장이 되었지만 과로 때문에 곧 그만두었다. 그럼에도 불구하고 망원경에 관한 그의 새로운 개념으로 록펠러재단으로부터 건설에 필요한 자금을 확보하려고 노력하였다.

1889년 헤일은 특수 스펙트럼선 만으로 태양사진을 촬영하는 장치(헬리오스코프)를 발명하였다. 이 장치를 개량하여 태양 홍염 중에 수소가 많이 존재한다는 사실을 알아냈다. 그것이 '태양 분광기'이다. 또한 태양 흑점의 내부에 강한 자계가 있는 것을 발견함으로서 천체에도 자계가 존재한다는 것을 처음 인정받았다.

연구를 계속하는 사이에 헤일은 더욱 설비가 좋은 천문대와 큰 망원경을 탐냈다. 그는 자신의 설득력을 발휘하여 미국의 완고한 자본가 찰스 여키스를 설득하여 자금을 끌어내고, 시카고 북서 120km 떨어진 위스콘신주의 윌리엄스 베이에 큰 천문대를 건설하는데 성공하였다. 그는 미국의 천문학자 엘번 클라크에게 제작을 의뢰하여 당시 세계 최대 구경인 100cm의 굴절망원경을 이 천문대에 설치하였다. 여키스는 출자한 금액에 대한 충분한 보상을 받은 셈이다. 지금도 이 천문대를 여키스 천문대, 그곳에 설치된 망원경을 여키스 망원경이라 부른다.

그러나 헤일은 그것으로 만족하지 않았다. 캘리포니아주 파사데나 근처의 윌슨산에 더욱 큰 망원경을 설치할 계획을 세웠다. 1908년에는 구경 150cm, 1917년에는 구경 250cm의 반사망원경을 설치하였다. 구경 250cm의 망원경은 그 후 30년 동안 세계 최대 망원경으로서 그 위용을 자랑하였다.

헤일은 윌슨산 남동 150km 지점에 있는 팔로마산에 천문대를 건설하고 더욱 큰 망원경을 설치할 계획을 세웠다. 그리고 1929년 록펠러재단의 원조를 받아냈다. 15년 동안 많은 고난을 겪으면서 1948년 구경 500cm의 망원경이 설치되었다. 물론 제2차 세계대전으로 진행이 약간 늦어졌다. 이 망원경을 '헤일 망원경'이라 불렀다. 당시로서는 세계 최대의 것이었으나, 그는 이 천문대의 완성을 보지 못한 채 눈을 감았다. 헤일은 연구자이기 보다 과학사업가라 말할 수 있다.

망원경과 천문대 건설에 주력하고 있을 동안, 헤일은 태양의 채층과 그 이외의 부분을 연구하였다. 1950년 그는 태양 흑점의 분광사진을 입수하였다. 그때까지 생각하고 있던 것과는 반대로, 흑점은 태양표면의 주변 부분보다 뜨거운 것이 아니고 차갑다는 것을 그 사진이 보여주었다.

많은 천문대와 망원경의 건설에서 보았듯이, 헤일은 끝맺음을 하는데 뛰어났다. 특히 패사디너의 스루프 응용과학 연구소의 소장으로 선출된 때가 있었다. 그의 영향력을 바탕으로 수백명의 학생뿐인 분명 이름없는 연구소를 캘리포니아 공과대학으로 발전시켰다. 이 대학은 지금 연구와 학문에서 세계중심으로 자리잡고 있다.

223. 원자량을 정확하게 측정한 리쳐즈
죽기 한 달 전까지 활발한 연구활동을 펼침

미국의 화학자 리쳐즈(Richards, Theodore William; 1868~1928)는 유명한 풍경화가인 아버지와 퀘이커교도 작가이며 시인인 어머니 사이에서 태어났다. 그는 초등교육을 가정에서 받고, 열네 살에 칼리지에 입학하였다. 처음에는 천문학을 배워볼까 생각했지만, 시력이 나빠 화학으로 연구 방향을 돌렸다. 졸업 후 하버드대학에서 열여덟 살에 학사학위를 취득하였다.

리쳐즈는 장학금을 얻어 유럽 몇몇 대학을 방문하고, 마이어와 레일리 경을 만났다. 그 후 하버드대학 강사를 거쳐 3년 후 조교수가 되었다. 그는 두 번째 유럽 방문에서 오스트발트와 네른스트와 만났을 때, 괴팅겐대학에서 그를 초청했지만 이를 거절하고 하버드대학 교수로 취임하여 일생동안 그 자리를 지켰다. 그는 죽기 1개월 전까지 활발하게 연구를 계속한 정력가였다.

리쳐즈는 여러 원소의 원자량을 30년동안 정밀하게 측정하였다. 30년에 걸친 연구 결과로, 거의 60개 원소의 원자량을 화학적 방법으로 도달할 수 있는 데까지 측정하였다. 그가 발표한 논문 약 60편 중 약 반절이 원자량에 관한 것이다. 자신이 25종, 그의 협력자들이 40종 원소의 원자량을 측정하였다. 그의 연구로 고전적 원자량의 측정시대는 끝나고 새로운 측정시대가 열렸다.

그의 오랜 동안의 연구활동으로 하버드 대학은 물리화학이나 분석화학연구의 메카가 되었다.

1914년 리쳐즈는 정확한 원자량 측정으로 노벨화학상을 받았다.

224. 공중질소 고정법을 개발한 하버
독일을 위해 충성을 다한 유태인, 결국 망명생활

독일의 화학자 하버(Haber, Fritz; 1868~1934)는 염료제조업자의 집안에서 태어났지만, 이 가업을 이어받는 데는 실패하였다. 그는 화학을 좋아하여 베를린대학에 진학하여 호프만의 지도를, 하이델베르크대학에서 분젠의 지도를 받았다. 그 후 세 회사를 거치면서 아버지의 일을 도왔지만, 겨우 몇 달 뒤에 학계로 되돌아왔다.

하버는 카루스루공과대학의 무급 강사를 거쳐 물리화학과 전기화학 교수로 승진하였다. 그리고 그의 명성이 높아지자 새로 설립된 카이저 빌헬름연구소 물리화학 및 전기화학연구소 소장으로 초청받았다.

20세기 초기, 화학자의 당면 과제는 대기 중에 함유되어 있는 질소의 이용이었다. 질소화합물은 비료와 폭약의 원료로 없어서는 안 되는 것이지만, 그 생산지는 세계 공업의 중심지로부터 멀리 떨어진 남미 칠레의 초산염 광산이었다. 그러므로 대기의 4분의 1인 질소를 대량으로 값싸게 화합물로 변화시킬 수 없을까 생각하였다.

1900년대 초기, 하버는 높은 압력 하에서 철을 촉매로 질소와 수소를 결합시켜 암모니아를 만드는 방법을 연구하고(공중질소 고정법 혹은 하버법), 이를 실용단계에까지 끌어올린 사람은 독일 과학자 보슈였다. 그리고 암모니아로부터 비료와 폭약을 만들었다.

그 결과는 제1차 세계대전에 즈음해서 독일의 군사력으로 나타났다. 당시 영국 해군은 독일의 모든 초산염 수입을 방해하였다. 만일 독일이 초산염을 수입에만 의존했더라면, 1916년에 독일 화약의 재고가 바닥났을 것이고, 또한 항복할 수 밖에 없었을 것이다. 그러나 하버의 덕택으로 독일은 탄약 부족 없이 2년 이상 버티었다.

하버 연구팀은 독가스(염소)를 시험적으로 생산하는데 성공하였다. 그리고 1915년 4월 22일, 벨기에 전선에서 세계 최초로 독가스가 살포되었다. 그 전투에서 죽은 사람만 5천명, 중독된 사람이 1만 5000명에 이르렀다. 그는 대위로 독일의 화학전을 관리하고, 독가스 제조를 조직화하였다. 또한 그는 독가스 전투요원의 훈련 책임자로 효과적인 가스마스크를 개발하였다. 하버는 중사에서 중령으로 승진하고 화학전쟁 후 국장이 되었다.

맹목적이라 말할 수 있을 정도로 남달리 애국심이 강했던 하버는 1933년 히틀러가 정권을 장악하자, 생각하지도 않은 불운이 그에게 닥쳤다. 그는 유태인이었으므로 모든 지위를 박탈당하였다. 영국으로 망명했지만 그곳 생활에 적응하지 못하고, 독일 가까운 스위스로 돌아와 수개월 동안 실의에 빠져 있다가 심장발작으로 세상을 떠났다.

1918년 하버는 노벨화학상을 받았다.

225. 발생학에서 배아를 성실하게 연구한 슈페만
생명력의 개념이나 전성설을 완전히 몰아냄

독일의 동물학자 슈페만(Spemann, Hans; 1869~1941)은 의학, 식물학, 동물학, 물리학을 전공했지만, 일생 동안 매달린 전문 연구는 동물학이었다.

생물학 중에서 지극히 어려운 분야의 하나가 배아 문제이다. 슈페만은 배아를 연구하여 큰 업적을 남겼다. 당시 수정란은 최종적인 기관이 형성될 부분이 처음부터 정해져 있다는 전성설을 대부분 믿고 있었다.

슈페만은 계속된 실험을 통하여 난할한 세포를 죽이지 않고 분리한 경우에는 개개의 세포는 첫 난할 뒤에도, 다섯 난할 후에도 작아지기는 했지만 각각 완전한 배아로 생장하는 것을 확인하였다. 여기서 세포 내에는 일종의 생명력이 있으며, 원래의 수정난 전체가 아니고 그 일부일지라도, 정상적인 발달을 수행하도록 유도된다고 상상하였다.

슈페만은 이에 대한 일련의 실험을 계속하였다. 배아가 분명히 분화의 징후를 나타내기 시작한 뒤에도 분화할 수 있다는 것을 밝혔다. 즉 피부로 분화될 조직을 신경조직이 될 부분으로 이식하면 신경조직이 형성된다는 것을 증명한 것으로(후성설), 전성설은 다시 공격을 받았다.

슈페만은 배발생에서 지금 배유도라 부르고 있는 현상을 발견하였다. 이것은 모든 배 영역의 세포가 다른 배 영역의 영향으로 특정한 기관 혹은 조직으로 향하여 결정되는 현상이다. 또한 그는 배아의 각 영역이 인접한 영역의 영향을 받아 성장한다는 것도 밝혀냈다. 안구는 뇌의 부분에서 발생하고, 가까운 피부에서 발달한 수정체가 이에 결합한다. 또한 배아 중에는 신비적인 생명력이 있는 게 아니고 화학적인 형성체가 있다는 것도 밝혔다. 그 시대에는 호르몬 개념을 알고 있었으므로, 배아의 발달은 호르몬이 제어하고 있는 것으로 알려져 있었다. 그러므로 생명력이나 전성설은 후퇴할 수 밖에 없었다.

1935년 슈페만은 배아의 연구로 노벨생리의학상을 받았다.

226. 안개상자를 발명한 윌슨
인공강우를 여든 일곱 살까지 연구

스코틀랜드의 물리학자 윌슨(Wilson, Charles Thomson Rees; 1869~1959)은 부유한 농가에서 태어났다. 오웬스칼리지(지금의 맨체스터대학)를 졸업한 후, 고등학교에서 교편을 잡다가 장학연구생으로 케임브리지대학에 입학하였다. 졸업 후 강사를 거쳐 케임브리지대학 자연철학 교수가 되었다. 그는 여든일곱 살까지 연구논문을 발표하였다. 건강한 정력가였다.

윌슨은 영국에서 가장 높은 스코틀랜드의 산(1600m) 정상에 걸린 아름다운 구름에 일찍부터 매료되었다. 소규모로 구름을 만들고, 구름 속의 습기 일부를 물방울이나 서리로 바꾸는 실험을 거듭하였다. 그는 이온을 핵으로 삼아 구름이 형성되는 이론을 수립하였다. 10년 동안 연구 끝에 방사선이나 날아다니는 입자가 만든 이온의 주위에서 물방울이 생기고, 또한 그릇을 팽창시켜 물방울을 안개로 바꾸어 눈으로 볼 수 있는 실험을 하였다. 이 원리를 이용한 것이 잘 알려진 '안개상자'이다.

안개상자 안에서 대전입자는 흥미 있는 자국을 남긴다. 안개상자를 자계 안에 놓으면 입자의 진로가 구부러지고, 그 구부러지는 모습에서 입자가 플러스인지 마이너스인지, 또한 전기량의 크기를 알 수 있다. 특히 입자가 분자나 다른 입자와 충돌하는 장면을 볼 수 있으므로 안개상자는 핵물리학 연구에서 큰 역할을 하였다.

1911년에 윌슨의 안개상자가 완성되고, 원자보다 작은 입자의 세계에서 일어나는 현상을 눈으로 쉽게 볼 수 있는 길이 열렸다. 안개상자는 영국의 물리학자 브레킷에 의해 최종적으로 개량이 가해지고, 미국의 물리학자 그래서가 30년 후 그 자매품으로 '거품상자'를 발명하였다. 이는 매우 고감도의 검출장치로서 한 무리의 소립자 발견에 한 몫을 하였다.

윌슨은 왕립학회 회원으로 선출되고, 왕립학회로부터 휴즈 매달, 코플리 메달, 로열 메달 등을 받았다. 고향인 에딘버러 근교의 별장에서 숨을 거두었다.

또한 1929년 그는 콤프턴과 함께 노벨물리학상을 공동으로 받았다.

227. 원자의 실재를 입증한 페랭
제2차 세계대전 당시 레지스탕스로 적극 활약

프랑스의 물리학자 페랭(Perrin, Jean Baptiste; 1870~1942)은 파리 고등사범학교를 졸업하면서 이학박사 학위를 취득하였다. 소르본느대학 강사를 거쳐 물리화학 교수가 된 이후, 줄곧 30년 동안 파리대학에서 연구하였다. 그는 독일의 침략을 피하여 미국으로 망명하였다.

페랭은 음극선의 본질 연구에 크게 공헌하였다. 크룩스에 의해 음극선이 대전하고 있다는 사실이 밝혀지면서, 그것이 입자인지 아니면 방사선의 일종인지 논쟁이 벌어졌다. 페랭은 음극선이 물체에 충돌하면서 그 물체에 다량의 마이너스 전하를 주는 것을 밝혀냄으로써 이 논쟁에 종지부를 찍었다. 다시 말해 음극선은 마이너스로 대전한 입자라고 결론을 내렸다. 그 직후 톰슨에 의해 그 입자의 질량이 측정되고, 원자보다 작은 것으로 밝혀졌다.

페랭은 브라운 운동의 연구로 원자의 존재를 최초로 증명하였다. 브라운 운동은 수면 위에 부유하고 있는 작은 입자에 대해 물분자가 충돌하기 때문에 일어난다는 가정을 바탕으로, 아인슈타인이 이 운동을 결정하는 공식을 내놓았다. 이 공식에 의하면 입자가 중력에 거역하여 떠 있는 상태는 물분자의 크기에 의해 결정된다고 밝혔다.

페랭은 물분자의 크기를 관찰하고 결정하는 일에 나섰다. 그는 적은 양의 물속에 여러 높이로 떠 있는 고무수지의 미립자의 수를 현미경으로 셈하고, 입자의 수가 높이와 함께 감소하는 것이 아인슈타인의 법칙에 정확하게 일치한다는 사실을 확인하였다. 따라서 처음으로 원자나 분자의 대체적인 크기를 관찰에 의해 계산하였다. 돌턴이 원자론을 주장한지 1세기가 지나갔다. 그 동안 관념적으로 그 존재를 믿어왔던 작은 실체가 분명히 현실에 존재한다는 사실이 비로소 입증되었다. 원자론에 끝까지 반대해 왔던 오스트발트까지도 원자가 실재한다고 인정하였다.

1941년 독일이 프랑스를 점령했을 당시, 반파시스트 운동원으로 활약한 페랭은 미국으로 건너가 국외에서 독일에 저항하는 드골 운동에 동참하였다. 당시 일흔 살을 넘은 그는 프랑스의 해방을 보지 못한 채 눈을 감았다.

1926년 페랭은 노벨물리학상을 받았다.

228. 비행기를 발명한 라이트 형제
자전거와 글라이더를 함께 묶어 착상

　미국의 발명가 라이트 형제(Wright, Oville; 1871~1948 / 형 Wilbur; 1867~1912)는 고등학교만 졸업했지만, 그들은 이론 대신 예리한 직관력과 통찰력을 구사하여 끝없이 연구하고 노력하는 미국의 발명가(배움 없는 천재발명가 에디슨을 그의 최고봉으로 삼는)의 전통을 이어 받은 사람들이다. 자전거 경기의 우승자였던 오빌 라이트는 형과 함께 자전거 수선업을 시작하면서 기계제작의 기술을 충분히 몸에 익혔다.

　한편 형제는 취미 삼아 글라이더 타기를 즐겼다. 글라이더 타기는 19세기 말엽 용기와 경험이 가장 필요한 스포츠였다. 라이트 형제는 선배들의 비행기에 관한 책을 읽고, 인간이 조종하는 비행기를 만든다는 꿈을 불태웠다. 독일인 릴리엔탈의 추락사 소식을 들은 그들은 그의 죽음을 가져온 결점을 찾아내고 스스로 독자적인 실험을 계속하였다.

　자전거와 글라이더 타기의 취미를 함께 묶은 형제는 비행기 모형을 개량하고, 비행사가 비행기를 조종할 수 있도록 보조날개를 발명하여 특허를 따냈다. 또한 출력에 비해 이전보다 훨씬 가벼운 엔진을 설계하였다. 형제는 가벼운 엔진을 만드는 것이 동력 비행을 현실화하는 첫 걸음으로 생각하였다.

　1903년 12월 17일, 역사상 처음으로 단순한 활공이 아닌 동력에 의한 비행에 성공하였다. 시간은 거의 1분, 225m의 거리를 비행하였다. 이를 목격한 사람은 5명 정도로 신문기사도 없었다. 사실 1905년 과학 잡지 〈사이언티픽 아메리칸〉은 단순한 것에 지나지 않는다고 논평할 정도였다. 그러나 이 해에 형제는 30분간, 약 40km를 비행하는 데 성공하였다. 점차 비행기가 세계 사람들에게 알려지고, 1908년에 오빌의 기록은 1시간으로 늘어났다.

　1909년 영국 해협 횡단으로 비행기는 많은 사람들의 주의를 끌었다. 제1차 세계대전 때는 공중전에 사용되었다. 비행기의 존재 가치가 확실하게 인정된 것은 1927년 린드버그가 단독으로 대서양을 횡단한 데서부터였다. 제2차 세계대전 때 비행기는 무서운 공격무기로 등장하였다. 오빌은 비행기가 히로시마와 나가사키에 원폭을 투하할 때까지 살았지만, 형 윌버는 그 이전에 죽었다.

229. 인공 핵변환을 성공시킨 러더퍼드
제3대 캐번디시연구소 소장으로 활약

 영국의 물리학자 러더퍼드(Rutherford, Ernest !st Baron Rutherford of Nelson; 1871~1937)의 아버지는 수레를 만드는 목수를 겸업하는 농부의 아들로 뉴질랜드에서 태어났다. 그는 농장에서 아버지의 일을 도왔다. 학교성적이 뛰어나 장학금을 받아 뉴질랜드대학에 입학하였다.

 러더퍼드의 인생 진로가 크게 바뀐 전기가 우연히 찾아왔다. 그는 케임브리지대학 장학금을 받았다. 이것은 러더퍼드 자신과 세계 사람을 위해 대단한 행운이었다. 그의 성적이 두 번째여서 케임브리지대학 장학금을 받을 수 없었지만, 수석으로 졸업한 동창생이 가정형편으로 이를 사양했기 때문에 러더퍼드에게 자격이 돌아왔다. 이 행운의 소식이 전해졌을 때, 그는 농장에서 감자를 캐고 있었다.

 케임브리지대학에서 물리학자 톰슨의 지도를 받은 러더퍼드는 캐나다 몬트리올대학에서 잠시 연구한 뒤에 뉴질랜드에서 결혼하고 영국으로 돌아왔다. 1919년 케임브리지대학 교수가 되었다.

 러더퍼드는 방사능의 탐구에 열을 올렸다. 그는 여러 방사선 중에서 플러스 전기를 띠고 있는 것을 α선, 마이너스 전기를 띠고 있는 것을 β선이라 명명하였다. 또한 자계의 영향을 받지 않는 방사선이 발견되었을 때, 그는 그의 본성이 전자파라는 사실을 규명하고 이를 γ선이라 불렀다. 1906년부터 조수인 가이거와 공동으로 알파선 연구를 적극 추진하였다. α선은 전자를 빼앗긴 헬륨 원자(혹은 이온화된 헬륨)임을 확인하였다. 또한 모든 원자는 같은 수의 양자와 전자를 포함하고, 양자와 전자의 전하는 똑 같은 양이다. 그러므로 원자는 중성이라 설명하였다.

 러더퍼드는 원자핵의 개념을 발전시켰다. 원자 내부의 중심부는 정전기를 띤 매우 작은 부분으로, 원자 내의 양자는 모두 그 곳에 밀집하고 있다. 그러므로 결과적으로 원자핵이 실질적으로 원자의 무게를 좌우한다고 주장하였다. 원자의 외측 부분에는 매우 가볍고, 마이너스로 대전한 전자가 존재한다고 설명하였다. 이것이 그의 원자 모형이다.

 1917년 러더퍼드는 역사상 처음으로 원소 전환을 실현하는데 성공하였다. 다시 말해서 한 원소를 다른 원소로 변환시켰다(질소 원소에 α 입자를 충돌시켜 산소의 동위원소와 수소로). 중세 연금술사의 꿈이 이루어진 듯 싶었다. 1933년 이후부터 러더퍼드는 독일의 나치주의에 적극 반대하고, 독일로부터 추방된 유태인 과학자의 구제에 앞장섰다. 그러나 영국으로 망명한 하버가 독가스를 개발한데 불만을 품은 러더퍼드는 그에게 냉담하였다. 그는 원자핵물리학에서 근본적인 중요한 두 가지를 발견하였다.

생애 마지막에 러더퍼드는 원자핵의 막대한 에너지가 인간의 힘으로 개발될지 여부에 대해 의문을 가졌다. 이 점에 대해서는 매우 보수적이었다(아인슈타인의 상대성이론을 의심한 것처럼).

러더퍼드는 왕립학회 회원을 거쳐 그 회장에 이르렀다. 또한 캐번디시 연구소 제3대 소장으로 활약하였다. 1908년 러더퍼드는 노벨화학상을, 1931년 넬슨 남작 칭호를 받았다.

230. 식물생태학 연구의 선구자 탠슬리
자연보호협회장, 야외연구협의회 회장을 역임

영국의 생물학자 탠슬리(Tansley, Arthur George; 1871~1955)는 런던 유니버시티 칼리지에서 식물학을 전공하였다. 그는 케임브리지 트리니티 칼리지를 졸업했지만, 마지막 1년 동안 유니버시티 칼리지의 강사를 겸임하였다. 졸업과 동시에 모교 실험조수가 되었다. 케임브리지대학 강사를 거쳐, 슐라이덴의 식물학 강좌 교수로 임명되었다.

탠슬리는 식물생태에 관해 선구적인 연구를 하였다. 식물생태의 강의를 비롯하여 교과서를 저술하였다. 특히 영국 여러 섬의 식물생태에 관한 대부분의 책을 처음으로 출판하였다. 나아가 그는 스리랑카, 말레시아, 이집트를 방문하여 식물의 모습을 조사하고 돌아왔지만, 연구 결과를 보고할 마땅한 학술잡지가 없었다. 이에 관심을 두고 1902년에 전문학술지 〈더 뉴 파이톨로지스트〉(The New Phytologist)를 간행하고, 그 후 30년 동안 편집위원으로 활동하였다. 그는 또한 생태학의 연구나 야생생물의 보호를 목적으로 하는 조직을 만드는데 공헌하였다. 자연보호협회 회장, 야외연구협의회 회장 등 여러 조직을 통해서 꾸준히 노력하였다. 생태학 연구에 첫발을 내딛었다. 이 조직의 회장을 지냈다.

탠슬리는 왕립협회회원으로 선출되고, 린데협회 골드메달 수상, 1950년에 기사작위를 받았다.

231. 수중 음향탐지기를 개발한 랑주뱅
프랑스 레지스탕스 운동에 참여, 아들은 처형됨

프랑스의 물리학자 랑주뱅(Langevin, Paul; 1872~1946)은 소르본느대학에 입학했지만 병역을 치르기 위해 휴학하였다. 제대 후에 고등사법학교에서 펠랑과 함께 배웠다. 케임브리지대학 캐번디시연구소 유학시험에 합격한 그는 톰슨 밑에서 연구하고 있던 러더퍼드를 만났다. 기체의 이온화 연구로 박사학위를 취득한 랑주뱅은 콜레주 드 프랑스 물리학 교수를 거쳐 스르본느대학 교수가 되었다. 파리공업물리화학학교 교장, 과학자의 모임인 솔베이회의 일원으로, 1928년에는 의장으로 활약하였다.

랑주뱅은 수리물리학자로서 프랑스에서 상대성이론이나 현대물리학(상자성 및 반자성) 보급에 앞장섰다.

또한 반향위치 결정법의 기초가 되는 초음파 발생 방법을 발견하였다. 그는 제1차 세계대전중에 이를 이용하여 잠수함의 정확한 위치 탐지기술을 개발하였다. 제2차 세계대전이 일어난 지 얼마 안 되어 독일군이 프랑스를 점령하자, 반파시스트적 행동 때문에 그는 투옥되었다가 풀려났다. 하지만 아들은 처형되고, 딸은 아우슈비츠 강제수용소에 끌려갔다. 그는 스위스로 망명하여 그곳에서 레지스탕스 운동에 합류했다가 그후 파리로 돌아와 공업물리화학학교에 복직하였다. 전후 교육개혁 위원장으로 프랑스 교육개혁에 큰 공을 세웠다.

232. 식물 색소를 연구한 빌슈테터
히틀러의 반유태주의에 항의, 스위스로 망명

독일의 화학자 빌슈테터(Willstätter, Richard; 1872~1942)는 뮌헨대학에 입학하여 바이어의 지도를 받아, 박사학위를 취득하면서 곧 화학자 바이어의 조수를 거쳐 스위스의 취리히대학 교수가 되었다.

빌슈테터는 알카로이드나 클로로필 등의 식물 색소를 연구하였다. 식물 색소는 두 가지 이유에서 흥미가 있다. 첫째, 엽록소가 태양에너지를 받아 식물의 영양분을 만든다는 점, 둘째, 색소의 구성이 매우 복잡하면서도 아름답고 매력적이라는 점이다.

식물 색소를 분리하는 기술은 이미 1906년에 러시아의 식물학자 미하일 츠베트가 개발하였다(크라마토그래피). 그러나 그의 논문이 러시아어로 발표되었기 때문에 당장 주목을 끌지 못했지만, 빌슈테터와 오스트리아계 독일의 화학자 쿤의 노력으로 널리 보급되었다. 이 기술을 이용하여 그는 엽록소 분자 중에는 마그네슘이, 그리고 헤모글로빈 분자의 색소 부분에는 철이 함유되어 있다는 사실을 밝혀냈다.

빌슈테터는 제1차 세계대전 중, 친구인 하버의 요청으로 가스마스크를 개발했지만, 유태인인 빌슈테터는 뮌헨대학에서 쫓겨났고, 1933년에 히틀러가 정권을 장악하면서 더욱 큰 위험을 겪었다. 제2차 세계대전이 일어나자 독일에 남아있는 것은 곧바로 죽음을 뜻하는 것임을 깨닫고, 스위스로 피난하여 여생을 그곳에서 지냈다.

1915년 빌슈테터는 노벨화학상을 받았다.

233. 기초적인 유기화학반응을 연구한 딜스
제2차 세계대전 당시 두 아들이 전사

독일의 화학자 딜스(Diels, Otto; 1875~1954)는 재주 있는 학자 집안에서 태어났다. 아버지는 베를린대학 고전철학 교수, 형제들은 철학과 식물학 전공 교수였다. 딜스는 학교시절부터 화학에 흥미를 가지고 여러 실험을 하였다. 베를린대학 화학과에 입학한 그는 유기화학자 에밀 피셔의 지도를 받아 박사학위를 받고, 피셔의 조수와 강사를 거쳐 당시 왕립 프리드리히 빌헬름대학 화학과를 거쳐, 2년 후 킬의 크리스천 알브레히트대학 화학과 주임교수로 초청받았다. 퇴직 때까지 32년 동안 그곳에서 연구하였다.

딜스는 조수인 앨더와 협력하여 여생의 대부분을 디엔 합성의 발전에 헌신하였다. '딜스-알더 반응'의 응용은 유기화학 세계에 셀 수 없이 많고, 또한 그런 종류의 반응은 저온에서 쉽게 일어나고 또한 수율이 좋다.

그는 세 아들과 두 딸을 두었으나 두 아들은 제2차 세계대전 말기에 동부전선에서 전사하였다. 전쟁 중에 연구소가 파괴되어 퇴임을 결심했지만 연구소의 재건을 호소하였다. 그는 항상 유머가 넘쳐 흘렀고, 숙련된 강의나 숙달된 시범실험을 보여 학생들의 인기가 대단하였다.

1905년 딜스는 화학자 알더와 함께 노벨화학상을 받았다.

234. 인공심장 개발을 시도한 카렐
제2차 세계대전 당시 독일 점령군에 협조

프랑스계 미국의 외과의사 카렐(Carrel, Alexis; 1873~1944)은 리옹대학에서 의학학위를 취득하고 외과의사로서 유명해졌다. 1904년 목장을 경영하기 위해 캐나다로 건너간 그는 과학에 대한 매력이 되살아나 미국으로 이사하고, 뉴욕에 있는 록펠러의학연구소 연구원으로 활동하였다.

록펠러연구소에서 카렐은 처음 장기이식을 연구하였다. 장기이식에 성공하려면 우선 충분한 혈액을 공급하는 장치와 혈관을 봉합하는 기술의 개발이 필요했다. 그는 혈관의 끝과 끝을 겨우 세 침으로 봉합하는데 성공하였다. 또한 이 무렵 란트슈타이너가 혈액형과 피가 굳는 관계를 발견함으로써, 수혈이 실용적인 단계로 접어들어 외과수술에서 빛을 발휘하였다.

하지만 이것만으로 장기이식은 성공할 수 없다. 카렐은 장기 혹은 그 일부를 관류에 의해 살아 있게 하는 실험과 맞서 연구하였다. 관류란 장기 내의 혈관에 혈액 혹은 그 대용액을 흐르게 하는 작업이다. 그는 이 방법을 보다 효과적으로 하기 위해 미국의 비행가 린드버그와 공동으로 1939년대 초기에 인공심장을 개발하였다.

제1차 세계대전 중, 프랑스 육군에서 근무했던 카렐은 차아염소산나트륨 용액을 주성분으로 한 방부제를 개발하여 상처로 인한 전염병의 사망률을 떨어뜨리는데 성공하였다. 1939년 제2차 세계대전이 일어나기 직전에 프랑스로 돌아온 카렐은 그 해 프랑스 정부의 관리로서 공중위생을 담당하였다. 프랑스가 독일군에 점령되자 독일 임시정부에 동조하고 그 밑에서 일하였다. 프랑스가 해방되었을 때 적국에 협력했다는 이유로 재판을 받지 않았지만, 몇 개월 후 타계하였다. 양심의 가책이 아닌가 싶다.

1912년 카렐은 노벨생리의학상을 받았다.

235. 화학결합의 이론을 정립한 시지윅
학자와 학생들에게 넓은 영역의 과제를 부여

영국의 화학자 시지윅(Sidgewick, Nevil Vincent; 1873~1952)은 재주 있는 가정에서 태어났다. 아버지와 두 숙부는 옥스퍼드대학과 케임브리지대학 교수, 또 다른 한 숙부는 캔터베리 대주교였다. 그는 열두 살까지 집에서 교육받다가 고전과 과학을 공부하기 위해 학교에 갔다.

옥스퍼드대학에 고전과정 장학금을 신청했지만 뜻대로 되지 않았다. 다음 해에 크라이스트 처치 칼리지로부터 자연과학 장학금을 받았다. 그는 자연과학 과정을 마치고, 그로부터 1년 동안 실험조수로, 라이프치히대학의 오스트발트 교실에서 연구하기 위해 독일로 건너갔다. 학사학위를 받은 후, 옥스퍼드대학 링컨 칼리지의 펠로우를 거쳐 정원 외 교수가 되었다.

시지윅은 대부분의 시간을 교육과 저서를 위해 활용하였다. 오스트레일리아에서 개최된 영국과학진흥협회의에 출석하기 위해 여정에 오른 그는 러더퍼드와 동행하였다. 그리고 두 사람은 평생토록 우정을 깊게 하였다.

시지윅은 원자가와 화학결합의 연구에 몰두하였다 그러나 제1차 세계대전으로 중단되고, 전시에는 폭발물 공급성의 무급 고문으로 근무하다, 전쟁이 끝나자 점차 본격적인 연구를 시작하였다. 그는 전자쌍 공유에 관한 루이스의 이론을 넓히고, 당시 베르너가 연구한 배위화합물의 결합을 설명하였다. 또한 자신의 문하생과 함께, 수소결합의 중요성을 제시하였다.

제2차 세계대전이 시작되자, 시지윅의 해외여행은 크게 줄어 들었다. 그의 학술활동에 방해가 되었다. 그 대신 1930년대에 발표된 많은 양의 문헌을 바탕으로 또 하나의 기념비적 업적을 남겼다. 그것이 그의 〈화학원소와 화합물〉이다. 시지윅은 다른 사람들의 여러 분야에 걸친 연구를 재고하여 체계화하고, 학자나 학생들을 위한 넓은 제목의 영역에 대해 통찰하는 재능을 보여 주었다.

236. 3극 진공관을 발명한 디 포리스트
1916년 성악가 카루소의 노래가 라디오에서

　미국의 발명가 디 포리스트(De Forest, Lee; 1873~1961)는 예일대학을 졸업하고 스페인-미국 전쟁에 종군하였다. 그 때문에 1년 뒤늦게 박사학위를 취득하였다. 디 포리스트는 3극 진공관을 발명하였다. 학생시절부터 마르코니가 개발한 무선전신에 관심을 가지고 무선신호의 송신 속도를 빨리하는 장치를 연구하였다. 이 장치로 1904년 노일전쟁 발발 첫 뉴스가 전해졌다. 그가 바랐던 가장 큰 발명은(그때까지 이미 300건의 특허를 취득했지만) 3극 진공관이었다. 에디슨이 발명한 에디슨 효과는 영국의 전기기사 플레밍의 연구로 정류기에 응용되고, 디 포리스트는 거기에 세 번째 전극을 삽입하여 2극진공관을 3극진공관으로 개조하였다.

　3극진공관은 정류기와 증폭기 두 역할을 한다. 그래서 1916년에 라디오 방송국이 설립되고, 엔리코 카르소의 노래와 뉴스가 흘러나왔다. 그는 라디오 진공관을 미국 전신전화 회사에 39만 달러로 팔아 넘겼지만, 개발에서 어려움이 많았으므로 한 때는 발명에 필요한 현금을 모금하려고 하였다. 그 때문에 우편법에 위반되어 체포되는 수모도 겪었다.

　그러나 디 포리스트가 만든 3극 진공관은 영국계 미국의 물리학자 쇼클리가 트랜지스터를 발명하기까지 30년 동안 90억 달러에 이르는 전자기기 산업을 부흥시켰다. 3극진공관의 발명으로 디 포리스트는 라디오의 아버지로 불려지고, 그 자신도 같은 제목으로 자서전을 썼다. 본격적인 라디오시대가 열렸다.

237. 무선통신 시대를 열어준 마르코니
1901년 12월 12일, 장거리 통신에 대성공

　이탈리아의 전기기술자 마르코니(Marconi, Guglielmo; 1874~1937)는 부유한 가정에서 태어나 개인교수를 받았다. 당시 개인교수들은 이탈리아의 유명한 교수들로서 어느 일정한 대학에 소속되지 않은 물리학자들이었다.

　마르코니는 헤르츠가 우연히 발견한 전파에 관한 기사를 읽고 이에 관심을 가졌다. 전파를 신호로 사용하면 어떨까 생각한 나머지, 헤르츠의 전파 발생법과 전파를 검출하는 검파기를 사용하여 시험하였다. 검파기란 보통 때는 거의 전류를 통하지 않지만 전파가 닿으면 매우 적은 양이지만 전류를 통하고, 또한 전파를 전류로 바꾼다. 마르코니는 이 장치를 조금씩 개량하였다. 그는 지면에서 절연한 공중선(안테나)을 설치하여 검파기를 수신과 송신에 이용하였다(공중선의 사용은 러시아의 물리학자 포포프가 먼저이다).

마르코니는 전파의 도달거리를 조금씩 늘려갔다. 1896년에 자기 집으로부터 정원까지, 그 후 1.6km까지 연장하였다. 그는 영국에 건너가(어머니가 아일랜드 사람으로 영어를 할 줄 알았다) 약 14km까지 전파의 도착거리를 연장하고, 이탈리아로 돌아와 육지에서 군함까지 약 20km 연장하여 송신하였다. 그리고 1898년에는 영국에서 29km까지 송신하는데 성공하였다.

마르코니는 무선전신을 영업용으로 이용하였다. 나이 많은 캘빈 경이 마르코니식 무선전신을 사용하여 나이가 많은 스톡스에게 통신하였다. 이것이 역사상 최초의 상업통신이다. 같은 해 그는 킹스타운의 보트 레이스 장면을 무선통신으로 보고하였다.

마르코니의 성공은 1901년에 최고조에 이르렀다. 그는 뉴파운들랜드에 무선신호를 보낼 준비를 하고, 기구를 사용하여 안테나를 가능한 높이 매달았다. 1901년 12월 12일, 이 계획을 성공리에 마쳤다. 이 날은 모스 신호를 사용하여 통신했지만, 라디오가 발명된 날이기도 하다. 1904년 세인트루이스 만국박람회에서 무선통신의 출현은 대단한 화제꺼리였다. 그 후 마르코니는 단파에 의한 무선통신의 실험에 도전하여 무선통신 시대를 놓았다.

이 업적으로 1909년 그는 노벨물리학상을 공동으로 수상하였다. 또한 1929년 이탈리아 정부로부터 후작의 칭호를 받았다.

238. 화합물의 전자결합 손을 창안한 루이스
중수소만을 성분으로 한 중수를 제조

미국의 화학자 루이스(Lewis, Gilbert Newton; 1875~1946)는 네브라스카의 예비대학과 하버드대학에서 교육받고, 하버드대학에서 석사학위, 박사학위를 취득하였다. 장학금을 얻어 독일 라이프치히대학의 오스트발트와 괴팅겐대학의 네른스트 밑에서 연구하기 위해 유럽으로 건너갔다.

그 후 마닐라에 있는 과학국에서 도량형 감독관 및 화학자로 근무하기 위해 필리핀으로 건너갔다. 귀국하여 캘리포니아대학 버클리대학 화학과 주임교수가 된 그는 본격적인 연구활동을 시작하였다.

20세기 초기 캘리포니아대학에 열역학 강좌가 개설되었다. 그는 공동으로 저서 〈열역학과 화학물질의 자유에너지〉를 출간하였다. 이 책은 열역학의 고전으로서 화학을 전공하는 학생들에게 다른 어느 책보다 뛰어났다. 이 저서는 깁스의 화학열역학을 소개한 것으로, 반응속도나 평형의 문제를 해결하는 데서, 종래의 농도 개념보다 더 유용한 활동도라는 새로운 개념을 도입하였다.

한편 루이스는 원자가 문제를 해결하는데 앞장섰다. 그 동안 케쿨러나 쿠퍼가 사용해 왔던 결합 손(짧은 선)의 본질을 문제 삼고, 유기화합물 중의 비전해성 결합에 전자설을 적용할 것을 시도하였다. 그는 두 원소 사이를 전자가 이동할 뿐만이 아니라, 전자가 공유되어 결합하는 사실을 제안하였다.

루이스는 수소의 동위원소를 발견하여 미국의 화학자 유리를 뒤따랐다. 그리고 원자량 1인 보통 수소가 아닌 원자량 2인 중수소만을 성분으로 하는 물, 즉 중수(D_2O)를 처음 만들었다. 중수는 10년 후에 원자로에서 중성자의 감속제로, 또한 수소폭탄의 원료로 사용되었다.

루이스는 형광에 관한 실험 도중 실험실에서 타계하였다.

239. 천체의 거리를 측정한 애덤스
체적이 작고 질량이 큰 백색왜성을 발견

미국의 천문학자 애덤스(Adams, Walter Sydney; 1876~1956)는 양친이 선교사로 있던 시리아에서 태어났다. 양친은 그에게 고전과 역사극을 가르쳤고, 아이를 위해 미국으로 돌아왔다. 칼리지에 입학한 애덤스는 좋아하는 고전과 자연과학 중에서 하나를 선택하지 않으면 안 되었다. 칼리지를 졸업한 그는 시카고대학원으로 진학하고 독일에 유학한 뒤 귀국하여 윌슨산 천문대장이 되었다.

애덤스는 분광학을 이용하여 항성이 거성인지 왜성인지를 확인하는 방법을 연구하였다. 또한 스펙트럼을 기초로 항성의 광도를 구하고 그 광도로부터 항성의 거리를 계산하였다. 이 방법을 멀리 떨어진 별에도 적용하였다.

애덤스는 시리우스 반성(伴星)에 눈을 돌렸다. 그는 이 별의 스펙트럼을 조사하고, 이것이 태양보다 고온의 별임을 알아냈다. 그 정도의 고온이라면 그 광도는 태양보다 밝아야 하지만, 실제로 어두운 것은 그 표면적이 지구의 크기보다 약간 큰데 불과하기 때문이라 설명하고, 이런 별을 백색왜성이라 불렀다. 1920년대부터 1930년대에 걸쳐 애덤스는 화성과 금성의 대기를 연구하였다. 금성의 대기 중에는 이산화탄소가 존재한다는것, 화성의 산소 존재 비율은 0.1% 이하라고 발표하였다.

애덤스는 윌슨산과 팔로마산 천문대의 망원경 설계의 책임자로 학자로서와 관리자로서 뛰어났으므로 천문학 발전에 크게 이받이 하였다.

240. 질량분석기를 개발한 애스턴
원자량을 바탕으로 동위원소의 존재를 확인

영국의 화학자이자 물리학자인 애스턴(Aston, Francis William; 1877~1945)은 상인의 아들로 태어났다. 칼리지에서 수학과 자연과학에 뛰어났던 그는 화학을 전공하기 위해 버밍엄대학에 진학하였다. 양조회사에 근무하기 위해 연구생활을 중단했지만, 틈만 있으면 방전관 실험을 하였다. 그는 기체방전을 연구하기 위해 케임브리지대학 캐번디시연구소로 옮겼다. 제1차 세계대전 중, 그는 연구를 중단하고 항공기 기사로 공장에서 복무 중, 시험기의 추락사고가 있었다. 다행이 죽음은 면하였다.

제대 후 애스턴은 모교인 케임브리지대학에 돌아와, 플러스 전기를 띤 입자가 자계 안에서 구부러지는 현상을 연구하고 있던 톰슨의 실험을 도왔다. 이 실험에서 같은 원소지만 원자량이 다른 원소를 발견하였다.

애스턴은 톰슨의 장치를 개량하여 질량분석기를 개발하였고 원자량을 측정하여 동위원소의 존재를 확인하였다. 그는 이를 이용하여 네온을 실험하였다. 그 결과 질량 20의 네온과 질량 22의 네온을 발견하였다. 이로써 화학적 성질은 같지만 원자량이 다른 원소의 존재를 확인하고(동위원소), 대부분 원소가 동위원소의 혼합체라는 사실을 알아냈다. 이 기구는 핵물리학 연구에서 필수 도구가 되고, 유기화합물의 구조를 결정하는데 크게 이바지 하였다.

애스턴은 노벨상 수여식 연설에서, 원자력이 인간에 의해 개발될 가능성과 그 위험성을 함께 지적하였다. 이런 예상을 했던 과학자는 매우 드물고, 대부분 공상과학 같은 이야기로 받아드렸다. 그는 일본에 원자폭탄이 떨어진 3개월 후 세상을 떠났다.

1922년 애스턴은 분석화학과 원자론에서 유례없는 연구가 인정되어 노벨화학상을 받았다.

241. 체내의 미량 무기질을 연구한 맥칼럼
비타민을 알파벳 순으로 명명하자고 제안

미국의 생화학자 맥칼럼(McCollum, Elmer Verner; 1879~1967)은 캔자스대학을 졸업한 뒤, 예일대학에서 박사학위를 받았다. 그는 위스컨신 대학 교수를 거쳐 존 홉킨스대학 생화학 교수로 자리를 옮겼다.

맥칼럼은 음식물 속에 매우 소량 포함되어 있지만, 생명을 유지하는데 없어서는 안 되는 물질의 존재를 증명하는데 노력하였다. 그와 그의 동료들은 생명에 불가결한 성분이 지방 속에 함유되어 있는 것을 발견하였다. 이 성분은 에이크만이 연구한 것과 달랐다. 에이크만의 것은 수용성이고, 맥칼럼의 것은 지용성이다. 맥칼럼은 이를 비타민 A, 비타민 B라 불렀다. 그 후 지용성 비타민의 발견에 노력해온 그는 비타민 D, 그 후 비타민 E를 발견하였다. 맥칼럼은 또한 햇빛에 의해서 구루병이 예방되는 원인을 연구했으나, 피부 속의 지방이 자외선에 의해서 비타민 D로 변화하는 사실에 이르지 못하였다. 비타민을 알파벳으로 명명하는 시스템은 바로 맥칼럼이 제안하였다.

맥칼럼은 체내의 미량광물질을 연구하였다. 비타민과 같은 유기화합물 이외에, 소량이지만 무기화합물도 생명에 없어서는 안 되는 물질로 확인하였다. 예를 들어 체내에 칼슘이 부족하면, 경련을 일으키는 질병에 걸린다고 밝히고, 또한 음식물 중에 인을 함유한 유기화합물은 없어도 되지만, 그것은 체내에서 간단한 무기인산 염에서 합성되기 때문이라 밝혔다. 그리고 망간, 아연, 불소 등의 중요성에 관한 실험도 하였다.

242. 방사성 동위원소를 연구한 소디
특히 방사성 원소의 붕괴이론을 정립

 영국의 화학자 소디(Soddy, Frederick; 1877-1956)는 화학 교사와 함께 열일곱 살에 논문을 발표하였다. 장학금을 얻어 옥스퍼드의 머튼 칼리지로 진학한 그는 최우수 성적으로 졸업하였다. 그가 스물세 살 되던 해, 캐나다 토론토대학에서 화학 교수를 모집하였다. 그는 이에 응모했지만 선발에서 제외되었다. 그는 귀국 길에 몬트리올에 있던 러더퍼드를 찾아갔다. 러더퍼드는 그에게 조수자리를 권하였다. 이를 수락한 소디는 러더퍼드와 협력관계를 맺었다.

 귀국한 소디는 화학자 램지와 공동연구를 시작하고, 동위원소의 이론을 발전시켰다. 제1차 세계대전으로 연구가 한때 중단되었다. 옥스퍼드대학 리스박사 기념교수직에 임명되고 방사화학 분야의 연구그룹을 조직하였다. 연구실을 근대화하고 교육에 열성적이었지만 창조적인 연구는 거의 없었다.

 소디는 방사성원소 붕괴법칙을 정립하였다. 방사성 원소의 붕괴로 생긴 원소를 주기율표의 같은 장소에 놓을 수 있다고 주장하였다. 이러한 원소를 그리스어로 '같은 장소'라는 의미로 동위원소(isotope)라 불렀다. 또한 방사성 원소가 붕괴할 때, α선을 방출하면 원자번호 둘이 감소한 새로운 원소로, β선을 방출하면 원자번호 한 개가 증가한 새로운 원소로 변환한다는 사실을 밝혀냈다. 그는 방사화학의 초기 발전에 공헌하였다.

 제2차 세계대전 후, 그는 원자력을 어떻게 사용할 것인가에 관심을 쏟았다. 그리고 인간사회의 발전에 대한 위험한 영향을 막기 위해, 과학자들의 사회적 책임이 있다고 강조하였다. 1936년 우라늄의 막대한 에너지에 눈을 돌렸다.

 소디의 연구는 과학과 사회의 관계 쪽으로 기울어지고, 이런 문제에 대해 많은 논문과 저서를 내놓았다. 그러나 대학 당국이나 다른 사람들의 관심은 끌지 못하였다. 부인의 죽음은 그에게 큰 충격을 주고 예상보다 빨리 은퇴하였다. 그는 아시아를 여행하고 토륨광산을 견학하였다.

 1921년 소디는 노벨화학상을 받았다.

243. 합성고무 네오프렌을 합성한 뉴런드
제2차 세계대전 때 미국 경제에 활력소를 제공

　벨기에 계 미국의 화학자 뉴런드(Newland, Julius Arthur; 1878~1936)의 집안은 그가 세 살 때 미국으로 건너가 일리노이에 자리를 잡았다. 그는 노트르담대학에 입학, 신학을 전공하고 목사 자격을 취득하고, 동시에 화학과 식물학을 전공하여 박사학위를 받았다. 연구대상을 식물학으로부터 화학으로 바꾸고, 타계할 때까지 노트르담대학 화학교수로 활동하였다.

　뉴런드는 박사 논문 관계로 아세틸렌을 꾸준히 연구하였다. 그 과정에서 디비닐아세틸렌이라는 화합물을 만들었으나, 그 독성이 너무 강해 연구를 포기할 정도였다. 10년 후에 그 물질을 다시 연구하면서부터 어처구니없는 불명예를 등에 업었다. 이 화합물은 육군의 한 화학자의 이름을 붙여 루이사이트(Lewisite)로 개명되었다. 이 물질은 제1차 세계대전 당시 사용한 어떤 독가스보다 독성이 강한 것으로 확인되었다. 다행이 많이 제조되지 않은 상황에서 휴전이 되었으므로 이미 제조된 것은 폐기처분하였다.

　뉴런드는 아세틸렌 중합체를 연구하였다. 이를 연구하고 있는 사이에 이상한 냄새에 관심을 갖고 14년 동안 그 냄새를 추적한 끝에, 결국 그 냄새의 원인이 되는 화합물을 찾아냈다. 이것은 아세틸렌 끼리의 중합체로서, 탄소원자 4개 아니면 6개로 구성된 분자이다. 이 분자는 고무와 비슷한 성질을 지닌 거대 분자(중합체)로 밝혀졌다. 한편 미국의 거대 화학회사인 듀폰은 캐러더스의 지도를 바탕으로 이 연구를 이미 진행하고 있었다. 결국 고무와 비슷한 중합화합물을 개발하였다. 이것이 합성고무 네오프렌이다.

　전쟁 때문에 미국의 천연고무 수입이 막혔지만, 당시 미국 경제가 정상적으로 운영된 것은 이 합성고무 덕택이다. 하지만 뉴런드나 캐러더스는 네오프렌의 이용이 늘어나고 평가를 받기 전에 모두 세상을 떠났다.

244. 원자력 시대를 열어 놓은 마이트너
유태인 사냥을 피하여 스웨덴으로 망명

오스트리아계 독일 여성 물리학자 마이트너(Meitner, Lise; 1878~1968)는 1902년 라듐 발견 소식을 신문에서 읽은 뒤, 원자물리학에 관심을 가졌다. 물리학자로서 살아갈 길을 겨냥하여 빈대학에 입학하였다. 당시 여성의 입학에 대해 교수와 남학생 사이에 강한 반발이 있었다. 실제로 그 무렵 여학생이란 어쩐지 기이한 존재로 생각되었다. 그러나 그녀는 목표를 잊지 않고 박사학위를 받은 이 분야 최초의 여성과학자의 한 사람이다.

마이트너는 방사능에 관한 새로운 과제에 흥미가 많았다. 당시 과학연구의 중심지는 베를린이었다. 유명한 독일인 물리학자 막스 프랑크 밑에서 물리학 이론을 배우러 베를린으로 간 그녀는 막스 프랑크의 조수로 3년, 물리학자 오토 한과 30년 동안 공동연구를 하였다.

한편 나치가 정권을 장악하고 오스트리아를 점령하자, 유태계인 마이트너는 독일에서 더 이상 안전을 보장받을 수 없었다. 일주일 휴가를 빙자해서 기차로 네덜란드로 향하였다. 나치 순찰대원의 맹렬한 추격을 따돌리고 그녀는 국경을 넘었다. 친구의 도움으로 네덜란드에서 코펜하겐으로, 그리고 스톡홀름에 있는 노벨물리학연구소에 초청되어 갔다.

마이트너와 그녀의 사위인 물리학자 오토 프리시는 1939년 1월 16일, 영국의 과학잡지 〈네이처〉에 그들의 연구결과를 정리하여 실었다. 그리고 3주 뒤에 역사적인 한 구절을 발표하였다. "우라늄 원자핵은 중성자와 충돌하여 거의 같은 크기의 핵으로 분열한다.··· 그리고 전체적으로 2억 전자볼트에 이르는 운동에너지를 발생한다." 원자력 시대가 시작되었음을 암시한 말이다. 우라늄 원자가 두 개의 작은 다른 원자로 분열하는 현상을 핵분열이라 표현한 사람은 바로 마이트너이다.

1945년 8월 6일 일본 히로시마에 처음 원자폭탄이 투하되면서 핵무기의 새로운 역사가 시작되었다. 원폭 뉴스는 세상 사람들을 놀라게 하였다. 그녀는 그 사용을 반대하였다. 그녀는 "이처럼 단기간에 완성된 데에 대해 나는 놀라지 않을 수 없다. 이 발견이 때마침 전쟁의 시기와 겹친 것은 더욱 불행한 우연이다."고 말하였다.

마이트너는 원폭으로부터 자신의 연구를 벗어나게 하기 위해 노력을 아끼지 않았다. 그녀는 과학상의 위대한 발견을 세계가 협력하여 평화적으로 이용해야 할 것을 희망한다고 강조하였다. "전쟁을 저지하는데 여성은 큰 책임을 짊어져야 하며, 가능한 한 전쟁을 피하도록 노력하지 않으면 안 된다."고 주장하면서, 꾸준히 핵무기의 파괴적 사용에 반대하는 국제협력을 강조하였다.

1945년 10월 마이트너는 스웨덴과학아카데미 외국인 회원으로 선출되었다. 이 영예는 2백년에 걸친 아카데미 역사상 그녀 이외에 두 여성에게 주어졌을 뿐이다. 한 사람은 1748년에 선출된 스웨덴 여성, 또 다른 사람은 1910년의 퀴리 부인이다.

1966년 마이트너는 미국 원자력위원회에서 실시하는 5만 달러의 페르미상을 동료인 오토 한과 프리츠 슈트라스만과 함께 나누어 받았다. 그녀가 상을 받으러 가기에는 너무 쇠약하였다. 그래서 원자력위원회 위원장인 그랜 시보그가 영국까지 와서 그녀에게 상을 주었다.

마이트너는 1968년 10월 27일, 아흔 살의 탄생일을 며칠 앞두고 양로원에서 그의 생애를 마감하였다. 30년에 걸친 공동연구자인 오토 한은 같은 해 7월, 그녀보다 3개월 앞서 삶을 마감하였다.

다른 많은 사람들은 그보다 작은 업적으로도 노벨상을 받았지만, 원자력시대를 열어놓은 마이트너 여사가 노벨상을 받지 못한데 대해 지금도 많은 과학자들이 의문스러워하고 있다.

245. 핵분열을 연구한 오토 한
이 연구는 곧 원자폭탄 제조로 이어짐

　독일의 물리화학자 오토 한(Hahn, Otto; 1879~1968)은 마르부르크대학에서 박사학위를 취득한 후, 해외로 눈을 돌려 런던에서 램지와 함께 방사화학을, 그리고 러더퍼드가 있는 캐나다 몬트리올의 마크길대학으로 옮겨 그 밑에서 연구하였다. 귀국한 그는 베를린대학에서 연구하던 물리학자 마이트너와 합류하고, 그 후 30년 이상 그녀와 함께 공동연구를 하였다. 그는 카이저 빌헬름 화학연구소의 방사화학 분야의 부장, 그리고 소장에 이르렀다. 제2차 세계대전 후, 그는 독일 원폭계획에 참여했다는 이유로 다른 지도적인 물리학자 9명과 함께 영국에 8개월 동안 연금 상태로 억류되었다. 연금에서 풀려 귀국한 그는 1946년에 카이저 빌헬름협회 총재가 되었다. 같은 해 막스 프랑크 연구소로 이름이 바뀌면서 막스 프랑크가 그 소장 자리에 앉았다.

　오토 한은 중성자를 우라늄에 충돌시키는 실험을 하였다. 1930년 대 중엽에 이탈리아의 물리학자 페르미 역시 이 실험을 하고 있었다. 페르미는 우라늄에 중성자를 충돌시키면, 우라늄보다 원자량이 큰 인공원소가 생성될지도 모른다고 생각한 나머지 이를 발표하였다. 그러나 이 문제를 검토한 오토 한과 마이트너는 우라늄보다 원자량이 작은 원소로 분열한다는 사실을 알았다(우라늄 핵분열). 그러나 오토 한은 이 발표를 보류하고 그 이상 문제 삼지 않았다. 다행한 일로서 나치 정권은 핵분열 에너지가 매우 크다는 것을 알지 못하였다. 히틀러의 유명한 직관도 그 가치를 인정하지 못한 듯 싶다. 그러나 핵분열 발견의 정보는 덴마크의 물리학자 보어에 의해 미국으로 전해졌다. 그리고 헝가리의 물리학자 질러드의 노력으로 핵분열에 대한 미국의 연구 태세가 확립되었다.

　원자폭탄이 일본에 투하되었을 때, 오토 한은 그 책임을 통감하고 한때 자살을 기도할 정도였다. 원폭 제조에 적극 반대했던 그는 1957년 서독 원자폭탄 제조 계획에 참가하는 것을 거부하였다. 그는 핵분열이 군사적으로 이용될 것을 고민하고, 생애 마지막에는 핵무기의 위협을 세계 지도자들에게 강력하게 경고하였다.

　1944년 오토 한은 노벨화학상을 받았고, 1966년 마이트너, 슈트라스만과 공동으로 페르미상을 받았다.

246. 상대성이론을 발표한 아인슈타인
자연에 대한 통찰력이 뛰어난 과학자

　독일계, 스위스계 미국의 물리학자 아인슈타인(Einstein, Albert; 1879~1955)은 독일 울름에서 태어났다. 아버지는 이곳에서 작은 주점을 열고 있었지만, 그가 한살 때 전기공장을 경영하기 위해 뮌헨으로 이사하였다. 보통 아이라면 만 한살이 되면 혀짤배기 말을 조금씩 지껄이지만, 만 두 살이 되어서도 조금밖에 지껄이지 못하였다. 지능이 떨어지는 아이는 아닌가 하고 양친은 걱정하였다.

　아인슈타인은 열두 살 때 숙부로부터 피타고라스정리를 듣고 그것을 자신이 증명한 뒤부터 기하학에 이끌렸다. 김나지움에 들어갈 때부터 수학과 물리학에 뛰어났다. 어머니로부터 바이올린을 배웠지만 매우 특출하여 열세 살에 모차르트의 소나타를 연주할 정도였다. 그는 암기식 공부를 매우 싫어했기 때문에 전과목을 통해서 성적은 썩 좋지 않았다.

　아인슈타인은 스위스의 취리히공과대학에 지원했지만 낙방하였다. 수학 성적은 뛰어났지만 어학이나 식물학 등에서 뒤졌다. 재도전하여 열일곱 살에 무난히 입학하였다. 그는 장래 교사가 되려고 수학과 물리학을 전공했지만, 점차 수학보다도 물리학 쪽에 이끌렸다. 이 무렵 그는 수학을 전공하는 4년 연상의 미레바 양과 알게 되고, 향학열이 왕성한 그녀와 결혼하였다.

　아인슈타인은 대학에 남으려 했지만, 희망은 이룩되지 않았다. 유태인이라는 이유도 있지만, 더 큰 이유는 교수에 대해 자기 주장이 너무 강했기 때문이었다. 결국 대학에 남지 못하고 베른에 있는 특허국 하급직원이 되었다. 그러나 이 때가 그에게는 매우 중요한 시기였다. 그는 실험실이 필요 없고 종이와 연필, 그리고 자신의 두뇌만 있으면 충분했다. 한 손으로는 그네에 놓여 있는 아기를 흔들면서 한 손으로는 연필을 가지고 사색했다고 한다.

　아인슈타인은 베를린대학 강사를 거쳐, 모교인 취리히공과대학 교수가 되었다. 그의 이름이 점차 알려지자 여러 대학으로부터의 유혹의 손길이 뻗쳤다. 그는 베를린의 카이저 빌헬름 연구소의 연구조건이 매우 좋았으므로 스위스 국적을 지닌 채 독일로 이사하였다. 그러나 사생활에 불행한 일이 있었다. 부인 미레바가 두 아이를 데리고 취리히로 돌아가 그에게 돌아오지 않았다. 11년 동안의 그들의 결혼생활은 결코 행복하지 않았다. 그 후 줄곧 독신으로 지냈으나, 그가 심한 위장병을 앓고 있을 때, 헌신적으로 간호해준 젊은 여성 벨자와 재혼하였다.

한편 제1차 세계대전이 끝나자 영국왕립천문학협회는 브라질 북부와 서아프리카 기니섬에 관측대를 보내고 일식을 기다렸다. 결과는 아인슈타인의 예언 그대로였다(태양을 통과하는 광선은 굴곡한다). 1939년 당시, 나치를 피해 망명한 유럽 과학자들이 미국에 많이 살고 있었다.

아인슈타인은 히틀러가 정권을 잡은 1933년 당시 미국에 체류하고 있었다. 그는 나치에 대한 항의의 표시로 귀국 거부를 선언하였다. 그 해 3월 8일 일단 유럽에 갔지만, 독일에 들리지 않고 프로이아 과학아카데미에 탈퇴 의사를 밝힌 편지만 보냈다. 이것은 자신이 이전부터 나치로부터 언젠가 추방될 것이라 예측했기 때문이다.

아인슈타인은 제1차 세계대전 당시부터 열성적인 평화주의자였다. 그는 영어가 서툴렀기 때문에 망명과학자 질드드가 대신해서 1939년 8월 2일, 두 종류의 편지를 준비하였다. 이 편지에서 아인슈타인은 미국 대통령에게 핵에너지 개발을 보다 적극적으로 추진하도록 권유하였다. 8월 2일자 편지가 실제로 루즈벨트 대통령의 손에 건네진 것은 10월에 이르러서였다. 이 편지는 우체국을 통해서가 아니라 A. 삭스라는 대통령의 친구인 경제학자의 손을 거쳐서 들어갔다.

그 사이인 9월 1일, 유럽에서 제2차 세계대전이 일어났다. 대통령은 10월 19일자로 아인슈타인에게 "국립표준국장 및 육해군의 선임대표로 구성된 회의를 소집하고 검토를 추진한다."고 밝힌 답신을 보내왔다. 대통령이 답신에서 밝힌 위원회란 우라늄 자문위원회로서, 최초의 회합은 10월 21일에 개최되었다. 이 회의에는 질드드와 후에 수소폭탄의 아버지로 불려지게 된 텔러도 출석하였다.

1945년 8월 6일 오전 11시(미국 동부시간), 투르먼 대통령은 원폭투하 16시간 전에 원폭 투하를 예고하였다. 히로시마에 대한 원폭 투하의 뉴스는 곧 바로 세계로 퍼져나갔다. 아인슈타인은 이 뉴스를 듣고 "두렵구먼!"이라고 탄식하고, 오랫동안 말문을 열지 못했다고 한다. 원폭투하 소식을 듣고 아인슈타인처럼 강한 충격을 받은 과학자가 또 한 사람 있었다. 그는 독일 과학자 오토 한이었다.

종전 후에도 진실한 평화가 오지 않고 이념 차이로 미·소 양대 진영이 군비경쟁을 맹렬하게 계속함을 본 아인슈타인은 평화사상을 절규하는 사회운동을 전개하였다. 그는

"전쟁에는 이겼으나 평화는 오지 않는다."라는 평론에서 핵무기의 경쟁적 생산에 관한 신랄한 비판을 가하면서, 초국가적 안전보장을 만들어야 한다고 주장하였다. 완전한 평화를 위한 그의 염원은 전 인류의 마음을 울렸다.

아인슈타인의 명성은 세계적으로, 뉴턴 이래 가장 존경받는 과학자가 되었다. 그는 20세기 어느 과학자보다도 걸출하였다. 그는 작고할 때까지 프린스턴 고급연구소와 숲이 우거진 그 근처의 집을 오가며 연구생활에만 전념하였다. 그러나 그 어느 곳에도 그의 흔적은 남아 있지 않다. 그는 자신의 명성이 어떤 형태로든 남아있는 것을 철저히 배제하였다. 학문의 업적을 제외하고 지금 두 가지 흔적이 남아있다.

하나는 그가 연구에 지치면 간혹 맨발로 산책을 즐겼던 연구원 내의 산책로에 서 있는 '아인슈타인 산책길'이라는 팻말과, 또 한 가지 흔적은 그가 죽은 뒤에 발견된 인공원소인 97번 원소 '아인슈타이늄'이다. 그가 생의 마지막을 보낸 자택에 "이 집은 결코 성자의 유골을 보러오는 순례 장소가 되지 않을 것이다."라는 그의 유언이 남아있다. 그래서 대부분의 관광객들도 집에 들어가지 못하고 길가에 서서 집만 보고 돌아갈 정도라 한다.

한 역사학자는 "현대물리학은 아인슈타인의 일반상대성 이론에서 출발하였다."고 말하였다. 아인슈타인은 "나는 신이 세계를 어떻게 창조했는지 알고 싶다. 나는 그의 생각을 알고 싶다."고 병상에서 말하였다. 그는 병상에서도 유머를 잃지 않았다. 동맥류가 원인이 되어 1955년 봄 눈을 감았다.

247. X선이 전자파임을 증명한 라우에
아인슈타인의 상대성이론의 열렬한 지지자

독일의 물리학자 라우에(Laue, Max Theodor Felix von; 1879~1960)는 육군 관리의 아들로 태어났으므로 아버지의 근무지를 따라 여러 곳에서 학교를 다녔다. 과학에 관심을 갖게 된 것은 스트라스부르크 고등학교 시절이었다. 스트라스부르크대학에 들어간 그는 괴팅겐대학으로 옮겨 이론물리학에 몰두하였다. 그리고 베를린대학에서 막스 프랑크의 지도를 받아 간섭이론에 관한 논문으로 박사학위를 받았다. 이로써 막스 프랑크와 라우에 사이에 실속 있고 풍요로운 오랜 동안의 협력관계가 맺어졌다.

제1차 세계대전이 일어나자 잠시 군사용 통신법의 개량을 위한 증폭장치를 개발하였다. 전쟁이 끝난 뒤, 베를린대학으로 옮겨 이론물리학 교수 및 주임이 되었다. 그는 독일학술조성회를 통하여 연구비를 지원받았지만, 1933년 히틀러의 정권 장악과 유태인 과학자에 대한 박해, 그리고 나치에 의한 독일인 과학자의 관리 강화에 항의하여 독일학술조성회에서 물러났다.

한편 라우에는 독일의 우라늄계획을 거부했음에도 불구하고, 전후 다른 독일인 원자물리학자와 함께 영국에 억류되었다. 연금에서 풀리자 1946년 귀국하여 독일 과학의 재건을 도왔다. 1951년 막스 프랑크연구소 물리화학연구소 소장이 되었는데 얼마후 불행하게도 교통사고로 타계하였다.

라우에는 유화아연의 결정을 사용하여 X선을 회절시킨 사진 건판을 세밀하게 분석하여 X선이 전자파라고 확인하였다. 그 성과는 두 가지 의의가 있다. 첫째, 구조가 판명된 결정을 사용하여 회절의 정도를 측정함으로써 X선의 파장을 측정할 수 있고, 둘째, 반대로 파장이 알려진 X선을 사용하면 결정의 원자구조를 해명할 수 있다. 물리학에서 매우 중요한 실험방법이다. 1914년 라우에는 이 업적으로 노벨물리학상을 받았다.

248. 대륙 이동설을 주장한 베게너
달 표면의 크레이터도 연구

독일의 지질학자 베게너(Wegener, Alfred Lothar; 1880~1930)는 미국의 탐험가 피어리와 나란히 그린란드의 연구 전문가이다. 북극의 섬을 세 차례 탐험하고, 네 번째 탐험에서 목숨을 잃었다.

선배들과 마찬가지로, 베게너는 남미의 돌출 부분과 아프리카 서해안의 움푹한 곳이 일치하며, 또한 신세계와 구세계는 계속 떨어지고 있다고 생각하였다. 적어도 19세기 과학을 바탕으로 경도를 측정한 결과, 그린란드와 유럽은 1세기 동안 1.6km, 파리와 워싱턴은 1년에 4.5m씩 멀어지는 반면, 상해와 샌디에이고는 1년에 1.8m씩 가까워진다고 주장하였다.

베게너는 대륙이동설을 주장하였다. 옛날에 지구상의 대륙은 하나로 이어져 있었고 (판게아), 그 주위를 바다가 둘러싸고 있었는데, 화강암의 대륙이 몇 개로 갈라지고, 현무암이 대양의 위로 떠올라 수백 년 후 지금과 같은 모습의 대륙으로 변했다는 학설을 주장하였다(대륙위치이동). 또한 그는 빙하작용의 타입을 이 학설을 근거로 설명하였다. 그것은 대륙의 이동으로 극의 위치가 변화했기 때문이며, 이를 근거로 세계 각지에 같은 종류의 생물이 분포하는 까닭을 설명하였다. 이것은 옳은 학설로서 지지를 받았다. 그는 1915년 〈대륙과 해양의 기원〉을 출간하였다.

베게너는 달의 크레이터가 화산의 폭발에 의한 것인지, 아니면 운석의 낙하에 의한 것인지에 관한 독창적인 실험을 하였다. 분말 석고를 편편하게 바른 시멘트 바닥 위에 돌을 떨어뜨려 달 표면의 분화구와 흡사한 홈집을 만들어 실험하고, 운석 낙하설이 옳다는 사실을 많은 천문학자들에게 인식시켰다.

249. 텅스텐 선 전구를 개량한 랭뮤어
산업계에서 노벨상을 받은 최초의 과학자

미국의 화학자 랭뮤어(Langmuir, Irving; 1881~1957)는 뉴욕에서 태어나 3년 동안 파리에서 살았다. 그의 실제적인 과학에 대한 흥미는 그의 형의 영향이 컸다. 귀국한 그는 컬럼비아대학 광산학부 야금공학에서 학사학위를, 괴팅겐대학 네른스트의 지도를 받아 박사학위를 얻었다. 그는 GE사에 입사하여 회사 내 연구소에서 퇴임할 때까지 줄곧 연구활동을 펼쳤다.

랭뮤어는 GE에서 전구의 수명을 길게 하는 과제와 맞섰다. 당시 전구는 진공 중에 텅스텐 선을 넣어 사용하였다. 그의 연구에 의하면 텅스텐 선이 백열 상태에 이르면, 텅스텐 원자가 진공 중에서 증발하여 그 선이 점차로 가늘어지면서 결국 끊어진다는 것이다. 그러므로 텅스텐 선의 증발을 막기 위해서는 텅스텐과 화합하지 않는 기체를 채우는 것이 좋을 것으로 생각하였다. 결국 전구에 질소(후에는 아르곤)를 채움으로써 그 수명이 배로 늘어났다.

랭뮤어는 계면화학의 문을 열어 놓았다. 또한 생애 마지막에 랭뮤어의 연구 중에서 가장 돋보이는 것으로 인공강우의 공동실험이 있다. 이것은 인류 최초(성공한 경우가 매우 드물었지만)의 기상에 대한 도전이다. 인류는 과학을 통해서 자연에 끊임없는 도전을 계속해 왔고, 또한 앞으로 계속할 것이다.

랭뮤어는 세계적인 화학자와 달리 아카데믹한 기관에서가 아니라, 산업계라는 환경 속에서 대부분 연구하였다. 1932년 랭뮤어는 노벨화학상을 받았다. 산업계에서의 노벨상은 그가 처음이다. 2002년도 노벨화학상은 일본 시마즈 제작소의 다나카 고이지 학사출신의 주임이 공동 수상하였다. 전기공학과 출신으로 유학경험이 없는 그가 19년전 실험실에서 '실수'로 큰 발견을 하였다.

250. 항생물질 시대를 열어 놓은 플레밍
우연한 기회에 항생물질 분비 세균을 발견

영국의 세균학자 플레밍(Fleming, Sir Alexander; 1881-1955)은 스코틀랜드의 농가에서 태어났다. 아버지를 잃고 생활이 어려워지자, 열세 살의 플레밍을 런던으로 보냈다. 그는 런던의 공예학교에서 기술을 배우고 해운회사에 사무직원으로 취직하였다. 의사인 형으로부터 격려를 받아 직장을 가지면서 공부한 그는 런던의 센트 메어리 병원 의학교의 장학생으로 졸업하고 세균학 연구실에 그대로 머물러 연구하였다.

1918년 전쟁이 끝나자, 플레밍은 센트 메어리병원으로 돌아와 강사를 거쳐 1928년에 같은 병원 교수로 임명되는 한편, 왕립외과의사회에서 강의하였다. 그는 라이트-플레밍연구소를 운영하면서 은퇴할 때까지 그곳에서 연구하였다.

플레밍은 우연한 기회에 큰 업적을 이룩하였다. 1928년 모교 교수로 있을 당시, 뚜껑을 덮지 않은 채 포도상 구균의 배양기를 수일 동안 실험실 한 구석에 방치한 일이 있었다. 그 배양기의 내용물을 버리려고 하는 순간 곰팡이의 반점을 우연히 발견하였다. 그 반점 주위에 포도상 구균이 조금이기는 하지만 죽어 있었고, 새로운 균이 번식한 흔적을 찾을 수 없었다. 이는 오래된 빵에서 생긴 푸른곰팡이의 한 종류 때문인 것으로 밝혀졌다. 그는 이 곰팡이가 세균의 번식을 막는 어떤 물질을 분비하고 있을 것으로 단정하고, 이 물질을 '페니실린'이라 불렀다.

플레밍은 이 곰팡이를 배양하면서 동시에 그 주변에서 여러 균을 배양하였다. 살아 있는 균도 있었지만, 일정 거리 이내의 균은 모두 죽어 있었다. 페니실린의 영향을 받는 균과 받지 않는 균이 있다는 사실과, 인간의 백혈구에 대해 아무런 해가 없다는 사실까지 알아냈다. 불행하게도 플레밍의 연구는 이 단계에서 끝났다. 그는 화학자가 아니었으므로 이 물질의 정체를 밝힐 수 없었고, 또한 이 이례적인 성과를 발표한 논문도 학계의 관심을 끌지 못하였다. 그러나 제2차 세계대전의 발발로 사태는 크게 바뀌었다. 이 연구는 미국 정부의 후원으로 미국에서 조직적으로 연구되고 그 합성에 성공하였다.

1945년 플레밍은 체인 및 플로리와 공동으로 노벨생리의학상과 기사 칭호도 받았다.

251. 최초로 액체연료 로켓을 개발한 고더드
주 정부는 주민의 신고로 로켓트 실험을 금지

미국의 물리학자 고더드(Goddard, Robert Hutchings; 1882~1945)는 당시로서는 꿈에 불과했던 것들만을 공상하였다. 열여섯 살에 부모와 함께 보스턴에서 우스터셔로 이사하고 그곳의 공예학교를 졸업한 그는 클라크대학에서 물리학 박사학위를 받았다. 그는 프린스턴대학에서 강의하다가, 1914년 클라크대학으로 옮겨 30년 동안 그곳에 머물렀다.

고더드는 공상과학 소설가처럼, 상상력이 풍부하고 게다가 과학의 기초가 있었으므로 대학 시절에 뉴욕과 보스턴 사이를 10분 만에 달릴 수 있는 진공터널의 철도에 대한 글을 썼다. 이를 '1950년의 열차'라 불렀다. 그러나 1950년이 되었지만 뉴욕에서 보스턴까지는 4시간 이상 걸렸다.

고더드는 10대부터 로켓 연구에 흥미를 가졌다. 1919년에 '초고도에 이르는 방법'이라는 작은 책자를 출간하고, 러시아의 물리학자 치올코프스키보다 뒤였지만, 화학연료 로켓을 실험하였다. 그는 액체연료(가솔린과 액체산소)를 사용한 로켓을 만들어 1926년 처음 쏘아 올렸다. 그때 그의 부인은 로켓을 발사하기 전에 그 근방에 서 있는 고더드의 모습을 사진으로 담았다. 길이 1.2m, 직경 15cm의 로켓에 불과했지만, 그것은 그로부터 30년후 플로리다와 캘리포니아에서 쏘아 올린 로켓의 선조 격이었다.

고더드는 스미소니언연구소에서 수천 달러의 자금을 지원받아 1929년 7월에 매사추세츠주의 우스터셔에서 다시 로켓을 쏘아 올렸다. 처음보다 속도가 빠르고 높이 상승했지만, 특이한 것은 기압계, 온도계, 기록을 남기기 위한 카메라를 실은 점이다. 계기를 실은 로켓 제1호이다.

불행하게도 이때 고더드의 정신이 약간 이상하다는 소문이 나돌았다. 제2 로켓을 쏘아 올릴 때의 소음이 경찰에 신고되어 매사추세츠주 정부는 그의 로켓 실험을 금지시켰다. 그러나 다행히 미국의 비행가 린드버그가 이 연구에 관심을 가지고 그를 방문하여 격려하였다. 그 후 자금을 지원받아 뉴멕시코주의 황량한 곳에 실험장을 만들었다. 1930년부터 35년까지 5년간의 실험에서 그의 로켓은 시속 930km에 이르렀다. 또한 다단계 로켓의 특허를 모두 214개나 따냈다.

그러나 미국 정부는 로켓 연구에 관심이 없었다. 제2차 세계대전 중에 겨우 자금을 지원하고, 해군비행기가 모함을 이륙할 때 이용하는 작은 로켓을 설계하였다(제2차 세계대전 중에 사용된 바주카포는 그의 연구가 기초가 되어 탄생하였다). 이에 반해 독일과 옛 소련에서는 로켓을 강력한 무기로 개발하였다. 정부가 고더드를 필요로 했을 때는 이미 그가 타계한 뒤였다.

252. 고분자화학의 개척자 슈타우딩거
일흔 두 살에 노벨화학상을 받고서 인정받음

독일의 화학자 슈타우딩거(Staudinger, Hermann; 1881~1965)의 아버지는 김나지움 철학교수였다. 슈타우딩거는 여러 대학을 거쳐 하레대학에서 학사학위를 받았다. 같은 해에 슈트라스브르크대학 조수, 그 후 카루스루에 공과대학의 원외교수가 되었다. 이 대학에 화학자 하버가 재직하고 있었다. 그는 취리히 연방공과대학 일반화학 교수, 프라이베르크 임 프라이스가우대학의 초빙을 받아 화학주임 교수 및 고분자화학연구소장으로 임명되었다. 1951년 이후에 이 고분자화학연구소는 국립고분자화학연구소로 이름을 바꾸고, 그는 명예소장으로 그 자리를 받아드렸다.

카루스루에대학 재직 당시, 슈타우딩거는 중합체의 성질을 연구하였다. 그는 이소프렌(합성고무의 원료)의 합성방법을 새로 개발하고, 이를 기초로 양자화학을 응용하여 '고분자화학'을 개척하였다. 당시 어떻게 해서 정보가 핵산에 저장되고 어떻게 이러한 정보가 단백질로 옮겨지는가에 대해서는 아무도 알지 못하였다. 그러나 1950년에 슈타우딩거는 다음과 같은 뛰어나고 정확한 예언을 하였다. "모든 유전자의 고분자는 생명에서 그의 기능을 결정한다. 분명히 다른 구조 플랜을 갖는다." 그는 미래의 분자생물학을 예언한 것이다.

1953년 슈타우딩거는 이 공적으로 노벨화학상을 받았다.

253. 양자역학 수립에 큰 공을 세운 보른
원자핵 모형에 관한 '보어의 축제'를 기획

　독일 태생의 영국 물리학자 보른(Born, Max; 1882~1970)은 부유한 유태인 가정에서 태어났다. 아버지는 프레스라우대학 해부학 교수였다. 보른은 네 대학을 전전하다가, 탄성론의 연구로 괴팅겐대학에서 박사학위를 취득하였다.

　보른은 상대성이론에 관한 자신의 논문을 민코프스키에게 보낸 것이 인연이 되어 그와 함께 공동연구를 시작했으나, 민코프스키의 갑작스러운 죽음으로 공동연구가 무산되었다. 그는 민코프스키의 유고를 정리하여 출판하였다.

　보른은 상대론적 전자론의 연구로 교수 자격을 취득하고, 베를린대학 원외교수가 되었다. 여기서 막스 프랑크, 아인슈타인과 인연을 맺었다. 제1차 세계대전 중에는 총포 검사위원회에서 근무했지만, 그 사이에도 연구를 계속하였다.

　보른은 괴팅겐대학으로 옮기면서 양자론, 특히 원자 내의 전자 행동에 대한 통계학적 설명하였다. 그는 이들 '양자역학'이라는 말로 표현하였다. 그리고 행열형식에 의한 양자역학(행열역학)의 체계를 하이젠베르그, 요르단과 함께 세웠다. 특히 1922년 여름, 보른과 막스 프랑크가 기획하고 괴팅겐대학에서 개최한 보어의 강연('보어의 축제')은 많은 연구자를 자극시켰다. 그중 하이젠베르크는 이에 자극을 받아 양자역학의 기초를 구상하였으나, 그의 원리를 행렬과 연결시킨 것은 보른이다. 그는 제자인 요르단과 양자역학을 수립했는데, 이를 '행렬역학'(매트릭스역학)이라 부른다.

　1933년 히틀러가 정권을 장악하자, 독일을 탈출, 영국으로 망명한 보른은 1936년부터 에든버러대학에서 자연철학을 강의하였다.

　1954년 보른은 노벨물리학상을 받았다.

254. 방사능 검출장치를 개발한 가이거
방사선 연구에서 필수적인 기기

독일의 물리학자 가이거(Geiger, Hans Wilhelm; 1882~1945)는 뮌헨대학에서 물리학을 전공하고, 기체의 이온화에 관한 연구로 에를랑겐대학에서 박사학위를 취득하였다. 그 후 맨체스터대학에서 러더퍼드의 조수로 연구하였다. 그는 튜빙겐대학의 유혹을 물리치고, 국립물리공학연구소 소장이 되었다. 그곳에는 보데나 차드윅과 같은 저명한 과학자가 모여 훌륭한 연구그룹을 형성하고 있었다.

제1차 세계대전 당시 독일 포병대에 근무한 가이거는 종전과 함께 국립물리공학연구소로 돌아왔다. 그는 방사능 검출에서 꼭 필요한 장치, 즉 '가이거 계수기'를 개발하여 방사능 연구에 크게 기여하였다. 이 장치는 미량의 방사능의 존재를 확인해줄 뿐 아니라 그 강도까지도 측정할 수 있다.

방사선을 검출하는 간단하고 확실한 방법을 생각해냈다. 과학에 대한 공헌은, 핵물리학에서 여러 발견을 가능하게 했고, 그뿐 아니라 방사성 광물 발견을 위한 순간적 방법을 가능하게 하였다. 제2차 세계대전 중에는 병상에 누어 충분한 연구활동을 하지 못하였다. 게다가 연합국 측이 독일을 점령했을 당시, 집과 재산을 잃고 실의 속에서 세상을 떠났다.

255. 별의 내부를 이론적으로 밝힌 에딩턴
시민을 대상으로 한 과학계몽서를 저술

영국의 천문학자이자 물리학자인 에딩턴(Eddington, Sir Arthur Stanley;1882~1944)은 맨체스터의 오웬스칼리지에 입학했다가 케임브리지대학 트리니티 칼리지의 장학금을 받아 그곳으로 옮겼다. 그는 과 수석으로 졸업하였다. 그리니치 왕립천문대 주임교수를 거쳐 모교의 천문학교수가 되었다. 잠시 대학 천문대장으로 근무한 그는 31년 동안 케임브리지대학에서 연구하였다.

에딩턴은 별 내부를 이론적으로 연구하였다. 항성이 커지면 커질수록 내부 압력이 증가하므로 온도와 광압도 높아지고, 따라서 밝기가 증가한다는 '질량-광도의 법칙'을 발표하였다.

에딩턴은 영국의 수학자이며 철학자인 버드란트 러셀, 화이트헤드와 함께 아인슈타인의 상대성이론의 중요성을 먼저 인식하고, 1919년 일식을 관측하여 그의 이론(빛이 중력에 의해 구부러진다는 아인슈타인의 주장)이 옳다는 사실을 증명하였다.

에딩턴은 아마추어를 대상으로, 1920년부터 30년대에 많은 천문학 책을 저술하였다. 그 중에서도 1933년에 간행된 〈팽창하는 우주〉는 유명하다. 그는 이 저서로 아인슈타인의 이론을 젊은이들에게 널리 소개하였다.

에딩턴은 당시 최고 천문학자의 한 사람이다. 왕립천문학회 회장, 왕립학회 회원으로 선출되고, 기사칭호를 받았다. 1944년 가을 큰 외과수술을 받았으나 회복하지 못한 채 눈을 감았다. 그가 죽은 후에 '에딩턴 기념장학기금'이 설립되어 '에딩턴 메달'이 매년 수여되고 있다.

256. 호흡작용을 연구한 바르부르크
암을 연구했지만 결론을 얻지 못함

독일의 생화학자 바르부르크(Warburg, Otto Heinrich, 1883~1970)의 아버지는 베를린대학 교수. 바르부르크는 독일 화학자 에밀피셔 밑에서 화학을 배우고, 당시 피셔의 관심거리였던 폴리펩티드에 관한 연구로 박사학위를 받았다. 또한 하이델베르크대학에서 의학을 전공한 그는 의학박사를 취득한 뒤부터 조직의 호흡 문제에 매달렸다. 카이저 빌헬름 세포생리학연구소 교수를 거쳐 소장이 되었지만, 유태인 피가 섞여 있어 그 직위를 잃었다.

제1차 세계대전 중에는 프러시아 기병대에서 근무하였다. 그러나 그의 국제적인 명성과 연구의 중요성 때문에 소장 자리에 복귀하여 죽을 때까지 그 자리에 머물렀다. 애석한 일은 1944년 두 번에 걸쳐 노벨상 후보로 추천되었지만, 히틀러 통치하의 독일 정부는 이를 거부하였다.

바르부르크는 대사광정, 특히 세포호흡과 광합성에서 중요한 발견을 하였다. 그는 얇게 자른 조직을 작은 플라스크 안에 넣고, 플라스크 내의 공기 압력의 감소를 측정할 수 있는 방법을 연구하였다. 이 연구를 통해 그는 시토크롬 효소가 세포 내에서 산소의 소비반응에 관여하고 있지 않을까 생각한 나머지, 철 원자를 함유하고 있다는 사실을 밝혀냈다. 사실상 시토크롬은 헤모글로빈처럼 헴기를 함유하고 있으므로, 산소를 세포에 운반한다고 주장하였다.

특히 바르부르크는 세포의 생화학적 연구에 물리화학적 방법을 도입한 선구자이다. 그는 암 조직의 호흡기구를 조사하였다. 암 조직은 산소의 흡수력이 분명히 적다는 것을 발견하였다. 이 발견은 불행하게도 암의 특효약 개발로 연결되지 못하였다.

1931년 바르부르크는 호흡효소에 관한 연구로 노벨생리의학상을 받았다.

257. 성층권과 심해를 탐험한 피카르
하늘로 16,000m, 바다로 10,740m까지

스위스의 물리학자 피카르(Piccard, Auguste; 1884~1962)는 바젤대학 화학부장인 아버지의 쌍둥이로 태어났다. 취리히대학에서 기계공학을 전공하고, 아인슈타인과 공동으로 전기측정기구의 설계에 종사하였다. 벨기에 브뤼셀공예학교 교수로 1954년까지 재직하였다.

피카르는 우주선(宇宙線)과 이온으로 가득 찬 상공의 대기에 관심을 모았다. 고공에 이르기를 열망한 그는 기구에 알루미늄으로 만든 배를 매달고, 그 배 안에 사람과 장비를 싣고 기구가 상승할 수 있는 가장 높은 데까지 올라가 눈으로 직접 측정하였다. 그는 두 친구와 함께 독일의 아우구스부르크에서 떠올라 18시간 동안 16,000m 높이까지 올라가 인류 최초로 성층권에 도달하는데 성공하였다. 또한 1932년 쌍둥이 형제는 더욱 높이 올라갔다. 그는 연구의 제일선에서 물러날 때까지 27회의 상승비행을 시도하였다.

성층권 상승에 성공한 피카르는 정반대 방향으로 기록을 갱신하는데 노력하였다. 1930년대에 바다 속 깊이 잠수할 수 있는 배(바티스카프-심해선) 건조 계획을 세웠지만, 제2차 세계대전으로 지연되어 1946년에 비로소 건조에 착수하고 1948년에 완성되어 철저하게 검사를 받은 뒤, 1954년 두 프랑스 해군장교는 아프리카 지중해 곳에서 4km의 깊이까지 잠수하여 기록을 4배로 갱신하였다.

피카르는 2개의 눈이 붙은 바티스카프 트리에스터호를 건조하였다. 1948년에 미국 해군이 이를 구입하여 1960년 두 사람의 승무원(한 사람은 피카르의 아들)을 태우고, 괌 섬에서 300km 떨어진 마리아나 해구에 잠수하였다. 이 해구는 태평양 중에서 가장 깊은 부분으로, 10,080m라 생각했는데, 트리에스터호는 10,740m까지 잠수하여 태평양의 깊이를 측정하였다. 이처럼 인간은 유사 이래 끊임없이 자연에 도전해 왔고, 미래에도 도전할 것으로 생각된다.

258. 용액의 이온화 현상을 집중 연구한 디바이
제2차 세계대전 당시 미국으로 망명

네덜란드계 미국의 물리화학자 디바이(Debye, Peter Joseph Wilhelm; 1884-1966)는 처음에 전기공학을, 그 후 물리학으로 연구방향을 바꾸면서 뮌헨에서 물리학자 솜머펠트의 지도로 박사학위를 취득하였다. 아인슈타인의 뒤를 이어 취리히공과대학 이론물리학 교수로 연구활동을 폈다. 그 후 라이프치히대학과 베를린대학 교수로 자리를 옮겼다.

디바이는 처음 쌍극자 모멘트를 측정하였다. 그는 한쪽이 플러스, 반대측이 마이너스 전하를 띤 분자의 방향이 전계에 의해 받는 영향을 관찰하였다. 그러므로 쌍극자 모멘트의 단위를 '디바이'라 부른다.

디바이는 액체 중의 이온화 현상에 관한 아레니우스의 연구를 발전시켰다. 아레니우스는 전해질이 녹으면 플러스, 마이너스의 전하를 지닌 이온으로 전리하지만, 완전하게 전리하지 않는다고 밝혔다. 이에 대해 디바이는 대부분의 염(예를 들어 염화나트륨)을 X선으로 분석해 보면, 녹기 쉽도록 이전부터 이온으로 되어 있으므로 완전하게 전리한다고 밝혔다.

1935년 당시 베를린 카이저 빌헬름연구소의 물리학 연구소 소장이던 디바이는 제2차 세계대전 중에 그 지위가 위태로웠다. 그래서 그의 고국 네덜란드가 히틀러에게 짓밟히기 2개월 전, 코넬대학 객원교수로 미국으로 건너갔다. 그 후 코넬대학 화학과 교수, 화학부장을 역임하고, 1946년에 미국 시민이 되었다.

1936년 디바이는 쌍극자 모멘트의 연구로 노벨화학상을 받았다.

259. 초원심분리기를 개발한 스베드베리
단백질 분자의 분리와 분자량 측정에 공헌

스웨덴의 화학자 스베드베리(Svedberg, Theodor; 1884~1971)는 생물학에서 미해결 문제를 화학 현상으로 설명할 수 있을 것으로 믿고 화학으로 전공을 바꾸었다. 그는 콜로이드 용액에 관한 논문으로 박사학위를 받고 스웨덴에서 처음 설강된 물리화학 강좌의 초대 교수로 임명되었다. 그 후 새로 설립된 구스타프 베르너 핵화학연구소의 소장 자리로 옮겼다.

스베드베리는 콜로이드화학을 연구하였다. 그는 학생시절부터 물속에서 금속 전극을 방전시켜 용액 중의 고체를 분산시켜 콜로이드 용액을 만들고, 나아가 콜로이드 용액 제조장치를 개발하였다.

콜로이드 입자는 매우 작아 물 분자와 끊임없이 충돌하지만 침전하지 않는다. 그러나 만일 중력이 강해지면, 물분자와 충돌하여 가장 큰 입자부터 먼저 가라앉는다. 물론 중력의 크기를 변화시킬 수 없지만, 그는 중력과 똑같은 효과를 갖는 힘(원심력)을 이용하였다. 원심력은 이미 우유에서 지방을 분리하거나, 혈장에서 적혈구를 분리하는데 사용되었다.

이 목적으로 1923년에 초원심분리기를 개발하였다. 이 원심분리기를 급속하게 회전시키면 중력의 수백, 수천 배 이상의 힘이 만들어진다. 이를 이용하여 콜로이드 입자를 침전시킬 때, 그 침전 속도로부터 입자의 크기나 입자의 모양까지 추정할 수 있다. 또한 두 종류의 혼합 입자를 분리할 수 있다. 이 방법으로 단백질의 분자량을 측정할 수 있다. 그는 학생인 티셀리우스와 협력하여 단백질 연구에서 중요한 역할을 하는 '전기영동법'을 개발하였다.

1949년 대학을 은퇴한 스베드베리는 핵화학 연구소 소장으로 연구원을 모집하였다. 한 그룹은 사이클로트론의 생물학적 의학적 응용에 관해서 연구하고, 다른 한 그룹은 고분자에 미치는 방사선의 영향을 연구하여 방사화학이나 방사선 물리학의 문제를 다루었다.

1926년 스베드베리는 노벨화학상을 받았다.

261. 하프늄 원소를 발견한 헤베시
방사성 동위원소를 추적자로 이용

　헝가리 계 덴마크의 화학자 헤베시(Hevesy Georg von; 1885~1966)는 화학공학을 전공하기 위해 베를린공과대학에 입학하였다. 그러나 폐렴을 앓아 기후가 좋은 남부독일 프라이부르크대학으로 옮겨 그 대학에서 박사학위를 취득하였다. 곧 바로 스위스의 취리히공과대학, 그 후 카루스루에의 하버 연구실에서 연구활동을 폈다. 그는 하버의 권유로 맨체스터대학으로 건너가 러더퍼드가 개발한 새로운 연구방법, 특히 원소에 대한 입자 충돌 기술을 습득하였다. 그후 코펜하겐의 물리학연구소의 보어 밑에서 연구하였다.

　제2차 세계대전 중에 헤베시는 독일 점령하의 덴마크를 탈출하여 스웨덴으로 건너가 스톡홀름대학 교수로 그곳에서 생애를 마쳤다. 그는 1958년 동안 연구생활을 하면서 유럽 안에 있는 9개의 주요 연구소를 거쳤다.

　헤베시는 1923년에 하프늄(Hf) 원소를 발견하였다. 20세기에 들어오면서 새로운 원소의 탐구가 시들해졌다. 그것은 많은 원소가 이미 19세기에 발견되어 연구범위가 좁아졌기 때문이다. 멘델레예프의 주기율표는 모즐리의 X선 연구와, 보어의 원자 구조론으로 합리적인 것으로 인정받았지만, 헤베시는 원자번호 72번 원소에 해당되는 부분이 비어 있는 것에 관심을 가졌다.

　당시 헤베시는 코펜하겐의 보어 밑에서 연구하고 있었다. 보어로부터 미 발견 원소가 주기율표상 원자번호 72번 바로 위에 있는 지르코늄(Zr) 광물 중에 존재할 것이라는 암시를 받았다. 1923년 1월 그는 그 광물에서 새로운 원소를 발견하고, 모즐리의 방법으로 X선 분석을 한 결과, 분명히 새로운 원소임이 확인되었다. 코펜하겐을 라틴어 식으로 부르면 '하프늄'이다. 극적인 실험이란 바로 이런 일을 두고 말한다.

　헤베시는 방사성 동위원소를 '추적자'로 이용하여 생물체의 조직을 연구하였다. 방사성 원소는 모든 방향으로 방사선을 방사하므로, 극히 미량일지라도 그의 존재를 확인할 수 있다. 이 방법으로, 만일 생물체 조직 중에서 방사성 동위원소가 발견되면, 그 방사능을 추적하여 유기체 내에서의 원소의 생리학적, 화학적인 경로를 추적할 수 있다. 이로써 동위원소를 트레이서, 즉 추적자로 사용하는 연구의 길이 트였다. 헤베시가 방사성 동위원소를 추적자로 처음 이용했을 때는 그다지 높이 평가받지 못했지만, 그 후 그 중요성이 크게 인식되어 그를 한층 높이 평가하게 되었다.

1943년 헤베시는 동위원소 연구로 노벨화학상을, 1959년에는 '평화를 위한 원자력상'을 받았다.

261. 근육활동의 대사를 연구한 마이어호프
히틀러 정권을 피해 파리를 거쳐 미국으로 망명

독일계 미국의 생화학자 마이어호프(Meyerhof, Otto Fritz; 1884~1951)는 상인의 아들로 하노버에서 태어났다. 몇몇 학교 의학부에 다니다가, 결국 하이델베르크대학을 졸업하고 정신의학 부문에서 의학박사 학위를 받았다. 그는 바르부르크의 영향을 받아 세포 생물학에 눈을 돌리고, 나폴리 임해실험소에서 성게 알의 호흡에 관한 연구를 시작하였다.

독일 정부는 마이어호프를 붙잡아 놓기 위해 카이저 빌헬름연구소에 새로운 생리학연구소를 신설하고 그를 소장으로 임명하였다. 히틀러가 권력을 장악하자, 그는 1938년 독일을 떠나 파리의 생리화학 생물학연구소에서 연구부장으로 새 출발하였다. 그러나 독일군이 프랑스로 밀려오자 미국으로 건너가 펜실베이니아대학 의학부 교수로 시민권을 얻었다.

마이어호프는 성게 알의 호흡연구에서 소화세균의 에너지전환으로 연구과제를 바꾸고 세 편의 논문을 썼다. 이어서 근육의 수축을 연구하였다. 산소가 없는 상황에서 근육이 수축할 때, 글리코겐이 젖산으로 전환되는 것을 밝힌 그는 글리코겐의 소모량, 젖산의 생성량 사이에는 양적 관계가 있으며, 근육의 장력에 비례한다는 사실을 밝혀냈다. 이 변화 과정에 산소는 소비되지 않는다는 사실도 알았다.

1922년 마이어호프는 노벨생리의학상을 공동으로 받았다.

262. 초기 원자구조를 구상한 보어
레지스탕스 운동에 참여, 가족과 함께 탈출

덴마크의 물리학자 보어(Bohr, Niels Henrik David; 1885~1962)의 아버지는 코펜하겐대학 생리학 교수, 동생 하랄 보어는 유명한 수학자였다. 그는 동생만큼 재주 있는 학생은 아니었지만, 주의 깊고 무엇이든 철저하게 다루는 성격의 소유자였다. 그는 금속 중의 전자의 행동을 설명하는 이론을 수립하여 박사학위를 받았다.

영국의 톰슨 밑에서 연구하기 위해 케임브리지로 떠났던 보어는 귀국한 뒤 원자 내부의 전자 운동에 양자론을 적용하여 소위 '보어의 원자모형'을 발표하였다.

그 후 보어를 위해 코펜하겐에 이론물리학연구소가 설립되고, 그는 평생 소장으로 활약하였다. 이 연구소는 말 그대로 세계적인 이론물리학 메카로 우뚝 솟았다. 그는 원소 주기율의 이론을 잘 다듬어 이를 발표하였다. 괴팅겐대학에서의 양자론과 원소의 주기율에 관한 보어의 연속강의('보어의 축제')는 파울리와 하이젠베르크에게 큰 감명을 주었다.

보어는 상보성원리를 발표하고, 하이젠베르크의 불확정성원리와 합쳐 '양자역학의 코펜하겐 해석'을 수립하였다. 이 양자역학의 해석은 많은 물리학자, 특히 아인슈타인과 논쟁을 불러 일으켰다. 이 논쟁 때문에 1927년 솔베이회의 이래 브뤼셀에서 여러 번 회의가 열린 것은 매우 유명하다.

보어는 핵반응에 관심을 가졌다. 그는 무거운 원자핵이 중성자를 흡수하여 핵분열을 일으키는 이유를 설명하고, 또한 실험 결과로부터 우라늄-235(우라늄의 동위원소)만이 느린 중성자에 의해 핵분열이 일어난다고 밝혔다.

제2차 세계대전 중인 1940년대 초기, 독일이 덴마크를 점령하자, 보어는 레지스탕스 운동에 적극 참여하였다. 1943년 가족과 함께 배를 타고 스웨덴으로 탈출했지만, 이것은 매우 위험하고 모험적인 행동이었다. 영국을 거쳐 미국으로 건너간 그는 그곳에서 원자폭탄 개발 계획에 참여하였다.

전후 보어는 핵무기를 국제적으로 관리할 것을 주장하면서. 이성적이고 평화적인 해결을 정치가들에게 호소하였다. 그리고 사람마다 사상의 자유스러운 교환이 있도록 열려진 세상을 탄원하는 유명한 공개서한을 1950년 유엔에 제출하였다. 1952년 그는 스위스의 제네바에 있는 유럽연합 원자핵연구기관(CERN)과 북유럽 이론원자물리학연구소의 창립을 도왔다.

덴마크를 떠나기 앞서, 보어는 노벨물리학상의 금메달을 산에 녹이고, 전후 코펜하겐에 돌아와 다시 산에서 금을 추출하여 주조하였다 한다. 또한 보어는 원자력 평화이용을 추진하기 위해 쉴 사이 없이 활동하고, 1955년 제네바에서 원자력 평화이용회의를 조직하였다.

1922년 보어는 노벨물리학상을, 1957년 처음으로 원자력 평화이용상을 받았다.

263. 리만기하학의 수립자 바일
힐베르트의 제자이자 아인슈타인의 동료

독일의 수학자이자 수리물리학자인 바일(Weyl, Hermann; 1885~1955)은 고등학교에 입학할 무렵부터 수학과 철학에 강하게 이끌렸다. 열여덟 살에 괴팅겐대학에 입학하고, 수학논문으로 박사학위를 받았다. 그는 무급강사를 거쳐 취리히공과대학 교수가 되었다. 그는 제1차 세계대전 중 독일 육군에서 복무한 1년과, 프린스턴대학에서 초청된 때를 제외하고, 1930년까지 그 자리에 있었다.

바일은 힐베르트의 후계자로 괴팅겐대학 수학 교수가 되었지만, 나치 독일의 정치적 상황 때문에 미국으로 건너가 프린스턴 고등연구소 종신 수학교수가 되었다. 또한 여러 학회지에 발표한 많은 논문 이외에 15권의 저서가 미국과 유럽에서 출간되었다. 그는 위상공간과 리만기하학 연구로 유명해졌다.

1951년에 은퇴한 바일은 프린스턴과 취리히에서 반반 살았다. 그의 수학적 재능과 그의 공헌은 생전에 널리 알려졌고, 많은 영예를 안았다. 그는 국립과학원과 왕립학회 외국인 회원으로 선출되었다.

264. 은하계의 천문학을 열어 놓은 섀플리
구상성단의 분포를 집중 연구

미국의 천문학자 섀플리(Shapley, Harlow; 1885~1972)는 농부의 아들로 태어났다. 열여섯 살에 캔서스의 신문사에서 기자로 일했기 때문에 충분한 교육을 받지 못한 채 미주리대학 저널리즘 연구과에 입학하였다. 하지만 1년 동안 신입생을 모집하지 않아 무료한 시간을 보내기 위해 천문학 코스를 선택하였다. 이것이 동기가 되어 그는 로즈천문대에서 3년 동안 코스를 마친 후, 그곳의 교육 조수로 근무하다가, 1년 후에 석사학위를 얻었다.

섀플리는 프린스턴으로 옮겨 그곳에서 천문학자 러셀과 함께 근접한 이중성인 맥동성을 연구하였다. 그는 약 90개의 맥동성을 조사하기 위해 새로운 계산방법과 구경 58cm의 굴절망원경, 거기에 편광광도계를 부착하여 1만여 개에 가까운 별의 크기를 측정하였다.

섀플리는 윌슨산 천문대로 옮겼다가, 그 후 하버드대학 해일천문대 대장이 되었다. 특히 대학원 프로그램을 도입하여 쟁쟁한 졸업생을 배출하였으며, 대학원에 활력소를 불어넣었다. 퇴임 후에도 많은 강의 여행을 하였다.

섀플리는 윌슨산의 구경 250cm 망원경을 사용하여 구상성단을 관측하였다. 구상성단이란 수많은 별의 집단으로, 구상성단 중에는 100만개의 별을 포함하고 있는 것도 있다. 당시 이 같은 별무리가 100개 정도 발견되었지만, 그들의 위치는 하늘 전체에 평균적으로 분포되어 있지 않고, 궁수좌 방향 쪽에 3분의 1이 집중되어 있는 것을 확인하였다.

섀플리는 20세기 전반의 천문학에 대한 공헌은 분명하며, 특히 은하와 우주의 구조에 관한 공헌은 크다. 그는 근대 우주론 창설의 아버지의 한 사람이다.

섀플리는 매카시 상원의원이 국무성에 관계하는 공산주의자로 생각된다는 5사람 중 1사람으로 지목되어, 하원의 비 미국적 활동위원회에 소환되었으나 무죄로 인정받았다.

섀플리는 많은 명예를 안았다. 드래퍼 메달, 럼퍼드 메달, 왕립천문학회의 골드 메달, 교황 피우스 11세의 상을 받았다. 그는 유네스코 창설에 즈음해서 그 헌장 초안의 작성에 참여한 미국 대표 중 한 사람이다.

265. 호르몬 전반에 걸쳐 연구한 켄들
특히 갑상선과 부신 호르몬을 집중 연구

 미국의 생화학자 켄들(Kendall, Edward Calvin; 1886~1972)은 컬럼비아대학을 졸업한 뒤, 미국의 생화학자인 셔먼의 지도를 받아 박사학위를 취득하였다. 그리고 프린스턴대학 교수가 되었다. 그는 갑상선에서 호르몬이 분비되는 사실을 분명히 했고 갑상선에 요드(I)가 이상할 정도로 많이 집중되어 있는 것을 발견하였다. 그 후 10년 사이에 요드를 함유한 단백질을 갑상선에서 추출하고 또한 갑상선 호르몬의 구조를 결정하였다.

 갑상선 호르몬은 캐나다의 생리학자 벤딩과 미국계 캐나다의 생리학자 베스트가 발견한 인슐린과 함께 의학에 큰 발자취를 남겼다. 그것은 호르몬 개념이 단지 이론적인 것에서 멈추지 않고 직접 치료에 사용되었기 때문이다.

 이를 바탕으로 다른 호르몬 제조 선(腺)을 탐구하는 길이 열렸다. 그런데 그 동안 과학자들은 부신의 연구를 오랜 동안 기피해 왔다. 부신은 두 부분으로 나뉘어져 있다. 내부의 수질 부분에서는 아드레날린이 만들어지는데 반해, 외부의 피질에서는 여러 물질이 만들어져 나온다. 그 구조와 작용을 해명한 사람이 곧 켄들이다.

 켄들은 1930년대 10년에 걸쳐, 28종 이상의 피질호르몬을 발견하였다. 제2차 세계대전 당시 아르헨티나의 도살장에서 부신을 구입하여 독일 비행사가 12,000m의 고공을 비행하여 수송한다는 소문이 퍼졌다. 물론 이 소문은 거짓이었다. 이 때문에 미국의 부신 연구열이 높아져 의학 부분에서 중요 문제로 떠올랐다. 코르티손이 의학상 중요하다는 사실이 그의 공동연구자인 미국의 의사 헨치에 의해 밝혀졌다. 그는 이 화합물을 사용하여 류머티스성 관절염을 치료하였다.

 1962년도 켄들은 다른 두 사람과 공동으로 노벨화학상을 받았다.

266. 필수 아미노산을 집중 연구한 로즈
대학원생을 실험대 위에 올려놓고 연구

미국의 생화학자 로즈(Rose, William Cumming; 1887~1984)는 예일대학에서 박사학위를 취득하였다. 독일에서 유학하고 귀국한 뒤에 텍사스대학, 일리노이스대학 교수로 1955까지 재직하였다.

로즈가 중점적으로 연구한 분야는 음식물 중의 아미노산이다. 단백질에는 영양학적으로 중요한 것과 그렇지 않은 것 두 가지가 있다. 예를 들어 쥐에게 옥수수 단백질만을 주면 체중이 감소하고 결국 죽는다. 그러나 그다지 증상이 심하지 않을 경우, 우유 단백질인 카세인을 조금 주면 건강을 되찾는다. 그는 이 차이가 일어나는 원인이 두 단백질의 아미노산 구조가 다르기 때문이라 생각하였다.

로즈는 필수 아미노산을 발견하였다. 그는 카제인 속에 영양학상 꼭 필요한 미지의 아미노산이 포함되어 있는지 연구하였다. 1935년에 필수 아미노산인 트레오닌을 발견하였다. 마지막으로 발견된 아미노산이다.

아미노산의 인공 혼합물에 트레오닌을 섞여 먹인 쥐가 자라는 것을 처음으로 확인하였다. 이를 바탕으로 그는 음식물 중에 반드시 존재하는 아미노산을 '필수 아미노산'이라 불렀다.

로즈는 대학원 학생을 상대로 먹이 실험을 실시하였다. 인간에게 시도한 셈이다. 질소 공급원으로서 유리 아미노산만을 포함한 음식물을 투여한 결과, 8 종류의 아미노산이 필요하다는 사실을 알았다. 또한 그는 각 필수 아미노산의 하루 최저 필요량을 계산함으로써 영양학자가 고심했던 단백질의 영양에 관한 문제를 합리적인 바탕 위에 올려놓았다.

267. 원자 내 전자의 행동을 연구한 슈뢰딩거
히틀러가 정권을 장악하자 영국으로 망명

오스트리아의 물리학자 슈뢰딩거(Schrödinger, Erwin; 1887~1961)의 아버지는 유지 제조업자로 화학에 조예가 깊었고, 어머니는 화학 교수의 딸이었다. 슈뢰딩거는 빈대학에 진학하여 물리학 학사학위를 취득하고, 같은 대학 부속 제2물리학 연구소 조수가 되었다.

슈뢰딩거는 제1차 세계대전 중, 포병장교로 남서부 전선에서 다쳤으나 살아남아 4년 동안 근무한 뒤 제대하였다. 여러 대학을 거쳐 1921년 취리히대학 물리학 교수로 취임한 그는 당시 많은 연구 성과(특히 열 통계학의 이론적 연구)를 인정받아, 막스 프랑크의 뒤를 이어 베를린대학 이론물리학 교수가 되었다.

슈뢰딩거는 나치가 정권을 장악하자 영국으로 건너갔다. 그는 옥스퍼드대학 특별연구원이 되었지만, 향수병에 걸려 결국 오스트리아로 돌아와 그라츠대학에 자리를 잡았다. 그러나 1938년 나치의 오스트리아 합병으로 다시 출국하였다. 다행히 아일랜드 수상의 소개로 더블린고등연구소에 자리를 잡고, 제2차 세계대전 후에도 그곳에서 이론물리학 연구에 열을 올렸다. 귀국한 그는 빈대학 교수로 재직하다 불치병으로 타계하였다.

슈뢰딩거는 전자가 파동으로서의 성질을 가진다는 것을 인식하고 수학을 바탕으로 파동현상을 연구하였다. 이 식을 '슈뢰딩거 파동방정식'이라 부른다(파동역학 혹은 양자역학이라고 부르기도 한다). 이 방정식은 결혼 후 다른 연인과 여행중 떠올랐다 한다. 그는 연애만이 인생의 참된 삶이라 생각하였다. 이 이론은 하이젠베르크의 매트릭스 역학과 같은 의미를 지닌 것으로, 슈뢰딩거의 이론으로 설명할 수 있는 것을 하이젠베르크의 이론으로도 설명할 수 있다. 반대의 경우도 역시 성립한다는 사실을 밝혔다. 파동역학으로 원자의 구조를 잘 묘사할 수 있지만, 파동역학은 이해하기 매우 힘들다.

1933년 슈뢰딩거는 하이젠베르크와 공동으로 노벨물리학상을 받았다.

268. 원소 주기율표를 정리한 모즐리
스물일곱 살에 최전방 참호 안에서 전사

영국의 물리학자 모즐리(Moseley, Henry Gwyn-Jeffreys; 1887~1915)는 유명한 과학자 집안에서 태어났다. 아버지는 옥스퍼드대학 해부학 교수로, 처음으로 심해를 탐험하기 위해 챌린저호에 승선한 박물학자이다. 모즐리는 소년 시절부터 생물학보다 물리학에 관심이 더 많았다. 이턴교를 거쳐 옥스퍼드대학을 졸업한 그는 한 때 러더퍼드의 지도를 받고 있는 중에 제1차 세계대전으로 육군에 입대하였다. 러더퍼드는 그에게 과학적 임무를 부여함으로써 전쟁의 위험으로부터 그의 안전을 지키려 했지만 결국 허사가 되고 말았다.

　모즐리는 결정에 의한 X선 회절 기술을 이용하여 여러 원소의 원자번호를 처음 확립하였다. 원소가 방출하는 X선 파장은 원소의 원자량이 증가함에 따라 완만하게 감소하는 것을 밝혀냈다. 이를 통해 멘델레예프의 주기율표는 이용가치가 높은 것으로 인식되고 원자구조 연구에 대해 실험적 기초를 가져왔다.

　멘델레예프는 원자량 순서로 원자를 정돈한데 반해서, 모즐리는 원자핵의 전하(양자수)의 순서로 원소를 배열함으로써 멘델레예프의 주기율표를 완벽한 것으로 만들어 놓았다. 모즐리는 X선 기술로 주기율표 안에 있는 미 발견 원소가 어느 위치에 있는지(1914년 모즐리가 원자번호의 개념을 확립했을 때는 11개) 정리하고, 또한 빈곳에 해당되는 새로운 원소가 발견될 경우, 그 발견이 옳은지 X선 분석기술을 통해서 그 진위를 확인하였다. 이처럼 그의 X선 분석기술은 새로운 화학분석기술로 등장하였다. 모즐리의 연구는 원자구조론에서 획기적인 사건이었다.

　제1차 세계대전이 일어나자 모즐리는 영국 공병대 장교로 입대하였다. 당시 정부나 세상 사람들은 과학자가 얼마나 중요한 역할을 하는지 의식이 희박했으므로, 그는 사병과 함께 최전방으로 배속되었다. 그와 같은 위대한 과학자가 1915년의 한 작전 중 스물일곱 살에 최전방 참호 안에서 희생되었다.

　모즐리의 죽음은 과학계에 큰 손실을 가져왔다. 그가 남긴 업적을 생각할 때, 그는 인류 중에서 가장 높은 값의 전쟁 희생자가 되었다. 만일 그가 생존해 있었다면(러더퍼드의 노력이 성공하여), 분명히 노벨상을 받았을 것이다. 사실 모즐리의 연구를 계속한 스웨덴의 물리학자 시그먼은 노벨상을 받았다.

269. 효소가 단백질임을 확인한 섬너
노벨수상자와 맞선 무명의 외팔이 화학자

　미국의 생화학자 섬너(Sumner, James Batcheller; 1887~1955)는 소년시절 왼팔을 잃고 슬픈 나날을 보냈다. 원래 그는 왼손잡이였기 때문에 오른 팔을 사용하도록 연습을 하지 않으면 안 되었다.

외팔이가 화학 연구에서 불리하다는 점을 잘 알고 있던 교사는 그에게 화학 연구를 포기하도록 타일렀지만, 그는 교사의 충고를 받아들이지 않고 화학자가 되기로 결심하였다. 하버드대학을 졸업한 그는 4년 후에 박사학위를 취득한 후, 코넬대학 의학부 생화학 조교수로 연구활동을 시작하였다.

섬너가 주로 관심을 가진 분야는 효소였다. 당시 효소의 본질 문제는 혼란에 빠져 있었다. 오랜 동안 확고한 증거 없이 효소는 막연하게 단백질이라고만 알고 있었는데, 독일의 화학자 빌슈테터는 효소가 단백질이 아니라고 반증했기 때문에 더욱 혼란에 빠져 있었다.

섬너는 콩으로부터 효소 함유액을 추출하였다. 이 효소는 요소를 분해하는 기능을 지니고 있다(우레아제). 그는 추출 조작 과정에 몇 개의 작은 결정을 발견했다. 그 결정을 조사한 결과, 결정 그 자체가 효소라는 것, 또한 결정은 단백질이라는 것도 알아냈다. 우레아제는 결정으로 얻어진 최초의 효소이고, 또한 단백질이라는 것이 명백하게 된 최초의 효소이다.

당시 이름 없는 섬너의 발표는 노벨상 수상자인 빌슈테터 이론과 정반대였으므로 큰 파문을 일으켰다. 섬너는 스톡홀름으로 건너가 이 분야의 여러 전문가와 협의하고 연구하여 자신의 학설이 옳다는 것을 증명하였다. 결국 빌슈테터가 틀린 것이 확인되었다. 유명한 과학자와 이름 없는 과학자의 학문적 대결에서 섬너가 승리한 것이다. 때로는 권위에 도전하는 것도 중요하다.

1946년 섬너는 다른 두 사람과 함께 노벨화학상을 받았다.

270. 은하계 밖의 우주를 연구한 허블
우주는 은하로부터 멀어지고 있다는 증거를 발견

미국의 천문학자 허블(Hubble, Edwin Powell; 1889~1953)은 시카고대학에 입학하였다. 그곳에서 해일과 밀리컨을 만난 그는 수학과 천문학에 관심을 가졌지만, 옥스퍼드대학 로드즈 장학생으로 법률학 학사학위를 취득하였다. 귀국한 그는 켄터키 법조회에서 인정받아 잠시 변호사 개업을 했지만, 그것은 여키스 천문대에 자리를 얻을 때까지 잠시 동안이었다.

허블은 미국 보병부대에 지원하여 제1차 세계대전이 끝날 때까지 프랑스에서 근무하였다. 귀국한 그는 해일의 도움으로 윌슨산 천문대에 자리를 잡고 본격적으로 연구했지만, 제2차 세계대전으로 연구가 중단되었다. 전쟁 중에는 미국 전쟁국 탄도학 전문가로 일하였다.

허블은 하늘에서 빛나고 있는 아지랑이 같은 은하계 밖의 성운을 연구하였다. 성운의 일부는 이미 계통적으로 관측되었지만 미해결 문제로 가득하였다. 이미 은하계(태양을 포함한 광대한 별의 집합체)의 크기를 관측했지만, 마젤란 성운 밖에는 무엇이 있는지 분명하지 않았다. 성운 중에는 멀리 10억 광년의 것도 있다. 그러므로 허블은 우리 은하계 밖에 있는 우주를 연구하고, 은하계 밖의 성운을 '섬 우주'라 부를 것을 주장하였다. 은하계는 많은 섬 우주 중의 하나일 뿐이다.

1925년 이후 허블은 은하의 구조를 연구하고, 그 형태에 따라서 규칙형과 불규칙형으로 분류하였다. 규칙 성운이 97%, 불규칙 성운이 3%이다.

허블은 팽창우주의 증거를 처음으로 발견하였다. 그는 섬 우주를 모양에 따라 분류하고, 진화의 모습을 밝히려 했지만, 더욱 큰 성과는 섬 우주의 시선 속도의 분석이다. 그는 지구에서 멀리 떨어진 섬 우주의 속도는 그의 거리에 비례한다고 주장하였다. 이는 우주의 팽창설로 무난히 설명할 수 있다. 만일 그렇다면 모든 섬 우주 사이의 거리는 끊임없이 늘어나고, 어느 섬 우주에서 보더라도 모든 섬 우주는 관측자로부터 멀어지는 것처럼 보인다.

우리로부터 멀리 떨어져 있는 지점에서의 후퇴 속도는 빛의 속도와 같고, 빛이나 다른 정보전달의 수단은 멀어지는 섬 우주에서 우리들이 있는 곳에 이르지 못한다. 이 거리가 우리들이 알고 있는 우주의 한 부분의 크기를 나타내는 '허블 반경'이다. 우주의 허블 반경은 130억 광년이다.

만일 허블의 주장이 옳다면, 후퇴 속도로부터 섬 우주까지의 거리를 구할 수 있고, 따라서 그 크기도 구할 수 있다. 모든 섬 우주는 우리가 속해 있는 은하계보다 훨씬 작다고 밝혀져 있다. 그의 연구로 우주의 크기에 대해서 우리들의 인식이 매우 증대하였다.

허블은 왕립천문학회 골드 메달, 메리트 훈장을 받았다.

271. X선으로 돌연변이를 연구한 뮐러
방사선의 위험을 엄중하게 경고

　미국의 생물학자 뮐러(Müller, Hermann Joseph; 1890~1967)는 뉴욕 몰리스고등학교 재학 중에, 아마도 역사상 처음이라 생각되는 고교 과학클럽을 창설하였다. 장학금을 받아 컬럼비아대학에 입학한 그는 이 대학에 남아 모건 밑에서 유전학을 연구하였다. 박사학위를 받은 그는 텍사스 휴스턴에 있는 라이스연구소에서 3년 동안 연구하였다. 그는 오스틴 텍사스대학 동물학 준교수를 거쳐 교수가 되었다.

　그러나 생애 마지막에 이르러 연구에 대한 중압감, 수학자 야코브와의 이혼, 그리고 사회주의자로서의 발언에 대한 억압 등이 겹쳐 신경쇠약에 걸리고 말았다. 그는 베를린 카이저 빌헬름 연구소로 갔다가, 옛 소련의 생물학자 파블로프의 초청으로 레닌그라드의 유전학연구소에서 상급연구원으로 활동하였다.

　1930년대 중반부터 옛 소련의 유전학자 루이셍코가 옛소련의 생물학계를 지배하자, 모건은 루이셍코의 이론을 공공연히 강력하게 비판하였다. 그러나 루이셍코의 정치적 세력이 너무 강하여 그는 구소련을 떠날 수밖에 없었다. 뮐러는 스페인전쟁에 참여한 뒤, 에든버러대학 동물유전학 연구소에서 연구를 시작하였다. 거기서 만난 독일인 망명자 칸트로비츠와 결혼하였다. 1940년 귀국하여 아마스토대학에서 강의하다가 인디애나대학 동물학 교수로 자리를 옮겼다.

　1911년에 뮐러는 생물학자 모건의 지도를 받아 초파리의 돌연변이 모습을 풍성하게 관찰하는 기회를 가졌다. 그는 돌연변이 발생을 촉진하는 방법으로 온도를 올리면 돌연변이의 수가 증가한다는 사실을 발견하였다. 또한 그것은 유전자가 자극을 받아 일어나는 것이 아니라는 것에 관심을 쏟았다. 1쌍의 염색체(염색체는 쌍으로 되어 있다) 중에서 한 쪽 염색체상의 유전자는 영향을 받지 않고, 항상 그에 마주하고 있는 다른 한 쪽 염색체상의 유전자만이 영향을 받는다는 사실도 알았다. 그는 X선을 머리에 떠올렸다. X선은 보통 열에 비해서 에너지가 강하고, 염색체에 대해서 크게 효과를 미친다. 1926년에 X선을 쪼이면 돌연변이가 일어나는 비율이 증가함을 입증함으로써 몇 가지 문제가 해결되었다.

　첫째, 유전학자는 돌연변이의 예를 연구할 가능성이 많아지고, 둘째 돌연변이는 신비스러운 것이 아니며, 화학약품으로 일으킬 수 있다는 것도 알았다. 이로써 크릭과 같은 분자생물학자의 연구가 탄생하는 밑거름이 만들어졌다.

뮐러는 지나친 돌연변이는 우리에게 피해를 몰고 올 것이라는 사실을 굳게 믿었다. 진화 과정에서 유익한 개체는 살아남고, 유해한 개체는 죽는 경향이 있는 것은 사실이지만, 이를 지속할 경우 유해한 개체의 수가 많아질 것이고, 이는 바람직하지 않다고 주장하였다. 만일 돌연변이가 증가하면 결함이 있는 개체의 절대수가 많아지므로 종족의 보존이 곤란하게 된다고 주장하였다.

뮐러는 두 측면에서 이 문제를 연구하였다. 첫째, 의학의 치료나 진단에서 X선을 남용하지 않도록 경고하였다. 강력한 방사선을 쪼이면 암이 발생한다고 경고하였다. 또한 의학용이나 산업용의 X선을 쪼이면 생식선이 완전히 차단되어 불임을 유발할지도 모른다고 주장하였다. 제2차 세계대전 이후, 뮐러는 특히 핵실험으로 생긴 방사능으로 돌연변이가 일어나는 생물의 비율이 증가했다고 주장하였다.

둘째, 뮐러는 골턴의 현대판처럼, 그러나 더욱 풍부한 유전학 지식을 바탕으로 인류를 유전학적으로 건전하게 하기 위한 어떤 종류의 우생학적 조치를 취할 것을 주장하였다. 그는 우생 사상을 적극적으로 강조하고, 특히 정자은행의 설립을 주장하였다. 정자은행이란 자발적으로 제공된 정자를 동결 보존하여 그것을 희망하는 부부에게 제공하는 인공수정 시스템이다.

1946년 뮐러는 노벨생리의학상을 받았다.

272. 미국의 원폭개발 계획을 수립한 부시
과학연구개발국(OSRD)의 뛰어난 과학행정가

미국의 전기공학자 부시(Bush, Vannevar; 1890~1974)는 매사추세츠공과대학과 하버드대학에서 박사학위를 받았다. 수년 동안 모교에서 강의하다가 매사추세츠공과대학 교수가 되었다.

부시는 동료와 공동으로 미분방정식을 풀 수 있는 기계를 조립하였다. 그의 이론은 이미 반세기 전에 캘빈이 개발했지만, 그는 배비지가 반세기 전에 실패한 계산기를 보완하여 그 제작에 성공하였다. 이 기계는 사실상 최초의 아날로그 계산기이다.

제2차 세계대전이 시작되면서부터 이론과 실제의 두 측면에서 전자계산기는 빠른 속도로 발전하였다. 그것은 수학자 비너가 사이버네틱스를 개발하여 계산기의 설계를 쉽게 할 수 있었고, 거기에다 전자식 스위치가 기계식 스위치를 대신했기 때문이다.

그 후 복잡한 여러 계산기가 만들어져 과학자들은 종래의 방법으로 불가능하다고 생각했던 계산을 간단히 빨리 할 수 있었다(케플러의 보고에 의하면, 화성의 궤도를 계산하는데 무려 4년이 걸렸지만, 1946년의 계산기는 겨우 8초 만에 끝냈다).

산업계에서는 계산기를 이용하여 제조공정을 관리하고 제어하는 장치를 가동하였다. 이러한 경향(오토메이션)은, 2세기 전 제1차 산업혁명의 경우와 마찬가지로, 그 결과를 예측할 수 없었다.

1940년 부시는 국방위원회 의장으로 선출되고, 국방에 관한 과학행정을 맡았다. 제2차 세계대전이 일어나자, 그는 과학연구개발국(OSRD) 책임자가 되었다. 1942년 8월 13일, 그가 작성한 낙관적인 보고가 기초가 되어, 맨해튼계획(원폭개발계획)이 수립되었다.

이 계획이 세워진지 3년 만에 원자폭탄이 만들어지고, 두 차례의 실험을 거쳐 일본의 두 도시에 투하되었다. 이와 같은 배경에는 부시의 치밀하고 조직적인 행정 지휘가 있었기 때문이다. 그는 탁월한 과학행정가였다. 이후부터 모든 국가는 과학행정에 관심을 갖고, 과학정책을 일반정책으로부터 분리하였다.

273. 중성자를 발견한 채드윅
미국의 원폭개발 당시 영국 팀 총책임자

영국의 물리학자 채드윅(Chadwick, Sir James; 1891~1974)은 맨체스터대학을 졸업한 후, 당시 그곳 교수였던 러더퍼드 밑에서 방사성물질로부터 나오는 감마선을 연구하였다. 그는 장학금을 받아 독일에서 물리학자 가이거와 공동연구를 했지만, 불행하게도 제1차 세계대전으로 적성 외국인으로 억류되었다.

귀국한 채드윅은 러더퍼드의 초청을 받아 케임브리지대학에서 러더퍼드와 공동으로 α 입자를 원소에 충돌시키는 실험을 하여 원소의 원자번호는 원자의 핵 전하 수, 즉 양자의 수와 같다는 사실을 알아냈다. 리버풀대학 물리학 교수가 된 그는 사이클로트론의 건설을 지휘하고, 이를 가벼운 원소의 핵변환 연구에 사용하였다.

채드윅은 중성자를 발견하였다. 당시 원자보다 작은 입자로 두 종류의 입자가 알려져 있었다. 톰슨이 발견한 전자와 러더퍼드가 발견한 양자이다. 그러나 이 두 입자만으로 핵을 설명할 수 없었다. 반드시 중성 입자의 존재를 예상할 수 밖에 없었다. 1920년대에 러더퍼드와 채드윅은 이러한 종류의 입자 발견을 여러번 시도했지만 실패하였다. 하지만 교묘한 실험으로 채드윅은 중성자를 발견하였다.

중성자의 발견으로 원자핵은 전자 대신에 양자와 중성자로 되어 있다는 사실을 알았다. 예를 들어 헬륨 원자핵은 두 개의 양자와 두개의 중성자로 되어 있고, 질량수는 4, 전하는 2이다.

원자핵이 양자와 중성자로 되어 있다는 이론은 거의 완벽에 가까웠다. 그러나 한 가지 문제는 플러스 전하를 지닌 양자가 어떻게 서로 결합하고 있는가 하는 것이었다. 이 문제는 수 년 후 일본의 유가와 히데키의 중간자이론으로 풀 수 있었다.

제2차 세계대전 당시, 채드윅은 원자폭탄 제조와 밀접한 관계를 맺었다. 맨해튼계획에 대한 영국의 공헌은 리버풀대학의 채드윅의 지도에 의해 대부분 이룩되었다. 이 계획을 위해 그는 영국 팀 책임자로서 미국에서 활동하였다. 전후 콘빌 앤드 킹 칼리지 학장으로 취임하였다.

1935년 채드윅은 노벨물리학상을, 또한 기사 칭호도 받았다.

274. 당뇨병의 원인을 밝힌 밴딩
제2차 세계대전 당시, 비행기 사고로 추락 사망

캐나다의 생리학자 밴딩(Banding, Sir Frederick Grant, 1891~1941)은 런던대학에서 종교학을 전공했지만, 의학으로 전공을 바꾸고 의학박사가 되었다.

밴딩은 개업의사로서 당뇨병을 연구하였다. 당뇨병은 혈액 중에 포도당의 양이 정상보다 많아 결국 오줌 속에 포도당이 섞여 배설되는 생리현상이다. 당시 이 병에 걸리면 합병증으로 서서히 생명을 잃어갔다.

밴딩은 당뇨병이 췌장과 관계가 있을 것으로 생각하였다. 동물의 췌장을 제거하고 실험한 결과, 당뇨병과 같은 증상이 나타났으므로 췌장에 포도당 분자 분해 호르몬이 당연히 있을 것으로 생각하였다. 이 호르몬의 공급량이 적거나 질이 떨어질 경우, 포도당이 분해하지 못하고 축적되어 당뇨병이 발생하지 않을까 생각하였다.

물론 췌장의 주된 기능은 소화액을 만드는데 있지만, 췌장 내에는 몇몇 랑게르한스섬이라는 세포가 있다. 이것이 호르몬을 분비한다고 생각되어 인슐린이라 불렀다(라틴어로 '섬'을 의미한다).

밴딩은 췌장으로부터 인슐린을 분리하려고 노력하였다. 만일 이것이 가능하다면 당뇨병을 치료할 수 있다고 생각했기 때문이다. 그러나 모든 노력이 수포로 돌아갔다. 그것은 췌장을 떠나는 순간 그 안에 있는 소화효소가 인슐린 분자(단백질)를 파괴해버리기 때문이다.

밴딩은, 만일 췌장의 다른 한 부분이 기능을 잃으면, 인슐린을 파괴하는 소화효소가 생성되지 않음으로 결국 인슐린을 풍부하게 얻을 수 있을 것이라 생각한 끝에, 런던대학의 시험실에서 연구하고 있던 협동연구자를 확보하였다. 이 협동연구자가 베스트이다. 두 사람은 췌장을 떼어내어 당뇨병에 걸린 개에게 이를 주었는데, 그 개의 당뇨병 징후가 곧 사라졌다.

인슐린을 분리해냄으로써 이를 복용한 수백만의 당뇨병 환자는 매우 정상적인 생활을 할 수 있었다. 코닥사장 이스트먼과 미국의 의사 마이노트도 인슐린으로 구원받은 사람이다. 밴딩은 실험실을 빌려준 맥레오드와 연구에 전력한 베스트와 함께 노벨상을 받아야 한다고 주장했지만, 결국 설득에 실패하고 두 사람만 상을 받았다. 그러나 상금의 반을 콜립과 베스트에게 주고, 베스트의 탈락에 대해 강력하게 항의하였다. 인슈린 발견 당시, 베스트는 학생신분이었다. 이것이 탈락 원인이었다. (대부분의 과학교과서에는 이들 네 명이 인슐린의 발견자로 되어 있다). 본받을 만한 일이다. 캐나다 의회로부터 밴딩에게 연금이 주어지고, 밴딩연구재단이 창설되었다. 그리고 런던대학에는 '벤딩-베스트 강좌'가 개설되었다. 제1차 세계대전 당시, 캐나다 군의관 소령으로 활약하던 중, 뉴파운들랜드 상공에서 비행기 사고로 사망하였다. 전쟁으로 희생된 과학자이다.

1934년 기사 칭호와 십자훈장을 받았다. 1923년 벤딩은 맥레오드와 공동으로 노벨생리의학상을 캐나다 사람으로 처음 받았다.

275. 물질의 이중성을 규명한 드 브로이
프랑스 원자력 위원회 기술고문을 역임

프랑스의 물리학자 드 브로이(de Broglie, Prince Louis Victor; 1892~1987)의 아버지는 군사, 외교 면에서 프랑스 정부를 이끌어간 사람이다. 선조는 루이 14세 밑에서 봉사했고, 증조부는 프랑스혁명 때 단두대로 처형당하였다. 형 모리스는 해군에서 잠시 근무하다가 가족의 뜻에 따르지 않고 X선분광학을 연구하여 이 분야를 개척하는 데 성공하였다.

드 브로이는 소르본대학에 입학하여 역사를 전공했지만 물리학으로 전공을 바꾸었다. 그는 외교관이 되려고 했지만, 자택에 실험실을 갖추고 실험하는 형을 돕는 데서부터 과학에 흥미를 가졌다. 결국 소르본대학에서 역사가 아니라 물리학으로 박사학위를 얻었다. 그는 박사학위를 취득한 뒤, 소르본대학을 거쳐 앙리 푸앵카레 연구소의 이론물리학 교수 자리로 옮겼다. 1946년 이후부터 프랑스 원자력 개발 기술고문으로 활약한 그는 생애를 통해 물리학의 철학적 문제에 관심을 가지고 이 분야의 책을 저술하였다.

드 브로이는 전자의 파동-입자의 이중성을 생각하였다. 물질과 에너지의 관계를 나타낸 아인슈타인의 공식($E=m^2$)과, 진동수와 에너지의 관계를 나타낸 막스 프랑크의 공식($E=hv$)을 서로 이어주었다. 그리고 모든 입자가 진동(물질파)으로서의 성질을 가지고 있는 것을 밝혔다. 이 파장은 입자의 운동량과 질량 그리고 속도에 의해 정해진다고 주장하였다.

이처럼 전자가 입자와 파동의 두 성질을 지니고 있는 것은, 콤프턴이 증명한 것처럼, 광자도 파동과 입자의 양쪽 성질을 나타내고 있는 것과 잘 맞아 떨어졌다. 또한 파동-입자의 이중성의 발견은, 에너지가 서로 바뀔수 있다는 아인슈타인의 생각을 확신시켰다. 물질에 의해서 원자의 본질이 깊게 이해되고 또한 그것은 화학결합이나 전자파를 이용한 전자현미경에 응용되었다. 특히 그는 물리학의 철학적 문제에 관심을 갖고 이에 대해 많은 책을 저술하였다.

1929년 드 브로이는 노벨물리학상을 받았다. 또한 그는 대중을 위한 과학 저술을 인정 받아 1952년 칼링가 상을 받았다(유엔경제사회이사회가 주는)

276. 하늘의 전리층을 연구한 애플턴
제2차 세계대전 당시 영국 원폭계획의 책임자

영국의 물리학자 애플턴(Appleton, Sir Edward Victor; 1892~1962)은 케임브리지대학 재학 중에 J.J.톰슨과 러더퍼드의 지도를 받은 머리 좋은 학생이었다. 출발부터 행운이 뒤따랐다. 제1차 세계대전 중에는 무선기술 장교로 활동하던 중, 전파가 사라지는 현상(페이딩)에 관심을 가졌다. 런던대학 물리학 교수, 케임브리지대학 자연철학 교수, 제2차 세계대전 중에는 영국의 원폭개발계획 책임자로 활동하였다.

애플턴은 전쟁이 끝난 뒤, 라디오 신호의 사라짐 현상을 연구하였다. 때를 맞추어 영국에서 상업방송이 시작되었으므로, 그는 연구하는데 필요한 강력한 전파를 풍부하게 접할 수 있는 행운을 잡았다. 이 현상은 주로 상공에서 야간에 발생하는 반사파로서, 같은 전파가 다른 두 진로를 통해서 같은 곳에서 만나면 간섭이 일어날 때 생긴다. 다시 말해 간섭에 의해 파동이 없어지는 것이 사라짐 현상이다.

애플턴은 전파의 파장을 변화시키면서 실험하였다. 간섭에 의해 전파가 강하게 되는 때와 약하게 되는 현상을 기록하고, 반사층의 최소한의 높이를 계산하였다. 1920년에 '케넬리-해비사이드층'(혹은 E층)의 높이가 약 100km로 계산되었다. 밤에는 케넬리-해비사이드층이 소실되어 사라짐 현상이 생기지 않지만, 그래도 높은 상공층에서 반사가 생긴다. 이 높이는 240km로 계산되었다. 이 전리층을 지금도 '애플턴 층'이라 부른다.

그 후 수년 동안의 연구로 전리층의 성질이 태양의 위치, 태양 흑점 주기의 변화에 의해 변하는 것을 상세히 조사하였다. 성층권에는 이온이 많이 포함되어 있으므로, 흔히 '전리층'이라 부른다. 그 후 로켓의 발달로 전리층의 연구가 한층 활발해졌다.

애플턴의 대기에 관한 연구는 방송이나 무선통신의 발전에서 매우 큰 업적이다. 그의 실험적 방법은 한때 그의 공동연구자인 왓슨 와트의 레이더의 연구개발로 이어졌다.

1941년 애플턴은 기사 칭호를 받고, 1947년 노벨물리학상을 받았다.

277. 산란된 X선의 성질을 연구한 콤프턴
일본에 대한 원폭투하를 강력하게 주장

미국의 물리학자 콤프턴(Compton, Arthur Holly; 1892~1962)의 아버지는 장로교회 목사로 우스터대학 철학교수였다. 우스터대학을 졸업한 콤프턴은 1916년 프린스턴대학에서 박사학위를 취득하고, 1년 동안 미네소타대학에서 교편을 잡은 후, 피츠버그의 웨스팅하우스 전기회사에서 기사로 일하였다. 케임브리지대학에서 러더퍼드의 지도를 1년 동안 받고 귀국한 그는 미조리주 센트 루이스의 워싱턴대학 물리학부장으로 임명되었다. 1945부터 1953년까지 워싱턴대학 명예총장, 이어서 자연철학 교수, 강의 의무가 없는 특임 교수가 되었다.

콤프턴은 1918년 부터 X선 산란연구를 시작하였다. 그는 캐븐디시 연구소의 러더포드 밑에서 감마선 산란 실험도 하였다. 1920년에 귀국한 그는 각종 물질을 표적으로 산란방사선 분석을 하는 도중, 입사 X선이 물질에 의해서 산란될 때, 파장이 길어지는 현상 즉 콤프턴효과를 발견하였다.

콤프턴은 우주선에 관심을 가졌다. 당시 이 분야의 뛰어난 연구가인 미국의 물리학자 밀리컨은 우주선의 본성은 γ선과 같은 전자파로 강한 에너지를 가진 것으로 알고 있었다. 그렇다면 우주선은 지자기의 영향을 받지 않고 지구상 어느 곳에나 평균적으로 도달해야 한다. 그러나 우주선은 지구자석의 극이 있는 극지방에 보다 많고, 적도지방에서 보다 적게 관측된다고 주장하였다.

콤프턴은 세계 곳곳을 누비며 어려운 측정을 거듭하여 위도 효과가 있는 것을 발견하였다. 우주선은 자계의 영향을 받으므로 적어도 그 일부는 입자이어야 한다. 밀리컨이 전자파설을 고수하고 있는데 반해, 콤프턴은 입자설을 주장하고, 지금은 이를 의심 없이 받아들이고 있다.

제2차 세계대전 당시, 콤프턴은 맨해튼계획에 참여하여 활동하였다. 그는 연구활동의 최고 절정기를 군사 연구에 온 힘을 쏟았다. 원폭의 원료인 플루토늄의 분리방법을 지도하고 페르미와 핵분열 연쇄반응을 연구하였다. 원폭을 일본에 투하할 것을 강력하게 주장하였다.

1927년 콤프턴은 영국의 물리학자 윌슨과 공동으로 노벨물리학상을 받았다.

278. 레이더를 개발한 왓슨 와트
제2차 세계대전 당시 독일 공군을 무력화시킴

　스코틀랜드의 물리학자 왓슨 와트(Watson Watt, Sir Robert Alexander; 1892~1973)는 성 알렉산더대학에서 교육받고, 모교에서 강의하던 중, 라디오 전파의 반사현상에 관심을 가졌다. 전파가 반사한다는 것과 파장이 짧을수록 반사가 예민하다는 것은 이미 알려져 있었다.

　왓슨 와트는 단파 라디오의 전파탐지에 관한 특허를 얻었다. 기술적으로 매우 어렵지만 원리는 간단하다. 전파는 빛과 마찬가지로, 파장이 극히 짧은 전파(극초단파)로, 목적물에 닿으면 반사되어 발신한 곳으로 되돌아온다. 그러므로 발신과 수신 사이의 시간을 측정하면, 목적물까지의 거리를 계산할 수 있고 목표물의 방향은 반사한 전파의 방향과 같다.

　실험을 계속한 왓슨 와트는 한 종류의 장치를 개량하여 전파가 비행기를 추적하도록 만들었다. 그리고 특허를 얻었다. 이 방법이 '전파탐지와 사정 결정'(목표물까지의 거리를 결정), 간단하게 레이더(radar)라 부른다. 영국은 이 연구를 비밀로 진행하고 1938년 뮌헨조약 성립 당시 레이더 기지를 설립하였다. 영국군은 어떤 기상조건에서도 독일군 비행기를 쉽게 발견할 수 있었다.

　실제로 레이더의 원리는 독일에서도 1930년대에 이미 발견했지만, 히틀러와 괴링은 레이더는 방어용 무기이므로 독일이 수세에 몰린다는 것은 생각할 수 없다고 주장한 나머지 이 연구를 포기하였다. 1940년까지 상당한 정도 연구가 진척되었지만, 때는 이미 늦었다.

　미국도 1931년부터 레이더 연구를 시작했지만, 왓슨 와트와 전쟁으로 영국이 앞섰다. 1941년 미국을 방문한 그는 미국의 연구를 돕고, 미국 레이더망의 설치에 크게 기여하였다. 1941년 미국의 레이더는 진주만을 공격한 일본 비행기를 발견했지만, 불행하게도 이 첩보가 무시되었다. 하지만 미드웨이 해전에서 참된 가치를 발휘하였다. 물론 제2차 세계대전 후에 레이더는 평화 목적으로 무한하게 이용되고 있다.

　왓슨 와트는 기사 칭호를 받았다.

279. 우주의 크기를 확대시킨 바디
안드로메다 성운 속의 별을 관측

　독일계 미국 천문학자 바디(Baade, Walter; 1893~1960)는 교사의 아들로 태어났다. 괴팅겐대학에서 학사학위를 취득하고, 함부르크 대학 교수로 천문대에서 11년 동안 근무하였다. 1931년 미국으로 건너가 윌슨산 천문대에서 큰 업적을 남겼다. 그 후 팔로마산 천문대에서 근무하다가, 독일로 돌아와 괴팅겐대학의 '가우스 교수 강좌' 교수로 임명되었다.

　바디는 제2차 대전 중인 1942년 로스안젤리스가 등화관제로 어두운 윌슨산 상공의 시계가 활짝 열린 기회를 이용하여, 구경 250㎝의 망원경으로 안드로메다 성운(섬 우주)을 관측하고, 처음으로 섬우주 내부의 몇몇 항성의 상태를 해명하였다. 그는 안드로메다 성운 중에는 그 구조나 생성에서 두 종류의 별 무리가 있다고 생각하였다. 주변의 청색의 것을 제1 종족, 안쪽의 적색의 것을 제2 종족이라 불렀다. 제1 종족의 별은 새로운 별이고, 제2 종족의 별은 낡은 별이다. 제2차 세계대전 후 바디는 구경 500㎝의 망원경을 사용하여 제1 종족, 제2종족의 별에서 케페우스형 변광성을 발견하였다.

　바디는 안드로메다 섬우주나 그 외의 우주는 그때까지 상상한 것 보다 훨씬 멀리 있으며, 지구에서 보이는 밝기로 판단해서 훨씬 크다고 주장하였다. 그러므로 코페르니쿠스가 지구를, 섀플리가 태양을 그의 왕좌의 위치로부터 끌어내린 것처럼, 바디는 은하계를 왕좌의 위치로부터 끌어내렸다.

　바디는 가장 강한 전파원은 구경 500㎝ 망원경으로 관측 가능한 범위를 넘는 곳에 있을 것으로 예상하였다. 그것은 백조좌에 있는 라디오별로 확인되었다. 실용적 크기의 전파망원경은 실용적 크기의 광학망원경으로 볼 수 없는 거리를 관측할 수 있음으로 전파에 의한 우주의 탐구시대가 찾아왔다.

　바디는 우주에 관한 우리들의 지식에 크게 공헌하였다. 그가 주로 흥미를 가졌던 것은 항성계로서의 은하계 외 성운이었지만, 그는 또한 우리들의 은하, 구상성단, 안드로메다 성운 속의 변광성에 관해서도 연구하였다. 그의 연구로 별의 진화의 이론적 기초가 되는 별의 내부에 관한 이론에 흥미를 가졌다.

　1958년에 괴팅겐으로 돌아온 우주의 확대자 바디는 그곳에서 생애를 마감하였다.

280. 중수소를 연구한 유리
중수소는 감속제나 수소폭탄의 원료로 사용

미국의 생화학자 유리(Urey, Harold Clayton; 1893~1981)는 목사의 아들로 태어나 고등학교를 졸업한 뒤 3년 동안 교편생활을 하였다. 몬태나대학에서 동물학을 전공하고 3년 후 학사학위를 얻은 그는 2년 동안 군수물자를 제조하는 화학회사에서 연구자로서 일하였다. 몬태나주립대학 화학강사를 거친 그는 캘리포니아대학 버클리학교에 입학하여 물리화학, 수리화학을 전공하였다. 박사학위를 취득한 뒤, 그는 미국-스칸디나비아재단의 장학생으로 코펜하겐대학의 보어 밑에서 연구하였다. 당시 보어는 원자구조의 이론을 연구하고 있었다.

유리는 귀국한 뒤, 5년 동안 존스 홉킨스대학 연구원, 그 후 컬럼비아대학 준교수와 애덤스연구소의 연구원을 겸임하였다. 1934년 같은 대학 정교수로 승진한 그는 화학과 주임 교수가 되었다. 제2차 세계대전 중에는 컬럼비아대학 대용합금 재료실험실(원폭 개발계획 실험의 일환)의 연구주임으로 활동하였다. 시카고대학 원자핵 연구소 화학교수, 미국과학아카데미 우주과학평의회의 회원으로 선출되었다.

1931년에 유리는 중수소를 연구하였다. 소디가 동위원소설을 수립할 때부터, 그는 보통 수소원자의 2배 질량을 지닌 수소가 존재할 것이라 주장하고, 수소 원자의 질량을 정확하게 측정한 결과, 만일 무거운 동위원소가 있다 해도 그 양은 매우 적을 것이라 예상하였다.

유리는 일정량의 액체수소를 증발시키면, 일반 수소 원자가 먼저 제거되고, 남아 있는 액체수소 중에는 처음 상태보다 중수소의 양이 많다. 4리터의 액체수소를 서서히 증발시켜 $1cm^3$로 줄어든 그 액체 수소를 가열한 결과, 예측한 대로 중수소의 희미한 분광을 발견하였다. 이 무거운 수소를 듀테륨(중수소)이라 부른다.

수소의 동위원소가 발견되자 곧 중수소를 포함한 무거운 물인 중수가 미국의 화학자 루이스의 연구로 만들어지고, 또한 수소 대신 중수소를 사용하여 생화학적으로 중요한 화합물이 만들어졌다. 특히 중수는 생물조직 내의 복잡한 화학반응의 구조를 해명하는 추적자로 이용되었다.

유리는 동위원소를 분리하는 방법을 연구하였다. 무거운 동위원소는 가벼운 것 보다 반응 속도가 약간 느리다는 점을 처음 이용하였다. 동위원소 분리법은 1940년대 미국 원자폭탄 계획에 즈음해서 우라늄-238에서 우라늄-235 방사성 동위원소(원폭에 필요한)의 분리에 이용되었다. 또한 수소-2(중수소)는 제2차 세계대전 후에 파괴적인 수소폭탄의 원료로 사용되었다. 유리는 자신이 공헌한 핵무기가 인류를 위험으로 몰아넣고 있는 것을 가장 염려한 한 사람 중의 한 분이다.

1934년 유리는 노벨화학상을 받았다.

281. 아스코르빈산을 연구한 센트-디외르디
제2차 세계대전 당시 반 나치 조직원으로 활동

헝가리 계 미국의 생화학자 센트-디외르디(Szent-Gyorgyi, Albert; 1893~1986)는 제1차 세계대전 초기에 오스트리아 육군에 입대했다가 부상당하여 훈장을 받고 연구생활로 돌아왔다. 부다페스트대학을 졸업, 케임브리지대학에서 박사학위를 취득하였다.

케임브리지대학에 홉킨스와 함께 있을 때, 센트-디외르디는 콩팥으로부터 한 종류의 물질을 발견하였다. 이 물질은 수소원자를 간단하게 포획하거나 방출하는, 다시 말해서 수소를 조정하는 것으로, 그 분자에는 탄소원자가 6개 붙어 있음으로 핵사로닉산이라 불렀다. 이런 종류의 물질은 오렌지나 양배추, 헝가리 고추 중에서도 찾을 수 있다. 이것이 비타민 C이다. 그리고 그의 제안으로 비타민 C를 아스코르빈산(아스코르빈이란 괴혈병을 없애준다는 의미)이라 불렀다. 미국의 생화학자 윌리엄스와 센트-디외르디는 체내에서의 아스코르빈산의 소비를 연구하였다.

센트-디외르디는 레몬 껍질로부터 비타민 P를 추출하였다. 모세혈관이 약해져 침투성이 증대하는 것을 억제하는 기능을 가진 화합물이다. 모세혈관의 파괴는 오랫동안 방사선 치료 암환자의 공통문제지만, 비타민 P를 투입하여 방지할 수 있다.

제2차 세계대전 중, 센트-디외르디는 반 나치 지하조직에 들어가 적극 활약하면서 위험한 고비를 여러 번 넘겼다. 전후 헝가리가 옛 소련군에 점령되자 정치상의 문제로 미국으로 이주하여 미국 시민이 되었다.

1937년 센트-디외르디는 생체 산화대사 과정에 관한 연구와 비타민 C의 연구로 노벨 생리의학상을 받았다.

282. 통신, 정보, 제어의 이론을 확립한 비너
군사연구를 거부하는 성명을 발표

　미국의 수학자 비너(Wiener, Nobert; 1894~1964)는 천재였음으로 그의 아버지는 관심을 가지고 지도하였다. 세 살 때 책을 마음대로 읽고, 아홉 살에 고등학교에 입학하여 4년 과정을 2년으로 단축하여 마쳤다. 열네 살에 칼리지에 입학하고 학사학위를 받은 다음 해에 하버드대학 대학원에 입학하여 처음에 동물학을, 결국 수리철학을 전공하였다. 1912년에 석사학위를, 그 이듬해 열 아홉살에 박사학위를 받았다. 그는 장학금을 받아 케임브리지대학의 버트런드 러셀 밑에서 논리학을 배우고, 그 후 독일로 건너가 괴팅겐대학에서 힐베르트의 지도를 받았다. 귀국한 비너는 여러 대학의 강단에 섰고, 언론사 주필이나 기자로 일하다가 매사추세츠 공과대학에 자리를 잡고, 그 대학에서 명예교수로 퇴직하였다.

　비너는 순수수학의 연구를 비교적 늦게 시작하였다. 스물네 살에 미분방정식이나 적분방정식을 연구했는데, 처음부터 물리적 과정에 대한 응용에 관련된 것들로, 브라운 운동의 수학적 이론을 확립하였다. 제2차 세계대전 동안, 비너는 대공포화의 제어를 연구하였다. 그 제어를 위해서는 화포의 기계적 특성, 포격수의 능력, 목표인 비행기의 공격을 피하는 움직임 등 여러 요인을 생각하였다. 또한 레이더 신호로부터의 잡음 제거, 통신의 코드화 및 부호화 등을 연구하였다. 이 연구과정에서 정보전달과 처리에 흥미를 느끼고, 신경학적 현상에 이르는 여러 현상까지 추적하였다.

　비너는 정보전달과 제어에 관한 구상을 1권의 책으로 출간하였다. 이 책에서 정보의 흐름을 수학적으로 기술하는 새로운 과학 분야를 창출하였다. 이를 '사이버네틱스'라 불렀다. 이것은 계산기의 설계에도, 신경생리학에도, 생화학적 조정에도 응용되었다. 이 책이 준 영향은 매우 컸다. 입력, 출력, 피드백 등 여러 말이 일상생활에 널리 사용된 것은 그 영향 때문이다.

　초판(개정판은 1961년)이 나오면서 비너는 연구생활을 멈추고, 생애 마지막에 그는 어떤 형태로든지 군사연구에 종사하는 것을 거부하는 성명을 발표하였다. 다가오는 오토메이션시대의 문제와 중요성에 대해 인류가 어떻게 대응할 것인가에 관해서 세계 지도자들에게 경고하는 일에 열중하였다.

　비너는 수학상의 업적으로 많은 상을 받고, 여러 국제학회의 명예직에 선출되었다.

283. 저온물리학을 연구한 카피차
옛 소련의 핵무기 개발을 거부

구 소련 물리학자 카피차(Kapitza, Peter Leonidvich; 1894~1984)는 페트로그라드공업대학을 졸업, 학위를 얻기 위해 영국으로 건너가 14년 동안 러더퍼드와 함께 연구하였다. 카벤디시 연구소 자기연구 부문의 보조임, 그리고 1930년 그를 위해 설립한 케임브리지의 몬드실험실 주임이 되었다. 그는 예년처럼 학회 출장으로 구 소련에 갔다가 돌아오지 않았다. 그의 여권은 취소되고 구류 처분을 받았다.

카피차는 모스크바에 있는 옛 소련 과학아카데미의 바비로프 물리 문제연구소 소장으로 임명되었다. 영국에 설립된 그의 연구실의 모든 설비는 양도되어 그가 옛 소련에서 이용할 수 있도록 조치가 취해졌다. 과학을 위해서는 이념도 초월한다는 산 교훈의 하나이다. 1946년에 그는 옛 소련의 핵무기 개발을 거부하고, 1953년 스탈린이 죽을 때까지 자택에 연금 되었다가, 1955년에 복귀하고 그 자리를 지켰다.

카피차는 극저온 상태에서 액체 헬륨을 연구하였다. 이 분야는 카메를링-오네스가 처음으로 개척하였다. 카피차는 헬륨-II(특히 절대온도 2.2 이하의 온도에서의 헬륨)의 특이한 성질을 연구였다.

헬륨-II의 점성은 놀라울 정도로 작기 때문에 열을 잘 전하고(구리보다 800배 빠르게), 기체보다도 유동성이 크다는 사실을 밝혀냈다. 카피차의 헬륨-II에 관한 연구 성과가 1941년 모스크바에서 발표되었다. 극저온에 관한 연구는 옛 소련의 물리학자 란더우가 이미 업적을 남긴 바 있었다.

특히 카피차는 대량의 액체 산소를 만드는 장치를 조립하였다. 이 연구는 그의 응용도 포함되어 있었으므로 매우 중요한 것으로, 특히 옛 소련에서 철강의 생산에 큰 의미가 있었다.

1950년 카피차는 플라스마(원자나 분자가 전리되어 있는 고 에너지의 기체)가 상상보다 오래 동안 지속하는 불가사의한 현상에 관심을 두었다. 그와 란더우가 옛 소련의 과학의 상징이라면, 리센코는 구 소련의 과학을 추락시킨 사람이다.

1978년 카피차는 저온물리학에 대한 업적으로 노벨물리학상을 받았다.

284. 염료를 의약으로 이용한 도마크
무서운 폐렴과 사회문제가 된 성병을 퇴치

독일의 생화학자 도마크(Domagk, Gerhard, 1895~1964)는 킬대학에 입학하자마자 제1차 세계대전이 일어나 지원병으로 전선에 나갔다. 부상으로 복학한 그는 의학박사 학위를 취득하였다. 그는 몇몇 대학에서 강의하다가 독일의 최대 염료회사인 IG의 실험병리학 세균학연구소에 초빙되어 연구를 지도하였다. 동시에 뮌스터대학 요원으로 남아 같은 대학의 일반병리학, 병리해부학의 특임 교수를 거쳐 교수가 되었다.

도마크는 의학에 염료를 응용하는 연구를 계통적으로 실시하였다. 그는 프론토실이라는 이름으로 팔고 있던 새로 합성된 오렌지색 화합물이 쥐의 연쇄상구균의 감염을 방지하는데 효과가 있다는 사실을 발견하였다.

나아가 도마크는 프론토실이 인간에 대해 효과가 있다는 사실을 가장 직접적인 수단으로 발견하였다. 그의 딸이 바늘에 찔려 피부에 상처가 나면서 연쇄상구균에 감염되었다. 여러 치료를 받았지만 효과가 없어 절망한 그는 대량의 프론토실을 주사하여 기적적으로 딸의 목숨을 구하였다. 그 결과 새로운 약이 탄생한 것이다. 이 약은 미국 대통령 루즈벨트를 그 질병으로부터 구함으로써 한층 유명해졌다.

이처럼 세균에 대해 효력이 있는 것은 프론토실 분자 전체가 아니라, 30년 동안 화학자가 잘 알고 있었던 설파닐아미드라는 화합물의 일부라는 사실이 이탈리아 약리학자 보베에 의해 발견되었다. 설파닐아미드나 기타 설파제가 사용됨으로써 당시까지 사망율이 가장 높았던 폐렴이나 산욕열과 같은 세균성 환자의 치료에 매우 효과적이었으므로 놀라운 의약품시대가 열었다. 특히 사회문제가 되었던 성병을 몰아냈다.

도마크는 노벨의학생리학상 수상자로 선정되어 12월에 받을 예정이었고 포로수용소에 있던 독일인 칼 폰 오시에츠키에게 1935년의 평화상이 결정되었다. 이에 화가 난 히틀러는 노벨상이 독일인에게 주어지는 것을 단호히 거절하였다. 도마크는 비밀경찰에게 체포될 것을 미리 짐작하고 이를 사양하였다. 노벨상 상금은 1년 동안 보류되었다가, 그 후 노벨상 기금에 환불되었지만 메달과 명예는 보존되었다.

1947년에 도마크는 노벨생리의학상을 받았다.

285. 비타민 K를 발견한 담
해외 강연 중에 독일 군이 덴마크를 점령

덴마크의 생화학자 담(Dam, Carl Peter Henrik; 1895~1976)은 코펜하겐대학에서 박사학위를 취득하였다. 박사학위를 받기 전에 독일의 쉰하이머에게 지도를 받고, 스위스의 화학자 카라와 함께 연구에 종사했었다.

담은 닭의 콜레스테롤 합성과정을 연구하였다. 그는 실험에서 닭에게 합성사료를 주었다. 이때 피하질이나 근육 속에서 흘러나온 피를 발견하였다. 이 출혈이 괴혈병에 의해 일어나는 것이라 생각한 나머지, 사료 중에 레몬 즙이나 여러 비타민을 첨가한 사료를 주었지만 별로 효과가 없었다. 그는 미 발견된 어떤 비타민이 관계하고 있을 것으로 예상하였다. 그리고 그것이 혈액을 응고시킬 것이라 생각한 끝에, 독일어의 '응고'(Koagulation)라는 말의 첫 글자를 빌어 비타민 K라 불렀다. 얼마 후 미국의 생화학자 도이지가 지도하는 여러 생화학자가 비타민 K를 홀로 분리하고 그 구조를 밝혀내는 데 성공하였다. 그리고 혈액을 응고시키는 작용을 이용하여 비타민 K는 외과수술에 활용되었다.

그런데 신생아는 비타민 K가 부족함으로 출혈의 위험에 노출되어 있다. 그러나 보통 유아의 장은 세균의 대사로 비타민 K가 체내에서 만들어지고 흡수된다. 그러나 세균이 번식할 때까지는 약간 시간이 걸리므로 모체에 비타민 K를 주사한다.

담은 캐나다와 미국에서 강연하기 위해 대서양을 건넜다. 그가 그곳에 머문 사이에 히틀러가 덴마크를 점령하였으므로 귀국하지 않고 미국에 체류하면서 주로 로체스터대학에서 강의하였다. 해방된 덴마크로 돌아온 그는 1956년에 덴마크공공연구소 소장으로 활동하였다.

1943년 담은 도이지와 함께 노벨생리의학상을 받았다.

286. 초극저온에서 성질을 연구한 지오크
원자량 결정의 원칙을 수립

미국의 화학자 지오크(Giauque, William Francis; 1895~1982)는 아버지를 잃고

가족과 함께 나이아가라 폭포 지방으로 이사하여 그곳의 전문학교에 들어갔다. 졸업 후 경제적 이유 때문에 그곳의 한 회사 실험소에 입사하였다. 그곳에 근무하는 동안 화학공학 기술자가 되기로 다짐하고, 그 후 캘리포니아대학 화학과에 입학하여 화학의 기초를 다졌다. 박사학위를 받은 그는 같은 대학의 강사를 거쳐 교수로 승진하였다.

지오크는 산소가 3개의 동위원소로 되어 있다는 사실을 발견하였다. 그러므로 보통 산소의 원자량은 정확하게 16이 아니다. 다른 2개는 매우 양이 적지만 원자량은 17과 18이다. 산소의 원자량 16,00000은 평균값이다. 이 값은 베리첼리우스 이래 원자량의 기준으로 1세기 이상 사용되었다.

한편 물리학자는 산소의 동위원소 16을 원자량의 기준으로 삼고 그 값을 정확하게 16으로 하는 것이 의의가 있다고 주장하는데 반해, 화학자는 3개의 동위원소의 원자량의 평균값을 주장하였다(물리학적 원자량과 화학적 원자량은 값이 조금 다르다).

1961년 물리학자나 화학자는 탄소의 동위원소 중에서 원자량을 12로 할 것에 의견을 같이 하였다. 이렇게 해서 원자량의 기준으로 한개의 동위원소를 채용하자는 원칙이 세워졌다. 화학자가 오랜 동안 사용해온 값과 거의 같다.

지오크는 저온 문제와 맞섰다. 카멜링-오네스가 헬륨을 액화할 때, 절대온도 1도 가까이에 이르렀다. 지오크는 이 방법으로 절대온도 0.4도까지 떨어뜨리고 이를 한도로 생각하였다. 그러나 그는 특수한 방법으로 절대온도의 수천분의 1까지 저온을 얻음으로써 초극저온에서 물질이 갖는 성질을 연구하였다.

1949년 지오크는 이 공적으로 노벨화학상을 받았다.

287. 생명의 기원을 최초로 제안한 오파린
기초적인 3단계를 전제로 주장

옛 소련의 생화학자 오파린(Oparin, Alenxandr Ivanovich; 1894~1981)이 태어난 마을에는 중등학교가 없었으므로 아홉 살 때 가족과 함께 모스크바로 이사하였다. 그는 모스크바대학에서 식물생리학을 전공하고 졸업한 뒤 식물학자 바흐 밑에서 생화학을 연구하다가, 모스크바대학 식물생화학 교수가 되었다. 모스크바에 바흐 생화학연구소가 설립되자 그곳으로 옮겨 연구하다 소장에 이르렀다.

오파린은 1922년 옛 소련 식물학회에서 생명의 기원에 관해 자신의 이론을 처음 제안하였다. 이 학설은 세 가지 기초적인 전제로 이루어졌다. 첫째, 최초의 생물은 태고의 바다에서 탄생하고, 둘째, 무한한 에너지인 태양광선이 꾸준하게 지상에 비치고, 셋째, 참된 생명의 특징은 그 구조와 기능의 통합이란 점 등을 전제로 하였다.

오파린은 진화생화학 분야에서 중요한 업적을 남겼다. 지구상의 생명의 기원을 처음 현대적인 생각으로 전개하였다. 그 연구가 인정되어 옛 소련정부를 위시해서 여러 기관에서 여러 명예가 수여되었다.

288. 나일론 섬유를 합성한 캐러더스
새로운 섬유시대를 열고 마흔 한 살에 자살

미국의 화학자 캐러더스(Carothers, Wallace Hume; 1896~1937)의 아버지는 교수로, 캐러더스는 아버지가 부학장으로 재직하고 있던 상과대학 회계학과에서 부기를 전공하다가, 대학을 옮겨 화학을 전공하였다. 양쪽 대학 모두 작은 대학으로, 두 번째 대학 재학중 그는 제1차 세계대전으로 군에 입대한 교수를 대신하여 화학을 강의할 기회를 얻었다. 일리노이대학 대학원을 졸업한 그는 일리노이와 하버드 양쪽 대학 교수를 희망했지만, 교수로서 적성이 맞지 않아 듀퐁사에 입사하여 기초연구에 몰두하였다.

캐러더스는 사슬처럼 길게 연결된 분자로 구성된 화합물, 즉 중합체(폴리머)에 관심을 가졌다. 그는 뉴런드와 공동으로 연구하여 합성고무인 네오프렌을 개발하였다. 이 고무는 천연고무보다 여러 면에서 뛰어났다. 또한 그는 합성섬유인 나일론을 합성하였다. 이 섬유는 천연섬유보다 가늘고 질겼다.

제2차 세계대전 중에 나일론은 대부분 군용으로 사용되어 민간에 대한 보급이 늦어졌지만, 우수한 강도와 가벼움으로 전쟁 후에 일반에게 널리 보급되었다. 나일론의 출현으로 제2차 세계대전 후, 세계는 새로운 합성섬유의 시대를 맞이하였다. 그의 성공을 시작으로 나이론이나 네오프렌 형의 유용한 중합체가 그후 활발하게 생산되었다.

캐러더스는 중합체를 상업 생산하는 연구의 선구자로 널리 알려졌다. 그는 심한 우울증과 누나의 죽음, 앞으로의 연구에 대한 강박관념 등으로 시달리다가 자살하였다.

289. 글리코겐의 분해과정을 밝힌 코리 부부
부부 함께 공동으로 노벨상을 받음

체코 계 미국의 생화학자인 남편 칼 코리(Cori, Carl Ferdinand;1896~1984)는 프라하에서 태어났다. 그는 프라하의 독일대학에 진학하고 의학박사 학위를 취득하면서 졸업하였다. 제1차 세계대전 당시 그는 의과대학생으로 오스트리아군에 징집되어 종군하였다. 한편 거티 코리(Cori, Gerty Theresa Radnitz; 1896~1957) 역시 프라하에서 태어나 칼 코리와 같은 대학에 입학하고, 부군과 같은 해에 의학박사 학위를 취득하면서 졸업하였다.

그들은 졸업한 해에 빈에서 결혼하고, 또한 공동의 이름으로 최초의 논문도 같은 해에 발표하였다. 그 후 칼 코리는 대학에 남아 연구하다 미국으로 건너가 뉴욕 주립연구소에서 생화학자로서 연구를 계속하였다. 부인 코리 거티는 졸업 후 빈의 소아과 병원에서 연구하다가, 남편보다 반년 뒤늦게 미국으로 건너가 같은 연구소의 병리학 부문에서 연구하였다.

한편 칼 코리는 워싱턴대학 의학부 약리학 및 생화학 교수로 임명되고, 같은 해 거티 코리도 같은 대학 약리학 및 생화학 특별연구원, 생화학 교수가 되었다. 그러나 남편 보다 먼저 세상을 떠났다. 10년 후 칼 코리는 하버드대학 의학부 부속의 생화학 객원교수가 되었다.

코리 부부는 글리코겐을 연구하였다. 이것은 간장이나 근육 안에 저장되었다가 신체 내에서 분해되고 다시 합성되는 탄수화물이다. 코리 부부는 그 변화과정을 상세하게 연구하였다. 동물의 먹이 속에 남은 음식물은 글리코겐이나 지방으로 축적되고, 부족한 때는 동물은 이 축적된 것을 이용한다. 글리코겐은 가수분해에 의해 여러 포도당 분자로 분해되는데, 이 가수 분해는 에너지의 손실을 가져오고, 글리코겐의 재합성에는 다시 에너지가 공급되지 않으면 안된다.

1947년 코리 부부는 아르헨티나의 생화학자 우사이와 공동으로 노벨생리의학상을 받았다.

290. 바이러스 배양기술을 개발한 엔더스
소아마비 왁진 개발의 기초를 확립

미국의 미생물학자 앤더스(Enders, John Franklin; 1897~1985)의 아버지는 은행가였다. 예일대학에 입학한 앤더스는 제1차 세계대전 중에 학업을 중단하고 비행기 조종 교관으로 일했기 때문에 뒤늦게 졸업하였다. 그 후 어학을 연구하기 위해 하버드대학에 다시 입학했지만, 결국 의학으로 전공을 바꾸었다. 세균학 연구로 박사학위를 취득한 그는 강사로 임용되어 하버드대학에 남았다.

엔더스는 보스턴의 소아과 의학센터의 전염병 부문의 연구주임, 같은 병원의 바이러스 연구 팀의 주임으로 연구하다가, 교수로 승진하였다.

바이러스는 세포와 달라서 영양물질만으로는 배양되지 않고 살아있는 닭의 배아를 사용한 배양법이 개발되었다. 그는 배아를 전부 사용하지 않아도 살아있는 세포만 있으면, 바이러스가 배양될 것으로 생각하고 배양법의 개량연구에 착수 하였다.

엔더스는 신경에 침입하여 질병을 일으키고 일생동안 인체를 마비시키는 무서운 폴리오(소아마비) 연구와 맞섰다. 그러나 바이러스의 체외배양이 어려워 폴리오 바이러스의 연구가 부진하였다. 그는 폴리오 바이러스가 항생물질을 주입한 배아조직의 엷은 조각에서 자랄 수 있는지를 확인하고 싶었다. 1949년 그는 인간의 태아(사산)의 조직으로부터 폴리오바이러스를 얻은 다음, 그 배양에 성공하였다. 이로써 소아마비 왁친 개발의 기초가 확립되었다. 이를 바탕으로 1950년대에 미국의 미생물학자 솔크와, 폴란드 계 미국의 미생물학자 세이빈에 의해 폴리오 왁친이 개발되었다.

1954년 엔더스는 노벨생리의학상을 받았다.

291. 윌슨상자를 개량하여 사용한 블래킷
러더퍼드의 원소 변환 실험을 확증

영국의 물리학자 블래킷(Blackett, Patrick Maynard Stuart; 1897~1974)은 해군사관이 되기 위해 열세 살에 해군학교에 입학하였다. 제1차 세계대전 당시 포클랜드의 여러 섬이나 유틀랜드 반도곶의 전투에 참가한 그는 계획적으로 새로운 조준장치를 설계하였다. 종전 후, 과학에 대한 관심 때문에 해군에서 제대하고 케임브리지대학 이학부에 입학하였다. 졸업 후에 대학에 남아 캐번디시 연구소의 러드퍼드 밑에서 안개상자를 이용한 연구를 시작하였다.

블래킷은 원자핵 변환실험(질소로부터 산소의 동위원소로 변환한 러더퍼드의 실험)을 사진 촬영하는데 처음 성공하였다. 또한 안개상자를 개량하여 핵반응이나 우주선의 자동촬영장치를 설계한 그는 이 장치를 사용하여 앤더슨이 예언한 양전자를 확인하는데 성공하였다. 계속해서 감마선에서 거의 같은 수의 전자와 양전자 무리가 발생하는 사실을 실험 결과로 밝혀냈다.

제2차 세계대전 중에 블래킷은 작전연구(OR) 개발에 참여하고, 종전 후 대학에 돌아와 우주선 연구를 재개하였다. 그가 있는 맨체스터 팀은 우주선의 캐스케이드 샤와의 연구나, 수명이 10초 이하의 우주선 입자의 발견 등 많은 업적을 올렸다.

1948년 블래킷은 노벨물리학상을 받고, 1965년 왕립학회 회원으로 선출되었다. 그리고 1969년 1대 귀족의 서품을 받았다.

292. 획득형질의 유전을 주장한 리센코
정치권력을 등에 업고 이념논쟁을 벌임

옛 소련의 생물학자 리센코(Lysenko, Trofim Denisovich; 1898~1976)의 아버지는 소작농이었다. 원예학교를 졸업한 리센코는 품종개량 시설이나 키예프 농업연구소에서 연구하면서 학사학위를 취득하였다. 농업시험장을 거쳐 우크라이나 전연방유전연구소 생리학 부문의 상급 전문직에 임명되었다. 같은 연구소 연구담당 부소장을 거쳐 소장이 되었다. 그는 정치적 영향력을 강화하고 동시에 학계에서 자신의 위상을 높이면서 1940년에 구 소련과학아카데미 유전학연구소 소장에 이르렀다.

리센코는 식물의 발육단계설, 즉 모든 식물은 각기 다른 몇 개의 발육단계를 거쳐 발육한다고 주장하였다. 그의 이론에 의하면, 어느 발육단계를 변화시키면, 그 후의 발육단계에도 변화가 일어난다고 주장하였다. 그러나 국제적으로 명성이 높은 옛 소련의 유전학자 바빌로프가 그의 학설에 반대하자, 리센코는 정치권력을 이용하여 그를 체포하여 감금하였다. 바빌로프는 시베리아로 추방되고 억류된 채 감옥에서 죽었다.

미국의 박물학자 버뱅크와 마찬가지로, 리센코는 식물의 신품종 재배에 종사하였다. 그는 획득한 형질을 유전시킬 수 있다고 믿었다(춘화처리). 따라서 멘델, 바이즈먼, 모건처럼, 유전된 형질은 환경 변화의 영향을 받지 않는다고 주장하는 사람들을 맹렬하게 비난하고, 자신의 학설이 옛 소련의 철학이나 경제 이론에 일치하도록 빈틈없이 조정하였다. 옛 소련의 지도자 스탈린은 어리석게도 농업과학자 회의석상에서 리센코 이론의 정당성을 공식 선언하였다. 그리고 이에 반대하는 유전학자들을 잠재웠다.

리센코는 35년 동안 옛 소련의 생물계를 지배함으로써 생물학계의 사실상의 독재자가 되었다. 그의 이론이 국외에서 거의 부정되고 있는데도 불구하고 국내에서는 정식으로 채택되었다. 그가 과학상의 지식에 공헌한 업적은 거의 없지만, 옛 소련의 정치지도자 스탈린 및 흐루시초프와의 우정 관계 때문에 그것이 가능하였다. 그는 사회주의 노동영웅이 되고 레닌 훈장 8번, 스탈린상을 세 번이나 받았다. 1953년에 스탈린이 죽자, 아무런 가치도 없는 리센코의 이론은 그림자처럼 희미해졌다. 이로 인해 옛 소련의 생물학은 큰 타격을 받았고 또한 옛 소련의 과학 위상을 크게 떨어뜨렸지만, 1957년 스푸트니크 1호의 발사 성공으로 그 위상을 겨우 회복시켰다. 한편 옛 소련의 과학자들은 리센코를 강제적으로 받아들였지만, 이 학설은 서방세계의 많은 과학자들의 비판을 받고, 그의 학설에 대한 싸움으로 힘이 모아졌다.

293. 생화학적 과정에 동위원소를 응용한 슈엔하이머
체내에서의 지방의 화학변화를 연구

독일계 미국의 생화학자 슈엔하이머(Schoenheimer, Rudolf; 1898~1941)는 베를린에서 여러 교육과정을 마치고 베를린대학에서 박사학위를 취득했지만, 히틀러가 정권을 장악하자 위험을 느끼고 미국으로 망명하였다. 그리고 컬럼비아대학 내외과 의학부 교수가 되었다.

1935년 슈엔하이머는 동위원소를 추적자로 사용하는 방법을 생화학 연구에 도입하였다. 그는 수소원자 대신에 중수소를 포함한 지방을 먹이에 섞어 동물에게 주고, 동물 지방 속의 중수소의 양을 측정함으로써 그때까지 알지 못했던 반응을 놀랄만큼 밝게 해명하였다. 예를 들어, 당시까지 체내의 지방 축적양은 고정되어 있고, 지방이 결핍되어 소모될 때까지 그곳에 머물러 있다고 믿고 있었다.

그런데 슈엔하이머는 중수소를 함유한 지방을 섭취한 쥐를 길러 축적 지방을 분석한 결과, 4일째 되던 날 조직 내의 지방 중에서 쥐가 먹은 중수소가 함유된 지방의 양이 반으로 감소하였다. 그는 축적되어 있던 지방이 소모된다는 결론을 내렸다. 다시 말해서 체내의 구성물은 정지되어 있는 것이 아니라 끊임없이 반응하여 변화한다는 사실을 밝혔다. 이로써 그는 체내에서 진행되는 화학변화를 연구하는 데서 동위원소를 추적자로 사용하는 길을 넓게 열어놓았다.

1941년 슈엔하이머는 제2차 세계대전 중에 자살하였다. 그는 독일이 패전한 것도, 제2차 세계대전 후에 방사성 동위원소가 대량 만들어져 추적자로 사용된 것도 모른 채 세상을 떠났다. 제2차 세계대전 후, 칼빈과 같은 사람은 살아있는 동물의 생화학적 과정을 연구하기 위해 탄소나 인의 방사성 동위원소를 사용하기에 이르렀다. 이렇한 수법은 슈엔하이머의 선구적 연구로부터 발전한 것이다.

294. 군축회담의 씨앗을 뿌린 실라르드
옛 소련 수상 흐루시초프와 사적인 면담

헝가리 계 미국의 물리학자 실라르드(Szilard, Leo; 1898~1964)는 베를린대학 교수로 지내다가, 히틀러가 정권을 잡자 유태계였으므로 영국으로 건너갔다. 영국에 체류하는 동안 핵물리학을 연구하면서 우라늄 연쇄반응을 생각하였다. 이 조작법의 일부를 비밀로 하기 위해서 그는 특허를 신청하였다. 그리고 이 반응이 원자폭탄 개발에서 큰 역할을 할 것이라 예상하였다.

미국으로 망명한 실라르드는 루즈벨트 대통령에게 보낼 편지의 문안을 준비하고, 아인슈타인 명의로 이를 보냈다. 그 까닭은 독일의 핵무기 개발 가능성과 그의 심각성을 대통령에게 알리는 데 있었다.

제2차 세계대전이 끝나자 실라르드는 핵물질을 모두 국제 관리 하에 둘 것을 미국 정부에 청원하고, 기회가 있을 때마다 세계정부, 전면 군축, 군비관리를 지지하였다.

1950년대 냉전시대에 실라르드는 이념을 초월하여 세계적인 지도적 과학자와 함께 핵무기가 가져올 문제의 해결을 위해 퍼그워시 운동을 도우며 발전시켜 나갔다. 이 회의 명칭은 캐나다의 퍼그워시라는 동네 이름에서 유래하였다. 1957년부터 시작된 이 운동으로 옛 소련과 서방측 과학자가 비공식 회합을 자주 열고, 보다 공개된 의견을 교환하는 실마리가 생겼다.

실라르드는 매우 높은 이상을 지니고 있었다. 1960년대 초에 그는 옛 소련의 흐루시초프 서기장과 직접 교섭할 것을 결심하였다. 그의 주장은 크레믈린과 백악관 사이에 핫라인 전화를 개설할 것과, 살기 좋은 세계를 만드는 협의회를 만들 것을 양국 정부에 제안하였다.

실라르드는 몇 년에 걸쳐 고쳐 쓴 〈핵 폭탄과 공존하면서 살아가는 방법〉을 탈고하고, 〈원자과학자 보고〉라는 잡지에 이를 처음 실었다. 그리고 1년 후 그의 걸작품인 〈돌고래 방송〉을 저술하여 호평을 받았다.

실라르드는 이 책 덕분에 유명해지고 수입이 조금 늘었다. 그의 생각을 실현하기 위한 새로운 무대가 열렸다. 더욱이 그에게 즐거웠던 것은 이 책이 옛 소련에서 러시아어로 번역된 사실이다. 1960년 10월, 그는 이 책을 흐루시초프에게 증정하여 관심을 얻었다. 이것이 인연이 되어, 유엔본부에서 개최된 회의에 참석했던 흐루시초프는 실라르드를 초청하여 2시간 동안 면담하였다.

295. 체내 에너지 대사를 연구한 리프만
히틀러에 항거하고 미국으로 망명

독일계 미국의 생화학자 리프만(Lipmann, Fritz Albert; 1899~1986)은 쾨니히스베르크와 뮌헨 두 대학을 거쳐, 베를린대학에서 박사학위를 취득하였다. 그로부터 3년 동안 하이델베르크의 마이어호프의 연구실에서 연구에 힘을 쏟았다.

나치가 극성을 부리자 리프먼은 독일에서 살 수 없음을 미리 알고 코펜하겐으로 연구 장소를 옮겼다가, 다시 미국으로 이주하여 시민권을 얻었다. 그는 매사추세츠 제너럴병원을 거쳐 록펠러의학연구소로 옮겼다.

리프만은 탄수화물의 신진대사 과정에서 인산에스테르의 역할을 이론적으로 설명하였다. 1941년에 결정적인 사실을 밝혀냈다. 즉 인산에스테르가 분해하여 인산기를 잃을 때, 비교적 적은 에너지를 생성하는 것(저에너지 인산염)과, 매우 큰 에너지를 생성하는 것(고에너지 인산염)을 발견하고, 각자의 특유한 구조를 찾아내는데 성공하였다. 이 이론은 그 후 10년 사이에 기반을 확립하였다. 여러 음식물에 포함되어 있는 에너지는, 음식물 분자가 분해할 때 인산 함유 유기화합물이 주입되면, 낮은 에너지의 화합물을 높은 에너지의 화합물로 변화시킨다. 그 중에서도 가장 자유자재로 변화하는 높은 에너지 분자 배열을 지닌 것을 아데노신 3인산(ATP)라 불렀다. 이 화합물은 에너지를 필요로 하는 체내 화학변화와 가장 깊이 관계하고 있다.

또한 리프만은 아세틸 보효소 A가 체내 화학변화의 핵심인 것을 밝혀냈다. 탄수화물, 지방, 단백질 분자의 대부분은, 그것들이 분해되어 에너지를 생성하기 위해서는 아세틸 보효소 A로 변화해야 하며, 또한 탄수화물이 지방으로 변화하는 데도 이 물질로 변해야 한다.

1953년 리프만은 크레브스와 공동으로 노벨생리의학상을 받았다.

296. 항생물질을 생산으로 연결한 플로리
제2차 세계대전 당시 수많은 부상자를 구출

오스트레일리아 계 영국의 병리학자 플로리(Florey, Sir Howard Walter; 1898~1968)는 자격시험에 합격하여 로즈장학금을 받고 옥스퍼드대학에 진학하여 생리학과 약리학을 전공하였다. 케임브리지대학을 잠시 거쳐 미국으로 유학하였다.

귀국한 플로리는 런던병원 연구원, 케임브리지대학 병리학 교수로 학생을 지도하고 옥스퍼드대학 병리학 교수, 서 윌리엄 댄 병리학교 교장으로도 활동하였다.

1930년대 중반에 화학요법시대가 열렸다. 하지만 제2차 세계대전이 일어나면서 만연하는 질병을 퇴치하는 일이 군 당국의 최대 임무로 떠올랐다. 플레밍이 발견한 뒤에 방치되었던 항세균제를 연구하기로 결심한 그는 체인과 공동으로 플레밍이 연구했던 곰팡이로부터 실제로 항균 물질을 분리하고, 이 물질에 함유된 곰팡이로부터 황색 분말을 얻는데 성공하였다.

남은 문제는 페니실린을 대량만드는데 있었다. 두 기업체로부터 약간의 기부금을 얻어, 플로리의 실험실에서 소규모 생산이 시작되었다.

제2차 세계대전 동안, 영국과 미국에서는 탄탄한 연구체제 속에서 결국 순수한 페니실린을 얻었다. 항균작용에 관한 초기의 연구에서는 1%의 페니실린을 포함한 것을 얻었지만, 적극적인 연구개발 끝에 1945년에는 500만 배 정도로 희석해도 항균작용을 충분히 할 수 있는 물질을 매월 반 톤씩 생산하였다.

페니실린을 최초로 사용한 사람들(이 중에는 영국의 처칠 수상도)은 튀니지와 시칠리아 전선의 부상병들이었다. 1943년에 양 지역 모두 치료하는데 성공적이었다. 이로써 전쟁이란 환경 속에서 페니실린의 화학구조가 밝혀지고 대량생산 방법이 실현되었다. 전후 페니실린은 의학계에 혁신을 몰고 왔다.

1958년 곰팡이가 만든 기초적인 화합물과 시험관 속에서 곰팡이가 만든 여러 화합물을 혼합하여 페니실린에 유사한 물질을 합성하였다. 이 합성 페니실린은 천연산 페니실린이 효과를 내지 못하는 세균에 대해서도 효과가 있었다. 이른바 본격적인 항생물질 시대가 찾아왔다.

1944년 플로리는 기사 칭호와 메리트 훈장을 받고, 왕립학회 회장을 거쳐 귀족 대열에 올랐다. 1945년 플로리는 플레밍, 체인과 함께 노벨생리의학상을 받았다.

297. 살충제 DDT를 합성한 뮬러
인류에게 엄청난 혜택과 위험을 함께 던짐

스위스의 화학자 뮬러(Muller, Paul Hermann; 1899~1965)는 바젤대학을 졸업하고, 몇몇 회사에서 전기와 화학 부문 일을 하였다. 그 후 바젤대학으로 돌아와 연구생활을 시작하고 그 대학에서 박사학위를 받았다.

1935년 뮬러는 곤충을 즉시 죽이지만, 식물이나 포유류에는 해가 없고, 값싸고 안전성이 있으며, 불쾌한 냄새가 없는 유기화합물을 만들 계획을 세웠다. 당시 이미 몇 가지 살충제가 시판되고 있었지만, 그 중에는 모든 생명체에게 위험한 것도 많았다. 특히 토양에 축적되는 비소화합물은 많은 문제를 제기하였다. 그렇지만 척추동물에 위험성이 없는 것은 살충능력이 약하였다. 살충력이 강하면서도 생물체에 해가 없는 살충제 제조에 성공할 경우, 농업 생산에 큰 혜택을 줄 것이었다.

이 연구에 즈음해서 뮬러는 염소함유 화합물이 이 목적에 적합할 것이라 생각하였다. 이를 중점적으로 연구한 그는 제2차 세계대전이 일어난 그 해에 디클로로 디페닐 트리클로로 에탄(보통 DDT라 부른다)을 만드는데 성공하였다.

  1942년부터 상업생산이 시작되고 다음 해에는 더욱 큰 성과를 거두었다. 1943년에 영국군과 미군이 나폴리를 점령했을 때, 나폴리에 발진티푸스가 유행하였다. 이 질병은 제1차 세계대전 당시, 러시아와 발칸전선에서 전쟁의 형세를 바꾸어 놓을 정도였다. 제2차세계대전에서도 똑 같은 일이 되풀이되었다. 나치의 포화와 연합군의 공격이 중지될 상황이었다.

  한편 프랑스의 의사 니콜이 발진티푸스가 이(louse)라는 벌레에 의해 매개된다는 사실을 발견하였다. 1944년 1월 나폴리 전 시민에게 DDT를 일제히 살포하여 이를 전멸시켰다. 역사상 처음으로 발진티푸스의 겨울 유행(의류를 두껍게 입고 갈아입는 횟수가 적어 이가 들끓었다)이 사라졌다. 같은 질병이 일본과 우리나라에서도 유행했지만, DDT로 이를 박멸함으로써 발진티푸스를 퇴치하였다.

  전쟁이 끝나면서 DDT는 농약으로 사용되었다. 인간의 식용작물에 대해 해충의 피해를 크게 줄였다. 그러나 불행하게도 DDT에 면역이 생긴 곤충이 계속 출현하여 그에 대한 또 다른 살충제가 합성되었다. 곤충과의 싸움은 결코 쉬운 일이 아니었다. 물론 살충제를 주의 깊게 사용하면 이전에 비해 곤충의 위협을 크게 줄일 수 있지만, 살충제는 사용 방법에 따라 유익한 동물까지도, 또한 인간에게 큰 위협이 되고 있다. DDT는 매우 안정한 화합물이므로 분해되기 어려워 환경속에 축적되어 먹이연쇄를 중단시키고 동물의 생명을 위태롭게 한다. 그 때문에 1970년대에는 DDT의 사용을 금지하는 국가가 몇몇 나타났다. 최근 환경 호르몬 문제로 비화하여 제조금지와 아울러 사용도 금지된 형편이다.

  1948년 뮐러는 노벨생리의학상을 받았다.

298. 인체의 면역기능을 밝힌 버닛
인체의 거부반응 기구도 아울러 밝힘

  오스트레일리아의 의학자 버닛(Burnet, Sir Frank Macfarlane; 1899~1985)은 호주 빅토리아주 지롱대학에서 생물학을 전공하고, 멜버른대학에서 의학사 학위를 받았다. 그 후 1년 간 멜버른대학에서 병리학자로 근무하다 런던대학에 유학하여 박사학위를 취득하였다. 귀국한 그는 멜버른의 의학연구소에서 연구를 시작하고, 이 연구소 부소장을 거쳐 소장으로 취임하였다. 멜버른대학 실험의학 교수, 같은 대학 명예교수로 1969년 왕립외과의사회 명예회원이 되었다.

버닛은 바이러스의 면역기구를 연구하였다. 면역은 외부로부터 침입한 물질에 의해서 단백질로 만들어진 항체 때문에 생긴다. 그리고 항체는 그 독성 작용을 약화시킨다. 또한 음식물 성분이나 이식조직의 경우에도 항체가 생긴다. 음식물이나 다른 물질 중에 있는 본래 무해한 단백질에 대항하여 항체가 만들어질 때(그 과정에 고통스러운 증상이 나타난다), 이 과정을 앨러지라 부른다.

모든 인간의 단백질은 다른 사람(일란성 쌍생아는 별도로)의 단백질에 대해 동화되지 않으므로, 피부나 다른 기관을 이식하면 이식받은 인체는 이를 거부하는 항체를 만들어 낸다. 환자에게 때로는 생명의 은인이 될 수 있는 외과수술도 환자 자신의 체내의 화학적인 조종으로 효과가 나타나지 않는 경우도 있다. 그의 이론은 면역학의 연구에서 큰 역할을 하였다.

면역학에서 버닛의 또 하나의 공헌은 1957년에 이룩되었다. 그것은 항체 생산에 관한 '쿠롱 선택설'로, 많은 논쟁을 불러 일으켰다. 이 학설은 어떻게 해서 특정한 항원이 그 것에 특이적인 항체의 생산을 일으키는가를 설명하는 이론이다. 그에 의하면 항체 생산을 지령하는 유전자는 돌연변이를 일으키기 쉽고, 그 결과 새로운 여러 항체를 만들어 내는 엄청난 종류의 세포를 형성시킨다. 보통 상태에서 각각의 항체를 생산하는 세포는 적지만, 체외로부터 항원이 들어와 그것에 대응하는 항체가 이 표적을 보면 이를 생산하는 세포는 필요성을 만족시키기 위해 급속히 증식하지만, 다른 세포는 불필요하기 때문에 죽는다.

1960년 버닛은 메더워와 함께 노벨생리의학상을 수상했고, 기사 칭호를 받았다.

299. 인공방사성 동위원소를 발견한 졸리오 퀴리
전후 공산주의 운동에 참여하여 적극 활동함

프랑스의 물리학자 졸리오 퀴리(Joliot-Curie, Frederic; 1900~1958)는 마리 퀴리의 장녀인 이렌 퀴리(Joliot-Curie, Irene; 1897~1956)와 결혼했는데, 퀴리 부부

는 아들이 없는 데다가 과학계에서 너무 유명하였으므로 '졸리오-퀴리'라 하였다.

졸리오-퀴리는 파리 물리화학교에서 공학사 학위를 얻은 후, 마리 퀴리의 조수로 연구활동을 시작하였다. 그는 줄곧 퀴리 부부가 연구해온 방사능을 연구했는데, 프레데릭은 화학 부분을, 이렌은 물리 부분을 집중적으로 연구하였다.

두 사람은 간발의 차이로 발견의 선취권을 두 번이나 빼앗겼다. 그들은 중성자를 발견할 수 있는 기회가 있었는데 물리학자 채드윅이 조금 먼저 이를 발견함으로써 선취권을 빼앗겼고, 또한 양전자를 발견할 기회가 주어졌는데 물리학자 앤더슨에게 선취권을 빼앗겼다.

그러나 1934년에 두 사람은 성공적인 실험을 완수하였다. 그들은 알루미늄처럼 가벼운 원소에 알파입자를 충돌시켜 그 변화를 연구하는 과정에서, 알파입자의 충돌이 멈추었는데도 표적인 알루미늄으로부터 다른 형태의 방사선이 계속 방사되는 현상을 발견하였다. 그들은 이 충돌로 알루미늄이 방사성 인으로 전환되었다고 생각한 나머지 그 인은 천연에 존재하지 않은 방사능을 지닌 인일 것이라고 추측하였다.

졸리오-퀴리 부부가 발견한 것은 바로 인공 방사능 동위원소였다. 따라서 방사능은 우라늄이나 라듐과 같은 무거운 원소 특유의 것만은 아니고, 동위원소가 만들어지기만 하면 어떤 원소라도 방사능을 갖는다는 사실을 알았다. 1934년 그 날 이후, 100개 이상의 방사성 동위원소가 만들어졌다. 어떤 원소일지라도 적어도 한 개(많은 경우에는 12개) 이상의 동위원소가 존재한다. 인공방사능 동위원소는 의학이나 산업연구에서 천연 방사성 원소보다 훨씬 많이 쓰이고 있다.

제2차 세계대전이 일어났을 때, 이들 부부는 우라늄 핵분열에 의한 연쇄반응을 연구하였다. 1940년에 프랑스가 독일에 항복하자 그 연구가 중단되고, 그들은 원자폭탄 연구에 필요한 중수소를 독일군에게 빼앗기지 않기 위해 비밀리 국외로 반출시켰다. 그리고 프랑스에 남아 지하운동에 참여하였다.

전쟁이 끝나자 그들은 다시 원자력 발전의 연구에 몰두하였다. 원자력 발전소가 완성되어 가동되었다. 이는 영미계통의 기술과 별개의 것으로 건설되었다.

1936년에 졸리오-퀴리는 당시 내각에 입각하였다. 하지만 전쟁 후에 그는 공산주의 영향을 받아 그 운동에 적극 참여하였다. 1954년에 이렌이 제출한 미국 화학회의 입회 신청은 그 사상을 이유로 거절당하였다. 그녀는 모친과 마찬가지로, 강한 방사선을 많이 쪼여 백혈암으로 타계하였다.

1935년 졸리오-퀴리 부부는 인공방사성 원소의 연구로 노벨화학상을 받았다.

300. 발생생화학 분야에 공적을 남긴 니덤
중국 과학기술사의 세계적인 권위자

영국의 생화학자이자 과학사가이며 동양학자인 니덤(Needham, Joseph; 1900~1995)의 아버지는 런던에 거주하는 일류 마취사였다. 그는 케임브리지대학 콘빌 앤드 키스 칼리지를 졸업하고, 동시에 홉킨스의 연구실에 들어갔다. 박사학위를 얻은 그는 펠로로 선출되고, 펠로 동료와 결혼하였다. 그의 과학적 업적은 그의 연구 경력 전반에 몰려있다. 그는 생화학 연구를 비롯하여 수정난의 발생과정에서 미분화된 세포가 고도로 분화한 생물체가 되는 과정을 밝히려 하였다.

니덤은 케임브리지대학에서 생화학 조수를 거쳐 강사가 되었지만, 과학연구에 대한 흥미가 점차 사라지고, 중국의 과학과 문화에 흠뻑 빠져들었다. 그 때문에 그는 중국어를 배우고, 1942년에 영국과 학사절단 단장으로 4년 동안 중국에 체류하면서 유네스코 자연과학 부장 자리를 맡아 활동하다가 귀국하였다. 그의 명저 〈중국의 과학기술 문명사〉는 이 분야의 독보적인 존재이다. 전공의 벽은 경우에 따라 무너뜨릴 수도 있다. 절대적이 아님을 잘 보여주고 있다.

니덤은 과학자라로서보다 과학사가로 더욱 널리 알려져 있다. 그는 콘빌 앤드 키스 칼리지의 학장이 되었지만, 곧 퇴직하고 케임브리지대학 동아시아 과학사 도서관에서 연구를 계속하였다. 생애 마지막에 그는 미국, 유럽, 아시아의 여러 나라를 여행하면서 많은 대학을 방문하고 강의하였다.

니덤은 영국 왕립학회 회원으로 선출되었다.

301. 원자핵 주위의 전자 배열을 밝힌 파울리
멘델레예프의 원소 주기율을 확인

오스트리아 태생인 미국의 물리학자 파울리(Pauli, Wolfgang; 1900~1958)의 아버지는 빈대학의 콜로이드화학 교수였다. 빈대학 시절에 이미 과학에서 상당한 수준에 이른 파울리는 아인슈타인의 논문으로부터 강한 인상을 받고 특수상대성원리와 일반상대성이론을 이해하는데 이르렀다. 뮌헨대학에서 좀머펠트의 지도로 박사학위를 취득한 그는 보른의 조수로 괴팅겐대학에서 주로 활동하였다.

파울리는 코펜하겐대학의 보어와 함께 연구한 뒤, 취리히연방공과대학 교수가 되었다. 제2차 세계대전 중에 그는 미국 프린스턴 고급연구소에서 연구하다가, 제2차 세계대전 후 스위스로 돌아와 시민권을 획득하였다.

당시까지 전자를 취급하는 데는 세 종류의 양자수가 이용되고 있었지만, 파울리의 생각으로는 네 종류가 필요하였다. 그래서 1925년 1월, 원자 내에는 두 전자가 같은 네 종류의 양자수를 가져서는 안된다는 내용의 규칙을 주장하였다. 이것이 파울리의 배타원리이다.

배타원리에 의하면, 원자내의 각 전자의 에너지 준위는 네 종류의 양자 수에 의하여 결정된다. 이것은 원자핵을 둘러싸고 있는 전자각에 있는 원자의 배치를 결정하는 방법을 부여한다. 전자각은 안쪽으로부터 2,8,18,32,50개의 전자를 포함하고 있다. 많은 원자는 가장 밖에 있는 가원자와, 가득히 채워진 안쪽의 원자각으로 되어 있다. 이 발견은 원자를 이해하는데 중요할 뿐만이 아니라, 양자역학 성립 이후에도 상자성, 금속내의 전자의 운동을 해명하는데 필요하다.

파울리는 원자 주위의 전자를 주각과 부각으로 나누어 배치하였다. 그는 원소의 화학적 성질은 가장 밖에 있는 전자의 수에 의해 정해진다고 가정함으로써, 멘델레예프의 주기율표를 완벽하게 입증하였다. 예를 들어 제1족의 원소가 화학적으로 같은 성질을 가지고 있는 것은, 모두 최외각에 전자가 1개 배치되어 있기 때문이다.

파울리는 베타 입자가 방출될 때 전하도, 질량도 없는 또 다른 입자를 방출한다고 주장하였다. 페르미는 이를 뉴트리노(중성미자-이탈리아어로 '작은 중성의 것'이라는 뜻)라 불렀다. 이 입자는 많은 물리학자들을 혼란스럽게 만들었다. 결국 1956년 섬세한 실험으로 중성미자의 존재가 확인되었다. 당시 파울리는 생존해 있었으므로 기쁨을 크게 맛보았다.

1945년 베타원리로 양자론에 크게 공헌한 파울리는 노벨물리학상을 받았다. 그 외에 로렌스 메달, 플랭클린 메달을 받았다.

302. 카로티노이드를 연구한 쿤
독일의 노벨상 수상금지 정책의 희생자

오스트리아 계 독일의 화학자 쿤(Kuhn, Richard; 1900~1967)은 유태인 펌프기사의 아들로 태어났다. 학교 교사였던 어머니로부터 가정교육을 받고 여덟 살에 김나지움에 입학하였다. 그의 친구로 노벨물리학상을 받은 파울리가 있다. 화학에 대한 쿤의 관심은 빈대학의 의화학 교수인 루드비히에 의해 싹텄다.

오스트리아군에 입대한 그는 1918년 제1차 세계대전이 끝나자 곧 뮌헨대학에서 빌슈테터의 지도 하에 화학을 배우고, 졸업한 1년 뒤에 효소에 관한 연구로 박사학위를 취득하였다. 쿤은 스위스연방공과대학 일반화학 및 분석화학의 교수, 하이델베르크대학 유기화학 교수로 카이저 빌헬름의학연구소(후에 막스 프랑크 의학연구소) 소장을 겸임하였다. 그는 1930년대 후반까지 그곳에 머물렀지만, 나치의 유태인 사냥으로 강제수용소에 끌려갔다. 1948년에는 화학 전문 잡지 〈화학연보〉의 편집장으로 활동하였다.

쿤의 초기 연구 과제는 식물에 포함되어 있는 지용성 색소인 카로티노이드이다. 1930년대 초기에 그는 공동으로 비타민 A와 비타민B-2(리보플라빈)의 구조를 결정하였다. 그는 크로마토그래피 분석기술로 수 천 리터의 우유로부터 탄수화물을 추출하였다. 이 연구를 계기로 그는 사람의 뇌에 포함되어 있는 같은 종류의 탄수화물 연구를 발전시켰다.

쿤은 1938년 노벨화학상 수상자로 결정되었는데, 히틀러의 노벨상 수상 거부정책으로 보류되었다가 1945년에서야 이를 받았다.

303. 은하계의 구조를 밝힌 오르트
우주에서의 전파 발생 기구를 해명

네덜란드의 천문학자 오르트(Oort, Jan Hendrik; 1900~1992)는 의사의 아들로 태어났다. 그는 카프테인의 마지막 제자로서 별의 운동을 연구하여 스승의 뒤를 이었다. 그는 박사학위를 취득하고 곧 이어 예일대학에 유학하였다. 귀국후 천문학 교수로서 라이덴천문대 대장이 되었다.

오르트는 다른 천문학자가 제공한 자료를 분석하여 은하계가 그 중심을 초점으로 회전하며, 은하 속의 태양의 위치를 제시하였다. 그러므로 은하계 내의 중심 가까운 별은 중심으로부터 멀리 떨어진 별보다 빨리 운동한다(토성 고리의 안쪽 부분의 속도가 빠르며, 태양계 중심의 행성이 빠르게 운동하는 것처럼)고 밝혔다.

오르트는 가까운 별과 멀리 떨어진 두 별의 흐름은, 회전하는 은하계 운동에 의해 일어난다는 사실을 밝혀다. 그리고 별의 흐름은 실제는 직선이 아니라고 하였다. 또한 태양이 은하계의 중심을 공전하는데 2억 년이 걸린다는 것도 분명히 하였다. 은하의 별들 사이에 수소가 존재한다는 사실은, 은하의 모양이 별들 사이의 수소의 분포 모양으로 추적된다는 것을 의미하고 있다. 이로써 은하계의 일반적 구조는 그의 연구로 대강 확립되었다.

한편 잰스키가 우주에서 날아오는 전파를 발견하면서, 전파망원경은 은하계 연구의 주요한 도구로 등장하였다. 전파는 먼지나 구름을 투과하므로 전파망원경으로 은하계의 중심을 탐구할 수 있다.

그런데 제2차 세계대전 당시, 네덜란드가 독일군에 점령되어 천문대가 폐쇄되었으므로 우주의 전파 연구는 중단되었다. 남은 것은 오로지 꺾이지 않는 연구열 뿐이었다. 그의 연구진은 수소를 구성하고 있는 양자와 전자가 21cm 파장의 전파를 방출한다고 생각하였다.

전쟁이 끝나자 이 이론적인 추론이 검증되었다. 오르트와 그의 연구진은 수소가 방출하는 전파를 식별하고 수소의 전파를 포착함으로써, 천문학자들은 수소가 가장 많이 집중되어 있는 은하계의 와권상의 팔을 관측한 결과, 1950년대 10년 동안 은하계의 와권상 구조가 상세하게 밝혀졌다.

304. 체내 에너지 생성의 회로를 밝힌 크레브스
단백질을 구성하는 아미노산의 분해에도 관심

독일계 영국의 생화학자 크레브스(Krebs, Sir Hans Adolf; 1900~1981)는 여러 대학을 거쳐 함부르크대학에서 의학학위를 취득한 뒤, 베를린 카이저 빌헬름연구소의 와부르크의 지도를 받았다. 그는 히틀러가 권력을 장악하자 영국으로 건너가 반나치 운동에 가담하였다. 다행히 록펠러재단으로부터 후원을 받아 연구생으로 케임브리지대학과 옥스퍼드대학에서 생화학을 연구하고 옥스퍼드대학 교수가 되었다.

크레브스는 단백질을 구성하는 아미노산의 분해에 관심을 가졌다. 아미노산은 단백질을 만드는 필수 요소이지만, 대부분 분해될 때 에너지원으로서도 사용된다. 아미노산 분해의 첫 단계는 함유하고 있는 질소 원자를 제거하는 일로서, 이 과정을 처음으로 관찰한 과학자가 크레브스이다.

질소 원자는 오줌 속에 섞여 요소로 체외에 배출된다. 크레브스는 알기닌이라는 아미노산 분자의 일부가 분해하고 재생하는 도중에 요소가 합성되는 과정을 밝혔다. 이 요소 형성의 회로는 나중에 다시 상세하게 연구되었지만, 이 골격을 그가 밝혀냈다.

크레브스는 탄수화물의 신진대사 연구와 씨름하였다. 마이어호프, 코리 부부는 이미 간장의 글리코겐이 젖산으로 변화하는 과정을 상세하게 밝힌 바 있다. 나아가 젖산이 물과 이산화탄소로 분해되는 과정에서 모든 화합물이 관여하고 변화하는 회로가 밝혀졌다. 이 과정을 '크레브스 회로'(혹은 '트리칼본산 회로', '구연산 회로'라고도 한다)라 한다. 이 회로는 생명체(물론 그것만이 아니지만)에서 에너지를 생성하는 주요한 방법으로 알려져 있다. 그는 세포 내 대사의 환상 경로를 밝힌 것으로 유명하다.

1953년 크레브스는 노벨생리의학상을 받았다. 또한 기사 칭호 이외에 많은 훈장과 명예학위 등 여러 영광이 안겨졌다.

305. 화학 결합의 본질을 밝힌 폴링
노벨생리의학상과 노벨평화상을 받음

미국의 화학자 폴링(Pauling, Linus Carl; 1901~1994)은 약제사의 아들로 태어났다. 캘리포니아공과대학에서 박사학위를 취득한 그는 박사 연구원으로 유럽에 건너가 원자와 분자의 구조를 연구하였다. 뮌헨대학의 조머펠트, 코펜하겐의 보어, 취리히의 슈뢰딩거, 런던의 브래그 등 그 시대의 쟁쟁한 과학들과 만났다.

패서디나의 캘포니아공과대학에서 정교수로 활동한 폴링은 1936년에 게이츠 앤드 크렐린 화학연구소 소장으로 22년 동안, 또한 캘리포니아 산타바바라에 있는 민주제도 연구센터에서 전쟁과 평화의 연구에 수년간 시간을 할애하였다. 그가 최후로 임명된 곳은 라이너스 폴링 과학의학연구소 소장 자리였다.

폴링은 드 브로이가 연구한 양자역학에서 출발하여, 파동 형태의 전자가 적은 에너지로 안정한 상태로 결합하고 있다는 이론을 세웠다. 그는 이 이론을 바탕으로 〈화학 결합의 본질〉을 출간하였다.

이 책은 가장 영향력 있는 이론 화학교과서로 선보였다. 폴링은 분자 구조론을 생물조직의 복잡한 분자의 해명에 적용시켜 연구하였다. 단백질 분자의 모양이 나선일 것이라 주장함으로써, 이를 바탕으로 영국의 생화학자 크릭과 미국 생화학자 왓슨은 핵산의 구조와 유전학 연구 분야에 크게 공헌하였다.

제2차 세계대전 후, 폴링은 세계에 미칠 핵무기의 확산과 그 위험성을 경고하는 한편, 미국과 옛 소련의 핵실험에 특히 대기중의 핵실험에 강력하게 반대하였다. 그리고 인류가 살아남기 위해서는 핵무기가 폐기되어야 한다고 적극 주장하였다. 그는 101,021명의 세계 학자로부터 서명을 받아내고, 핵무기 실험중지를 촉구하는 탄원서를 유엔에 제출하였다. 그의 견해는 저서 〈전쟁은 이제 그만〉〈No More War, 1958〉중에서 잘 나타나 있다.

1954년 폴링은 노벨생리의학상, 1962년 노벨평화상을 받은 유일한 과학자이다.

306. 니코틴산의 기능을 연구한 엘비엠
신진대사에서 광물질의 기능도 연구

미국의 생화학자 엘비엠(Elvehjem, Conrad Arnold; 1901~1962)은 워싱턴대학을 졸업하고 모교의 생화학부장이 되었다. 그리고 대학원장과 학장 자리를 맡았다.

1930년대 당시 엘비엠은 비타민을 집중 연구하였다. 특히 여러 비타민과 보효소의 분자구조를 밝혀냈다. 켈빈, 워버그 등은 보효소나 그와 밀접한 관계가 있는 보효소가 니코틴산을 포함하고 있는 사실을 발견하고 비타민과 보효소의 분자구조를 해명하였다. 폴란드 계 미국의 생화학자 훈크는 이미 쌀겨에서 니코틴산을 분리했지만, 각기병에 대한 효과를 확인하지 못하였다.

그러나 니코틴산이 인체의 활동에 절대 필요한 분자라는 사실이 밝혀짐으로써 다시 흥미를 끌었다. 펠라그라병이 영양 결핍 때문인 것으로 밝혀졌지만, 과연 니코틴산이 그 질병을 치료할 수 있을지 궁금하였다. 개의 펠라그라병인 흑설병을 연구한 엘비엠은 30mg의 니코틴산을 개에게 투여하였다. 증상이 좋아져 치료를 지속했더니 완치되었다. 니코틴산은 비타민으로서 항펠라그라제인 것으로 판명됨으로써, 어떤 종류의 효소가 결핍되어 일어나는 징후의 하나가 펠라그라병인 것으로 밝혀졌다. 니코틴산은 체내에서는 생성되지 않고 먹이에서 섭취된다. 그러므로 비타민 B가 특정한 보효소와 관련되어 있다는 사실이 밝혀졌다.

엘비엠은 생애 마지막에 아연이나 코발트와 같은 광물질을 연구하였다. 광물질도 비타민처럼 소량이지만 생명에는 없어서는 안 되는 것으로, 효소의 구성 성분으로서의 역할을 한다고 발표하였다.

307. 사이클로트론을 개발한 로렌스
핵물리학 연구에서 주요한 실험장비

미국의 물리학자 로렌스(Lawrence, Ernest Orlando; 1901~1958)는 미네소타대학에서 물리학 석사학위 과정을 마치고, 2년 동안 시카고대학을 거쳐 예일대학에서 박사학위를 받았다. 또한 그는 미국 국가연구평의회 회원으로서 활동하였다. 스물아홉 살에 캘리포니아대학 물리학 교수로 취임한 그는 신설된 방사선연구소 소장을 겸임하면서 평생 그 자리를 지켰다.

1920년대 핵물리학 연구에서 가장 큰 문제는 원자핵을 포격하는 수단의 개량이었다. 처음에 사용되던 포탄은 러더퍼드가 사용했던 알파 입자이지만, 이 입자는 플러스 전기로 대전하고 있으므로, 플러스 전기를 가진 원자핵에 접근하는 것이 매우 어렵다. 입자가속기는 여러 종류가 있지만 그중 로렌스가 개발한 가속기가 있다. 그는 높은 전압을 만들어 한번에 가속시키는 것보다, 원형의 용기 중에서 양자를 여러 번 가속시켜 무한히 큰 에너지를 지닌 입자를 만드는 장치를 개발하였다. 그는 이 장치를 사이클로트론이라 불렀다. 최초의 것은 작았지만 점차 크게 만들었다. 만일 이 가속기가 없었다면 핵물리학의 진보는 매우 더디었을 것이다. 이 제작에는 두 학생이 직접 참여하였다. 1936년 버클리에 충분한 설명과 조직을 갖춘 방사선연구소가 설립되었다. 소장인 로렌스

지도와 관리하에 물리학, 화학, 생물학에 관한 많은 발견이 이어졌다. 초우라늄 원소의 합성, 방사성 동위원소 생성, 소립자 연구에 중요한 역할을 하였다.

제2차 세계대전 중에 로렌스는 우라늄-235와 플루토튬-239를 대량으로 분리하고, 시카고대학에서 페르미가 건설 중인 원자로에 우라늄을 공급하는 계획에 종사하였다. 그는 맨하턴 계획의 중심 추진기관인 로스 알라모스 연구소를 조직하였다. 그는 콤프턴과 마찬가지로, 그러나 질러드와는 반대로, 일본에 원폭을 투하할 것을 찬성하였다. 전쟁 후에도 핵무기 필요성을 주장하고, 그의 개발을 지지하였다.

1939년 로렌스는 노벨물리학상을 받았다.

308. 원자로를 처음 시운전한 페르미
노벨상 수상 직후, 영국을 거쳐 미국으로 망명

이탈리아 계 미국의 물리학자 페르미(Fermi, Enrico; 1901~1954)는 피사대학에서 박사학위를 받고, 독일로 유학하여 보른의 지도를 받았다. 귀국한 그는 로마대학 물리학교수가 되었는데, 그 때 나이 스물여섯이었다.

1932년에 채드윅이 중성자를 발견하자 페르미는 곧 바로 이 입자에 관심을 가졌다. 1934년 페르미는 우라늄에 중성자를 충돌시켜 원소주기율표에서 우라늄 다음의 인공원소를 만들려고 하였다(천연에는 그와 같은 초우라늄이 존재하지 않는다). 그는 성공했다고 생각한 끝에 이를 '우라늄 X'라 불렀다. 물리학자 맥밀런이 5년 후에 밝힌 것처럼, 그의 실험은 어느 정도 옳았다. 그러나 페르미 자신이 전혀 생각하지도 않은 핵분열 실험을 한 결과에 이르렀다.

한편 페르미에게 수난의 시대가 이어졌다. 그는 반 파시스트였다. 파시스트 제복을 입거나, 경례하는 것을 거부하였다. 그의 이러한 행동에 대해 이탈리아 신문은 일제히 페르미를 비난하였다. 게다가 그의 부인은 유태인이었다. 히틀러의 압력으로 반 유태법이 이탈리아 의회를 통과하였다. 그는 가족과 함께 스톡홀름에서 노벨상을 받은 즉시, 영국을 거쳐 미국으로 망명하였다. 그때 미국에서 맨해튼계획이 수립되어 진행 중이었다. 그는 연쇄반응을 일으키는 구조물(최초의 원자로)을 제작하고 시험하는 책임자였다. 진주만 사건 이래 그는 적성 외국인인 데도(1945년까지 시민권을 얻지 못하였다), 이와 같은 막중한 책임을 그에게 맡겼다.

　우라늄과 산화우라늄 및 흑연을 함께 합친 덩어리가 원자로 안에 차곡차곡 쌓아올려졌다. 그래서 원자퇴(atomic pile)라 부른다. 흑연은 중성자의 속도를 느리게 하는 감속제(속도가 느린 중성자는 우라늄에 잡히기 쉽다), 중성자의 수를 조절하는 카드뮴 막대(조절봉), 그리고 우라늄-235가 원자로 안에 장작더미처럼 쌓아졌다. 역사상 최초의 것으로 원자로 제1호라 부르기도 한다(학술용어로는 반응로; reactor).

　1942년 12월 2일 오후 3시 45분, 시카고대학 운동장 구석에 운명의 순간이 다가왔다. 카드뮴 막대를 뽑아 올리자 연쇄반응이 자동적으로 일어나면서 핵분열이 진행되어 원자력시대의 막이 올랐다. 콤프턴이 국무성의 관계자에게 보낸 비밀보고에서, "이탈리아의 항해자들이 신세계에 들어갔다."라고 보고하였다. 사실 페르미는 4세기 반 전에 같은 이탈리아 사람 콜럼버스처럼 놀라운 공적을 이룩한 것이다. 관계자는 콤프턴에게 "원주민의 반응은 어떠한가?"라고 묻자, "원주민의 반응은 매우 좋습니다."라고 대답하였다 한다. 연쇄반응의 실험이 성공적으로 끝났다는 의미이다.

　그로부터 겨우 2년 반 만에 원자폭탄 실험에 성공하고, 일본의 두 도시에 투하되었다. 그리고 제2차 세계대전이 끝났다. 그로부터 4년후, 구소련의 원자물리학자 쿠르차토프의 지도를 바탕으로 구 소련도 원폭을 실험하여 인류를 핵전쟁의 공포로 몰아넣었다.

　1945년 페르미는 원자핵연구소의 교수가 되었다. 다음해 인공적으로 만들어진 원자번호 100번째의 새로운 원소를 '페르미늄'(Fm)이라 불렀다. 페르비는 에드워드 텔러가 원자폭탄(핵분열폭탄)보다 더 무서운 수소폭탄(열핵융합 폭탄)을 만드는 것을 보지 못하고 1954년 암으로 타계하였다. 페르미는 일본에 대한 원폭투하를 찬성했지만, 오펜하이머와 마찬가지로 수소폭탄의 개발에는 반대하였다.

　1938년 페르미는 노벨물리학상을 받았다.

309. 중합반응의 메커니즘을 연구한 나타
아이소택틱 고분자 화합물을 만듦

이탈리아의 화학자 나타(Natta, Giulio; 1903~1979)는 재판관의 아들로 태어났다. 그는 밀라노공과대학에서 박사학위를 취득하고, 이어서 파피아대학 일반화학교수, 로마대학 물리화학 교수, 토리노대학 공업화학 교수를 거쳤다. 1938년 밀라노대학에 돌아와 교수 겸 공업화학연구소 소장으로 취임하였다.

제2차 세계대전의 전쟁 기미가 가까워질 무렵, 천연고무의 공급이 중단되자 이탈리아 정부는 나타에게 합성고무의 연구를 지시하였다. 이 당시의 연구를 바탕으로 종전 후 그는 고분자화학 연구를 집중적으로 추진하였다. 그는 티탄 혹은 알루미늄 염을 포함한 수지를 촉매로 낮은 압력 하에서 분자량이 큰 고분자 화합물(폴리머)을 만들어냈다.

나타는 이런 종류의 촉매를 프로필렌 중합에 이용하는 한편, 중합반응기구와 그의 입체적 특질을 연구하였다. 이를 바탕으로 합성고무를 만드는데 성공하였다. 1945년 이후에 그가 발견한 아이소택틱 분자 화합물은 고융점, 고강도, 필름이나 박막으로 만들 수 있는 성질 등 상품가치를 높일 수 있는 중요하고 주목할 성질을 지니고 있다.

1963년 나타는 카를 치글러와 함께 노벨화학상을 받았다.

310. 양자역학의 기초를 쌓은 하이젠베르크
독일의 과학을 지키고 부활시킨 과학지도자

독일의 물리학자 하이젠베르크(Heisenberg, Werner Karl; 1901~1976)의 부친은 고전문학 연구가로서, 비잔틴의 역사를 전공한 교수였다. 하이젠베르크는 뮌헨에서 조머펠트의 지도를 받아 박사학위를 취득한 후, 괴팅겐대학의 보른, 코펜하겐의 보어의 지도를 받았음에도 그가 보어-조머펠트의 원자모형에 흥미를 갖지 않은 것은 불가사의한 일이다. 그는 원자를 모형으로 나타내는 것을 포기하였다. 그것은 관찰할 수 있는 현상이라면 그림으로 나타내야 하지만, 상상도는 그릴 수 없다고 믿었기 때문이 아닌가 싶다. 이 점에서는 반세기 전의 마하의 사고방식에 따른 듯싶다.

1927년 하이젠베르크는 불확정성원리를 발표하였다. 어떤 물체라도 그의 위치와 운동량(질량과 속도를 곱한 것)을 동시에 정확하게 측정하는 것은 불가능하다는 것이 그의 이론의 핵심이다. 한쪽을 보다 정확하게 측정하면, 다른 쪽은 보다 부정확하게 측정될 수밖에 없다는 것이다. 위치와 운동양의 불확정의 정도를 관계짓는 것은 거의 프랑크 정수와 같은 가치를 지니다.

이 원리는 이오니아 시대부터 과학의 기초로서 과학자들에게 의심 없이 인식되어 온인과법칙을 약화시켜 자연에 관한 결정론적인 철학을 파괴해버렸다. 작용의 결과는 항상 정해져 있는 것이 아니고 확률에 의해서 나타난다. 아인슈타인과 같은 혁명적인 사고를 할 수 있었던 사람마저도, 이 새로운 자연관찰의 방법을 이해하지 못하였다. 하이젠베르크는 현대물리학에 크게 공헌하였다.

하이젠베르크는 제2차 세계대전 당시 독일의 원폭계획을 지도했지만 성공하지 못하고 패전을 맞이하였다. 하지만 독일의 원자력 정보는 덴마크의 보어에게, 보어는 미국의 오펜하이머에게 비밀리에 전해져 미국 맨허턴 계획에 큰 보탬이 되었다. 전후 괴팅겐으로 옮긴 막스 프랑크연구소 물리학연구소장을 지낸 그는, 종전 후 서독의 과학을 부활시키고, 서독 과학발전의 길라잡이 구실을 다하였다. 특히 그는 국제과학기구의 창설에서 과학행정가로서 중추적인 역할을 하였다.

1932년 하이젠베르크는 노벨물리학상을 받았다.

311. 전자의 파동현상을 밝힌 디랙
그 이론을 바탕으로 반입자의 세계를 탐구

영국의 물리학자 디랙(Dirac, Paul Adrien Maurice; 1902~1984)은 브리스틀대학에서 전기공학을 전공했지만, 철학에도 관심이 있어 철학강의에 줄곧 출석하였다. 졸업 후 케임브리지대학에서 박사학위를 취득하였다.

그 후 디랙은 대륙으로 건너가 코펜하겐의 이론물리학연구소와 괴팅겐대학을 방문하였다. 그곳에서 편지로 알고 지냈던 보어, 파울리, 보른, 하이젠베르크 등 당시 발전도상에 있던 양자역학의 지도적 연구자와 만나 그들의 연구에 합류하였다. 케임브리지대학 센트 존 칼리지는 디랙을 펠로로 맞이하였다.

디랙은 전자의 상대성 이론을 정식화하고 그에 바탕을 두고 양전자의 존재를 예언하였다. 이 이론이 던진 충격은 매우 커서 그는 일약 유명해졌다. 케임브리지대학 '루카스 강좌' 담당교수, 더블린 고등연구소 교수로 활동하였다. 그는 플로리다대학 물리학 교수로서 영입되었다.

1920년 디랙이 '반입자'가 존재할 수 있다는 이론을 처음 발표했을 때, 학계는 반응을 보이지 않았지만, 2년 후에는 미국의 물리학자 앤더슨이 양전자를 발견하고, 25년

이 지나 이탈리아계 미국의 물리학자 세그레가 반양자를 발견함으로써, 디랙의 이론이 모두 확인되었다. 따라서 입자로 구성된 물질은 모두 반입자로 구성된 물질의 존재로까지 생각하였다. 디랙은 양자역학의 발전에서 불가결한 여러 주요 방정식을 정식화하는 데 공헌하고, 또한 상대성 이론과 양자역학의 조정·통합을 꾀하고, 전자의 상대론적 파동이론을 밝혔다. 20세기 물리학의 거인의 한 사람이다.

디랙은 왕립학회로부터 로열 메달과 코프리 상을 1969년 오펜하이머상을 처음 받았다. 1933년 그는 하이젠베르크와 공동으로 노벨물리학상을 받았다.

312. 단백질 분리기술을 개발한 티셀리우스
혈액의 전기영동법을 개발

스웨덴의 화학자 티셀리우스(Tiselius, Arne Wilhelm Kaurin; 1902~1971)의 아버지는 그가 네 살 때 운명하였다. 일찍부터 화학과 생물학에 흥미를 가진 티셀리우스는 웁살라대학을 졸업한 후, 스웨덴의 화학자 스베드베리의 조수로 수년간 지도를 받았다. 그리고 화학, 물리학, 수학 석사학위를, 1930년에 전기영동에 관한 연구로 박사학위를 취득하였다. 그는 조교수를 거쳐 그를 위해 신설된 이학부의 생화학 교수가 되어 퇴직할 때까지 그곳에 머물렀다.

스베드베리의 조수로 있을 무렵부터, 티셀리우스는 전기영동(용액 중의 대전 입자가 전계의 영향을 받아 움직이는 현상)에 관심을 가졌다. 콜로이드 용액 중의 입자는 그 표면의 여러 곳에 전하를 띠고 있으므로, 전체로서 플러스, 마이너스 아니면 중성이다. 가령 산이나 알칼리를 가하면 대전상태가 바뀐다. 용액에 전류를 보내면 대전 콜로이드 입자는 마이너스 아니면 플러스 전극 쪽으로 흐르든가, 아니면 그대로 정지해 있다. 입자가 이동하는 속도는 전하의 크기, 전하의 분포, 그 이외의 요인에 의해 변화한다.

전기영동법은 특히 혈액 단백질 연구에 이용되어 혈액에 대한 정보를 얻을 뿐만 아니라 진단방법으로 활용되었다. 티셀리우스는 또한 흡착법에 의한 물질의 분리에 흥미를 가졌다. 크로마토그래피 기둥으로 부터 녹아 떨어진 물질을 정량적, 화학적인 수법으로 관찰하는 새로운 방법을 연구하였다.

티셀리우스는 생애 마지막, 과학의 진보로 인류에게 가해진 위협의 가능성에 주목하였다. 그와 같은 인간에 직접 관계되는 문제에 대해 힘을 기울인 둘도 없는 단체로 노벨재단이 있다.

1948년 티셀리우스는 노벨화학상을 받았다.

313. 독특한 방법으로 유전기구를 연구한 비들
시카고대학 총장으로 분자생물학 기초를 다짐

미국의 유전학자 비들(Beadle, George Wells; 1903~1989)은 네브라스카대학을 졸업하였다. 재학 시절부터 유전학을 집중적으로 연구한 그는 코넬대학에서 박사학위를 취득하고 그 후 캘리포니아공과대학 모건연구실과 파리의 생물물리화학연구소에서 초파리 유전학을 연구하였다. 귀국한 그는 해외 각지의 대학과 스탠퍼드대학에서 생물학을 강의하고, 캘리포니아공과대학 생물학 부문의 교수 겸 부장을 지내다 1961년에 시카고대학 총장이 되었다.

1941년 비들은 미국의 생화학자 테이텀과 함께 모건의 초파리보다 간단한 붉은빵 곰팡이를 사용하여 유전기구의 연구에 착수하였다. 천연 상태에서 이 곰팡이는 설탕만 들어 있는 배양기에서 배양되었다. 이 곰팡이에 X선을 쪼이면 돌연변이가 일어나므로 이를 바탕으로 유전기구를 연구하였다.

1958년 비들은 노벨생리의학상을 받았다.

314. 파이 중간자를 발견한 파웰
원자내부의 소립자 촬영 기술을 개발

영국의 물리학자 파웰(Powell, Cecil Frank; 1903~1969)은 대장장이의 아들로 태어났다. 장학금을 받아 케임브리지대학을 졸업한 그는 캐번디시연구소에서 러더퍼드와 윌슨의 지도를 받고 물리학과에서 두 번째 성적으로 박사학위를 취득하였다. 그는 틴달의 연구조수로서 브리스틀대학의 윌슨물리실험소로 옮겨 연구하다가 물리학 교수, 실험소 소장으로 활동하였다.

파웰은 일찍이 윌슨의 안개상자에 관심을 가지고, 기체 중의 이온의 움직임을 수년 동안 관찰하였다. 수증기는 이온의 주위에서 응결되고, 이 물방울은 안개상자 안에서 눈으로 볼 수 있도록 흔적을 남긴다. 그러나 종래의 장치는 결점이 많아 그는 이를 개량하려고 생각하였다.

파웰은 입자가 사진의 감광유제에 닿았을 때, 검은 반점으로 연결된 선을 만들도록 연구하였다. 안개상자 속에서 날아가는 흔적을 만드는 대신에, 날아가는 흔적을 사진으로 촬영하기 위해 제1단계로 입자를 직접 감광시키도록 하였다. 그는 민감한 유제가 만들어진 1930년대에 이를 이용하였다.

제2차 세계대전 이후 더 좋은 감광제가 개발되었다. 파웰은 이를 이용하여 산 위에서, 아니면 기구를 상공에 올려 보내 우주선 입자의 흔적을 찍었다. 1947년 볼리비아의 안데스산 위에서 찍은 사진 건판 위에서 놀라운 결과를 얻어냈다. 날아가는 흔적이 굴곡되는 정도를 판단하여 중간 크기의 입자를 발견하였다. 중간 크기의 입자로는 앤더슨이 이전에 발견한 중간자가 있다(유카와 히데키가 주장한 중간자와 다르다).

파웰이 발견한 새로운 중간자는 앤더슨의 것보다도 약간 무겁다. 그가 발견한 것을 '파이 중간자', 앤더슨이 발견한 것을 '뮤 중간자'라 불렀다. 이 파이 중간자야말로 모든 점에서 유가와가 예언한 소립자라는 것이 점차 명백하게 들어났다.

1950년 파웰은 파이 중간자의 발견으로 노벨물리학상을 받았다.

315. 게임이론과 계산기를 개발한 노이만
오펜하이머 청문회 때, 그에게 유리한 증언

헝가리 계 미국의 수학자 노이만(Neumann, John von; 1903~1957)은 제1차 세계대전의 패배로 이어진 혼란 속에서 헝가리를 떠났다. 독일, 스위스의 여러 대학을 거쳐, 1920년대 무렵 괴팅겐대학에서 미국의 물리학자 오펜하이머와 알게 되었다. 미국에 건너간 그는 프린스턴대학에서 수리물리학을 강의하고, 제2차 세계대전 후 오펜하이머의 초청으로 프린스턴대학에 다시 돌아왔다.

노이만은 고등수학 부문에 업적을 남겼다. 예를 들어, 양자역학을 철저하게 연구하여 슈뢰딩거의 파동역학과 하이젠베르크의 매트릭스역학이 수학적으로 같다는 사실을 증명하였다.

노이만의 주요 연구과제는 게임이론이다. 1928년 이 문제에 관한 논문을 발표했지만, 〈게임이론과 경제작용〉이라는 책으로 정리된 것은 1944년에 출간되었다. 이 새로운 수학은 간단한 게임에서 따라야 할 가장 좋은 전술을 끌어낼 수 있기 때문에 게임이론이라 부른다. 그리고 사업이나 전쟁과 같은 복잡한 문제에도 그 원리가 적용되었다. 적이나 경쟁자를 이기는 가장 좋은 전술을 생각해 낼 수 있다.

노이만은 그의 수학적 능력을 이용하여 거대한 계산기를 만드는데 지도적인 역할을 하였다. 그 예로 수소폭탄 개발 당시 계산을 빠르고 정확하고 쉽게 할 수 있었다.

미국의 맥카시 상원의원의 사상 통제 시대에 수소폭탄 개발에 반대한 오펜하이머 청문회에 출석한 노이만은 오펜하이머의 충성심과 겸손함을 증언하였다. 그러나 물리학자 텔러는 오펜하이머에게 불리한 증언을 하였다.

노이만은 원자력위원회의 위원으로 활동하고 페르미상을 받았다.

316. 우주의 진화론을 보급한 가모브
대폭발이론(빅뱅이론)을 열렬히 지지

러시아계 미국의 물리학자 가모브(Gamow, George; 1904~1968)는 노보시비리스크대학에 입학했다가 레닌그라드대학으로 옮겼다. 광학을 전공했지만, 우주론으로 박사학위를 받았다. 그는 괴팅겐대학에서 원자핵물리학자로서의 길을 걷기 시작하였다. 보어에게 감명을 준 그는 코펜하겐 이론물리학연구소로 초청받아 그곳에서 원자핵물리학을 연구하였다.

이를 바탕으로 가모브는 별 내부에서 일어나는 원자핵반응을 연구하였다. 동시에 캐번디시연구소의 러더퍼드의 지도로 그는 원소 인공변환의 이론적 기초를 쌓았다.

가모브는 레닌그라드 과학아카데미 주임 연구원으로 취임하였다. 1931년 로마의 원자물리학회에 참석하는 허가가 옛 소련정부에 의해 거부되자, 1933년 브뤼셀에서 열린 솔베이회의에 참가한 기회를 틈타 29세에 미국으로 망명하여 그곳에서 영주하였다. 그는 조지 워싱턴대학 교수, 그 후 평생토록 컬럼비아대학 교수로 재직하였다.

1948년에 비밀 사용허가를 받은 가모브는 뉴멕시코 로스 알라모스 수소폭탄계획에 종사하였다. 생애 마지막에 일반 대중을 향한 강의를 했는데, 〈톰킨스 씨〉 시리즈의 저자로서 더욱 유명해졌다. 그 가치가 인정되어 1956년 유네스코로부터 칼링거상이 주어졌다.

가모브의 주된 연구는 천문학과 핵물리학이다. 벨기에의 천문학자 르메트르와 독일계 미국의 물리학자 베테의 연구를 더욱 깊이 하였다. 별의 에너지와 방사선의 근원은 핵반응이라 주장하면서 그 이론을 완성하였다. 주요 원료로 수소가 소비되면서 별은 밝고 고온으로 된다는 내용이다. 이로써 태양은 서서히 냉각되어 간다는 일반적인 생각을 부정하고, 오히려 태양은 조금씩 온도가 높아지며, 지구상의 생명은 언젠가 동사하는 것이 아니라 타면서 죽어간다는 것이다. 그는 르메트르의 대폭발 이론(빅뱅이론)을 지지하고, 놀라울 만큼 그 이론을 신속하게 보급시켰다. 핵물리학 분야에서의 유명한 연구는 α붕괴이론이다. 어떤 원소가 α붕괴하면 원자번호 2, 원자량은 4가 줄어든 원소로 변화한다는 이론을 정립하였다. 특히 그는 지식과 흥미를 여러 곳에 응용하였다.

317. 미국의 원폭 개발을 이끈 오펜하이머
옛 소련 간첩으로 몰려 청문회에 회부됨

미국의 이론 물리학자 오펜하이머(Oppenheimer, Julius; 1904~1967)는 뉴욕의 교양 있는 부잣집에서 태어났다. 뉴욕의 윤리교육 학교를 반 수석으로 졸업한 그는 광물학과 지질학에 취미를 가졌다. 열한 살 나이로 뉴욕 광물학 서클의 회원이 될 정도의 천재였다. 하버드대학에 입학하여 미국의 물리학자 브리지먼의 지도를 받은 그는 1년 단축하여 3년만인 1925년, 3년 동안 최고의 성적으로 졸업하고, 케임브리지대학으로 유학하였다.

당시 이 대학에는 세계적인 원자물리학자들(톰슨, 러더퍼드, 보른 등)이 모여 있었다. 독일로 건너간 그는 괴팅겐대학에서 원자물리학 박사학위를 받고 귀국한 그는 캘리포니아 공과대학과 버클리에 있는 캘리포니아대학을 왕복하면서 강의와 연구에 전념하였다. 그리고 정교수가 되었다.

1939년 제2차 세계 대전이 일어나자, 오펜하이머를 중심으로 몇몇 과학자들은 새로 발견된 핵분열반응이 군사상 중대한 의미를 지니고 있는 것을 인식하였다. 1942년 유명한 맨해튼 계획이 수립되자, 그는 이 계획에 관한 연구가 한 곳에서 수행되어야 한다고 주장하고, 뉴멕시코의 페고라 계곡을 제안하였다(그 이전에는 전국 여러 대학에서 분산하여 연구하였다). 그는 그곳에 로스 앨라모스 연구소를 설립하고 소장을 맡았다.

오펜하이머는 비록 행정실무에 대한 경험은 없었지만, 연구과정 전체에 대한 그의 해박한 지식과 날카로운 통찰력, 그리고 탁월한 지도 능력 때문에, 이 연구소는 연구를 빠르게 진행시켜 나아갔다.

오펜하이머는 원자폭탄 제조 계획을 추진하는 데서 개인적인 책임을 지지 않으려고 했지만, 전념한 것만은 사실이다. 이 연구소의 계획에서 생긴 많은 문제를 극복하는데 성공한 것은, 적어도 그의 노력이 크게 작용하였다. 또한 그는 원자폭탄의 사용 여부, 투하장소의 결정에 관한 조언을 한 네 사람의 과학자 중 한 사람이다. 어쨌든 1945년 7월 16일 원폭실험에 성공하고, 같은 해 8월 6일 히로시마에 원자폭탄(별명은 '리틀보이')을 투하하였다. 이것은 인류 전체를 놀라게 했고, 인류에게 엄청난 불안을 안겨주었다. 많은 과학자들이 도덕적 가책을 심하게 느꼈다. 몇몇 과학자들은 다시 대학으로 돌아가고, 로스 앨라모스에서의 임무도 끝나 연구소 소장 자리를 내놓았다.

그러나 1946년 트루먼 대통령은 오펜하이머를 대통령 직속의 원자력자문위원회의 의장으로 임명하였다. 이때부터 그는 이 분야의 대표자로서 정치적으로 가장 영향력이 있는 실력자로 등장하였다. 그는 수소폭탄 개발 결정에 관여하였다. 그가 위원장직을 맡고 있던 원자력위원회 산하의 일반자문위원회의 대다수는 수소폭탄 개발에 반대하였다. 그러나 1949년 여름, 예기치 않았던 옛 소련의 핵실험이 성공하여 트루먼 대통령은 이 반대 권고를 거부하였다. 오펜하이머는 사표를 제출했지만 수리되지 않았다.

1954년 맥커시 상원의원의 영향이 최고조에 이르렀을 때, 오펜하이머는 위험한 인물(공산당에 친구가 많다는 이유로)로 낙인이 찍히고, 수소폭탄의 개발에 열중하고 있던 텔러의 증언(유명한 '오펜하이머 청문회')으로 유죄로 인정받았다. 그 즉시 정부는 그가 기밀문서에 접근하는 것을 금지하고, 원자력위원회 위원장 직위를 박탈하였다. 1963년 존슨 대통령은 엔리코 페르미상을 오펜하이머에게 주었다. 이 상은 원자력위원회가 주는 최고의 것이다. 그는 명예를 회복하였다.

318. '핵분열'이라는 용어를 처음 사용한 프리시
영국의 파견 과학자로서 맨해튼계획에 합류

오스트리아계 영국의 물리학자 프리시(Frisch, Otto Robert; 1904~1979)는 빈에서 태어났다. 어릴 적부터 수학 분야에서 비범한 재능을 보이고, 빈대학에 들어가면서 물리학을 전공하여 박사학위를 받았다. 또한 베를린의 국립물리학 공학연구소의 광학 부문에 소속되어 밝기의 단위와 관련된 새로운 광도표준 연구에 몰두하였다.

프리시는 함부르크로 옮겨 물리학자 슈테른의 조수로서 연구했지만, 유태인이었으므로 히틀러가 정권을 장악하면서 그 자리를 떠나 런던의 버백 칼리지의 물리 부문 연구자로 갔다가, 코펜하겐에 있는 이론물리학연구소로 옮겼다. 그는 중성자에 의한 우라늄 핵분열을 마이트너와 함께 연구하고 '핵분열 fission'이라는 용어를 처음 사용하였다.

제2차 세계대전 당시 독일군이 덴마크를 점령하였다. 프리시는 영국으로 건너가 버밍엄대학과 리버풀대학에서 원자핵 연구용 시설을 이용하였다. 영국 시민권을 얻은 그는 미국의 로스 앨라모스에 있는 원자핵 연구기지의 영국 파견 과학자 팀에 참여하는 기회를 얻고, 드래건 실험 프로젝트 리더가 되었다. 이 실험이야말로 원자폭탄 제1호 제조의 촉진제였다.

제2차 세계대전이 끝난 뒤, 귀국한 프리시는 옥스퍼드에 가까운 하웰에 신설된 원자력 연구시설의 연구 차장을 거쳐 케임브리지대학 자연철학 강좌인 '잭슨 강좌'교수로 자리를 옮겼다. 불행하게도 그는 사고로 타계하였다. 프리시는 여성 핵물리학자 마이트너 여사의 사위로서 그는 과학의 역사상 뚜렷한 업적을 남기지는 못했지만 극적인 몇몇 발전에 기여하였다. 그는 뛰어난 실험물리학자이다.

319. 바이러스의 정체를 밝힌 스탠리
인플루엔자 바이러스를 발견하고 그 왁진을 개발

미국의 생화학자 스탠리(Stanley, Wendell Meredith; 1904~1971)는 대학시절에 풋볼 경기에 뛰어나 풋볼 코치가 되려고 마음으로 다졌다. 그러나 일리노이대학을 방문했을 때, 우연히 화학교수와 토론을 한 뒤부터 화학에 관심이 깊어져 일리노이대학에 입학하여 화학을 전공하였다. 일리노이대학에서 박사학위를 취득한 그는 독일에 유학한 뒤 귀국하여 록펠러의학연구소를 거쳐 캘리포니아대학 교수가 되었다.

스탠리는 담배를 재배하면서 모자이크병에 걸리도록 유도하여 모자이크병 바이러스를 대량 배양하였다. 그리고 1935년, 병에 걸린 잎을 부셔 가느다란 바늘 모양의 결정을 얻고, 특히 이 연구 과정에 이 병이 전염성이 강하다는 사실도 발견하였다. 물론 결정은 무생물이었으므로 많은 사람들은 이를 인정하지 않았다. 그러나 바이러스는 세포 안에서 증식하므로 최소한 생물체라고 판단되었다. 바이러스가 생물이냐 무생물이냐를 놓고 학계에서는 격렬한 토론이 벌어졌다.

그 뒤에도 많은 바이러스가 결정화되었다. 이 모두가 핵단백질이라는 사실이 밝혀졌다. 독일계 미국의 생화학자 후랑켈 콘라드의 연구로 핵산 부분이 바이러스 활동의 키를 쥐고 있다는 점이 분명해졌다. 이렇게 해서 바이러스 문제는 유전자 문제와 맞물렸다. 제2차 세계대전 중에 스탠리는 인플루엔자 바이러스를 연구하고, 나아가 그 왁친의 개발에 종사하였다.

1946년 스탠리는 다른 두 사람과 함께 노벨화학상을 받았다.

320. 반(反)양성자를 만들어낸 세그레
최초의 인공원소 테크네튬을 만들어냄

이탈리아 태생 미국의 물리학자 세그레(Segre, Emilio; 1905~1989)는 로마대학에서 박사학위를 받고, 그 대학에서 페르미와 함께 우라늄의 중성자 충돌 실험을 하였다.

1930년대 당시 원자번호 43번 원소인 테크네튬(Tc)는 가장 가벼운 미 발견 원소로 남아 있었다. 이전에 독일의 한 과학자가 발견했다고 발표했지만, 확인되지 않은 상태였다. 세그레는, 만일 43번 원소가 발견되지 않았다 하더라도, 중성자의 충돌로 생성할 수 있다고 생각하였다. 그는 캘리포니아공과대학을 방문하고, 로렌스로부터 중성자를 쪼인 몰리브덴(원자번호 42)을 양도받았다. 그것은 중성자를 쪼인 것으로 원자번호가 하나 많은 43번 원소를 함유하고 있을 것으로 예상했기 때문이다.

이 자료를 가지고 귀국한 세그레는 이를 분석하여 원자번호 43번 원소인 테크네튬을 찾아냈다. 이 원소는 인공적으로 만들어진 최초의 것으로, 그리스어의 '인공적'이라는 의미로 그렇게 불렀다. 또한 미국으로 망명하여 시민권을 얻은 그는 캘리포니아대학에서 1940년 공동으로 원자번호 85번 원소 액티늄(At)를 발견하였다. 이 원소는 그리스어로 '불안정'하다는 의미에서 아스타틴이라 불렀다.

제2차 세계대전 후에 세그레는 반양성자의 탐구와 맞섰다. 반양성자는 20년이 지나도 발견되지 않았다. 베바트론(로렌스의 사이클로트론을 더욱 크게 개량한 가속기)을 이용하여 1955년 그는 미국의 물리학자 체임벌린과 공동으로 구리 원자에 높은 에너지의 양자를 충돌시켜 반양성자를 만들어내는데 성공하였다. 반양성자는 마이너스 전하를 띈 양자이다(원래 양성자는 플러스 전하를 띄고 있지만).

1959는 세그레는 체임벌린과 함께 노벨물리학상을 받았다.

321. 뮤 중간자를 확인한 앤더슨
감마선과 우주선 연구 도중 양전자 발견

미국의 물리학자 앤더슨(Anderson, Carl David; 1905~1991)은 스웨덴 이민의 아들로 미국에서 태어났다. 캘리포니아공과대학에서 물리학과 공학 학사학위를, 1930년에 그 대학에서 우등으로 박사학위를 취득하였다. 그는 대학에 남아 밀리컨과 함께 우주선을 연구하였다. 대학 특별연구원, 물리학 조교수를 거쳐 교수로 승진하였다.

앤더슨은 안개상자를 이용하여 전자처럼 날아간 흔적을 찾았다. 그러나 그 입자는 전자와 반대 방향으로 그 진로가 구부러졌다. 이것은 마이너스 전기 대신 플러스 전기를 지닌 것이 분명하다. 그는 2년 전에 디랙이 이론적으로 예언한 플러스 전기를 지닌 전자일 것이라 생각하였다. 그리고 이 새로운 입자를 '양전자'라 부를 것을 제의하여 인정받았다.

앤더슨이 우주선 연구 도중에 발견한 것은 양전자만이 아니다. 1935년에 콜로라도주의 파이크스픽산에서 안개상자를 조작하는 도중에 전자가 날아갈 때 보이는 흔적보다 작고, 양자가 날아갈 때 보이는 흔적보다 크게 굽어진 흔적을 발견하였다. 이것은 이전에 유가와가 이론적으로 예언한 중간의 질량을 지닌 입자의 한 종류가 만든 흔적일 것으로 예상하였다. 앤더슨은 이를 메조트론이라고 부를 것을 제안했는데, 결국 '메존'(중간자)라 부르게 되었다.

양전자와 중간자도 우주선 입자에 의해 만들수 있지만, 그 수명은 짧다. 양전자는 최초로 가까워진 전자와 결합하여 질량을 잃어버리고 감마선을 생성한다(질량이 에너지로 변환). 또한 감마선은 양전자와 전자를 만들어낸다(에너지가 질량으로 변환). 이 현상은 아인슈타인의 유명한 방정식 $E=mc^2$를 만족시켰다.

어느 면에서 앤더슨의 중간자(뮤 중간자)는 별것이 아니라는 사실이 밝혀졌다. 그것은 원자핵과 직접 작용하지 않기 때문이다. 유가와가 예언한 것과 같은 중간의 질량을 지닌 입자라면 원자핵과 직접 작용한다. 그러므로 앤더슨이 발견한 중간자는 무거운 전자일 뿐이다.

1936년 앤더슨은 빅터 헤스와 함께 노벨물리학상을 받았다. 입자물리학의 문을 열어놓은 선구자이다.

322. 핵산 RNA를 합성한 오초아
2탄소화합물이 생성 방출되는 과정 연구

스페인계 미국의 생화학자 오초아(Ochoa, Severo; 1905~1993)는 변호사의 막내아들로 태어났다. 말라가대학을 졸업한 그는 의학박사 학위를 취득하고, 그 대학 강사로 취임하였다. 하이델베르크대학과 옥스퍼드대학에 유학한 그는 그 후 미국으로 건너가 시민권을 얻었다. 워싱턴대학 의학부 연구 조수, 뉴욕대학 연구 조수를 거쳐, 뉴욕의과대학 생화학 교수가 된 그는 그곳을 떠나 로슈분자 생물학연구소로 옮겼다.

오초아는 체내의 화학변화를 연구하였다. 특히 2탄소화합물이 생성되고 방출되는 모습을 연구했지만, 그 보다 그의 연구 중심은 핵산이었다. 핵산은 인산을 함유한 뉴클리오티드가 긴 사슬모양으로 결합하고 있는 분자이다. 러시아계 미국의 화학자 레빈에 의해 핵산에는 RNA와 DNA 두 종류가 있으며, 그것은 각기 4종류의 뉴클리오티드로 구성되어 있는 것으로 밝혀졌다.

체내에서 뉴클리오티드로부터 핵산이 만들어지는 것은 분명한 사실이다. 이때 효소가 필요한데, 오초아는 1955년, 세균으로부터 그 효소를 분리하였다. 이 효소에 의해 뉴클리오티드를 배양하여 젤리상의 길고 가느다란 RNA분자가 생성된 증거를 확실히 잡았다. 하지만 이 합성 RNA는 자연의 것과 큰 차이가 있었다. 천연의 RNA는 4종류의 뉴클리오티드를 함유하고 있는데 반해, 그가 인공적으로 만들어낸 것은 한 종류의 뉴클리오티드가 한없이 연결되어 있는데 불과하였다.

1959년 오초아는 콘버그와 함께 노벨생리의학상을 받았다.

323. 전파천문학의 문을 열어 놓은 잰스키
전파방사의 강도의 단위는 '잰스키'

미국의 라디오 기술자인 잰스키(Jansky, Karl Guthe; 1905~1950)는 위스컨신대학를 졸업한 후 1년 동안 그곳에서 강사로 지내다가, 벨전화연구소에 입사한 뒤부터 하늘의 전파를 연구하였다.

하늘에서 생긴 전기 때문에 라디오 수신(무선전파도)은 만성적인 잡음으로 불편을 받아왔다. 그 원인으로 번개, 가까이 있는 전기장치, 상공을 나는 비행기를 꼽았다. 그러나 잰스키는 장소가 불분명하지만 하늘에서 발생하는 전기를 새로이 발견하였다. 이는 먼 하늘에서 날아온다. 특히 이 회사는 15m 전후의 짧은 파장으로 일어나는 간섭에 관해서 관심을 가졌다 (당시 이 파장은 배와 육지의 통신에 사용되었다). 처음에는 태양과 함께 이동하는 것으로 생각했지만, 하루에 4분 정도 태양보다 빨리 이동하였다. 그러므로 하늘의 전파의 근원은 태양계보다 더 멀리 있다고 생각한 그는 1932년 봄, 그 근원이 은하계 중심에 있다고 발표하였다.

그 결과, 빛 대신 극초단파로 천체를 연구하는 전파천문학 시대가 열렸다. 빛이 통과하지 않는 성간물질도 극초단파라면 통과하므로 망원경으로 보이지 않는 은하계의 중심부를 볼 수 있다. 전파천문학은 천문학 연구의 주요 수단으로 새롭게 등장하였다.

잰스키는 심장병으로 고생하다가 운명하였다. 그의 업적을 기념하기 위해 1973년 전파방출의 강도 단위를 '잰스키'라 부르기로 했다.

324. 페니실린을 분리하고 정제한 체인
플레밍, 플로리와 함께 노벨생리의학상을 받음

독일 태생의 영국 생화학자 체인(Chain, Ernest Boris; 1906~1979)의 아버지는

화학자였다. 체인은 베를린의 프리드리히 빌헬름대학에 입학하여 화학과 생리학을 전공하였다. 졸업 후 베를린 샤리테병원 병리학연구소 화학부문에서 연구했지만, 히틀러가 정권을 장악하자 영국으로 이주하였다.

체인은 수학자 홀데인의 추천으로 케임브리지대학 생화학학교의 프레드릭 홉킨스의 지도를 받았다. 페니실린을 개발한 플로리는 체인을 실험조수 겸 화학병리학 강사로 옥스포드대학 서 윌리엄 단 병리학학교로 초청하였다.

그 후 체인은 로마의 고등건강연구소 객원교수로 초청받고, 다음 해에는 그 연구소 정교수, 같은 해에 국제화학미생물연구소의 지도자로 임명되었다. 귀국한 그는 임페리얼 칼리지의 생화학 교수로서 이 칼리지의 연구설비의 근대화에 노력하였다.

체인은 플로리와 협력하여 페니실린을 홀로 분리하고 정제하여 치료효과를 높였다.

14945년 체인은 플래밍, 플로리와 함께 노벨생리의학상을 받았다.

325. 소아마비 예방 왁친을 개량한 세이빈
특히 경구용 소아마비 왁친을 개발

폴란드계 미국의 미생물학자 세이빈(Sabin, Albert Bruce; 1906~1993)은 미국의 미생물학자 솔크와 마찬가지로 이민으로 귀화한 과학자이다. 뉴욕대학 치의학부에서 의학학위를 취득한 후, 뉴욕의 한 병원 전속의사로 활동하였다. 록펠러연구소 조수, 2년 후에 신시내티대학 의학부 소아과연구실 준교수를 거쳐 교수가 되었다.

제2차 세계대전 중에 세이빈은 군의장교로 활약한 뒤, 육군 특수교수의 지위에 올랐고, 이스라엘 바이츠만과학연구소 소장을 지냈다. 귀국 후 사우스캐롤라이나 의과대학 요원, 국립암연구소 전속 고문으로 활동하였다.

세이빈은 전후에 소아마비 연구로 방향을 바꾸었다. 그는 엔더스보다 10년 전에 생물체 밖에서 바이러스를 배양한 적이 있었다. 그는 솔크의 왁친처럼 죽은 바이러스를 사용하는 방법에 만족하지 않고, 살아있는 바이러스로 항체를 만들어낼 생각을 하였다. 그리고 생 바이러스라면 입에 넣을 수 있고, 바이러스 자체를 번식시켜 체내로 투입시킬 수 있다. 그러므로 솔크의 경우처럼 주사할 필요가 없다.

세이빈은 발병을 일으키지 않을 정도의 약한 폴리오를 발견하는데 노력하였다. 그는 자신이 얻으려는 바이러스를 동물실험으로 발견한 후, 우선 자신을 시험 대상으로 삼고, 이어서 죄수 중에서 지원자를 대상으로 삼았다. 그리고 1957년 세 종류의 폴리오에 대해 충분한 효과를 지닌 생 왁친을 개발하였다.

세이빈의 생 왁친은 옛 소련에서 인기가 높았다. 이어서 동유럽 여러 나라에서 널리 사용하기에 이르렀지만, 미국에서 사용되기 시작한 것은 1960년에 이르러서였다. 그후 주사 대신 소량의 달콤한 액체를 마시는 정도의 세이빈 왁친이 널리 보급되었다.

326. 끈질긴 관측으로 명왕성을 발견한 톰보
발견 후 장학금으로 학사, 석사 학위를 취득

미국의 천문학자 톰보(Tombaugh, Clyde William; 1906~1997)는 집안이 어려워 대학에 갈 수 없었다. 그러나 천문학에 관심이 많아 아버지 농장에 방치되어 있던 기계 부품으로 22.5cm의 망원경을 만들어 천체를 관측하였다. 그는 록펠러천문대에서 조수 일을 찾았다.

톰보는 로웰의 전통을 이어받아 로웰의 행성 X(해왕성 외측의 행성)를 발견하기 위해 끈질기게 씨름하였다. 만일 새로운 행성이 존재한다 할지라도, 그것이 매우 어두운 데다가 무수한 별과 함께 관측됨으로 이를 분별하는데 어려움이 많았다. 그래서 그 별들의 운동에 주의를 기울였지만 태양과 지구로부터 멀리 떨어져 있어 이를 구분하는 것이 힘들었다.

톰보는 미지의 행성이 존재할 가능성이 있는 하늘의 사진을 부분적으로 매일 두 장씩 찍은 다음, 이를 비교해 보았다. 한 장에 50,000에서 400,000개의 별이 찍혔다. 만일 찍혀 있는 별이 모두 항성뿐이라면, 두 장은 당연히 동일해야 한다. 그렇지만 만일 행성이 섞여 있다면, 행성은 운동하므로, 사진을 촬영한 날이 다르기 때문에 별의 위치가 변해야 하고, 또한 사진 건판을 영상 막에 비치면 행성이 여기저기서 재빠르게 움직일 것이다.

1930년 2월 8일, 거의 1년에 걸친 비교 끝에 쌍둥이자리 속에서 반짝거리며 움직이는 별을 발견하였다. 이동이 느린 것으로 미루어 보아 처음에 이를 초해왕성이라 믿었다. 다시 1개월 동안 계속해서 관측하였다. 1930년 3월 13일, 로웰 탄생 75주년 기념일에 새로운 행성의 발견이 발표되었다. 그리고 이를 '명왕성'이라 불렀다 (최근 이 명왕성은 물리적인 특성이 다른 행성들과 다르다는 이유로 태양계의 행성에서 퇴출되었다). 지금까지 명왕성보다 외측에 있는 행성은 발견되지 않았다(최근 관측에 의하면 열 번째 행성이 발견되었다고 발표하였다).

명왕성 발견 후에 장학금을 얻은 톰보는 뒤늦게 켄서스대학에 입학하여 비로소 대학교육을 받았다. 1936년에 학사, 1939년에는 석사학위를 손에 쥐었다. 정성이 끝에 이르면 하늘도 감동한다는 옛 말이 머리를 스쳐간다.

327. 수리논리학과의 수학기초론을 쌓은 괴델
신의 계시를 받았다고 말할 정도로 공헌

오스트리아계 미국의 철학자이자 수학자인 괴델(Goedel, Kuri; 1906~1978)의 아버지는 실업가였다. 괴델은 어릴 적부터 여러 차례 질병을 앓아 자신의 건강에 대해 일생동안 선입견을 지녔지만, 학교 성적은 좋았다. 특히 라틴어 문법에서는 정확성이 매우 뛰어났다. 열일곱 살에 빈대학에 들어간 그는 처음으로 수학과 물리학 중 어느 것을 택할 건지 망설이다가 결국 수학을 선택하였다.

특히 빈대학은 당시 실증주의 철학의 중심지였으므로 괴델에게 깊은 영향을 주었다. 그는 격식이 있는 빈 학파의 철학자 모임에 참가하는 일은 있었지만 깊은 인상은 받지 못하였다. 그러나 그의 연구 방향은 순수수학으로부터 수리논리학, 그리고 수학기초론으로 흘렀다.

괴델은 이 빈대학으로부터 박사학위를 받고, 이듬해에는 더욱 무게 있는 논문을 발표하였다. 대학 당국은 무급 대학강사 자격증을 내주었고, 1930년대를 통해 그는 빈대학에서 연구를 계속하였다.

1938년 오스트리아의 일부가 독일에 합병되자, 괴델은 몇몇 동료와 함께 유급 강사에서 탈락되었다. 그것은 그가 유태인이었기 때문이었다. 그는 신혼여행을 미국으로 떠났다. 오스트리아로 돌아가기 전에, 프린스턴 고등연구소을 방문한 그는 이를 계기로 미국으로 이주하고 프린스턴에 주저앉았다. 그는 마흔일곱 살에 교수가 되었다.

괴델은 모순이 없는 분명하고도 완벽한 수학의 연구를 시도했지만, 양쪽 모두를 만족시키는 것은 불가능하다는 사실을 증명하는데 그치었다. 이 사실은 수학적 혹은 철학적 인식과 연구에서 기본적인 것으로 당시 마찬가지로 양쪽의 요구를 만족하는 체계를 적극 구하려고 연구하고 있던 과학자에게 전적으로 결정적인 타격을 주었다. 그는 그의 생애를 통해서 수리 논리학에 관해 많은 신의 계시를 받았다고 할 만큼 공헌하였다. 그렇지만 그것 어느 하나도 중요성을 지니고 있지 않았다.

괴델은 갖가지 흥미를 이끌만한 상세한 일기장을 남기고 있다. 그 안에는 자연법칙, 생명의 진화, 시간여행, 유령이나 요괴 등에 이르기까지 수학과 철학을 함께 섞은 글을 남기고 있다. 괴델은 너무 조용하고 내성적이어서 많은 상을 받았지만, 독일로부터의 명예는 대부분 거절하였다.

328. 태양과 항성의 에너지를 연구한 베테
원폭실험 금지회담 때 미국 대표로 활약

독일계 미국의 물리학자 베테(Bethe, Hans Albrecht; 1906~2005)는 대학교수의 아들로 태어났다. 프랑크푸르트대학과 뮌헨대학을 거쳐, 그 대학에서 박사학위를 얻고 강의를 맡았다.

히틀러가 정권을 장악하자, 베테는 영국으로 건너가 맨체스터대학에서 1년, 브리스틀대학 조교수를 거쳐 교수가 되었다. 그는 미국으로 건너가 코넬대학에서 물리학을 강의하고, 그 후 귀화하여 미국 시민이 되었다.

베테는 뉴멕시코 로스 앨라모스 과학연구소의 이론물리학 부문의 팀장, 이어서 고문으로 활동하였다. 제2차 세계대전 후에 그는 핵무기 관리에 대해 옛 소련과 장기간에 걸쳐 교섭하고, 제네바회담 때 미국 대표단의 일원으로 활동하였다.

베테는 별의 에너지원이 원자력이라고 상세하게 해명하였다. 그의 이론은 1938년에 바이젝커와 별도로 같은 시기에 발표되었다. 그는 물리학자 베크렐의 방사능 발견 이래, 40년에 걸친 원자물리학의 지식과, 에딩턴의 별의 내부 온도에 관한 결론을 적절히 응용하였다.

베테의 이론은 수소 원자핵과 탄소가 반응을 일으키고, 마지막 반응에서 탄소원자가 재생된다. 그리고 4개의 수소 원자로부터 헬륨 핵이 생성된다. 수소 원자는 별의 에너지 원료이고, 탄소는 촉매 역할을 한다는 이론이다.

그 후 베테는 수소가 낮은 온도에서 반응이 진행될 수 있는 기구를 제안하였다. 수소가 헬륨으로 될 때, 수소 질량의 1%가 에너지로 변한다. 극히 작은 질량이지만 막대한 에너지이다. 결국 태양의 전 에너지는 질량의 손실에 의해 일어난다는 사실을 해명하였다. 그러나 태양 수소의 전 질량은 매우 크므로 수백 년이 지나도 거의 감소가 없을 정도이다.

베테는 세계 여러 대학으로부터 명예박사 학위를 받고, 또한 뉴욕아카데미 모리슨상을 비롯하여 많은 상을 받았으며, 원자력과 관련하여 페르미상을 수상했다. 1957년 영국 왕립학회 외국인 회원으로 추천되고, 미국 물리학회 특별회원을 거쳐 회장에까지 이르렀다. 1958년 제네바 제1회 국제핵실험금지회의에 대표위원으로 핵 군측을 제안하였다.

1967년 베테는 별의 에너지 생성의 기초이론에 관한 업적으로 노벨물리학상을 받았다.

329. 비타민 B군을 연구한 폴커즈
항생물질인 스트렙토마이신의 연구에도 참여

미국의 화학자 폴커스(Folkers, Karl August; 1906~1997)는 일리노이대학을 졸업, 위스컨신대학에서 박사학위를 취득하였다. 예일대학을 거쳐, 머크사에 들어가 기초 연구부장으로 활약하였다.

1930년대 당시, 제약 특히 합성비타민에 관심을 가졌던 폴커스와 그의 연구팀은 비타민 B군의 화학구조 해명에 나섰다. 그러나 무엇보다 큰 업적은 폴커스가 학생시절에 했던 악성빈혈증의 원인에 관한 연구이다. 악성빈혈 환자에게 다량의 간(동물의 생간)을 먹일 경우에 효과가 있지만, 간은 음식물로 환자에게 섭취시키기에는 까다로웠다.

1930년대를 통해서 비타민 B_{12}를 많이 포함하고 있는 간장 추출액에서 얻어진 물질이 비타민 효과를 지니고 있는지 없는지 시험하는 것이 까다로워 그 이상 연구가 진전되지 않았다. 1948년 플커스는 어떤 종류의 세균이 생장하는데 비타민 B_{12}가 절대 필요하다는 사실을 발견하였다.

비타민 B12는 놀라운 화합물이다. 체내에서 필요한 양은 다른 비타민에 비해 매우 소량이지만, 그의 구조는 매우 복잡하다. 이 분자는 놀랍게도 시안기와 코발트를 함유하고 있다. 이 화합물이 시아노코발라민이다. 이는 코발트 함유 최초의 천연화합물이다. 코발트가 어째서 생명에 필요한지 확실해졌다.

악성빈혈증인 사람은 음식물 중에 시아노코발라민이 부족한 때문만은 아니다. 어떤 음식물 중에도 필요한 만큼의 양이 함유되어 있으며, 만일 없다 해도 음식물 중에 코발트가 있으면 장내 세균이 합성한다. 시아노코발라민은 현재 세균 배양으로 대량 생산되어 악성빈혈증을 추방하고 있다.

폴커스는 비타민 연구 이외에도 큰 업적을 올렸다. 제2차 세계대전 후, 항생물질 제조가 제약계의 긴급문제로 떠올랐을 때, 그의 연구진은 러시아계 미국의 세균학자인 왁스만의 스트렙토마이신의 화학구조를 결정하였다.

330. 중간자와 핵의 힘을 예언한 유가와
일본인 최초의 노벨상 수상자

일본의 물리학자 유가와(Yukawa, Hideki; 1907~1981)의 아버지는 지리학자로서 일본 교토대학 교수로 취임하자 유가와는 교토대학에 입학하였다. 교토대학을 졸업한 그는 신설된 오사카대학의 강사로 취임하고, 같은 대학 대학원에 입학하였다. 그곳에서 연구원으로 지내다가 박사학위를 취득한 뒤, 교토대학 교수가 되었다. 재외활동으로서는 프린스턴대학의 고등연구소 객원교수(오펜하이머 초청), 컬럼비아대학 객원교수를 거쳐, 귀국 후에 신설된 기초 물리학연구소 소장으로 취임하였다. 1970년 명예교수가 되었다.

유가와는 원자핵을 결합시키는 힘을 연구하였다. 1932년 채드윅이 중성자를 발견한 후, 하이젠베르크는 원자핵이 양자와 중성자로 구성되어 있다고 생각하였다. 만일 이것이 옳다면, 핵 안의 반발력을 없애는 힘이 필요하다. 하이젠베르크는 그것이 무엇인가를 정확하게 지적하지 못하고, 교환력의 존재라는 개념을 넌지시 던졌다.

유가와는 원자핵 안에 핵력이 존재하지 않을까 추측하였다. 이 핵력은 매우 짧은 거리에서 작용하는 것으로, 핵 직경의 범위에서 이 힘은 양자가 지니는 플러스 전하끼리의 반발력보다 크지만, 거리가 멀어지면 급격하게 약해질 것이라고 추측하였다. 그는 원자핵 내의 중성자와 양자 사이의 핵력을 완화시켜주는 힘이 필요하다는 이론에 도달하였다. 이 핵력을 완화하는 입자의 질량은 전자의 200배 정도이다.

1935년에 이 이론이 발표되었을 당시, 이 같은 중간 크기의 입자는 발견되지 않았다. 그러나 그 다음 해에 앤더슨이 발견하고 이를 중간자라 불렀다. 불행하게도 앤더슨이 발견한 것은 뮤 중간자였으므로 유가와의 이론에 필요한 요소를 갖추지 못하였다. 그러나 1947년에 더 무거운 중간자(파이 중간자)가 발견되고, 이것이 유가와가 발표한 것과 모든 요구조건이 일치하였다.

1949년 유가와는 일본인 최초로 노벨물리학상을 받았다. 교토대학 본부 정원에 지금도 기념 표말이 남아있다.

331. 항히스타민제를 개발한 보베
남아프리카의 신비적인 독약을 수술에 이용

스위스 계 및 프랑스 계 이탈리아의 약리학자 보베(Bovet, Daniele; 1907~1992)는 제네바대학을 졸업한 뒤, 프랑스의 파스퇴르연구소에서 업적을 쌓았다. 그는 로마의 약리학연구소 소장으로 임명되면서 귀국하였다.

1935년 도마크는 프론토실을 발견하였다. 프론토실은 체내의 연쇄상구균에는 좋은 효과가 있지만, 시험관에서 배양된 균에는 효력이 없다. 보베는 프론토실이 체내에서 다른 물질로 변화하고, 변화한 물질이 균을 죽일 것이라고 생각하였다. 프론토실이 분해되면 설파닐 아미아드로 바뀌는데, 실험결과 이것이 시험관에서 배양된 균이나, 체내의 균에도 효력이 있다는 것이 밝혀졌다.

1937년 보베는 코스마리와 같은 불쾌한 알러지 증상에 유연하게 작용하는 몇몇 화합물을 발견하였다. 이 증상은 체내에서 히스타민이 생성되기 때문에 일어난다. 이 증상을 없애주는 물질이 곧 항히스타민제이다. 그 후 많은 항히스타민제가 개발되었지만, 결코 알러지를 완전하게 치료하는 데는 이르지 못하였다. 다만 증상을 완화하고 환자의 고통만을 덜어주는 것으로 만족하였다.

1950년대 초기에 알러지 증상이 감기 증상과 비슷한 점에 관심을 가진 제약업계는 항히스타민제가 감기의 증상을 부드럽게 하는 약으로 널리 선전하였다. 일시적으로 진정제 같은 작용을 하므로 미국 전국에서 널리 사용되었다.

보베는 클라레를 외과수술에 사용하는 방법을 개발하였다. 클라레는 남아프리카에서 생장하는 관목의 뿌리 속에 들어있는 알칼로이드이다. 근육 특히 심장까지도 마비시키는 독약이다. 남아프리카에서 독약으로서 흔히 사용되어 왔다. 이것을 적당히 희석시켜 적당한 양을 사용하면, 근육을 부드럽게 풀어주면서 마비시켜 수술하는 데 큰 역할을 하였다.

1957년 보베는 클라레의 근육이완에 관한 연구로 노벨생리의학상을 받았다.

332. 93번 원소 넵투늄을 발견한 맥밀런
입자가속기의 개발에 크게 공헌.

미국의 물리학자 맥밀런(McMillan, Edwin Mattison; 1907~1991)은 캘리포니아대학 공과대학을 졸업하고, 프린스턴대학에서 박사학위를 받으면서 캘리포니아대학 교수가 되었다.

맥밀런은 미국의 물리학자 로렌스의 사이클로트론의 개발에 참여하여 1945년 그는 질량을 증대시키는 방법을 고안하였다. 즉 싱크로사이클로트론(Synchrocyclotron)을 만들어 보통 사이클로트론에서 얻는 입자보다 높은 에너지를 지닌 입자를 만들었다(같은 장치를 같은 시기에 영국에서도, 옛 소련에서도 개별적으로 개발하였다). 그 후 과학 선진국들은 입자 가속기를 경쟁적으로 개발하였다.

맥밀런은 극적인 발견을 해냈다. 1940년에 맥밀런과 미국의 화학자 에이블슨은 우라늄 핵분열을 연구하는 중에 반감기 2,3일인 β입자가 방출되는 사실을 발견하고, 이것을 추적하고 연구한 끝에 원자번호 93번 원소를 확인하였다. 천왕성보다 멀리 있는 해왕성(넵튠)의 이름에서 넵투늄(Np)이라 불렀다. 이것이 역사상 최초의 인공 초우라늄 원소이다. 넵투늄의 동위원소는 β입자를 방출하고 방사성원소 붕괴법칙에 따라 94번째 원소로 전환된다. 이 전환된 새로운 원소를 해왕성보다 멀리 있는 명왕성(pluto)의 이름에서 플루토늄(Pu)이라 불렀다.

맥밀런은 전쟁 중에 레이더, 수중음파탐지기, 원자폭탄을 개발하기 위해 대학을 떠났지만, 전후 캘리포니아대학 물리학 교수로 돌아왔다.

1951년 맥밀런은 초우라늄 원소의 발견으로 시보그와 함께 노벨물리학상을 받았다. 또한 국제 적십자사 이름으로 옛 소련 물리학자 벡슬러와 함께 1963년 평화를 위한 원자력상을 받았다.

333. 대양의 밑바닥을 그려낸 유잉
빙하시대의 출현을 이론적으로 밝힘

미국의 지질학자 유잉(Ewing, William Maurice; 1906~1974)은 텍사스주 휴스턴의 라이스대학을 졸업하고, 박사학위를 취득한 뒤, 피츠버그대학과 리하이대학을 거쳐 컬럼비아대학 교수가 되었다.

제2차 세계대전 이후, 유잉은 추를 내려 해양을 측량하는 19세기적 방법뿐만 아니라, 초음파 측정, 중력 측정, 해저로부터의 채굴 등 많은 해양탐험을 실시하였다. 이러한 탐험으로부터 그는 해양의 여러 모습을 상세하게 연구하였다. 울퉁불퉁한 산맥, 정상이 편편한 산, 작은 돌덩이가 흩어져 있는 부분 등 흥미로운 사실들을 많이 밝혀냈다.

특히 대륙의 산맥보다 크고 긴 해저산맥도 발견하였다. 그 중에 잘 알려진 중부 대서양 산맥은 대서양의 중심을 굽이쳐 뻗고 있다. 그는 이 튀어오른 산맥이 아프리카를 돌아 인도양에 이르고 있으며, 세계를 띠 모양으로 둘러 감고 있다고 밝혔다. 또한 그는 해저 협곡은 물에 의해 만들어진 것이 아니고, 진흙이나 침전물이 격렬하게 흘러 만들어졌다고 설명하였다.

334. 극저온 물질의 성질을 연구한 란다우
자동차 사고로 죽음을 헤메다가 극적으로 회생

옛 소련의 물리학자 란다우(Landau, Lev Davidovich; 1908~-1968)는 바쿠대학을 거쳐, 레닌그라드대학에서 학업을 계속하고, 열아홉 살에 박사학위를 받았다. 잠시 카코프대학 교수를 지낸 뒤, 이론물리학의 메가인 코펜하겐대학에서 수년간 연구하였다.

그는 모스크바의 물리문제연구소의 한 분과의 팀장으로 임명되었다. 그곳에 저온실험 물리학자 카피차가 있었으므로 그의 관심은 극저온 쪽으로 쏠였다. 1940년대에 그는 헬륨-II의 성질을 양자역학적으로 해명하였다. 이것은 현재까지 가장 만족스러운 이론이다. 1950년대에는 헬륨 동위원소인 헬륨-111를 연구하였다.

란다우는 극저온에서 놀랄만한 특성이 있을 것을 예언하였다. 이 특성을 찾는 것이 극저온물리학의 연구 목표이다. 1962년 1월 그는 모스크바 근교에서 자동차 사고로 11개의 늑골이 부러지고, 두개골이 파열되어 즉사할 번했지만, 그 뒤 여러 번 삶과 죽음 사이를 헤매다가 기적적으로 회복되었다.

란다우가 교통사고로 곤욕을 치르고 있을 때인 1962년 노벨물리학상 수상소식이 전해졌다.

335. 미국의 수소폭탄을 개발한 텔러
개발을 둘러싸고 오펜하이머와 불화

헝가리계 미국의 물리학자 텔러(Teller, Edward; 1908~2003)는 독일 라이프치히 대학에서 박사학위를 받고, 같은 나라 사람 실러드나 위그너가 밟았던 것처럼, 히틀러를 피해 덴마크, 다음으로 영국, 마지막으로 미국에 도착하였다. 그는 미국 시민권을 획득하고, 제2차 세계대전 중에 뉴멕시코주 로스 앨러모스에서 원폭개발에 핵심 인물로 참여하였다.

1950년대 초기에 오펜하이머를 중심으로 몇몇 과학자들이 수소폭탄 개발에 반대했을 때, 그는 그 개발에 적극 찬성했고, 실제로 개발에 참여하여 결국 실험 단계에까지 이르렀다. 텔러를 흔히 수폭의 아버지라 부른다. 최초의 수소폭탄은 1952년 태평양상의 비키니 섬에서 시험 폭발되었다. 그 후 옛 소련도 이를 뒤쫓아 10년 사이에 50메가톤급 수소폭탄을 소유하였다(TNT로 환산하여 5천만톤 정도로서, 히로시마형 원폭의 2500배에 해당한다).

이는 세계 인류를 핵의 공포에 떨게 하였다(죽음의 재). 이 문제를 둘러싸고 텔러는 폴링을 비롯하여 핵전쟁의 위험을 염려하는 많은 과학자와 대립하였다. 결국 '오펜하이머 청문회'까지 이르게 되었다. 이때 그는 오펜하이머에게 불리한 증언을 하였다. 이 청문회는 실제 연극으로까지 실현되었다. 많은 교훈이 숨어 있다.

336. 연대측정법을 개발한 리비
텔러와 함께 수소폭탄 개발에 적극 참여

미국의 화학자 리비(Libby, Willard Frank; 1908~1980)는 농부의 아들로 태어났다. 그는 캘리포니아대학 버클리교를 졸업한 뒤, 박사학위를 받고 버클리교 강단에 섰다. 제2차 세계대전 때, 뉴욕의 컬럼비아대학으로 옮기면서 원자폭탄 개발에 관여하였다. 그는 시카고대학 원자핵연구소 화학교수, 원자력위원으로 활동하고, 캘리포니아대학으로 돌아와 지구물리학연구소 교수로 연구하였다.

리비는 방사성 동위원소인 탄소-14에 의한 연대식별 방법을 개발하였다. 탄소-14는 리비의 두 제자가 분리에 성공한 것으로 5,000년의 긴 반감기를 가지고 있다. 탄소-14는 대기 중의 질소 원자에 우주선이 충돌하여 끊임없이 생성되고 있으므로 탄소-14는 공기 중의 이산화탄소 중에 약간 포함되어 있다.

이산화탄소는 끊임없이 식물조직과 결합하고 있으므로, 식물체에는 항상 극소량의 탄소-14가 함유되어 있다. 게다가 동물의 생명은 결국 식물체에 의존하고 있으므로, 탄소-14는 동물체 중에도 존재한다고 밝혔다. 실제로 모든 생물체와 모든 탄소 함유물질 중에는 미량이지만 탄소-14가 존재한다. 생물체가 죽은 뒤에 탄소-14는 새롭게 생물체 조직과 결합도, 교환도 하지 않고 일정 비율로 붕괴해버린다

그러므로 역사적 유물 속에 남아 있는 탄소-14의 양과, 현존하는 그 물체 속에 함유된 탄소-14의 양을 측정하여 비교함으로써, 그 유물의 연대를 추정할 수 있다. 고고학적인 유물의 연대가 밝혀짐으로써 미국 인디언이 미국 대륙으로 건너간 시대에 관해서도 연구되었다. 지구의 역사도 추정할 수 있다. 리비는 이 기술을 완성하였다.

리비는 우주선에 의해 트리튬(수소의 방사성 동위원소)이 만들어지는 것을 확인하였다. 트리튬은 대기나 물속에 항상 수소와 함께 존재하고 있음으로, 트리튬의 농도를 측정하여 우물이나 술의 연대를 알아낼 수 있다.

1960년대 초기, 리비는 미국의 물리학자 텔러와 공동으로 핵전쟁이 일어났을 때를 대비하여 가정용 원자탄 방호집을 만들 것을 강력하게 주장했지만, 사실상 핵전쟁에서는

피난처도 집도 아무 쓸모가 없다는 것이 제2차 세계대전 당시 일본에서 증명되었다.

1960년 리비는 노벨화학상을 받았다.

337. 고체진공관을 개발한 쇼클리
트랜지스터 시대를 열어놓음

영국계 미국의 물리학자 쇼클리(Shockley, William Bradford; 1910~1989)는 캘리포니아공과대학을 졸업하고, 매사추세츠공과대학에서 박사학위를 받았다. 즉시 벨연구소의 기술진에 합류한 그는 미국 국방성 무기평가위원회의 위원장, 그리고 스탠퍼드대학 공과대학 교수를 역임하였다.

쇼클리는 물리학자 브래튼, 바딘과 연구를 진행하는 동안 흥미 있는 현상을 우연히 발견하였다. 어떤 종류의 결정이 정류작용(전류를 일정한 방향으로만 흐르게 하는 것)을 한다는 사실을 알았다. 교류를 사용하여 라디오를 작동할 때 이러한 정류기가 필요하다. 처음에는 결정이 사용되었기 때문에 이러한 종류의 라디오를 '광석수신기'라 불렀다. 그러나 영국의 전기기사 플레밍과 미국의 발명가 드 프리스의 3극진공관이 발명되면서 광석수신기는 사라졌다.

그러나 사정이 크게 달라졌다. 쇼클리가 게르마늄에 약간의 불순물이 함유된 결정이 정류기로서 진공관보다도 우수하다는 사실이 밝혀졌다. 1948년 그는 두 가지 타입의 고체 정류기를 만들었다. 정류뿐만 아니라 전류를 증폭하는 방법, 다시 말해 라디오용 진공관과 같은 기능을 지닌 고체 진공관을 발명하였다. 이 장치를 흔히 '트랜지스터'라 부른다.

1950년대에 들어 트랜지스터를 만드는 기술이 규격화되고, 제품의 질이 일정하게 되어 신뢰성이 높아짐으로써, 트랜지스터는 진공관을 몰아내기 시작하였다. 진공관 보다 훨씬 작으므로 라디오 크기도 작아지고, 스위치를 넣으면 즉시 작동을 하며, 수명이 반영구적이다.

이처럼 라디오가 트랜지스터화 되면서 거대한 계산기의 몸집도 매우 작아졌다. 장치의 소형화는 1950년대 후반이 되면서 더욱 가속화되었다. 이는 우리 생활과 산업에서만 아니라 우주 개발에서 절대적인 가치를 보여주었다.

1956년 윌리엄 쇼클리와 존 바딘, 월트 브래튼 세 사람은 노벨물리학상을 함께 받았다.

338. 반도체와 초전도도를 연구한 바딘
노벨물리학상을 두 번 받은 유일한 과학자

미국의 물리학자 바딘(Bardeen, John; 1908~1991)은 위스컨신대학에서 전기공학으로 학사학위를 취득하고, 2년 동안 조수로서 안테나의 수학적 문제나 응용지구물리학을 연구하였다. 또한 피츠버그의 걸프연구소로 옮겨 자기적, 중력적 석유 시굴 조사의 수학적 모델을 연구하였다.

그러나 바딘은 점차 순수과학에 대한 관심이 높아져 공학의 길을 단념하고, 프린스턴대학 대학원에 입학, 물리학자 비그너의 지도를 받았다. 그는 빠르게 발전하는 고체물리학 분야와 씨름하였다. 그는 트랜지스터 이론을 수립하였다.

바딘은 벨전화연구소에 입사하여 브래튼, 쇼클리와 공동으로 반도체를 연구하여 처음으로 트랜지스터를 완성하였다. 1957년 그는 미국의 쿠퍼, 슈리퍼와 함께 초전도의 완전한 이론(BCS-Bardeen, Cooper, Schrieffer)을 전개하였다. 바딘의 두 가지 업적 어느 것이나 컴퓨터 분야에서 중요한 결과를 가져왔고 또한 컴퓨터의 발명은 곧바로 IC나 마이크로칩의 발전을 가져왔다. 마이크로칩은 컴퓨터를 강력하게 실용적으로 하고 있다. 특히 액체 헬륨-Ⅲ를 이용한 초전도의 연구는 컴퓨터의 기본 수치 계산이나 논리 계산의 고속도를 가능하게 하여 인공지능의 발전을 가져왔다.

1956년 바딘은 1972년 다른 두 사람과 공동으로 노벨물리학상을 받았다.

339. 새로운 정밀분석 기술을 개발한 마틴
페이퍼 크라마토그래피 기술을 보급

영국의 생화학자 마틴(Martin, Archer John Porter; 1910~2002)은 의사의 아들로 태어났다. 케임브리지대학에서 교육받고, 그곳에서 박사학위도 받았다. 1930년대에 영양학연구소에서 2년 근무하고, 리스의 양모공업연구소로 옮겼다. 그리고 노팅엄의 부츠제약회사 생화학부장, 그 뒤 의학연구 요원으로 활동하였다. 그는 리스터 예방의학

연구소를 거쳐, 국립의학연구소의 물리화학부장, 화학고문의 자리에 있다가, 서섹스대학을 거쳐 로잔느공과대학의 초대 화학 교수가 되었다.

마틴은 아미노산 분리에 성공하였다. 단백질 분자는 아미노산이 사슬 모양으로 결합하고 있다는 사실을 에밀 피셔가 이미 밝힌 바 있다. 그러나 단백질 분자를 분해하여 종류별 아미노산의 수를 정확하게 알고, 그 단백질의 특징을 찾아내는 것은 실제로 곤란했다. 생화학자들은 30년 이상 이 문제와 맞붙어 연구했지만 모두 실패하였다. 아미노산은 서로 많이 닮아 보통 분석기술로 분리할 수 없다.

마틴은 크로마토그래피[그리스어의 Chroma(색)과 Grahos(묘사)의 합성어]에 다공성의 종이를 사용할 페이퍼 크로마토그래피 분석방법을 이용하였다. 한 조각 종이의 하부에 아미노산의 혼합액을 적시어 건조시킨 다음, 특별한 용매 속에 그 종이 조각의 밑부분을 접촉시키면, 모세관 현상에 따라 용매는 아미노산과 함께 종이조각을 따라 상승한다. 상승의 속도는 용매와 물에 대한 아미노산의 용해도에 따라 크게 다르다. 그는 이런 방법으로 아미노산을 분리하는데 성공하였다.

마틴은 아미노산의 위치를 화학적으로, 또는 물리적으로 식별하고 같은 방법으로 이미 알고 있는 아미노산의 위치와 비교함으로써, 각 위치에 있는 아미노산의 양도 측정할 수 있었다. 또한 그는 가스 크로마토그래피 분석기술을 개발하였다. 이 방법으로 단백질에 포함된 아미노산의 종류별 수를 알아냈다. 이 방법은 페이퍼 크로마토그래피에 뒤지지 않을 정도로 효과적이므로 화학자에게 큰 도움을 주었다.

1952년 마틴은 노벨화학상을 받았다.

340. 바이러스의 전염성을 밝힌 프랭켈-콘라트
유전과 핵산의 관계를 크게 발전시킴

독일계 미국의 생화학자 프랭켈-콘라트(Fraenkel-Conrat, Heinz;1910~1999)는 독일 프레스라우(지금의 폴란드의 프레스라우)에서 산부인과 의사의 아들로 태어났다. 프레스라우대학에서 의학을 전공한 그는 히틀러가 정권을 장악하자 영국으로 건너가 에든버러대학 대학원을 거쳐 그곳에서 의학박사 학위를 받았다. 그리고 미국으로 건너가 귀화하고 캘리포니아대학 교수로 재직하였다.

프랭켈-콘라트는 세균성 바이러스(박테리오 파지:세균에 감염하여 균 자체를 녹이거나 증식시키는 바이러스)에 관한 연구에서 가장 뛰어난 업적을 올렸다. 그는 바이러스의 본질은 핵단백질이라 밝히고, 핵산은 세포의 물리적인 어느 특징을 변화시킨다는 것도 아울러 밝혀냈다. 이 사실은 생화학자를 매우 놀라게 하였다. 그것은 핵산이 유전형질의 전달에 관계하고 있을 가능성을 생화학자들이 전혀 모르고 있었기 때문이었다.

1955년 프랭켈-콘라트는 세균 바이러스를 연구하면서, 바이러스의 외각 단백질 부분과 핵산 부분을 거의 손상시키지 않고 분리하고 결합시키는 섬세한 방법을 개발하였다. 적어도 몇 개의 바이러스 분자는 이러한 재생처리를 받아도 그의 전염성을 유지함으로써, 과학자가 바이러스라고 판단하는 단 한 가지 기준이 수립되었다.

1950년대 후기에는 생명의 기본적인 성질이 핵산분자의 활동 결과에 관계한다고 밝혀졌다. 핵산의 상세한 화학적 성질의 연구야말로 생화학자의 최고 목표이다.

341. 백색왜성의 구조를 설명한 찬드라세카르
그것은 대전입자의 집합체(플라스마)라 주장

독일계 미국의 천문학자 찬드라세카르(Chandrasekhar, Subrahmanyan; 1910~1955)는 파키스탄에서 태어났다. 인도에서 교육받은 그는 학사학위를 받은 뒤, 케임브리지의 트리니티 칼리지에서 박사학위를 취득하였다. 미국에 건너간 그는 귀화하여 시카고대학 교수가 되었다.

찬드라세카르는 주로 백색왜성의 구조를 연구하였다. 백색왜성을 구성하는 원자의 대부분은 붕괴하여 대전입자의 집합체(플라스마)로 되어 있고, 전체는 보통 물질의 수천 배 밀도가 될 정도로 압축되어 있다고 밝혔다.

찬드라세카르는 별이 그 대부분의 수소를 태우고 나면, 중력장에 대항하여 자신의 크기를 유지할 압력을 만들어 낼 수 없으므로 수축한다. 수축하는 사이에 밀도가 늘어나면, 별은 수축상태까지 원자구조를 파괴하여 충분한 내부 에너지를 만들어 낸다. 그러나 모든 별이 백색왜성이 되는 것은 아니다. 압축의 정도에는 어느 한계가 있음으로 백색왜성도 어떤 정해진 크기를 넘어 질량을 크게 할 수 없다. 그의 계산에 따르면, 질량의 크기는 태양 질량의 1.5배라고 밝혔다. 이것이 '찬드라세카르의 한계'이다. 그의 한

계질량 이상의 질량을 가진 별은 초신성이 되고, 넓고 큰 폭발로 그의 과잉질량을 우주로 산산히 흩어지게 한다.

342. 식물의 광합성 과정을 밝힌 캘빈
연구 과정에서 방사성 동위원소 탄소-14를 사용

 미국의 생화학자 캘빈(Calvin, Melvin; 1911~1997)은 러시아계 이민의 아들로 태어났다. 미시간광산공업대학을 졸업한 그는 미네소타대학에서 박사학위를 받았다. 2년 동안 영국의 맨체스터대학에 유학한 뒤, 귀국하여 캘리포니아대학 강사로 활동하다가 조교수를 거쳐 교수가 되었다.
 1941년에 캘빈은 광합성 과정을 연구하였다. 녹색식물은 공기 중의 이산화탄소와 물로 전분을 만들고, 산소(반응의 부산물)를 방출한다. 이것은 비할 데 없는 지상 최고의 생화학반응이다. 사람과 동물은 이 방법으로 식물이 만든 것을 식료로 삼아 살아간다.
 이 반응은 시험관 중에서 무생물을 사용하여 모방할 수 없으므로 광합성의 상세한 과정을 연구할 수 없다. 따라서 살아 있는 세포를 사용하여 전체적인 과정을 연구할 수 밖에 없다. 하지만 광합성의 반응은 그 속도가 너무 빨라 반응 도중에 중지시킬 수 없다. 그래서 캘빈과 그의 동료들은 방사성 동위원소 탄소-14를 포함한 방사성 이산화탄소를 이용하여 이 어려운 점을 해결하였다.
 그들은 이산화탄소를 몇 초 사이에 식물에 흡수시키고, 크로마토그래피를 이용하여 그 내용물을 분석하였다. 방사성 탄소-14를 함유하고 있는 물질은 광합성의 초기 단계에서 생성된다는 사실을 밝혀냈다. 연구의 진전은 더디었으나, 점차 캘빈과 그의 동료들은 중간생성물을 발견하고 이를 분리하여, 그 중간생성물이 어떻게 생성되었지를 추리하였다.
 1961년 캘빈은 광합성에 관여하는 탄수화물의 생합성 과정을 연구한 업적으로 노벨화학상을 받았다.

343. 초우라늄 원소를 주로 연구한 시보그
초우라늄 원소(93번-100번)를 계속해서 발견

미국의 물리학자 시보그(Seaborg, Gleen Theodore; 1912~1999)는 캘리포니아대학에서 박사학위를 취득하여 대학 교수진에 합류하였으며, 1958~61년 버클리대학 총장을 지냈다.

1940년에 시보그는 맥밀런과 공동으로 초우라늄 원소를 연구하였다. 그들은 많은 원소를 계속 발견하였다. 원자번호 93인 넵투늄(Np)과 원자번호 94인 플루토늄(Pu), 원자번호 95인 아메리슘(Am)와 원자번호 96인 퀴륨(Cu)을 발견하였다. 아메리슘은 미국의 명예를, 퀴륨은 퀴리 부부의 명예를 위해 이름이 붙었다. 1949년에는 원자번호 97인 버클륨(Br)과 원자번호 98인 캘리포늄(Cf)을 확인하였다. 이 이름은 대학소재지인 버클리와 캘리포니아의 이름을 각기 따라 불렀다.

시보그는 초우라늄 원소는 서로 닮은 사실을 발견하고, 원자번호 89인 악티늄(Ac)을 위시한 다른 희토류 원소가 존재할 것으로 생각하였다. 두 개의 희토류를 구별하기 위해 원자번호 57인 란탄(La)으로부터 시작하는 쪽의 그룹을 란탄족, 새로 발견된 그룹을 악티늄족이라 불렀다. 3세기 전의 멘델레예프가 만든 주기율표에 수정이 가해졌다. 이 수정은 그 전에 보어가 예언한 바 있었다.

시보그는 1952년에 원자번호 99인 아인시타이늄(Es)을, 1953년에는 원자번호 100인 페르뮴(Fem)을 발견하였다. 각기 아인슈타인, 페르미를 기념하여 그처럼 불렀다. 1953년에는 원자번호 101번인 멘델레븀(Md)이 발견되었다. 멘델레예프를 기념하여 그렇게 불렀다. 1957년에는 원자 번호 102번 원소인 노벨륨(No)이 발견되고, 노벨을 기념하여 노벨륨이라 불렀다. 1961년에는 원자번호 103번인 원소의 존재가 확인되고, 로렌츠를 기념하여 로렌슘(Lr)이라 불렀다.

시보그는 1942년에 우라늄-233을 분리하였다. 우라늄-233은 토륨에서 만들어지고, 우라늄-235와 마찬가지로 핵분열을 잘 일으킨다. 따라서 우라늄 연료 이외에 토륨 연료가 에너지 자원으로 더해졌다.

1951년 시보그는 노벨화학상을 받았다.

344. 암호해독기를 제작한 튜링
동성애 사건과 우울증으로 자살

　영국의 수학자 튜링(Turing, Alan Mathison; 1912~1954)의 집안은 외교관과 기술자로 나뉘어져 있다. 그의 가족 중 세 사람이 왕립학회 회원으로 선출되었다. 튜링은 케임브리지대학 킹스 칼리지에서 학사학위를 취득하였다. 자신의 논문으로 칼리지의 특별연구원으로 선발된 그는 그 논문으로 수학 부문의 스미스상을 받았다.
　그 논문은 그의 생애를 통해 수학적 두뇌를 보여주는 증명서와 같았다. 튜링은 미국으로 건너가 2년 동안 프린스턴대학에서 계산의 이론을 연구하고, 런던 수학회에서 '계산 가능한 수'라는 주제로 논문을 발표하였다. 그것은 수학에 대한 큰 공헌으로 꼽힌다. 논리적으로 풀지 않으면 안 되는 수학 문제 중에는, 그 과정에서 어떻게 해도 풀 수 없다는 사실을 해명하였다. 그리고 그 문제를 해결할 수 있는 것은 자동기계라 하였다.
　1931년 케임브리지대학 킹스 칼리지에 진학한 튜링은 힐베르트와 괴델과 같은 현대수학의 스타들이 제기한 근본문제들을 연구하는 한편, 오늘날 일반적으로 튜링 머신이라 부르는 만능기계를 구상하였다. 이 기계는 원칙적으로는 충분하고 상세한 지시를 준다면, 상상할 수 있는 어떤 과제라도 풀 수 있다. 그의 논리에 따르면 이 기계가 사람 두뇌만큼의 지능을 일일이 보여줄 수 있다고 장담하였다.
　1936년 9월 미국으로 건너가 프린스턴대학 대학원생으로 2년 동안 지낸 튜링은 대수와 수론에 관한 연구를 하면서 박사학위 논문을 준비하였다. 그는 폰 노이만으로부터 프린스턴대학의 임시직을 제의받았으나 케임브리지대학으로 돌아갔다. 하지만 대학 강사직을 얻지 못하고 논리학자와 이론가로서 특별연구원으로 활동하였다.
　제2차 세계대전이 일어나자, 튜링의 분석능력을 높이 평가한 영국 정부는 그에게 중요한 직책을 맡겼다. 그는 동료 수학자들과 함께 영국의 한 도시에 비밀로 차린 전시암호분석 본부에서 독일 최고 사령부의 군사암호를 해독하는 작업을 하였다. 당시 독일의 U보트 잠수함은 무섭게 영국의 선박을 격침시켰다. 영국의 과학자들은 독일이 에니그마(Enigma)라 부르는 암호장치를 사용하여 잠수함에게 명령을 내린다는 사실을 알았다. 이 장치는 너무 교묘하게 만들어져 그 해독이 매우 어려웠다. 그러나 에니그마에도 한계가 있었다. 튜링과 그의 동료들은 폴란드의 암호전문가로부터 도움을 받아 암호해독의 길을 찾기 시작하였다. 이들은 본래의 암호과정을 거꾸로 복제하는 정교한 전자기계장치를 만드는데 성공하였다. 컴퓨터와 같은 숫자계산을 통해서 여러 가지 가능성을 신속하게 시험함으로써, 이 장치는 독일이 암호를 작성하는 순간 그 암호를 풀었다.

 드디어 1941년 중반기부터 암호해독 팀은 독일군이 메시지를 송신한 뒤 1시간 이내에 그들이 보낸 암호를 해독하였다. 튜링과 암호해독 팀의 임무는 전쟁이 끝난 뒤 20여 년 동안 극비에 부쳐져 세상에 알려지지 않았다. 튜링과 그의 일행은 영국의 생존에 중요한 역할을 하였다.

 1942년 11월 튜링은 U보트와 에니그마의 해결책을 협의할 뿐만 아니라, 루즈벨트 미국 대통령과 처칠 영국 수상 사이의 통화를 전자암호로 만드는데 것에 관한 최고위급 연락업무를 수행하기 위해 미국으로 건너갔다. 1943년 3월 귀국한 그는 영국 전시 암호 분석본부의 전 운영을 총괄하는 자문관이 되었다.

 종전이 가까워지면서 연합국이 대서양을 장악하자 U보트 문제에서 해방되었다. 그런데 1945년 6월, 폰 노이만의 지도로 전자컴퓨터 제작계획을 밝힌 미국에 대해 영국의 국립물리연구소는 이와 경쟁할 수 있는 프로젝트를 계획하고, 튜링을 수석과학관으로 임명하였다.

 1946년 초 튜링의 설계가 영국의 자동계산엔진(ACE)으로 정식 승인되었다. 그는 미국의 계획처럼 전자부품 제작보다는 프로그래밍으로 계산기능을 수행하는데 역점을 두었다. 그는 수작업에서 마음대로 대수, 암호해독, 파일 다루기, 체스놀이로 전환할 수 있는 컴퓨터를 계획하였다.

 1947년 튜링이 개발한 단축부호명령은 프로그램 언어의 기원이 되었다. 그러나 관료주의자들의 간섭으로 그의 위대한 설계가 점차 위축되기 시작하자, 그는 국립물리연구소를 떠나 맨체스터대학 컴퓨터그룹에 합류하였다.

 1952년 3월 31일 튜링은 19세의 청년과 동성연애를 하고 있다는 사실이 경찰에 발각되어 체포되었다. 언제나 솔직한 성격인 그는 재판장에서도 자신의 행위를 변호하거나 부인하지 않고 담담하게 털어놓았다. 1년 징역을 순순히 받아들였다. 그는 이 일 때문에 그 동안 개인적으로 지속되어 오던 영국 암호해독본부의 비밀취급인가 자격이 박탈되었다. 1953년 3월 튜링을 방문한 노르웨이 사람을 국가경찰이 조사하자 그의 신경은 더욱 날카로워졌다. 경찰이 국가비밀을 알고 있는 그에게 접촉하는 외국인을 경계하는 것은 이해할 수 있지만, 이런 일은 그의 불안과 우울증을 가중시켰다.

1954년 6월, 마흔 두 살 생일을 며칠 앞두고, 침대에서 그의 시체를 발견한 사람은 그의 가정부였다. 그의 침상에는 청산칼륨을 바른사과 반쪽이 남아 있고, 아무 유서도 남기지 않았다. 런던 동성애 해방전선에서 일하는 동안 튜링에게 관심을 갖게 되어 그의 전기를 쓴 젊은 영국의 물리학자는, 그의 죽음을 몰고 온 것은 동성애로 박탈된 비밀취급인가와 냉전의 여파라고 주장했다. 튜링의 생애와 업적은 많이 알려졌지만, 이 고뇌로 가득한 천재의 수수께끼는 아직도 완전히 풀리지 않고 있다.

345. 방사능 띠를 확인한 밴 앨런
대기의 지식을 기구와 로켓으로 수집

미국의 물리학자 밴 앨런(Van Allen, James Alfred, 1914~2006)은 아이오와주의 웨슬리안대학을 졸업하였다. 2학년 때 이미 우주선의 강도를 측정한 그는 졸업 후 아이오와주립대학에서 연구하였다. 박사학위를 받은 그는 아이오와주립대학 물리학부장, 그리고 카네기연구소 지자기 부문의 연구위원으로 종사하면서 아이오아주대학 천문학 교수도 겸하였다. 1953년부터 수소폭탄 개발 계획에 참여하고, 1957년부터 국제지구관측년 조직과 밀접한 관계를 맺었다.

종전 후 밴 앨런은 미사일용 V-2 로켓이 독일에서 미국으로 옮겨지자 연구용으로 사용되었다. 로켓 탄두 부분에 우주선 측정장치를 조립하고, 본부가 지시하는 전파로 수백km 높이의 상황을 지상으로 알리도록 설계하였다. 여기서 밴 앨런 장치의 축소화 경험이 크게 작용하였다. 한정된 로켓 탄두 공간에 가능한 한 많은 기구를 조립해 넣을 수 있다.

V-2 로켓은 분명히 놀랄만한 제품이었다. 그러나 그것은 미사일 비행에 불과하므로, 밴 앨런은 1950년대에 로켓과 기구를 조합시킨 독쿤을 사용하였다. 그는 옛 소련의 인공위성 발사 뉴스가 전해졌을 때 남극대륙을 향한 배 위에 있었다. 그는 급히 돌아와 미국의 인공위성 발사계획에 참가하였다. 미국 육군은 폰 브라운 박사를 기용하여 1958년 1월 31일 미국 최초의 인공위성 익스플로러 1호를 발사하였다.

그 위성 본체는 옛 소련의 것보다 작았지만, 밴 앨런이 이룩한 소형화라는 면에서는 우수하였다. 그는 지구 가까운 우주 공간에서 우주선의 강도를 측정하는 장치를 익스플로러 1호에 실었다. 그는 이때 계수관의 작동이 중지한 사실에 주목하였다. 그것은 우주선이 소실되어서가 아니라, 계수관이 작동할 수 없을 정도로 우주선이 강하기 때문이라고 판단하였다. 그래서 그는 계수관을 납으로 차단하고 약간의 우주선만이 작용할 수 있도록 하였다(빛이 강할 때 색안경을 끼어 빛을 막는 것처럼).

1958년 7월에 쏘아 올린 익스플로러 4호에 계수관을 실었을 때 결과가 명백하게 나타났다. 지구 가까운 우주 공간에 상상할 수 없을 정도의 강한 방사선 영역, 즉 띠가 존재하였다. 이 강한 방사선 띠는 적도 근방을 둘러싸고 있다. 이를 흔히 '밴 앨런 띠'라 불렀다(1960년대 초기에 정식으로 '자기권'이라 명명되었다). 자기권은 물론, 태양 면 폭발로 생기는 갑작스럽고 예기치 않은 방사능은 인간이 우주를 탐험할 즈음에 문제가 된다. 옛 소련의 우주비행사 가가린이나 우주를 비행한 사람은 지구 가까운 우주공간에서 인간이 안전하다는 것을 분명히 보여주었다.

346. 독일 로켓 개발의 선구자 폰 브라운
미국의 우주개발에 큰 업적을 남김

독일계 미국의 로켓 기사 폰 브라운(Braun, Wernher Magnus Maximillian von; 1912~1977)은 남작 집안에서 태어나 스위스의 취리히와 베른에서 교육받고, 베를린대학에서 박사학위를 받았다.

소년시절부터 로켓에 흥미를 가진 브라운은 1930년 로켓 실험을 목적으로 하는 '로켓광 동아리'에 합류하였다. 거의 55개의 로켓을 발사하고, 1.6km의 고도까지 올렸다.

1932년 독일 육군은 로켓 개발계획을 수립하였다. 다음 해 히틀러가 정권을 장악하자, 그는 이를 장악하고 1936년에 발트해에 접한 페네뮌데에 로켓 연구센터를 건설하였다. 1938년에는 사정거리 17.6km의 로켓이 제작되었다. 이것은 매우 중대한 의미를 지니고 있었다. 그것은 제2차 세계대전이 시작되고 로켓이 군사용으로 이용되었기 때문이다.

폰 브라운은 나치당에 입당하고, 그의 지도 하에 연료와 산소를 실은 최초의 미사일이 1942년에 시험발사되고, 1944년에 미사일이 전쟁에 투입되었다. 이것이 유명한 V-2

호(V는 보복의 의미를 나타내는 Vergeltung의 두문자)이다. 대전 중에 발사된 4300발 중 1230발이 런던에 떨어졌다. 이 미사일에 의해 영국인 2511명이 죽고, 5869명이 중상을 입었다. 만일 전쟁이 지속되었다면 더 큰 화를 입었을 것이다.

전쟁이 끝나자 폰 브라운과 그의 동료들은 미국에 항복하고, 곧 미국으로 건너간 그는 1945년에 미국 시민이 되었다. 그리고 새로운 임무에서 그의 재능이 유감없이 발휘되었다. 옛 소련의 스푸트니크 위성의 발사 성공으로 미국이 충격을 받고 있을 때, 4개월 후에 그의 지도로 미국 최초의 인공위성(익스플로러 1호)가 발사되었다. 만일 폰 브라운이 조금 앞당겨 쏘아 올렸다면 옛 소련을 앞질렀을지도 모른다. 그러나 그는 독일에서는 히틀러의, 미국에서는 아이젠하워의 미움을 받았다.

347. 소아마비 왁친을 개발한 솔크
첫 사용 때 부주의로 11명의 어린이가 죽음

미국의 미생물학자 솔크(Salk, Jonas Edward; 1914~1995)의 아버지는 유태계 폴란드 사람으로 미국으로 이주하였다. 뉴욕시립대학 외과를 졸업한 그는 뉴욕의과대학 의학부의 연구원으로 단백질을 연구하였다. 박사학위를 취득한 그는 미시간대학 바이러스 연구 팀에서 요원으로 참여하였다.

솔크는 인플루엔자 왁친을 연구한 뒤부터 2년 동안 군부대에서 전염병을 연구하였다. 미시간대학의 역학 조교수가 된 다음 해에는 피츠머그대학에 초청되어 바이러스 질병의 원인과 치료에 관해 3년 계획으로 연구하는 특별 연구 의학팀에 참가하였다. 1962년에는 샌디에이고의 솔크생물학연구소 소장으로서 암 연구에 종사하였다.

1952년 솔크는 소아마비 왁친을 선보였다. 처음에는 소아마비에 걸렸다가 회복된 어린이를 대상으로, 그 다음에는 소아마비에 걸리지 않은 어린이를 대상으로 실험하여 모두 성공하였다.

1954년부터 왁친의 대량생산 체제로 들어갔고, 1955년 솔크는 소아마비 왁친 개발을 발표하였다. 그는 엔더스 그룹의 폴리오 바이러스 배양법을 이용하여 실험용 바이러스를 다량 입수하였다. 그리고 바이러스를 죽이지만, 발병하지 않는 폴리오 바이러스에 대해 효력을 가진 항체를 만들었다.

한편 솔크 왁친의 성공 뉴스가 전 세계로 퍼져 나갔다. 신문에서 큰 호평을 받았다. 그러나 경험 부족으로 거의 200명의 어린이가 왁친 주사로 폴리오 바이러스에 걸려 그 중 11명이 목숨을 잃었다. 그러나 주사를 맞은 대부분의 어린이는 무사하였다. 그 후부터 엄격한 주의가 기울어져 두 번 다시 그런 일은 일어나지 않았다. 그후 세이빈의 왁친이 만들어져 소아마비의 발생은 현저히 떨어졌다.

348. 소립자 연구를 개척한 호프스태터
새로운 선형가속기로 원자 내부를 샅샅이 연구

미국의 물리학자 호프스태터(Hofstadter, Robert; 1915~1990)는 뉴욕시립대학을 우등으로 졸업하고, 프린스턴 대학원에서 박사학위를 취득하였다. 그는 제2차 세계대전 중에 밴 앨런의 근접신관의 연구를 도왔다. 프린스턴대학 연구원을 거친 그는 스탠퍼드대학 물리학교수를 거쳐 물리학부장이 되었다.

호프스태터는 거대한 선형가속기를 사용할 기회를 가졌다. 이 가속기는 입자에 연속적인 힘을 직선적으로 가하는 것으로, 로렌스의 사이클로트론이나 카스트의 베타트론처럼 원형으로 가속하는 것과 전혀 달랐다. 베타트론보다도 복잡하지 않지만 매우 높은 에너지 입자를 만들어 낼 수 있다. 그런데 선형가속기를 설치하는 장소는 한없이 넓어야한다. 스탠퍼드대학에 설치될 예정 길이는 2km였다. 이 때문에 선형가속기는 최초로 발명된 가속기이지만, 사이클로트론 계통의 가속기보다도 설치되는 일이 드물었다.

호프스태터는 원자핵 내부의 구조를 연구하였다. 그는 높은 에너지를 지닌 전자가 원자핵에서 산란하는 모습을 연구하여 원자핵 내부 구조를 추측하였다. 전자의 에너지를 크게 할수록 전자는 들어붙거나 반발하는 일없이 원자핵 가까이 접근하여 상세하게 구조를 알려주었다. 1960년에는 원자핵 안에 있는 양자나 중성자를 볼 수 있었다. 그는 관측 결과로부터 이미 알고 있던 중간자보다도 질량이 큰 중간자가 존재할 가능성이 있을 것으로 추측하였다. 이를 '로 중간자', '오메가 중간자'라 불렀다. 두 중간자는 그 수명이 매우 짧다. 어느 면에서 호프스태터는 보다 근본적인 대상에 대한 탐구로 향하였다.

그러나 20세기 중반에 들면서, 발견된 소립자의 수가 많아지고 각 입자 사이의 관계가 확실하지 않았으므로, 시기적으로 보아 소립자 사이의 질서가 연구될 때가 찾아왔다. 이 연구는 미국의 물리학자 겔만의 연구와 함께, 이 분야의 연구 길을 터놓았다.

1961년 호프스태터는 루돌프 메스바우어와 함께 노벨물리학상을 받았다.

349. 마이크로파 발생장치를 개발한 타운스
이 장치는 의학, 통신 분야에서 널리 사용

미국의 물리학자 타운스(Townes, Charles Hard; 1915~)는 법률가의 아들로 태어났다. 그는 고향인 그린빌의 파먼대학을 졸업하고, 듀크대학에서 석사학위를, 캘리포니아공과대학에서 박사학위를 취득하였다. 제2차 세계대전 때부터 그 뒤 수년간 벨전화연구소에서 근무하고, 또한 레이더 폭격방식의 개발계획에 참여하였다. 그리고 컬럼비아대학 물리학부 교수가 되었다.

1950년 무렵, 타운스는 강력한 마이크로파 발생장치를 만들 수 있을지 관심을 가졌다. 그 무렵 분자가 고에너지 준위로부터 저에너지 준위로 옮길 때, 마이크로파를 방사하는 원리를 기초로, 이 장치를 만들 수 있을 것으로 판단하였다. 그는 컬럼비아대학에서 이 문제를 아주 일반적인 방법으로 추구하였다.

타운스는 전자회로를 사용하는 것보다 분자를 이용하면 매우 작은 장치를 얻을 수 있지 않을까 생각하였다. 암모니아 분자를 열이나 전기로 여기시키고, 이 여기된 분자에 암모니아 분자 본래의 진동수를 가진 매우 약한 마이크로파 선을 쪼이면, 그 분자가 자극되어 에너지를 마이크로파로 방출한다. 그것을 다시 다른 분자에 쪼이면 마이크로파 선이 다시 방출된다. 이처럼 암모니아 분자에 연쇄반응을 일으킴으로써 마이크로파가 홍수처럼 방출된다.

타운스가 이 착상을 머리에 떠올린 것은 1951년이었다. 1953년에는 학생의 협력을 얻어 실제로 이 장치를 만들고, 필요한 마이크로파를 만들어냈다. 이 방법이 '방사 에너지의 유도방출에 의한 마이크로파 증폭'(Microwave Amptification by Stimulated Emission of Radiation)으로서, 간단하게 메저(Maser)라 부른다.

메저의 용도는 매우 넓다. 암모니아 분자가 방출하는 마이크로파는 그 진로가 일정하고 변화하지 않는다는 사실을 알았다. 이것은 시간을 측정하는데 사용된다. 메저는 지금까지 발명된 어떤 시계보다 정확하다.

타운스는 기체인 암모니아 대신 고체 분자를 사용하여 더욱 용도가 넓은 장치를 만들 계획을 세웠다. 1950년대에 타운스나 그 외의 사람들이 고체 메저를 만들었다. 이 메저는 거의 잡음을 내지 않고 마이크로파를 약한 신호로 높게 증폭시킬 수 있다. 미국의 전기 기사 피어스의 에코 1호 인공위성의 거의 소멸되어 가는 전파를 이 방법으로 증폭시키는데 성공하였다. 또한 금성으로부터 레이더파의 반사도 증폭시켰다.

한편 타운스는 마이크로파 대신 적외선이나 가시광선을 방사할 수 있는 메저장치를 연구하여 1960년에 처음으로 제작되었다. 핑크색 루비가 강한 적색광선을 간헐적으로 방사하는 장치를 만들었다. 이 광선은 응집되고 확산하지 않으므로 거의 무한정 먼 곳까지 전달된다. 이 광선은 40만km 먼 곳에 있는 달에 도달해도 3.2km 정도로 퍼질 뿐이다.

이처럼 에너지의 분산이 매우 적으므로, 이 메저광선을 달에 비춰 반사시켜 보통 망원경으로는 볼 수 없을 정도로 달 표면을 정밀하게 볼 수 있다. 가느다란 광선 중에 커다란 에너지를 내장하고 있는 메저광선은 눈의 수술에도, 극히 적은 물질을 증발시켜 스펙트럼을 분석하는 화학분석에도 이용된다. 한편 그는 논문 중에서 광학 메저가 이론적으로 가능하다고 발표하였다.

1964년 타운스는 독립적으로 연구한 다른 두 물리학자 니콜라이 바소프, 알렉산드르 프로호로프와 최초의 광학메저(레이저 Light Amplification by Stimulated Emission of Radiation의 머리글자 LASER) 연구로 공동으로 노벨물리학상을 받았다.

350. 단백질을 분리하고 분석한 리처드 싱
다공질 여과지를 사용한 크로마토그래피 개발

영국의 생화학자 리처드 싱(Synge, Richard Lawrence Millington; 1914~1994)은 리버풀의 주식중매인 아들로 태어났다. 그는 윈체스터대학을 거쳐, 케임브리지대학을 졸업하고, 5년 후에 박사학위를 받았다. 리스의 양모공업연구소를 거쳐 런던의 리스터예방의학연구소로 옮겨 단백질을 연구하였으며, 뉴질랜드 농무성 동물시험장, 농업

연구 기구의 식품연구소에서 생화학자로 연구하였다.

1940년대 초기에 단백질을 분리하는 간단한 분석기술은 있었지만, 아미노산을 각기 분리하는 기술은 없었다. 마틴과 싱은 케임브리지대학과 리스연구소에서 함께 연구했는데, 크로마토그래피에 다공질의 여과지를 사용하는 기술을 개발하여 단백질 연구의 토대를 마련하였다. 최근 발전한 것으로는 고압액체 크로마토그래피가 있다.

1952년 리처드 싱은 아처 마틴과 공동으로 노벨화학상을 받았다.

351. 정보전달의 기본 개념을 유도한 섀넌
생물학, 음성학, 심리학, 문학 등의 연구에 응용

미국의 수리공학자 섀넌(Shannon, Claude Elwood; 1916~2001)은 미시간대학을 졸업한 뒤, 매사추세츠공과대학에서 박사학위를 취득하고, 벨전화연구소에서 가장 능률적인 정보전달 문제를 연구하였다.

모스가 전신을 발명하면서부터 1세기 동안 급격하게 증가한 통신은 전선이나 공기 중을 변조한 전류나 전자파가 여러 방법으로 많은 통신문을 전달하였다. 그러므로 전달 능률을 향상시킬 수만 있다면, 어느 방법이 가장 능률적인가를 알아내는 것이 시급하였다. 섀넌은 이 문제를 근본적으로 해결하기 위해 노력하였다. 1948년 정보를 정량적인 형태로 나타내는 방법을 생각해낸 그는 정보를 구성하는 가장 기본적인 단위로 '예스', '노'를 이용하였다. 무엇인가 존재하든가, 않든가이다. 이 상황은 1 또는 0인 2진법 기호로 나타낼 수 있다. 이 경우 1과 0이 2진수(binary digit)이므로, 'bit'라고 간단하게 쓴다. 따라서 비트는 정보전달의 최소단위이다.

1949년에 출판된 그의 저서를 보면, 섀넌은 정보의 정량화를 엄밀한 수학적인 분석에 바탕을 두고 기술하였다. 이 이론은 회로나 전자계산기의 설계나 아니면 정보공학, 생물학, 심리학, 음성학, 의미론, 문학에서 크게 역할을 한다.

이 과정을 기술한 그의 수학적인 이론은 다른 전달 분야에 그대로 적용 가능한 일반적인 이론이 되었다. 따라서 그는 정보이론의 창시자의 한 사람이다.

352. 핵산의 나선구조를 밝힌 크릭
생물학, 화학, 물리학이 융합된 분자생물학의 승리

영국의 분자생물학자 크릭(Crick, Francis Harry Compton; 1916~2004)은 런던대학에서 물리학을 전공하고, 졸업 후 해군에 입대하여 레이더와 자기지뢰 개발에 종사하였다. 그 후 생물학을 연구할 것을 다짐한 그는 캐번디시연구소로 옮겼다.

1951년까지 그곳에서 연구했던 크릭은 미국의 젊은 연구자 왓슨과 만나, 두 사람은 노벨상 수상의 동기가 된 연구를 시작하였다. 크릭은 케임브리지의 키스 칼리지에서 박사학위를 받고 영국과 미국에서 강의하다가, 캘리포니아의 샌디에고 솔크연구소 교수가 되었다.

제2차 세계대전 당시 생화학에 혁명이 일어났다. 마틴과 싱이 페이퍼 크로마토그래피를 개발하여 복잡한 생화학적 혼합물을 구성성분으로 분리하는 것이 쉬워졌다. 또한 원자로가 방사성 동위원소를 많이 만들어 이를 추적자로 이용할 수 있는 기술이 개발되었다. 동시에 생화학자들은 육체적인 특징을 유전시키는 수단이 단백질이 아니라 핵산이라는 것, 생명의 가장 중요한 화합물은 염색체를 구성하는 디옥시리보핵산(DNA)이라고 이해하기 시작하였다.

핵산의 성질은 대강 밝혀졌지만 세부적으로는 알려지지 않았다. 그것은 종래의 화학적인 방법으로는 불충분하기 때문이다. 그러므로 크릭은 새로운 방법을 모색하였다. 때마침 물리학의 소양을 지닌 케임브리지의 과학자들이 생화학으로 전향하여 생물학과 화학과 물리학을 융합한 분자생물학의 기초가 구축되고 있었다.

크릭은 분자생물학으로 전향한 물리학자이다. 젊은 왓슨도 그를 따랐다. 두 사람은 공동으로 X선 회절 연구 자료를 수집하고, 핵산분자 내의 함질소염기 사이에 일정한 관계가 있다는 사실에 눈길을 돌렸다. 그리고 DNA 분자는 나선구조로 결합되어 있다는 사실을 일류 신문에 발표하였다. 크릭과 공동연구한 윌킨스는 영국의 왓슨은 미국의 분자생물학으로, DNA 구조의 해명으로 1962년 노벨생리의학상을 받았다. 이는 생물학에서 20세기 최대 발견으로 보인다.

353. 단백질 분자의 미세구조를 연구한 켄드루
X선 회절로 미오글로빈 분자의 구조를 밝힘

　영국의 생화학자 켄드루(Kendrew, John Cowdery; 1917~1997)는 장학금을 받아 케임브리지대학 트리니티 칼리지에 진학하고, 제2차 세계대전이 일어나기 전야에 졸업하였다. 제2차 세계대전 중에 항공기 제조성에서 근무한 그는 그 뒤 모교에서 박사학위를 취득하였다. 케임브리지대학 캐번디시연구소에서 분자생물학을 연구한 그는 분자생물학연구소로 승격한 뒤에도 근무하였다. 그리고 하이델베르크의 유럽분자생물학 연구소 총장으로 취임하였다.

　켄드루는 케임브리지대학에서 오스트리아계 영국의 생화학자 페루츠 교수의 지도를 받았는데, 그 교수는 영국의 생화학자 크릭을 포함한 분자생물학자의 한 그룹을 만들었다. 페루츠와 켄드루의 연구과제는 단백질 분자의 미세구조이다. 반세기 전에 피셔는 단백질 분자가 아미노산으로 구성되어 있다고 밝혔고, 1950년대에 프리데릭 생어는 아미노산 배열의 순서를 결정하는 방법을 탐색하였다. 그러나 실제로 살아있는 단백질 중의 아미노산 사슬의 상태를 밝히는 문제가 아직 남아 있었다. 이 목적에 가장 적합한 것으로 X선 회절을 이용하는 방법이 있다. 이 방법을 사용하면 거대한 분자의 규칙적인 구조를 전체적으로 식별할 수 있다. 또한 그 이상의 것, 즉 원자의 정확한 위치를 각각 밝힐 수 있다. 페루츠는 헤모글로빈을 연구대상으로 선택하고, 켄드루는 더욱 간단한 미오글로빈 분자(헤모글로빈과 유사하지만, 크기가 14분의 1)를 대상으로 삼았다.

　수년 동안 고생 끝에 켄드루는 X선 회절 그림을 분석하는데 성공하였다. 복잡한 모양을 연구하는 데는 고속도의 계산기가 필요했다. 마침 1950년대 후반에 고속 계산기가 선보여 밑받침이 되었다. 그는 1960년대에 이르러 미오글로빈 분자의 입체적 구조를 정확하게 묘사하였다.

　1962년 켄드루는 미세 단백질 구조 결정의 연구로 막스 페루츠와 공동으로 노벨화학상을 수상하고, 1974년는 기사 작위를 받았다.

354. 복잡한 생리활성물질을 합성한 우드워드
스무 살에 박사학위, 다음해 하버드대학 연구원으로

미국의 화학자 우드워드(Woodward, Robert Burns; 1917~1979)는 겨우 열여섯 살의 나이로 매사추세츠공과대학에 입학하고, 3년 뒤에 학사학위, 다시 1년 뒤에 박사학위를 취득하였다. 스물한 살의 나이로 하버드대학 연구원으로 발탁되고, 평생 그곳에서 연구생활을 하였다.

학생시절부터 유망했던 이 청년의 연구가 열매를 맺은 것은 1944년이다. 그는 공동으로 키니네 합성에 성공하였다. 이 합성은 완전한 합성이다. 원료 그 자체인 탄소, 수소, 산소, 질소로 합성하였다. 합성의 어느 단계에서도 생물이나 생물에서 얻은 중간 물질을 사용하지 않았다.

우드워드는 합성화학에서 놀라운 업적을 이룩하였다. 우선 가장 복잡한 비중합체 분자를 합성하였다. 또한 1951년에 콜레스테롤, 코르티손과 같은 스테로이드를 합성하였다. 이 코르티손은 류머티스성 관절염 치료에 효과가 있다는 것이 미국의 의사 헨치에 의해 발견되었다. 이 이외에도 복잡한 화합물을 많이 합성하였다. 특히 1962년에는 한 연구팀을 지도하여 3년 후에 항생물질 테트라사이클린을 합성하였다.

우드워드는 베라가 시작한 유기합성화학의 정점에 우뚝 섰다. 그러나 아직 몇 가지 비중합체의 합성은 미해결인 채로 남아 있다. 그는 예순두 살로 갑자기 타계하였다. 많은 업적은 하나 하나가 화학자를 세계 일류라 부르는데 조금도 손색없는 것들이다. 그는 문자 그대로 20세기가 낳은 최대 유기화학자임이 분명하다.

1965년 우드워드는 노벨화학상을 받았다.

355. 단백질 화학의 연구의 길을 열어 놓은 생어
인슐린을 합성하고, 두 차례 노벨화학상 수상

영국의 생화학자 프리데릭 생어(Sanger, Frederick; 1918~)는 의사의 아들로 태어났다. 케임브리지대학 센트 존스 칼리지를 졸업하고, 생화학 분야에서 박사학위를 취득한 그는 그 뒤 특별연구원으로 연구를 지속하였다. 캐번디시연구소에서 분자생물학

연구시설(후에 분자생물학연구소)의 단백질화학 부장으로 활약하였다. 이 연구소에서 크릭, 왓슨, 켄들, 페루츠 등 분자생물학의 개척자들이 배출되었다.

생어는 단백질 중의 아미노산의 정확한 구조를 연구하였다. 때마침 마틴과 싱이 페이퍼 크로마토그래피 기술을 개발하여 특정 단백질 분자 중에 있는 아미노산의 수를 각기 조사할 수 있게 되었다. 다음 단계는 단백질 분자 중의 아미노산의 위치를 정확하게 알아내는 일이다.

생어는 소의 췌장으로부터 재료를 얻고, 또한 밴딩과 베스트에 의해 홀로 분리된 인슐린을 연구하였다. 8년 동안 연구 끝에 인슐린 분자의 구조를 해명하고, 이어서 인슐린 합성에 성공하였다. 분명히 훌륭한 성과로서 단백질 화학의 길을 열어 놓았다. 그 후 단백질화학은 다시 빛나는 진보를 이룩하였다.

1968년 생어는 인슐린의 연구로 노벨화학상을, 1980년에는 두 사람과 함께 다시 노벨화학상을 받았다. 한 분야에서 두 번에 걸쳐 노벨화학상을 받은 화학자는 생어뿐이다.

356. 옛 소련 수폭 개발의 주인공 사하로프
옛 소련 민주화의 기수로 공산당과 맞섬

옛 소련의 물리학자 사하로프(Sakharov, Andrei Dmitriyevich;1921~1989)는 모스크바 근교에서 피아니스트 겸 작곡가이던 아버지와 체육교사였던 어머니 사이에서 2남 중 장남으로 태어났다. 그의 어린 시절은 볼셰비키 혁명 직후의 비극과 잔혹, 그리고 테러로 얼룩진 사회였다.

사하로프는 모스크바 대학에 진학하여 군사금속학을 전공하고, 제2차 세계대전 당시, 볼가강 근처의 탄약공장에서 일하였다. 1944년 모스크바로 돌아온 직후부터 과학원 물리학연구소에서 학업을 계속하였다.

1948년 6월, 노벨물리학상을 받은 바 있는 사하로프의 지도교수인 탐은 사하로프를 비밀리 불러, 당 중앙위원회와 내각이 특별연구팀을 구성하도록 지시했는데, 그 팀에 자네가 참가하게 되었다고 통보하였다. 이 특별 연구팀은 탐 교수가 책임자로서 수소폭탄의 개발 가능성을 연구하는 조직이었다.

사하로프는 1950년 모스크바에서 멀리 떨어진 비밀도시의 실험실로 옮긴 뒤, 외부와 완전히 격리된 채 18년 동안 지냈다. 1953년 첫번째 수소폭탄 실험에 성공하였다. 그해 스탈린이 사망하자, 스탈린의 정책에 동조했던 그는 큰 충격을 받았다. 더욱이 수소폭탄의 위력이 너무 크고, 권위주의적 권력구조와 폐쇄된 사회 속에서 자신과 국민이 살고 있다는 사실을 뒤늦게 알았다. 그는 차츰 회의를 느끼기 시작하였다.

1957년 7월, 다시 수소폭탄 실험에 착수하였다. 사하로프 팀은 미국의 핵폭발 효과에 관한 기록을 담은 지침서(Black Book)에서 찾아낸 폭발의 위력과 기후, 토양 등을 근거로 방사능 낙진의 범위를 산출해냈다. 핵실험이 거듭될수록 사하로프의 걱정은 날로 커졌다. 이 때문에 결국 흐루시초프와 정면충돌하였다. 흐루시초프는 핵실험 재개계획을 발표했는데 이는 순전히 정치적인 것이었다. 이에 대해 사하로프는 핵실험 재개가 무익하다는 의견을 제시하였다.

1968년에 이르자 사하로프는 20세기의 근본적인 문제들을 공개, 지적해야 한다는 당위성을 절박하게 느꼈다. 그는 결단을 내리고 〈진보, 평화 공존 및 지적 자유에 관해〉를 출간하였다. 1969년까지 1년 사이에 1,800만 부가 출판되고, 모택동과 레닌에 이어 3위의 베스트셀러 저자가 되었다. 이 책은 구 소련에서 지하 루트를 통해 널리 읽혔다. 그러나 불법 배포혐의로 많은 사람들이 처벌을 받았다.

이 일로 인해 사하로프의 부인은 모든 공적 활동에 제약을 받고, 그의 딸은 모스크바대학에서 재적되었다. 그리고 고등학교를 수석으로 졸업하고 수학경연대회에서 우승을 차지한 그의 아들은 모스크바대학에 지원했지만 거부당하였다. 이 모든 사실이 당의 지령이었음이 후에 확인되었다.

한편 사하로프는 당국의 경고에도 불구하고 서방기자들과 계속 접촉하면서, 구 소련 체제를 폐쇄적 전제사회라고 비난하고, 서방세계는 구 소련의 군사적 우위를 허용해서는 안 된다고 경고하였다. 이에 대하여 구 소련 내의 지식인들 사이에는 찬반이 엇갈렸다. 1975년 사하로프에게 노벨평화상 수상 결정이 내려졌다. 옛 소련 당국은 극도로 신경질적인 반응을 보였다. 그는 출국정지를 당하고 명예 박탈과 유배가 결정되었다.

사하로프의 유배생활이 시작되었다. 방문객은 철저히 감시당하고, 경우에 따라서는 반국가 행위 죄가 적용되어 방문객 중에는 5년 동안 강제노동 수용소에서 생활한 사람도 있었다. 방문객은 반드시 당국의 허가를 받아야만 하였다.

사하로프의 연구기록과 일기, 그리고 회고록 등을 넣어둔 가방이 탈취당하였다. 기억을 되살려 1,400매 정도의 원고를 준비했지만 또 다시 도난당했다. 그는 단식투쟁을 시작하였다. 유배에 대한 항의와 거주의 자유를 위한 투쟁이었다. 한편 체제 비방이라는 죄목으로 부인도 5년 유배형을 받았다. 이 때문에 다시 단식투쟁을 시작하였다. 당국은 강제급식을 실시하였다. 체중이 17kg 줄어들었다. 당국은 영양주사를 투여하였다.

1986년 사하로프는 고르바초프 서기장에게 두 번에 걸쳐 편지를 썼다. 이 편지에서 자신은 법을 어기거나 국가기밀을 누설한 일이 없는 데도 재판절차조차 없이 불법적으로 유배되고, 아내도 감금상태에 있음을 강조하였다. 그 해 12월 고르바초프로부터 전화가 걸려왔다. 모스크바로 돌아오라는 허락을 받았다.

사하로프는 1989년 12월 14일 공산당에 대항할 새로운 정당 창설 문제로 동료들과 열띤 논의를 하고 돌아온 뒤에 잠시 눈을 붙였다가 영원히 잠들었다. 68세의 생애를 통틀어 그가 '자유인'으로 보낸 기간은 3년이 채 못 된다. 대단한 용기를 가진 사람이다.

1975년 사하로프는 노벨평화상을 받았다. 그 외에 옛 소련과학아카데미 회원(아카데미 사상 최연소), 사회주의 노동자 영웅상, 레닌상, 소련 영예상을 수상 아카데미 회원으로 추천되었다.

357. 우주 창조의 정상이론을 정식화한 골드
열 빅뱅 이론과 경합하는 가설을 발표

오스트레일리아 계 및 영국 계의 미국 천문학자 골드(Gold, Thomas; 1920~2004)는 빈에서 태어나 케임브리지대학에서 학사 학위를 받았다. 그 뒤 케임브리지대학 트리니티 칼리지의 펠로우 선출되어 그곳에서 물리학을 가르쳤다. 미국으로 건너간 그는 하버드대학 천문학 교수가 되었다. 그리고 코넬대학의 천문학 교수, 학부장을 거쳐 전파물리학과 우주연구센터의 부장이 되었다. 그는 NASA 고문으로 왕립천문학회, 왕립학회, 전미과학아카데미 회원으로 선출되었다.

우주 최초의 상태에 관한 문제는 몇 세기에 걸쳐 천문학자들을 매료시켜 왔다. 천문학자 가모브가 발전시킨 열 빅뱅이론은 1948년에 골드, 호일 등에 의해 제출된 정상이론과 맞서 겨루었다.

골드의 정상이론은 물질의 밀도가 일정한 그대로 우주가 팽창하고 있다고 가정하고 있다. 은하는 서로 후퇴하면서 검출되지 않을 정도로 서서히 새로운 물질을 끊임없이 만들고 있다고 가정하고 있다. 이 의미는 은하는 모두 연대가 같지 않으며, 후퇴 속도는 일정하다는 것이다. 또한 그는 수성과 지구와의 달의 회전에 관해 연구 하였다.

358. 원시상태의 물질을 만들어낸 밀러
물, 수소, 메탄, 암모니아로부터 아미노산을 합성

미국의 화학자 밀러(Miller. Stanley Lloyd, 1930~)는 시카고대학을 졸업한 3년 뒤에 박사학위를 취득하였다. 5년 동안 컬럼비아대학 의과대학 생화학과에서 강사로, 2년 뒤부터 조교수로 활동하였다. 2년 뒤 준교수를 거쳐 교수가 되었다.

밀러는 시카고대학 화학자 유리 밑에서 박사학위를 취득하기 위해 지구의 기원을 해명하는 연구에 착수하였다. 그는 실험대상 물질로 유리와 오파린이 원시대기라고 주장해온 화합물을 선택하였다. 메탄, 암모니아, 수소, 물을 이용하였다.

생물의 자연발생설은 파스퇴르에 의해 부정되었다. 그는 무균 상태의 용액을 4년 간 보존했어도 생명이 탄생하지 않은 것을 확인하였다. 그러나 과거 어느 시점에서 적어도 자연발생이 한번쯤은 일어났다고 생각하지 않을 수 없다. 그러므로 밀러는 원시상태를 소규모로 재생해 보았다. 원시상태의 지구 대기는 지금의 목성 대기와 비슷하며, 주로 수소, 암모니아, 메탄의 혼합물로 되어 있다고 생각하였다.

암모니아는 원시상태의 해수에 쉽게 녹으므로, 해수 중에는 소량의 메탄과 암모니아가 녹아 있다고 생각하였다. 물과 수소와 메탄과 암모니아의 상호작용으로 더욱 복잡한 화합물을 만들기 위해서는 에너지가 필요한데, 태양의 자외선이 에너지원이라 생각하였다.

이를 바탕으로 밀러는 물을 순수하고 무균 상태로 처리한 다음, 이것에 수소·암모니아·메탄의 혼합물을 가하였다. 그리고 장치 안에서 이를 순환시키면서 전기 불꽃을 에너지로 주입하였다. 태양으로부터의 자외선과 같은 효과를 얻으려 했기 때문이다. 밀러는 이 장치를 1주일 동안 가동시킨 다음, 수용액 중의 성분을 분석하였다. 이 속에서 몇 가지 화합물이 확인되었는데, 그 화합물중에는 단순한 아미노산이 들어 있었다. 이 연구는 미국의 생화학자 캘빈에 의해 다시 탐구되었다.

359. 소립자의 분류와 상호작용을 연구한 겔만
15세 탄생일에 예일대학에 입학

미국의 물리학자 겔만(Gell-Mann, Murray; 1929~)은 어릴 적부터 강한 향학열을 보였다. 겨우 열다섯 살 탄생일에 예일대학에 들어갔다. 학사학위를 받은 후, 매사추세츠공과대학에 들어가 스물 두 살에 박사학위를 받았다. 프린스턴 고등연구소에 잠시 근무했던 그는 1952년 시카고대학으로 옮겨 원자핵연구소 강사로서 페르미의 지도를 받으면서 연구에 종사하였다.

겔만은 캘리포니아공과대학 조수, 캘리포니아대학 패서디나교 준교수, 1년 뒤에 교수로 승진하였다. 그때 나이 스물일곱이었다. 그리고 1966에 '로버트 안드류스 밀리컨 교수직'에 앉았다.

원자는 양자와 전자로 구성되었다는 비교적 간단한 원자이론이 1930년대 전반부터 사라지고, 대신 중성자를 포함한 복잡한 원자모델이 모습을 드러내기 시작하였다. 당시 이미 겔만은 소립자의 연구에 접근하고 있었다. 이 분야는 1950년대 물리학의 주된 전쟁터였다. 그것은 양자와 중성자를 결합하고 있는 힘을 둘러싸고 의문이 솟구치고 있었지만, 일본의 물리학자 유가와는 중간자 이론을 주장하여 이 문제는 일단 해결되었다.

그러나 많은 중간자가 발견되었다. 영국의 물리학자 포웰이 발견한 중간자는 유가와가 예언한 것이지만, 미국의 물리학자 앤더슨의 중간자는 현재도 수수께끼로 되어 있다. 또한 1950년대에는 그때까지의 것보다 무거운 K-중간자로 양자의 절반 가량의 질량을 가지고 있는 것이 발견되었다. 그 뒤 양자보다 무거운 입자가 많이 발견되었다.

K-중간자와 중핵자는 강한 상호작용에 의해 창조되고, 또한 당연히 강한 상호작용으로 붕괴된다고 생각되지만 실제로는 약한 상호작용에 의해서도 붕괴하였다. 핵물리학자에게 이것은 기묘한 현상이기에 K-중간자나 중핵자를 '기묘한 입자'(Strangeness)였다. 이 분야의 연구는 일단 혼돈상태에 빠졌다.

겔만은 이 기묘한 원인을 해명하는 연구에 착수하고, 1953년 그 성과를 발표하였다. 그는 중간자·핵자·중핵자를 어느 일정한 법칙 밑에서 그룹으로 분류하였다. 특수한 성질을 지닌 몇몇 입자도 어딘가의 그룹에 들어갈 수 있다. 마치 멘델레예프가 새로운 원소의 존재를 예언한 것처럼, 겔만도 이러한 입자의 존재를 예언하였다. 그 중에서 그가 오메가-마이너스 입자라 명명한 것이 1964년에 실제로 발견되었다. 많은 소립자 무리는, 1세기 전 많은 원소의 무리가 정연하게 배열된 것처럼, 정연하게 정돈될 것으로 생각된다. 그의 업적의 특징은 창조성과 대담한 총합화라는 점에서 잘 나타난다. 그가 생각한 모델은 이론적인 예언이라는 면에서 유용했을 뿐 아니라, 다른 발견자들의 의욕을 꺾은 면에서도 유명하다.

1969년 겔만은 소립자의 분류와 상호작용의 연구로 노벨물리학상을 받았다.

360. 최초의 인간 위성을 조종한 가가린
최첨단 과학기술의 총화로 우주정복의 첫 신호

러시아의 우주비행사 가가린(Gagarin, Yuri Alekseyevich, 1934~)은 옛 소련 우주비행사의 한 사람으로, 목수의 아들로 태어나 집단농장에서 성장하였다. 소년시절 독일군의 침략으로 피난을 다녀 교육을 제대로 받을 기회가 없었다. 그러나 전후 직업학교에 들어가 조선공으로서 훈련받았다.

일찍이 비행기에 관심이 있던 가가린은 옛 소련의 공군학교에 들어가 1957년 공군중위로 졸업하였다. 곧 시험 비행사로 근무하다가 1961년에 인공위성 비행사로 선발되었다. 제2차 세계대전 중 교전국은 전례 없던 속도로 나르는 비행기의 개발에 전력을 다하였다. 프로펠러 비행기가 한계에 이르자, 전쟁 말기에 연소된 기체를 뒤로 분출시켜 뉴턴의 제3법칙에 의해 비행기를 앞으로 전진시키는 방법이 각 국에서 연구되었다.

전쟁 후에 비행기는 소리의 속도, 즉 마하 1이라는 속도로 비행하였다. 1947년 10월 14일, 여러 해를 걸친 고심의 풍동실험 결과, 미국의 X-1호기가 소리의 벽을 돌파하였다. 인류가 처음으로 땅 위에서 소리보다 빠른 속도로 비행하는데 성공한 것이다. 1903년 12월 12일, 라이트형제가 30초 동안 처녀비행에 성공한 날 부터 50년이 되는 날에 마하 2.5(음속 2.5배의 속도)에 이르렀다. 1968년대에는 로켓 비행기 X-15호가 80km의 높이에서 마하 5를 넘었다.

그러나 이 때는 이미 인공위성이 궤도를 돌고 있었다. 마하 25에 가까운 속도였다. 인간이 그 정도의 속도로 비행할 수 있는 것은 시간문제이다. 옛 소련이나 미국에서는 그 속도에 견딜 수 있는 인간 훈련을 시행하였다. 우주비행사라 불리는 사람이 바로 그들이다. 1961년 4월 12일에 우주 비행사 가가린은 역사상 처음으로 지구 궤도를 비행하고 무사히 돌아왔다. 비행시간은 89.1분, 높이는 304.14km, 속도는 시속 28,014km였다. 이처럼 스푸트니크 1호가 우주시대를 열면서 겨우 3년 반 만에 인간이 우주를 비행하는데 성공하였다.

한편 미국의 우주비행사 글렌(Glenne, John Herschel Jr, 1921~)은 제2차 세계대전에 참가하고, 한국전쟁에도 참여하여 모두 24개의 훈장을 받았다. 평화가 찾아왔지만 그의 신변에서 위험이 떠나지 않았다. 1957년 그는 로스앤젤리스로부터 뉴욕까지 소리보다 빠르게 비행하고, 미국의 우주계획 비행사 7명 중에 들어갔다. 동료 두 사람은 1961년 5월과 7월에 준 궤도비행에 성공하고(11월에 침팬지가 인공위성 궤도를 비행하였다), 1962년 2월 20일, 글렌은 미국 사람으로 최초로, 인류로서는 3번째로 인공위성으로 궤도를 비행하였다. 그는 4시간 56분간 동안 지구를 세 바퀴 돌고 무사히 귀환하였다.

한편 세계 최초의 여성 우주인 테레슈코바(Tereshhova, Valentina Vlatimirova;1931~)가 우주인이 되었다. 그녀는 어릴 적부터 하늘에 대한 도전을 꿈꿔왔다. 학교에 다닐 때부터 비행기가 나는 모습만 보아도 가슴이 설레었다고 한다. 그녀가 두 살 때, 붉은 군대에 갔다가 영영 돌아오지 않은 아버지의 모습을 상상하며 그리워했던 것도 우주인의 길을 재촉한 배경이 되었다.

1958년 친구 소개로 낙하산 클럽 회원이 되고, 비행과 낙하산 타는 연습을 집중적으로 하였다. 폭우 속에서도 용감하게 낙하산을 타고 내리며 남성들의 기를 꺾었다. 1961년 그녀는 우주비행사 후보에 발탁되는 행운을 거머쥐었다.

그녀는 남자 동료들과 우주비행 연습을 하면서도 기초 비행사 훈련, 체력 훈련 등 과정에서 한 번도 뒤진 적이 없었다. 그녀는 여성인 자신이 남성 대원들과 동일한 체력과 지구력을 소유하고 있다는 것을 인정받을 수 있어 기뻤다고 한다.

그녀는 현재 외무부 산하 국제과학문화협력국장으로 재직 중이다(2003년 6월 현재). 우주 비행 40주년을 기념하는 날, 고향인 야로블라시에서는 그의 이름을 딴 박물관이 개관되었다. 박물관 개관식에서 그녀는 "금녀의 벽은 없다. 도전하는 자만이 인생을 쟁취한다."며, 우주도 여성들의 무대라고 말하였다. 우리 주변에서는 여성 공군 비행사가 음속을 돌파하며 하늘을 날고 있다. 끝.

맺는말

과학자의 삶은 곧 우리 삶의 지침이 될 수도

우리가 흔히 접하는 과학은 개별적으로 역사적인 장면을 생각해 보는 것이지만, 과학자의 삶을 통한 과학은 보통 과학에서 경험할 수 없는 특이함을 우리에게 선사한다. 그러므로 지금 일선에서 연구 활동을 하고 있는 전문 과학자나 과학사가, 과학담당 교사나 일반 시민들은 과학자의 전기를 가까이 할 필요가 있다고 생각한다.

미국의 유전학자 맥클린톡(McClintock) 여사가 이런 이야기를 한 것으로 기억한다. "나는 내가 연구하고 있는 것에 매우 흥미가 있다. 그러므로 아침에 눈을 뜨자마자 지체하지 않고 연구를 시작한다. 이를 본 한 동료가 나 자신을 가리켜 마치 천진난만한 어린이와 같다"고 말을 건넨 적이 있다.

아마도 대부분의 과학자는 미지의 세계를 찾아내려고 열성적인 연구 활동을 하고 있다. 그들은 말 그대로 천진난만하다. 과학자는 연구의 포로가 되어, 마치 습기차고 무더운 원시림의 관목 위에 올라앉아 어려운 문제의 실마리를 계속 뒤쫓고 있는 사람과 같을지도 모른다. 한 과학자가 연구자로서 성공했다는 것은 개인의 승리로서 명예를 획득하는 일이다. 그리고 자신의 기쁨만이 아니라 다른 과학자에게도 기쁨을 안겨준다. 나아가 그들은 전 인류에게 빛을 던져줄 뿐 아니라 인류 역사 발전에 크게 이바지한다. 그들 모두는 훌륭했다. 그러나 그 순간 그들의 과학적 성과는 사회적인 것으로 되어버린다.

또한 과학자는 자유로이 연구과제를 선택하고 그의 직업적 내지 개인적 인생을 어떻게 꾸려나갈까 스스로 결정한다. 그들의 연구 활동에는 좌절감이나 실망도 함께 하고 있지만, 그들은 새롭게 도전하고 끝내 영광을 딛고 일어선다. 우리들 머리 속에 그려져 있는 과학자는 바로 그러한 모습이다.

그러나 시대가 변함에 따라 과학자의 위상이 점차 달라지고 있다. 그것은 과학적 성과가 폭 넓게 사회에 영향을 미치고, 또한 과학의 사회적 기능이 점자 두터워지면서 일반 시민도 과학과 과학자에 대한 관심이 커지고 있기 때문인 것으로 생각한다. 더욱이 20세기에 들면서 과학자는 국가정책에 부득이 동참할 수밖에 없었다. 그러므로 과학자는 공적인 문제에 대해 관심을 가져야 했고, 지배적인 이념에 대해 어떤 자세를 취해야 하는가에 대한 문제로 고민할 수밖에 없었다. 이때부터 전통적인 과학자의 임무에서 벗어나 사회적 책임을 등한시 할 수 없게 되었다. 미국의 화학자 폴링은 노벨 화학상과 노벨 평화상을 받았고, 옛 소련의 과학자 사하로프는 자신의 사회적 책임을 느끼면서부터 체제에 반기를 들었다.

한편 과학자는 직업인으로서 과학 공동체 안에서, 또한 생활인으로서 현실 속에서 살아가고 있으므로 그 안에서 연구하고 생활하는데 지켜야 할 독특한 윤리나 도덕, 전통이나 관습과 같은 규범이 뒤따르기 마련이다. 과학자들은 그 규범에 따라 연구하고 생활한다. 그러므로 그들의 모범적인 연구와 생활 모습은 우리 삶의 길라잡이가 될 수도 있다.

과학자의 생애에 우리들 모두 무관심

그런데 대부분의 사람들은 과학자의 생애에 너무 무관심하다. 5년 전 대학 강단을 떠날 무렵으로 생각되는데, 강의 시간에 예고 없이 시험지를 나눠주면서, 자연과학 전반에 걸쳐 학생들이 기억하고 있는 과학자 이름과 그 업적을 자유롭게 쓰도록 한 적이 있다. 그 결과는 너무 예상 밖이었다. 뉴턴과 아인슈타인이 고작이고, 더욱 놀라운 것은 멘델과 멘델레예프를 혼동하고 있었다. 문학 계열에서도 마찬가지였다. 괴테나 헤밍웨이가 고작이었다.

학교에서의 수업 내용이 입시 위주의 교육이라는 점을 모르는 바 아니지만, 학생들이 과학자 이름이나 그 업적에 대해 지나치게 무관심하다는 점이다. 관심을 가질 필요가 없다는 것이 학생들 이야기이다. 하지만 무관심의 원인이 반드시 입시제도에만 있는 것만은 아니라 생각한다. 중등학교나 대학 교양 과정에 자연계 과목이 설강되어 있지만, 발전과정을 소홀하게 다룬 평면적인 내용이 가르쳐지고 있으므로, 역사 속의 과학자의 삶을 접할 여지가 거의 없다. 현실적으로 과학교육을 역사적으로 다루는 것은 시간 낭비에 지나지 않으며, 입시에 도움이 되지 않는다는 생각이 학생들 머리 속에 가득하다.

일선 학교 과학 담당교사는 필요에 따라 적당한 장면에서 관련된 과학자의 삶을 이야기하는 지혜가 있어야 한다고 생각한다. 그것은 그들이 과학자이기 이전에 훌륭하고 위대한 한 인간이기 때문이다. 그들은 과학자로서 영광을 안았지만, 또 한편으로 한 인간으로서 승리자이다.

고대부터 현대까지 각 분야의 과학자 360명의 과학자를 선정하여 과학의 역사를 엮어 보았다. '360'이란 숫자는 별 다른 뜻이 없다. 고대 이집트 태양력은 1년이 360일이고(1년은 12개월, 한 달은 30일), 여기에 축제일 5~6일을 더해서 지금의 태양력이 완성되었다. 하루에 과학자 한 사람씩 마주하여 대화하면서 과학에 관심을 기울여보자는 뜻이 베어있을 뿐이다.

과학사에 얽힌 사연들

돌이켜 보면 화학을 전공했던 필자가 과학사로 전공을 바꾼 결정적인 계기를 잊지 못한다. 군 복무 당시, 신축한 막사의 벽에 종이를 바르는 일(도배)을 맡은 데서 비롯된다. 신문지로 초벌 도배를 하는 도중, 원로 과학사가인 박익수 선생의 글이 눈에 띈 것이다. "한국에서 과학사 연구와 교육 현황"이라는 제목이었다. '과학사'라는 학문을 처음으로 접하였다. 이런 일로 그 후 과학사에 깊은 관심을 갖게 되고, 결국 강단에서 이를 40년 동안 강의하였다.

우리나라의 과학사 연구와 교육은, 한국과학사 학회가 중심이 되어, 1950년대 중반부터 몇몇 대학에서 산발적으로 시작하였다. 물론 필자도 이에 동참하였다. 과학사를 전공하고 또한 과학사에 관심을 지닌 많은 선후배를 만나게 되었다. 과학사 연구와 교육 도약의 결정적 계기는 1980년대 중엽에 서울대학교 대학원에 '과학사·과학철학 협동과정'이 설립되어 우리나라 과학사 연구와 교육의 메카로 자리 잡은 데서였다. 한편 한국과학사 학회가 중심이 되어 '과학학과'(Dept. of Science Studies - 과학사, 과학철학, 과학사회학, 과학정책 등을 연구하는 학과) 설립 의지가 당시 문교부에 전달되고, 문교부는 1994년 9월 7일, 전북대학교 자연과학대학 학부과정에 '과학학과' 설립을 인가하였다. 그리고 1995년도 신입생을 모집하였다. 기적에 가까운 일이었다. 현재 대학원 석·박사 과정도 설립되어 있다.

1970년대 과학사에 관한 연구와 그 출판에 얽힌 과정도 빼놓을 수 없다. 어느 날 송상용(한국과학기술한림원 과학기술사 편찬위원장) 학형이 우리 집을 방문하였다. 사연인즉 일본 교토대학 인문과학연구소 교수인 요시다 미쯔구니(吉田光邦)가 쓴 〈鍊金術〉을 번역하자는 제의였다. 이 일로 전파과학사의 손영수, 손영일 사장과 인연을 맺게 되었고, 그분들은 40년에 걸쳐 저술·편저 8권, 번역 4권을 기꺼이 출간해 주었다. 필자로서는 매우 고마운 일이었고, 그 고마움을 평생 잊지 않을 것이다.

이번 출판을 통해서 "욕심은 화를 불러들인다"는 옛 성인의 말을 되새겨 보며 마음을 비워야겠다. 이제 사랑과 믿음 위에서 내 고장 과학교육 발전에 이바지하면서 나무를 가꾸고, 자연을 벗 삼아 조용히 살아야겠다.

찾아보기

〈가〉

가가린 422
가모브 380
가스맨틀 266
가우샤 143
가우스 143
가이거 321
가이거 계수기 321
각기병 264
갈레노스 45
갈루아 178
갈릴레오 64
감마선 296
강철 185
개요(케플러의) 69
거티 코리 355
거품상자 293
검안경 192
게버 46
게스너 59
게이-뤼삭 144
겔만 421
결정질 173
경이박사 49
계전기 166
고대 4원소설 31
고대 원자론 32
고더드 318
고분자화학의 개척 319
고정공기 104
고체진공관 399
곤충기(파브르의) 200
골드 419

골턴 109, 194
공중질소고정법 291
과학문화 혁명 26
과학의 시조 29
광견병예방연구소 203
광물학(아그리콜라의) 56
광석수신기 399
광전효과 270
광학(알 하젠의) 48
광행차 91
괴델 390
구상성단 330
구텐베르크 49
구텐베르크 성서 50
국제천문연합 241
균일설(허턴의) 103
그레샴 칼리지 23
그레이엄 172
그레이엄 법칙 172
그리니치천문대 86
그리스의 기적 19
극저온물리학 397
글렌 423
기관(아리스토텔레스의) 63
기묘한 입자 421
기상학(골턴의) 195
기하학 원본(유클리드의) 39
기하학의 기초(힐베르트의) 270
길버트 66
김스 226

〈나〉

나일론 354
나타 374
나피어 62
남미여행기(다윈의) 174
네른스트 276
네른스트-톰슨 법칙 276

네오프렌 308
네이처 창간 220
넵투늄 395
노벨 216
노이만 379
뉴런드 308
뉴런즈 221
뉴클레인(핵단백질) 247
뉴턴 83
니덤 366

〈다〉

다게르 157
다윈 174
다윈핀치 175
다이너마이트 216
다임러 219
단백질 화학 417
담 352
대륙과 해양의 기원(베게너의) 316
대륙이동설 315
대저작(로저 베이컨의) 49
더 뉴 파이톨로지스트 297
데모크리토스 31
데이비 146, 147
데이비상 147
데카르트 72
도량형 제도 24
도마크 351
독가스 291
돌고래 방송 360
돌연변이설 238
돌터니즘 134
돌턴 133
동물철학(라마르크의) 122
동위원소 305, 307
뒤마 167
뒤부아 259

듀어 227
듀어 병 227
드 브로이 342
드 브리스 238
디 포리스트 302
디디티(DDT) 363
디랙 376
디바이 324
디비닐아세틸렌 308
디젤 260
디젤엔진 261
딜스 299
딜스-알더 반응 299

〈라〉

라 콩다민 94
라그랑주 111
라듐 283
라마르크 122
라부아지에 118
라우에 314
라이엘 164
라이트 형제 295
라플라스 128
란다우 396
란트슈타이너 285
랑주뱅 298
램지 246
랭뮤어 316
러더퍼드 296
러셀 30
럼퍼드 129
레나르트 270
레나르트선 270
레벤후크 80
레비디프 282
레비디프 물리학연구소 282
레오나르도 다빈치 51

레오뮈르 89
레이더 345
레이저 412
레일리 229
로랑 173
로렌스 372
로렌츠 252
로모노소프 101
로모노소프 상 102
로모노소프 전집 102
로바체프스키 161
로열상패 135
로웰 256
로저 베이컨 49
로즈 332
로키어 219
뢴트겐 231
루나학회 109
루이사이트 308
루이스 303
루즈벨트 대통령 313
루카스 강좌 84
르베리에 180
리만 209
리만기하학 210
리비 398
리비히 170
리센코 357
리처드 싱 412
리처즈 290
리케이온 36
리프만 360
린네 98
린네협회 99

〈마〉

마르코니 302
마리 퀴리 283

마이롯 법칙 77
마이어호프 327
마이컬슨 251
마이크로그래피(후크의) 82
마이트너 309
마장디 150
마틴 400
마호메트 22
마흐 222
막스 프랑크 연구소 262
말피기 78
맥밀런 395
맥스웰 212
맥스웰-볼츠만 이론 213
맥스웰의 전자기론 213
맥칼럼 306
맨해튼계획 339
메론버그의 마법사 235
메저 411
메존(중간자) 385
메치니코프 233
멘델 196
멘델레예프 218
면역요법 199
모건 281
모즐리 333
몽주 24, 125
무쇠 185
무아상 245
무조건반사 240
무척추동물지(라마르크의) 122
물리학연보 262
물리학입문(다윈의) 174
물리화학연보 창간 253
뮐러 362
뮤제이온 20
뮤중간자 379
미량광물질 306
미오글로빈 415

미터법 제정　112
미행성(소행성)　124
밀러　420
밀리컨　287

〈바〉

바디　346
바딘　400
바르부르크　322
바이스만　217
바이어　221
바이에링크　242
바일　329
박물학(뷔퐁의)　100
박물학(플리니우스의)　44
반 앨런　407
반양자　385
반입자　376
반트 호프　243
발생학　281
발효　268
방사능　250, 283
방사성원소 붕괴법칙　307
배비지　159
배엽　160
백과전서파　24
백색왜성　305
밴 앨런 띠　408
밴딩　340
뱅크스　116
뱅크스 반도　117
버나드　265
버너　349
버닛　363
버뱅크　239
버뱅크 감자　239
베게너　315
베르나르　151, 183

베르누이　93
베르셀리우스　148
베르텔로　210
베를린 물리학회　262
베살리우스　57
베서머　185
베셀　152
베어　160
베이클라이트　273
베이클랜드　273
베크렐　250
베크렐선　250
베타원리　367
베테　391
베허　88
벤딩-베스트 강좌　341
벤자민 톰슨 경　129
벤젠 구조　211
벨　236
벨-마장디 법칙　150
변증법 사상　34
별에서 온 소식　65
별의 시차　91
병리세포학　193
보른　320
보베　394
보어　328
보어의 원자모형　328
보어의 축제　320
보온병　228
보이지 않는 대학　77
보일　77
보일 강연　78
보일 법칙　77
보일의 진공　77
보효소　280
볼츠만　230
볼타　123
볼트　123

볼튼 109
뵐러 168, 337
부력의 원리 40
부시 338
부흐너 267
분광기 204
분자설 142
분젠 182
분젠 버너 182
뷔퐁 100
브라운 138
브라운 운동 139
브라헤 60
브란트 93
브래그 271
브래들리 91
블래킷 356
블랙 104
비교발생학 161
비글호 174
비글호 항해기 175
비들 378
비오 140
비유클리드 161
비타민A 264
비타민A,B,C,D 306
비타민K 352
비타민P 348
비트 413
빈 275
빈의 변위법칙 275
빌슈테터 298
빛에 의한 연쇄반응 276
빛의 파동설 84

〈사〉

사이버네틱스 349
사이언스 창간 236
사이언티픽 아메리칸 295
사이크클로트론 372
사하로프 417
산소의 발견 109
산업혁명 24
산화설 119
살바르산 255
상보성원리 328
새넌 413
생명력 168
생식질의 연속성 217
생어 416
섀플리 330
석유화학 243
설파닐아미드 351
섬너 334
섬우주 336
섭씨온도계 90
성의(聖醫) 32
세그레 384
세레스 124
세이빈 388
센트-디외르디 348
셀시우스 90
소디 307
소시모스 46
소아마비 바이러스 286
소아마비 완친 388
소아마비(폴리오) 356
소요학파 36
소행성(미행성) 124
솔베이 224
솔베이법 225
솔크 409
쇼클리 399
수리화학입문(로모노소프의) 101
수소결합 301
수소의 발견 107
슈뢰딩거 332

슈뢰딩거 파동방정식 333
슈반 177
슈엔하이머 358
슈타우딩거 319
슈탈 88
슈페만 292
스미소니언 연구소 166
스밤메르담 81
스베드베리 325
스콜라 철학 23
스탠리 383
스팔란차니 105
스펙트럼 84
스푸트니크 1호 27
스푸트니크 충격 27
시보그 404
시지윅 301
식세포 233
신과학대화(갈릴레오의) 65
신기관(프랜시스 베이컨의) 63
신성에 관하여(브라헤의) 60
신천문학(케플러의) 68
실라르드 359
실레 115
실리콘 272
실험철학강의(헨리의) 165
심장과 혈액의 운동에 관하여(하비의) 71
싱클로사이클로트론 395

〈아〉

아그리콜라 55
아닐린 퍼플 224
아데노신 3인산(ATP) 361
아라고 154
아라비아 숫자 22
아레니우스 266
아르키메데스 40
아르키메데스의 원리 40

아리스타르코스 38
아리스토텔레스 35
아마존의 니오 니그로의 여행(월리스의) 204
아보가드로 가설 142
아비세나 48
아세틸 보효소A 361
아스코르빈산(비타민C) 348
아스크레피오스 32
아우어 265
아인슈타인 312
아카데미 34
아카데미의 책벌레 35
안개상자 293
안드로메다 성운 346
알 마문 22
알 크와르즈미 47
알 하젠 47
알렉산더 대왕 36
알렉산드리아 도서관 20
알마게스트 45
알크마이온 32
암모니아소다법 225
앙페르 141
애덤스 304
애비 225
애스턴 305
애플턴 343
애플턴층 343
액체 헬륨 249
앤더스 356
앤더슨 385
앨러지 364
양자론 263
양자역학 320
양자역학의 코펜하겐 해석 328
에너지보존 법칙 187
에디슨 234
에딩턴 321

에딩턴 기념장학기금 322
에딩턴 메달 322
에라토스테네스 42
에를리히 254
에밀 피셔 기금 248
에어리 169
에우독소스 43
에이더 160
에이크만 264
에테르 251
엑스선 231
엔트로피 194
엘릭서 46
엘비엠 371
엠페도클레스 31
여과성 바이러스 242
여키스 천문대 289
역선 169
연간화학평론(베리셀리우스의) 149
연성(이중성)의 발견 114
연주시차 152
연한 무쇠 185
열소설 163
열역학 163
열역학 제3법칙 276
열원동력에 관해서(카르노의) 183
열의 이론(맥스웰의) 213
염색체설 281
영 139
영국과학진흥협회 187
영-헬름홀츠 3원색이론 140
오르트 368
오스트발트 253
오일러 97
오초아 386
오토 한 311
오파린 353
오펜하이머 381
오펜하이머 청문회 382, 397

옥타브법칙 221
옴 155
옴의 법칙 155
와트 110
왁친요법 199
왓슨 와트 345
왕립연구소 130
왕립학회 77
왕립화학학교 172
외르스테드 149
용불용성 122
우드워드 416
우라니보르크 천문대 61
우생학 195
우주(훔볼트의) 138
우주비행사 423
우주선 288
우주의 신비(케플러의) 68
우주의 조화(케플러의) 69
울러스턴 132
울러스턴 메달 133
웃는 가스 146
원소기호 148
원소의 주기율(표) 218
원자량표 148
원자설 134
원자퇴 373
원폭개발계획 339
월리스 204
월요 강의 252
위계사상 37
위치천문학 152
윌리스 176
윌리엄 톰슨경 206
윌슨 293
유가와 393
유기규소화합물 272
유기화학 272
유럽연합 원자핵연구기관 329

유리 347
유잉 396
유전자 281
유체역학(베르누이의) 93
유클리드 39
의학경전 48
의학의 아버지 32
이렌 퀴리 364
이스트먼 254
이온화 학설 267
이파티에프 286
익스플로러 1호 407
인공 초우라늄 원소 395
인공방사능 동위원소 365
인산에스테르 360
인슐린 341
인체의 구조(베살리우스의) 57
인플루엔자 바이러스 383
일반화학의 원리(멘델레예프의) 218
임호텝 32
입체화학 199
잉겐호우스 106

〈자〉

자기권 408
자석에 관하여 66
자연발생설 36
자연선택 사상 176
자연요법 33
자연의 체계(린네의) 98
자연철학 32
자연철학의 수학적 원리 85
장동현상 91
잰스키 369, 387
저온실험연구소 249
전기영동법 325
전기의 역사와 현황(프리스틀리의) 108
전류의 자기작용 149

전리층 343
전자 215
전자파 214
전자파 확인 259
전쟁은 이제 그만(폴링의) 371
전지 123
전화기 236
절대영도 206
점화기 266
제1기동자 37
제1회국제화학회의 208
제2의 히포크라테스 48
제2차 과학혁명 232
제5원소 37
제너 126
제너협회 127
제멜바이스 188
조건반사 240
조면기 131
존-톰슨 효과 187
졸리오 퀴리 364
종두 127
종의 기원 176
주전원설 43
줄 186
줄의 법칙 186
중간자(메존) 385
중간자이론 340
중국과학기술문명사(니덤의) 366
중성미자 367
중수, 중수소 304, 347
중합체(폴리머) 354
지구물리학(훔볼트의) 138
지구의 이론(허턴의) 103
지그몬디 279
지리학입문(프톨레마이오스의) 45
지문검증법 195
지오크 352
지질학원리(라이엘의) 164

지혜의 집 22, 48
진공부재론 37
질량-광도의 법칙 321
질량분석기 305
질량불변의 법칙 119
집합론 237

〈차〉

찬드라세카르의 한계 403
찬드라케카르 402
채드윅 339
천변지이설(격변설) 136
천변지이설(퀴비에의) 103
천왕성의 발견 113
천체물리학(허긴스의) 197
천체역학(라플라스의) 128
천체의 회전에 관하여 55
체인 387
초신성 403
초원심분리기 325
촛불의 과학(패러데이의) 158
최초의 원자로 373
추적자 326

〈카〉

카렐 300
카르노 24, 183
카버 277
카시니 76
카시니 틈 76
카오트추크 94
카운트 럼포드 수프 130
카이저빌헬름 연구소 262
카피차 350
칸니차르 208
칸토어 237
칼 코리 355

칼리프 22
캅테인 241
캐러더스 354
캐번디시 106
캐번디시연구소 107
캘빈 403
케쿨레 211
케플러 61, 67
케플러의 꿈 69
켄드루 415
켄들 331
켈빈 206
켈빈 눈금 206
코발트 93
코셀 247
코페르니쿠스 54
코흐 228
콘버그 278
콜로이드 173
콜로이드 화학 173, 191
콜로이드 화학연구소 279
콤프턴 344
콤프턴 효과 344
쿤 368
퀴리 283
퀴리 재단 284
퀴비에 135
크라레 94
크레브스 369
크레브스 회로 370
크로마토그래피 299
크룩스 214
크룩스관 215
크리스마스 강좌 271
크릭 414
큰 플리니우스 43
클라우지우스 194
클라프로트 121
키르히호프 204

키메를링-오네스 249
키핑 272

〈타〉

타운스 411
탄광사건 26
탄저병 228
탈 플로지스톤 109
탈레스 29
태양분광기 289
탠슬리 297
테레슈코바 423
테오프라스토스 36
텔러 397
토리첼리 74
토리첼리의 진공 74
토마스 아퀴나스 21
토성의 테 113
톰보 389
톰슨 257
톰킨스씨(가모브의) 380
통계천문학 241
투석 173, 280
튜링 405
트랜지스터 399
트리톤 181
티셀리우스 377
틴들 190
틴들효과 191

〈파〉

파동설 80
파동-입자의 이중성 342
파라켈수스 56
파레 59
파렌하이트 90
파블로프 240

파스칼 75
파스칼의 원리 75
파스테라리제이션 200
파스퇴르 198
파스퇴르연구소 203
파울리 366
파웰 378
파이중간자 379
패러데이 157
팽창우주 322, 336
퍼그워시 회의 28
퍼킨 223
퍼킨 반응 224
페니실린 317
페랭 294
페르미 373
페르미늄 374
펠라그라병 372
펩신 177
평행선공리 161
평화를 위한 원자력상 327
폰 브라운 408
폴로늄 283
폴리오 바이러스 356
폴리펩티드 248
폴링 370
폴커스 392
푸앙카레 256
푸앵카레연구소 342
푸코 190
프라운호퍼 153
프라운호프선 153
프랑스 과학에서의 성찰 201
프랑크 262
프랑크상수 263
프랜시스 베이컨 63
프랭켈-콘라드 401
프랭클린 95
프레넬 156

프론토실 351
프루스트 131
프루스트법칙 131
프리슈 242
프리스틀리 108
프리시 383
프린키피아 85
프톨레마이오스 39, 44
프톨레마이오스의 우주체계 44
플라톤 34
플램스티드 86
플레밍 317
플로리 361
플로지스톤(설) 88
플루토늄 395
플리니우스 43
피뢰침 95
피르호 193
피셔 247
피아치 124
피에르 퀴리 283
피카르 323
피타고라스 30
피타고라스 정리 30
필수아미노산 332

〈하〉

하든 280
하버 290
하비 70
하이젠베르크 375
하프늄 326
학문의 진보(프랜시스 베이컨의) 63
학원의 두뇌 35
한외현미경 279
할러 99
함수의 계산에 관하여(배비지의) 159
항히스타민제 394

해리슨 92
해석기하학(데카르트의) 73
해석역학(라그랑주의) 112
해왕성 181
해일 288
핵단백질 247
핵분열 309
핵사로닉산 348
핼리 87
핼리혜성 88
행렬역학 320
허긴스 197
허블 335
허블반경 336
허셜 112
허턴 103
헉슬리 207
헤라클레이토스 35
헤론 44
헤르츠 258
헤베시 326
헤일망원경 289
헨리 165
헬륨 220
헬름홀츠 191
헬몬트 69
현자의 돌 46
혈액형 285
호이헨스 79
호프만 188
호프스태터 410
홀 274
홀-에루 방법 274
홉킨스 268
화법기하학(몽주의) 125
화씨온도계 90
화학결합의 본질(폴링의) 371
화학교과서(베리셀리우스의) 148
화학명명법(라부아지에의) 119

화학연보 171, 368
화학요법 255
화학원론(라부아지에의) 120
화학원소와 화합물(시지윅의) 301
화학이야기(패러데이의) 157
확률론(토리첼리의) 75
회의적인 화학자(보일의) 77
회절격자 153
획득형질 유전설 122
횡파설(빛의) 156
후성설(배발생의) 160, 292
후크 81
훔볼트 137
훔볼트 해류 137
휘트니 131
흔들이의 등시성 65
히파르코스 42
히포크라테스 32
히포크라테스 선서 33
히포크라테스 전집 32
힐베르트 269

〈기타〉
10진 미터법 24
17세기 과학혁명기 22
3원소설 57
4원액설 33
7자유과목 21
DNA 414
V-2 로켓 408

※ 참고문헌

이 책을 집필하는데 참고했던 책들 중에서, 기본적인 책들만 소개한다.

* Abbott, D., de., Biographical Dictionary of Scientists, 5 Vol. London, 1985
* Asimov, L, Biographical Encyclopedia of Science and Technology, Doubleday Co. 1964
   – Breakthroughs in Science, Scholatic Magazines, 1969
* Crowther, J. G., British Scientists of Twentieth, 3 vols., London, 1952
* Fermi L., Illutions of Immigration, 3 vols., The Univ. of Chicago Press, 1968
* Sutcliff, A,/ Sutdliff, A. P. D., Stories from Sciens; 1. Chemistry, 2. Physics, 3. Biology & Medicine 4. Scientific Discovery, Cambridge Univ. Press, 1962
* Scientific American
* 김영환; 세상을 바꾼 위대한 과학자들, 청솔출판사, 1998
* 김상운; 역사를 뒤바꾼 못말리는 천재 이야기, 이가서, 2005
* 성문출판사 ; 노벨상과 여성과학자들, 1999
* 손영운; 청소년을 위한 서양과학사, 두리미디어, 2004
* 송성수; 청소년을 위한 과학자 이야기, 신원문화사, 2002
* 박익수; 70인의 과학자, 여원사, 1972
* 오조영란/홍성욱 ; 남성의 과학을 넘어서, 창작과 비평사, 1999
* 오진곤; 과학사 총설, 전파과학사, 1996
   _____; 과학과 사회, 전파과학사, 1994
   _____; 과학자와 과학자집단, 전파과학사, 1999
   _____; 틀을 깬 과학자들, 전파과학사, 2002
* 이세영; 세상을 바꾼 20인의 과학자들, 백양출판사, 1999
* 이상현; 상식 밖으로 뛰쳐나온 과학자들, 아테나, 2004
* 이향순; 과학사 신문 1, (주)현암사, 2005
* 임경순; 현대물리학의 선구자, 다산출판사, 2001
* 제임스 E. 외 1인/ 전대호 옮김; 과학과 기술로 본 세계사 강의, 모티브북, 2006
* 존 브록만 엮음/ 이창희 옮김 ; 위대한 발명, 해남, 2000
* 천팅리 / 이주현옮김; 39인의 과학자, 나라원, 2006
* 최달수; 위대한 과학자들, 한길사, 1993
* 데이터 리 토마스/ 맹주선 옮김; 위대한 科學者들, 종로서적, 1984
* 황원삼; 세계사를 바꾼 천재 과학자 이야기, 일진사, 2003
* 대한화학회, 화학세계 2002, 2호 ~ 2005, 3호

과학자 360
인물로 엮은 과학의 역사

※ 필자 소개

1936, 3, 16. 태어남
2001, 4. 제34회 대통령 과학기술상 (진흥부문) 수상
2001, 8. 전북대학교 퇴임, 명예교수, 홍조근정 훈장
2001, 9 ~ 05, 12. 전북대학교 출강
2002, 8. 〈틀을 깨는 과학자〉, 전파과학사 (제35회 문화관광부 추천도서)
2003, 8. 〈현대과학의 이해〉, 전파과학사 (제36회 문화관광부 추천도서)
2005, 9. 전주시 생활과학문화센터장

과학자 360, 인물로 엮은 과학의 역사

찍은 날 : 2006년 11월 25일
펴낸 날 : 2006년 11월 30일

지은이   오 진 곤
펴낸이   손 영 일

펴낸 곳 : 전파과학사
출판등록 : 1956. 7. 23 (제10-89호)
주소 : 120-824 서울 서대문구 연희 2동 92-18 연희빌딩
전화 : 02-333-8877. 8855
팩스 : 02-334-8092
홈페이지 : www.s-wave.co.kr
E-mail   : s-wave@s-wave.co.kr
            chonpa2@hanmail.net
ISBN 89-7044-251-0   63400